国家出版基金项目
NATIONAL PUBLICATION FOUNDATION

中国猪业科学与技术创新系列丛书

猪主要传染病与防控新技术

冯　力　主编

Major Porcine Infectious Diseases and New Prevention and Control Techniques

中國農業大學出版社
China Agricultural University Press
·北京·

内 容 简 介

猪传染病，尤其是非洲猪瘟、猪繁殖与呼吸综合征、猪流行性腹泻等给我国养猪业造成了严重的威胁，给经济社会发展与百姓生活质量提高带来了不良影响。本书以猪呼吸系统、消化系统、繁殖系统、神经系统与多系统综合性疫病为出发点，从病原学、流行病学、病理变化、致病与免疫机制、综合防控技术等入手，对我国猪主要传染病近年来在新理论、新成果、新技术、新产品等方面取得的成绩及进展进行阐述。旨在形成新理论、新技术和新观念指导生产实践，生产实践反哺理论和技术研究的新体系，不断推出新产品及防控新技术，如安全、有效、质量可控的疫苗，快速、敏感、特异的诊断技术（方法）及新型生物制剂，解决无疫苗或无高效疫苗，无快速、敏感、特异诊断方法（鉴别诊断方法）及无有效药物可用的被动局面，为我国养猪业的健康绿色发展保驾护航。

图书在版编目（CIP）数据

猪主要传染病与防控新技术/冯力主编. --北京：中国农业大学出版社，2023.1

（中国猪业科学与技术创新系列丛书）

ISBN 978-7-5655-2929-0

Ⅰ.①猪… Ⅱ.①冯… Ⅲ.①猪病-传染病-防治 Ⅳ.①S852.65

中国国家版本馆 CIP 数据核字（2023）第 018368 号

书　　名 猪主要传染病与防控新技术
Zhu Zhuyao Chuanranbing yu Fangkong Xinjishu

作　　者 冯　力　主编

总 策 划 席　清　丛晓红

责任编辑 韩元凤

策划编辑 丛晓红　韩元凤　赵　中

封面设计 李尘工作室

出版发行 中国农业大学出版社

社　　址 北京市海淀区圆明园西路 2 号

邮政编码 100193

电　　话 发行部 010-62733489，1190
编辑部 010-62732617，2618

读者服务部 010-62732336
出　版　部 010-62733440

网　　址 http://www.caupress.cn

E-mail cbsszs@cau.edu.cn

经　　销 新华书店

印　　刷 涿州市星河印刷有限公司

版　　次 2023 年 1 月第 1 版　　2023 年 1 月第 1 次印刷

规　　格 185 mm×260 mm　　16 开本　　21 印张　　525 千字

定　　价 142.00 元

丛书编委会

本书编委会

主　　编　冯　力

副 主 编　陈建飞　石　达

编写人员　（以姓氏笔画为序）

王春来　石　达　冯　力　孙东波

安同庆　华荣虹　孙　元　危艳武

辛九庆　陈建飞　李春秋　杨德成

张　鑫　张交儿　周伦江　夏　伟

符　芳　鄢明华　潘　巧

— 序一 —

养猪产业作为畜牧业占比最大的产业，改革开放40年以来，特别是“863”和“973”计划实施以来，取得了巨大的进步，保持着持续快速的发展。但是，我们也应该清楚地看到，与先进国家相比，与现实需求和国家整体战略发展目标相比，还存在着相当大的差距。

目前中国养猪业面临的环保、效率、疫病等问题与挑战仍十分严峻。近几年的蓝耳病和非洲猪瘟，更是给生猪产业造成严重的损失。不论是消费需求还是生产供给，两个方面都出现了新的特点。这种局面昭示中国猪业大生态发生重大变化，进入了转型攻坚新阶段。我国养猪业如何进一步转型升级，提高竞争力，克服资源和环境的约束难题，走出一条健康、稳定、可持续发展之路，是行业内专家和管理者需要认真思考和回答的问题。

到本世纪中叶，我国将建成为富强民主文明和谐美丽的社会主义现代化强国。在未来30年，中国猪业将进入一个高质量发展的快车道。作为产业发展的重要驱动力，科技在养猪产业未来发展中将起到越来越关键支撑作用。基于此，由行内多位优秀专家编写的、聚焦当前我国生猪产业链重要技术领域热点、难点，以及未来走向等问题的这套《中国猪业科学与技术创新系列丛书》，对于解决当前问题，引导行业未来的健康发展，有着特别重要的意义。

从已经提交的书稿来看，本系列专著是基于产业发展的需要，全面阐述养猪业具有前沿性的创新性科研成果。《猪基因组选择》论述了应用现代生物信息学技术、大数据理论和人工智能技术结合的全基因育种技术，将性状选择从单一性状跨越到多性状选择的新阶段，会极大改变中国猪育种现状，大大提高育种效率。该书对于猪的良种选育工作很有价值。猪病已经是制约生猪产业发展的瓶颈，必须从理论上突破，《基因编辑与猪抗病育种》介绍了基因编辑技术在猪抗病育种方面的最新研究成果，并提出了利用基因编辑技术进行抗病育种的新策略，对于抗病育种工作有重要的参考价值。《猪主要传染病与防控新技术》《猪病毒病研究与防控》和《疫苗免疫与养猪生产》专著，基于生猪产业疫病防控理论与方法的创新，把现代猪病防治理论突破与实践结合在一起。猪的肠道健康是决定猪健康水平和养猪生产效益的关键因素之一，《猪肠道健康与营养调控》作为国内第一本系统论述猪的肠道健康研究的专著，对于猪精细化、高效化健康养殖提供了重要的理论和技术支撑。《福利化养猪与工程防疫》专著，论述养猪生态补偿的创新性机制，并从系统工程理论提出工程防疫的概念和技术。《人工智能与智能养猪》将信息技术与智能养猪新技术导入猪业生产系统，全面提高饲养效率。基于人类健康与生物安全，《无抗饲料营养调控》与《饲用抗生素替代品》代表了最新的对于无抗饲养要求下饲料的营养调控理论与技术，以及抗生素替代品的研发及应用。《中国地方猪种质资源特性研究》对我国现有地方猪种保种理论与方法的研究进行系统分析，对于我国地方品种猪的品种保护、品种选育、遗传资源保护都具有重要意义。总之，各分册专著，都体现了养猪主要领域的国内外最新研究、技术发展的成果。

系列专著各分册主编年龄都是在45～60岁之间，是我国猪科学研究领域里的中坚力量。他们一直紧跟猪业科技国际研究水平，结合中国猪业生产实际开展和承担国家相关科学研究项目，很多成果已获得国家级科技进步奖。这些学者多年研究的成果，是中国猪业科学研究领域不可多得的宝贵财富。

本套专著作为一批优秀专家学者前瞻性科技创新成果的集成，具有战略引领意义，将为中国养猪业未来高质量的发展发挥重要导向和推动作用。相信这套系列专著的出版，将促进中国养猪生产整体水平的极大提升。

吴常信院士 吴常信

2022年10月

—序二—

经过改革开放40年的发展，中国养猪业取得了举世瞩目的成绩，猪肉产销量占全世界一半以上，生产方式从最初的分散小规模饲养走向规模化机械化，正在向智能化发展。随着规模化养殖集约化程度的日益增强，一些矛盾逐步显现，猪业发展与资源环境、疾病暴发、养猪福利等矛盾越来越突出，生产力提高与品质风味下降、品种单一、退化等矛盾不断加大，养猪成本高，市场供给大起大落，未来养猪产业仍面临多种挑战。尤其近几年非洲猪瘟的暴发，更是集中暴露了养猪行业业已存在亟待解决的问题。全社会对于高质量健康食物的要求，生态环境对于产业发展的要求，促使养猪业必须反思过去，重新选择新的发展道路，选择基于健康、绿色、环保理念的新的道路和策略。面对这样的发展瓶颈，迫切需要行业内有识之士、行业内科学家共同研究和提出系统化的应对策略，用前瞻性的理论和理念、创新性技术指导产业转型升级。

非常欣喜地看到，集合行业内众多领军科学家的集体智慧，共同编著的这套《中国猪业科学与技术创新系列丛书》，具有鲜明的针对性、创新性和引领性，全角度反映了养猪业目前迫切关注和需要解决的核心问题的最新研究进展，特别对于猪基因组选择、肠道营养、基因编辑与抗病育种等新的抗病防病机制的研究，对于工程防疫、智能化养殖、无抗饲料的理论研究与技术研制，以及我国猪种质资源的研究等，这些科学家在自身扎实的研究基础上，结合国内外最新研究进展提出的新理论新技术新方法，对于解决我国目前猪业发展中面临的问题，推进我国养猪业健康发展，争取在本世纪中叶真正实现绿色、健康、环保和高效的目标，有着重要的战略引领意义和技术指导作用，是不可多得的全角度系统化集中反映养猪业前沿研究成果的高水平系列专著。

本套著作立意高远，作者队伍权威。各分册均由高等院校、科研院所获得过国家及省部级奖励的长江学者、国家杰青等正在岗位上工作的中年骨干学者专家担任主要编著者，以他们研究团队多年的科研成果为基础集体完成。本套专著是创新性科技成果集成的再创新，对于中国养猪业未来的发展具有重要的战略引领作用和科学技术支撑作用。

李德发院士 李德发

2022年10月

— 前言 —

我国是世界养猪大国，也是猪肉消费大国。“粮猪安天下”是我国的一句老话，说的是粮食和生猪等农产品供给的重要战略意义，生猪生产不但直接影响着城乡居民的生活水平，更是关乎国家宏观经济调控及政策走向。近年来，受非洲猪瘟、猪繁殖与呼吸综合征、猪流行性腹泻等疫情影响，我国生猪产量严重下滑，导致猪肉价格上涨，不能满足人民对美好生活的需求。为了确保我国养猪业的健康绿色发展，让百姓买得到、买得起猪肉，结合我们近年来在猪传染病研究方面取得的新理论、新成果、新技术、新产品和新理念，科学制定猪主要传染病防控的新策略，为猪肉产量的稳定供给和价格的稳定保驾护航。自 2018 年 8 月以来，非洲猪瘟给我国养猪业造成了重创，成为危害我国养猪业健康发展及引起猪只死亡的第一杀手。在非洲猪瘟的影响下，猪场生物安全理念日益受到养殖企业(户)的高度重视并应用于非洲猪瘟的防控。除非洲猪瘟外，新发病原、再发病原的不断出现，对我国养猪业形成新的威胁。目前，针对这些新病原缺乏有效的疫苗和药物及快速、敏感和特异的诊断方法，同时，针对临床症状相似的疾病也缺乏有效的鉴别诊断方法，根据我国动物疫病防控中长期规划，针对我国要消灭和净化猪的传染病依然有很长的路要走。所有这些挑战也给研究单位、生产单位和应用单位提出了新的课题，道阻且长，我们依然相信，在政产学研用的共同努力下，生猪产业绿色健康发展的目标不会动摇，传染病防控的前途是光明的。

本书编写团队成员长年从事猪主要传染病疫苗、防控技术研究及推广应用工作，具有很强的技术与产品创新能力、理论与技术创新能力、理论与实践相结合的能力和丰富的临床实践经验，创制了一系列具有自主知识产权的疫苗和防控新技术及新理念。这些研究成果先后获得多项省部级奖及国家奖，为控制我国猪主要传染病做出了重要的贡献。

本书内容包括三个部分:绪论、总论和各论。绪论主要回顾中华人民共和国成立以来，我国主要猪传染病防控取得的成绩及未来我国猪传染病防控面临的发展方向及主要趋势。总论主要是从传染病的发生、流行过程来阐述猪传染病的发生趋势和特点;同时针对传染病的共性特点，制定相应的生物安全措施及防控要点。各论是本书的重点内容，从侵害猪只呼吸系统、消化系统、繁殖系统、神经系统和多系统综合性疫病入手，将围绕动物疫病防控为核心的生物安全、生产管理、猪场布局等新理念、国家动物疫病净化和清除的防控理念、动物疫病检测与监测的理念从新理论、新成果、新型疫苗技术、新型诊断技术、新型生物制剂等方面对疾病的病原学、流行病学、致病机制、免疫机制、最新防控技术和诊断技术等进行总结、归纳，阐明不同病原引起的同一系统疾病的特征，并根据各病的发病特征进行鉴别诊断，以便养猪场技术人员能够快速判断出相应病因，有针对性地进行科学免疫接种，并采取相应的措施控制疾病的发生和传播。

由于猪的传染病种类繁多，本书不能一一陈述，所以在编写内容方面进行了探索，主要是针对当前对我国养猪业危害严重的传染病进行了撰写。提出了以危害猪体不同系统的主要传染病为撰写模块的创新模式，将不同病原引起的同一系统疾病汇编在一起，使读者快速鉴别诊断。解决了新理论、新技术、新理念和现地生产联系不紧密及现地生产无新产品、新技术或新理念可用的被动局面，为当前我国猪主要传染病的防控提供了理论和技术支撑。

本书具有很强的理论性和实践性，结构层次清晰，内容通俗易懂。旨在形成理论、技术指导生产实践，生产实践反哺理论和技术研究的新体系，为新产品及防控新技术，如安全、有效、质量可控的疫苗，快速、敏感、特异的诊断技术（方法）及新型生物制剂的研制和推广应用奠定基础。

本书的编者来自一线的科研院所专家、高等院校专家、基层专家和猪场专家。本书共分 7 部分，由冯力负责全书的组稿和统稿。具体编写分工如下：绪论由冯力编写。总论由孙东波、鄢明华、夏伟和张交儿编写。猪呼吸系统疫病由安同庆、鄢明华、王春来、辛九庆和潘巧编写。猪消化系统疫病由陈建飞、石达、张鑫、孙东波、李春秋和危艳武编写。猪繁殖系统疫病由符芳、孙元和华荣虹编写。猪神经系统疫病由华容虹和周伦江编写。系统综合性疫病由孙元、杨德成、危艳武和周伦江编写。

本书适合于生产一线的兽医技术人员，高等院校在读本科生、研究生，科研院所的科研人员及在读研究生阅读参考。

由于编者水平有限，加上相关领域专业发展十分迅速，书中内容涉及的专业跨度较广等原因，本书难免有错漏和不妥之处，敬请广大读者批评指正。

编者
2021 年 9 月

目录

第1章 绪　论

【本章提要】 本章主要回顾中华人民共和国成立以来,我国主要猪传染病防控取得的成绩及未来我国猪传染病防控面临的发展方向及主要趋势。

1.1 我国生猪疫病防控取得的重要成就

新中国历经70多年的发展和进步,生猪产业发生了翻天覆地的变化,目前已成为世界第一养猪大国和第一猪肉消费大国,在2018年非洲猪瘟发生前,生猪产销规模占全球的50%。我国猪传染病的科学防控也伴随着生猪产业的发展,取得了举世瞩目的成绩,推动和保障了中国生猪产业的健康可持续发展。从猪传染病防控技术的创制和应用、防控理念和观念的变革、防控体系的不断完善到人才队伍能力素质的不断提高等方面都取得了长足的进步。我们为了便于更大维度地了解不同时期的发展特点和所开展的工作,把70多年的猪病防控的历史分为三个阶段来阐述,以便于理解我国生猪动物疫病防控的成就。

1.1.1 新中国成立初期到改革开放(1949—1980年)

新中国成立初期,百废待兴,党和国家把动物疫病防控的重心放在马牛等与农业大生产息息相关的役用动物上,同时,国家研究机构也开始投入科技力量开展关乎民生的一些猪传染病防控技术的研究。从20世纪50年代,我国开始探索集约化养猪和机械化、自动化养猪,直到70年代末,才陆续在辽宁、上海、广东等地几个猪场通过引进国外技术建成了机械化的规模猪场。生猪生产主要是一家一户的散养和非机械化的生产模式。动物疫病主要是以猪瘟为主的病毒病和以高热为主的猪丹毒、猪肺疫、猪副伤寒细菌病,严重危害生猪生产。在此阶段,主要通过疫苗免疫很好地控制了这四种传染病。

1. 猪瘟防控

猪瘟是严重危害养猪业的一种重要动物疫病。1945年在石家庄分离出石门毒株,1951年用石门毒株成功地研制出了结晶紫甘油灭活疫苗,并在全国大规模推广使用,迅速控制了疫情。1954年,成功地研制出“54-Ⅲ系”也称猪瘟兔化弱毒疫苗C株,在全国大规模推广使用,迅速控制了疫情。1958年,C株疫苗被引入匈牙利,相继被朝鲜、苏联、罗马尼亚、保加利亚、越南等引入。后来又流传到西欧和拉美各国。因为C株安全有效,产生免疫快,从创制至今被广泛应用于世界各国。疫苗生产技术与产品质量不断改进与提高,1957年开始推广兔化弱毒组织苗。1964年将兔化弱毒接种乳兔,研制成功乳兔苗,大大提高了产量,降低了成本,1965年乳兔制苗技术在全国推广使用。1974年原代猪肾细胞成功培养兔化弱毒并用于疫苗生产。1976年在联合国粮农组织和欧洲经济共同体召开的会议上,专家一致认为中国的猪瘟兔化弱毒株,为消灭和控制欧洲国家猪瘟,做出了重大贡献。为了避免用同源细胞生产疫苗有污染强毒的危险,科研人员又先后研制成功绵羊肾细胞苗(1980年)、奶山羊肾细胞苗(1982

年)和犊牛睾丸细胞苗(1985 年)。1983 年,猪瘟兔化弱毒疫苗 C 株获国家技术发明奖一等奖。1985 年全国推广使用犊牛睾丸原代细胞生产猪瘟疫苗,一直使用至今。2004 年,用猪睾丸传代细胞系(ST 细胞系)生产猪瘟疫苗,工艺的稳定性大大提高,不仅显著增加了疫苗病毒的含量,而且有效地解决了传统犊牛睾丸细胞苗污染牛病毒性腹泻病毒(BVDV)的问题,减少了原代细胞疫苗动物个体之间的差异。

2. 猪口蹄疫防控

口蹄疫为国家一类传染病,主要的防控策略是扑杀。口蹄疫危害世界畜牧业已逾百年,全世界 3/4 以上的国家和地区都曾经发生过该病,造成重大经济损失和社会影响。20 世纪 50 年代,农业部在中国农业科学院兰州兽医研究所筹建口蹄疫研究室,结合苏联专家指导,开展了口蹄疫疫苗的最初研究。1956 年,用结晶紫甘油灭活和福尔马林灭活的口蹄疫疫苗获得成功。1960 年,结晶紫甘油疫苗在青海、云南、新疆、河南、甘肃、四川等地推广应用。这是我国推广应用的第一个口蹄疫灭活疫苗,对口蹄疫防控起到较好的作用。1978 年,开展 BEI 灭活疫苗,解决了疫苗安全问题,1987 年,此项成果被评为国家科学技术进步奖二等奖。在 80 年代以前,猪口蹄疫严格执行了疫情上报和扑杀,口蹄疫还属于零星散发,总体控制得比较好。

3. 猪丹毒、猪肺疫、猪副伤寒防控

20 世纪 70 年代,我国科学家先后研制成功了猪丹毒弱毒活菌苗,使用的菌株主要是猪丹毒 GC42 和 G4T10 弱毒株,猪丹毒 GC42 和 G4T10 弱毒疫苗及灭活疫苗。20 世纪 60 年代,中国兽医药品监察所的房晓文等选用抗原性良好的猪霍乱沙门氏菌强毒株在含有醋酸铊的普通肉汤中传代培养,经传数百代后,筛选出一株毒力弱而免疫原性良好的弱毒菌株,命名为猪霍乱沙门氏杆菌 C500(S. C500)弱毒株。用免疫原性良好的 S. C500 弱毒株的培养物加适宜稳定剂,经冷冻真空干燥制成仔猪副伤寒活疫苗(paratyphus vaccine for piglets, living),经田间试验和区域试验证明疫苗安全有效。仔猪副伤寒活疫苗于 1965 年开始试用,1976 年被批准列入兽医生物制品规程,已在全国许多生物制品厂生产,对控制仔猪副伤寒病起到很大作用。内蒙古生物药厂从 1967 年研制猪肺疫弱毒疫苗,在 1971 年投产应用,效果明显。随后研制了猪瘟-丹毒-肺疫三联和猪瘟-丹毒二联疫苗。这些疾病除了在使用抗生素治疗外,疫苗免疫起到了非常关键的作用,当时这三种细菌病和猪瘟并称猪的四大疫病,疫苗的大面积推广和应用,成功地为有效控制上述三种细菌病提供了保障。免疫基本实行春防秋防一刀切的办法。

4. 猪支原体肺炎防控

从 20 世纪 50 年代起,我国各大科研院所开展了猪支原体肺炎的疫苗研制工作。猪支原体肺炎活疫苗国内自主研发获得注册的产品有 2 个,分别为江苏省农科院畜牧兽医研究所研究开发的猪支原体肺炎活疫苗(168 株)、中国兽医药品监察所研究开发的猪肺炎支原体活疫苗(RM48 株)。猪肺炎支原体 168 株是由江苏省农科院畜牧兽医研究所于 1979 年在甘肃省分离,经 3 次克隆化培养,无细胞培养 340 代次,人工致弱的弱毒菌株,采用该菌株作为抗原制备成活疫苗。该疫苗可产生较强的局部黏膜免疫力和细胞免疫力,肺内 1 次注射,2 周内可产生保护力。猪支原体肺炎活疫苗(RM48 株)是由中国兽医药品监察所作为第一单位注册的,该疫苗为冻干活疫苗,通过鼻腔或胸腔方式接种,1 次免疫,能够有效预防猪支原体肺炎引起的猪气喘病。

1.1.2 改革开放到 90 年代末(1980—1999 年)

改革开放后,我国生猪产业仍以小规模散养为主,但是集约化、机械化的养猪模式已初现端倪，并在这 20 年间，集约化养猪的规模渐呈星火燎原的态势。中国生猪产业的疫病防控也出现了新的形势，在前面控制较好的四种疫病的基础上，伪狂犬病、猪呼吸道细菌病、猪口蹄疫、猪病毒性腹泻成为猪场的重要必防传染病，也得到了较好的控制。1996 年，中国报道了猪蓝耳病，给养猪业又带来新的挑战。

1. 猪口蹄疫防控

1989 年，谢庆阁等研发的猪口蹄疫 O 型灭活疫苗获我国口蹄疫疫苗史上第一个国家新兽药证书，并在此基础上发明了浓缩培养技术，采用 GMP 生产工艺，解决了抗原浓缩纯化和规模化生产问题，并于 1999 年获得国家技术发明奖二等奖。

2. 猪伪狂犬病防控

伪狂犬疫苗有灭活疫苗和活疫苗，以基因缺失的活疫苗为主，其中市场上主要的灭活疫苗有闽 A 株、鄂 A 株。活疫苗分为自然缺失弱毒活疫苗和基因工程缺失弱毒活疫苗，自然缺失弱毒活疫苗有 Bartha-K61 株，gI/gE 双基因缺失弱毒疫苗在广泛使用，由于该基因缺失而进一步阻断弱毒株恢复毒力的可能性，所以大大提高了这种弱毒苗的安全性，是全球使用最多的伪狂犬活疫苗。基因工程缺失弱毒活疫苗主要包括对与毒力相关的基因如 TK、gE、gl 等基因的缺失以降低病毒毒力；对糖蛋白基因如 gG、gC 等基因的缺失以引入选择标记或阻止感染性病毒的产生，从而致弱猪伪狂犬病毒，同时又保持其较强的免疫原性。目前我国主要有 TK/gG 双基因缺失活疫苗 HB-98 株、gE/gI/TK 三基因缺失的 SA215 株、TK/gG/gE 三基因缺失的 HB2000 株等。伪狂犬防控主要是靠活疫苗免疫，其免疫效果确实，在我国猪伪狂犬病防控中发挥了关键作用。目前伪狂犬疫苗必须要能与野毒株进行区别，通过 gE ELISA 进行鉴别，美国等发达国家通过这种方法净化了伪狂犬。

3. 猪乙型脑炎防控

临床上常用的猪乙型脑炎疫苗有鼠脑灭活苗和减毒活疫苗两种，我国最早研制成功的猪乙型脑炎疫苗即为鼠脑灭活疫苗，该疫苗 1996 年获得新兽药注册证书，研制单位是湖北省农科院畜牧兽医研究所。该单位从流产胎猪脑内分离出的一株猪乙型脑炎强毒 WH-1 株，在小鼠脑内接种 7～9 g，收获发病小鼠的脑组织，经过滤、灭活、乳化等工艺制成疫苗。该疫苗对各类猪群，尤其是对青年妊娠母猪和公猪的安全性好，免疫接种后无异常反应，无病毒血症及胎内感染，对猪乙型脑炎引起母猪繁殖障碍保护率高。猪乙型脑炎减毒活疫苗也是湖北省农科院畜牧兽医研究所研制。生产毒株 SA14-14-2 由中国药品生物制品检定所采用分离自蚊幼虫的 SA14 株乙型脑炎病毒进行传代、噬斑筛选得到。用该毒株接种地鼠肾原代细胞培养，收获病毒培养液，加适宜的稳定剂，经冷冻真空干燥制成疫苗。该减毒活疫苗具有可靠的安全性、良好的免疫原性。用后备母猪进行免疫原性试验，能产生良好的免疫应答；免疫该疫苗的初产母猪能抵抗流行性乙型脑炎病毒(JEV)强毒的攻击，不产生病毒血症，对胎儿感染的保护率达 100%。该疫苗的质量标准已经收录入 2010 版《中国兽药典》，但由于地鼠肾原代细胞基质无法获得 WHO 的认证，此种疫苗尚未在国际上使用。

4. 猪传染性胃肠炎(TGE)与猪流行性腹泻(PED)防控

中国农业科学院哈尔滨兽医研究所从 1976 年开始从事猪传染性胃肠炎与猪流行性腹泻的防控研究。1993 年王明研究员等将经接种仔猪、免疫荧光检查及与 PED CV777 毒株对比试验证实为 PEDV 的沪毒株(S 株)接种 3～9 日龄仔猪，待典型发病后迫杀，采集小肠组织及内容物，制备 PED 氢氧化铝灭活苗，填补了国内外无 PED 疫苗的空白。该疫苗经后海穴注射，对仔猪的主动保护率为85%，被动保护率为97.06%。接种后两周开始产生免疫力，免疫期可达6个月。1995年又率先研制成TGE、PED二联组织灭活苗，该疫苗是世界上首个预防猪传染性胃肠炎、猪流行性腹泻的二联灭活疫苗，于1999年获得国家一类新兽药注册证书。由于组织灭活苗存在操作烦琐、生产成本高及质量难以控制等缺点，马思奇研究员等采用在病毒培养液中加适量胰酶的培养方法，将PEDV CV777适应于Vero细胞，以28代毒制备氢氧化铝灭活苗，后海穴接种，对仔猪的主动免疫保护率为85.19%，被动免疫保护率为85%。通过该方法制备的PED细胞灭活苗可用于现地PEDV的预防与控制。1998年佟有恩研究员等将适应Vero细胞的CV777株从90代起进行克隆纯化，目的是稳定减弱的毒力并保持良好的免疫原性。克隆后的弱毒株仍保持良好的安全性，主动免疫与被动免疫的保护率分别达到95.92%及96.2%。经6代次的返祖传代仍是稳定的，未见毒力返强，成功培育了CV777弱毒疫苗株。

5.猪呼吸道细菌感染防控

在我国引起猪呼吸道症状的细菌病主要有猪传染性萎缩性鼻炎、猪传染性胸膜肺炎、副猪嗜血杆菌病等。在我国，通过筛选抗原性良好的猪传染性胸膜肺炎流行株，研制出APP 1、3、7血清型三价灭活苗，经过一系列免疫试验证明，这种灭活苗，不论注射大小猪、妊娠母猪均安全，有效免疫持续期达6个月，保存期为12个月。经田间和区域免疫效力试验证明，免疫猪保护率达85%以上，其发病率和死亡率比对照分别降低75%和70%，表现出良好的免疫效力。根据几年来猪场应用疫苗经验的总结，规模化养猪场应用疫苗免疫是行之有效的方法。此外，我国目前还有含血清1型和7型的二价灭活疫苗以及二价蜂胶灭活疫苗在生产和应用。猪传染性胸膜肺炎国内的灭活疫苗主要为Bb和T^{+} Pm二价全菌灭活疫苗，且菌种基本为国内本地区分离到的强毒株，针对本地区的血清型及抗原特性，因此此类疫苗在免疫效力和清除鼻腔细菌的能力上优于国外同类产品，母猪和仔猪均能产生较好的应答反应，例如中国农业科学院哈尔滨兽医研究所所研制的二联灭活油佐剂疫苗免疫后，在母猪初乳和仔猪血清抗体可以达到80 000倍以上，波氏杆菌也可以产生极高的抗体，因此得到了广泛的应用，并在我国猪传染性萎缩性鼻炎(AR)的净化方面发挥了巨大作用。但上述二联灭活苗只是降低了病原菌在呼吸道的定植，并不能完全阻止感染或者完全清除病原微生物。国内副猪嗜血杆菌病的疫苗以灭活疫苗为主，主要是血清型4、5二价苗和1、5二价苗。由于副猪嗜血杆菌血清型多达15个以上，且型间交叉保护力不强，各地流行血清型差异较大，所以，不同的疫苗在不同地区应用效果差别也较大，褒贬不一。

1.1.3　21世纪以来(2000—2022年)

进入21世纪，我国养猪业高速发展，集团化、集约化成为引领行业的主流，大型航母级集约化养殖集团陆续出现。蓝耳病在1996年从我国首次发现后，到目前为止，依然是非常重要的传染病，2006年高致病蓝耳病的出现，又把蓝耳病防控提到了更为重要的地位。2002年，猪圆环病毒在我国报道，引起断奶仔猪多系统消瘦衰弱综合征，在2005年前后导致断奶仔猪成活率下降。进入21世纪，传染病防控进入了以新七大疫病——非洲猪瘟、猪瘟、蓝耳病、猪病毒性腹泻、伪狂犬病、口蹄疫、猪圆环病毒病为核心的时代。在这个阶段，新发传染病不断出现，如德尔塔冠状病毒等(2014年)，老的传染病发生变异，如伪狂犬(2011年)。更让整个行业焦虑的是，2018年8月非洲猪瘟传入我国，重创我国整个生猪产业，因非洲猪瘟全球无疫苗，使猪场生物安全提升到前所未有的高度。我国的养猪产业又面临着一次严峻的挑战。

1. 猪繁殖与呼吸综合征防控

猪蓝耳病又称猪繁殖与呼吸综合征，是危害养猪业的重要疫病之一，该病由野猪传入，发生感染最早可追溯到1912年。1996年首次报道我国存在该病，此后我国经历了经典蓝耳病、高致病性蓝耳病、类NADC30株蓝耳病3次大面积的流行。我国研制的第一个猪蓝耳病疫苗(灭活疫苗CH-1a株)于2005年获批准，随后经典株疫苗(弱毒疫苗CH-1R株、R98株、灭活疫苗SD株)、高致病性毒株疫苗(JXA1-R株、HuN4-F112株、TJM-F92株和GDr180株)相继获批准。这些疫苗在全国累计应用超过90亿头份，在猪蓝耳病防控方面发挥了巨大的作用。

2. 猪口蹄疫防控

自2000年以来，亚洲Ⅰ型、O型和A型3种血清型的5种新流行毒株先后传入我国，科学家们先后成功创制了获国家二类新兽药证书的牛口蹄疫O型、A型双价灭活疫苗，口蹄疫O型、A型、亚洲Ⅰ型三价灭活疫苗以及获国家三类新兽药证书的口蹄疫A型灭活疫苗，口蹄疫亚洲Ⅰ型灭活疫苗，口蹄疫O型、亚洲Ⅰ型二价灭活疫苗等，这些疫苗覆盖了当时我国流行的所有血清型和毒株的口蹄疫。为了解决传统制苗种毒选育耗时长、成功率低的难题，成功创建了制苗种毒分子选育技术平台，创制了覆盖亚洲Ⅰ型、O型和A型的系列高效灭活疫苗，及时遏制了口蹄疫大流行，此成果获得了2016年国家科学技术进步奖二等奖。2017年，“猪口蹄疫O型病毒3A3B表位缺失灭活疫苗”和首例口蹄疫反向遗传技术疫苗“猪口蹄疫O型、A型二价灭活疫苗”均获国家一类新兽药证书，并成功投向市场，标志着我国口蹄疫新型分子疫苗成功实现产业化，开创了世界口蹄疫分子疫苗研究从实验室走向市场的新纪元。

3. 猪圆环病毒病防控

我国在2002年发现猪圆环病毒的存在，间隔8年，在2010年两种猪圆环病毒2型灭活疫苗先后研制成功。灭活疫苗一是抗原含量高。采用独家培育的毒种，繁殖能力强，疫苗抗原含量高。二是免疫原性强。疫苗制备采用优良免疫佐剂，使疫苗免疫原性大幅提升，接种后抗体产生早、效价高。三是安全性好。对任何品种、年龄的健康猪群，疫苗接种后无过敏反应，无体温升高、采食下降和影响增重现象，注射部位无红肿、化脓等不良反应。四是免疫效果显著。疫苗免疫攻毒保护率达96%以上。五是抗母源抗体干扰。疫苗具有良好的免疫原性，可快速启动机体免疫系统，不受母源抗体的影响，产生高水平抗体，能够完全抵抗病毒感染。六是应用效果显著。临床试验表明，疫苗接种猪群与未接种对照群对比，发病率、死淘率、母猪所产仔猪死胎率显著下降，饲料转换率、增重率、出栏率显著上升，初生仔猪成活率、断奶时成活率明显提高。圆环病毒疫苗的研制成功，突破了国外产品的垄断和高价格，使我国养猪产业用上了价格合理的国产疫苗，疫苗的成功应用，为我国的猪圆环病毒病防控做出了贡献。

4. 猪病毒性腹泻防控

中国农业科学院哈尔滨兽医研究所猪传染性胃肠炎课题组在马思奇研究员的带领下于1999年研制成功猪传染性胃肠炎、猪流行性腹泻二联活疫苗，该疫苗是世界首个预防猪传染性胃肠炎病毒和猪流行性腹泻病毒混合感染或单一感染的二联活疫苗，于2003年获得国家一类新兽药注册证书。猪传染性胃肠炎、猪流行性腹泻二联苗经田间试验、区域性试验向全国推广应用后取得显著的社会经济效益，并于2004年获得国家科技进步奖二等奖。

猪传染性胃肠炎病毒、猪流行性腹泻病毒和猪轮状病毒感染是哺乳仔猪死亡的“第一杀手”，尤其是7日龄以内仔猪感染后死亡率可高达100%，每年经济损失超过100亿元。这三种病毒在我国及世界范围内广泛流行和肆虐，混合感染问题突出，危害极大。联苗的免疫接种是解决上述问题的关键。中国农业科学院哈尔滨兽医研究所冯力研究员率领团队建立了猪病毒性腹泻分子流行病学研究技术平台，明确了我国猪只腹泻的主要病原及其混合感染情况，确定了猪轮状病毒流行毒株的优势基因型，为疫苗候选株的筛选及疫苗研发策略提供了强有力的科学依据。创立了独特的猪腹泻病毒致弱技术体系，通过筛选敏感传代细胞系，确定了病毒分离用最佳细胞系，成功解决了猪腹泻病毒难以适应细胞的难题。在病毒体外传代致弱过程中结合5～6次固相病毒蚀斑克隆，优选出了安全且免疫原性好的克隆株，并通过未吃初乳仔猪交替传代保持弱毒株良好免疫原性，解决了传代致弱过程中弱毒株免疫原性减弱或丧失的关键问题。发明了我国首个安全、高效的猪传染性胃肠炎、猪流行性腹泻、猪轮状病毒三联活疫苗（以下简称猪病毒性腹泻三联活疫苗），填补了我国无猪轮状病毒疫苗及猪病毒性腹泻联苗可用的空白，实现了一针同时预防三种重大疫病的“一箭三雕”效果。该疫苗对所有猪只均安全，可用于所有猪只的免疫，具有针对性强（针对混合感染及猪轮状病毒优势基因型G5型）、免疫效果好和适用范围广的优点，对单一感染与混合感染均有效。该疫苗于2014年获得国家二类新兽药注册证书，为国内率先创制成功，是目前我国唯一预防三种病毒混合感染及猪轮状病毒感染的疫苗，同时也是世界上仅有的两个三联活疫苗之一。“一针三防”解决了三种猪腹泻病毒的混合感染问题，节省了养殖户和养殖企业的人力成本，减少了劳动量，降低了劳动强度，避免了多次免疫对猪只产生的应激反应，减轻了养殖户和养殖企业的经济负担，提高了生产效率和经济效益。猪病毒性腹泻三联活疫苗的成功研制提高了我国生物制品整体研制水平，引领了猪病毒性腹泻新型多联、多价疫苗研发的新趋势，完善了猪病防控疫苗体系，为养殖户和养殖企业防控猪病毒性腹泻提供了保障，带动了产业发展，增加了农民收入，促进了生猪产业绿色健康发展。创建的新生产工艺彻底摆脱了疫苗生产过程中仔猪的使用，保证了动物福利，使疫苗生产成本大幅下降，为疫苗生产企业提供了一个新的效益增长点，利润增加显著，增强了疫苗生产企业的市场竞争力和影响力。疫苗于2018年获得国家技术发明奖二等奖，于2020年入选“十三五”十大农业科技标志性成果。

5. 非洲猪瘟的防控

非洲猪瘟在2018年在我国暴发，并迅速传染开，给我国养猪业造成重创，从中小散户到集约化猪场，均未能幸免。导致存栏母猪下降，生猪出栏大幅度下降，猪价和猪肉价格创历史新高。非洲猪瘟疫情发生后，国家也积极采取控制和应对措施，开展了病原学、流行病学等研究，并把敏感快速高通量的荧光定量PCR检测方法投入疫病的控制与净化过程中，多家单位开展疫苗等防控技术的研究。在生产实践中，通过扑灭和净化，尤其是精准清除等生物安全措施和技术，实现了生猪生产的快速恢复，并对产业结构的调整起到了极大的推动作用，集约化、现代化的养猪企业所占的份额大比例提高。这是诊断技术加上生物安全防控传染病的成功案例。但是随着非典型非洲猪瘟毒株的出现，也给原来的精准清除策略带来了新的挑战，可以说非洲猪瘟将是中国生猪产业未来发展的一个重要障碍，并将长时间影响生猪产业的健康发展。

1.2 未来猪传染病防控的发展方向与趋势

1.2.1 针对国内猪传染病的防控

新发传染病和抗原变异呼唤新型疫苗和诊断制剂的创新与应用：随着国内猪场规模化、集约化、自动化程度的不断提高，猪只饲养数量和密度也在不断扩大，导致猪病防控面临的挑战也越来越大，尤其是猪呼吸道疾病的防控。近年来，新发传染病和变异毒株的不断出新，给我国养殖业造成了巨大的经济损失，针对新发病原或变异毒株应加快新型疫苗的研制和攻关，尽快减少疫病带来的危害。伴随着集约化的不断发展，疫病净化显得愈发重要，需要定期淘汰病原携带猪和潜伏感染猪，同时，需要建立强、弱毒株鉴别诊断方法和研究高效、安全的标记疫苗，达到快速鉴别和有效净化的目的。

减抗替抗保证养殖安全与公共卫生安全：近年来，耐药菌毒株，尤其是多重耐药菌毒株的出现，给动物及人类身体健康带来了极大危害；减少抗生素的使用不但能够减少耐药菌毒株的出现，而且还有益于畜禽和人类健康。我国现地养殖环境极其复杂，疾病种类繁多，合理应用抗生素是非常必要的；同时，积极探讨和寻找安全、高效的抗生素替代物也是切实可行的。

精准检测与监测：在传染病的防控过程中，精准检测与监测技术是不可或缺的，在未知病原之前，尤其显得重要。对重大动物疫病，应研制和储备敏感性高、特异性好、操作性强的快速、可靠的诊断试剂盒或诊断方法。

优化免疫程序和策略：疫苗免疫依然是控制传染病的重要手段，应遵循科学的免疫程序和免疫方法，有针对性地进行免疫接种，降低活疫苗毒力返强或与野毒株发生重组的风险。

符合集约化的疫苗递送途径：为了适应集约化的免疫策略，应着力研究可通过饮水、喷雾途径给予免疫的疫苗及多价、多联疫苗的研制，这些免疫途径和联苗既减少了生产者的劳动强度、降低了生产成本，又减少了对猪只的应激反应。开发无针注射器，通过皮内免疫既减少了动物的疼痛，又操作简便，降低了生产者的劳动强度，并可避免交叉污染。

转基因抗病育种：转基因抗病育种是增强猪只抵抗力的重要手段，应借助我国地方猪种抗病、抗逆基因资源丰富的优势，大规模开展猪抗病育种基因素材的收集、挖掘和整理，在分离、克隆、鉴定重要功能基因和新基因的基础上，从多个层次、多个角度深入、系统地开展基因的结构和功能研究，并进一步针对分子育种实践开发基因诊断技术和育种试剂盒，构建适合猪繁育体系特点的分子育种方法和技术流程，建立猪抗病育种相关的行业标准，培育抗病新品种。

生物安全与疫病的净化：生物安全与环境控制是生猪养殖过程中的重要一环，只有实行严格的生物安全措施才能有效预防疾病的传入并最大限度降低猪场内的病原微生物，从而提高猪群的整体健康水平，最终实现经济效益的最大化。另外，根据国家动物疫病防控中长期规划，动物疫病的净化需要提到议事日程上，DIVA 疫苗和配套的诊断试剂将满足这一国家需求，同时要有顶层设计，并执行到位，才有可能实现扑灭和净化。

1.2.2 针对外来猪传染病的防控

把住国门，减少外来输入风险：外来动物或动物制品（冻肉或肠类产品）进口对我国养猪业的健康发展具有潜在的威胁。海关应按照世界动物卫生组织、国家标准或行业标准制定的检测方法，科学合理地对外来动物或动物制品进行监督和检查，加大检测力度，将危害我国养殖业的病原或病原携带者拒之于国门之外。养殖企业到国外引种时，应提前了解引种地区的常见流行病及种猪场猪群疾病的发生、流行和日常疫苗的免疫接种情况。同时，要对引种的猪群进行采样，进行相关疾病的抗原、抗体检测，将风险降到最低。肉食品企业进口猪肉产品时，要对整个养殖环节的疾病流行、发生和愈后情况进行调查，并随机采取相应的样品进行重要疾病的抗原或核酸检测，避免引进外来病原。人口、车辆的流动会加强疾病的传播，应禁止外来、出国归国等人员携带国外的猪肉制品入境，或要求相关携带人员出具检疫合格证明。国家应加强宣传和教育从业人员遵守法律法规，严厉打击各种走私猪肉、疫苗等的不法行为，加大惩罚力度。

建立、健全外来疫病预防和预警体系：全国一盘棋，做好外来疫病监控与防控的顶层设计，做好一系列疫病发生的应急预案；如若发生，严格按照传染病扑灭计划进行扑灭，实现“早快严小”的总体原则。构建外来疫病的监测与预警网络，兽医行政部门做好日常监测和监督工作。做到疫情能第一时间上报，及时处理，并且扑杀补偿合理。

储备外来疫病的诊断与防控技术：国家层面做好外来疫病防控的储备技术研究，做到提前谋划，在有资质和条件的生物安全实验室开展研制敏感、特异的抗原、抗体或核酸检测方法的研究，并开展安全有效的新型疫苗研制等系列防控产品的储备研究。一旦发生疫病，对应疫苗可迅速投入使用。

参考文献

蔡萌. 十载铸防控之盾一朝驱腹泻狂魔——记 2018 年度国家技术发明奖二等奖项目“猪传染性胃肠炎、猪流行性腹泻、猪轮状病毒三联活疫苗创制与应用”. 中国科技奖励，2019(1)：40-43.

李弥牢. 猪繁殖与呼吸综合征疫苗的研究进展. 中国猪业，2022，17(5)：87-89.

蔺涛，郑浩，韦祖樟，等. 猪瘟疫苗研究进展//中国畜牧兽医学会 2009 学术年会论文集(下册)，2009：508.

刘玲利，崔克. 猪圆环病毒疫苗研究进展. 中国热带医学，2013，13(11)：1428-1430，1432.

刘涛，赵京媛，孙晓成. 猪伪狂犬疫苗研究进展. 兽医导刊，2012(12)：72-74.

马思奇，王明，冯力，等. 猪传染性胃肠炎与猪流行性腹泻二联氢氧化铝细胞灭活疫苗的研究. 中国畜禽传染病，1995(6)：25-29.

秦红刚，肖敏，李伟，等. 猪乙型脑炎疫苗的研究进展. 中国兽药杂志，2012，46(7)：58-61.

苏丹萍，张艳萍，贺东生. 猪沙门氏菌病疫苗研究进展. 猪业科学，2009，26(12)：42-44.

佟有恩. 猪传染性胃肠炎与猪流行性腹泻二联弱毒疫苗. 中国农业科学院哈尔滨兽医研究所，2004-01-01.

王明，马思奇，周金法，等. 猪流行性腹泻灭活疫苗的研究. 中国畜禽传染病，1993(5)：17-19.

易悦，王利娜，徐志文，等. 猪口蹄疫疫苗的研究进展及其应用. 猪业科学，2011，28(2)：44-48.

喻明成，汤德元，李春燕，等. 猪传染性胸膜肺炎疫苗的研究进展. 猪业科学，2011，28(7)：88-91.

张文通，魏凤，李峰，等. 商品化猪丹毒疫苗分类及特点. 猪业科学，2020，37(7)：100-101.

周先建，周勇岐，何东旭，等. 猪肺炎支原体 168 株弱毒活疫苗的应用. 中国畜牧业，2018(16)：55-56.

（冯力）

国家奖

重要动物病毒病防控关键技术研究与应用

2012 年获得国家科学技术进步奖一等奖，中国人民解放军军事医学科学院军事兽医研究所为第一完成单位。

动物病毒病不仅严重危害养殖业，而且给动物源性食品安全、公共卫生安全、濒危野生动物种质资源安全、生态环境安全造成巨大影响和严重威胁。为解决动物病毒病防控中的多项技术难题，金宁一科研团队在 50 余项课题的资助下，联合华南农业大学、中国农业科学院特产研究所、华中农业大学、广西壮族自治区动物疫病预防控制中心、北京大北农科技集团股份有限公司 5 家单位协同攻关，在重要动物病毒病的病原确认、溯源、跨种传播、感染与致病机制等方面取得重大突破。

该成果主要有五个创新点：一是分离鉴定了 18 种畜禽、特种经济动物和野生动物病毒，在国际上首次发现并证明新城疫病毒对鹅的致死性感染，在国内率先发现两种新宿主来源的流感病毒和两种基因重排的流感病毒。二是在国际上首次发现了高致病性禽流感病毒跨种感染虎和狐狸，犬瘟热病毒跨种感染大熊猫、猕猴，制定了监测与防控措施，保护了濒危野生动物种质资源安全。三是在我国率先启动了动物病毒病分子流行病学研究，明确了 8 种动物病毒病在我国的流行特征，在国内首次揭示口蹄疫病毒免疫逃避和重组的新机制。四是建立了针对动物病毒的 15 种检测方法，解决了 8 项技术难题，获得两项诊断试剂新兽药注册证书，两项诊断技术被列为国家标准。五是攻克了 17 项疫苗研制及产业化关键技术，在国内率先研制了 15 种畜禽和特种经济动物疫苗。

第2章 总论

【本章提要】 本章主要从传染病的发生、流行过程来阐述猪传染病的发生趋势；同时针对不同传染病的发病特点，采取相应的生物安全措施及制定科学合理、切实可行的免疫接种方案来预防、控制疾病的发生和流行。

2.1 猪传染病的传染过程和流行过程

猪传染病是对猪养殖业危害最严重的一类疾病，它不仅能造成大批猪死亡和猪产品的损失，影响人民生活和对外贸易，而且某些人畜共患的传染病还能给人民健康带来严重威胁。猪传染病的控制和消灭程度，是衡量一个国家兽医事业发展水平的重要标志之一，也是代表一个国家的文明程度和经济发展实力。正确诊断并采取适当措施有效控制传染病是传染病学的根本任务。要达到这一目的，首先必须认清传染病的发生、发展规律。

2.1.1 感染与传染病

病原微生物侵入动物机体，并在一定的部位定居，生长繁殖，从而引起机体一系列病理反应，这个过程称为感染。动物感染病原微生物后会有不同的临床表现，从完全没有临床症状到明显的临床症状，甚至死亡，这是病原的致病性、毒力与宿主特性综合作用的结果。也就是说病原对宿主的感染力和致病力表现出很大差异，这不仅取决于病原本身的特性(致病力和毒力)，也与动物的遗传易感性和宿主的免疫状态以及环境因素有关。

凡是由病原微生物引起的，具有一定的潜伏期和临诊表现，并具有传染性的疾病，称为传染病。传染病的表现虽然多种多样，但也具有一些共同特性，根据这些特性可与其他非传染病相区别(裴秀芳，2010)。这些特性是：

(1)传染病是在一定环境条件下由病原微生物与机体相互作用所引起的。每一种传染病都有其特异的致病性微生物存在，如猪瘟是由猪瘟病毒引起的，没有猪瘟病毒就不会发生猪瘟。

(2)传染病具有传染性和流行性。从患传染病的病猪体内排出的病原微生物，侵入另一健康猪体内，能引起同样症状的疾病。像这样使疾病从病猪传染给健康猪的现象，就是传染病与非传染病相区别的一个重要特征。当一定的环境条件适宜时，在一定时间内，某一地区易感猪群中可能有许多猪被感染，致使传染病蔓延散播，形成流行。

(3)被感染的机体发生特异性反应。在传染发展过程中由于病原微生物的抗原刺激作用，机体发生免疫生物学的改变，产生特异性抗体和变态反应等。这种改变可以用血清学方法等特异性反应检查出来。

(4)耐过动物能获得特异性免疫。猪耐过传染病后，在大多数情况下均能产生特异性免疫，使机体在一定时期内或终生不再患该种传染病。

(5)具有特征性的临诊表现。大多数传染病都具有该种病特征性的综合症状、一定的潜伏期和病程经过。

2.1.2 传染病病程的发展阶段

传染病的病程发展过程在大多数情况下具有严格的规律性，大致可以分为潜伏期、前驱期、明显(发病)期和转归期四个阶段。

潜伏期：由病原体侵入机体并进行繁殖时起，直到疾病的临诊症状开始出现为止，这段时间称为潜伏期(杨秋野，2015)。一般来说，急性传染病的潜伏期差异范围较小；慢性传染病以及症状不很显著的传染病其潜伏期差异较大，常不规则。同一种传染病潜伏期短促时，疾病经过常较严重；反之，潜伏期延长时，病程亦常较轻缓。从流行病学的观点来看，处于潜伏期中的猪之所以值得注意，主要是因为它们可能是传染的来源。

前驱期：是疾病的征兆阶段，其特点是临诊症状开始表现出来。但该病的特征性症状仍不明显。从多数传染病来说，这个时期仅可察觉出一般的症状，如体温升高、食欲减退、精神异常等(石淑惠等，2005)。各种传染病和各个病例的前驱期长短不一，通常只有数小时至一两天。

明显(发病)期：前驱期之后，病的特征性症状逐步明显地表现出来，是疾病发展到高峰的阶段(图门乌力吉，2012)。这个阶段因为很多有代表性的特征性症状相继出现，在诊断上比较容易识别。

转归期(恢复期)：疾病进一步发展为转归期。如果病原体的致病性能增强，或猪体的抵抗力减退，则传染过程以猪死亡为转归。如果猪体的抵抗力得到改进和增强，则机体便逐步恢复健康，表现为临诊症状逐渐消退，体内的病理变化逐渐减弱，正常的生理机能逐步恢复。机体在一定时期保留免疫学特性。在病后一定时间内还有带菌(毒)排菌(毒)现象存在，但最后病原体可被消灭清除。

2.1.3 传染病流行过程三要素

猪传染病的一个基本特征是能在猪之间直接接触传染或间接地通过媒介物(生物或非生物的传播媒介)互相传染，构成流行。猪传染病的流行过程，就是从猪个体感染发病发展到猪群体发病的过程，也就是传染病在猪群中发生和发展的过程。传染病在猪群中蔓延流行，必须具备三个相互连接的条件，即传染源、传播途径及易感动物。这三个条件常统称为传染病流行过程的三个基本环节，当这三个条件同时存在并相互联系时就会造成传染病的发生。因此，掌握传染病流行过程的基本条件及其影响因素，有助于我们制订正确的防疫措施，控制传染病的蔓延或流行。

1. 传染源

传染源(又称传染来源)是指有猪传染病的病原体在其中寄居、生长、繁殖，并能排出体外的动物机体。猪疫病发生多为 2 种或 2 种以上病原感染发病，病原有病毒、细菌、寄生虫等(何丽君，2014)。具体说传染源就是受感染的猪，包括传染病病猪和带菌(毒)猪。猪受感染后，可以表现为患病和携带病原两种状态，因此传染源一般可分为两种类型。

患病猪：病猪是重要的传染源。不同病期的病猪，其作为传染源的意义也不相同。前驱期和症状明显期的病猪因能排出病原体且具有症状，尤其是在急性过程或者病程转剧阶段可排出大量毒力强大的病原体，因此作为传染源的作用也最大。潜伏期和恢复期的病猪是否具有传染源的作用，则随病种不同而异。

病猪能排出病原体的整个时期称为传染期。不同传染病传染期长短不同。各种传染病的隔离期就是根据传染期的长短来制订的。为了控制传染源，对病猪原则上应隔离至传染期终了为止。

病原携带者是指外表无症状但携带并排出病原体的动物。病原携带者是一个统称，包括带菌者、带毒者、带虫者等。猪病原携带者排出猪病原体的数量一般不及患病猪，但因缺乏症状不易被发现，有时可成为十分重要的传染源，如果检疫不严，还可以随动物的运输散播到其他地区，造成新的暴发或流行。

病原携带者一般分为潜伏期病原携带者、恢复期病原携带者和健康病原携带者三类。

潜伏期病原携带者是指感染后至症状出现前即能排出病原体的猪。在这一时期，大多数传染病的病原体数量还很少，此时一般不具备排出条件，因此不能起传染源的作用。但有少数传染病如口蹄疫和猪瘟等在潜伏期后期能够排出病原体，此时就有传染性了。

恢复期病原携带者是指在临诊症状消失后仍能排病原体的动物。一般来说，这个时期的传染性已逐渐减少或已无传染性了。但还有不少传染病如猪气喘病等在临诊痊愈的恢复期仍能排出病原体。

健康病原携带者是指过去没有患过某种传染病但却能排出该种病原体的动物。一般认为这是隐性感染的结果，通常只能靠实验室方法检出。如巴氏杆菌病、沙门氏菌病、猪丹毒等病的健康病原携带者为数众多，有时可成为重要的传染源。

病原携带者存在着间歇排出病原体的现象，因此仅凭一次病原学检查的阴性结果不能得出正确的结论，只有反复多次的检查均为阴性时才能排除病原携带状态。消灭和防止引入病原携带者是传染病防制中艰巨的主要任务之一。

2.传播途径

病原体由传染源排出后，经一定的方式再侵入其他健康猪所经的途径称为传播途径。研究传染病传播途径的目的在于切断病原体继续传播的途径，防止健康猪受传染，这是防制猪传染病的重要环节之一。传播途径可分两大类：一是水平传播，即传染病在群体之间或个体之间以水平形式横向传播；二是垂直传播，即从母体到其后代两代之间的传播。水平传播在传播方式上可分为直接接触传播和间接接触传播两种。

(1)直接接触传播　病原体通过被感染的猪(传染源)与健康猪直接接触(交配、舐咬等)而引起疾病的传播方式。以直接接触为主要传播方式的传染病为数不多。直接接触而传播的传染病，其流行特点是一个接一个地发生，形成明显的链锁状。这种方式使疾病的传播受到限制。一般不易造成广泛的流行。

(2)间接接触传播　病原体通过传播媒介使猪发生传染的方式，称为间接接触传播。从传染源将病原体传播给猪的各种外界环境因素称为传播媒介。传播媒介可能是生物，也可能是无生命的物体。传染病口蹄疫以间接接触为主要传播方式，同时也可以通过直接接触传播。两种方式都能传播的传染病也可称为接触性传染病。

间接接触一般通过如下几种途径而传播。

①经空气(飞沫、飞沫核、尘埃)传播　空气不适于任何病原体的生存，但空气可作为传染的媒介物，它可作为病原体在一定时间内暂时存留的环境。经空气而散播的传染主要是通过

飞沫、飞沫核或尘埃为媒介而传播的。

通过飞散于空气中带有病原体的微细泡沫而散播的传染称为飞沫传染。所有的呼吸道传染病主要是通过飞沫而传播的，如口蹄疫、结核病、猪气喘病、猪流行性感冒等。这些猪的呼吸道往往积聚不少渗出液，刺激机体发生咳嗽或喷嚏，强气流把带着病原体的渗出液从狭窄的呼吸道喷射出来形成飞沫飘浮于空气中，可被易感动物吸入而感染。一般来说，干燥、光亮、温暖和通风良好的环境，飞沫飘浮的时间较短，其中的病原体(特别是病毒)死亡较快；相反，猪群密度大、潮湿、阴暗、低温和通风不良，则飞沫传播的作用时间较长。

从传染源排出的分泌物、排泄物和处理不当的尸体散布在外界环境的病原体附着物，经干燥后，由于空气流动冲击，带有病原体的尘埃在空气中飘扬，被易感动物吸入而感染，称为尘埃传染。尘埃传染的时间和空间范围比飞沫传染要大，可以随空气流动转移到别的地区。但实际上尘埃传染的传播作用比飞沫要小，因为只有少数在外界环境生存能力较强的病原体能耐过这种干燥环境或阳光的曝晒。能借尘埃传播的猪传染病有猪结核病、猪炭疽、猪痘等。

经空气飞沫传播的传染病的流行特征是：因传播途径易于实现，病例常连续发生，病患多为传染源周围的猪。潜伏期短的传染病如流行性感冒等，猪集中时可形成暴发。未加有效控制时，此类传染病的发病率多有周期性和季节性升高现象，一般以冬春季多见。病的发生常与猪舍条件及拥挤有关。

②经污染的饲料和水传播　以消化道为主要侵入门户的传染病如口蹄疫、猪瘟、沙门氏菌病、炭疽等，其传播媒介主要是污染的饲料和饮水。传染源的分泌物、排出物和病猪尸体及其流出物污染了饲料、饲槽、水池、水井、水桶，或由某些污染的管理用具、车船、猪舍等辗转污染了饲料、饮水而传给健康猪。因此，在防疫上应特别注意防止饲料和饮水的污染，防止饲料仓库、饲料加工场、猪舍、牧地、水源、有关人员和用具的污染，并做好相应的防疫消毒卫生管理。

③经污染的土壤传播　随病猪排泄物、分泌物或其尸体一起落入土壤而能在其中生存很久的病原微生物可称为土壤性病原微生物。它所引起的传染病有猪炭疽、猪气肿疽、猪破伤风、猪恶性水肿、猪丹毒等。猪炭疽主要是由于采食的饲料中含有污染炭疽芽孢的骨粉或者其他动物产品而发生感染，从而造成广泛传播。另外，当猪只采食因患有炭疽病而死亡的动物尸体时，会由于摄入大量的炭疽杆菌而发生感染(张伟宏，2016)。

经污染的土壤传播的传染病，其病原体对外界环境的抵抗力较强，疫区的存在相当牢固。因此应特别注意病猪排泄物、污染的环境、物体和尸体的处理，防止病原体落入土壤，以免造成难以收拾的后患。

④经活的媒介物而传播　非本种动物和人类也可能作为传播媒介传播猪传染病。

节肢动物：节肢动物中作为猪传染病的媒介者主要是虻类、螯蝇、蚊、蠓、家蝇和蜱等。传播主要是机械性的，它们通过在病猪、健康猪间的刺螯吸血而散播病原体。也有少数是生物性传播，某些病原体(如立克次体)在感染猪前，必须先在一定种类的节肢动物(如某种蜱)体内通过一定的发育阶段，才能致病。

野生动物：野生动物的传播可以分为两大类。一类是本身对病原体具有易感性，受感染后再传染给猪，野生动物实际上是起了传染源的作用。鼠类传播沙门氏菌病、钩端螺旋体病、布鲁氏菌病、伪狂犬病等。另一类是本身对该病原体无易感性，但可机械的传播疾病，如乌鸦在啄食炭疽病猪的尸体后从粪内排出炭疽杆菌的芽孢。鼠类可能机械地传播猪瘟和口蹄疫等。

人类：饲养人员和兽医在工作中如不注意遵守防疫卫生制度，消毒不严时，容易传播病原体。如在进出病猪和健康猪的猪舍时可将手上、衣服、鞋底沾染的病原体传播给健康猪。兽医的体温计、注射针头以及其他器械如消毒不严就可能成为猪瘟、炭疽等病的传播媒介。有些人畜共患的疾病如口蹄疫、结核病、布鲁氏菌病等，人也可能作为传染源，因此结核病的患者不允许管理猪场。综合管理不到位的中小型猪场和农村养殖户管理意识较差，养殖密度过大，加之粪便、污水不能及时清理，不能按要求对养猪舍消毒，通风换气不良等各种因素，导致饲养环境差，病原微生物和有害气体滋生，容易引发细菌性疾病，如大肠杆菌病、猪蓝耳病等（赵青松，2019）。

⑤垂直传播　从广义上讲属于间接接触传播，包括下列几种方式。

经胎盘传播：受感染的孕猪经胎盘血流传播病原体感染胎儿，称为胎盘传播。可经胎盘传播的疾病有猪瘟、猪细小病毒病、伪狂犬病、布鲁氏菌病、弯曲菌性流产、钩端螺旋体病等。

经卵传播：由携带有病原体的卵细胞发育而使胚胎受感染，称为经卵传播。

经产道传播：病原体经孕猪阴道通过子宫颈口到达绒毛膜或胎盘引起胎儿感染。或胎儿从无菌的羊膜腔穿出而暴露于严重污染的产道时，经皮肤、呼吸道、消化道感染母体的病原体。可经产道传播的病原体有大肠杆菌、葡萄球菌、链球菌、沙门氏菌和疱疹病毒等。

猪传染病的传播途径比较复杂，每种传染病都有其特定的传播途径，有的可能只有一种途径，如皮肤霉菌病、虫媒病毒病等；有的有多种途径，如炭疽可经接触、饲料、饮水、空气、土壤或媒介节肢动物等途径传播。掌握病原体的传播方式及各传播途径所表现出来的流行特征，将有助于对现实的传播途径进行分析和判断。

3. 猪的易感性

易感性是抵抗力的反面，指猪对于某种传染病病原体感受性的大小。某地区猪群中易感个体所占的百分率，直接影响到传染病是否能造成流行以及疫病的严重程度。猪易感性的高低虽与病原体的种类和毒力强弱有关，但主要还是由猪的遗传特征等内在因素、特异免疫状态决定的。外界环境条件如气候、饲料、饲养管理卫生条件等因素都可能直接影响到猪群的易感性和病原体的传播。

疾病的流行与否、流行强度和维持时间，取决于该疾病的潜伏期、致病因子的传染性以及易感动物群体的密度（单位面积中动物的头数）。猪群免疫性并不要求猪群中的每一个成员都是有抵抗力的，如果有抵抗力的猪百分比高，一旦引进携带病原体猪后出现疾病的危险性就较小，通过接触可能只出现少数散发的病例。发生流行的可能性不仅取决于猪群中有抵抗力的个体数，而且也与猪群中个体间接触的频率有关。一般如果猪群中有70%～80%是有抵抗力的，就不会发生大规模的暴发流行。这个事实可以解释为什么通过免疫接种的猪群常能获得良好保护，尽管不是100%的易感动物都进行了免疫接种，或是应用集体免疫后不是所有动物都获得了充分的免疫力。

当一批新的猪引进一个猪群时，猪群免疫性的平均水平可能会出现变化。这些变化就是猪群免疫性逐渐降低以至引起流行。在一次流行之后，猪群免疫性提高而保护了这个群体，但随时间推移及仔猪的出生，易感动物的比例逐步增加，在一定情况下足以引起新的疾病流行。

2.1.4　流行过程的某些规律

1. 流行过程的表现形式

在猪传染病的流行过程中，根据一定时间内发病率的高低和传染范围大小（即流行强度）

可将猪群体中疾病分为下列 4 种表现形式。

(1)散发性　疾病发生无规律性,随机发生,局部地区病例零星地散在发生,各病例在发病时间与发病地点上没有明显的关系时,称为散发(裴秀芳, 2010)。传染病出现这种散发形式的原因如下:

①猪对某病的免疫水平较高,如猪瘟本是一种流行性很强的传染病,但在每年进行全面防疫注射后,易感动物这个环节基本上得到控制,如平时预防工作不够细致,防疫密度不够高时,还有可能出现散发病例。

②某病的隐性感染比例较大,如钩端螺旋体病、流行性乙型脑炎等通常在猪群中主要表现为隐性感染,部分猪偶尔表现症状。

③某病的传播需要一定的条件,如破伤风、恶性水肿、放线菌病等。破伤风的发病由于需要有破伤风梭菌和厌氧深创同时存在的条件,因此在一般情况下常只能零星散发(花丽茹, 2012)。

(2)地方流行性　在一定的地区和猪群中,带有局限性传播特征的,并且是比较小规模流行的猪传染病,可称为地方流行性,或谓病的发生有一定的地区性(刘娜, 2013)。

(3)流行性　所谓发生流行是指在一定时间内一定猪群出现比寻常多的病例,它没有一个病例的绝对数界限,而仅仅是指疾病发生频率较高的一个相对名词(裴秀芳, 2010)。因此,任何一种病当其称为流行时,各地猪群所见的病例数是很不一致的。流行性疾病的传播范围广、发病率高,如不加防制常可传播到几个乡、县甚至省。这些疾病往往是病原的毒力较强,能以多种方式传播,猪的易感性较高,如口蹄疫、猪瘟等重要疫病可能表现为流行性。

"暴发"是一个不太确切的名词,大致可作为流行性的同义词。一般认为,某种传染病在一个猪群单位或一定地区范围内,在短期间(该病的最长潜伏期内)突然出现很多病例时,可称为暴发(闫俊等, 2014)。

(4)大流行　是一种规模非常大的流行,流行范围可扩大至全国,甚至可涉及几个国家或整个大陆。

上述几种流行形式之间的界限是相对的,并且不是固定不变的(花丽茹, 2012)。

2.流行过程的季节性和周期性

某些猪传染病经常发生于一定的季节,或在一定的季节出现发病率显著上升的现象,称为流行过程的季节性(李天清, 2016)。出现季节性的原因,主要有下述几个方面(裴秀芳, 2010):

(1)季节对病原体在外界环境中存在和散播的影响　夏季气温高,日照时间长,这对那些抵抗力较弱的病原体在外界环境中的存活是不利的。例如,炎热的气候和强烈的日光曝晒,可使散播在外界环境中的口蹄疫病毒很快失去活力,因此,口蹄疫的流行一般在夏季减缓或平息。又如在多雨和洪水泛滥季节,如土壤中含有炭疽杆菌芽孢或气肿疽梭菌芽孢,则可随洪水散播,因而炭疽或气肿疽的发生可能增多。

(2)季节对活的传播媒介(如节肢动物)的影响　夏秋炎热季节,蝇、蚊、虻类等吸血昆虫大量滋生且活动频繁,凡是能由它们传播的疾病,都较易发生,如猪丹毒、日本乙型脑炎、炭疽等。

(3)季节对猪活动和抵抗力的影响　冬季舍饲期间,猪聚集拥挤,接触机会增多,如舍内温度降低,湿度增高,通风不良,常易促使经由空气传播的呼吸道传染病暴发流行。季节变化,主要是气温和饲料的变化,对猪抵抗力有一定的影响,这种影响对于由条件性病原微生物引起的传染病尤其明显,如在寒冬或初春,容易发生某些呼吸道传染病等。

除了季节性以外，猪传染病如口蹄疫等，经过一定的间隔时期（常以数年计），还可能表现再度流行，这种现象称为猪传染病的周期性（李天清，2016）。在传染病流行期间，猪除发病死亡或淘汰以外，其余由于患病康复或隐性感染而获得免疫力，因而使流行逐渐停息。但是经过一定时间后，由于免疫力逐渐消失，或新的一代出生，或引进外来的易感猪，使猪易感性再度增高，结果可能重新暴发流行。猪作为食用动物每年更新或流动的数目很大，疾病可以每年流行，周期性一般并不明显。

2.1.5 影响流行过程的因素

构成传染病的流行过程，必须具备传染源、传播途径及易感动物三个基本环节（闫俊等，2014）。只有这三个基本环节相互联结、协同作用时，传染病才有可能发生和流行。保证这三个基本环节相互联结、协同起作用的因素是动物活动所在的环境和条件，即各种自然因素和社会因素。它们对流行过程的影响是通过对传染源、传播途径和易感猪群的作用而发生的。

1. 自然因素

自然因素对猪传染病流行过程的影响（裴秀芳，2010）表现为：

（1）作用于传染源　例如一定的地理条件（海、河、高山等）对传染源的转移产生一定的限制，成为天然的隔离条件。季节变换，气候变化引起机体抵抗力的变动，如气喘病的隐性病猪，在寒冷潮湿的季节里病情恶化，咳嗽频繁，排出病原体增多，散播传染的机会增加。反之，在干燥、温暖的季节里，加上饲养情况较好，病情容易好转，咳嗽减少，散播传染的机会也小。当某些野生动物是传染源时，自然因素的影响特别显著。这些动物生活在一定的自然地理环境（如森林、沼泽、荒野等），它们所传播的疫病常局限于这些环境，往往能形成自然疫源地。

（2）作用于传播媒介　自然因素对传播媒介的影响非常明显。例如，夏季气温上升，在吸血昆虫滋生的地区，作为传播流行性乙型脑炎等病的媒介昆虫蚊类的活动增强，因而乙型脑炎病例增多。日光和干燥对多数病原体具有致死作用，反之，适宜的温度和湿度则有利于病原体在外界环境中较长期的存活。当温度降低湿度增大时，有利于气源性感染，因此呼吸道传染病在冬春季发病率常有增高的现象。洪水泛滥季节，地面粪尿被冲刷至河塘，造成水源污染，易引起钩端螺旋体病、炭疽等的流行。

（3）作用于易感猪群　自然因素对易感猪群这一环节的影响首先是增强或减弱机体的抵抗力。例如，低温高湿的条件下，不但可以使飞沫传播媒介的作用时间延长，同时也可使易感猪群易于受凉，降低呼吸道黏膜的屏障作用，有利于呼吸道传染病的流行。在高气温的影响下，肠道的杀菌作用降低，使肠道传染病增加。应激反应是猪机体对扰乱机体内环境稳定的任何不良刺激的生物学反应总和，应激可导致猪的病理性损害。例如长途运输、过度拥挤等，都易使机体抵抗力降低或增加接触机会而使某些传染病如口蹄疫、猪瘟等暴发流行。饲养管理因素如猪舍的建筑结构、通风设施、垫料种类等都是影响疾病发生的因素。小气候又称为微气候，是指在确定小空间中的气候，如猪舍的小气候或猪体表几毫米处的小气候。小气候对猪疫病的发生有很大影响，例如，猪舍密度大或通风换气不足，常会发生猪呼吸道疾病。饲养管理制度对疾病发生也有很大影响，例如猪生产采用全进全出制替代连续饲养，疾病的发病率会显著下降。

2. 社会因素

影响猪疫病流行过程的社会因素主要包括社会制度、生产力和人民的经济、文化、科学技术水平以及贯彻执行法规的情况等(高洁等, 2010)。它们既可能是促进猪疫病广泛流行的原因,也可以是有效消灭和控制疫病流行的关键因素。因为,猪和它所处的环境,除受自然因素影响外,在很大程度上是受人们的社会生产活动影响的,而后者又取决于社会制度等因素。

总之,影响流行过程是多因素综合作用的结果。传染源、宿主和环境因素不是孤立地起作用,而是相互作用引起传染病的流行。

2.2 猪传染病发展趋势

2.2.1 外来疫病传入风险不断增加

近年来,随着我国养猪业的飞速发展,国内外养猪生产相关贸易和人员交流也越来越频繁,进出境动物及其产品数量与批次逐年增多,外来疫病传入风险逐渐上升,一些外来疫病如猪德尔塔冠状病毒病、A 型猪塞内卡谷病毒感染和非洲猪瘟等相继传入我国,给我国养猪业造成新的威胁。

1. 猪德尔塔冠状病毒病

猪德尔塔冠状病毒(PDCoV)2012 年首次在中国香港报道从猪的直肠内发现(Woo et al., 2012)。2014 年美国、加拿大、韩国分别从腹泻症状的猪体内检测出该病毒(Wang et al., 2014;Zhang et al., 2016)。2014 年,我国大陆地区首次在腹泻仔猪粪便和肠道检测到 PDCoV(陈建飞等,2016),该病毒临床上可感染各个阶段的猪只,引起呕吐、厌食、水样腹泻和脱水等临床症状(图 2-1)。新生仔猪对该病毒最敏感,一般出生后 3~10 d 发病,发病率 30%~80%,死亡率 10%~30%。10 日龄以上仔猪发病率迅速下降。保育猪和育肥猪群也能发病,死亡率很低。母猪初次发病率可高达 80%,但很少死亡。目前,江西、湖北、江苏、广东、河南、安徽、黑龙江、天津等省(市)已经报道检出该病毒(陈建飞等,2016;郑丽等,2017)。近年来,对病毒性腹泻病原的调查发现,PDCoV 在我国呈不断扩散和流行的趋势。我国许多地区

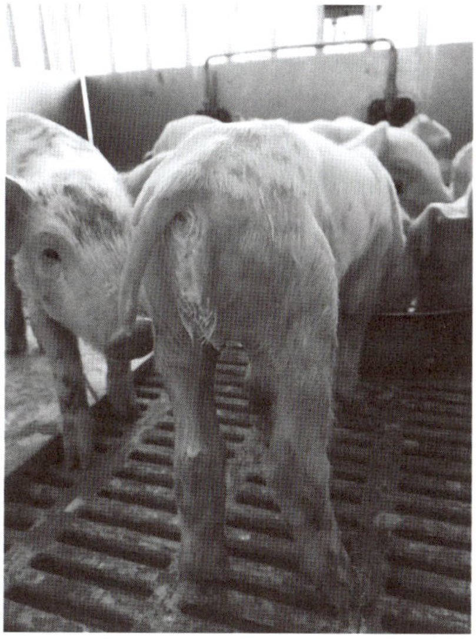

图 2-1 PDCoV TJ1 株人工感染发病仔猪(腹泻消瘦)

PDCoV 的阳性率已经接近或超过 30%，仅次于猪流行性腹泻病毒，居第二位（路超等，2019）。研究发现，在临床感染病例中，PDCoV 与猪流行性腹泻病毒（PEDV）、传染性胃肠炎病毒（TGEV）、轮状病毒（RotaV）、大肠杆菌等其他腹泻病毒的共同感染现象较为普遍，其中与轮状病毒的共同感染率高达 58%。对京津冀地区的病原学调查结果表明，PDCoV 单独感染率占该病毒感染总数的 63.75%，与 PEDV、TGEV、RotaV 等其他病毒混合感染病例占 PDCoV 阳性病例总数的 46.15%。由于 PDCoV 传入，使我国猪腹泻病原更加复杂，防控难度增加。

2. A 型猪塞内卡谷病毒病

A 型塞内卡谷病毒（SenecavirusA，SVA）是一种新发病原体，最初仅在北美地区猪群中流行。2014 年年末，该病毒在巴西暴发和流行，随后哥伦比亚、泰国和越南等国家先后报道出现了 SVA 感染病例（Vannucci et al.，2015；Baker et al.，2016；Arzt et al.，2019）。SVA 于 2015 年传入我国，首先在广东省的 2 个猪场发现，此后福建、河南、湖北、黑龙江、广西、云南、贵州、湖南、四川、山东、新疆、上海、辽宁、黑龙江和海南等 15 个省份相继报道了 SVA 感染（Qian et al.，2016；Wu，et al.，2017；张志等，2019；代蕾等，2019），表明该病毒已在我国许多地区广泛流行。SVA 感染后可引起猪群出现水疱型病变，病猪在鼻吻部、口腔黏膜和蹄部冠状带等处皮肤出现水泡，水泡成熟破裂后逐渐形成溃疡病变，临床特征与口蹄疫、猪水疱病等较难鉴别。SVA 感染所致疾病的发病率和死亡率在不同年龄猪群存在差异。在首次感染的猪场，依据猪的日龄和临床症状，发病率为 4%～70%。其中母猪发病率高，可达 70%～90%，育肥猪发病率为 5%～30%，断奶仔猪发病率 0.5%～5%。对于成年动物来说，感染 SVA 后如无继发感染，1～2 周就可以痊愈，死亡率很低。但是，SVA 对新生仔猪的危害很大，尤其是出生 1～4 天的新生仔猪发病率可达 70%，死亡率为 15%～30%（Leme et al.，2016）。遗传进化分析表明，SVA 传入我国后已进化出 5 个遗传分支，大部分分离株与美国毒株的同源性较高（Guo et al.，2020）。同时，研究结果还显示毒株间已发生重组并形成新的重组病毒，表明我国流行的 SVA 毒株更加多样和复杂，进一步增加了该病的防控难度。

3. 非洲猪瘟

非洲猪瘟（African swine fever，ASF）是由非洲猪瘟病毒（African swine fever virus，ASFV）引起的一种急性、热性、高度接触性传染病。该病病程短，死亡率高，对养猪业危害巨大，被世界动物卫生组织（OIE）列为法定报告动物疫病，我国将其列为一类动物疫病。2018 年 8 月 3 日，我国辽宁省沈阳市沈北新区某猪场首次发生 ASF 疫情，之后河南郑州经济开发区、江苏连云港海州区、浙江温州乐清市先后发生非洲猪瘟疫情（Xintao Zhou，et al.，2018；张志等，2018）。截止到 2020 年 10 月 21 日，除澳门、台湾外，我国其他 32 个省级行政区均已发生非洲猪瘟疫情，其中家猪 175 起，野猪 5 起，全国范围内累计扑杀生猪超过 100 万头，给我国养猪业造成了极其惨重的损失（Jun Ma，et al.，2020；杨浩财等，2020）。

ASFV 主要通过间接和直接接触传播，除家猪之外，野猪、软蜱和多种吸血昆虫等都是病毒的储存和携带宿主，复杂多样的传染源不仅增加了 ASFV 的监测难度，也成为制约防控效果的瓶颈。同时，由于 ASFV 对外界环境的抵抗力强，车辆、人员、工具以及饲料、泔水等都可以作为病毒传播媒介，ASFV 一旦污染以上物品和用具等，均可造成病毒的持续性传播，不易清除。对于 2018 年我国最初发生的 68 起家猪疫情疫源的调查结果表明，因异地调运引发的疫情 13 起，占全部疫情约 19%；因餐厨剩余物喂猪引发的疫情 23 起，占全部疫情约 34%；因生猪调运车辆和贩运人员携带病毒后，不经彻底消毒进入其他猪场，引起猪群发病，占全部疫情约 46%。随着养猪场在生物安全防控方面的能力不断提升，ASF 再次发生大范围疫情的可能性较低，疫情形势已经总体趋缓。2020 年，我国共发生 ASF 疫情 18 起，相较于 2018 年和 2019 年，发生频率和造成的损失已经明显下降（杨浩财等，2020）。然而，由于我国 ASFV 的面源污染范围比较大，涉及区域比较广，在一定时期内 ASF 的感染将成为常态化。

由于非洲猪瘟发病率高、致死性强，被列为当今威胁养猪业生产的头号疫病，世界上所有养猪国家都采取严密的措施防止该病传入。ASF 疫情于 1921 年首次报道在肯尼亚发生，1957 年流传至西欧和拉美国家。2007 年，该病在俄罗斯及其周边地区发生和流行。2017 年，俄罗斯远东地区伊尔库茨克州发生 ASF 疫情，2018 年该病传入我国。分子流行病学研究表明，传入我国的非洲猪瘟病毒属基因Ⅱ型，与格鲁吉亚、俄罗斯、波兰公布的毒株全基因组序列同源性为 99.95%左右（Xintao Zhou，et al.，2018）。自 2019 年以来，ASF 在亚洲持续蔓延扩散，我国周边的朝鲜、韩国、越南、柬埔寨、蒙古、老挝、缅甸、菲律宾和东帝汶等国家相继暴发疫情，这些国家存在大量的病猪及污染的猪肉产品，对我国 ASF 的防控造成新的威胁（Jun Ma et al.，2020；Linda K Dixon，et al.，2020）。在做好国内 ASF 疫情防控的同时，如何防止 ASFV 从相邻国家传入我国，面临的形势非常严峻。

2.2.2 病原变异，老病新发

1. 猪流行性腹泻

猪流行性腹泻（porcine epidemic diarrhea，PED）是由猪流行性腹泻病毒（porcine epidemic diarrhea virus，PEDV）引起的猪的一种消化道传染病，临床表现为呕吐、腹泻、脱水、消瘦甚至死亡，新生仔猪死亡率可达 100%。我国自 1973 年就有猪腹泻病发生的记录，1984 年证实 PEDV 是猪腹泻病的病原。19 世纪末至 20 世纪初期，随着疫苗的使用和其他防控技术的发展，我国 PED 得到了很好的控制，PEDV 感染多呈散发性。然而，2010 年年底，PEDV 变异株的出现，导致 PED 卷土重来，在我国猪群中突然暴发（Song et al.，2012）。这次疫情起源于南部省份，以急性腹泻和新生仔猪大批死亡为特征，迅速蔓延至全国大部分地区。我国 31 个省市均已报道 PEDV 流行，猪群中 PEDV 感染率为 6%～91%，养猪场的感染率为 71.43%～83.47%，1 周龄内新生仔猪的死亡率可达 100%（赵鹏伟，2018；Chen et al.，2019；路超等，2019）。和以往不同的是，在此次疫情暴发过程中，很多已经接种猪流行性腹泻疫苗的猪场也发生感染并造成仔猪大量死亡，受到业内关注。临床流行病学调查数据显示，经典毒株疫苗对 PEDV 变异株仍然具有一定的保护作用，但免疫保护率显著降低。猪场防控 PED 实践表明，采取加强生物安全管理、改善产房环境和疫苗免疫相结合的综合防控措施，可以取得较好的预防效果。

关于 PED 重新发生和流行的原因，受到业内广泛关注。S 蛋白是 PEDV 的纤突的主要成分，依据 PEDV 的全长基因组序列构建系统发育树（图 2 2），可将 PEDV 分为两大基因型：G1 型与 G2 型，在此基础上又可细分为 G1a 亚型（经典毒株及其来源的疫苗毒株）、G1b 亚型（S-INDEL 毒株）、G2a 亚型（变异毒株）、G2b 亚型（重组毒株）（Hsueh et al.，2020）。对当前流行的 PEDV 的分子生物学特征研究发现，2010 年以前的 PEDV 流行株，基本上都属于 G1 型。而 2010 年 PED 暴发以来流行的 PEDV，几乎都属于 G2 基因型，其中 G2a 基因型最多，表明我国 PEDV 毒株逐渐趋于复杂（Zhang et al.，2019；敖超杰，2019）。

对 PEDV 高致病力变异株的遗传进化分析表明，与 PEDV CV777 标准毒株相比，PEDV

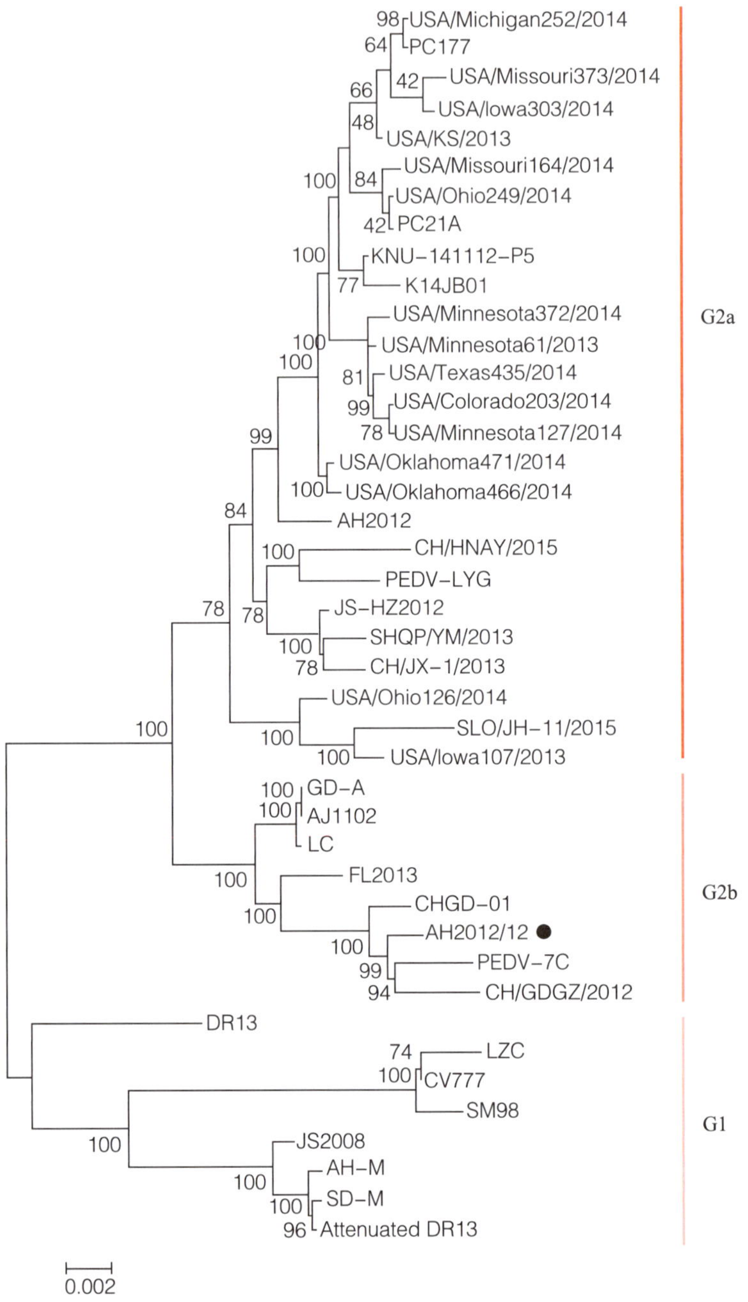

图 2-2　PEDV 中国分离株与参考毒株系统进化树(基于全基因组序列)(Baochao Fan et al.，2017)

变异株 S 基因出现了碱基的插入和缺失。2016 年从山东地区分离到的 PEDV SDSX16 毒株对新生仔猪呈现高致病力，基于 S 基因的氨基酸演化分析表明，SDSX16 毒株属于 G2b 基因型，与 CV777 标准毒株的亲缘关系较远。与 PEDV CV777 标准毒株相比，SDSX16 基因组中 5′ UTR 和 S 基因存在碱基的插入、缺失及点突变，且 S 基因变异较大。氨基酸比对结果显示，在 S 基因编码区的 59～62 位插入 4 个氨基酸(QGVN)，在 139～141 位插入 1 个氨基酸(N)，在 159～161 位缺失 1 个氨基酸(G)。对高致病力 PEDV S 基因的系统发育分析发现，这些毒株均属于基因型 G2 型。与经典株 CV777 和 DR13 相比，G2 型的高毒力 PEDV 变异株在 S 基因中显示出插入、缺失和替代突变，这表明 PEDV 变异体的毒力增加的主要原因可能是 S 基因的突变。对 2019 年河北分离的高毒力 PEDV 基因型 G2a 型毒株 CH/HBXT/2018 S 蛋白序列分析发现，与经典或减毒的 PEDV 毒株（如 CV777）相比，CH/HBXT/2018 株分别于 58～59 和 139～140 位置插入 4 个氨基酸（QGVN）和 1 个氨基酸（N），在 163～164 和 1 199 位置分别缺失了 2 个氨基酸（DI）和 1 个氨基酸（N），这种插入和缺失在中国和其他国家分离的高毒力 PEDV 变异株中也被发现（Fan et al.，2017）。

2. 猪伪狂犬病

猪伪狂犬病（pseudorabies，PR）是严重危害全球养猪业重要的疫病之一，该病可引起妊娠母猪发生流产、产死胎和木乃伊胎；哺乳仔猪发病特征为神经症状和高死亡率。自 20 世纪 90 年代以来，随着猪伪狂犬病基因缺失疫苗的引入和在我国广泛应用，该病在我国得到了有效控制，许多猪场实现了伪狂犬病野毒的净化。然而，自 2012 年以来，猪伪狂犬病在我国大部分省市重新呈大规模流行，造成母猪流产、新生仔猪死亡病例显著增多。此外，育肥猪群的发病率较 2012 年以前显著上升，且可见典型的猪伪狂犬病临床症状。最为值得关注的是，很多免疫过伪狂犬病疫苗且猪伪狂犬病毒 gB 抗体水平较高的猪场均出现伪狂犬病病例，大部分伪狂犬病野毒抗体（gE 抗体）阴性的种猪场重新转阳（An et al.，2013；Luo et al.，2014）。

流行病学调查结果表明，感染 PRV 的母猪主要表现为妊娠中期流产，发病率 1%～30%。哺乳仔猪主要表现为发热、腹泻和神经系统症状，发病率 5%～20%，病死率可达 50%以上。保育猪的临床特点与哺乳仔猪相似，发病率为 5%～80%，病死率为 10%～30%。与 2012 年以前育肥猪少见临床症状不同，发病的育肥猪可表现明显的临床症状，包括体温升高至40.5～41.5 ℃、食欲不振、被毛粗糙、尿液发黄、呼吸急促，部分病猪可见口吐白沫、前肢或后肢无力、站立不起等神经症状，严重者死亡。发病率为 5%～30%，死亡率较低。剖检脑充血、出血，肺表面有散在的鲜红色斑点，肝脾表面有散在的灰白色坏死灶（图 2-3）（Luo et al.，2014；任卫科等，2018）。

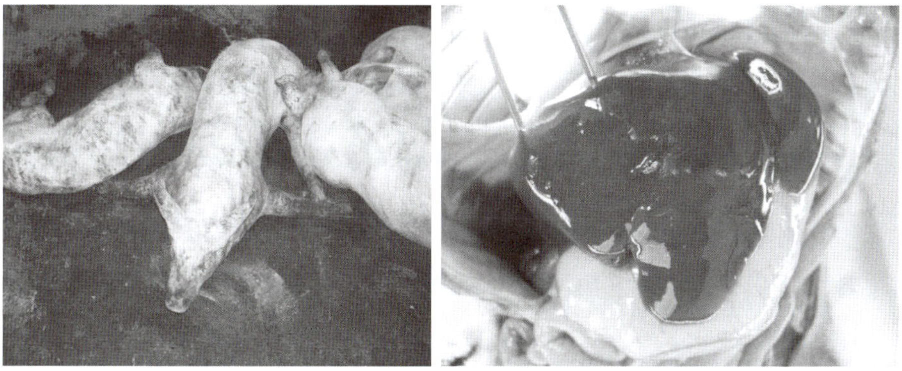

A. 前肢瘫痪　　B. 病死猪剖检肝脏表面有灰白色坏死灶

图 2-3　育肥猪发生伪狂犬病

对 PRV 经典强毒和新流行株的比较研究发现，2012 年以后我国流行的 PRV 对小鼠、家兔和仔猪的致病性明显增强。应用单剂量的市场现有商品化猪伪狂犬病疫苗进行接种，3 周后进行攻毒，结果显示免疫猪群对经典强毒（双城株）的攻击可 100%保护，但不能很好地抵抗伪狂犬病流行株的攻击，表明和经典强毒相比，PRV 新流行株的致病力和免疫原性都发生了变化。PRV 新流行株的出现，给我国猪伪狂犬病的防控和猪场疫病净化带来了巨大的挑战(Peng et al.，2013；Tong et al.，2015；Dong et al.，2017)。

2.2.3 病原菌耐药性不断增强

1. 致病性大肠杆菌

致病性大肠杆菌可引起不同日龄猪群发生猪大肠杆菌病，主要表现为黄白痢、猪水肿病。由于大肠杆菌血清型众多，不同血清型疫苗之间交叉免疫保护效果不佳，药物治疗仍是防治该病的重要手段。临床调查发现，一些养殖场存在滥用和长期大剂量使用抗菌药物的现象，这不仅增加了猪肉产品中抗生素含量超标的风险，也会为大肠杆菌在药物的高压环境下耐药性的产生和传播提供条件。随着动物源病原菌的耐药性受到越来越多的关注，国内的研究学者对猪大肠杆菌耐药情况进行了大量研究。从黑龙江部分地区分离的 106 株致病性猪大肠杆菌分离菌株对氟苯尼考、庆大霉素、阿米卡星、环丙沙星和头孢曲松、头孢噻肟等抗生素的耐药率超过 50%，其中 2 重耐药占 73.58%(王宏栋等，2016)。2008—2018 年分离自我国不同地区养殖场 152 株猪源大肠杆菌株对氨苄西林、复方新诺明、萘啶酸、环丙沙星、氯霉素、庆大霉素、阿米卡星和四环素等 13 种临床常用药物的耐药率均超过 50%，3 重耐药菌株占 90%以上(金珊珊等，2020)。2015 年 5 月至 2017 年 6 月，研究者对从西北地区健康猪和腹泻猪粪便中分离的 456 株大肠杆菌的耐药特性进行研究，发现所有产生超广谱 β-内酰胺酶(ESBL)的菌株均表现出多药耐药表型，90%以上的 ESBL 菌株对阿莫西林、阿莫西林-克拉维酸、土霉素、恩诺沙星和磺胺甲恶唑/甲氧苄啶耐药(Liu et al.，2018)。李孟对 2013—2018 年来自河南省不同地区猪场的 856 株大肠杆菌的耐药性进行了研究，结果显示所有菌株对四环素、多西环素、复方新诺明和氨苄西林等 7 种药物的耐药率均高于 90%，且多重耐药情况相当严重。100%的菌株表现为 3 重耐药，5 重、6 重和 7 重耐药菌株的比例分别为 35.7%、23.5%和 14.3%。同时，发现河南省猪源大肠杆菌对氟苯尼考的耐药性已经从 2013 年的 76.0%上升至 2018 年的 90.0%(李孟，2019)。研究人员对分离自湖北、安徽、山西、陕西 4 个省(市)的 264 株猪大肠杆菌进行了耐药性分析，发现 70%以上的菌株对氨苄西林、阿莫西林、四环素、多西环素、庆大霉素、阿米卡星、氟苯尼考和复方新诺明等 12 种药物耐药，100%的菌株对亚胺培南耐药；64 株分离株表达编码链霉素、新霉素、庆大霉素、卡那霉素、磺胺甲恶唑-甲氧苄啶和氟苯尼考等 8 种药物的基因盒(Zhang et al.，2020)。这些多重耐药和高水平耐药大肠杆菌菌株的出现，使得禁抗条件下猪场大肠杆菌病的防治面临巨大的挑战。

2. 猪链球菌

猪链球菌(streptococcus suis，SS)是一种重要的人畜共患病原，对于 SS 的耐药性，一直受到广泛关注。Chen 等在 2008—2010 年从中国 14 个省(市)分离得到 106 株猪链球菌，采用微量肉汤法进行药物敏感性试验，结果显示试验菌株对四环素、阿奇霉素、红霉素、克林霉素的耐药率达 99.1%、68.9%、67.9%和 67.9%；对磺胺甲恶唑、左氧氟沙星、头孢克洛和头孢曲松的耐药率较低，依次为 16%、2.8%、0.9%和 0.9%(Chen et al.，2013)。Zhang 等 2013—2017 年对中国 16 个省(市)的养殖场分离的猪链球菌进行耐药特性调查，结果显示，猪链球菌对氨基糖苷类、大环内酯类、林可霉素、四环素多粘菌素、磺胺类抗生素的耐药率均在 60%以上，对 β-内酰胺类耐药率为 11.6%～19.7%，对喹诺酮类药物耐药率为 4.7%～49.9%，且

2013—2017年猪链球菌耐药率呈明显上升趋势(Zhang et al.,2019)。王晓旭测定了2004—2017年从上海市分离的150株猪链球菌对8种常见抗菌药物的耐药,结果95%的猪链球菌对8种抗菌药物产生了不同程度的耐药,耐药率为16.67%~90.00%。其中对红霉素、四环素的耐药率分别达到82.67%、90.00%,10.7%的菌株为8重耐药(王晓旭等,2018)。

刘璐等对2017—2018年自我国6省份分离的85株SS进行药敏试验,结果显示25株(29.4%)表现出泰妙菌素和沃尼妙林耐药,所有耐药菌株均含有ABC-F族耐药基因lsa(E),进一步分析显示该基因通过以多重耐药基因簇的形式传播截短侧耳素类抗生素的耐药性(刘璐等,2019)。王长珍等从河南、黑龙江、广东、宁夏、新疆、青海、江西和内蒙古8省(自治区、市)屠宰场的健康猪组织病料中分离SS 98株,分析其对临床常用抗生素的耐药特性,结果显示菌株对红霉素、阿奇霉素、多西环素的耐药率较高,分别为91.30%、86.96%、86.96%,同时发现SS对兽医禁用的利福平产生了耐药性(王长珍等,2019)。Zhang等分析我国6省份223株SS临床分离株的耐药特性,结果显示所有菌株均具有耐药性。其中,菌株对克林霉素、四环素、红霉素、庆大霉素和磺胺异恶唑的耐药率分别为98.7%、97.8%、96.9%、92.8%和69.5%,对恩诺沙星、氟苯尼考和青霉素的耐药率相对较低,依次为28.8%、15.6%、13%。进一步分析发现,98.7%的分离株表现为3重及以上耐药(Zhang et al.,2020)。杨春蕾等研究了天津地区分离的11株猪链球菌的耐药特性,发现试验菌株对庆大霉素、阿米卡星、强力霉素、四环素、环丙沙星、克林霉素、红霉素、头孢噻肟和头孢噻呋等9种临床常见药物均表现出很强的耐药性,其中对阿米卡星、四环素和强力霉素耐药性最强,耐药率达到100%;且所有分离株均呈多重耐药,其中9重耐药的菌株占36.36%(杨春蕾等,2018)。SS临床分离株的多重耐药现象日益严重,不仅增加了猪链球菌病的防制难度,也为临床治疗人类SS感染病例增加了挑战。加强对SS耐药性的常规监测,研究耐药机理,通过减少或禁止抗生素的使用预防和阻断SS耐药性的产生,对于兽医和人医临床治疗SS感染的防治均具有十分重要的意义。

3.副猪嗜血杆菌

副猪嗜血杆菌(haemophilus parasuis,HPS)主要引起猪多发性浆膜炎、关节炎和脑膜炎,该病原呈全球性分布,为养猪业带来巨大的经济损失。抗菌药物是治疗HPS的主要措施之一,然而,由于抗菌药物的不合理使用导致HPS耐药性增强及多重耐药菌株的出现,部分抗菌药对于副猪嗜血杆菌病的治疗效果已经大幅下降。在猪场常用的抗菌药物之中,HPS对磺胺类药物和氟喹诺酮类药物的耐药率较高。我国耐药监测对2013—2017年分离自16个猪场的448株HPS的研究结果表明,有超过80%菌株对磺酰胺耐药;从我国7个省份临床分离的104株HPS对复方磺胺-5-甲氧嘧啶钠的耐药率为93.3%;广东、安徽两省分离的HPS中,对复方新诺明的耐药率分别为83.2%和56.8%。2014—2016年分离自四川17个地区的312株HPS临床分离株对磺胺嘧啶的耐药率为96.8%;2018年华南和华北地区106株HPS临床分离株对磺胺甲恶唑和TMP的耐药率高达96.23%(杨守深等,2016;孙华润等,2018;魏海林,2018;杨开杰,2018;汪清峰,2018;Zhang et al., 2019)。氟喹诺酮类药物是HPS耐药率较高的另一类药物。我国HPS分离株对恩诺沙星的耐药率为30.6%~55.94%,对环丙沙星的耐药率为42.4%~46.3%(汪清峰,2018;黄啸等,2020)。大环内酯类是目前猪场使用频率很高的药物之一,我国各地临床分离菌株对红霉素的耐药率为37.5%(孙华润等,2018)。此外,我国HPS临床分离菌株对头孢类药物的耐药性也比较普遍。对氨苄西林、头孢噻呋、头孢喹肟的耐药率分别为39.4%、5.8%和1.9%。广东分离菌株对头孢噻呋和头孢噻肟均表现出较好的敏感性，但对氨苄西林的耐药率为 22.1%。2017 年全国 20 个省(市)分离的 563 株 HPS 对氨苄青霉素和强力霉素的耐药率均达 55.56%(郭龙等，2019；黄啸等，2020)。

HPS 多重耐药菌株的出现，也应该引起关注。2018 年，研究人员对华南和华北地区 106 株副猪嗜血杆菌临床分离株进行耐药性分析，结果显示 106 株 HPS 对萘啶酸的耐药率高达 96.23%，对庆大霉素和红霉素耐药率分别为 40.87%和 46.96%，对左氧氟沙星、环丙沙星、恩诺沙星、青霉素、氨苄西林、头孢噻呋、四环素、多西环素、氯霉素和氟苯尼考表现为不同程度的耐药(2%～24%)，且菌株多重耐药现象严重，5 重、6 重、7 重、8 重和 9 重耐药菌株的比例依次为 9.57%、9.57%、19.13%、17.39%和 12.17%(杨开杰等，2018；黄啸等，2020)。

相对于大肠杆菌和猪链球菌，副猪嗜血杆菌的耐药性尚不十分严重。然而，我国 HPS 临床分离株耐受抗生素的种类有所增加，多重耐药菌株比例正在上升，提示我们 HPS 菌株耐药性存在逐渐增强的趋势。

4. 猪胸膜肺炎放线杆菌

胸膜肺炎放线杆菌(actinobacillus pleuro pneumoniae，APP)可引起猪发热、皮肤发红、精神沉郁、咳嗽、严重的呼吸困难等症状，是目前危害我国养猪生产的一种重要细菌性疾病。研究人员对 2013—2014 年上海市屠宰场采集病料分离鉴定的 62 株 APP 的药物敏感性测定结果表明，所有菌株都对阿奇霉素、替米考星、泰妙菌素、阿米卡星、头孢噻呋和左氧氟沙星敏感，超过 90%的菌株对红霉素、氟苯尼考、氯霉素、庆大霉素、壮观霉素、青霉素、氨苄青霉素和环丙沙星敏感，但对四环素和恩诺沙星耐药率较高，分别为 75.8%(47/62)和 30.6%(张悦等，2015)。对安徽省和福建省分离的 16 株 APP(安徽 7 株，福建 9 株)的耐药性进行分析，结果显示 7 株安徽株对 18 种常用抗菌药中的环丙沙星、诺氟沙星、氟苯尼考均敏感，福建株依次为 88.9%、77.8%和 66.7%敏感，所有分离株对其他 15 种药物均表现出不同程度的耐药(郭志英等，2016)。从深圳分离的 12 株 APP 表现出较强的耐药特性，对青霉素、庆大霉素、卡那霉素和氟苯尼考的耐药率分别为 100%、91.7%、83.3%和 75.0%；耐药菌株均为多重耐药，其中最低耐药数为 4 重耐药，最高耐药数为 8 重耐药(陈艺强等，2017)。研究者对河南省及周边地区 56 个规模化猪场分离的 85 株试验菌株的耐药特性研究结果显示，85 株 APP 对大观霉素和链霉素的耐药率较高，分别为 68.2%和 60.0%。其后依次为卡那霉素(57.6%)、庆大霉素(55.3%)、新霉素(45.9%)、安普霉素(43.5%)和小诺霉素(37.6%)(李海利等，2020)。上述研究结果表明，胸膜肺炎放线杆菌对抗生素的耐药性有逐年增加的趋势，且耐药表型相对比较复杂。

2.3 猪传染病防控要点

当前我国猪群中危害严重的传染病仍然以病毒类疾病如非洲猪瘟、猪蓝耳病、猪圆环病毒 2 型和猪流行性腹泻等，以及细菌性传染病如猪丹毒、链球菌、猪支原体肺炎等引起的败血性疾病、呼吸道疾病、繁殖障碍疾病和腹泻性疾病最为多见。并且传统老病和新病并发流行，其发病过程中，流行形式和临床症状均出现新特点和复杂性。传染病一旦发生，若控制不力，将导致生猪大量发病和死亡，给养猪生产造成严重经济损失。所以，猪传染病防控必须树立“预防为主、防重于治、养防并重、综合防控”的防控理念。

2.3.1 基本原则

1. 坚持“预防为主”的方针

猪传染病具有强传染、高扩散的特点，且一旦蔓延则很难扑灭，因此必须贯彻“预防为主”的理念。抓好养猪生产全流程管理，尤其是环境卫生、预防免疫、消毒、隔离、检疫等生物安全措施，提高猪群的健康水平和抗病能力，方可有效地控制和杜绝传染病的传播和蔓延，降低猪群发病率和病死率。

随着养猪业向规模化、集约化、工厂化、智能化的不断发展，兽医在猪传染病预防上的地位日益突出。在生产实际中要树立群防群控的思想，而不是忙于对患病猪的治疗，否则，势必会造成发病率不断上升，进而导致工作陷入被动局面。所以，必须要改变重治轻防的传统观念，健全兽医卫生防疫体系。

2. 建立健全各级兽医机构，保证动物疫病防治措施的贯彻实施

兽医防疫工作是一个系统工程，它与农业、卫生、交通、外贸等部门均有密切的关系。只有依靠党和政府统一领导、统一部署、全面安排，各部门的密切配合，从全局出发，通力协作，改革和完善兽医管理体制，建立健全各级兽医工作机构，保证动物疫病防治措施的贯彻实施，才能从根本上控制和扑灭动物疫病，提高动物产品的质量和安全，保障人民群众的身体健康。

3. 加强和完善动物防疫法律法规建设

控制和消灭猪传染病的工作关系到国家信誉和人民健康；兽医行政主管部门要以兽医流行病学和动物传染病学的科学理论为指导，以《中华人民共和国动物防疫法》等法律法规为依据，制定并完善动物疫病防治相关的法规、条例以规范动物传染病的防治工作，我们应当认真贯彻执行相关的法律法规，进一步推动我国畜牧业的健康发展。

2.3.2 猪传染病的预防手段

猪传染病的发生和流行是由传染源、传播途径和易感动物相互联系形成的一个复杂过程，因此，在日常的疫病防治过程中应充分调动人力、物力和财力来切断三者之间的联系，方可控制传染病的发生和流行。理论上讲，只要切断其中任何一个环节，传染病就会逐渐平息，停止流行。事实上，在生产管理过程中，完全切断任何一个环节难度比较大，或者说是不现实的。所以，必须采取综合性的防疫手段，才能控制猪传染病的发生和流行。具体可从以下几个方面采取措施。

1. 自繁自养的原则，全进全出的生产管理制度

“自繁自养”是防止带疫病进猪场的一项重要措施。养殖业发展的经验已经反复证明，坚持自繁自养的养殖场很少发生或不发生传染病。作为集约化养猪场，必须建立较完善的种猪繁育体系，根据发展规划，饲养一定数量的种公猪、种母猪，建立核心群，解决种源不足的问题。实行“全进全出”的管理制度是集约化养猪的先进方法之一。

如果进行品种调配或必须从异地引种时，必须从非疫区的健康场选购。在选购前应对该种猪做必要的检疫，购进后一般要隔离饲养至少 1 个月，经过观察并再次检疫证实无病后，才能合群，需根据具体情况给引进种猪进行预防免疫。

如发现患有传染病，应退回或扑杀并销毁尸体，同群动物在动物检疫隔离场或指定地点隔离观察。

2.加强饲养管理

(1)搞好卫生　加强猪群的饲养管理，搞好环境卫生，严格执行卫生制度，增强猪群机体健康和对外界致病因素的抵抗力，也是积极预防传染病的重要条件。同时，也要重视饲料和饮水的清洁卫生，拒绝腐烂、发霉和变质饲料，圈舍要经常打扫，保持清洁、干燥，冬季要注意防寒保暖，食槽和管理用具保持清洁等，这些都是预防疫病不可忽视的内容，也是保证动物生长发育和体格健壮、抗病力强的基本条件。

(2)加强消毒

① 消毒的种类

终末消毒：当动物痊愈或死亡后，对其原居地进行的最后一次彻底的消毒。

随时消毒：指对传染源的排泄物、分泌物及其所污染的物品及时进行消毒。

预防性消毒：是指未发现传染源，对可能受病原体污染的场所和物品等进行的消毒措施。如饮水消毒等。

②消毒的方法

a.物理消毒法

热力灭菌法：包括煮沸消毒、高压蒸汽灭菌、预真空型压力蒸汽灭菌、巴氏消毒法、干热灭菌法、火烧等。

辐射消毒法：可分为非电离辐射(包括紫外线、红外线和微波)和电离辐射(丙种射线和高能电子束两种)。可在常温下对不耐热物品灭菌，有广谱杀菌作用，但设备昂贵，国外多用于精密医疗器械、生物医学制品和一次性医用产品等的灭菌。

b.化学消毒法

高效消毒剂：能杀灭包括细菌芽孢、真菌孢子在内的各种病原微生物，如2%碘酊、戊二醛、过氧乙酸、甲醛、环氧乙烷等消毒剂。含氯制剂和碘伏则居于高效与中效效能之间。

中效消毒剂：能杀灭除细菌芽孢以外的各种微生物，如乙醇、部分含氯制剂、氧化剂、溴剂等消毒剂。

低效消毒剂：只能杀灭细菌繁殖体和亲脂类病毒，对真菌也有一定的作用，如汞、洗必泰及某些季铵盐类消毒剂。

③常用的化学消毒剂

含氯消毒剂：常用的有漂白粉、次氯酸钠、氯胺及二氯异氰尿酸钠等。这类制剂在水中产生次氯酸，具有强大的杀菌作用，其优点是杀菌谱广、作用快、余氯毒性低、价廉，但对金属制品有腐蚀作用。

氧化剂类消毒剂：如过氧乙酸、过氧化氢、臭氧、高锰酸钾等。主要靠其强大的氧化能力来灭菌，但有较强的腐蚀性与刺激性。

醛类消毒剂：常用的有甲醛和戊二醛，具有广谱、高效、快速的杀菌作用。对皮肤和黏膜有刺激性。

杂环类气体消毒剂：主要有环氧乙烷、环氧丙烷等。为一种广谱高效消毒剂，杀灭芽孢能力最强，对一般物品无损害作用。

碘类消毒剂：常用有2.5%碘酊及0.5%碘伏。碘具有广谱和快速杀菌作用。碘伏是碘和表面活性剂不定型的结合物，刺激性和腐蚀性小，可供皮肤和食具等消毒。

醇类消毒剂：主要有75%乙醇。乙醇可迅速杀灭细菌繁殖体，但对乙肝病毒及芽孢作用较差。

其他消毒剂：有酚类，如石炭酸、来苏儿等；季铵盐类，为阳离子表面活性剂，如新洁尔灭、消毒净等。这类消毒剂均不能杀灭细菌芽孢，属于低效消毒剂。

④消毒效果检查

物理测试法：是通过仪表来测试消毒时的温度、压力及强度等。

化学指示剂测试法：其颜色变化能指示灭菌时所达到的温度。

生物指示剂测试法：利用非致病菌芽孢作为指示菌以测定灭菌效果。

自然菌采样测定法：用于表面消毒效果检查。

无菌检查法：检查样品中的需氧菌、厌氧菌及霉菌，除阳性对照外，其他各管均不得有菌生长。

3.制订和执行定期预防接种和补种计划

免疫接种时激发猪体产生特异性的免疫力，是使易感猪转化为非易感猪的一项关键措施。在实际预防接种工作中，应注意以下几方面问题。

(1)要对当地传染病发生的种类和流行状况有明确的了解，针对当地发生的疫病种类，确定应该接种哪些疫(菌)苗。

(2)要做好疫病的检疫和监测工作，进行有计划的免疫接种，减少免疫接种的盲目性和浪费疫(菌)苗。

(3)要根据不同传染病的特点、疫苗性质、猪的状况、环境等具体情况，建立科学的免疫程序，采用可靠的免疫方法，使用有效的疫苗，做到适时免疫，保证免疫密度，保持免疫水平。

(4)一旦发生免疫失败，应及时找出造成免疫失败的原因，并采取相应的措施加以克服。

4.药物预防

药物预防是猪群传染病防治的一个途径。猪群可能发生的传染病的种类很多，其中有些传染病已经研制出有效的疫苗来预防，但有些传染病尚无疫苗可利用；有些病虽有疫苗，但实际应用还有问题。因此，药物预防也是一项重要手段，应使用安全和有效的化学药物，加入饲料或饮水中进行群体药物预防，即所谓的保健添加剂。常用的药物有抗生素、磺胺类药物、喹诺酮类等化学药物以及中草药(植物)提取物、益生菌等。在饲料中添加上述药物对预防猪群腹泻类和呼吸道类疾病等有较好的效果。但是长期使用单一品种药物预防容易产生耐药性，影响防治效果，而且一旦形成耐药菌株有可能会对人类健康带来危害。因此，需要进行脉冲给药，定期轮换药物并进行药物敏感性试验，选择有高度敏感性的药物用于防治。

5.定期杀虫、灭鼠，消灭传播媒介

主要是指消灭蚊、蝇、蜱、虻等节肢动物和鼠类。

(1)杀虫

①物理杀虫法　机械拍打捕捉、喷灯火焰烧杀、沸水或蒸汽热杀灭。

②药物杀虫法　主要应用化学杀虫剂来杀灭。常用的杀虫剂有：有机磷杀虫剂，如辛硫磷、马拉硫磷等；驱避剂，如避蚊胺等；昆虫生长调节剂，如保幼激素等。

③生物杀虫法　是用昆虫的天敌或病菌及雄虫绝育技术等方法杀灭昆虫。如养柳条鱼灭蚊，用辐射使雄性昆虫绝育，或使用过量激素抑制昆虫的变态和蜕皮，或利用病原微生物感染昆虫使其死亡，消灭昆虫滋生繁殖的环境等，都是有效的杀灭昆虫的方法。

(2)灭鼠　鼠类是许多人畜共患病的传播媒介和传染源，它们可以传播的动物传染病有布鲁氏菌病、结核病、炭疽、猪丹毒、钩端螺旋体等。因此，灭鼠具有保护人畜健康和促进国民经济建设的重大意义。

灭鼠工作应从两方面进行：一方面应从动物栏舍建筑和卫生措施方面着手，防止鼠类的滋生和活动；另一方面采取各种方法直接杀灭鼠类。灭鼠的方法大致可分为以下两类。

器械灭鼠：利用各种工具以不同的方式杀灭鼠类，如关、夹、粘、压、扣、套、翻、堵、挖、灌等，此类方法可就地取材，简便易行。

药物灭鼠：根据药物进入鼠体途径可分为消化道药和熏蒸药两类。消化道药主要有磷化锌等。

2.3.3 猪传染病的诊断

及时而正确的诊断是预防工作的重要环节，它关系到能否有效地组织防疫措施。诊断猪传染病常用的方法有临床诊断、流行病学诊断、病理学诊断、病原学诊断和免疫学诊断等。由于病的特点各不相同，需要根据具体情况而定，现将各种诊断方法简介如下。

1. 临床综合诊断

(1)流行病学调查　流行病学诊断是在流行病学调查(即疫情调查)的基础上进行的。疫情调查可在临诊诊断的过程中进行，如以座谈方式向畜主询问疫情，并对现场进行仔细观察、检查，取得第一手资料，然后对材料进行分析处理，做出诊断。调查的内容或提纲按各种不同的疫病和要求而制定，一般应弄清下列有关问题。

①本次流行的情况　最初发病的时间、地点，随后蔓延的情况，目前的疫情分布。疫区内猪场的数量和分布情况，发病猪群的品种、数量、年龄、性别。查明其感染率、发病率和死亡率。

②疫情来源　主要从以下几个方面进行调查：本地过去是否发生过类似的疫病？何时何地？流行情况如何？是否经过确诊？有无历史资料可查？何时采取过何种防治措施？效果如何？如本地未发生过，附近地区曾否发生？这次发病前，是否由其他地方引种、畜产品或饲料？输出地有无类似的疫病存在？

③传播途径和方式　本地各类有关畜禽的饲养管理方法，使役和放牧情况，牲畜流动、收购以及防疫卫生情况如何？交通检疫、市场检疫和屠宰检验的情况如何？死病畜处理情况如何？有哪些助长疫病传播蔓延的因素和控制疫病的经验？疫区的地理、地形、河流、交通、气候、植被和野生动物、节肢动物等的分布和活动情况，它们与疫病的发生及蔓延传播有无关系？

④该地区的政治、经济基本情况　群众生产和生活活动的基本情况和特点，畜牧兽医机构和工作的基本情况，当地领导、干部、兽医、饲养员和群众对疫情的看法如何等。

(2)临诊检查　临诊检查是最基本的诊断方法，是借助问诊、视诊、触诊、叩诊、听诊等对病猪进行直接检查和对血、粪、尿等进行常规实验室检查。一般来说，都是简便易行的方法。对于某些具有特征性临床症状的典型病例，一般不难做出诊断，如破伤风的“木马状姿势”，但是临诊诊断有其一定的局限性，特别是对发病初期尚未出现有诊断意义的特征症状的病例，或非典型病例和隐性病例，仅依靠临床诊断则难以确诊，一般只能提示可疑疫病的大致范围，必须结合其他的诊断方法才能确诊。在很多情况下，临诊诊断只能提出可疑疫病的大致范围，因此在进行临床诊断时，常采用类症鉴别的方法进行鉴别诊断，借助实验室诊断和特殊诊断方法确诊疾病和排除疾病，有些疾病还可参考药物治疗性诊断。

另外，在进行临诊诊断时，应注意对整个发病猪群所表现的综合症状加以分析判断，不要单凭个别或少数病例的症状轻易下结论，以防止误诊。

(3)病理学诊断　病理学诊断通常包括眼观检查和组织学检查(光镜检查和电镜检查)，对于具有特征性眼观病理变化的传染病可以通过病理剖检直接做出诊断，如结核病、猪瘟、口蹄疫等。对于没有特征性眼观病理变化的传染病，通过病理剖检可以为进一步诊断提供启示和线索。

有些病猪，特别是最急性死亡的病例和早期屠宰的病例，有时特征性的病理变化尚未出现，因此进行病理剖检诊断时尽可能多检查几头、并选择症状较典型的病例进行剖检。有些疫病除肉眼检查外，还需做病理组织学检查。有些病还需检查特定的组织器官，病理解剖时注意以下几个问题：

①急性和早期死亡的病猪往往不出现特征性的病理变化，因此，应尽可能多剖检几例，不要急于下结论。

②剖检要选病死的新鲜尸体，且最好白天进行。不得已在晚间剖检时，结果只作参考。

③剖检要按程序进行，观察病理变化要全、细、客观，避免主观臆断。

2. 实验室诊断

(1)微生物学诊断　运用兽医微生物学的方法进行病原学检查是诊断猪传染病的重要方法之一。一般常用下列方法和步骤。

①病料的采集　正确采集病料是微生物学诊断的重要环节。病料力求新鲜，最好能在濒死时或死后数小时内采取，要求尽量减少杂菌污染，用具器皿应尽可能严格消毒。通常可根据所怀疑病的类型和特性来决定采取哪些器官或组织的病料，原则上要求采取病原微生物含量多、病理变化明显的部位，同时易于采取、保存和运送。如果缺乏临诊资料，剖检时又难于分析诊断可能属何种病时，应比较全面地取材，例如血液、肝、脾、肺、肾、脑和淋巴结等，同时要注意带有病理变化的部分。

②病料涂片镜检　通常在有显著病理变化的不同组织器官和不同部位涂抹数片，进行染色镜检。此法对于一些具有特征性形态的病原微生物如炭疽杆菌、巴氏杆菌等可以迅速做出诊断。有一些病原体如结核杆菌、布鲁氏菌等形态特征不明显，但用特殊的鉴别染色法染色，则可迅速得出结论。但对大多数传染病来说，显微镜检查只能为进一步检查提供依据或线索。

电子显微镜负染技术对于某些病毒，特别是轮状病毒、冠状病毒、痘病毒、腺病毒、细小病毒和一些疱疹病毒等引起的传染病，可根据病毒形态结构快速做出诊断。根据需要还可以采用免疫电镜方法进行检查，提高特异性鉴别能力。

③分离培养和鉴定　用人工培养的方法将病原体从病料中分离出来。细菌、真菌、螺旋体等可选择适当的人工培养基，病毒等可选用细胞、禽胚、各种动物或组织培养等方法分离培养，分得病原体后，再利用形态学、培养特性、动物接种及免疫学试验等方法做出鉴定。

④动物接种试验　通常选择对该种传染病病原体最敏感的动物进行人工感染试验。将病料用适当的方法进行人工接种，然后根据对不同动物的致病力、症状和病理变化特点来帮助诊断。当实验动物死亡或经过一定时间杀死后，观察体内变化，并采集病料进行涂片检查和分离鉴定。利用动物接种法分离病毒适合以下几方面：

a. 动物接种法比其他分离方法敏感时。

b. 感染病毒的动物有特征性的临诊症状(疏毛、兴奋、脑炎、麻痹、震颤等)而死亡时。

c. 培养和分离只能在特定动物体内生长的病毒时。

d. 先将病料接种于动物，使病毒在其体内适应，之后再接种于培养细胞更易于分离培养时。

e. 以接种动物的特异性免疫应答为指示，间接证明接种病料中有病毒存在时。

动物接种方法不同于细胞和禽胚培养方法，易受多种环境因素的影响，加之实验动物经常携带传染病等问题有碍于病原体分离，因此需考虑使用无菌动物或无特定病原体（SPF）动物。

一般应用的实验小动物有家兔、小鼠、豚鼠、仓鼠、家禽、鸽子等，在实验小动物对该病原体无感受性时，可以采用有易感性的大动物进行试验，但费用大，而且需要严格的隔离条件和严格的消毒措施，因此只有在非常必要和条件许可时才能进行。

从病料中分离出微生物，虽是确诊的重要依据，但也应注意动物的“健康带菌”现象，其结果还需与临诊及流行病学、病理变化结合起来进行分析。有时即使没有发现病原体，也不能完全否定该种传染病的诊断。

（2）免疫学诊断

①血清学试验　利用抗原和抗体特异性结合的免疫学反应进行诊断。可以用已知抗原来测定被检动物血清中的特异性抗体，也可以用已知的抗体（免疫血清）来测定被检材料中的抗原。常用的血清学试验有以下几种：

a. 沉淀试验　适量的可溶性抗原和相应抗体在溶液和凝胶中结合后，形成特异的、肉眼可见的不溶性复合物，称为沉淀反应。利用该反应进行的血清学试验，称为沉淀试验。根据操作方法不同，可将沉淀试验分为环状沉淀试验、絮状沉淀试验、琼脂扩散沉淀试验（单向单扩散、单向双扩散、双向单扩散、双向双扩散）、免疫电泳、对流免疫电泳、火箭电泳、放射火箭电泳等。

b. 凝集试验　某些病原微生物和红细胞等颗粒性抗原与相应的抗体结合后，在适量电解质存在的情况下，出现肉眼可见的凝集小块，称为凝集反应。根据这一原理建立的凝集试验，在临床免疫学检验中应用颇多。例如，直接凝集试验（玻片法、玻板法、试管法）、间接凝集试验（间接红细胞凝集试验、间接乳胶凝集试验、间接碳凝集试验）、病毒血凝和血凝抑制试验、金黄色葡萄球菌 A 蛋白的协同凝集试验、抗球蛋白凝集试验等。

c. 病毒中和试验　病毒与相应的抗体相结合时，抗体可阻止病毒吸附于宿主细胞，从而抑制病毒感染细胞，这种反应称为病毒中和试验，这种抗体叫中和抗体。培养的细胞、鸡胚和实验动物均可用作宿主细胞。用培养细胞做病毒中和试验时，以细胞培养物是否出现细胞病理变化、能否吸附红细胞及蚀斑减少等作为指示，测定中和抗体。用鸡胚做病毒中和试验时，以鸡胚的生死和羊水、尿囊液是否具有红细胞凝集性及绒毛尿囊膜上是否生成痘斑作为指示，测定中和抗体。用实验动物做病毒中和试验时，根据动物的生死和发病作为指示，测定中和抗体。病毒中和试验用于多数病毒性疾病的诊断，也可用于病毒的鉴定。

另外，病毒中和试验用于毒素与抗毒素检测，将抗毒素和相应毒素以适当的比例混合后。接种于易感实验动物，通过观察能否保护易感动物免于死亡或有无毒性反应出现，可鉴定产气荚膜梭菌等毒素类型。

d. 补体结合试验　补体结合试验是可能性抗原和相应的抗体结合时，补体非特异性地结合于抗原抗体复合物并被消耗，这种反应肉眼见不到，是要以绵羊红细胞和溶血素（抗绵羊红细胞抗体）抗原抗体作为指示系统共同孵育，根据有无溶血现象出现，检查备检系统中有无相应的抗原抗体存在的一种血清学试验。常用已知抗原检测未知血清，也可以用已知的血清检测未知的相应抗原。如果不出现溶血反应，则补体结合反应结果为阳性。这种方法广泛应用于细菌、病毒、立克次体及原虫等引起的各种猪传染病的诊断。

e. 与标记抗体有关的试验　包括荧光抗体试验(FAT)、酶联免疫吸附试验(ELISA)。

荧光抗体试验：是将抗体或抗原标记上荧光素(常用的主要有异硫氰酸荧光素，四乙基罗丹明等)后，与相应的抗原或抗体发生特异性结合，在荧光显微镜下可看到发出荧光的抗原抗体反应，从而可对标本中相应的抗原或抗体进行鉴定和定位。

酶联免疫吸附试验：是根据抗原抗体反应的特异性和酶催化反应的高度敏感性而建立起来的免疫检测技术，分为固相酶联免疫吸附试验和酶免疫组织化学技术。ELISA 法具有极高的敏感性，可用于抗体和抗原的检测。其应用涉及细菌、病毒、真菌或寄生虫引起的疾病诊断，激素、药物、血清成分、胎儿蛋白的检测以及肿瘤、自身免疫性疾病等非传染性疾病的诊断。酶免疫组织化学技术是利用酶标记抗体作为组织或细胞内抗原或抗体定位的标记物，在光镜下进行细胞(图片、压片及培养细胞)或普通组织切片的抗原或抗体定位。

f. 单克隆抗体的应用　利用免疫动物制备的抗体属于多克隆抗体，常因不只针对一种抗原决定簇而影响血清学试验的特异性。而应用淋巴细胞杂交瘤技术制备的单克隆抗体是针对单一抗原决定簇的抗体，由于它具有特异性强、敏感性高、质量稳定、易于标准化等优点，越来越多地代替前者而被用于猪传染病的诊断。

近年来，由于与现代科学技术相结合，血清学试验在方法上日新月异，发展很快，其应用已越来越广，已成为传染病快速诊断的重要工具。

②变态反应　动物患某些传染病(主要是慢性传染病)时，可对该病病原体或其产物(某种抗原物质)的再次进入产生强烈反应。能引起变态反应的物质(病原体、病原体产物或抽提物)称为变态原，如结核菌素、鼻疽菌素等，将其注入患病动物时，可引起局部或全身反应。

(3)分子生物学诊断　分子生物学诊断又称基因诊断。主要是针对不同的病原微生物所具有的特异性核酸序列和结构进行检测。在传染病诊断方面，具有代表性的技术主要有：核酸探针、核酸电泳和 PCR 技术。

①核酸探针技术　是近年来发展起来的通过 DNA 分子杂交检测核酸的新技术。它是根据两条单链 DNA(或 DNA 与 RNA)之间互补碱基序列能专一配对的原理进行的，因而具有高度的敏感性和特异性。一般利用已标记的某种 DNA(或 RNA)片段作为探针，对待检 DNA 分子中是否有与探针同源的 DNA 序列进行检测。该方法有三大组成部分：待检核酸，固相载体(NC 硝酸纤维膜或尼龙膜)，用同位素、酶或荧光标记的核酸探针。

核酸探针技术有原位杂交(直接在组织切片或细胞涂片上进行杂交反应)、斑点杂交(将待检的核酸或细胞裂解物经过变性后直接点在固相膜上进行杂交反应)、Southern 染交(将待检 DNA 经内切酶消化、琼脂糖凝胶电泳后，转移到固相膜上进行杂交反应)、Northern 杂交(方法与 Southern 杂交基本相同，但待检的是 RNA)。探针材料是取自已知病原微生物的核酸片段、已知 DNA(或 cDNA)的核酸片段或者根据已知病原微生物的核酸序列设计并人工合成的特异性寡聚核酸片段，总之探针核酸是已知的。然后将其标记上同位素、地高辛、生物素等制备成探针。固定在支持物上的模板核酸与探针经过变性、复性，根据碱基配对原则，如果模板核酸与探针核酸同源，则二者结合，否则二者不发生结合，利用放射自显影或酶底物反应方法，在固相膜的相应位置可见预期条带，进而可做出准确诊断。基因探针方法敏感性高，特异性强，简便快速，可以从混合标本中正确鉴定出目的病原微生物。

核酸探针技术目前主要应用于以下几个方面：

a. 对病毒、细菌、支原体、立克次体、寄生虫、原虫等病原均能做出快速准确的诊断。

b. 在混有大量杂菌或混合感染样品中直接检出主要病原，包括难以在体外培养的病原。

c. 检出带菌、带毒等隐性感染动物。

d. 可对病原微生物进行准确分类鉴定。

e. 可对动物产品或食品进行卫生检验。

②核酸电泳　即将提取的病原体核酸进行电泳的方法，也可用于病原学诊断。这种方法一般适用于病原分离和鉴定之后，可区别同一血清型的不同亚型。例如，具有分段 RNA 基因组的轮状病毒可用此方法区别亚型。另外，双链 DNA 病毒如疱疹病毒，将其提纯物用限制性内切酶处理后进行电泳，根据其片段不同可区别血清型。对病原细菌提取质粒后进行电泳，根据其大小和数量进行分析和比较，可区别未知血清型和耐药性，也可用于多发疾病的感染途径等流行病学分析。

③PCR 技术　又称基因体外扩增技术。PCR 技术是根据已知病原微生物的特异性核酸序列（目前可以在 Gene Bank 中检索到很大一部分病原微生物的特异性核酸序列），设计合成与其 5′端同源、3′端互补的两条引物。在反应管中加入待检的病原微生物核酸（称为模板 DNA）、引物、dNTP 和具有热稳定性的 Taq DNA 聚合酶，在适当条件（Mg^{2+}、pH 等）下，置于自动化热循环仪（PCR 仪）中，经过变性、复性、延伸 3 种反应温度，此为一个循环，每次扩增可进行 20～30 个循环。如果待检的病原微生物核酸与引物上的碱基匹配，合成的核酸产物就会以 $2n$（n 为循环次数）指数形式递增。产物经琼脂糖凝胶电泳，可见到预期大小的 DNA 条带，根据电泳结果可做出确切诊断。PCR 技术具有高度敏感性和特异性，只要知道病原微生物特异的核酸序列，就可用 PCR 方法检测。另外，PCR 技术为检测那些生长条件苛刻、培养困难的病原体，潜伏感染或病原核酸整合到感染动物体细胞基因组的病原体检疫提供了极为有效的手段。PCR 技术与其他分子生物学诊断技术组合，形成了限制性片段长度多态性（PCR-RFLP）、反转录 PCR（RT-PCR）、单链构象多态性（PCR-SSCP）、随机扩增多态性 DNA（RAPD）等技术。

限制性片段长度多态性（PCR-RFLP）：将 PCR 方法扩增的 DNA 片段用限制性内切酶进行酶切后，经电泳比较酶切片段的方法。电泳后还可以利用 DNA 杂交技术进一步分析。

反转录 PCR（RT-PCR）：利用反转录酶将 RNA 反转录成 cDNA 后，用常规的 PCR 方法扩增特异性片段。这种方法可扩增出 mRNA 或 RNA 病毒基因组中的特异性片段。

单链构象多态性（PCR-SSCP）：将双链 DNA 片段变性后成为单链时，单链 DNA 靠自身碱基序列形成立体结构。这种 DNA 在非变性聚丙烯酰胺凝胶中边加热边电泳时，根据其立体结构的差异，即使是长度相同但立体结构不同的 DNA 片段，其电泳位置也不同。该方法可检出数百个碱基序列的 DNA 片段中只有一个碱基差异的不同种 DNA 片段，故非常敏感。

随机扩增多态性 DNA（RAPD）：这种方法是利用随机引物或病原体基因组中的重复序列或某生物种中常见基因的特异性引物进行 PCR，其结果扩增出不同长度的 DNA 片段，根据其片段长度鉴定病原体或血清型。

④DNA 芯片技术　该项技术在兽医传染病的诊断上还未见报道，但在人体的传染病诊断上已有研究报道。

综上所述，传染病的每种诊断方法都有其特定的作用和使用范围，单靠某一种方法不能把所有的传染病和带菌(毒)动物都检查出来,有些传染病应尽可能应用几种方法进行综合诊断。相信随着科学技术的发展,猪传染病的诊断水平必将得到进一步的提高。

2.3.4 猪传染病的治疗

猪传染病的治疗包括针对病因疗法和针对机体疗法两种。

1.针对病因疗法

(1)免疫血清疗法 应用针对某种传染病的高免血清(或卵黄)、痊愈血清(或全血)、免疫球蛋白、单抗等特异性生物制品治疗相应的传染病,称为免疫血清疗法。免疫血清疗法具有高度的特异性,例如破伤风抗毒素血清只对破伤风病畜有效,对其他疾病无效。高免血清主要用于某些急性传染病的治疗,如急性猪瘟、猪丹毒、破伤风等。在诊断明确的基础上如能早期注射足够量的高免血清,常能取得一定的疗效。如缺乏高免血清,可用耐过动物或人工免疫动物的血清或血液代替,也可起到一定的作用,但用量必须加大。为了提高疗效,减少注射量和副作用,也可应用由免疫血清提取的免疫球蛋白。在使用异种动物血清或免疫球蛋白通行治疗时,应特别注意防止过敏反应,为此可采用分次脱敏注射法注射。

免疫增强剂具有增强细胞免疫、促进抗体产生、提高机体抗感染能力的作用,已成为治疗肿瘤和某些慢性传染病的重要辅助性药物之一。其中一些免疫增强剂如转移因子、干扰素、左旋咪唑等亦开始用于某些猪传染病特别是病毒病的治疗,并取得较好的效果。

总之,由于高免血清很少生产,而且并非随时可以购买得到,因此在兽医临床实践中,对细菌性疾病的治疗远不如抗生素和磺胺类药物应用广泛和方便。

(2)抗菌疗法

①抗生素疗法 抗生素作为细菌性传染病的主要治疗药物,已在兽医实践中广泛使用,并取得了显著的成效。合理使用抗生素是发挥抗生素疗效的重要前提,不合理的应用或滥用抗生素往往引起多种不良后果。一方面可能使病原体对药物产生耐药性;另一方面可能对机体产生不良反应,甚至中毒。

②化学疗法 化学疗法是指利用化学药物消灭和抑制机体内病原微生物的一种治疗方法。用于治疗动物传染病的化学药物常用的有磺胺类药物(如磺胺嘧啶钠、磺胺间甲氧嘧啶钠、磺胺脒等)、喹诺酮类药物(恩诺沙星、环丙沙星、诺氟沙星、沙拉沙星等)。

(3)抗病毒疗法 迄今为止,治疗用抗病毒药物仅有若干种试验性研究成果,且由于价格昂贵等,尚未广泛地用于临床。抗病毒药物应抑制病毒在宿主细胞内的某一增殖过程或切断病毒吸附,但由于病毒与宿主细胞核酸的复制机制有类似之处,因此,抗病毒药物对宿主细胞也有某种程度的损害。加之多数情况下病毒病发病时。病毒已在嗜性器官或细胞中大量增殖,所以,不能期待仅用抗病毒药物取得治疗效果。如果使用,最好用于发病初期。由此考虑抗病毒药物应仅限于尚无有效疫苗或疫苗效果不佳的病毒性疾病的治疗。

目前,在人类医学上用于临床的有效抗病毒药物金刚烷胺盐酸盐(流感病毒)、阿糖胞苷(疱疹病毒型角膜炎)、吗啉胍(腺病毒型角膜炎)、利巴韦林(流感病毒、副流感病毒、白血病病毒及口蹄疫病毒等)广谱抗病毒药等药物在兽医临床上已禁止使用,这给病毒性疾病的临床治疗带来一定的影响。目前,常用的抗病毒药物多属于中药和一些生物制剂,如黄芪多糖、板蓝根、干扰素等。

虽然干扰素不能直接杀灭病毒,但干扰素可作用于细胞,使细胞产生抗病毒蛋白。因此干扰素具有广谱抗病毒、抗衣原体、抗部分细菌及抗癌作用。最近有将干扰素和抗病毒药物联合使用的报道，且效果良好。干扰素有 α、β、γ 3 种。在医学领域里，α 和 γ 干扰素对疱疹病毒性角膜炎、单纯疱疹、带状疱疹、乙型肝炎均有治疗效果。α 干扰素对急性病毒性脑炎等有治疗效果。

2.针对动物机体的疗法

(1)对症疗法　根据某一特殊症状，有针对性地用药治疗或实施手术，以减轻或消除该症状，调节和恢复机体的生理机能，为此所进行的内外科疗法均为对症治疗。如使用退热、止痛、止血、止泻、解痉、强心、补液、利尿、抗过敏、防止酸中毒、调节电解质平衡等药物以及实施急救手术或局部治疗等，都属于对症治疗的范畴。对症治疗直接或间接地支持了动物机体防御功能、增强了机体与疾病斗争的能力，有的对症治疗起到对机体调节和补充的作用，有的为抢救之用。

(2)护理疗法　俗话说，十分病三分治七分养，对患病动物护理得好坏直接影响治疗效果，因此，要加强护理，防暑防寒，隔离舍要光线充足、通风良好，应保持安静、干爽、清洁，随时消毒。给予可口、新鲜、柔软、优质、易消化的饲料，饮水要充足。根据病情需要，亦可注射葡萄糖、维生素或其他营养物质，以维持生命，帮助机体渡过难关。

(3)针对群体的治疗　随着规模化和集约化养殖的日益扩大，传染病的发生严重威胁动物群体的健康，因此，在传染病发生时，除了对患病动物进行隔离和治疗外，更重要的是针对整个动物群体进行紧急预防性治疗，除使用药物外，还需紧急接种疫苗、抗体等生物制品，以保护群体的健康。

2.3.5　猪传染病的扑灭措施

传染病一旦发生和流行就会造成猪群的死亡和生产性能的下降。因此，制订科学合理的防治方案，控制和扑灭传染病，是摆在我们面前的首要任务。在一定的地区范围内控制或消灭某些传染病，只要认真采用一系列综合性的兽医措施，如查明病因、选择屠宰、淘汰、隔离检疫、群体免疫、群体治疗、环境消毒、控制传播媒介、控制带毒(菌)猪等，经过长期不懈的努力是完全能够实现的。

传染病的发生和流行需要传染源、传播途径和易感动物这三个基本环节的相互联系才能实现。所以，只要切断它们之间的联系，就能够控制传染病的继续流行。因此，当传染病发生时应采取如下措施：及时发现、诊断和上报疫情并通知邻近单位做好预防工作；迅速隔离病猪，污染的地方进行紧急消毒。若发生危害性大的疫病如口蹄疫、非洲猪瘟等应采取封锁等综合性措施；实行疫苗紧急接种，对病畜进行及时合理的治疗；死猪和淘汰病猪要无害化处理。

1.控制传染源

包括传染病的报告、诊断、隔离封锁和治疗等措施。

(1)疫情报告　饲养、生产、经营、屠宰、加工、运输的单位和个人，发现传染病或疑似传染病时，必须立即报告当地防疫检疫机构或乡镇畜牧兽医站。发现重要传染病时，一定要迅速向上级有关领导机关报告，并通知邻近单位及有关部门注意预防工作，及时诊断和紧急处理。若为紧急疫情，应以最迅速的方式上报有关领导部门。

在动物出现突然死亡或怀疑发生传染病时，应立即通知兽医人员。在兽医人员尚未到达现场或尚未诊断之前,应采取下列措施:将疑似传染病动物进行隔离,派专人管理,对其停留过的地方和污染的环境、用具进行消毒;病死尸体保存完整,未经兽医检查同意不得随意屠宰,病死动物的皮、肉、内脏未经兽医检验不许食用。

(2)诊断　上级有关领导机关接到疫情报告之后,应及时派人到现场协助诊断,必要时将病料送往相关专业实验室进行实验室诊断。

(3)隔离　隔离病猪和可疑感染的病猪是防治传染病的重要措施之一。隔离是为了控制传染源,防止其他易感猪继续受到传染,以便将疫情控制在最小范围内加以就地扑灭。因此,在传染病发生时,应首先查明猪群中的蔓延程度,逐头检查临诊症状,必要时进行血清学和变态反应检查。根据诊断检疫的结果,可将全部受检猪分为病猪、可疑感染猪和假定健康猪三类,以便分别对待。

①病猪　指有典型症状或类似症状,或其他特殊检查阳性,是危险性最大的传染源,应选择不易散播病原体、消毒处理方便的场所或房舍进行隔离。特别注意要严密消毒,加强卫生和护理工作,须有专人看管和及时进行治疗。隔离场所禁止闲杂人畜出入和接近。工作人员出入应遵守消毒制度。隔离区内的用具、饲料和粪便等,未经消毒处理,不得运出,没有治疗价值的动物由兽医根据国家有关规定进行严格处理。

②可疑感染猪　未发现任何症状,但与病猪及其污染的环境有过明显的接触,如同圈、同群、同槽、使用共同的水源或用具等。这类猪有可能处在潜伏期,并有排菌的危险,应在消毒后另选地方将其隔离观察,出现症状则按病猪处理。有条件时应立即进行紧急免疫接种或预防性治疗。

③假定健康猪　除上述两类外,疫区内其他易感猪都属于此类。应与上述两类严格隔离饲养,加强防疫消毒和相应的保护措施,立即进行紧急免疫接种。必要时可根据实际情况分散饲养或转移至偏僻牧地。

(4)封锁　当暴发某些重要传染病时,除严格隔离病猪之外,还应采取划区封锁的措施,以防止疫病向安全区散播和健畜误入疫区而被传染。

当确诊为一类传染病时,根据《中华人民共和国动物防疫法》,当地县级以上人民政府畜牧兽医行政管理部门应当立即派人到现场,划定疫区范围,及时报请同级人民政府发布封锁令进行封锁,并将疫情等情况逐级上报有关畜牧兽医行政管理部门。

执行封锁时应掌握"早、快、严、小"的原则,亦即执行封锁应在流行早期、行动果断迅速,封锁严密,范围不宜过大。封锁区的划分必须根据流行规律、当时疫情的流行情况和当地的具体条件充分研究,确定疫点、疫区和受威胁区。

①封锁的疫点应采取的主要措施

a. 严禁人、畜禽、车辆出入和畜禽产品及可能污染的物品运出。在特殊情况下人员必须出入时,需经有关兽医人员许可,经严格消毒后出入。

b. 对病死畜禽及其同群畜禽,县级农牧部门有权采取扑杀、销毁或无害化处理等措施,畜主不得拒绝。

c. 疫点出入口必须有消毒设施,疫点内用具、圈舍、场地必须进行严格清毒。疫点内的垫草、粪便、受污染的草料必须在兽医人员的监督指导下进行无害化处理,并做好杀虫灭鼠工作。

②封锁的疫区应采取的主要措施

a. 交通要道必须建立临时性检疫消毒卡,备有专人和消毒设备,监视畜禽及其产品移动,对出入人员、车辆进行消毒。

b.停止集市贸易和疫区内畜禽及其产品的采购。

c.未污染畜禽产品必须运出疫区时，需经县级以上农牧部门批准，在兽医防疫人员的监督指导下，经外包装消毒后运出。

d.非疫点的易感畜禽必须进行检疫或预防注射，农村城镇饲养及牧区畜禽与放牧水禽必须在指定疫区放牧，役畜限制在疫区内使役。

③受威胁区应采取的主要措施

a.威胁区内的易感动物应及时进行预防接种，以建立免疫带。

b.管好本区易感动物，禁止出入疫区，并避免饮用疫区流过来的水。禁止从封锁区购买牲畜、草料和畜产品。

c.对设于本区的屠宰场、加工厂、畜产品仓库进行兽医卫生监督，拒绝接受来自疫区的活畜及其产品。

④解除封锁的条件

a.疫区内最后一头病猪扑杀或痊愈后，经过该病一个潜伏期以上的监测、观察，未再出现病畜禽时，经彻底消毒清扫，由县级以上农牧部门检查合格后，由原发布封锁令的政府发布解除封锁，并通报毗邻地区和有关部门。

b.疫区解除封锁后，病愈畜禽需根据其带毒时间控制在原疫区范围内活动，不能将它们调到安全区去。

2.切断传播途径

对于猪群感染的消化道传染病、虫媒传染病以及许多寄生虫病来说，切断传播途径通常是起主作用的预防措施。

消毒是生物安全体系中重要的环节，也是控制动物传染病的一个重要措施。消毒从控制和消灭传染源、切断传播途径两个环节入手，使环境中的病原微生物大大减少，从而减少了动物被病原体感染的机会，是动物防疫工作中最常用的措施。

3.保护易感猪群

保护易感猪群，可通过预防接种、紧急接种、加强饲养管理和药物预防四个方面进行。

(1)预防接种　免疫接种是激发动物机体产生特异性抵抗力，使易感动物转化为不易感动物的一种手段。有组织、有计划地进行免疫接种，是预防和控制猪群传染病的重要措施之一。

在经常发生传染病或传染病潜在的地区，或受某些传染病经常威胁的地区，在平时有计划地给健康猪群进行的免疫接种，称为预防接种。

预防接种通常使用疫苗、菌苗、类毒素等生物制剂作抗原激发免疫。用于人工自动免疫的生物制剂可统称为疫苗(菌苗、疫苗和类毒素)。

采用皮下、皮内、肌肉注射，滴鼻，喷雾，经口等不同的接种方法，接种后经一定时间可获得数月至一年以上的免疫力。

①注意事项

a.应有周密的计划，对当地各种传染病的发生和流行情况进行调查了解，拟订预防接种计划。有时也进行计划外的预防接种，例如输入或运出猪时，为了避免在运输途中或到达目的地后暴发某些传染病而进行的预防接种。

b.接种前，应注意其健康情况、年龄大小、是否妊娠或泌乳以及饲养条件的好坏等情况。

成年的、体质健壮或饲养管理条件较好的猪，接种后会产生较坚强的免疫力；反之，幼年的、体质弱的、有慢性病或饲养管理条件不好的猪，接种后产生的抵抗力就差些，也可能引起较明显的接种反应。

c. 妊娠母猪有时会发生流产、早产或者可能影响胎儿的发育，泌乳期的母猪预防接种后有时会暂时减少产奶量或排卵量。

d. 对那些幼年的、体质弱的、有慢性病的和妊娠后期的母猪，如果不是已经受到传染的威胁，最好暂时不接种。对那些饲养管理条件不好的猪，在进行预防接种的同时，必须创造条件改善饲养管理。

②预防接种的反应

正常反应：是指由于制品本身的特性而引起的反应，其性质与反应强度随制品而异。进一步研究，改进疫苗质量和接种方法，是可以逐步解决的。

严重反应：某一批生物制品质量较差或是使用方法不当，如接种剂量过大、接种施救错误等或是个别动物对某种生物制品过敏而引起的反应，这类反应通过严格控制制品质量和遵照使用说明书可以减少到最低限度，只有在个别特殊敏感的动物中才会发生。

合并症：指与正常反应性质不同的反应。主要包括超敏感（血清病、过敏休克、变态反应等）、扩散为全身感染和诱发潜伏感染。

③疫苗的联合使用　同一地区，同一种群，在同一季节内往往可能有两种以上的疫病流行。可使用多联多价苗免疫，使用结果可能是彼此相互促进，有利于抗体的产生；也可能相互抑制，使抗体的产生受到阻碍。

国内研制成功的猪瘟、猪丹毒、猪肺疫三联活疫苗，猪传染性胃肠炎病毒、猪流行性腹泻病毒、猪轮状病毒（G5 型）三联活疫苗，一针可防多病，大大提高了防疫工作效率，是预防接种工作的发展方向。随着集约化养猪业的日益发展，为了提高防疫效率、降低劳动强度，防疫方法的改进将日益受到重视。

④合理的免疫程序　一个地区可能发生的传染病不止一种，往往需用多种疫苗来预防不同的病，也需要根据各种疫苗的免疫特性来合理地制定预防接种的次数和间隔时间，这就是所谓的免疫程序。

免疫过的妊娠母猪所产仔猪体内在一定时间内有母源抗体存在，对建立自动免疫有一定的影响，幼龄畜禽免疫接种往往不能获得满意的结果。以猪瘟为例，母猪于配种前后接种猪瘟疫苗者，所产仔猪从初乳获得母源抗体，在 20 日龄以前对猪瘟具有坚强免疫力，30 日龄以后母源抗体急剧衰减，至 40 日龄以后几乎完全丧失。哺乳仔猪如果在 20 日龄左右首免，65 日龄左右进行第二次免疫接种，这是目前国内认为较合适的猪瘟免疫程序。在吃初乳以前接种猪瘟活疫苗，可免受母源抗体的影响而获得可靠的免疫力。

目前，国际上无可供统一使用的免疫程序，需制定出合乎本地区、本牧场具体情况的免疫程序。

(2)紧急接种　指在发生传染病时，为了迅速控制和扑灭疫病的流行而对疫区和受威胁区尚未发病的畜禽进行的应急性免疫接种。

①使用免疫血清较为安全有效，但血清用量大，价格高，免疫期短。使用某些疫苗进行紧急接种是切实可行的。猪瘟、口蹄疫等一些急性传染病已广泛应用疫苗做紧急接种，取得了较好的效果。

②必须对所有受到传染威胁的猪逐头进行详细的观察和检查，仅能对正常无病的猪以疫苗进行紧急接种。

③对病猪及可能已受感染的潜伏期病猪，必须在严格消毒的情况下立即隔离，不能再接种疫苗。

④由于在外表正常无病的猪中可能混有一部分潜伏期患者，这一部分患病猪在接种疫苗后不能获得保护，反而促使其发病，因此在紧急接种后一段时间内猪群中发病反而有增多的可能，但由于这些急性传染病的潜伏期较短，而疫苗接种后又能很快产生抵抗力，因此发病不久即可下降，最终能使流行很快停息。

⑤紧急接种是在疫区及周围的受威胁区进行，其目的是建立“免疫带”，就地扑灭疫情，但这一措施必须与疫区的封锁、隔离、消毒等综合措施相配合才能取得较好的效果。

（3）加强饲养管理　给予动物充足全价的营养，喝清洁卫生的饮水，保证舍内的温度、湿度、密度、通风、光照等基本生活条件适宜，并加强猪的运动，以增强机体免疫力和抗病能力。

（4）药物预防　是为了预防某些疫病，在猪群的饲料饮水中加入某种安全的药物进行集体药物预防，在一定时间内可以使受威胁的易感猪不受疫病的危害。

因此，应用药物防治也是一项重要的措施，是防疫的一个较新途径，某些疫病在具有一定条件时采用此种方法可以收到显著的效果。常用的有磺胺类药物、抗生素类以及中草药等。在饲料中添加上述药物对预防猪群腹泻类和呼吸道类传染病等有较好的效果。

长期使用药物预防容易产生耐药菌株，影响防治效果，还可能对人类健康带来严重危害，因为一旦形成耐药性菌株后，如有机会感染人类，则往往会贻误疾病的治疗。因此，在应用药物预防时应遵循以下原则和方法：

①选择合适的药物。一般选用常规药物，预防疾病的目标很明确时可选用特定药物。

②严格掌握药物的种类、剂量和用法。

③掌握好用药的时间和时机，做到定期、间断和灵活用药。

④穿梭用药，定期更换。一种药物连续使用一年左右即可考虑更换。

⑤注意经料给药应将药物搅拌均匀，特别是小型养猪场手工拌料更要注意，采取由少到多、逐级混合的搅拌方法比较可靠。经水给药则应注意让药物充分溶解。

2.4　猪场生物安全措施

猪场生物安全是一种猪群的健康管理策略，是指识别并预防传染性因子进入养猪生产的每一个环节所遵守的规定与采取的措施，可防止或阻断病原体侵入、侵袭猪群，确保养猪生产的健康稳定。猪场生物安全包括外部生物安全和内部生物安全，外部生物安全主要是防止病原微生物传入猪场内和防止场内疫病向外传播；内部生物安全主要是控制场内病原在猪群间的传播与循环。

猪场生物安全是一种系统化的管理实践，是最有效、最经济的控制疫病发生和传播的健康管理措施。猪场生物安全有助于防止疾病的发生与传播、保证猪只的安全生产及肉制品的安全、提高养猪经济效益、促进养猪业的发展。特别是在当前我国非洲猪瘟疫情严峻形势下，加强规模猪场生物安全体系建设，对于控制、扑灭和根除非洲猪瘟意义重大。同时，良好的生物安全也为猪场重要疫病的净化提供了保障。

猪场生物安全措施内容包括：场址选择、猪场生物安全区域划分及硬件配置、人员管理、物资管理、猪群管理、车辆管理、卫生与消毒、猪场生物控制、污物处理、家庭农场生物安全共 10 部分。

2.4.1 场址选择

场址的选择，是猪场生物安全的第一步，也是最重要的一步。猪场场址选择主要包括猪场周围养殖环境和地理位置。猪场周围养殖环境包括周围猪只存栏和高风险场所，主要考虑以被评估猪场为圆心，10 km 为半径的圆内猪只的数量，以及猪场的数量、类型和规模。猪场地理位置包括天然地理条件和交通布局等。

1. 猪场周围养殖环境

(1)周围猪只存栏　利用地图软件(如奥维地图)定位猪场位置。初步了解猪场周边信息，实地查看并标记 3 km、10 km 范围内猪场和养殖户的位置，其分布与选址猪场位置越近，生物安全威胁越大。分别统计周边 3 km、10 km 范围内猪场数量和猪只存栏量，数量越多，风险越大。计算选址猪场周围 3～10 km 范围内猪只密度，密度越大，生物安全威胁越大。

(2)高风险场所　猪场选址时应与以下高风险场所保持特定的生物安全距离。屠宰场(＞5 km)、病死动物无害化处理场(＞5 km)、粪污蓄积点(＞5 km)、集贸市场(＞5 km)、其他动物养殖场(＞5 km)、动物诊疗所(＞5 km)、垃圾处理场(＞3 km)及车辆洗消场所(＞3 km)等均为生物安全高风险场所。

2. 猪场地理位置

(1)自然条件　充分考虑猪场所在区域的地形与地势，猪场生物安全高低依次为：高山＞丘陵(避风向好于上风向)＞平原(沟壑优于防风林，防风林优于没有任何遮挡的平原)。

(2)主干道距离　猪场与最近公共道路及与城镇居民区、文化教育科研等人口集中区域的距离需大于 500 m。猪场离公共道路越近，周边公共道路交叉越多，生物安全风险越大。猪场建成后，还要定期对猪场周边生物安全进行风险评估(至少 1 次/年)，以便及时了解掌握猪场的生物安全情况，并采取相应的应对措施。

2.4.2 猪场生物安全区域划分及硬件配置

1. 生物安全区域划分

将种猪场按照生物安全防控等级由高到低依次划分为：外围区、场外区、环保处理区、生活区、生产区 5 个不同生物安全等级区域。每个等级区域之间需建立完整的隔离屏障。

(1)猪场外围区　指为降低人员、物资、车辆、猪只进入猪场时将病原带入猪场的风险，特建于猪场周围 3 km 外的用于对人员、物资、车辆消毒的功能单位。包括：用于对进场人员及随身物品消毒的一级隔离点、用于对进场物资消毒处理的物资中转站、用于靠近或接近猪场的车辆进行洗消处理的洗消中心及用于猪只转运的场外中转出猪台。

(2)场外区域　猪场围墙外周边的物理围挡或栅栏至猪场周边的围墙之间的区域。包括烘干房、前置门卫、大门门卫、消毒间(物资、食材消毒间)、出猪台，这些设施与外界连通，其他区域全部围蔽，不留任何漏洞，确保场内与外界彻底隔断。

(3)环保处理区　在生物安全等级上划归场外区域，用实体围挡和围墙将其单独分隔。包括总猪粪池、污水处理系统、无害化处理区。环保处理区需设独立淋浴间，该区域工作人员下班淋浴后到达场外,与场外区人员住在同一区域。

(4)生活区　猪场内人员生活、休息及娱乐的场所,包括办公室、宿舍、厨房、餐厅及娱乐设施。由猪场围墙和实体围挡或栅栏将其分隔,除保留人员、物资、车辆进入生产区的通道外,其他区域全部围起,确保与生产区之间彻底隔离。

(5)生产区　生产区是猪群饲养的场所,是猪场的主要建筑区域,是生物安全防控的最重点区域,包括隔离舍、公猪站、配怀舍、分娩舍、后备舍、保育舍、育肥舍。隔离舍主要是引进后备猪或复养引种时隔离使用,新引进猪只由单独的进猪通道进入隔离舍。生产线和隔离舍、环保处理区等区域可建设物理隔离带实现相对隔离。有条件的种猪场,可在不同生产线间建立物理屏障(包括隔离带、水渠等)进行隔离;生产线与隔离舍原则上彻底隔离,有条件的可建设围墙。

猪场生物安全等级划分:猪场饲养模式一般分为一点式和多点式。相对一点式,多点式饲养可有效避免病原在不同生产区之间的循环传播,降低疫病风险,但不同点之间转运猪只可能带来疫病传播风险。

猪场生物安全等级划分(由高到低):生产区＞出猪区＞生活区＞门卫室＞环保区＝场外区

生产区生物安全等级划分(由高到低):公猪舍＞分娩舍＞配种舍＞保育舍＞育成舍＞隔离舍

2.猪场的硬件配置

(1)物理隔离　修缮和完善围墙,场内与场外仅留大门口、出猪台、锅炉房、无害化处理区等位置与外界连通,其他区域全部用围墙或实体围挡(如彩钢板)分隔。出入口大门平时上锁,钥匙由专人保管。围墙排水沟等区域需使用隔网阻拦,防止小动物出入。定期检查,及时维修破损区,确保场内与外界彻底隔断。

构筑生产区与生活区物理屏障,包括围墙、山体、防护沟等,做好彻底物理隔离。在出入生活区/生产区位置处设置人员物资消毒间和仓库。生活区内的人员、物资进入生产区必须通过专门通道。

隔离舍、环保处理区建设物理隔离带并设置隔离或警示标识,实现各个区域的相对隔离;确保生产区内不同等级、不同工作性质区域相对隔离。

(2)猪场前置门卫及烘干房　在距离大门口30～500 m区域设立前置门卫和烘干房,前置门卫处设立消毒点,用于进场人员、物资、车辆等前置消毒。烘干房用于车辆(如拉猪车、拉料车、拉煤车)进入猪场时的高温消毒,也可用于可烘干的大型物资(建筑材料、煤炭、生石灰)进场时的消毒。前置门卫和烘干房建于同一区域,便于统一管理。

前置门卫和烘干房至大门口的区域是外来人员、物资、车辆进入猪场的唯一通道,其他部分用物理隔离带(围挡、防护沟或山体)阻隔。该区域属于场外区,由场外生物安全员负责,每天定时严格消毒。物资、食材、饲料等运输车辆在前置化消毒点彻底冲洗消毒后,方可抵达大门口或卸载位置。

(3)物资消毒间　种猪场大门口车辆消毒通道两侧,分别建设普通物资消毒间(不含饲料)、食材消毒间。物资消毒间主要针对进入生活、生产区的除食材以外的所有物资的消毒,食材物资消毒间仅针对食堂物资。建设时需结合实际情况,规划好消毒空间的大小。物资进出需注重单向流动,物资摆放设计尽量方便。

物资、食材消毒间应建设烘干和浸泡两个功能区域。消毒间的建设要保证消毒效果,同时具备单向流动功能。

(4)料塔　种猪场选择在靠近生产区的围墙边建中转料塔,实现散装料车可在围墙外打料,同时配置场内中转饲料车。确保内部饲料车不出场,外部饲料车不进场,尽量减少饲料车进场带来的生物安全风险。

(5)食堂　对原有种猪场的食堂要进行改造,新建猪场的食堂要进行合理设计,使其符合生物安全标准。将食堂与生活区隔离,严格划分餐厅和厨房,餐厅在内,厨房在外,中间用传递窗相连。厨师加工好的饭菜放入传递窗后,关闭一侧窗门,员工就餐时由另一侧取餐。进场的食材在食材消毒间消毒后由密闭通道转入厨房内储藏间。厨师的宿舍划归场外。

(6)出猪台　包括场内出猪台和场外中转出猪台。出猪台应建在猪场内靠近围墙处,最好为密闭的实体建筑,且严格划分脏净区。场内转猪车在场内净区一侧,场外拉猪车在脏区一侧,中间由出猪通道相连,转猪时不同区域人员禁止交叉。中转站距离猪场至少 3 km,建议种猪场和规模猪场使用场外中转出猪台转运待售猪只。

(7)车辆洗消中心　洗消中心包括洗消间、烘干/沥干间及司机淋浴通道等。洗消中心主要用于种猪车、猪苗车、淘汰猪中转车清洗、消毒和烘干。洗消中心需建于距离猪场 3 km 外且相对独立的区域,周边应设有物理屏障。

(8)环保处理区　环保处理区主要包括总粪污池、污水处理系统、无害化处理间等,相对集中,便于划区管理。新建猪场环保处理区尽量选址建设在猪场边缘,实现相对独立和隔离,已经建成投产的环保处理区需加设实体围挡或设置隔离带。

3.猪场生物安全遵循的原则

(1)脏净分区　脏区与净区是相对而言的,生物安全等级高的地方相对等级低的地方而言,等级高的地方是净区,等级低的地方是脏区。如场外相对于生活区,场外是脏区,生活区是净区;而生活区相对于生产区,生活区是脏区,生产区是净区。因此,在种猪场生物安全等级金字塔中,生产区(公猪舍、分娩舍、配怀舍、保育舍、育成舍、隔离舍)、环保处理区、生活区、场外区、外围区等区域的生物安全等级依次降低。不同生物安全等级区域之间连接的通道也区分净区和脏区,明确划分两者之间的分界线。如猪场门卫处淋浴间、出猪台、物资食材消毒间、饲料接驳区等需划分净区和脏区,所有人员遵守区域操作规范。

(2)单向流动　猪只、人员、物资、车辆等进出场时要求单向流动,由生物安全级别低的地方到级别高的区域时,必须遵循严格的生物安全流程和操作规范,需要经过严格的清洗消毒和病原检测合格后才能进入。反之,由高级别区域进入时不需要消毒。例如,进场人员在门卫淋浴间处经彻底沐浴、更衣后进入生活区。隔离舍后备猪经过隔离观察期无异常,经检测合格后可直接调往生产区配怀舍或后备舍(图 2-4 和图 2-5)。

(3)互不交叉　猪场内外人员、车辆进出场时,需规划明确的行走路线。人员、物资、车辆需通过独立的通道进出猪场,减少不同生物安全等级路线之间的交叉,新建猪场更要提前规划好生物安全分区。

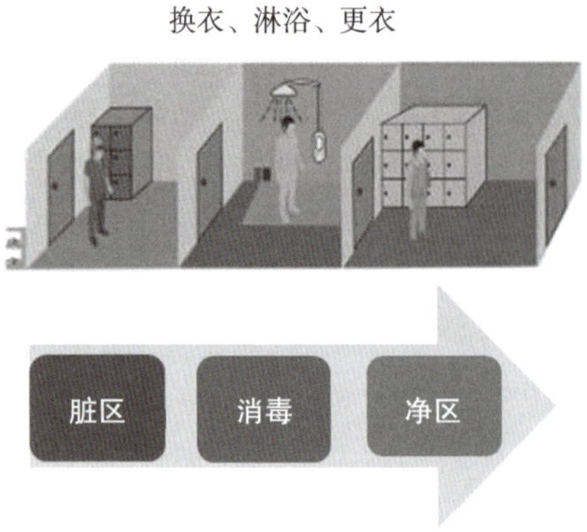

图 2-4　脏净分区——淋浴间

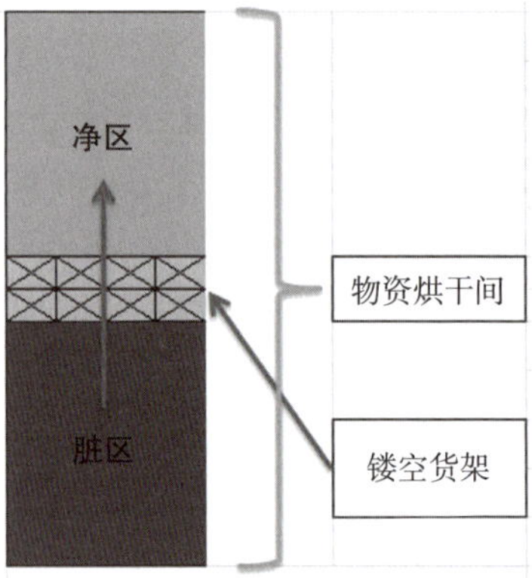

图 2-5　脏净分区——物资烘干间

2.4.3　人员管理

人员进场是猪场最大的风险之一，猪场要根据生物安全区域设置不同岗位，各岗位人员不允许串岗、严禁交叉。

1. 人员的岗位设置

根据猪场不同生物安全区域设置外围生物安全员、场外生物安全员、场内生物安全员。每个区域的工作人员均有专人负责，分工明确、各司其职。

2. 人员进场

进场人员与场长电话沟通进场信息并获得场长批准，并按《入场须知》准备。进场人员首先到达外围人员一级隔离点，经外围生物安全员的检查合格后登记，进场人员签字确认后，对其随身物品分类消毒处理。手机、电脑、充电器等烘干消毒 60 ℃ 45 min。眼镜、药物、化妆品等浸泡处理。除必需品外，其他物品一律不得带进场内。淋浴前，工作人员对进场人员全身各部位采样，人员进入淋浴间彻底淋浴后再次采样。人员淋浴按照一更、淋浴间、二更单向流动，不允许返回。人员淋浴结束采样后，由专门车辆将进场人员拉至猪场，其间不允许下车。

进场人员到达猪场门卫处，门卫再次检查合格后登记。人员再次充分淋浴、物资再次烘干或浸泡消毒，进入猪场内，门卫对进场人员采样。进场人员签字确认。

隔离：各猪场根据实际情况，在指定区域，执行 12～24 h 的隔离。

3. 人员进入生产区

人员在生产区淋浴间充分淋浴后进入生产区，必须携带物品（如眼镜）须经生产区物资消毒间消毒后进入。禁止带手机、零食等非必需物资进场。

4. 人员进入生产单元

人员对脚部（踩脚踏盆）、手部消毒后，按照规定路线进入各自工作区，禁止进入未被授权的工作区。

人员出生产单元时需清洗、消毒工作靴，先刷洗鞋底鞋面粪污，后在脚踏消毒盆浸泡消毒。人员离开生产区，将工作服放置指定收纳桶。疫情高风险期间，生产人员应在生产单元内隔离，禁止进入其他生产单元。

5. 消毒

人员进场、进生产线后，猪场内由专门工作人员对进场、进生产线的区域及所用物品进行严格的消毒。

2.4.4 物资管理

猪场物资主要包括食材、生活及生产用品、兽药、疫苗、精液和设施设备等大宗物资及其他物资。各猪场应统筹安排各种物资的进场，尽量减少进场频次，降低生物安全风险。

1. 食材

(1)食材的选择　食材应选择信誉好的商家，且确保生产流通背景清晰，在确定合作前应采样检测，综合评估。南方气候温暖的地区，可在场内种植蔬菜水果，自给自足。禁止购买偶蹄类动物肉制品进场。新鲜蔬菜、瓜果等要求无泥土、无烂叶，建议多选用茎类等易于清洗的食材。

(2)食材的消毒　采购的食材首先由商家送至外围物资处理点进行消毒。米面、粮油、干调等烘干处理。水果蔬菜等用 20～30 mg/L 的二氧化氯浸泡消毒后，由密闭车辆运至猪场。在猪场食材消毒间再次消毒后，放至厨房专用储藏间保存。

(3)员工就餐　场内人员就餐区与厨房严格隔离。就餐时，厨师将熟食由传递窗传出。禁止生的食材进入生产线。如需在生产线就餐，由专门人员严格按照流程送至生产线。

2. 生活物资

生活物资集中采购，拆掉外包装，经烘干、浸泡等方式消毒后入场，尽量减少购买和入场频率。

3. 兽药疫苗

(1)在外围物资中转站，拆掉外层纸质包装，使用敏感消毒剂擦拭塑料包装后，再用猪场消毒过的塑料布密封，经专用物资运输车运至猪场后，在消毒池内浸泡包装后转入生产区库房储存。周边疫情严重时，需把疫苗或药品拆成单瓶浸泡。

(2)进场的每批兽药疫苗消毒均需采样检测，结果为 ASFV、PRRS 等病原阴性时，方可带进生产线。

(3)使用和后续处理：严格按照说明书或规程使用疫苗及药品，做到 1 猪 1 针头(哺乳仔猪 1 窝 1 针头)，疫苗瓶等医疗废弃物及时无害化处理。

4. 大宗物品

(1)建材、煤炭、生石灰、火碱等大宗物资车辆可在猪场烘干房 65 ℃ 烘干 1 h 以上入场。如果猪场没有烘干房，则装载大宗物品的车辆到达猪场外前置门卫处彻底消毒后，直接入场到达指定位置，静置 2 周后，采样检测为阴性时，方可使用。

(2)大型仪器设备进场前，用敏感消毒剂擦拭仪器表面，在猪场门卫处独立房间内静置 2 周后，采样检测为阴性时，再运至场内安装使用。

5. 精液

外购精液或区域公猪站精液需要三层密封包装。到达外围物资消毒点拆掉最外层包装，对第二层包装浸泡消毒后，送达猪场物资消毒点，拆除第二层包装，再次浸泡消毒后进场。精液到达生产线物资入口(消毒间或传递窗)，拆除内层包装，将精液盒表面消毒后，放入经彻底消毒的泡沫箱，运送至实验室检测使用。

6. 饲料

建议所有猪场均安装中转料塔。冬季，散装料车经猪场烘干房 65 ℃烘干 1 h 以上入场；

夏季,在猪场外围对饲料车轮胎底盘彻底消毒后,经猪场外围墙将料打入中转料塔。再由场内中转料车将饲料转移至生产线料塔。

2.4.5 猪群管理

猪群管理主要包括后备猪引种,猪只转运(猪苗、淘汰猪)管理。猪群转运尽可能遵循全进全出的原则。猪场应简化生产流程,降低生物安全风险。

1. 引种

引种包括种公猪引种和后备母猪引种。引种管理包括引种前评估、引种路线规划、隔离观察、进入生产线前评估等。

(1)引种前调查及评估

资质评估:供种场具备《种畜禽生产经营许可证》,所引后备猪具备《种畜禽合格证》《动物检疫合格证明》及《种猪系谱证》等资质证明。

猪场生物安全及猪只健康状况评估:引种前 30 d,引种公司安排专人对供种场生物安全及猪群健康状况进行评估。必要时,进驻供种场内一段时间,同时按照引种数量的 5%～10%采集血样进行非洲猪瘟、蓝耳病、猪瘟、口蹄疫和猪伪狂犬病等病原和抗体检测,了解猪群的健康和免疫状况。

(2)引种前准备

①隔离舍的准备　包括隔离舍的清洗消毒干燥、采样检测合格后封舍,隔离舍的物资(药物、疫苗、饲料、应急物资等)准备,后备舍或公猪舍饲养管理人员的安排。

②引种前物资准备及应急演练　包括装猪、卸猪人员安排及所需物资准备,应急预案的制定及演练以及检疫证明等。

③引种路线规划　种猪转运前对行车路线、转运距离、道路类型、天气、沿途城市、猪场及屠宰场、村庄、加油站、高速收费站等调查分析,确定最佳行驶路线和备选路线。

④引种车辆的准备　长途转运车辆最好使用装有空调和空气过滤系统的密闭运猪车。

(3)隔离观察　建议隔离时间不少于 1 个月。隔离期间,每日密切观察猪只临床表现,对异常猪进行病原检测,必要时进行免疫。经检测合格的猪方可调入生产线。一旦发现异常,在彻底封锁隔离基础上,尽快处置,避免波及其他健康猪群。

(4)进入生产线前评估　目前,国内非洲猪瘟流行毒株复杂,既有野毒株也有变异株(自然弱毒株、人工变异株)。进入生产线前 1 周内,可根据猪场周边的风险评估结果提高采血比例,必要时采集引种猪只 100%的血液,检测 ASFV 病原和抗体。

2. 猪只转运管理

猪只转运包括断奶仔猪、淘汰猪转运和场内猪只的调动。

(1)猪苗和淘汰猪的转运　猪场内需配备专用转猪车辆。有条件的猪场可建设两个出猪台,且之间有一定距离,分别用于后备猪引种与猪苗、淘汰猪的销售。出猪台最好为密闭式,出猪台通道严格划分净/灰/脏三个区域,猪场一侧为净区,场外拉猪车辆一侧为脏区,中间地带为灰区。不同区域由不同人员负责,禁止人员跨越区域界线或发生交叉。转运时,猪只只能单向流动,到达出猪台或中转站的猪只须转运离开,禁止返回场内。转运前后,猪场需安排专人对出猪台清洗消毒。

(2)场内猪只转运　包括生产线内转运及线间转运。转运时需对生产线转运通道、出猪台、转运车辆进行严格清洗消毒，采样检测合格后方可进行转运。

2.4.6 车辆管理

车辆管理包括场外车辆和场内车辆的管理。场外车辆包括运猪车、拉料车、物资转运车、人员接送车、拉粪车、员工车辆。场内车辆包括中转运猪车、中转料车、无害化处理车、消毒车等。

1. 场外车辆

原则上所有车辆不得进入猪场，如必须进入的，需经严格审批，并在监控条件下彻底冲洗消毒检测合格后方可进入。

(1)员工车辆　杜绝员工车辆接近猪场，员工进出场用猪场专门车辆。

(2)人员接送车　专车专用，平时停放于猪场外围人员隔离点。

(3)物资转运车　专车专用，平时停放于猪场外围物资消毒点，使用前清洗消毒。

(4)大宗物资运输车　需要进场的大宗物资运输车经审批通过后，在猪场烘干房外对轮胎底盘彻底消毒，经烘干房 65 ℃烘干 1 h 后，驶至场内指定地点。

(5)饲料车　专车专用，平时停放在饲料厂指定位置。场外饲料车经猪场烘干房高温消毒后到达猪场围墙外，跨围墙打料。

(6)猪苗车　专车专用，平时停放在公司洗消中心净区或其他指定可控区域。拉猪苗时确保在公司洗消中心清洗消毒，烘干房烘干后，进入出猪台区域装猪。

(7)种猪车　专车专用，在不工作期间停放在公司洗消中心或其他可控区域。装猪前，在洗消中心彻底清洗消毒，采样检测合格，再经烘干房经 65 ℃烘干 1 h 后去供种场拉猪。

(8)淘汰猪中转车　专车专用，平时停放于猪场大门口指定位置或洗消中心净区。使用前经猪场洗消中心消毒检测合格，烘干后，方可进入出猪台区域装猪。运输至中转站卸猪后，经清洗消毒方可返回。

(9)猪粪车　猪场拉粪车不进场。场内猪粪通过围墙边建设总猪粪池，直接将猪粪转至围墙外，也可通过场内铲车越过围墙将猪粪送到围墙外。

2. 场内车辆

车辆专车专用，明确停放位置，定期定点消毒。生产区车辆杜绝进入生活区。车辆执行转运任务后在指定地点清洗消毒。

(1)猪苗车、种猪车、淘汰猪车　可共用，每次转运结束后彻底清洗消毒，检测合格后方可使用。

(2)饲料车，药物、物资配送车　按照生物安全等级由高到低配送。尽量选择场内的净道行走，定点停放，活动范围仅限于生产区。

(3)猪粪车、垃圾车、病死猪/胎衣车　专车专用，设定转运行车(污道)路线。车辆使用结束后在无害化处理区彻底清洗消毒，检测合格后停放于场内指定区域。

3. 车辆清洗消毒

见 2.4.7 卫生与消毒中洗消中心部分。

2.4.7 卫生与消毒

1. 人员消毒

员工回场时所穿的衣服禁止带入场内，均放置于外围一级隔离点。员工经过外围一级隔离点和猪场门卫处淋浴间内两次彻底淋浴后，更换场内衣物方可入场。

2. 物资消毒

进入场内的所有生产和生活物资都必须消毒。消毒方式包括烘干浸泡或熏蒸消毒。进场人员随身携带物品（如手机、笔记本电脑、充电器等）由门卫彻底消毒后方可进入。

3. 车辆消毒

场内的车辆定期清洗消毒、定点存放。运死猪车运输猪只结束后，必须消毒处理后才能放回指定区域。场外车辆进入猪场前须先在初洗点清洗后，在指定洗消中心清洗消毒烘干后才能靠近猪场。车辆洗消流程包括清水冲洗—泡沫清洗剂浸润—高压热水清洗—消毒剂浸润清洗—沥干—采样检测—烘干等步骤。

4. 栏舍消毒

（1）洗消前准备　准备高压冲洗机、清洁剂、消毒剂、抹布及钢丝球等设备和物品，猪只转出后立即进行栏舍的清洗、消毒。

（2）栏舍消毒　包括栏舍内物品、水线、栏体、地面及墙壁等的消毒。栏舍消毒是生产区消毒的重点工作，要求空栏消毒，选择广谱、高效的消毒药对栏舍进行全面的大消毒。栏舍消毒步骤如下：原位消毒—物品清理—浸泡—冲洗—消毒—干燥—熏蒸—通风干燥等。

5. 场区环境消毒

（1）场区外部　外部车辆离开后，及时清洁、消毒猪场周边所经道路。

（2）场内道路　定期进行全场环境消毒。必要时提高消毒频率，选择特定病原敏感的消毒剂喷洒道路。猪只或拉猪车经过的道路须立即清洗、消毒。

（3）出猪台　转猪结束后立即对出猪台进行清洗消毒。洗消顺序为场内净区—灰区—场外脏区，严禁人员交叉、污水逆流回净区。

洗消流程：先冲洗可见粪污—喷洒清洁剂覆盖 30 min—清水冲洗并干燥—使用消毒剂消毒。必要时，可用火焰消毒。

（4）环保处理区　区域内发现路面有任何垃圾残留后要立即清理消毒，并定期对区域内道路实施烧碱石灰浆白化消毒。在动物尸体无害化处理区，处理动物尸体后进行彻底清洗和消毒（2%烧碱或 0.5%过硫酸氢钾复合物，冬季可用火焰消毒）。

6. 洗消中心

洗消中心需具备对车辆（运猪车、运料车等）清洗、消毒及烘干功能，以及对随车人员、物品的清洗、消毒功能。

（1）选址与功能单元　洗消中心选址最好距猪场不超过 5 km，距离其他动物养殖场大于 1 km。洗消中心包括值班室、洗车房、干燥房、物品消毒通道、人员消毒通道、动力站、硬化路面、废水处理区、衣物清洗干燥间等功能单元。洗消中心设置脏、净区，洗消流程严格遵循单向流动。

（2）洗消流程

①清洗　消毒人员使用高压水枪充分打湿冲洗车辆，按照先内后外、先上后下、从前到后顺序高压冲洗车辆。车厢按照从上到下、从前到后的顺序进行猪粪等污物的清洁。

②泡沫浸润　清洗完成后，对全车喷洒泡沫清洗剂，全覆盖泡沫浸润 10 min。

③二次高压热水清洗　洗消工用高压热水（65 ℃）反复冲洗车体内外表面，包括轮胎、车体底部、栏杆、车厢内死角等，要求无肉眼可见粪污、毛发、泥土等。清洗车辆后，将地面冲洗干

净，避免再次污染轮胎。清洗完毕后，沥水干燥 10 min 以上。

④消毒　车体内外喷洒消毒液，静置 10 min，喷洒前将水温调至 25 ℃以上。

⑤干燥　消毒完毕后，司机淋浴、换衣及换鞋后按规定路线进入洗消间，驾驶车辆进入烘干间，用风筒或暖风机将车吹干。夏天室外温度高时，可直接将清洗消毒过的车辆在阳光下暴晒。

⑥采样检测　干燥结束后，洗消中心工作人员对车体各部分(驾驶室、车厢内外、底盘、轮胎等)进行采样，送检。

⑦烘干　在转运猪前，司机将检测阴性的车辆驶入猪场外烘干房，将车辆 65 ℃烘干 1 h。

⑧洗消间及设备处理　车辆洗消后，彻底对洗车房地面进行清洗消毒。高压清洗机、泡沫清洗机、烘干机及液压升降平台等设备经消毒后方可再次使用。使用过的工作服、工作靴和清洁工具移出洗消房，在指定区域清洗、消毒及干燥后下次使用。

⑨填写消毒记录　消毒结束，相关操作人员要认真填写清洗消毒烘干记录，存档。

2.4.8 猪场生物控制

(1)外围管理　猪场配备生物安全员定期巡视，发现漏洞及时修补。猪场安装密闭式大门，与地面的缝隙不超过 1 cm，日常保持关闭状态，并上锁，钥匙由专人管理。猪场禁止种植攀墙植物。

(2)场内管理　猪舍大门保持紧闭状态，猪舍外墙完整。除通风口、排污口外不得有其他漏洞。通风口、排污口安装高密度铁丝网，侧窗安装纱网，防止鸟类和老鼠进入。赶猪过道和出猪台加装密闭门，防止鸟类等动物进入。使用碎石子铺设宽 80～100 cm，高 5～10 cm 的隔离带，用以防鼠。猪舍安装纱窗，内悬挂捕蝇灯和粘蝇贴，定期喷洒杀虫剂。猪舍内缝隙、孔洞是蜱虫的藏匿地，发现后向内喷洒杀蜱药物(如菊酯类、脒基类)，并用水泥填充抹平。场内禁止饲养宠物，发现野生动物及时驱赶和捕捉。猪舍周边清除杂草，场内禁止种植树木，减少鸟类和节肢动物生存空间。

(3)环境卫生　及时清扫猪舍、仓库及料塔等散落的饲料，及时处理餐厨垃圾。做好猪舍、仓库及药房等卫生管理，杜绝卫生死角。

2.4.9 污物处理

猪场内污物主要包括病死猪、粪便、污水、医疗废弃物、餐厨垃圾以及其他生活垃圾等。

1. 病死猪无害化处理

猪场死猪、死胎及胎衣严禁随意丢弃，及时清理并放置指定位置。猪场按照《病死及病害动物无害化处理技术规范》等相关法律法规及技术规范进行场内无害化处理。没有条件在场内处理的需由地方政府统一收集进行无害化处理。如无法当日处理，需低温暂存。

2. 粪便无害化处理

按照《畜禽粪便无害化处理技术规范》(GB/T 36195—2018)进行粪便无害化处理。猪场内的储粪场所应位于下风向或侧风向，贮粪场需做有效防渗处理，避免污染地下水。

3. 医疗废弃物处理

猪场医疗废弃物包括过期的兽药疫苗，使用后的兽药瓶、疫苗瓶及生产过程中产生的其他废弃物。根据废弃物性质采取煮沸、焚烧及深埋等无害化处理措施，严禁随意丢弃。

4. 垃圾处理

(1)餐厨垃圾处理　餐厨垃圾每日清理，严禁饲喂猪只。

(2)其他生活垃圾处理　场内应严格限制不可回收或对环境高风险的生活物品的进入。场内设置垃圾固定收集点（最好配置垃圾箱），明确标识，分类放置。生活垃圾按照国家法律法规及技术规范进行焚烧、深埋或由地方政府统一回收处理。垃圾处理后要对场地和垃圾箱进行彻底的消毒。处理垃圾的生物安全专员需经彻底淋浴后才能返回生活区。

2.4.10　家庭农场生物安全

1. 人员

所有相关人员严格执行进出场制度，严禁外来人员入场。经批准允许进场时，按照规定程序彻底淋浴并采样后，更换场内提供的衣服、鞋靴。私人物品未经消毒不得进场。人员进出场期间不得接触猪、牛、羊等偶蹄动物及其肉制品，不得去其他养殖基地或屠宰场。

2. 物资

家庭农场规划好各类物资入场时间和频率，尽可能错时进场。不同种类物资以批为单位进行消毒。

食材：食材集中采购，禁止外购猪肉。所有进场物资均需通过烘干或浸泡消毒处理后方可进场。

兽药：有防水包装的可用消毒剂浸泡 30 min。无防水包装的需拆至单瓶消毒处理。

水源：建议使用深井水，定期采样检测水源是否达标。各生产线定期用酸化剂饮水。

饲料：加装散装料塔，料车直接在围墙外打料进料塔，料线直接接入猪舍。

3. 车辆

所有车辆不得进入猪场，确实需要进入的，在监控条件下彻底冲洗消毒后方可进入。收猪车辆由销售员在距离场区3 km 外进行检查，要求无可见污物、猪毛等。如检查不合格，必须重新进行洗消。在猪场周边大环境污染恶劣时，用猪场自有洗消彻底的车辆将猪卸至场外 3 km 外的中转区，离开后，由外部车辆将猪拉走，自有车辆与外部车辆不接触。

参考文献

敖超杰. 猪流行性腹泻病毒遗传变异与进化分析. 武汉：华中农业大学，2019.

白文彬. 于康震. 动物传染病诊断学. 北京：中国农业出版社，2002.

蔡宝祥. 家畜传染病学. 4 版. 北京：中国农业出版社，2001.

陈建飞，王潇博，焦贺勋，等. 国内首株猪德尔塔冠状病毒(Porcine deltacoronavirus)的分离鉴定. 中国预防兽医学报，2016，38(3)：171-174.

陈溥言. 兽医传染病学. 5 版. 北京：中国农业出版社，2006.

陈艺强，何深茂. 猪传染性胸膜肺炎放线杆菌的分离鉴定及抗药性分析. 广西畜牧兽医，2017，33(6)：283-285.

代蕾，王金秀，方莉，等. 2018 年海南省猪 A 型塞尼卡病毒血清流行病学调查. 中国动物检疫，2019，36(12)：8-11.

丁壮，李佑民. 猪病防治手册. 3 版. 北京：金盾出版社，2005.

费恩阁，李德昌，丁壮. 动物疫病学. 北京：中国农业出版社，2004.

甘孟侯,杨汉春.中国猪病学.北京:中国农业出版社,2005.

高洁,高东旗.呼吸道传染病流行的主要影响因素.医学动物防制,2010,4:317-318.

郭龙,宋文博,贾双,等.2017 年我国规模化猪场副猪嗜血杆菌流行病学调查.中国兽医学报,2019,39(11):2152-2156.

郭志英,李郁,吴浩阳,等.猪胸膜肺炎放线杆菌的分离鉴定及其生物学特性的研究.中国兽医科学,2016,46(9):1102-1109.

何丽君.猪传染病流行特点与防控技术.北京农业,2014,33:170-171.

花丽茹.家畜传染病流行过程的规律性.养殖技术顾问,2012,1:171.

黄啸,张鹤营,刘春贝.副猪嗜血杆菌耐药流行性和耐药机制研究进展.动物医学进展,2020,41(9):87-91.

金珊珊.不同来源大肠杆菌中 bla_(NDM)耐药基因的流行及传播特点研究.扬州:扬州大学,2020.

李海利,冯丽丽,王英华,等.猪传染性胸膜肺炎放线杆菌氨基糖苷类抗生素耐药基因的检测.河南农业科学,2020,49(11):141-146.

李孟.河南省猪源大肠杆菌耐药性调查及部分耐药基因分布特征研究。郑州:河南农业大学,2019.

李天清.家畜传染病的流行与规律分析.中国畜牧兽医文摘,2016,9:106.

刘璐,张朝阳,李月影,等.猪链球菌对截短侧耳素类抗生素耐药流行病学调查.中国畜牧兽医学会兽医药理毒理学分会第十五次学术讨论会论文集.中国畜牧兽医学会兽医药理毒理学分会:中国畜牧兽医学会,2019:2.

刘娜.动物传染病流行过程的规律及特点.养殖技术顾问,2013,7:196.

刘占民,朱达文.兽医学概论.北京:中国农业出版社,2006.

刘振湘,梁学勇.动物传染病防治技术.2 版.北京:化学工业出版社,2018.

刘振湘,姚卫东.畜禽传染病.北京:中国农业大学出版社,2008.

陆承平.兽医微生物学.北京:中国农业出版社,2007.

路超,田向学,李富强,等.2016—2018 年天津地区规模化猪场猪主要病毒性腹泻病原的调查与分析.黑龙江畜牧兽医,2019(22):90-94.

马兴元,赵玉军.国家法定猪病诊断与防治.北京:中国轻工业出版社,2007.

农业农村部办公厅.非洲猪瘟常态化防控技术指南(试行版).2020:1-18.

裴秀芳.家畜传染病流行过程的特性、规律性与影响因素.养殖技术顾问,2010,6:104-105.

任卫科,张莉,李秀丽,等.猪伪狂犬病病毒天津变异株 R13139 对猪的致病性研究.中国畜牧兽医,2018,9(45):2620-2627.

石淑惠,图门乌力吉,崔晓迎.浅述现代医学与蒙医学对急性传染病病程发展阶段性的认识之异同.中国民族医药杂志,2005,2:46-47.

斯特劳等.猪病学.8 版.赵德明,张仲秋等译.北京:中国农业大学出版社,2000.

孙华润,翟亚军,蔡田,等.副猪嗜血杆菌临床分离菌的药物敏感性试验与 ERIC-PCR 基因分型.江西农业学报,2018,30(1):7-12.

图门乌力吉.蒙西医对传染病病程认识比较.中国民族医药杂志,2012,9:66-67,71.

汪恩强.兽医临床诊断学.北京:中国农业科学技术出版社,2006.

汪清峰.副猪嗜血杆菌安徽分离株的血清型、基因型及耐药性研究.合肥:安徽农业大学,2018.

王长珍,刘文宇,祝瑶,等.2017 年我国 4 个省份屠宰场猪链球菌的分离鉴定及耐药性分析.中国预防兽医学报,2019,41(12):1210-1214.

王宏栋.黑龙江地区猪源致病性大肠杆菌耐药性分析及 PMQR 基因检测.哈尔滨:东北农业大学,2016.

王晓旭,宁昆,徐锋,等.上海市 150 株猪链球菌对 8 种常见抗菌药物的耐药情况.中国动物检疫,2018,35(9):27-37,35.

魏海林. 四川地区副猪嗜血杆菌耐药性调查及β-内酰胺类、磺胺类耐药基因检测分析. 成都：四川农业大学，2018.

吴清民. 兽医传染病学. 北京：中国农业大学出版社. 2002.

吴志明，刘莲芝，李桂喜. 动物疫病防控知识宝典. 北京：中国农业出版社，2006.

闫俊，王凤龙. 家畜传染病流行过程的基本环节与规律. 养殖技术顾问，2014，1：122.

杨春蕾，董志民，李秀丽. 天津地区 2 型猪链球菌的分离鉴定及耐药性分析. 中国畜牧兽医，2018，45(3)：822-829.

杨浩财，王奥成，张泓，等. 我国非洲猪瘟现状及防控措施. 广东畜牧兽医科技，2020，45(5)：14-17.

杨开杰. 副猪嗜血杆菌耐药性调查及其对氟苯尼考耐药分子特征研究. 广州：华南农业大学，2018.

杨秋野. 具有潜伏期的传染病的预防接种策略：硕士论文. 锦州：渤海大学，2015.

杨守深，孙坚，范克伟，等. 广东地区副猪嗜血杆菌的耐药性调查及遗传相关性分析. 中国兽医科学，2016(7)：858-864.

尹琳. 大肠杆菌对碳青霉烯类抗生素耐药机制的研究进展. 热带医学杂志，2017，17(9)：1263-1267.

曾元根. 兽医临床诊疗技术. 2 版. 北京：化学工业出版社，2015.

张伟宏. 猪炭疽的流行与诊治. 现代畜牧科技，2016，4：118.

张学陈. 动物传染病学. 北京：化学工业出版社，2011.

张悦，李蓓蓓，魏建超，等. 上海副猪嗜血杆菌分离鉴定及其耐药性分析. 中国动物传染病学报，2015，23(4)：25-30.

张志，康京丽，李晓成. 非洲猪瘟的流行特征和传播路线. 中国动物检疫，2018，35(11)：48-51.

张志，张丽丽，张峰，等. 2016—2018 年我国部分猪群塞尼卡病毒回顾性监测. 中国动物检疫，2019，36(1)：1-6.

赵鹏伟. 猪流行性腹泻病毒流行株的分离鉴定及生物学特性研究. 北京：中国农业大学，2018.

赵青松. 猪传染病流行特点、原因及防治分析. 中国畜禽种业，2019，12：66.

郑丽，王利丽，路超，等. 猪德尔塔冠状病毒 RT-PCR 检测方法的建立及应用. 中国兽医科学，2017，47(3)：334-340.

中国农业科学院哈尔滨兽医研究所. 规模化猪场复养技术要点. 2 版. 2020：1-46.

An T Q, Peng J M, Tian Z J, et al. Pseudorabies virus variant in Bartha-K61-vaccinated pigs, China, 2012. Emerg Inefect Dis, 2013, 19,1749-1755.

Arzt J,Bertram M R,Vu L T,et al. First detection and genome sequence of Senecavirus A invietnam. Microbiology Resource Announcements,2019,8(3):e01247.

Baker K L, Mowrer C, Canon A, et al. Systematic epidemiolog-ical investigations of cases of senecavirus A in US swine breeding herds. Transboundary & Emerging Diseases, 2016,64(1):11.

Baochao Fan, Zhengyu Yu, Fengjiao Pang et al. Characterization of a pathogenic full-length cDNA clone of a virulent porcine epidemic diarrhea virus strain AH2012/12 in China. Virology, 2017, 500:50-61.

Chen L, Song Y, Wei Z, et al. Antimicrobial susceptibility, tetracycline and erythromycin resistance genes, and multilocus sequence typing of streptococcus suis isolates from diseased pigs in China. Journal of Veterinary Medical Science, 2013,75(5):583-587.

Chen X,Zhang X, Li C, et al. Epidemiology of porcine epidemic diarrhea virus among Chinese pig populations: A meta-analysis. Microbial Pathogenesis, 2019,129:43-49.

Dong J, Bai J, Sun T,et al. Comparative pathogenicity and immunogenicity of triple and double gene-deletion pseudorabies virus vaccine candidates. Res Vet Sci, 2017, 115:17-23.

Fan B, Yu Z, Pang F, et al. Characterization of a pathogenic full-length cDNA clone of a virulent porcine epidemic diarrhea virus strain AH2012/12 in China. Virology, 2017, 500:50-61.

Guo Z, Chen X X, Ruan H, et al. Isolation of three novel Senecavirus A strains and recombination analysisamong Senecaviruses in China. Frontiers in Veterinary Science, 2020, 7:2.

Hsueh F, Lin C, Chiou H, et al. Updated phylogenetic analysis of the spike gene and identification of a novel recombinant porcine epidemic diarrhoea virus strain in Taiwan. Transboundary and Emerging Diseases, 2020, 67:417-430.

Jeroen Dewulf, Filip Van Immerseel, et al. Biosecuriy in animal production and veterinary medicine. CABI, 2019:63-75, 295-319.

Jun Ma, Hao Chen, Xiang Gao, et al. African swine fever emerging in China: Distribution characteristics and high-risk areas. Prev Vet Med, 2020 175:104861.

Leme R A, Oliveira T E S, Alcântara B K, et al. Clinical mani-festations of Senecavirus A infection in neonatal pigs, Brazil, 2015. Emerging Infectious Diseases, 2016, 22(7):1238-1241.

Linda K Dixon, Karl Stahl, Ferran Jori, et al. African swine fever epidemiology and control. Annu Rev Anim Biosci, 2020;8:221-246.

Liu X, Liu H, Wang L, et al. Molecular characterization of extended-spectrum β-lactamase-producing multidrug resistant escherichia coli from swine in northwest China. Front Microbiol, 2018, 9:1756.

Luo Y Z, Li N, Cong X. Pathogenicity and genomic characterization of a pseudorabies virus variant isolated from Bartha-K61-vaccinated swine population in China. Vet Microbiol, 2014, 1(2):107-115.

Peng J M, An T Q, Zhao H Y. Identification and antigenic variation of new epidemiology of pseudorabies virus from swine. Chin J Prev Vet Med, 2013, 1:1-4(Chinese).

Qian S, Fan W, Qian P, et al. Isolation and full-genome sequencing of Seneca Valley virus in piglets from China, 2016. Virology Journal, 2016, 13(1):173.

Song D, Park B. Porcine epidemic diarrhoea virus: A comprehensive review of molecular epidemiology, diagnosis, and vaccines. Virus Genes, 2012, 44(2), 167-175.

Tong W, Liu F, Zhi H, et al. Emergence of a Pseudorabies virus variant with increased virulence to piglets. Vet Microbiol, 2015, 181(3-4):236-240.

Vannucci F A, Linhares D C, Barcellos D E, et al. Identification and complete genome of Seneca valleyvirus in vesicular fluid and sera of pigs affected with idiopathic vesicular disease, Brazil. Transboundary and Emerging Diseases, 2015, 62(6):589-593.

Wang L, Byrum B, Zhang Y. Porcine coronavirus HKU15 detected in 9 US states, 2014. Emerg Infect Dis, 2014b, 20(9):1594-1595.

Woo P C, Lau S K, Lam C S, et al. Discovery of seven novel mammalian and avian coronaviruses in the genus Deltacoronavirus supports bat coronaviruses as the gene source of Alphacoron a -virus and Betacoronavirus and avian coronaviruses as the gene source of Gammacorona virus and Delta-coronavirus. J Virol, 2012, 86:3995-4008.

Wu Q, Zhao X, Bai Y, et al. The first identification and complete genome of Senecavirus A affecting pig with idiopathic vesicular disease in China. Transboundary and Emerging Diseases, 2017, 64(5):1633-1640.

Xintao Zhou, Nan Li, Yuzi Luo, et al. Emergence of african swine fever in China, 2018. Transbound Emerg Disease, 2018, 65(6):1482-1484.

Zhang B, Ku X, Yu X, et al. Prevalence and antimicrobial susceptibilities of bacterial pathogens in Chinese pig farms from 2013 to 2017. Sci Rep, 2019, 9(1):9908. DOI: 10.1038/s41598-019-45482-8.

Zhang C, Zhang P, Wang Y, et al. Capsular serotypes, antimicrobial susceptibility, and the presence of transferable oxazolidinone resistance genes in Streptococcus suis isolated from healthy pigs in China. Vet Microbiol, 2020, 247:108750.

Zhang J. Porcine deltacoronavirus: Overview of infection dynamics, diagnostic methods, prevalence and genetic evolution. Virus Res, 2016, 226:71-84.

Zhang L, Liu X, Zhang Q, et al. Biological characterization and pathogenicity of a newly isolated Chinese highly virulent genotype GⅡa porcine epidemic diarrhea virus strain. Arch Virol, 2019, 164(5):1287-1295.

Zhang X, Li X, Wang W, et al. Diverse gene cassette arrays prevail in commensal *Escherichia* coli from intensive farming swine in four provinces of China. Front Microbiol, 2020, 11:565349.

（孙东波、鄢明华、夏伟、张交儿）

国家奖

我国重大猪病防控技术创新与集成应用

2016 年获得国家科技进步奖二等奖，华中农业大学为第一完成单位。

该项目针对猪病防控中存在的基础研究薄弱、防控技术与产品缺乏等重大科技问题，重点开展猪流感、猪圆环病毒病、猪细小病毒病、猪链球菌病、副猪嗜血杆菌病、猪萎缩性鼻炎和猪痢疾的新型疫苗和诊断试剂等防控技术攻关，构建综合防控技术体系，实现了创新技术和成果的集成应用。一是揭示了猪病流行特点及危害因素，明确了我国猪病多病原混合感染严重、细菌病多发、病毒变异致毒力增强等流行特征。累计检测病料 20 余万份，血清样品 40 余万份，分离菌毒株 4 余万株，通过系统鉴定，明确了根本病因。完成了 600 余株相关菌毒株的基因组测序，获得大量病原遗传信息，建立了菌毒种库、基因库和血清库。二是创新了疫苗研发思路，建立了疫苗分子设计平台，解决了疫苗关键技术难题 33 项，研制了多联多价疫苗和基因工程疫苗 22 种，7 种新型疫苗实现了产业化和推广应用，为市场主导产品。其中猪流感、副猪嗜血杆菌病、猪链球菌-副猪嗜血杆菌亚单位疫苗和猪圆环病毒基因工程疫苗为国内首创。三是发掘了新型分子诊断标识，解决了抗原提取纯化、分子偶联标记等工艺难题，研发出 23 种诊断试剂盒，其中 2 种诊断制剂获商业化准入，为提升疫病控制和净化水平提供有效工具。四是揭示了猪流感病毒、猪链球菌等病原感染与免疫相关科学问题。发掘了 224 个毒力和抗病相关基因、诊断和免疫分子标识，阐明了 TREM-1、IFIT3、miR-136、HP0459 等基因抗病、免疫逃避和调控毒力的新机制，为新型疫苗、诊断制剂研发提供了理论与材料支撑。

该项目建立了病原学与流行病学、疾病诊断、新型疫苗与诊断制剂的研发、技术服务为一体的集成创新和综合防控技术体系。与全国 500 余家规模化养猪企业、上万家中小型养猪场建立了技术服务网点。培训人才 40 余万人，建立科技服务工作站 20 余个。依托该项目建设了技术创新平台 20 个。项目获省部级科技奖励 9 项，其中获湖北省科技进步一等奖 3 项；获国家授权专利 41 项，其中发明专利 39 项；获 6 项新兽药注册证书；获临床试验批件 7 项（其中 2013 年后获新兽药注册证书 3 项）；获国家重点新产品 2 项；获转基因安全证书 4 项；发表相关论文 387 篇，其中 SCI 收录 128 篇；主编专著 5 部；转化成果 25 项（次）。创新成果在全国推广应用，疫苗实际推广 1.83 亿头份，直接销售额达 7.3 亿元左右。检测技术及诊断制剂应用于临床，检测监测辐射范围广。研究成果为促进养猪业健康发展、保障食品安全和人类健康做出了重大贡献，经济效益和社会效益十分显著。

第3章 猪呼吸系统疫病

【本章提要】 猪呼吸道疾病主要侵害猪的呼吸系统，严重影响猪只的生长、发育。本章从病毒、细菌、支原体引起的猪呼吸道疾病入手，阐明不同病原引起的猪呼吸道病特征，并根据各病的发病特征对猪呼吸道疾病进行鉴别诊断，以便养猪场技术人员能够快速判断出相应病因，有针对性地进行科学免疫接种。

3.1 猪蓝耳病

猪繁殖与呼吸综合征(porcine reproductive and respiratory syndrome，PRRS)是以妊娠母猪繁殖障碍和各年龄段猪呼吸道症状为主要特征的重要传染病，因该病通常可导致发病猪耳部发绀呈蓝紫色，故又被称为猪蓝耳病。该病自 1987 年首次发生以来，在世界各主要养猪国家均有流行，给养猪业造成巨大的经济损失，特别是 2006 年以来的高致病性蓝耳病给我国乃至东南亚养猪国家造成了严重的损失。该病初次发生时，临床表现往往比较严重，但流行过后通常转入亚临床感染或持续感染状态，随后呈地方性流行。该病的病原为猪繁殖与呼吸综合征病毒(PRRS virus，PRRSV)。由于 PRRSV 具有遗传多样性、嗜单核巨噬细胞、持续性感染以及抗体依赖性增加等特性，导致该病很难在感染猪群中被清除和净化。该病自首次发现至今已有 30 余年，在病原学、免疫与致病机制以及防控技术等方面取得了一些重要的研究进展，使人们对该病有了较为清晰的认识。

3.1.1 病原学

PRRSV 属于套式病毒目动脉炎病毒科动脉炎病毒属成员，病毒粒子呈球形、有囊膜，直径为 45～80 nm，内有二十面体对称的核衣壳结构(图 3-1)。PRRSV 基因组长约 15.4 kb，为单股、正链、不分节段的 RNA，5′末端有帽状引导序列，3′末端有 poly(A)尾序列。基因组含有 10 个相互重叠的开放读码框(open reading frame，ORF)，从 5′端到 3′端依次是：ORF1a、ORF1b、ORF2a、ORF2b、ORF3、ORF4、ORF5a 和 ORF5～ORF7。ORF1a 和 ORF1b 约占基因组全长的 80%，分别编码病毒的 RNA 复制酶和聚合酶。ORF2a、ORF2b、ORF3、ORF4、ORF5a、ORF5、ORF6 和 ORF7 分别编码 GP2、E、GP3、GP4、ORF5a(5a)、GP5、基质蛋白 M 和核衣壳蛋白 N(Firth et al.，2011)。其中 GP5、M 和 N 蛋白为病毒的主要结构蛋白，GP2、GP3 和 GP4 为次要结构蛋白。

PRRSV 具有嗜单核巨噬细胞特性。在猪体内，PRRSV 的主要靶细胞是猪肺泡巨噬细胞(porcine alveolar macrophages，PAM)。PRRSV 也可以感染其他组织器官中的巨噬细胞，比如脾、扁桃体、淋巴结、肝、皮叶氏结以及胸腺中的巨噬细胞。在体外，非洲绿猴肾细胞系 MA-104 及其衍生细胞系(Marc-145 细胞和 CL-2621 细胞)能较好地支持 PRRSV 的感染与增殖，因此常用作 PRRSV 的分离和增殖。

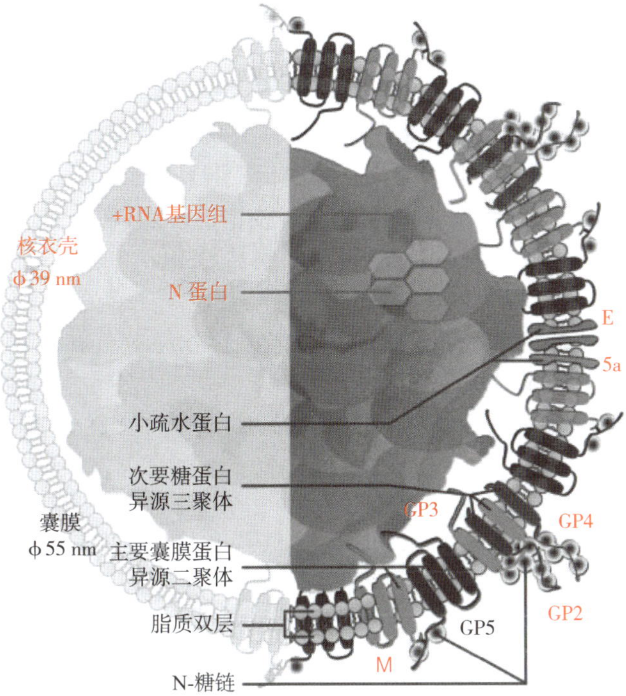

图 3-1　动脉炎病毒粒子结构模式图(Snijder et al.，2013)

研究表明，在 PAM 细胞和 Marc-145 细胞上，PRRSV 的入侵都是由受体介导的。目前在 PAM 细胞上鉴定出的 PRRSV 受体主要有：CD163(Calvert et al.，2007)、硫酸乙酰肝素(Delputte et al.，2002)、唾液酸黏附素(CD169)(Vanderheijden et al.，2003)和非肌肉肌球蛋白重链 9 蛋白分子(non-muscle myosin heavy chain 9，MYH9)(Gao et al.，2016)。研究表明，PRRSV 的 GP2 和 GP4 与 PAM 细胞表面的 CD163 受体结合，启动病毒的内吞。内吞时，在位于细胞膜底层的网格蛋白的作用下细胞膜内陷，将病毒包裹成囊泡吞入细胞内部。在囊泡的酸性环境中，病毒囊膜解体，病毒基因组 RNA 得以释放出来。此外，PRRSV M 蛋白与 PAM 细胞表面的硫酸乙酰肝素受体结合，使病毒吸附在细胞表面，然后 PRRSV 的 M/GP5 二聚体与唾液酸黏附素受体结合，也可以启动病毒的内吞。PRRSV 进入 Marc-145 细胞的过程也依赖于受体，但与 PAM 细胞上的受体不尽相同，在 Marc-145 细胞上有 CD163 蛋白，但没有唾液酸黏附素。此外，研究发现 Marc-145 细胞表面的波形蛋白(Vimentin)可以结合 PRRSV，在 PRRSV 感染 Marc-145 细胞的过程中发挥重要的作用(Kim et al.，2006)。

3.1.2　流行病学

猪蓝耳病于 1987 年首次发生在美国，因病原不明，被称为“猪神秘病”。1990 年在德国开始出现，1991 年荷兰学者 Wensvoort 等从荷兰 Lelystad 小镇的发病猪群中首次分离到该病毒，称之为 Lelystad virus(即 LV 株)。1992 年美国也分离到病毒，称为猪不育与呼吸综合征病毒(命名为 VR-2332 株)。同年，世界动物卫生组织(OIE)将该病毒正式命名为猪繁殖与呼吸综合征病毒。根据 PRRSV 全基因组序列的亲缘关系，可以将 PRRSV 分为两种基因型，即欧洲型 PRRSV 和北美洲型 PRRSV，代表性毒株分别为 LV 株、VR-2332 株，二者基因组序列的同源性约为 60%。欧洲型 PRRSV、北美洲型 PRRSV 也分别称为 PRRSV-1、PRRSV-2。

1995 年，我国北京郊区某猪场发生了猪蓝耳病疑似疫情，郭宝清等从该猪场的病料中分离到我国第一株 PRRSV，命名为 CH-1a 株（郭宝清等，1996）。随后该病迅速传播到我国华北地区的部分养猪场，进而蔓延至我国各主要养猪省份，主要临床表现为妊娠母猪流产、仔猪呼吸道症状。PRRSV 不断发生基因组序列的遗传变异，有的毒株逐渐衍化成高致病性 PRRSV 变异株（An et al.，2010），并在 2006 年出现了疫情的暴发，临床表现为高热、高发病率和高死亡率。随后在短短的一年左右的时间内，高致病性 PRRSV 变异株迅速传播至我国大部分省份，导致了我国养猪业的巨大经济损失（Tian et al.，2007；Tong et al.，2007）。该高致病性 PRRSV 变异株的主要分子特征是在全基因组内存在 4 处规律性的缺失，即 5′-UTR 和 3′-UTR 各缺失一个碱基、NSP2 蛋白存在 30 个氨基酸的两处不连续缺失（1＋29）。特别是在 NSP2 中的缺失，成为区分高致病性 PRRSV 和以往经典 PRRSV 的主要分子特征。但研究表明，高致病性 PRRSV NSP2 中这 30 个氨基酸的缺失与病毒的致病性无关（Zhou et al.，2009）。

自 2012 年以来，我国猪群中出现了一种在 NSP2 中缺失 131 个氨基酸（111＋1＋19）的 PRRSV 变异株。基因组序列遗传进化分析发现，该毒株与我国的高致病性 PRRSV、经典 PRRSV 的同源性均不超过 90%，而与美国 2008 年出现的 PRRSV NADC30 毒株具有较高的同源性（约 96%），因此将该类毒株称为 NADC30-like PRRSV 或类 NADC30 PRRSV。系统进化分析显示，NADC30 PRRSV 最早起源于加拿大，在 2005 年前后传入美国，2012 年或之前由美国传入中国（Zhao et al.，2015）。近几年源于美国的类 NADC34 PRRSV 也传入我国，并在我国沿海地区呈地方流行。我国近些年来多次从北美引进种猪，类 NADC30 PRRSV 或类 NADC34 PRRSV 很有可能通过引种环节输入我国境内（Sun et al.，2020）。

我国 PRRSV 的流行情况较为复杂。PRRSV 不同毒株之间遗传变异较大，其 ORF5 基因被广泛用于系统发育分析。根据 ORF5 核苷酸序列之间的遗传距离，将北美洲型 PRRSV 分为 9 个分支，即 L1～L9，各分支之间核苷酸同源性不超过 90%（Shi et al.，2010）。2017 年，高嘉聪等通过对我国自 1996 年首次报道 PRRSV 以来至 2016 年 12 月的所有 ORF5 基因序列（n=2 213，来自全国 31 个省份）进行系统分型和地理分布分析，发现我国北美洲型 PRRSV 可分为 5 个分支，分别为 L1 分支、L3 分支、L5 分支、L8 分支和 L9 分支。其中 L8 分支（包括以 CH-1a 为代表的经典 PRRSV 和以 JXA1 为代表的高致病性 PRRSV）为我国 PRRSV 的主要分支；近年新出现的 L1 分支（类 NADC30 PRRSV 和类 NADC34 PRRSV）与 L3 分支（类 GM PRRSV）毒株所占比例有明显的上升趋势（Gao et al.，2017）。目前，我国 PRRSV 的主要流行毒株是 L1 分支和 L8 分支 PRRSV。

我国于 2006 年首次发现存在欧洲型 PRRSV（Chen et al.，2011），近年来在我国临床样品中检测到欧洲型 PRRSV 的报道也不断增多。目前，欧洲型 PRRSV 可以分为 4 个亚型，我国欧洲型 PRRSV 均为亚型 1 毒株，即与 LV 毒株属于同一亚型。为进一步了解我国欧洲型 PRRSV 的遗传变异情况，于芳等对 1991—2018 年的 91 株欧洲型 PRRSV 全基因组序列进行了系统进化分析，结果表明我国欧洲型 PRRSV 在进化树上分为三个较为集中的簇。其中一个簇中同时含有 LV 株及欧洲型 PRRSV 弱毒疫苗 DV 株；另一个簇中同时含有来自匈牙利的欧洲型 PRRSV，我国该簇毒株仅发现于我国香港地区；第三个簇中同时含有来自丹麦的欧洲型 PRRSV，可能与我国近些年从丹麦引种有关（于芳，2020）。

3.1.3 致病机制

近年来，在 PRRSV 感染性分子克隆的基础上，将不同毒力 PRRSV 的蛋白进行互换并拯救出嵌合病毒，通过比较嵌合病毒与亲本病毒对猪致病性的差别，发现了一些毒力相关蛋白或关键氨基酸。已报道的毒力相关蛋白既有非结构蛋白也有结构蛋白，而且在不同毒株之间，这些毒力相关蛋白并不完全一致，提示存在一定的毒株特异性。

(1)经典 PRRSV 致病性相关蛋白的鉴定　Wang 等在 PRRSV 强毒株 MN184 和疫苗株 Ingelvac PRRS MLV 的感染性分子克隆基础上，将 PRRSV 基因组分成两个大片段(5′-UTR 连同 ORF1、ORF2～ORF7 连同 3′-UTR)进行互换，将得到的嵌合病毒进行仔猪致病性实验。结果表明，嵌合病毒的致病性均低于亲本毒株 MN184，而且含有 Ingelvac PRRS MLV 非结构蛋白的嵌合病毒的致病性更低一些(Wang et al.，2008)。这表明非结构蛋白和结构蛋白均可影响 PRRSV 的致病性，而且非结构蛋白的影响要大于结构蛋白。Kwon 等通过类似的方式，将 PRRSV PrimePac 疫苗株的不同区域置换到强毒株 FL-12 骨架中，经人工感染妊娠母猪实验显示 PRRSV FL-12 株 NSP3～8 和 GP5 是其主要毒力相关蛋白，NSP1～3、NSP10～12 和 GP2 是次要毒力相关蛋白(Kwon et al.，2008)。

(2) 高致病性 PRRSV 的 30 个氨基酸缺失与致病性增强无关　2006 年我国及东南亚国家暴发了高致病性 PRRS，在病毒基因组的 NSP2 中缺失 30 个氨基酸(第 482 位、第 533～561 位分别缺失 1 个和 29 个氨基酸)。为了探明该缺失与高致病性 PRRSV 的致病性是否有关，Zhou 等构建了低致病性 PRRSV 毒株 HB-1/3.9 和高致病性 PRRSV 毒株 JXwn06 的感染性分子克隆，动物致病性试验表明，JXwn06 对仔猪呈现致死性毒力，而 HB-1/3.9 对仔猪不致死。基于这两株病毒的感染性分子克隆，将高致病性 PRRSV JXwn06 中 NSP2 缺失的 30 个氨基酸用 HB-1/3.9 的序列补平，以及对 HB-1/3.9 中相应位置的 30 个氨基酸进行缺失。拯救病毒的致病性试验表明，该 30 个氨基酸缺失与高致病性 PRRSV 的致病性增强无关(Zhou et al.，2009)。

(3)高致病性 PRRSV 的毒力相关蛋白或氨基酸的鉴定　在 PRRSV JXwn06 和 HB-1/3.9 感染性分子克隆基础上，Li 等构建了一系列 JXwn06 株与 HB-1/3.9 株蛋白互换的嵌合病毒，并将拯救出来的嵌合病毒及其亲本病毒接种仔猪，观察对仔猪致病性的差异。先将这两株病毒的 5′-UTR＋ORF1a、ORF1b、ORF2～ORF7＋3′-UTR 分别进行互换，结果表明，ORF1b 与 PRRSV 的毒力紧密相关。随后将 ORF1b 中的 NSP9、NSP10、NSP11 和 NSP12 分别互换，同时互换 NSP9～10 两个蛋白以及同时互换 NSP9～11 三个蛋白。结果发现，JXwn06 株、以 JXwn06 株为骨架替换 HB-1/3.9 株 NSP9～10 的嵌合病毒、HB-1/3.9 株病毒引起仔猪死亡的比例分别为 5/5、3/5 和 0/5。从而认为，NSP9 和 NSP10 这两个蛋白与高致病性 PRRSV 的毒力有关(Li et al.，2014)。2018 年，Zhao 等通过对北美洲型 PRRSV 全基因组序列(n＝204)分析发现，高致病性 PRRSV 和经典 PRRSV 之间存在两个规律性的氨基酸突变，分别位于 NSP9 的第 519 位和第 544 位。利用高致病性 PRRSV HuN4 株和经典 PRRSV CH-1a 株感染性克隆构建了一系列的 519 位或 544 位氨基酸互换和缺失的突变病毒，发现缺失这两个氨基酸中的任何一个都不能拯救出子代病毒。在 Marc-145 和 PAM 细胞上的复制动力学表明，以 HuN4 为骨架的突变病毒较其亲本病毒复制效率明显降低，而以 CH-1a 为骨架的突变病毒的复制效率明显提高。突变病毒的噬斑大小与其亲本病毒之间也存在明显差异。在仔猪感染实验中，通过对感染突变病毒与亲本病毒的仔猪临床症状、血清病毒载量、组织病理学和胸腺萎缩等检测发现，以 HuN4 为骨架的突变病毒对仔猪的致病性较其亲本病毒明显降低。结果表明，NSP9 的第 519 位和第 544 位是影响高致病性 PRRSV 高复制效率、高致病性的重要氨基酸位点（Zhao et al.，2018）。

3.1.4 免疫机制

在 PRRSV 免疫机制方面，近些年取得了长足的进展，特别是 PRRSV 抑制宿主的天然免疫应答方面，取得了一些重要发现。PRRSV 通过抑制宿主免疫保护应答，如抑制Ⅰ型干扰素反应、延缓中和抗体产生等，促进了病毒自身的增殖与复制，间接地提高了病毒对机体的致病性。

（1）PRRSV 非结构蛋白抑制Ⅰ型干扰素反应　干扰素（interferon，IFN）是一种多功能细胞因子，其中Ⅰ型 IFN 在抵御病毒感染的早期起主要作用。已有多篇报道证实，Ⅰ型干扰素可抑制 PRRSV 在细胞中的复制（Buddaert et al.，1998；Overend et al.，2007）。同时，PRRSV 感染 PAM 细胞后可以明显地抑制Ⅰ型 IFN 的产生，从而利于 PRRSV 的增殖（Buddaert et al.，1998；Miller et al.，2004）。进一步研究发现 PRRSV 的 NSP1、NSP2、NSP4 和 NSP11 都能够不同程度地抑制Ⅰ型 IFN 的产生，其中 NSP1 的抑制效果最显著，其次为 NSP2、NSP4 和 NSP11（Beura et al.，2010；Chen et al.，2010）。RIG-Ⅰ通路是 PRRSV 抑制干扰素产生的重要信号通路。NSP1α 通过 RIG-Ⅰ通路抑制 NF-κB 结合到 IFN 启动子，同时，NSP1α 抑制 IκB 的磷酸化并导致 NF-κB 激活基因的表达也被抑制。NSP1β 能够强烈地抑制双链 RNA 合成的信号通路，包括抑制 IFN 调节因子 3（IRF3）和 NF-κB 通路。NSP2 通过抑制 IκB 的泛素化来防止 NF-κB 的激活，进而阻断 IFN 产生。NSP4 可切割 NSP11～NSP12 而迅速产生 NSP11，NSP11 通过阻断 RIG-Ⅰ信号通路抑制 IFN-β 启动子的活性。PRRSV NSP11 也可以抑制 NF-κB 启动子的激活，下调 IFN 的表达。JAK-STAT 通路是 IFN 产生的另一个重要信号通路。PRRSV NSP1 可以与 STAT 蛋白抑制物（PIAS1）结合。PIAS1 是 JAK-STAT 通路中 STAT 的负调控因子，与 NSP1 结合后，可以通过抑制 IFN 调节应答元件启动子的激活来抑制 IFN 的表达，从而有利于 PRRSV 的增殖。

（2）GP5 蛋白 N-糖链延缓中和抗体的产生　研究表明，北美洲型 PRRSV 经典株的 GP5 蛋白有 3 个 N-糖基化位点（N^{34}、N^{44} 和 N^{51}），且在成熟的病毒粒子中这 3 处均被糖基化。在 N^{34} 和 N^{44} 之间存在着 PRRSV 的主要中和表位 S^{37}H(F/L)QLIYN^{44}。缺失 N-糖链后，该表位被中和抗体识别的敏感性增强，同时该表位在体内的免疫原性也有所增强（Ansari et al.，2006）。这表明，GP5 的糖基化程度可以影响中和抗体中和 PRRSV 的能力，也可以导致感染猪延迟产生或产生较为微弱的中和抗体。我国高致病性 PRRSV 是由类 CH-1a 毒株逐步演变而来（An et al.，2010）。与经典株相比，高致病性 PRRSV N-糖基化位点的数量有所增加（如 N^{32}，${}^{33}NN^{34}$，N^{34} 和 ${}^{34}NN^{35}$），位置也向中和表位靠近，使得中和表位两侧均紧挨着 N-糖基化位点。在空间上，N-糖链会对中和表位造成“遮蔽效应”，在一定程度上影响了中和抗体对 PRRSV 的识别，提高了高致病性 PRRSV 逃避机体免疫监视的可能性。

（3）过激炎症反应可加剧病毒对机体的致病性　天然免疫系统是机体抵御病毒感染的第一道防线，但过激的天然免疫应答会加剧对机体的病理损伤，比较典型的例子是 1918 年的西班牙流感。研究人员利用反向遗传操作技术拯救出了 1918 年西班牙流感病毒，并进行了猴体的致病性研究。结果发现，该病毒在猴体内高效复制并迅速扩散，导致肺部出血和免疫细胞浸润等严重损伤。异乎寻常的是，该病毒诱发了持续的、高水平的先天免疫应答，产生了大量促炎细胞因子和趋化因子，形成了“细胞因子风暴”，这种强烈的炎症反应加重了对机体组织的损伤。高致病性 PRRSV 感染仔猪后，也有类似的现象，促炎细胞因子和趋化因子的表达水平明显增高，表现出较为强烈的炎症反应。将高致病性 PRRSV HuN4 株、经典 PRRSV CH-1a 株分别接种仔猪后，CH-1a 接毒组仔猪出现一过性的发热和呼吸困难；而 HuN4 组仔猪出现明显体温升高和严重的呼吸道症状乃至死亡，同时各脏器组织出现明显的病理损伤。相对于 CH-1a 接种组，HuN4 接种组的炎性因子产生时间早、表达水平高，同时上调了 IL-4、IL-10 和 TGF-β 等多种细胞因子(Han et al.，2013)。在高致病性 PRRSV HuN4 感染的 PAM 细胞上，IL-8、IL-16 和 CC 趋化因子等基因的转录水平明显上升(Xiao et al.，2015)。对于高致病性 PRRSV 感染机体后产生大量炎性因子对机体的损伤程度，尚有待进一步研究。

3.1.5 病理变化

急性感染猪蓝耳病时，妊娠母猪主要临床表现为早产、流产、产死胎、弱仔或木乃伊胎；仔猪主要表现为发热、呼吸困难、咳嗽，偶见神经症状；种公猪表现为精子活力降低和暂时性精液减少；育肥猪发病通常比较温和。发绀的病猪一般不到感染猪的 50%，发绀部位主要为耳朵、尾巴、腹部和鼻等。病猪有的四肢末端水肿、阴部肿胀，有的皮肤有红斑、疹块。猪临床症状的严重程度与病毒毒力、猪只日龄、猪群健康状况、其他病原混合感染以及饲养管理水平等有关。在临床实际中，PRRSV 的亚临床感染最为多见，并且常与圆环病毒 2 型、猪瘟病毒、猪流感病毒、伪狂犬病病毒、猪呼吸道冠状病毒、支原体或细菌等混合感染，使感染猪表现出的临床症状复杂化。

在病理变化方面，PRRSV 急性感染时，病变可波及肺的前叶、尖叶和心叶，肺部触感软硬不均，常有“肝样变”或“胰样变”。下颌淋巴结、肺门淋巴结、肠系膜淋巴结和腹股沟淋巴结肿大，常伴随出血。死胎及出生后不久死亡的仔猪，可见颌下、颈下和腋下水肿，呈胶冻样。间质性肺炎是 PRRS 的典型病理变化。显微镜下可见单核细胞浸润、肺泡间隔增厚、上皮细胞增生、肺泡腔内有坏死细胞碎片。此外，也出现血管内皮细胞肿胀、增生或坏死、脱落，病猪外周血淋巴细胞减少。肝脏肝小叶下静脉淤血、周围水肿，肝细胞肿胀、细胞质呈颗粒状或空泡状，中央静脉和窦状隙淤血，肝窦扩张，内含大量嗜中性白细胞，个别肝细胞变性坏死。肾小球周围和细尿管之间有淋巴细胞、巨噬细胞浸润，肾小球毛细血管充血、淤血，内皮细胞肿胀，脱落积聚于囊腔内。心脏心肌纤维轻度肿胀，有的横纹消失，个别心肌细胞发生颗粒变性，肌纤维细胞核浓缩。在小血管周围，可出现由巨噬细胞、淋巴细胞、浆细胞和少数嗜酸性粒细胞等浸润形成的“血管套”(胡守萍，2009)。

3.1.6 诊断技术与鉴别诊断

一般根据临床症状、病理组织学变化、病毒分离鉴定、血清学方法等综合结果进行诊断。

(1) 临床诊断　由于存在大量的亚临床感染，且不同猪群发病后的临床症状可能不同，因此，只有在暴发急性 PRRS 时临床诊断才有意义。在临床诊断中有 3 项指标：①流产或早产超过 8%；②死胎超过 20%；③仔猪出生后第一周死亡超过 25%。如果在临床症状出现后的 14 d 内，这 3 项指标中有 2 项符合，则临床诊断成立。这种标准只适合于急性 PRRS。

(2)组织病理学检查　间质性肺炎是PRRS最常见的特征性组织病理学变化。在感染猪，有时可见鼻炎、脑炎和心肌炎等组织病理学变化。组织病理学检查主要适用于发病仔猪，对母猪、流产胎儿及育肥猪的诊断意义不大。单独感染高致病性PRRSV变异株时，可表现出明显的病理变化，但在单独感染经典PRRSV的情况下，感染猪一般不表现肉眼可见的病理变化。

(3)病毒分离鉴定　病毒分离与鉴定是最可靠的诊断方法。适于病毒分离的细胞包括PAM、Marc-145和MA-104细胞。不同的毒株对不同的细胞敏感性不一样，但大多数毒株，特别是从血清中初次分离病毒时，一般采用PAM细胞。据郭宝清等报道，PAM初次分离培养物移到Marc-145细胞进行传代，出现CPE明显快且典型。分离PRRSV的材料包括肺脏、扁桃体、脾脏、淋巴结、血清及死产或流产胎儿的胸水。

(4)血清学诊断方法　目前主要有4种血清学方法用于检测PRRSV抗体，即酶联免疫吸附试验(ELISA)、间接免疫荧光试验(IFA)、血清中和试验(SN)和免疫过氧化物酶单层试验(IPMA)。ELISA主要用于PRRSV抗体检测，间接ELISA是目前PRRS监测的常规手段。PRRSV的N蛋白由于抗原性较强，常作为诊断用包被抗原。IFA和IPMA在敏感性及特异性上相似，均能从感染2～3周的猪体内检出抗体，二者也适用于检测PAM、Marc-l45和MA-104细胞中增殖的病毒抗原，但常受非特异性因素及主观因素的干扰。

(5)分子生物学检测技术　RT-PCR是目前常用的PRRSV检测方法，该方法既可以进行病原的诊断，也可以将PCR扩增产物进行测序和基因序列分析。此外，还有实时定量RT-PCR法、免疫胶体金技术等检测方法。

3.1.7　防控技术及应用

自1987年PRRS首次出现以来，各国在控制PRRS方面已经做出了很多努力。在众多控制措施中，疫苗接种是一种可行和低成本的策略，也是目前普遍采用的预防措施。目前，猪蓝耳病的商品化疫苗包括灭活苗和弱毒苗两类。一般认为，灭活苗相对比较安全，但据报道保护效果往往不佳；弱毒苗免疫效果较好，但又存在毒力返强、与野毒株发生重组的可能性，给疫苗的安全性带来了隐患。

目前，正在使用的灭活疫苗有欧洲型PRRSV灭活苗PRRomiSe®，北美洲型PRRSV IAF-klop株灭活苗和PRRSV CH-1a株灭活苗。正在使用的北美洲型弱毒疫苗中，经典株PRRSV弱毒疫苗有Ingelvac© PRRS ATP、AMERVAC-PRRSV和CH-1R株；高致病性PRRSV弱毒疫苗有HuN4-F112株、JXA1-R株、TJM-F92株和GD-r180株。欧洲型PRRS弱毒疫苗主要有Porcilis PRRSV和PYRSV AC-183株。这些疫苗的大量使用，为PRRS的防控做出了积极的贡献。但是由于现地猪场在使用过程中，有时存在弱毒疫苗滥用的现象，导致PRRSV遗传多样性更加复杂、频繁出现重组毒株，因此建议合理使用PRRSV弱毒活疫苗。此外，目前的PRRSV弱毒活疫苗在异源毒株交叉保护、与野毒株的鉴别诊断方面还不够理想，还需要进一步开发新型PRRSV疫苗。近年来，人们也在不断探索PRRSV的基因工程疫苗，如活载体疫苗、亚单位疫苗和DNA疫苗和mRNA疫苗。

在抗PRRS育种方面，也取得了长足的进展。在PRRSV受体中，单独的CD163受体可以介导PRRSV的感染与内吞。通过基因编辑技术敲除CD163受体SRCR5结构域而培育出来的猪，对PRRSV的易感性显著降低(Burkard et al.，2017)。

目前，该病尚无有效的治疗措施。尽管采用高免血清对发病猪进行紧急治疗显示了一定的治疗效果,但高免血清的制备较为困难,异源毒株之间的交叉保护较差,加之高免血清的安全性也有待评估,因此高免血清治疗技术一直未在临床上推广。此外,做好生物安全防控措施可以降低本病的发生和传播。

3.2 猪流行性感冒

猪流行性感冒(swine influenza, SI)简称猪流感,是由 A 型流感病毒引起的猪的一种急性、热性、呼吸道传染病。临床以猪群突然发病并迅速波及全群,病猪发热、厌食、精神沉郁、咳嗽、呼吸困难、衰竭及迅速转归为特征。本病单独感染发病率高,死亡率低(Jeffrey et al.,2014)。

3.2.1 病原学

猪流感病毒(swine influenza virus, SIV)属正黏病毒科 A 型流感病毒属。根据突出病毒囊膜表面的血凝素(hemagglutinationin, HA)和神经氨酸酶(neuramidinase,NA),A 型流感病毒可分为不同的亚型。迄今已发现 18 种不同的 HA 亚型(H1～H18)和 11 种 NA 亚型(N1～N11)(表 3-1)(Ahmed Mostafa et al.,2018;施丽薇等,2020)。

表 3-1 不同血凝素(H1～H18)和神经氨酸酶(N1～N11)亚型的宿主范围(Ahmed Mostafa et al.,2018)

血凝素-亚型	神经氨酸酶-亚型	人	猪	马	家禽	水禽	海洋哺乳动物(海豹/鲸鱼)	蝙蝠
H1	N1	H1/N1	H1/N1		H1/N1	H1/N1	H1	
H2	N2	H2/N2	H2/N2		H2/N2	H2/N2	N2	
H3	N3	H3/N3	H3	H3	H3/N3	H3/N3	H3/N3	
H4	N4	N4	H4		H4/N4	H4/N4	H4	
H5	N5	H5	H5		H5/N5	H5/N5	N5	
H6	N6	H6/N6	H6/N6		H6/N6	H6/N6		
H7	N7	H7/N7		H7/N7	H7/N7	H7/N7	H7/N7	
H8	N8	N8		N8	H8/N8	H8/N8		
H9	N9	H9/H9	H9		H9/N9	H9/N9	N9	
H10	N10	H10			H10	H10	H10	N10
H11	N11				H11	H11		N11
H12					H12	H12		
H13					H13	H13	H13	
H14					H14	H14		
H15					H15	H15		
H16					H16	H16		
H17								H17
H18								H18

1. SIV 的形态结构

SIV 粒子呈球形、丝状或不规则形状，多数为球形，直径为 80～120 nm。该病毒具有囊膜，由双层类脂膜、糖蛋白突起和基质蛋白组成。囊膜表面有许多放射状排列的突起，即纤突和刺突，其长度为 12～14 nm。这些排列无特征、形态不一的蛋白突起，分别是柱状的血凝素（HA）、蘑菇状的神经氨酸酶（NA）和膜上的基质蛋白（matrix protein，M）。病毒颗粒内为核衣壳，呈螺旋状对称，直径大约为10 nm。两端具有环状结构，存于病毒的囊膜内（图 3-2）（Stephan Pleschka，2013）。

2. SIV 的基因组及主要蛋白功能

SIV 基因组为单股负链分节段的 RNA，含有 8 个独立的 RNA 片段，编码至少 10 种蛋白，包括 HA、NA、碱性聚合酶 B1 蛋白（polymerase basic 1，PB1）、碱性聚合酶 B2 蛋白（polymerase basic 2，PB2）、酸性聚合酶 A（polymerase acid，PA）、核蛋白（nucleoprotein，NP）、基质蛋白 M1、基质蛋白 M2、非结构蛋白（nonstructural protein，NS）NS1 和 NS2（卜欣欣等，2018；Ahmed Mostafa et al.，2018）。

HA 是 SIV 囊膜纤突的主要成分之一，属于典型的 Ⅰ 型糖蛋白，氨基端在囊膜外，羧基端在囊膜内。该蛋白由 562～566 个氨基酸组成，分子质量 76 kD，约占流感病毒跨膜糖蛋白的 80%。HA 含有信号肽、胞质域、跨膜域和胞外域 4 个结构域。HA 由 HA1 和 HA2 亚单位组成，HA1 由 328 个氨基酸组成，具有与宿主细胞受体结合的特性。HA2 由 221 个氨基酸组成，是参与细胞融合的重要亚单位。HA 蛋白的前体 HA0 在 N 端含有 16 个氨基酸的信号肽，进入内质网后被切割为单体。每个 HA 单体可分成两部分：一部分由 HA1 构成的球形头部，含有受体位点和抗原决定簇；另一部分为柄插入囊膜，由 HA1 一部分和整个 HA2 组成。HA 蛋白形成一个三聚体，从病毒表面突出约 13.5 nm，呈棒状，其功能是结合宿主唾液酸受体，辅助病毒吸附细胞，在流感病毒吸附及穿膜的过程中起关键作用。此外，该蛋白可刺激机体产生中和抗体，为猪流感病毒中最为重要的保护性蛋白抗原（Wilson et al.，1981；Skehel et al.，2000）。

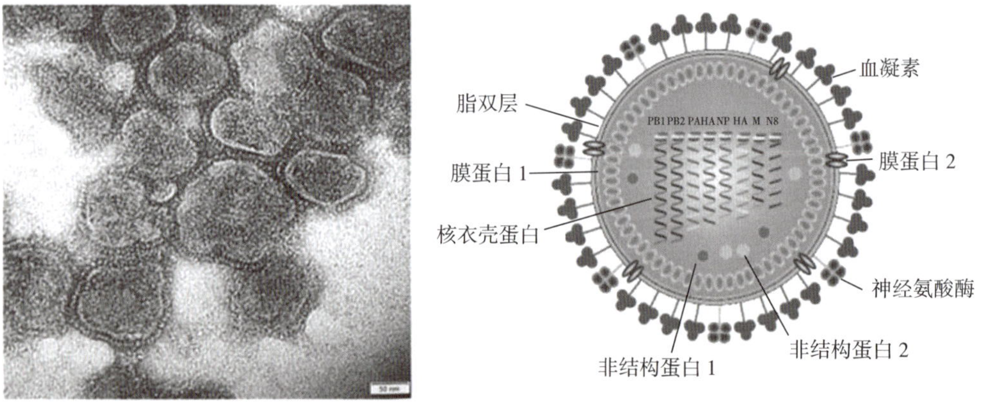

A. 透射电子显微镜图像　　　　B. A 型流感病毒的示意图

图 3-2　流感病毒（Nuwarda et al.，2021）

NA 也参与构成 SIV 囊膜的纤突，是具有催化活性的同源四聚体，呈蘑菇状，包括一个盒子状的头部和一个细颈部。NA 约有 470 个氨基酸，为 Ⅱ 型糖蛋白，氨基端在囊膜内而羧基端在囊膜外，从外至内由胞外区、跨膜区以及胞内区组成，4 个 NA 蛋白单体构成蘑菇样的四聚体糖蛋白，该蛋白约占流感病毒跨膜糖蛋白的 17%。NA 具有神经氨酸酶活性，头部的 11 个保守氨基酸在三维结构中构成了 NA 的酶活性中心。NA 可水解红细胞表面受体特异性糖蛋白末端的 N-乙酰基神经氨酸使病毒从红细胞上解脱；或通过移除细胞膜出芽点上的神经氨酸促进病毒粒子的成熟和释放。NA 是 SIV 的另一重要抗原，其抗体可为机体提供一定的保护力(Stephan Pleschka，2013)。

PB1、PB2、PA 组成病毒的 RNA 聚合酶，在病毒的复制和增殖过程中发挥重要作用。这三种聚合酶蛋白与 NP 蛋白一起结合病毒 RNA 组成螺旋状核糖核蛋白复合体(RNP)，以此来稳定 RNA，使其免受 RNase 的作用(图 3-3)。其中，PB1 蛋白具有转录酶活性，主要功能是催化 mRNA 的延伸反应；PB2 蛋白具有核酸内切酶活性，功能是识别和切割宿主 mRNA 的帽子结构，从而产生病毒转录过程中的引物；PA 蛋白则在病毒的复制过程中发挥作用(Ahmed Mostafa et al.，2018；施丽薇等，2020)。

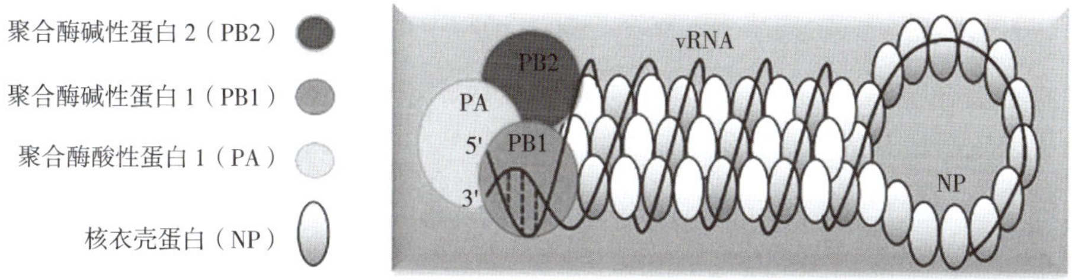

图 3-3 A 型流感病毒核糖核蛋白复合体结构示意图(Ahmed Mostafa et al.，2018)

NP 包含 498 个氨基酸，分子质量为 56 kD，是一种单体磷酸化的多肽，它是流感病毒核衣壳的主要蛋白成分。该蛋白具有型特异性，根据其抗原性的不同，可将流感病毒分为 A、B、C 三型。NP 在与病毒颗粒 RNA 节段相互作用中充当骨架，形成 RNP，因其自身的回折作用呈双螺旋形。该蛋白在病毒 mRNA 的转录过程中起着开关作用。NP 在感染的细胞或病毒粒子中以磷酸化形式存在，磷酸化的 NP 具有蛋白激酶的活性，能够磷酸化 NS1，没有磷酸化的 NP 不具有激酶活性(Stephan Pleschka，2013；卜欣欣等，2018)。

M1 和 M2 为疏水性的基质蛋白。M1 蛋白由 252 个氨基酸组成，包括膜结合区、核定位信号和 RNP 结合区。M1 是一种多功能因子，可参与病毒周期的多个环节，该蛋白通过直接与 RNP 接触来介导抑制流感病毒转录酶的活性，在病毒形态维持方面具有重要作用。M2 蛋白由 97 个氨基酸组成，是一种起离子通道作用的跨膜蛋白，分为胞外区、跨膜区和胞浆区，该蛋白与调节细胞内局部区域的 pH 的阀门有关(Pinto et al.，1992)。

NS1 蛋白主要存在于早期感染细胞的核内，含有两个核定位信号，其中 34～38 位氨基酸处的信号非常保守，在所有 A 型流感病毒中都相同。第二个信号区在 203～237 位。NS1 作为 IFN 的拮抗剂与 A 型流感病毒的致病性有关。NS1 能够与 dsRNA 结合，从而竞争性抑制 IFN 的合成。NS2 蛋白又称核输出蛋白(nuclear export peotein，NEP)，该蛋白存在于晚期感染宿主细胞的胞浆内，含有两个核输出信号和一个 M1 作用域。NS2 的 C 段与 M1 作用，核输出信号与 CRM1 蛋白结合，CRM 蛋白再与 Ran-GTP 结合，帮助新合成的流感病毒 RNP 从细胞核输出到细胞质(余华等，2010；施丽薇等，2020)。

3. SIV 的种间传播

流感病毒的种间传播机制取决于 HA 编码基因序列上受体结合位点（主要是第 226 位氨基酸 ）与宿主细胞表面病毒受体的结合特性。不同宿主细胞膜表面结合特性有很大差异，这就决定了一株流感病毒不能同时感染不同的宿主。

迄今已发现的流感病毒受体有两种，即唾液酸 2，3-半乳糖苷（SA 2，3-Gal）和唾液酸 2，6-半乳糖苷（SA 2，6-Gal）。禽流感病毒 HA 编码基因第 226 位氨基酸为谷氨酰胺（Gln），可与禽上皮细胞表面的 SA 2，3-Gal 特异性结合。人流感病毒 HA 编码序列第 226 位氨基酸为亮氨酸（Leu），可特异性结合人上皮细胞表面的 SA 2，6-Gal。SIV HA 编码序列第 226 位氨基酸为蛋氨酸（Met），对 SA 2，6-Gal 和 SA2，3-Gal 有相同的结合特异性；而且猪上皮细胞表面同时存在人和禽流感病毒受体 SA 2，6-Gal 和 SA 2，3-Gal，所以猪流感病毒（SIV ）受体结合位点同时具有与人、禽流感病毒结合的特性（童光志等，2015）。因此，猪自然成为禽、猪、人流感病毒的共同易感宿主，成为流感病毒不同毒株基因重配或重排、产生新亚型毒株的活载体。而猪则在“禽—猪—人”流感的种间传播链中，扮演着病毒中间宿主及多重宿主的“混合器”角色（Stephan Pleschka，2013；童光志等，2015）。

除了家猪和野猪，SIV 还可感染家养火鸡和水禽等动物。经典 SIV 由感染猪传入火鸡并引起火鸡临床流感症状的出现在北美已多次报道，流行于北美火鸡和猪中的经典 SIV 表现出很高的遗传改变和基因重组率，从火鸡分出的经典 SIV 在试验条件下可使猪感染并出现典型的 SI 临床症状。而流行于欧洲猪群中的类禽 H1N1 SIV 又能由猪反向传给火鸡，引起火鸡呼吸道疾病和产蛋量下降为特征的流感的暴发，造成巨大经济损失（Ahmed Mostafa et al.，2018）。

大量的研究证实，猪流感病毒在自然条件下可以感染人类。北美、欧洲和亚洲分别于 1974 年、1983 年、1999 年首次从人身上分离到 SIV，分别是经典 H1N1、欧亚类禽 H1N1 和 H3N2 亚型 SIV（Martha et al.，2015）。1976 年 1 月，美国新泽西州佛迪狄克斯 1 名新兵因感染猪源 H1N1 病毒而死于肺炎，首次证实了在自然条件下，流感病毒确实可从猪传播给人并引起死亡。2009 年始发于墨西哥的甲型 H1N1 流感大流行波及了 215 个国家，造成数十万人死亡。遗传进化分析表明，此次流行的甲型 H1N1 型流感病毒基因组包含有经典 H1N1 流感病毒、欧亚类 H1N1 禽流感病毒和人-猪-禽三源重组 H3N2 流感病毒 3 种流感病毒的基因片段，成为 SIV 发生基因重组并突破种间屏障感染人的有力证据（Garten et al.，2009）。之后，在世界各地猪群中，已分离出多株这样的人甲型 H1N1 型流感病毒变异毒株（Martha et al.，2015）。2009 年甲型 H1N1 流感大流行后的数年内，该病毒广泛流行于我国江苏、湖北以及广东等地区猪群（Zhao et al.，2012）。2011 年，一名中国儿童感染欧亚类禽 H1N1 SIV 后患严重肺炎，并最终死亡，这也是中国大陆第一例人感染猪流感病毒事件（Xian et al.，2013）。

因此，SI 不仅危害养猪业，而且与人类流感及禽流感的发生与流行关系密切。SIV 在人和动物流感的流行病学和病原生态学中占有重要的地位，具有重要的公共卫生意义。

4. SIV 对外界环境的抵抗力

猪流感病毒对干燥和低温抵抗力强大，冻干或 －70 ℃ 可保存数年，但对热敏感，60 ℃ 20 min可被灭活。一般的消毒药对该病毒都有很好的杀灭作用，但存在于有机物如粪便、鼻液、泪水、唾液、尸体中的病毒能存活很长时间。

3.2.2 流行病学

1918 年美国首次报道了猪流感，1930 年 Shope 从北美猪体内分离到了 H1N1 亚型 SIV。迄今为止，SI 遍布欧洲、美洲、非洲、亚洲、大洋洲等世界各大洲（图 3-4）。目前，已经分离的猪流感病毒包括 H1N1、H1N2、H1N7、H3N2、H3N6、H4N6、H5N1 和 H9N2 等血清亚型，其中古典型 H1N1、类禽型 H1N1 和类人型 H3N2 亚型猪流感病毒在猪群中广泛流行（Jeffrey et al.，2014；施丽薇等，2020）。在我国，SI 于 1969 年在台湾首次报道以后，其他省市陆续又分离到 SIV。目前，我国猪群中流行较广的猪流感病毒主要是 H1N1、H1N2 和 H3N2 亚型，也有 H5N1 和 H9N2 亚型猪流感病毒感染猪的相关报道（童光志等，2015）。

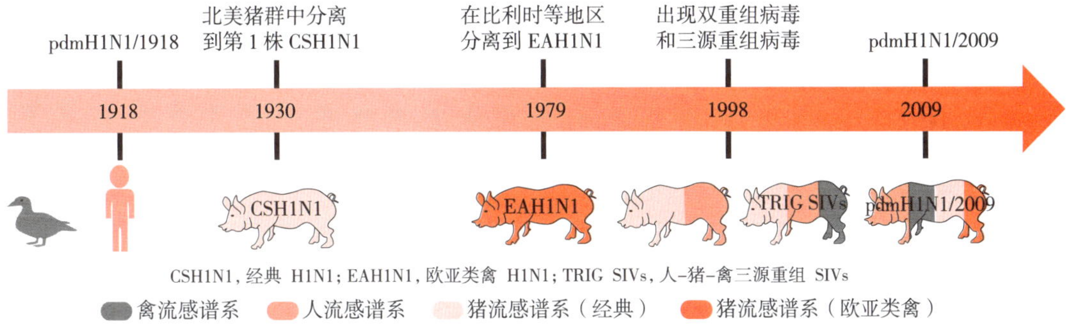

图 3-4 猪流感病毒不同谱系的发展（施丽薇等，2020）

SI 一年四季均可发生，以春、冬寒冷季节多见。本病潜伏期从几个小时到 3 d，典型病例表现为突然发生，猪群中大多数猪同时出现精神沉郁、厌食、蜷缩、躺卧不动，病猪挤在一起，反应迟钝，体温可高达 40.5～41.7 ℃。病猪不愿走动，甚至强烈地驱赶也不动，结膜充血，眼、鼻流出浆液性分泌物及打喷嚏。部分病猪出现呼吸急促和腹式呼吸，特别是强迫走动时更明显，伴发严重的阵发性咳嗽。由于厌食，病猪体重明显下降，衰弱。该病传播迅速，但病程短。猪群中出现第一头病猪以后，2～3 d 即传遍全群，3～5 d 可达高峰。如不发生混合感染或继发感染，发病后 5～7 d 开始迅速恢复（Jeffrey et al.，2014；童光志等，2015）。SI 单独发生时发病率高（80%～100%），死亡率低（一般低于 5%），发生混合感染或继发感染的猪群，会使病情加重，增加死亡率。母猪妊娠期感染猪流感，可引起流产。仔猪产下后 2～5 d 病情很重，有些在断奶前后死亡，存活的仔猪表现为持续性咳嗽，消瘦，病程一般在 1 个月以上（Janke et al.，2013；王景成等，2019）。

SI 的传染源主要是患病动物和带病毒动物（包括康复的动物），病原存在于动物鼻液、痰液、口涎等分泌物中。流感病毒通常通过动物的移动向猪群传播，SIV 传播的基本途径是通过猪与猪之间的鼻咽接触。鼻腔分泌物中的病毒滴度在排毒高峰期可超过 1×10^{7} 感染颗粒/mL（Janke et al.，2013）。因此，在大量猪群密集的区域，空气和飞沫经呼吸道感染可能是导致 SI 迅速扩散和传播的途径。

由于 SIV 对呼吸道上皮具有高度特异亲嗜性，感染后常造成呼吸道上皮管壁受损伤，抵抗力下降，进而导致胸膜肺炎放线杆菌、副猪嗜血杆菌、巴氏杆菌、猪 2 型链球菌、猪呼吸道冠状病毒、猪蓝耳病病毒、猪圆环病毒 2 型等病原的继发或混合感染，引发“猪呼吸道病综合征”，使疫情更为复杂，病情加重，死亡率上升，经济损失大幅增加。在欧洲，猪呼吸道冠状病毒、猪蓝耳病病毒经常与 H1N1、H3N2 SIV 合并感染(Jeffrey et al.,2014)。在我国临床病例中,SIV 和 PRRSV、PCV2、猪肺炎支原体等病原的混合感染较为常见(王景成等,2019)。

3.2.3 致病机制

SIV 对猪呼吸道上皮细胞的亲嗜性,使其感染通常仅限于呼吸道,病毒在鼻黏膜、扁桃体、气管、肺及气管支气管淋巴结上皮细胞中复制。流感病毒入侵宿主细胞时,先通过包膜上的 HA 的顶端结合宿主细胞受体上的唾液酸残基,由受体介导的胞吞作用进入有被小窝中,再进一步形成有被小泡,结合溶酶体激活脱壳作用,病毒核心中的 NP 复合物(RNP)被释放到胞质,通过核孔进入细胞核中进行复制和表达。复制产生大量 RNP 再进入细胞质中进行包装,核衣壳化的 RNP 先与 M1 蛋白结合,再通过 M1 蛋白与双层脂质膜融合及与病毒薄膜糖蛋白的胞质尾相互作用释放病毒,再去感染其他宿主细胞(Janke et al.,2014)。众多的研究表明,流感病毒诱导细胞凋亡都是最终通过 Caspases 途径来介导的。通过激活 Caspases-8 而引起 Caspases 的级联反应,最终导致细胞凋亡的发生。流感病毒 PB2、NA、NS1、M1、M2 等蛋白都参与了引起宿主细胞凋亡的过程(Parvaneh Mehrbod et al.,2019)。

SIV 的基因组为 8 个分节段的单股负链 RNA,这使得病毒能通过基因突变和基因重配不断进化,从而逃逸宿主的天然免疫反应(Janke et al.,2014)。抗原性变异频繁是 SIV 最显著的生物学特征之一,这也是 SIV 不断感染和扩大宿主范围的主要原因。研究表明,猪流感病毒蛋白的重要氨基酸位点发生突变,会对其功能或病毒特性产生重要影响。HA 蛋白的 226 位是影响病毒宿主特异性的主要因素,L226 对唾液酸(SA-α-2,6-Gal)有较高的亲和力,可与人类呼吸道上皮细胞特异性结合;Q226 则对唾液酸(SA-α-2,3-Gal)有较高的亲和力,倾向于特异性结合禽类上皮细胞;而 M226 可同时结合禽源和人源受体(Stephan Pleschka,2013)。除此之外,PB2 蛋白的 271 位、627 位和 701 位氨基酸位点可以影响 A 型流感病毒对宿主的选择,也是病毒致病力的重要决定位点。发生 T271A 突变能显著增强 PB2 多聚酶活性,增加对哺乳动物的感染能力;当第 627 位由 E 突变为 K 时,流感病毒的毒力明显增强,转变为高致病性,已成为重要的分子标记;701 位氨基酸为 N 时,重组病毒可获得在哺乳动物宿主内进行复制和传播的能力(Ahmed Mostafa et al., 2018;施丽薇等,2020)。

遗传进化分析显示,1957 年亚洲大流行的 H2N2 亚型病毒是在 1918 年大流行的 H1N1 病毒的骨架上重组了类禽来源的 PB1、HA 和 NA 基因而产生的,并发生了抗原性从 H1N1 到 H2N2 的转换。此后,该 H2N2 亚型病毒又进一步引入了类禽来源的 HA 和 PB1 基因,产生了另一种重组病毒,导致了 1968 年香港 H3N2 大流行。而 2009 年始发于墨西哥的 H1N1 大流感也是基因重配的产物,其基因组的构成包括类禽来源的 PB2 和 PA 基因,人类季节性 H3N2 亚型流感的 PB1 基因,经典 H1N1 SIV 的 HA、NP 和 NS 基因,以及欧洲类禽猪流感病毒的 NA 和 M 基因(Zhu et al.,2011;Stephan Pleschka, 2013)。

3.2.4 免疫机制

先天免疫反应在宿主呼吸道抵抗病毒感染中至关重要。它控制病毒的入侵和复制,而获得性免疫反应通过淋巴细胞等免疫细胞有效清除病毒。在天然免疫细胞中,上皮细胞、肺泡巨噬细胞和树突状细胞组成了机体的第一道防线。它们通过模式识别受体(PRRs)快速识别病原体,进而激活下游的免疫反应。流感病毒感染宿主后,可引起 Toll 样受体(Toll-like receptors,TLRs)、视黄酸(维 A 酸)诱导基因蛋白Ⅰ(retinoicacidinduciblegene Ⅰ,RIG-Ⅰ)受体(RLRs)和 NOD 样受体(NOD-like receptors,NLRs)等宿主模式识别受体介导的抗病毒信号通路的激活,诱导干扰素和 IL-1、IL-18 等细胞因子表达,起到抗病毒的作用(Evans et al.,2010;Crisci et al.,2013;王新发等,2017)。

猪的呼吸道上皮细胞和肺泡巨噬细胞是甲型流感病毒在猪的感染过程中首先遇到的天然免疫细胞。病毒感染呼吸道上皮细胞后,在几个小时之内就会引起Ⅰ型干扰素(IFN),主要是 IFN-α 的分泌,使相邻细胞转化为抑制病毒复制和感染的状态,同时启动促炎细胞因子/趋化因子反应。SIV 感染猪体后,肺脏和支气管肺泡中的促炎细胞因子 IL-6、IL-12、TNF-α、IFN-α 和 IFN-γ 等明显上调。相似的结果在 H1N1 型感染猪肺泡巨噬细胞细胞系过程中也得到证实。病毒感染 16 h 后引起细胞病变,并上调细胞促炎性子 IL-6、IL-8 和 TNF-α 的表达。进一步的研究证明病毒通过 MAP 激活 NF-κB 通路,进而激活 RIG-Ⅰ引起 IFN-β 上调(García-Sastre et al.,2006;Gao et al.,2009)。

3.2.5 病理变化

SI 的主要病理变化在呼吸器官。鼻、咽、喉、气管黏膜充血、肿胀,被覆黏液,有的支气管被渗出物堵塞而使相应的肺组织萎缩。主要的肉眼病变是病毒性肺炎,多见于肺的心叶、尖叶、中间叶及隔叶,呈现为紫色的硬结、塌陷,与周围正常肺界线明显,呼吸道内含有血色、纤维蛋白性渗出物。颈部、肺部及纵隔淋巴结明显增大、水肿。严重的病例,有支气管肺炎和纤维蛋白性胸膜炎、肺水肿、脾肿大。胃黏膜充血,有卡他性炎症(Janke et al.,2014;Jeffrey et al.,2014)。

3.2.6 诊断技术与鉴别诊断

1. 最新诊断技术

(1)反转录聚合酶链式反应　反转录聚合酶链式反应(reverse transcription polymerase chain reaction ,RT-PCR)是目前发展最成熟的分子诊断技术,可以从基因水平检测 SIV 的 RNA,大大缩短了 SIV 的检出时间,为猪流感的快速诊断提供了更敏感、更快速的方法。该方法具有省时、省力、灵敏度高、特异性强、诊断速度快等优点,已在猪流感病毒检测中得到广泛应用(Lee et al.,2008)。

(2)多重 RT-PCR　多重 RT-PCR 是在单一 RT-PCR 基础上发展起来的,通过寡核苷酸引物组合,在一个 PCR 反应体系中同时扩增多个靶序列,其扩增的特异性和效率与单一 PCR 相当,但同时可扩增针对不同模板的多个靶序列,能节约时间和精力。杨焕良等建立了猪流感病毒 H1N1、H1N2、H3N2 亚型多重 RT-PCR 诊断方法(杨焕良等,2007)。齐海涛等根据 GenBank 中 H1N1 和 H3N2 亚型 SIV HA、NA 和 M 基因保守序列,分别设计合成了 5 对特异性引物,该方法可以对 SIV H1、H3、N1、N2 亚型进行鉴定(齐海涛等,2012)。

(3)实时荧光定量 RT-PCR　实时荧光定量 RT-PCR(real time fluorescence quantitative polymerase chain reaction,real-time RT-PCR)是在 RT-PCR 方法的基础上发展起来的一种新的分子诊断技术,该方法在 PCR 反应体系中加入荧光基团,利用荧光信号积累对整个 PCR 进程进行实时监测,比常规 RT- PCR 更灵敏、特异性更强。real-time RT-PCR 方法可通过实时、在线检测 SIV 的 RNA,快速、准确地检测样品中 SIV 的含量,对 SI 临床检测诊断具有较强的实用价值。国内外研究者先后建立了检测 H1N1、H3 亚型 SIV 及同时检测 H3N2、H1N1、

H1N2 多个亚型 SIV 的荧光定量 PCR 方法(张春明,2008;段廷云等,2008;王云龙等,2009)。

(4)基因芯片　基因芯片(gene chips)又称 DNA 芯片、生物芯片,该技术是指将大量(通常每平方厘米点阵密度高于 400)探针分子固定于支持物上后与标记的样品分子进行杂交,通过检测每个探针分子的杂交信号强度进而获取样品分子的数量和序列信息。由于同时将大量探针固定于支持物上,因此,该技术可以一次性对样品大量序列进行检测和分析,从而解决了传统核酸印迹杂交(Southern 印迹杂交和 Northern 印迹杂交等)技术操作繁杂、自动化程度低、操作序列数量少、检测效率低等不足,实现多个不同血清亚型 SIV 的同步检测和快速鉴别(高淑霞等,2011)。

(5)环介导等温扩增技术　环介导等温扩增(loop-mediated isothermalampliftcation, LAMP)方法是日本学者 Notomi 等发明的一项恒温核酸扩增技术,具有操作简便、快速、敏感、特异等特点,特别适合在现场和基层部门应用。我国研究人员根据 SIV NP 基因保守区域和 H1N1 亚型 SIV 的 HA、NA 基因序列保守区设计 LAMP 引物,建立了 SIV 的通用 LAMP 检测方法和检测 H1N1 亚型 SIV 的 LAMP 快速检测方法(苏霞等,2010;张莉等,2014)。

2. 鉴别诊断

(1)临床类似疾病的鉴别　SI 和猪普通感冒、猪传染性胸膜肺炎、猪肺疫、猪蓝耳病等的临床表现相似,在临床进行诊断时要注意鉴别。

猪感冒是一种由寒冷刺激所引起的以上呼吸道症状为主的急性全身性疾病。该病临床症状和 SI 相似,但没有传染性,通常表现为单个或少数猪发病,临床症状较典型 SI 轻。

猪传染性胸膜肺炎和猪肺疫的病原分别为胸膜肺炎放线杆菌和巴氏杆菌,应用敏感抗生素治疗有效。猪传染性胸膜肺炎以 4～5 月龄猪发病死亡较多,急性病例的病猪后期会出现呼吸极度困难,常呆立或呈犬坐式,张口伸舌,咳喘,并有腹式呼吸,部分病猪从口鼻流出泡沫血性分泌物,一般在出现临诊症状后 24～36 h 内死亡,有的病例见不到任何临诊症状而突然死亡,病死率高于 SI,有时可高达 80%～100%。最急性猪肺疫往往呈散发,具有高死亡率,病猪主要出现败血症,咽喉部发生肿胀,呼吸困难;剖检病猪可见咽喉黏膜和周围结缔组织出血性/浆液性/炎性浸润。急性型病例的特征性病变是纤维素性肺炎,主要表现为气管、支气管内有多量泡沫黏液;肺有不同程度肝变区,伴有气肿和水肿。

(2)混合感染的鉴别　在临床病例中,很多时候猪呼吸道疾病通常由几种病原体共同作用引起猪呼吸道疾病综合征(porcine respiratory disease complex,PRDC)。临诊与 SIV 相关的多病原感染类型包括 SIV 和 PRRSV,SIV 和支气管败血波氏杆菌,SIV 和 PCV2、猪肺炎支原体,SIV 和副猪嗜血杆菌、胸膜肺炎放线杆菌等(王景成等,2019)。对于 PRDC 的确切病原,无法依靠临诊症状和病理变化进行鉴别,通常需要进行实验室诊断,包括病原分离鉴定、PCR 和荧光定量 PCR 检测等。

3.2.7　防控技术及应用

1. 预防

在加强生物安全管理的基础上,做好疫苗的免疫接种、加强通风管理、注意防寒保暖等综合防控措施是预防 SI 的关键。同时,应注意防止患流行性感冒的员工进入猪舍。

接种疫苗是预防猪流感最为便捷、有效的措施。据报道,猪流感灭活疫苗能有效保护断奶仔猪和种猪抵抗猪流感,使发病率降低 30%～70%。目前,欧美一些国家已经推出商品化的

SI 疫苗，如美国在 1993 年批准使用 H1N1 亚型单价灭活疫苗，1998 年又批准 H3N2 亚型单价疫苗和 SI 双价（H1N1＋H3N2）灭活疫苗。这些疫苗在欧美多个国家已经实现商品化供应（Janke et al.，2013；Jeffrey et al.，2014）。在我国，中国农业科学院哈尔滨兽医研究所、华中农业大学等单位在 SIV H1N1 亚型和 H3N2 亚型单价全病毒灭活疫苗或二价全病毒灭活疫苗的研制方面取得了较大的进展（李海燕等，2003；高永锐等，2008；路伟，2018；方超，2018）。2015 年，由华中农业大学等 6 家单位联合研制的鸡胚生产工艺生产的 H1N1 亚型单价 SI 灭活疫苗（TJ 株）获得了二类新兽药证书。目前，武汉科前生物股份有限公司、金宇生物技术股份有限公司、华威特（江苏）生物制药有限公司等企业生产的猪流感疫苗已经上市销售，在猪流感的预防方面发挥了重要的作用。

猪流感全病毒灭活疫苗不存在毒力返强的危险，具有安全性好、便于储存和运输等优点，但是也有诸多不足之处，如诱导细胞免疫能力差、抗体产生较慢、免疫副反应相对较大、不同亚型之间的交叉保护较差等缺点。同时，难以鉴别疫苗接种和野毒感染（孔维立等，2009）。与灭活疫苗相比，流感病毒减毒活疫苗具有更强的交叉保护作用。对 H3N2 亚型 SIV 灭活病毒和减毒活疫苗的免疫保护效果比较试验结果表明，接种灭活疫苗后使用抗原性不同的 H3N2 病毒代表株进行攻毒，只对部分毒株的攻击有保护作用，且不能阻止病毒在上呼吸道复制。相反，减毒活疫苗对不同抗原性的 H3N2 毒株的攻击都可以提供完全保护，且免疫猪体内未检测到猪流感病毒（Eugenio et al.，2018）。

随着分子生物学和基因工程技术的飞速发展，国内外研究者在猪流感新型疫苗的研制方面做出了大量的探索，包括重组全病毒灭活疫苗、减毒活疫苗、亚单位疫苗、DNA 疫苗、活载体疫苗等，但均未实现商品化（孔维立等，2009；翁少亭等，2016；范桂芳，2018）。

2. *治疗*

对于猪流感的治疗，目前尚无特效药物。目前使用的治疗方法，通常都是对症治疗。针对体温升高、疼痛的病猪，使用安痛定、复方氨基比林、复方柴胡注射液、30%安乃近注射液等药物解热镇痛。同时，对病猪给予磺胺间甲氧嘧啶钠、恩诺沙星、环丙沙星、氧氟沙星等药物预防继发感染。对全群感染的治疗，可在饮水中添加利巴韦林、黄芪多糖粉、维生素 C 等药物，或饲料中添加黄芪多糖粉、氟苯尼考、多西环素等药物，帮助猪群提高免疫力，预防和控制继发感染，降低损失（王仁通，2017；李洪发，2017；李同兵，2018）。

也有报道可对病猪进行中药治疗。用荆芥、金银花、大青叶、柴胡、葛根、黄芩、木通、板蓝根、甘草、干姜各 25～50 g，把药晒干，粉碎成细面，拌入料中喂服。如无食欲，可煎汤喂服，一般 1 剂即愈，必要时第 2 天再服 1 剂。冰糖 200 g，谷子 250 g，大葱 50 g，水煮一次喂给，1 次/d，连用 3 d。紫苏、薄荷各 50 g，杏仁 25 g，茅草根 75 g，水煎一次灌服，1 次/d，连用 3 d（李同兵，2018）。

此外，病猪要加强护理，供给新鲜的洁净水，提供温暖舒适的环境。对于食欲不佳的病猪，可饲喂青菜叶和胡萝卜等可口的青绿饲料，有助于康复。为避免因应激加重病情和增加死亡，急性发病期的病猪禁止移动或运输。

3.3 猪传染性胸膜肺炎

猪传染性胸膜肺炎，是由胸膜肺炎放线杆菌引起的猪的一种高度接触传染性、致死性呼吸道传染病。急性和亚急性病例以纤维素性出血性胸膜肺炎、慢性病例以纤维素性坏死性胸膜肺炎为主要特征。本病分布广泛，在欧洲、美洲、亚洲等许多国家和地区均有发生。可感染不同年龄的猪，但以2～5月龄较为易感。主要特征在急性期表现为体温升高、严重的呼吸困难、张口呼吸、呈犬坐姿势，慢性期为阵咳、消瘦。本病的危害主要是病猪死亡，饲料利用率减少4.6%～25%，平均日增重减少5%～25%，出栏时间推迟20～30 d，其次为屠宰时废弃率增加。

3.3.1 病原学

本病病原为胸膜肺炎放线杆菌(*Actinobacillus pleuropneumoniae*，APP)。因分离的年代和时间不同，曾分别称作副流感嗜血杆菌(*Haemophilus parainfluenzae*)，副溶血嗜血杆菌(*Haemophilus parahaemolyticus*)和胸膜肺炎嗜血杆菌(*Haemophilus pleuropneumoniae*)。APP是革兰氏阴性，有荚膜的多形性球状短杆菌，老龄培养物偶可见到丝状，在血液琼脂平板上呈不透明扁平的圆菌落，其大小为1～1.5 mm，周围呈β溶血，用白金铒触之有黏性感，在β毒素源性金黄色葡萄球菌周围产生更宽的溶血带(CAMP)现象，兼性厌氧，无运动力，不产生芽孢，生长需要NAD，尿素酶阳性。目前，根据荚膜抗原可分为19个血清型(Stringer，2021)。血清5型被分成2个亚型，即5A和5B，血清1型被分成2个亚型，即1A和1 B。某些血清型抗原之间有相似性，所以在血清1、9、11，3、6、8，4、7之间有交叉反应。但免疫学研究证明，主要血清型间交叉保护性不佳。

3.3.2 流行病学

APP为一种呼吸道寄生菌，对猪有高度宿主特异性。本病的发生受外界因素影响很大，一般无明显季节性，多见于晚秋冬春、气温剧变、潮湿、通风不良、饲养密集、管理不善等条件下发生，发病主要为2～5月龄的生长育肥猪，尤其是在重新组群，增加应激因素时多发。

发病率视各地的管理系统和所采取的预防措施不同，但一般较高，在8.5%～100%之间。死亡率根据环境和菌株毒力不同，可在0.4%～100%之间。据近几年各地的发病情况分析，哺乳仔猪发病率与死亡率均较高，而生长育肥猪死亡率并不高，仅略高于正常死亡率。

本病的感染途径是呼吸道，即通过咳嗽、喷嚏喷出的分泌物和渗出物而传播。公猪在感染链中可能起一种重要作用。

在猪群间的传播，是由于将带菌猪或慢性感染猪引进无病猪群而发生的。猪的移动和并群可增加发病的危险性。拥挤、气温突变、相对湿度增高和通风不良以及其他微生物的感染等有助于疾病的发生和传播。根据国内外的研究表明，猪患呼吸系统疾病时，容易发生继发感染或混合感染，如与多杀性巴氏杆菌、肺炎支原体、波氏杆菌等病原的混合感染，应引起高度重视。

本菌在外界环境中生存时间较短，在室温下，可存活2～4 d，在4 ℃可存活7 d，－25 ℃可存活2个月。因此，可疑病料应及时送实验室分离，对分离的APP必须尽快冻干保存。对于该病病原，一般常用的化学消毒剂和常用的消毒方法均能达到消毒的目的。

从我国分离的胸膜肺炎放线杆菌的血清型来看，不同的地区有所差异。据近几年的研究表明，我国流行的血清型为1、3、4、5、7、10、15等型，但以5型为主，占比达到30%～50%。

3.3.3 致病机制与免疫机制

胸膜肺炎放线杆菌导致肺炎的发病机理的研究始于20世纪60年代早期。大量研究表明肺炎损伤主要是细菌毒素的作用。用超声处理的细菌和细菌上清液接种动物能够导致与自然感染相似的病变，这一结果强有力地支持了上述观点。到目前为止，研究的细菌毒素包括内毒素、单核巨噬细胞毒素、Apx毒素和IgA蛋白酶。所有研究都表明APP所致的肺炎损伤是多种毒素共同作用的结果。

APP导致的肺炎损伤是该病的特征但不是病征。宏观上，肺脏表面有许多大小不等的炎性区域、出血和坏死。在疾病的早期阶段，炎症反应的特征是出血、中性粒细胞浸润、纤维素性渗出，巨噬细胞浸润以及明显的纤维素性变性只在疾病的晚期阶段出现。在感染的前几个小时，纤维蛋白性渗出、炎性细胞浸润以及出血导致肺泡间隙增厚。肺组织的坏死骨片以及纤维样胸膜粘连是急性反应的后继表现。感染后存活的动物表现为损伤完全消退，广泛的、局部的纤维样变性或炎性区肺组织的液化坏死。早期的肺水肿、坏死和微管栓塞与中性粒细胞的活化有关。在APP感染的3 h内，血小板在毛细血管凝集并黏附在内皮细胞上，中性粒细胞在肺泡间隔内浸润，毛细血管内皮细胞肿胀。在坏死区附近，巨噬细胞增大且数量显著增加，巨噬细胞摄食中性粒细胞、血小板以及在肺血管内循环的血纤蛋白。在肺炎病灶区，肺泡和血管内的巨噬细胞都是很丰富的。

APP所致的肺炎损伤是多种毒素共同作用的结果。除毒素之外，APP的其他毒力因子也对致病具有一定作用。包括荚膜多糖、外膜蛋白、转铁结合蛋白、黏附素、脲酶、蛋白酶以及过氧化物减少酶、Cu-Zn超氧化物歧化酶等。

1. 荚膜多糖

荚膜是细菌最外面的部分，能够抵抗正常血清的杀菌作用以及调理活性。据报道，具有较厚荚膜的分离株接种猪会导致严重的呼吸道疾病和出血、坏死现象。然而，具有较薄荚膜的分离株却不能复制出相似的病变。一些学者认为荚膜厚度的差别在一定程度上也可以解释不同血清型间毒力的差别。

2. 脂多糖

脂多糖(LPS)是由三个部分组成的复合体，即脂质A、含有KDO单糖的核区以及O抗原(O-Ag)，O抗原是由重复单位组成的多糖链。根据是否有O抗原及重复单位数量的多少把脂多糖分为粗糙型、半粗糙型和光滑型。不同血清型的APP的脂多糖组成各不相同，但在一些血清型间存在着共同的O抗原表位，能引起交叉反应，例如血清型1、9和11，3、6和8以及4和7。LPS的毒力主要是脂质A的作用，脂质A可以激发机体的防御系统，最终导致组织损伤。其毒性作用在各种菌间都是相似的，但毒价不同，这主要是由于构成内毒素复合物的蛋白质和糖的影响。内毒素并不是一个经典的毒力因子，但在APP的致病方面却起着一定的作用，内毒素可以刺激机体的防御系统活化巨噬细胞，排除感染菌。但是对于一些G^-菌，这种刺激产生的免疫反应往往超过防御的需要，以至刺激宿主的细胞产生或释放炎性介质，引起白细胞趋化、血管通透性增加，最终导致组织损伤。另外，内毒素还可能引起一种全身性Shwartzman反应。虽然脂多糖内毒素在致病方面有一定作用，但仅由LPS一种毒力因子只能引起温和的肺损伤，没有出血和坏死现象，表明LPS不足以引起典型的病变，只是对其形成有一定作用(Fenwick and Osburn，1986)。LPS还可以增强Apx毒素对巨噬细胞的毒性作用(Fenwick and Henry S，1994)，以及APP对支气管黏膜和肺的黏附作用(Paradis et al.，1994)。

3. Apx毒素

APP致病的一个最主要的毒力因子是其分泌到细胞外的外毒素——Apx毒素。通过结构基因序列分析和免疫血清学的研究，把 APP 毒素归入 RTX(repeats in the structural toxin)毒素家族。RTX 是一群可以在靶细胞膜上形成孔的蛋白毒素，常见于一些病原性的 G^- 菌，如产生 α-溶血素的大肠杆菌、溶血巴氏杆菌以及放线杆菌属的一些细菌。APP 的 RTX 被称为 Apx 毒素，包括 ApxⅠ、ApxⅡ及 ApxⅢ(Kamp et al.，1991；Frey et al.，1993；Beck，1994；Dom et al.，1994；Jansen，1994)。1999 年又报道发现了一个新的 Apx 毒素——ApxⅣ，据称其只在体内表达。ApxⅠ是一种强溶血、强细胞毒的分子质量为 105 kD 的蛋白，即原来的 HlyⅠ或 ClyⅠ，与 *E. coli* 的 α-溶血素非常相似，与溶血巴氏杆菌白细胞毒素也有一定的相似性，APP 血清型 1、5、9、10 和 11 以及 *A. suis* 产生这一毒素(Kamp et al.，1994)。ApxⅡ是一种弱溶血以及弱细胞毒的蛋白，即原来的 HlyⅡ或 ClyⅡ，分子质量为 103 kD。APP 的所有血清型，除了 10，都能产生这种毒素，*A. suis* 也能产生此毒素(Kamp et al.，1994)。根据 DNA 序列及氨基酸序列分析，表明 ApxⅡ与溶血巴氏杆菌白细胞毒素非常相近。ApxⅢ虽没有溶血活性，却有很强的细胞毒性，以前被叫作胸膜毒素，分子质量为 120 kD，也就是前面提到的 ClyⅢ，能够被 APP 血清型 2、3、4、6 和 8 表达并分泌。Apx 毒素的致病机理为：先入侵机体的第一道防线，高浓度的 Apx 毒素能在吞噬细胞或其他靶细胞膜上形成孔，引起细胞肿胀死亡。进一步引起组织损伤，表现在对肺泡内皮细胞和上皮细胞的毒性作用，对巨噬细胞以及中性粒细胞的强氧化作用，使其释放氧残基，从而表现出对宿主细胞的毒性作用(Dom et al.，1994)。

4. 外膜蛋白——转铁结合蛋白

近些年来，人们对另外一个可能的毒力因子外膜蛋白(OMP)做了很多深入的研究，发现当缺少铁或补充麦芽糖时，一种特异的 OMP 就可以被合成出来(Deneer and Potter，1989；Jansen，1994)。铁对细菌的生长是必不可少的，但是由于宿主糖蛋白、转铁蛋白及乳铁蛋白的络合作用，细胞外环境中的铁是很少的。有证据表明放线杆菌、嗜血杆菌以及巴氏杆菌属的一些细菌有一种获得铁的机制，即在其表面存在着转铁蛋白的受体，当铁缺少时，这种受体就会被表达出来。它由两种不同的蛋白构成，即转铁结合蛋白 A(TbpA)和转铁结合蛋白 B(TbpB)，它们对宿主的转铁蛋白具有特异性。TbpA 很可能是一种跨膜蛋白，像一条管道那样把铁运送到膜内，TbpB 靠 N 端脂肪酸残基镶嵌在外膜上。Kirby(1995)等描述了 APP 获得铁的途径，通过 TbpA 和 TbpB 的协同作用，捕获宿主的转铁蛋白，通过 TbpA 把铁运送到外膜内并被胞浆周围的铁结合蛋白所结合。有人将 TbpB 基因的一小部分或 TbpA 基因的一大部分或者两者都缺失构建了几株突变株，结果与亲本毒株相比都不致病，也不能从感染的猪体中分离得到，说明这两种转铁结合蛋白都具有一定的毒力。APP 的 Tbp 对猪的转铁蛋白是特异性的，它可能在一定程度上解释细菌对宿主的特异性。

5. 蛋白酶

由于 APP 可以在猪的呼吸道的黏膜上吸附增殖，所以针对黏膜抗体 IgA 的蛋白酶可能也具有一定毒力。据报道，这种蛋白酶除了能够降解 IgA，还能降解猪的明胶和血红蛋白，其对血红蛋白的降解可能也是 APP 获得铁的一种机制(Negrete Abascal et al.，1994)。有人发现 APP 能够分泌一种囊泡，包含蛋白酶和 Apx 毒素，针对高分子质量的蛋白酶的多克隆抗血清可以识别囊泡表面的蛋白酶，认为 APP 分泌包含毒力因子的囊泡是 APP 致病的一个机制。

6. 脲酶

APP 能够产生脲酶，分解尿素使生化反应管变色是该微生物的一个鉴别特征。有一学者利用 Tn10 转座突变构建了两个突变株，分别使脲酶协同因子失活以及表达无活性的脲酶，结果两种突变株毒力都小于亲本野毒株，说明脲酶活性对 APP 致病可能是需要的。而另一位学者用 mini-Tn10 衍生物构建的突变株与亲本野毒株具有同等毒力，认为 APP 致病不需要脲酶活性。这种差别可能是因为攻毒的剂量和途径的不同造成的，后面的实验是通过气管内接种高剂量的毒株，而前面的实验是通过鼻腔接种且剂量较小。

7. 黏附素

在很多传染病的致病过程中，包括肺的感染，细菌靠其黏附素与宿主细胞表面的受体结合而得以入侵和繁殖。在 APP 对猪的气管上皮细胞、呼吸道黏膜以及肺组织的黏附过程中，大分子质量的脂多糖似乎起到一定的作用(Paradis et al.，1994)。Dom 等描述了 APP 与猪呼吸道上皮细胞的关系，发现 APP 只存在于支气管末端的绒毛以及肺泡上皮细胞和肺脏病灶区，而在上呼吸道则很少，可能是由于细菌的嗜组织器官性而表现出其独特的移行机制。APP 在下呼吸道的黏附作用可能会导致高浓度的溶血毒素散布于真核细胞的表面，从而在致病的初始阶段表现出其重要的致病性。

另外，中国农业科学院哈尔滨兽医研究所的杨旭夫、彭发泉等于 1987 年利用电镜发现了 APP 的菌毛。几年后国外也报道了在形态学上发现了菌毛(Utrera and Pijoan，1991；Dom et al.，1994b)，并认为 APP 的菌毛不能产生具有凝血活性的血凝素。但目前为止，国内外关于 APP 菌毛在黏附中的作用研究较少，还没有关于其致病力的报道。

8. 过氧化物减少酶和超氧化物歧化酶

APP 在感染的过程中，能够引起白细胞的趋化，中性粒细胞、巨噬细胞的浸润。Apx 毒素作用在这些靶细胞上，导致靶细胞损伤并释放氧残基，从而表现出对宿主细胞以及 APP 的毒性作用(Dom et al.，1994)。但是，APP 能够合成一种过氧化物减少酶和 Cu-Zn 超氧化物歧化酶，使氧残基分解破坏，从而使 APP 能够免受毒害作用并在肺组织内持续增殖，最终导致严重的胸膜肺炎。

3.3.4 临床症状与病理变化

1. 临床症状

本病的病程可分为最急性、急性、亚急性和慢性 4 种类型。

最急性型：突然发病，体温升高到 41.5 ℃，沉郁、厌食，病猪卧地，无明显症状。一般 1～2 d 突然死亡。

急性型：同圈或不同圈许多猪同时发病，体温 40.5～41 ℃，沉郁、拒食、咳嗽、呼吸困难，有时张口呼吸，呈犬坐姿势。初为鼻、耳、腿部皮肤，继而全身皮肤发绀，常出现心脏衰竭，病程依据肺部病变或开始治疗时间而不同，可发生死亡，也可能转为亚急性或慢性型。

亚急性或慢性型：常由急性型转归而成，体温不升高或略有升高，食欲不振，阵咳或间断性咳嗽，增重率降低。在慢性感染群中，常有很多隐性感染猪，当受到其他病原微生物侵害时(如肺炎支原体、多杀性巴氏杆菌、支气管败血波氏杆菌)，则临床症状可能加剧。

2. 病理变化

病变主要存在于呼吸道，肺炎大部分为两侧性，涉及心叶及尖叶和部分隔叶，隔叶上的病灶常常是局部的，而且界线分明，肺炎区色暗，坚实、切面脆弱。纤维素性胸膜肺炎明显，胸腔内有血液样液体。在急性死亡病例，气管和支气管充满泡沫状血样黏性渗出物。在大部分慢性病例，可见大小不同的结节，这些脓肿样结节被一层厚结缔组织膜包裹，有些区域胸膜粘连。

在许多病例肺部病变消失，只残留局灶性胸膜粘连。参见图3-5至图3-7。

图3-5　胸膜粘连

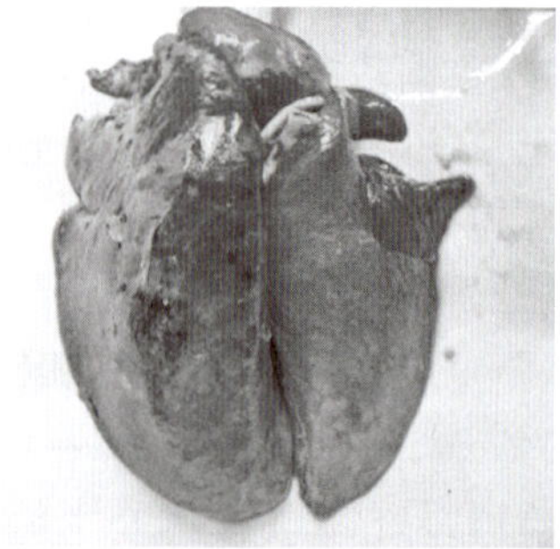

图3-6　出血性肺炎

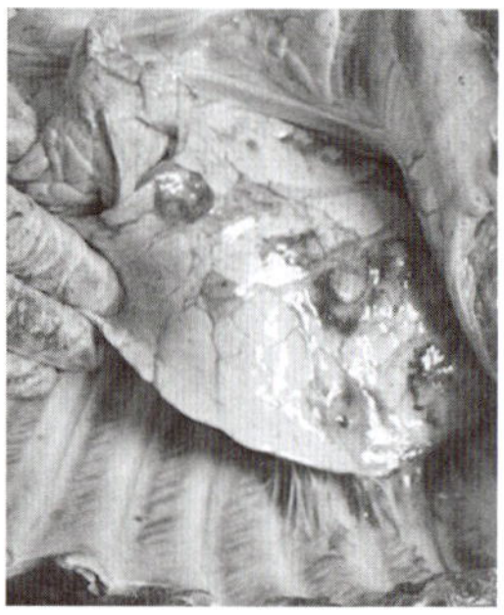

图3-7　结节性肺炎

3.3.5　诊断技术与鉴别诊断

根据流行病学、临床症状和剖检变化，只作为可疑诊断，确诊需进行病原学诊断。

1. 病原学诊断

(1)生化鉴定　如确是此病，很容易从支气管、鼻腔分泌物或肺部病变中分离到病原。但从陈旧病变中，可能分离较为困难。初次分离在10%绵羊血液琼脂平板上，与滋养菌株表皮葡萄球菌交叉划线，5%～10% CO_2培养箱37 ℃过夜培养后，在划线的附近可看到溶血的小菌落(生长需要NAD)。然后挑可疑菌落接种巧克力或含0.05%NAD的PPLO琼脂，培养1 d后作生化鉴定。胸膜肺炎放线杆菌的生化特性为：β溶血，生长需要NAD，尿素酶阳性，CAMP阳性，能分解乳糖、木糖、甘露醇和核糖。用APP1～15血清型高免兔血清作玻片凝集，如为阳性，再用琼脂扩散试验做最后确定。

(2)PCR鉴定　自从1999年Schaller等发现ApxⅣ毒素以来，他们实验室于2001年又建立了基于*apx*ⅣA基因的PCR诊断方法，能够检测所有血清型的APP菌株，具有很好的特异性和敏感性。之后国内的很多实验室也陆续建立了该诊断方法。除*apx*ⅣA基因外，*dsb*E、*oml*A、*aro*A基因也是很好的靶标基因，也有实验室以这些基因建立了PCR诊断方法。

除了在种的水平上建立了PCR诊断方法，现在已经陆续建立和完善了型特异性的多重PCR诊断方法，能够在一次PCR反应中鉴定出几乎所有的血清型。英国帝国理工学院的研究人员建立的多重PCR方法能够将18个血清型菌株正确地分型(Janine，2014，2018)，有力地促进了该病的临床诊断和病原分型。

2. 血清学诊断

血清学试验主要用于筛选试验和流行病学的研究。国内外建立了许多血清学方法，广泛用于该病的检测，如快速玻片凝集(RSA)试验、试管凝集(TA)试验、2-巯基乙醇试管凝集(2-ME-TA)试验、乳胶凝集(LA)试验、环状沉淀(RP)试验、协同凝集(Co-A)试验、补体结合(CF)试验、间接血凝(IHA)试验、免疫荧光(IF)试验、对流免疫电泳法、酶免疫试验(ELA)、酶联免疫吸附试验(ELISA)等，但常用的有CF、2-ME-TA、ELISA、IHA等。在我国，已建立的血清学诊断方法有RSA、TA、CF、ELISA和IHA等。

(1)补体结合试验(CF)　CF是用来检测APP的最早的血清学方法，它由Nicolet于1971年建立后很快成为APP分型的标准方法。CF的特异性比间接血凝试验(IHA)高，能够将副溶血性嗜血杆菌(*Haemophilus parahaemoelyticus*)与APP区别开。另一方面，虽然CF多年来被用于 APP 的检测与分型，但它与一些其他的检测方法相比(如 ELISA)，其敏感性较差，而且操作烦琐，只能在实验室进行。

(2)间接血凝试验(IHA)　1983 年，Mittal 建立了 APP 的 IHA 用于检测和分型。Nielson(1985)报道 IHA 在血清型 6 和 8 之间有交叉反应，但它能将 4 型和 7 型分开，其他的许多检测方法都不能将这两种血清型分开。

(3)乳胶凝集试验(LA)　LA 是一种简捷快速的检测方法，可用于检测和分型。用这一方法来分型在血清型 1、2、3、5 和 9 中已有报道。然而，该方法在应用过程中也出现了不同血清型之间的交叉反应。Inzana 提出了一种改进的乳胶凝集的检测方法。该方法使用荚膜特异的 IgG 抗体来检测 APP 菌体或组织样品，其特异性好，不与异型血清反应，也不与多杀性巴氏杆菌、猪副嗜血杆菌和猪放线杆菌反应。

(4)酶联免疫吸附试验(ELISA)

①种特异性 ELISA　种特异性 ELISA 是指能对所有血清型的 APP 做出检测的 ELISA 方法。Leiner(1999)以原核表达的 ApxⅡ的重组蛋白作为抗原，建立了种特异性的 ELISA 诊断方法，因 ApxⅡ在除 10 型外所有的血清型中都可以表达，所以该方法理论上可以对几乎所有的 APP 感染做出检测。Leiner 以 2、3、5、7 和 9 型的 APP 感染猪群作为检测对象，共检测了 400 份血清，其中有 243 份是阳性，157 份是阴性。其检测结果与 CF 试验的相关性很高，敏感性比 CF 高。Leiner 认为，这一方法对于实验室检测以及养殖场 APP 的监控非常有用。

在种特异性抗原 ApxⅣ毒素于 1999 年被发现之后，Dreyfus 等于 2004 年建立了基于 ApxⅣ的 ELISA 诊断方法，能够检测 APP 所有血清型的血清抗体，具有很好的特异性和敏感性以及操作的简便性，以上优点使得 ApxⅣ-ELISA 成为大多实验室常用的种特异性诊断方法。目前，美国的 IDEXX 公司已经开发了基于 ApxⅣ的商品化试剂盒 CHEKIT-APP-ApxⅣ。除此之外，加拿大 Biovet 公司还开发了一种试剂盒 Swinecheck MIX-APP，能够检测除 10、12、13 和 14 型外的所有血清型。

②型特异性 ELISA　型特异性 ELISA 是指只能对某一种血清型的 APP 做出检测的 ELISA 方法。Nieolet 等用型 ELISA 替代 CF 作为 APP 的分型方法。由于 ELISA 对抗原纯度要求很高，因而对方法的改进主要在于抗原的纯化。就荚膜抗原而言，其纯化可以通过煮沸细菌收集上清来制备，也可用酚仿抽提法来获得。抗原与酶标板的结合依赖的是亲水作用，而荚膜是疏水的，因而其与酶标板的结合力很低，这在很大程度上影响反应的敏感性和特异性。

目前，加拿大 Biovet 公司利用荚膜多糖抗原还开发了针对不同血清型或几个血清型(2、10、12、3-6-8、1-9-11、4-7、5a-5b)的型特异性 ELISA 诊断试剂盒。

3. 鉴别诊断

猪传染性胸膜肺炎的症状和病变与猪肺疫、气喘病相似，应加以鉴别。其临床症状、剖解变化、病原的区别见表 3-2。

表 3-2　猪传染性胸膜肺炎与其他类似疾病的鉴别诊断

疾病	临床症状	剖解变化	病　原
猪传染性胸膜肺炎	呼吸困难，咳嗽、厌食、沉郁、发热、腹式呼吸，从鼻和口中流出带血色的泡沫状液体。	肺弥漫性急性出血、坏死，纤维素性胸膜炎，胸腔内有血性液体，气管中有带血的泡沫。	胸膜肺炎放线杆菌(1～18 血清型)

续表 3-2

疾病	临床症状	剖解变化	病　原
猪肺疫	发热、咽喉部急性肿胀、呼吸困难、咳嗽，口、鼻流出泡沫状液体，皮肤蓝紫色或在腹下、颈下、耳根等毛少处有大小不等的出血点。	咽喉部肿胀、出血，喉头、气管内充满白色或淡黄色胶冻样分泌物，皮下组织、浆膜及淋巴结出血，切面呈红色，脾不肿大。	多杀性巴氏杆菌（A、B、C、D 型）
猪气喘病	体温不高、频频咳嗽与气喘、食欲一般正常。	肺炎病变两侧对称，呈肉样变或胰变，没有纤维素性渗出，气管、支气管内多白色泡沫。	猪肺炎支原体

3.3.6 防控技术及应用

世界上的许多国家，像美国、加拿大、澳大利亚等，其养猪业多年来一直受到传染性胸膜肺炎的危害与影响，并且造成了巨大的经济损失。在我国，自 1990 年以来大部分省份已有对此病的报道。疫苗作为该病预防控制非常重要的一个方面，一直以来受到各国的重视，现就 APP 疫苗研究方面的进展做一简要的阐述。

1. 灭活苗

灭活苗的效果非常有限，它仅能减轻临床症状和肺炎的严重程度，减少死亡率，动物会出现亚临床症状和进一步发展为慢性感染。Higgins 的研究表明，用灭活苗免疫动物，至少需要两次注射才能使动物免于死亡。灭活苗不能刺激动物产生高滴度的抗体，当动物受到感染时，临诊症状和肺的损伤都会出现，也不能对其他血清型的感染产生交叉保护。Fenwick 和 Thacker 的研究也表明灭活苗对其他血清型的保护很有限。将多种血清型的细菌混合后灭活，再来免疫动物，效果得到了一定程度的改善。

在我国，通过筛选抗原性良好的主要流行株，研制出 APP 1、3、7 血清型三价灭活苗，经过一系列免疫试验证明，这种灭活苗，不论注射大小猪、妊娠母猪均安全，有效免疫持续期达 6 个月，保存期为 12 个月。经田间和区域免疫效力试验证明，免疫猪保护率达 85%以上，其发病率和死亡率比对照分别降低 75%和 70%，表现出良好的免疫效力。根据几年来猪场应用疫苗经验的总结，规模化养猪场应用疫苗免疫是行之有效的方法。

此外，我国目前还有含血清 1 型和 7 型的二价灭活疫苗以及二价蜂胶灭活疫苗在生产和应用。

2. 亚单位苗

Rosendal 用提取的 APP 的荚膜免疫鼠和猪，当用其相应的血清型攻毒时，仅能减少死亡率，并不能产生充分的保护。后来 Inzana 的研究表明，针对荚膜的抗体没有中和作用，仅具有反应作用。Rapp 的研究表明，用富含外膜脂蛋白的制剂（OmlA）免疫动物后，对同血清型 APP 的感染，具有一定的保护力。其后 Fedorka-Crap 的研究表明，1 型 APP 的细胞抽提物的保护力比灭活苗和外膜脂蛋白的制剂更好。其细胞抽提物的主要成分是 11 kD 的溶血素。Blmfia 等（1991）用经福尔马林灭活的 1 型或 5 型的细菌的菌体与纯化的 Apx 一同免疫小鼠，不仅对其相应的血清型起到了完全的保护，而且彼此之间具有交叉保护力。Bhatia 也认为，在 APP 的急性感染中，Apx 和 OmlA 在提供保护方面起一个至关重要的作用。

2001年,Goethe用一种新的策略研制了一种亚单位疫苗,免疫动物后用2型APP攻毒,结果动物只出现了很温和的临诊症状和轻度的肺损伤。已经知道,灭活苗和单一的亚单位疫苗只能对动物提供部分的保护,而感染耐过的猪则能产生很强的免疫力。因而Goethe认为,有效的保护性抗原是在宿主体内表达的,而机体内环境的特点是Fe^{2+}浓度很低。故而采用低Fe^{2+}条件对2型和9型的APP在体外培养,用去污剂SDS(0.05%)对培养物的上清(主要成分是OmalA和TbpA)进行抽提,乳化后作为疫苗。这种亚单位苗制备过程简单,无须进行蛋白质的纯化,不过其是否具有好的交叉保护力,尚需进一步的研究。

我国的研究人员评估了重组毒素ApxⅠA、ApxⅡA、ApxⅢA、ApxⅣN和42 kD OMP在猪体内不同组合中的应用。结果表明,ApxⅣ有助于产生高水平的针对疫苗抗原的抗体,并对两种胸膜肺炎杆菌血清型(1和2)的攻毒提供了强有力的保护(Wang et al.,2009)。

目前,已经商品化的亚单位主要是荷兰Intervet公司生产的Porcilis APP,含有ApxⅠ、ApxⅡ和ApxⅢ毒素蛋白以及一种外膜蛋白Omp。该疫苗可对所有血清型菌株的攻击提供良好的交叉保护。现在国内有很多单位在利用大肠杆菌表达系统表达上述抗原的重组蛋白,有望在不久的将来实现商品化。

3. 弱毒活疫苗

Rosendal将一株1型的APP在体外传代70次,使其荚膜从原来的137 nm减少到53 nm,而其他成分如OmlA、Apx毒素都未发生变化,结果荚膜变薄菌株的毒力已减弱,这与Inzana的研究结果一致。Inzana用乙基甲硫酸对APP进行诱变,得到荚膜完全缺失的突变株。以大于亲本株LD_{50}的量经气管接种动物,并没有出现临诊症状和肺损伤,而且对动物产生了很好的保护力。荚膜不能对动物提供充分的保护,但荚膜却为APP的毒力所必需。所以荚膜缺失的菌株在毒力减弱的同时,并不影响其保护力。

Prideaux(1998)构建了含有特定质粒的7型APP的疫苗株。亲本7型APP菌株缺少毒素的结构基因A和激活基因C,但却含有分泌基因*apx*ⅡBD,质粒是从1型APP中分离到的APP所固有的质粒,进行改造后插入*apx*ⅠA表达盒,电转化使其进入7型的受体菌。很显然,这样组合的疫苗菌株能够表达无活性的毒素结构蛋白,保留了APP主要的抗原成分但其毒力已经减弱。该菌株免疫小鼠后,不仅能抵抗同血清型7型的攻击,而且能对血清型1型也产生保护力。但由于质粒在体内复制时存在丢失的可能性,Prideaux在1999又构建了ApxⅡ操纵子位点突变的基因突变株,使其基因组上的C基因因Amp基因插入而失活。这样,细菌可以持续而全面地表达无活性的ApxⅡ毒素,猪通过鼻内接种后,同样对异型APP感染产生交叉保护。

国内华中农业大学以及中国农业科学院哈尔滨兽医研究所等几家单位于2000年前后先后开展了基因缺失活疫苗的研究工作,以血清1型或7型为研究对象,获得了单基因、双基因以及三基因缺失株,动物实验证实与野生株相比毒力均大大减弱(Jinlin Liu et al.,2010;Fang Xie et al.,2016; Loera-Muro and Angulo,2018)。但基因缺失活疫苗实现商品化的道路并不平坦,需要进行转基因安全评价工作,周期很长,到目前为止仍然没有实现商品化。

4. 菌影疫苗

细菌的菌影是近年来出现的一种新概念和新技术,是一种没有细胞质和核酸的空细菌体。它是利用噬菌体ΦX174裂解基因E在革兰氏阴性细菌中表达后,该基因编码的蛋白在细菌细胞膜和胞壁上形成穿膜孔道,在渗透压的作用下使菌体破裂,细菌内细胞质和核酸等成分通过此孔道被排出,形成的一种空的细菌外壳,即为“菌影”。

在菌影疫苗的研究方面，国外已经做了很多工作。E 蛋白介导的溶解已经成功地应用于各种大肠杆菌菌株、鼠伤寒沙门氏菌、肠炎沙门氏菌、肺炎克雷伯氏杆菌、支气管败血博特氏杆菌、幽门螺旋杆菌、霍乱弧菌、胸膜肺炎放线杆菌、流感嗜血杆菌、溶血巴氏杆菌、多杀巴氏杆菌、绿脓杆菌、恶臭假单胞菌等。范围如此之大说明了只要 E 溶解盒被引入适当的载体中，E 蛋白介导的溶解可能会在每个革兰氏阴性菌中发生。菌影本身可作为一种很好的疫苗，因为这种形式保留了和活菌一样的细菌胞膜结构和相关抗原蛋白，而外膜含有天然的免疫细胞通过模式识别受体识别的高度保守结构 PAMP，例如脂多糖、肽聚糖、CPG、OmpA、菌毛等，能有效地被 DC 和巨噬细胞所吞噬，故而可有效递送疫苗抗原至黏膜表面和诱发相关黏膜免疫应答。目前，菌影通过静脉、皮下、气体等途径免疫已经在小鼠、兔子、猪等动物模型中取得了良好的免疫保护效果。国外研究人员用 APP 菌影气雾以及肌肉注射途径免疫接种猪，诱导了针对 APP 引起的胸膜肺炎的完全保护（Ramjeet et al.，2008）。

目前，国内中国农业科学院哈尔滨兽医研究所等几家单位在开展 APP 菌影疫苗的研究工作。因为菌影疫苗兼具灭活苗的安全性和活苗的有效性，以及良好的交叉保护性，被认为是一种很有前景的疫苗，希望在不久的将来实现商品化。

3.4 副猪嗜血杆菌病

副猪嗜血杆菌病又称“革拉瑟氏病”，是由副猪嗜血杆菌（*Haemophilus parasuis*，Hps）引起的一种以猪多发性浆膜炎、关节炎、脑膜炎以及呼吸困难、高热及高死亡率为特征的传染性疾病。

3.4.1 病原学

Hps 属于需氧或兼性厌氧的革兰氏阴性菌，非溶血性、不运动、生长需要特定的 V 因子（烟酰胺腺嘌呤二核苷酸，NAD），最适生长温度为 35～37 ℃，pH 7.6～7.8。在显微镜下呈多形态，新分离的菌株呈球杆状、双球状或短链状，在陈旧培养物中呈长杆状和丝状。Hps 通常有荚膜，但体外培养时易受影响，可变为无荚膜菌。脲酶和氧化酶试验阴性，接触酶试验阳性，可发酵葡萄糖、蔗糖、果糖、半乳糖、*D*-核糖和麦芽糖等。在巧克力培养基上生长很差，菌落光滑，灰白色透明，直径大约 0.5 mm。按 Kieletein-Rapp-Gabriedson（KRG）琼脂扩散血清分型方法，可将副猪嗜血杆菌分为 15 个血清型，另尚有 20%～40%的分离株无法定型。血清型 1、5、10、12、13 和 14 为强毒力菌株；血清型 2、4 和 15 为中等毒力菌株；血清型 3、6、7、8、9 和 11 为无毒力菌株。也有研究表明 Hps 的毒力与血清型之间并没有明显的关系（Costa-Hurtado，2013）。此外，不同血清型甚至相同血清型菌株间的交叉保护存在极大变化而难以预测，给免疫防治带来很大困难（Rapp-Gabrielson et al.，1992）。

3.4.2 流行病学

副猪嗜血杆菌有高度的宿主特异性，只感染猪，且各阶段的猪均易感。该病多发生于断奶前后和保育阶段的仔猪，发病率在 10%～15%，感染高峰为 4～6 周龄仔猪，发病率高达 40%以上，成年猪也可感染，病死率在 20%左右，母猪病死率可高达 30%～40%。副猪嗜血杆菌病一年四季均可发生，主要发生在冬季和早春，特别是一些应激因素如气候骤变、长途运输、转群、混群、防疫等均能促使本病的急性暴发。繁殖母猪一般不表现出临床症状，发病率低但死亡率高，严重时可达 50%（蔡旭旺，2005）。副猪嗜血杆菌主要通过空气、猪只间的接触和污染的排泄物进行传播。主要传染源是带菌猪和患病猪。副猪嗜血杆菌是养猪业上常见的一种呼吸道细菌，该菌一般存在于健康猪群上呼吸道中，但在特定情况下，如应激、免疫力下降、断奶等，可侵入机体引起纤维素性多发性浆膜炎、关节炎、脑膜炎等。近年来，在猪感染伪狂犬病毒、猪圆环病毒、猪繁殖与呼吸障碍综合征病毒等严重危害猪只健康的病毒性病原后，常会发生 Hps 的继发感染，Hps 的存在也会加剧这些病毒性疾病的症状。

在我国，以纤维素性浆膜炎、脑膜炎和关节炎为特征的副猪嗜血杆菌病已广泛流行，且已成急骤上升之势。目前，已经在北京、湖北、湖南、贵州、黑龙江、广东、山西、河南、四川、陕西、河北、广西、辽宁等多省份分离到副猪嗜血杆菌。尹秀凤等对我国副猪嗜血杆菌病的流行病学研究表明，目前在我国具有强毒特性的 5 型、13 型和中等毒力的 4 型最为流行。蔡旭旺等（2005）报道指出，副猪嗜血杆菌病在我国很多地区已普遍流行，且以血清 4、5、13 型等毒力最强。近年来以血清型 4、5、12、13、14 型以及未定型为主。参见图 3-8 和图 3-9。

Hps 感染的流行病学研究也使用了分子生物学技术，以克服血清分型的局限。Smart 等

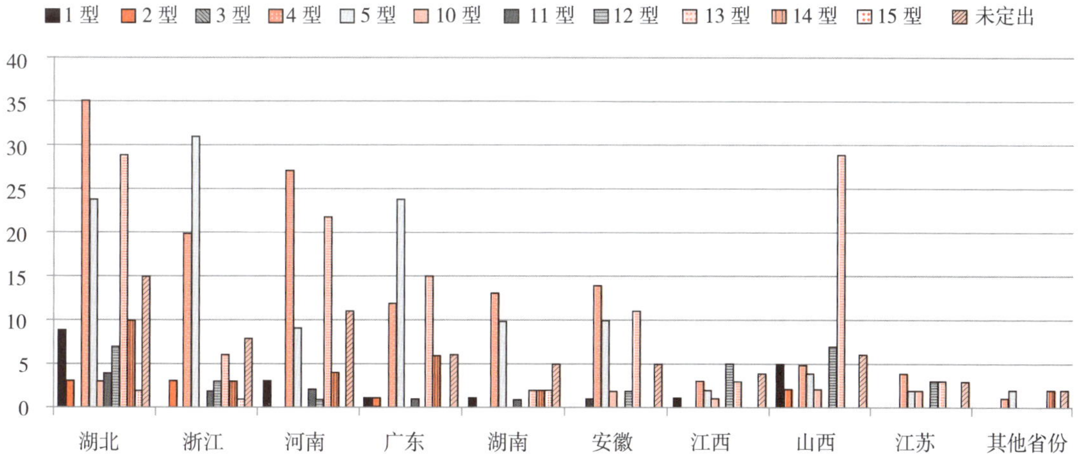

图 3-8 我国不同省份 Hps 的流行情况（华中农业大学）

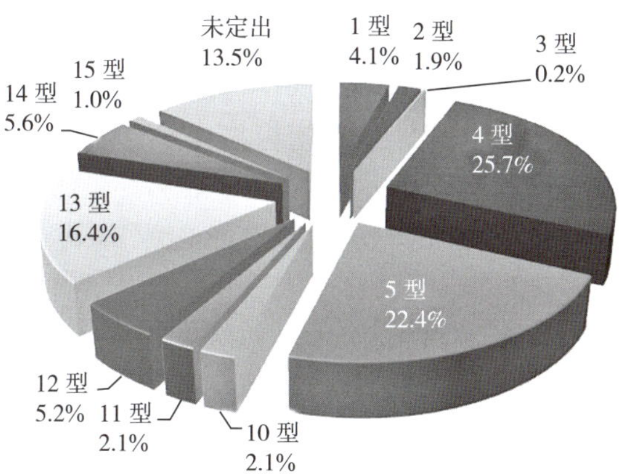

图 3-9 Hps 不同血清型分离率（华中农业大学）

(1988)使用限制性内切酶指纹技术(REF)分析 SPF 和常规猪群中 Hps 的暴发和流行。在 69 株 Hps 分离株中,24 株有独特的指纹图谱,剩余的 45 株分属于 13 种 REF 图谱。在该研究中,SPF 猪群有共同的 Hps 菌株,常规猪群有许多不同的 Hps 菌株,只有一株菌株是相同的。从地方性感染的猪群全身各部位分离的菌株结果相似,但与从同群健康猪鼻腔中分离的 Hps 菌株不同(Smart et al.,1988)。

Versalovic 等(1991)和 Woods 等(1993)使用重复序列引物 PCR(rep-PCR)技术研究 Hps 分离株的多样性和 Hps 在猪群内及猪群间感染的分子流行病学(Rafiee and Blackall,2000)。Versalovic 等(1991)以肠杆菌科基因间重复一致(enterobacterial repetitive intergenic consensus)序列为引物设计 PCR 用于研究菌株间的同源性。ERIC 引物可以直接鉴定细菌种属并产生菌株特异性指纹图谱。随着 rep-PCR 的发展,重复回文序列(REP)、ERIC 和 BOX 序列已用于获取革兰氏阴性菌和阳性菌的基因指纹图谱(van Belkum et al.,1996)。

3.4.3 致病机制与免疫机制

1. 致病机理

为了阐明副猪嗜血杆菌感染的发病机理,研究人员对人工接种模式进行了改进。Vahle (1995)等对剖腹产初乳缺乏猪鼻内接种副猪嗜血杆菌的有毒菌株,观察此后的一系列反应。接种后即从鼻窦和气管内分离出了副猪嗜血杆菌,接种后 30 h,血液培养物中可以分离出该菌,接种后 36～108 h,全身各组织中可分离出该菌。由免疫组化法和透射电镜术证明在接种早期,鼻窦和气管中部和气管下部有细菌移生。这与化脓性鼻炎、病灶处纤毛丢失以及鼻黏膜和气管黏膜细胞的急性肿胀有关。将鼻甲移出体外接种该菌,也引起了纤毛活动的显著降低和纤毛上皮的损伤。研究者们观察到,副猪嗜血杆菌优先在鼻窦和气管内寄生,而不是在扁桃体内,这与该菌从鼻窦而不是从扁桃体或肺标本中分离出来的结果相一致。与此相反,有报道指出,用过氧化物染色法和电镜观察法检测,副猪嗜血杆菌抗原存在于扁桃体组织中而不是在鼻窦中。

副猪嗜血杆菌感染后侵入全身的因素多不清楚。Nahle 等(1997)研究表明,从鼻腔的中部分离的副猪嗜血杆菌与急性化脓性鼻炎、急性鼻腔和气管黏膜细胞的肿胀以及纤毛丢失有关,并推断这些黏膜的变化可能使副猪嗜血杆菌侵入机体并进入血液循环,但透射电子显微镜和免疫组化的结果均未显示纤毛丢失和细胞变性的部位有副猪嗜血杆菌。作者推测一种副猪嗜血杆菌的可溶性毒素可能与所观察到的细胞病变有关。在一个猪群中,副猪嗜血杆菌的毒力是影响全身性疾病严重程度和发生发展的因素。目前,尚不清楚有关全身感染和宿主因素的关系。然而,一些菌株的毒力是相当强的,气管内接种不足 100 菌落形成单位,就会引起全身病变,对于剖宫产初乳缺乏猪则会导致几天内死亡。在猪感染的早期,菌血症十分明显,肝、肾和脑膜上的瘀斑和瘀点构成了败血症损伤,血浆中可检测到高水平的内毒素,许多器官出现纤维蛋白性血栓。细菌随后在多处浆膜表面的繁殖导致典型的纤维蛋白化脓性多发性浆膜炎、关节炎和脑膜炎,这在自然感染的病例中可以观察到(Amano,1994;Vahle,1995)。肺炎在应激模型中并不明显,甚至即使副猪嗜血杆菌由肺分离出来,该猪的肺炎症状也不明显。研究结果表明导致肺炎的副猪嗜血杆菌毒力不同,是由于不同的动物感染模型、感染菌量以及感染菌株的差异引起的。Vanier(2006)等的研究表明,副猪嗜血杆菌可侵入血脑屏障的毛细血管内皮细胞,对其引起猪的脑膜炎起重要作用。抑制试验研究表明,副猪嗜血杆菌侵入脑血管内皮细胞需要其肌动蛋白纤维和微管细胞骨架元件的结构变化,而非活细菌 DNA、RNA 或蛋白质的合成。描述试验研究表明,蛋白质侵袭素在副猪嗜血杆菌侵入脑毛细血管内皮细胞方面不起主要作用。即使是大剂量细菌,副猪嗜血杆菌对脑毛细血管内皮细胞仍然没有毒性。

副猪嗜血杆菌在呼吸道疾病中的作用机制尚不清楚。化脓性鼻炎的发生与副猪嗜血杆菌有关联,这说明了其作为一种预先影响的因素,对其他病毒或病原菌可能有作用。在肺炎中,副猪嗜血杆菌被假定为一种随机入侵的次要病原,只有在与其他病毒或细菌协同时才引发疾病。然而,一些最新的报道指出,副猪嗜血杆菌可能是引起纤维素性化脓性支气管肺炎的原发因素。关于副猪嗜血杆菌与其他猪病的混合感染及其相互影响已得到研究。Narita(1994)等研究了伪狂犬病毒与血清 4 型副猪嗜血杆菌混合感染所引起的猪肺炎,猪感染伪狂犬病毒后发生坏死性支气管炎和肺泡炎。伪狂犬病毒抗原密集出现于坏死灶的中央,并且有时被大量的副猪嗜血杆菌抗原所包围。伪狂犬病毒的感染可能破坏了呼吸道表皮细胞,使副猪嗜血杆菌得以在肺脏中大量繁殖。副猪嗜血杆菌与支原体结合在一起,从患猪繁殖与呼吸综合征猪肺的检出率为 51.2%。但易感猪感染猪繁殖与呼吸综合征病毒后再经气管内接种副猪嗜血杆菌与仅仅接种副猪嗜血杆菌的实验组相比,并没有增加细菌性多发性浆膜炎的严重程度。

细菌的致病是一个多种因素相互协同的过程,需要多种机制的共同作用来建立感染导致疾病的发生。通常来说,细菌的致病主要包括以下过程:进入宿主,逃避宿主的防御机制,细菌在宿主内的繁殖,损伤宿主组织。迄今为止,许多学者采取不同的策略通过对强弱毒菌株在不同环境条件下的比较分析,发现了致病过程中的潜在机制。菌株能够通过黏附侵入,并定植于宿主的上皮细胞来引发感染(Frandoloso,2012),通过降解黏膜表面逃避机体天然免疫(Mullins,2011),抵抗巨噬细胞的吞噬,以及抵抗血清中补体介导的杀菌作用继而在机体内持续存在。Hps 在体内大量繁殖,诱导宿主细胞强烈的炎症反应,继而导致了特征性的革拉瑟氏病的发生(Costa-hurtado,2013)。同时,由于炎症反应引发的一些内皮细胞渗透性的改变,加之菌株具有的侵入内皮细胞的能力,最终导致了细菌性脑膜炎的发生和发展(Bouchet,2008)。下面,就目前针对研究的最新进展,对其致病过程中的可能机制进行一些归纳。

2. 主要毒力因子

(1)荚膜多糖(CPS) 副猪嗜血杆菌荚膜多糖具有型特异性,是细菌的主要抗原成分。荚膜多糖的产生与环境条件有着密切关系,根据 Little 和 Morozumi 等报道,分离自健康猪上呼吸道和病猪病料的大多数 Hps 都有荚膜,而其他部位分离得到的大部分没有荚膜。Morozumi 等对分离到的 Hps 进行荚膜染色和虹染色后,再用溴化十六烷基甲胺沉淀,结果显示,培养后荚膜丢失,有荚膜的菌株多呈球杆状而无荚膜的菌株呈多形性,具有从短杆状变化到丝状的过程。部分有荚膜菌株的可溶性抗原是耐热的,且能抵抗蛋白酶的水解,说明这类菌株可能存在酸性多糖类而另一部分有荚膜的菌株无上述特征。Rapp-GaBrielson 等通过活体内传代方法筛选出具有荚膜的 Hps,而在经多次体外传代后,培养基中有荚膜细菌的数量明显减少。

(2)脂寡糖(LOS) 脂寡糖是细胞外膜的主要组成部分,由脂质、核心寡糖和 O-抗原糖类侧链三部分组成,有可能是导致脑膜炎重要的毒力因子之一。2006 年 Ghyslaine 等证实 Hps 具有侵染猪脑微脉管内皮细胞(PBMEC)的能力,抑制试验表明 Hps 侵染 PBMEC 细胞是微管细胞骨架元件和肌动蛋白纤维的结构重排引起的,而不是活化的细菌 DNA、RNA 或者是蛋白作用。Benedicte 等最近阐明 Hps 如何穿过血脑屏障到达中枢神经系统最终引起脑膜炎的机理。首先 LOS 介导 Hps 黏附到 PBMEC 细胞上,随即诱导由 Caspase-3 介导的细胞凋亡过程。Hps 和 LOS 都可诱导释放 IL-6 和 IL-8 等炎症因子从而引起脑膜炎。血清型 4 型和 5 型野毒株都可诱导相似水平的炎症因子而引起脑膜炎。Benedicte 等最近证明 Hps 能协助黏附到新生猪气管(NPTr)细胞上，随即 Hps 可诱导 NPTr 细胞 Caspase-3 依赖性细胞凋亡，但 LOS 并不参与此过程。

(3)外膜蛋白　Ruiz 等经 SDS-PAGE 鉴定将 Hps 的 OMP 主要分为生物Ⅰ型和生物Ⅱ型。健康猪鼻腔分离到的 Hps 的 OMP 经检测多为生物Ⅰ型，其分子质量大小约为 68 kD 或介于 23～40 kD。从发病猪群中分离到的 Hps 的 OMP 多为生物Ⅱ型，其大小多为 37 kD。这些结果在 Hps 的全细胞蛋白图谱的计算机模型分析中也得到证实。Tadjine 等发现 Hps 含有一个 35 kD 的主要外膜蛋白(OMP)，同源性分析表明此蛋白与其他革兰氏阴性菌的 OmpA 家族相似。抗 35 kD OMP 的单克隆抗体可与血清 1～15 型参考菌株及临床分离株都发生反应，因此推断此蛋白可作为诊断感染的一个有效候选标记。Zhang 等根据 N 端序列的第一个 12 个氨基酸设计引物，用血清 4 型(SW124)和血清 5 型(Nagasaki)的 DNA 作为 PCR 反应模板，扩增回收序列分析，成功获取编码 35 kD OMP 的完整 ORF。此 ORF 大小为 1 104 bp，编码 367 个氨基酸残基，N 端前 21 个氨基酸残基被推测为信号灶。裂解此信号灶后获取一个由 346 个氨基酸残基组成的成熟蛋白质，分子质量为 37.48 kD，与 Tadjine 利用 SDS-PAGE 鉴定的35 kD OMP 非常接近。主要功能域分析显示此蛋白端含有一个 OmpA 样转膜区域(1～205)和具有一段 OmpA 家族类似的特征氨基酸序列(226～323)，BLAST 分析表明此氨基酸序列与巴氏杆菌科的 OmpA 蛋白同源性为 54.2%～74.8%。

(4)神经氨酸酶(NA)　神经氨酸酶可能是 Hps 的另一潜在毒力因子。Lichtensteiger 等发现 90%以上的 Hps 野毒株都能表达神经氨酸酶(唾液酸酶)，该酶在 Hps 的对数生长晚期开始表达。神经氨酸酶的作用主要表现为可使宿主暴露 Hps 侵入和定植所必需的受体，低黏度系数的粘蛋白也可以破坏宿主的防御系统。Lichtensteiger 和 Vimr 等将从外膜蛋白中纯化得到的神经氨酸酶，经过 SDS-PAGE 回收得到已变性的神经氨酸酶，然后进行蛋白复性。此纯化方法可以获得 Hps 外膜中 99%以上的神经氨酸酶蛋白，且复性得到的蛋白绝大多数都是具有神经氨酸酶活性的。此方法可以克服神经氨酸酶基因难以克隆表达的困难，为其功能验证提供了一条新的思路。

(5)细胞致死膨胀毒素(CDT)　细胞致死膨胀毒素属于细菌 AB2 型毒素家族，通常由 3 个亚基 CdtA、CdtB 和 CdtC 组成。其中 CdtB 是主要的毒素活性亚基，而 CdtA 和 CdtC 主要负责毒素与靶细胞的结合并输送 CdtB 亚基进入细胞(Jinadasa et al.，2011)。目前已经发现，编码该毒素的基因在许多革兰氏阴性致病菌中都存在。CdtB 亚基实际上是一种 DNA 酶类，它能够作用于宿主细胞的 DNA 使其细胞周期停滞在 G2/M 期，最终导致细胞膨胀死亡(Elwell and Drayfus，2000)。在 Hps 菌株中，基于 Hps 全基因组测序的结果，在 SH0165 菌株中发现有两套 *cdt* 基因簇。研究学者发现，重组表达 Hps 菌株的 CDT 毒素对于体外培养的细胞也表现出毒素活性，并引起细胞周期停滞。对 CdtB 亚基的流行分布调查发现，不论 Hps 菌株的毒力强弱与否，该亚基在 109 株临床分离株和 15 株参考菌株中都有表达(Zhou et al.，2012a)。此外，Zhang 等通过自然转化的方法构建了 Hps SC096 菌株的 CDT 缺失株，并发现该缺失株对血清杀伤的作用更加敏感，同时对 PUVEC 和 PK-15 细胞的黏附侵入能力明显下降(Zhang et al.，2012b)。

(6)IgA 蛋白酶　细菌若要定植呼吸道黏膜就必须克服免疫球蛋白(IgA)的保护作用，IgA 通过抑制微生物的黏附和侵袭，阻止细菌的毒性和调节细胞毒性的抗体依赖来参与宿主防御。细菌 IgA 蛋白酶的产生导致免疫球蛋白凝集活性的降解和丧失。Mullins 等证明了在

Hps 培养液上清中的猪 IgA 蛋白酶活性，但发现与流感嗜血杆菌的 IGA 或 IGAB 没有同源性。在 Hps 中发现与胞外丝氨酸蛋白酶(espp2)有同源性的基因，所表达的蛋白对豚鼠同源性的挑战提供了部分保护性。Pina-Pedrero 等发现，这是一种单体转运蛋白，与报道的 BmaA5 和 BmaA6 相似。

(7)V 型分泌系统　蛋白质的 V 型分泌系统含有一个氨基末端肽、一个传输区域和一个 C-末端结构域，在外膜处形成孔道，传输区域可通过该孔道移至胞外。V 型分泌系统是一个与能量无关的过程。V 型分泌蛋白家族包括分泌转运系统(VA 型或 AT-1)，包括两种分泌途经即 Vb 型和 Vc 型系统(又称 AT-2)。这些表面蛋白参与宿主病原体的多种作用，与毒力有关，如黏附、侵袭、自身凝集、补体抑制和降解 IgA。此外，通过脑膜炎奈瑟菌的黏附素 NadA，证实了该类蛋白可以诱导良好的抗体杀菌反应。通过对 SH0165 和 Nagasaki 参考株的蛋白组学研究发现，Hps 存在自动传送装置。

(8)毒力相关活性酶　Hill 等运用差异显示 PCR(DDRT-PCR)方法鉴定 Hps 毒力相关因子。在体外 40 ℃培养细菌的模拟条件下，共鉴定出 7 个基因片段。根据氨基酸推断，上调最明显的分别是 fadD(脂肪酰基合成酶)、apat(二腺苷四磷酸)、pst Ⅰ(磷酸酶转移系统酶Ⅰ)和 cysK(半肌氨酸合成酶)。其次 StD(Na^+ 和 Cl^- 依赖性离子转运蛋白)、HSPG(硫酸乙酰肝素蛋白多糖)和 PntB(吡啶核苷酸转氨酶)的同源基因也是上调表达的，但不明显。所有 15 个标准血清型菌株都能检测到这些基因片段，其毒力性质有待于进一步确定。Devon 等在限铁或存在猪脑脊髓液(CSF)的情况下以模拟体内生长条件对血清型菌株进行基因表达研究。在限铁条件下鉴定出多种上调表达的基因片段，分别编码果糖二磷酸醛缩酶(fba)、腺苷酸琥珀酸合成酶(pur2)、2′,3′-环核苷酸磷酸二酯酶(cpdB)、脂蛋白信号肽酶(lspA)、焦磷酸还原酶(lytB)、超氧化物歧化酶(sodC)、酪酰胺 t-RNA 合成酶(tyrS)、半胱氨酸合成酶(cysK)等类似物、一个未知蛋白和一个卤酸脱氢酶超家族中水解酶的类似物。除此之外，在 CFS 存在条件下也鉴定出多种上调表达基因片段，分别编码 pur、cpdB、lspA、lytB、sodC、脂肪酸连接酶(fadD)、二腺苷四磷酸(apat)和一个未知蛋白。为了评估这些差异表达基因是否可作为潜在强毒株诊断的标识，PCR 鉴定显示只有水解酶同源物仅仅在具有代表性的潜在强毒株中检测到，说明这种酶可能在 Hps 致病过程中发挥重要作用，而其他的在 15 个血清型中均检测到。

(9)其他毒力相关因子　Munch 等体内试验研究表明 Hps 可形成菌毛样结构，但其致病机理不清楚。另外研究者发现血清抵抗力可能是 Hps 的另一致病因素，Marta 和 Virginia 等发现自健康猪鼻腔的分离株对血清的杀菌效应敏感，而分离自全身性疾病的 Hps 则表现为血清耐受性。分离自肺部的 Hps 既包含血清敏感株也包含血清耐受株。经热处理灭活血清的杀菌试验表明补体是血清杀菌效应中的关键因素。Hps 特异性的抗体并不能增强血清的杀菌能力，Hps 同样对兔抗或猪抗血清具有敏感性。

Elena 等利用微阵列技术在体外生长条件下模拟体内感染环境，包括限铁、酸碱度、温度和缺氧等，研究 Hps 基因表达情况。共检测到 75 个上下调表达基因，大多数编码转铁蛋白、代谢酶、参与糖代谢产物和一些功能未知蛋白。其中部分表达差异基因在巴氏杆菌的致病过程中发挥的作用已经得到验证。Meike 等运用改良代表性差异分析方法(MRDA)比较血清 5 型强菌株和无毒力的血清Ⅱ型弱菌株。发现 5 个潜在毒力相关因子在血清 5 型能检测到而血清Ⅱ型检测不到，其中最主要的是溶血素操纵子和 *hhd*BA，表明这些基因或许可以作为判断强 Hps 弱菌株的诊断标识。

3.4.4 临床症状与病理变化

1. 临床症状

2～8周龄仔猪感染发病可呈典型症状，育肥猪感染多见慢性经过，哺乳母猪也可感染发病。在临诊上常见以下两种病症。

急性型：许多猪只突然同时发病，往往首先发生于膘情良好的猪，体温40.5～42 ℃，食欲下降或不食，并伴有咳嗽、呼吸困难等症状。鼻孔有黏液性及浆液性分泌物。关节肿胀、跛行、步态僵硬，同时出现身体颤抖、共济失调，可视黏膜发绀，在1～4 d内死亡。个别猪只不表现任何症状而突然死亡，也有的转化为亚急性型或慢性型。

亚急性型和慢性型：常由急性型转化而来，病猪表现被毛粗乱，反复发热，咳嗽、呼吸困难、耳边缘发紫。有的腹下和四肢末梢等皮肤有紫红色斑块，体表发绀，常见眼睑、耳翼浮肿，跛行和呈犬坐姿势或不爱运动。

2. 病理变化

剖检特征主要表现为浆液性、纤维素性多发性浆膜炎和多发性关节炎，胸腔内有大量的淡红色液体及纤维素性渗出物凝块。肺表面覆盖有大量的纤维素性渗出物并与胸壁粘连，多数为间质性肺炎，部分有对称性肉样变化，肺水肿、腹膜炎，常表现为化脓性或纤维性腹膜炎，腹腔积液或与内脏器官粘连；心包炎、心包积液，心包内常有奶酪样甚至豆腐渣样渗出物，使外膜与心脏粘连在一起，形成“绒毛心”，心肌有出血点；全身淋巴结肿大，呈暗红色，切面呈大理石样花纹；脾脏肿大，有出血性梗死；关节肿大，关节腔有浆液性渗出性炎症。参见图3-10至图3-13。

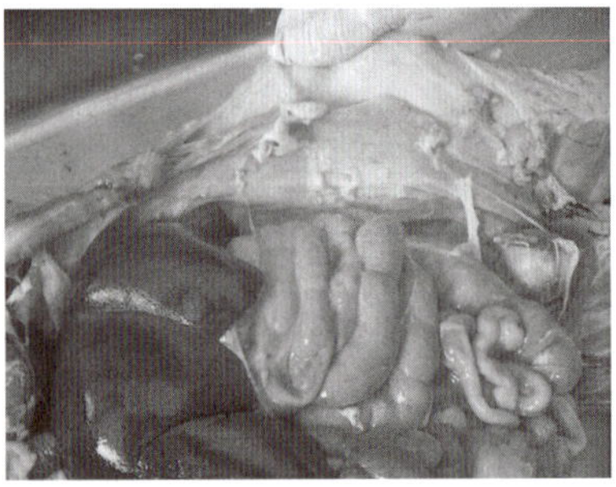

图3-10 纤维素性腹膜炎1

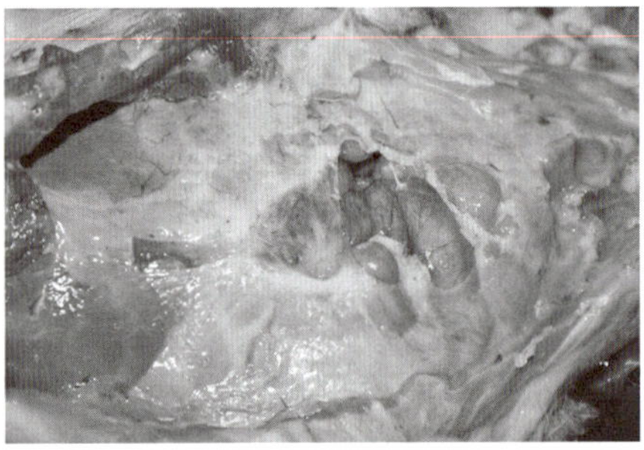

图3-11 纤维素性腹膜炎2

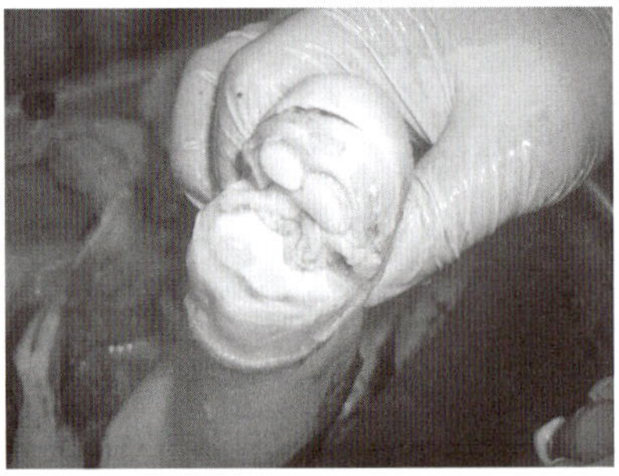

图3-12 纤维素性关节炎

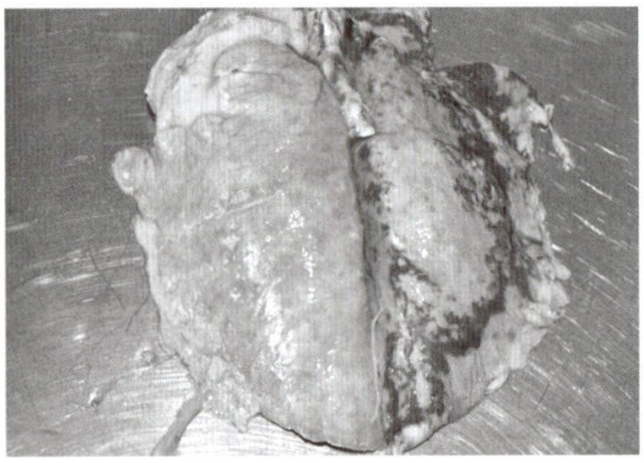

图3-13 纤维素性肺炎

3.4.5 诊断技术与鉴别诊断

1.病原学诊断

(1)分离鉴定　传统的 Hps 感染诊断方法是根据临诊症状、剖检的病变特征和细菌的分离培养来进行诊断的。Hps 的生长依赖于外源的 NAD,将临诊样本在含有 NAD 的血琼脂平板、PPLO 液体培养基和巧克力琼脂平板上进行分离培养。应注意与非溶血因子(V 因子)相关细菌的鉴别,如吲哚放线杆菌属(*A. indolicus*)、豚放线杆菌属(*A. porcinus*)和小放线杆菌属(*A. minor*)。在 TSA 培养基中加入抗生素(如林可霉素和杆菌肽)可使 Hps 的分离更加容易。

(2)免疫组化　随着科学的进步,从实验感染动物分离出的组织可以应用免疫组化(IHC)试验来进行鉴定,该方法还可以检测出吞噬细胞胞质的非存活生物体。免疫组化的主要优点为可以直观地展现出受感染组织中的细菌抗原和组织病理学变化之间的联系。然而,用于 IHC 试验检测的多克隆抗体可能与胸膜肺炎放线杆菌有交叉。

(3)PCR 鉴定　曾有学者按照 16S rRNA 基因设计引物,扩增出长为 821 bp 的一个片段。PCR 灵敏度是 10^2 CFU/mL,为 Hps 临诊病料提供了一种快速的诊断方法。菌液和平板上的单菌落都可以进行 PCR 鉴定。但是,对于鼻拭子和扁桃体拭子却没有诊断价值,因为 Hps 和 *A. indolicus* 均为上呼吸道常在菌,健康动物的上呼吸道也有,而且 *A. indolicus* 能够出现非特异性阳性反应。因此,PCR 鉴定比较适用于体内分离的病料样品。

2015 年剑桥大学兽医医学系的研究人员建立了一种多重 PCR 诊断方法,可以将 Hps 15 个血清中除血清 5 型和 12 型外的其他血清型一次性鉴定出来,大大提高了实验室的诊断速度(Kate et al.,2015)。

(4)寡核苷酸特异性捕获圆盘杂交法　寡核苷酸特异性捕获圆盘杂交法(OSCPH)灵敏度高,对于单种细菌培养能够检测出<100 CFU/mL 的细菌。然而,应用该方法检测 Hps 却与 *A. indolicus* 分离株有交叉反应。因此,该方法特异性不是很好。

(5)原位杂交　Jung 等研发了原位杂交(ISH)方法,应用该方法检测了 Hps 的基因组序列。Oliveira 等用 PCR 方法扩增了长为 821 bp 的片段,将其进行标记并用作探针。ISH 优点高于 IHC,能够直接展示出 Hps 与组织损伤之间的关系,能避免特异性抗体有效性的问题。应用 ISH 和巢式 PCR 检测石蜡固定的包埋组织中 Hps 的结果是一致的。应用 ISH 方法检测 Hps 与多杀性巴氏杆菌和胸膜肺炎放线杆菌探针没有交叉。然而,Hps 的 16S rRNA 基因探针与 *A. indolicus*、*A. porcinus* 和 *A. minor* 的极为相似,所以 ISH 技术在检测以上细菌时可能有交叉反应。

2.血清学诊断

目前,应用于检测副猪嗜血杆菌抗体的血清学诊断方法主要有间接血凝试验(IHA)、补体结合试验(CF)、酶联免疫吸附试验(ELISA)这三种。然而,目前副猪嗜血杆菌的血清学诊断结果仍然不是很准确。2011 年 Macedo 等将寡肽结合蛋白 OppA 作为包被抗原建立了 Hps 间接 ELISA 检测方法并且已经商品化。例如,荷兰 Biocheck 公司的 Hps-oppA ELISA 试剂盒。此外,还有韩国 VDpro 开发的 Hps-omp ELISA 以及加拿大 Biovet 公司开发的 Hps-ELISA 试剂盒。国内中国农业科学院哈尔滨兽医研究所建立了一种基于细胞致死膨胀毒素 CdtB 亚基的 CdtB-ELISA 诊断方法,还没有实现商品化。

3. 鉴别诊断

副猪嗜血杆菌与传染性胸膜肺炎、猪霍乱沙门氏菌病、支气管波士杆菌病等临床上较为相似，因此，要注意进行鉴别诊断。副猪嗜血杆菌主要是引起脑膜炎、心包炎、关节炎、腹膜炎等，且呈多发性；而典型的传染性胸膜肺炎是由猪胸膜肺炎放线杆菌引起的一种猪接触性呼吸道疾病，其病变主要是以慢性纤维素性胸膜肺炎为特征，没有关节炎和腹膜炎等病变。

3.4.6 防控技术及应用

1. 灭活疫苗

国内副猪嗜血杆菌病的疫苗品种有 7 种，都是灭活疫苗，其中有 5 种已上市，另 2 种也已取得新兽药证书，还未上市。目前市场上应用的疫苗主要是血清型 4、5 二价苗（普莱柯、科前、中牧）和 1、5 二价苗（沃华、易邦、诺倍威），这两种疫苗都是国产苗。此外，还有两种进口的灭活疫苗，分别是勃林格英格翰的单价灭活疫苗（Z-1517 株，血清 5 型），以及西班牙海博莱的二价灭活疫苗（血清型 1、6）。由于副猪嗜血杆菌血清型多达 15 个以上，且型间交叉保护力不强，各地流行血清型差异较大，所以，不同的疫苗在不同地区应用效果差别也较大，褒贬不一。有鉴于此，生产包含更多血清型的多价苗是目前研发的主要方向。目前已有四价苗上市（山东华宏），另有两个三价苗已获得新兽药证书，分别是血清 4、5、12（广东省农业科学院动物卫生研究所、中国农业科学院兰州兽医研究所、广东永顺生物制药股份有限公司、华派生物工程集团有限公司、云南生物制药有限公司、福州大北农生物技术有限公司、重庆澳龙生物制品有限公司），以及 4、5、13（北京生泰尔科技股份有限公司、北京华夏兴洋生物科技有限公司、武汉中博生物股份有限公司、上海创宏生物科技有限公司、生泰尔（内蒙古）科技有限公司）。另外，目前已有猪链球菌（2 型）-副猪嗜血杆菌（4、5 型）二联灭活疫苗上市（2017，科前），以及处于复核阶段的圆环-副猪二联苗。

目前，国内生产厂家年产副猪嗜血杆菌灭活疫苗 4 000 万头份左右，加上进口苗 1 000 万头份左右，市场容量 5 000 万头份左右，市值 2 亿～3 亿元之间。虽然该病的危害比较严重，但把副猪嗜血杆菌疫苗作为常规疫苗列入免疫计划的规模化猪场却很少，占比只有 2%左右。原因是大多数猪场仍然依靠抗生素来防治细菌性疾病。但随着国家对抗生素使用的逐渐规范和限制，猪场细菌性疾病将逐渐凸显。因此，副猪嗜血杆菌病作为一种重要的细菌病，其市场有着相当大的增长空间。

2. 亚单位疫苗

由于 Hps 的血清型众多，且型间的交叉保护性较差，只含有几个血清型的二价苗、三价苗乃至四价苗往往得不到理想的保护效果。与之相比，含有各型间均保守的保护性抗原的亚单位疫苗在其他细菌性疾病的防制中被证明要远远优于灭活疫苗。因此，Hps 亚单位疫苗的研制是近年来的研究热点。随着分子生物学、蛋白质组学、反向疫苗学和生物信息学技术的发展，越来越多的 Hps 保护性抗原被鉴定出来，很多有望作为亚单位疫苗的候选抗原。下面就选取几个做一下介绍。

（1）细胞致死膨胀毒素（CDT） CDT 是由多种革兰氏阴性致病菌产生的异源三聚体 AB2 型基因毒素，不考虑菌属的起源，CDT 能够引起广泛的哺乳动物细胞系典型的、不可逆的细胞周期阻滞和凋亡（Zhang et al.，2012）。CDT 全毒素由 CdtA、CdtB 和 CdtC 3 个亚基组成，具有催化活性的 CdtB 亚基在结构上与哺乳动物 DNase Ⅰ在内的磷酸二酯酶家族成员同源，单独作用必要且足够产生细胞毒性(Bezine et al., 2014; Dassanayake et al., 2005; Frisan et al., 2003; Hontz et al., 2006a; Hontz et al., 2006b)。以CDT处理的哺乳动物细胞DNA双链断裂,与电离辐射导致的DNA双链断裂相似,导致细胞周期阻滞和凋亡,CDT引起细胞凋亡的机制仍不清楚,但很可能涉及p53依赖和非依赖途径(Chien et al., 2000; Gelfanova et al., 1999; Yamada et al., 2006)。正因为该毒力因子的重要致病作用,因此针对该毒素或其亚基的抗体具有良好的杀菌活性和免疫保护性。

(2)AfuA 细菌分泌大量蛋白质以适应外界环境,分泌蛋白在细菌感染中具有重要作用,因为它们能够直接与宿主细胞作用,分析分泌蛋白有助于鉴定在病原菌感染宿主过程中起重要作用的新的可能的毒力因子。将双向电泳(2DE)和质谱分析(MS)结合起来的蛋白质组分析技术对于鉴定病原微生物的毒力因子是一种极为有用的方法(Curreem et al., 2012),通过蛋白质组分析鉴定了许多病原菌,如绿脓杆菌(*Pseudomonas aeruginosa*)、炭疽杆菌(*Bacillus anthracis*)和鳗弧菌的毒力因子。为了鉴定Hps SW114株(血清3型无毒力参考菌株)和Nagasaki株(血清5型有毒力参考菌株)分泌蛋白的差异表达,Xingliang Wei等利用蛋白质组技术分析了这两株细菌分泌蛋白的双向电泳图谱,结果发现Nagasaki株*afu*A基因的mRNA转录水平显著高于SW114株。*afu*A基因编码Fe^{3+} ABC转运体底物结合蛋白,其对转铁蛋白和乳铁蛋白这两种生物体内主要铁来源的蛋白的利用有重要作用,表明其在病原菌感染过程中有重要作用(Wei et al., 2014)。中国农业科学院哈尔滨兽医研究所的研究人员利用免疫蛋白质组学技术鉴定到了AfuA蛋白,并通过动物实验证实该蛋白具有良好的免疫原性,是优良的候选抗原(Gang Li et al.,2017)。

(3)HbpA 谷胱甘肽(GSH)是所用生物体内一种重要的包含半胱氨酸的三肽,研究人员发现流感嗜血杆菌(*Haemophilus influenzae*)对谷胱甘肽的吸收是通过ATP结合盒样二肽转运蛋白DppBCDF介导的,而DppBCDF对谷胱甘肽的转运由一种复杂的周质结合蛋白(PBP)所推动(Morton et al., 2005)。Bjorn Vergauwen等发现周质脂蛋白HbpA是PBP的同源物,专门结合还原型(GSH)和氧化型(GSSG)谷胱甘肽,而对血红素的结合能力较低,这与对HbpA的传统认知不同。对Hps高度同源的HbpA的结构分析揭示了HbpA样蛋白新功能的结构基础,这有助于对整个HbpA蛋白家族的高度保守的结构-序列指纹的研究。Bjorn Vergauwen等的工作揭示了HbpA对细菌吸收谷胱甘肽的重要生理作用,可能对细菌致病性具有重要作用(Vergauwen et al., 2010)。

(4)OppA ABC结合盒(ABC)转运蛋白广泛分布于生物体内,由一个大的蛋白质家族构成,一般认为,细菌的ABC转运蛋白在营养摄取和耐药性方面起主要作用。然而,越来越多的研究却表明这些转运系统对细菌的毒力起着直接或间接作用,其作用主要包括参与致病菌对外界营养和金属离子的摄取及对宿主细胞的吸附作用。ABC转运蛋白对细菌毒力的作用表明一些转运体组分适合作为突变的靶标以制备抗菌减毒活疫苗(Rosinha et al., 2002)。此外,ABC转运蛋白具有良好的免疫原性,其也可以作为制备重组亚单位疫苗和DNA疫苗的候选抗原蛋白。由HPS-04307基因编码的ABC转运蛋白周质结合蛋白和寡肽透过酶ABC转运膜蛋白(OppA)都属于ABC结合盒(ABC)转运蛋白家族的一员,Shengli Chen等以重组OppA蛋白为抗原,建立了一种检测*H. parasuis*抗体的IHA诊断方法,结果表明,该方法能够种属特异性地抗Hps抗体(Chen et al., 2015),表明这两种蛋白有作为疫苗候选抗原蛋白的潜力。

(5)HktE 过氧化氢酶广泛存在于一些需氧型微生物体内,起到分解过氧化物,使致病菌免于宿主免疫系统的中性粒细胞和其他炎症反应细胞氧化的作用，因此，其可能是一些致病菌的毒力因子。有研究人员以结核分枝杆菌（*Mycobacterium tuberculosis*）和金黄色葡萄球菌（*Staphylococcus aureus*）验证了过氧化氢酶的产生和细菌毒力间的关系。虽然越来越多的细菌过氧化氢酶基因得到了克隆和测序，但是，还没有用遗传突变来研究过氧化氢酶与上呼吸道致病菌毒力关系的研究。William 等构建了流感嗜血杆菌的 *hkt*E 缺失突变株，体外实验结果表明 *hkt*E 对于抵抗外源性过氧化物起到重要作用，*hkt*E 突变菌株引起致命败血症的能力显著降低（Bishai et al.，1994）。

3.5 猪传染性萎缩性鼻炎

猪传染性萎缩性鼻炎（AR）是由支气管败血波氏杆菌（*Bordetella bronchiseptica*，Bb）和产毒素多杀巴氏杆菌（T^+ Pm）感染而引起的以猪的鼻甲骨萎缩性病变和支气管肺炎为特征的一种传染病。

3.5.1 病原学

支气管败血波氏杆菌是一种能运动的革兰氏阴性小杆菌或球杆菌。氧化和发酵试验阴性，即非氧化非发酵严格好氧菌。不氧化不发酵（不产酸、不产气）包括乳糖、葡萄糖、蔗糖在内的所有糖类，迅速分解蛋白胨明显产碱，液面有厚菌膜。不产生靛基质，不产生硫化氢或轻微产生，MR 试验及 VP 试验均阴性，还原硝酸盐。分解尿素及利用枸橼酸，均呈明显的阳性反应。不液化明胶，石蕊牛乳产碱不消化。有运动性，在半固体平板表面呈明显的膜状扩散生长，扩散膜边沿比较光滑；但 0.05%～0.1%琼脂半固体高层穿刺 37 ℃培养，只在表面或表层生长，不呈扩散生长。支气管败血波氏杆菌有Ⅰ相和Ⅲ相菌之分，前者对诱发鼻甲骨萎缩的能力比后者强。Ⅰ相菌能产生细胞毒素，亦即小鼠致死因子和皮肤坏死毒素。

T^+ Pm 为需氧及兼性厌氧革兰氏阴性菌，通常呈球杆状或短丝状，大小为 0.3 μm×0.6 μm。有鞭毛，不产生芽孢，在新鲜的涂片上呈明显的两极染色，可在含血清或鲜血的培养基中良好生长。引起猪传染性萎缩性鼻炎的产毒素多杀性巴氏杆菌多属 D 型，少数属 A 型。D 型菌可产生耐热型外毒素，毒力较强，对 Vero 细胞有毒性，可致豚鼠皮肤坏死或小鼠死亡，毒素接种猪后可出现典型的猪传染性萎缩性鼻炎。A 型菌为弱毒株。不同型毒株的毒素有抗原交叉性，且其抗毒素也有交叉保护性。研究发现猪传染性萎缩性鼻炎在致病过程中，支气管败血波氏杆菌起先导作用，而产毒素多杀性巴氏杆菌起主导作用，使病情更严重。

3.5.2 流行病学

各种日龄的猪都可感染，最常见于 2～5 月龄的猪，冬季多见。AR 的主要病原为 Bb 和产毒素多杀巴氏杆菌（T^+ Pm），下面将分别阐述。

1. 支气管败血波氏杆菌（Bb）

Bb 广泛存在于养猪发达的国家和地区，其发病率远远超过临床所见的 AR 及屠宰时所见到的鼻甲骨萎缩的比率。Bb 常从暴发 AR 的仔猪体内分离到，但也广泛存在于无 AR 的猪群中。Bb 主要靠飞沫在猪群中传播，可感染任何年龄的猪，但多见于易感仔猪。母猪是哺乳仔猪的传染源。Bb 对外界的抵抗力不强，56 ℃ 30 min 即可灭活。此外，Bb 还可从野生动物和其他家畜中分离出来，由于 Bb 无处不在，极有可能被其他动物媒介传播。几乎所有的猪群均有本菌的存在，但致病程度各异，包括一定程度的鼻软骨萎缩和鼻中隔扭曲。产毒素多杀巴氏杆菌的存在不如 Bb 广泛，多见于有进行性萎缩性鼻炎(PAR)症状或病史的猪群。该菌定居于猪的扁桃体。

2. 产毒素多杀巴氏杆菌(T^+Pm)

T^+Pm 通常由携带者(猪)引进未感染的猪群，如引入种猪、仔猪或公猪通常可将本菌引入。对幼猪来说，T^+Pm 的主要传染来源是带菌的种猪，种猪的呼吸道又是病原体寄居的重要场所。T^+Pm 对常见的消毒剂敏感，如氨水、碘酊、酚类、次氯酸钠和洗必泰等。在 0.5%苯酚中 15 min 即可灭活。该菌在粪便中感染性可保持 1 个月，60 ℃ 10 min 即可灭活。产毒素多杀巴氏杆菌还可从牛、兔、犬、猫、大鼠、禽类、山羊和绵羊中分离到，从火鸡中分离的 T^+Pm 可引起猪 AR 病变。综合考虑诸多的养猪程序和流行病学资料，尽管有环境因素在起作用，但 PAR 的每次暴发，T^+Pm 均是罪魁祸首；而那些定居能力差、产毒水平低的菌株非常少见，其他病原菌的感染也很少。一旦 T^+Pm 传播开来，很难自猪场中清除。

3.5.3 致病机制与免疫机制

一个多世纪以来，各国学者一直为 AR 病因的确定争论着。大量研究认为，Bb 和 T^+Pm 菌株是造成非进行性萎缩性鼻炎(NPAR)和 PAR 的病原，二者对不同年龄的猪致病力不同。T^+Pm 可对 3 月龄的猪造成严重的 PAR，并阻碍其生长；而 Bb 只能引起 6 周龄以下的猪鼻甲骨发育不良。很多因素对这两种细菌的产毒素能力有影响，包括在某些环境和饲养条件下其他细菌及毒素对黏膜的破坏程度。此外，引起 AR 的原因可能还包括一些遗传因素。

1. Bb 在 PAR 中的作用

在 19 世纪 60 年代，美国的一些学者认为 Bb 是引起萎缩性鼻炎的主要因素，其证据是采用 Bb 培养物对 3 周龄内禁食初乳的仔猪鼻内接种，成功地复制出本病，但需要说明的一点是，Bb 对 3 周龄以上仔猪的感染性明显下降。有研究表明，只有在未吃初乳的仔猪才能诱发本病，而在正常生产的仔猪不发病，这表明初乳可保护仔猪不受 AR 损伤。研究进一步发现，正常仔猪可建立 Bb 感染，但对经鼻腔接种的 Bb 的敏感性却下降。Duncan 等认为，人工感染 Bb 不能产生持续性病变，特别是 Bb 感染 SPF 猪或无 Bb 抗体的仔猪，一般不产生严重的阻碍生长现象(Duncan et al.，1966)。

Bb 的致病因素最初认为是一种蛋白质，称为不耐热毒素，现认为是皮肤坏死毒素(DNT)或细胞毒素(cytotoxin)，用 Bb 细胞毒性菌株感染仔猪 28 d 后鼻甲骨出现萎缩，但 DNT 是否是这些损伤的诱因还不清楚。在德国有报道从有、无萎鼻的猪群分离的 Bb 均可产生 DNT，而且从这两个猪群分离 Bb 的 DNT 对小鼠的致死性无差异。纯化的 Bb DNT 在体外可引起猪鼻腔上皮细胞变形，与 AR 猪鼻黏膜损伤相似。故此 DNT 能否引起骨消融作用，仍有待于进一步证实。Charter 等认为 DNT 是引起鼻甲骨萎缩的一个直接原因。

经过多年的研究，现在大多数观点认为，Bb 对 PAR 是重要的因素，但不是唯一的诱因，Bb 不能引起严重的持续性萎缩性鼻炎。Bb 作为 PAR 的一种重要的致病菌，其致病作用主要依靠其毒力因子，包括黏附素，如丝状血凝素(FHA)、百日咳杆菌黏附素(Prn)、菌毛(Fim)以及各种毒素，如腺苷酸环化酶溶血素(AC-Hly)、气管细胞毒素(tracheal cytotoxin)及皮肤坏死毒素(DNT)和Ⅲ型分泌系统(TTSS)等。

(1)丝状血凝素(FHA) FHA是一种介导细菌黏附到宿主细胞的分泌型大蛋白,也广泛存在于植物及动物革兰氏阴性致病菌凝集素、溶血素家族中的一种蛋白。FHA在细菌黏附到宿主细胞的过程中起关键作用,它可直接黏附作为宿主受体的纤毛膜甘氨酸鞘脂上,也可黏附于上皮细胞和巨噬细胞,并且在宿主的免疫调节中起关键作用。FHA相似蛋白FhaS在体外不能介导细菌黏附到上皮细胞,对于细菌在体内增殖也不是必需的,但对于细菌在体内的装配及细菌的突变却是必需的。Yokomizo等发现,无论在体外还是在活体内,Bb-Ⅰ相菌均能牢固地黏附到猪鼻上皮细胞上,而不产生纤毛的Ⅲ相菌的黏附能力微弱(Yokomizo et al.,1979)。菌株在人工培养基上反复传代后血凝素消失,但坏死毒素仍有残留,这时菌株的黏附能力丧失,毒力也大大减弱,这和Ⅰ相菌变异成为Ⅲ相菌后毒力减弱是一致的。Edwards在2005年于研究细菌黏附过程中发现支气管败血波氏杆菌是通过表达FHA、Prn和Fim等多种黏附素共同介导纤毛黏附作用的(Edwards et al.,2005)。

(2)百日咳杆菌黏附素(Prn) Prn是在百日咳波氏杆菌、副百日咳波氏杆菌及支气管败血波氏杆菌中发现的一种外膜蛋白。它存在于菌体外膜上,还存在于液体培养物上清中,是一种保护性抗原。由*prn*基因编码一种具有保护性的外膜蛋白成分,属膜相关抗原。Prn对巨噬细胞具有毒性作用,在Bb的免疫逃逸中发挥重要作用。

(3)菌毛(Fim) Fim在细菌感染初期可介导细菌特异性黏附宿主的组织,如波氏杆菌属的细菌菌毛介导黏附宿主的呼吸道上皮细胞和单核细胞,具有完整的Ⅳ型菌毛合成系统,由*fim*2,*fim*3和*fim*X 3种不同的基因编码,其中的*fim*X是沉默基因。Savelkoul通过克隆Fim2、Fim3菌毛亚单位,研究其黏附特性(Savelkoul et al.,1993,1996)。Mattoo利用不能合成菌毛的突变株研究菌毛在支气管败血波氏杆菌的体内及体外致病过程中的作用,发现菌毛可以增强支气管败血波氏杆菌在气管定植的能力,可以使细菌在气管内持续定植。研究结果还表明菌毛在诱导宿主机体产生体液免疫方面也有重要作用(Mattoo et al.,2000)。

(4)腺苷环化酶溶血毒素(AC-Hly) 最初发现可裂解红细胞而被认为是一种溶血素,随后发现可作为腺苷环化酶催化c-AMP大量产生而导致巨噬细胞和免疫效应细胞的吞噬作用受到破坏,从而起到毒素作用,最后命名为腺苷环化酶溶血毒素。其他相关研究也进一步证实理论推导:支气管败血波氏杆菌的AC-Hly可能杀死肺泡巨噬细胞。在1993年,Gueirard成功地运用小鼠呼吸道模型研究不同来源支气管败血波氏杆菌分离株的AC-Hly的作用(Gueirard et al.,1993)。感染强毒力支气管败血波氏杆菌株后,宿主能够较早生成抗AC-Hly的抗体且持续存在,这说明这种抗原在细菌的致病过程中能持续发挥作用。免疫接种AC-Hly可预防支气管败血波氏杆菌的初期感染,且AC-Hly的保护力同全菌体苗的保护力相似,因此说明了AC-Hly是预防支气管败血波氏杆菌感染的重要的保护性抗原。同时还发现支气管败血波氏杆菌的AC-Hly和百日咳波氏杆菌的AC-Hly不同,表明不同种属波氏杆菌在免疫学上存在着差异,支气管败血波氏杆菌的AC-Hly能起到加强细菌鼻腔定植能力及诱导小猪产生局部和全身免疫应答的能力。

(5)气管细胞毒素(tracheal cytototin) 气管细胞毒素实质并不是蛋白,而是由二肽-四糖单体组成的肽聚糖片段,能够破坏宿主呼吸道上皮细胞使其水肿增生、脱落纤毛。气管细胞毒素能够刺激机体产生黏液聚集于呼吸道,使宿主不停咳嗽甚至呼吸困难。支气管败血波氏杆菌可加强多杀性巴氏杆菌定植上呼吸道内的能力,其中起到主要作用的可能是气管细胞毒素。

(6)皮肤坏死毒素(DNT) 支气管败血波氏杆菌的主要毒力因子还包括皮肤坏死毒素

(DNT),其不耐热,存在细胞质内。DNT 毒素对福尔马林敏感,灭活后仍然具有抗原性,可以刺激机体产生抗毒素中和抗体。不同菌株的毒力不同,Ⅰ相菌株毒力比Ⅱ相及Ⅲ相菌株都强。DNT 的产生及支气管败血波氏杆菌大量其他致病因子,均被一组仅在产毒菌株中才有活性的基因所控制,此基因位点被称为 Bvg(波氏杆菌致病力基因)。此基因位点是一种总开关,只有这个总开关被激活,才会产生 DNT 及其他一些别的毒素和黏附素。DNT 是支气管败血波氏杆菌初始定居于上呼吸道的必需因子,因为 DNT 突变菌株在鼻腔及鼻甲骨中的存在水平显著低于亲本菌株。此外,毒素也可能通过损坏呼吸道内正常情况下的保护层——上皮细胞间接促进菌株附着作用。DNT 可通过去酰氨基和多聚 Rho 蛋白促进 Bb 纤毛运动,还可促使宿主中 DNT 受体细胞膜的增殖及内化的形成,从而加快黏附宿主细胞。采用聚氨基葡萄糖承载 DNT 免疫小鼠,可诱导产生大量巨噬细胞,增强体液免疫反应,血液、唾液中的 IgG 和 IgA 含量均有提高。

(7)Ⅲ型分泌系统(TTSS) Ⅲ型分泌系统在革兰氏阴性细菌中广泛存在。通过Ⅲ型分泌系统,很多革兰氏阴性细菌能够注射毒力因子到宿主细胞内。被注入的毒力蛋白在宿主细胞内刺激或干扰宿主细胞的代谢,通过支配细菌与宿主细胞之间的相互作用,而引发疾病。支气管败血波氏杆菌可表达Ⅲ型分泌系统,并且通过 TTSS 黏附于鼠下呼吸道,利用它调节树突状细胞的分化,而驱使树突状细胞到达第二道免疫组织,通过抗原呈递细胞抑制 IL-10 和 IFN-γ 的产生形成免疫抑制。TTSS 也可以抑制 IFN-γ 和 B 细胞以及抗体的分泌,而协助细菌在下支气管内生存,但 Bb 引起的宿主细胞坏死作用依赖于 TTSS 的 Abe A 和 Bop C 受体的合成分泌。Bb 引起的宿主持续感染也是通过 TTSS 黏附在细胞外膜表面而引发,TTSS 还可抑制分裂素蛋白激酶信号系统减少分泌吞噬细胞和树突状细胞(Medhekar et al.,2000)。

2. T^+ Pm 在 PAR 中的作用

多杀性巴氏杆菌按荚膜抗原特性分 A、B、D 和 E 四种,依据菌体抗原性可分 16 种。根据产毒素 Pm 和不产毒素 Pm 引起鼻甲骨萎缩能力的不同及它们在 AR 中的致病性,已建立起简单的间接区分菌株的实验方法。研究发现,Pm 分离株鼻内滴注 SPF 猪导致鼻甲骨萎缩的能力,与相应菌株的无细胞滤液皮内注射豚鼠后引起皮肤坏死的能力成正相关。实验证实产毒素的 Pm 培养滤过液(而不是非产毒素 Pm)腹膜内注射小鼠有致死性。将 Pm 区分为 AR 致病性菌株和非 AR 致病性菌株,在生产实际中对控制和预防 AR 有重要意义。

区分产毒素和不产毒素 Pm 对于了解采自有、无 AR 症状的猪群的鼻拭子中出现 Pm 是至关重要的。在德国的一些调查表明,Pm 从有临床 AR 症状猪的分离率要比无临床 AR 猪的分离率高很多。应用毒素区分实验发现,自无 AR 猪群分离出的 Pm 均不产生毒素,而从有临床 AR 猪群分离出的菌株 65%均可产生毒素。在 20 世纪 70 年代,丹麦已在 SPF 猪群成功控制了 AR 的发生,采取的方法是通过消除 T^+ Pm 而实现的。在丹麦的一次具有代表性的流行病调查发现,从有、无临床 AR 表现的猪群中,T^+ Pm 的分离率分别为 84%和 12%。

用 T^+ Pm 感染 1 周龄仔猪之前,鼻内接种 Bb,结果发现可促进 T^+ Pm 在鼻内的定居;而且与单独感染 Bb 相比,同时或随后再感染 T^+ Pm,仔猪于接种后 6 周出现明显的鼻甲骨萎缩加重现象。随着研究的深入,进一步证实了产毒素多杀巴氏杆菌在引起进行性 AR 病因中的重要地位。用产毒素多杀巴氏杆菌培养滤液辅以适当佐剂免疫妊娠母猪,使猪群 AR 的发病率和 AR 病变程度明显降低。先前实验用 Bb 预先处理鼻黏膜,可促进 T^+ Pm 的定居,其原因可能是鼻腔感染 Bb 后,损伤鼻黏膜的清除功能,于是增强 T^+ Pm 持续感染的强度,而非产毒素多杀巴氏杆菌也能在较弱的程度上增强病变程度。

猪鼻腔内感染 Bb 后，鼻甲骨的消融通常是温和的，但在腹侧的鼻甲骨消融常引起广泛的骨化过程改变。于是，鼻腔存在 Bb，不仅降低鼻黏膜对 T^{+} Pm 定居和穿透的抵抗力，也可促进 T^{+} Pm 在骨质消融中发挥作用。早期的试验在排除已知的潜在因素等条件下，给悉生仔猪在隔离饲养条件下，经鼻腔一次接种 T^{+} Pm 就可引起严重的持续性 AR。鼻黏膜对 T^{+} Pm 感染的抵抗力可被不同于 Bb 的因素削弱，单一的 T^{+} Pm 就可引起持续性鼻甲骨萎缩。尽管在大多数情况下，只能在仔猪实验感染几周内分离到 T^{+} Pm，但鼻甲骨的消融一直可持续到屠宰。鼻甲骨损害可认为是鼻甲骨核中破骨细胞的增多，伴随成骨细胞合成障碍介导下的骨质消融现象。综合考虑诸多的养猪程序和流行病调查材料，以及自 1980 年以来对产毒素多杀巴氏杆菌 T^{+} Pm 和其毒素的研究结果，充分说明，除 T^{+} Pm 外，没有其他病原能够引起生长迟滞和持续性萎缩性鼻炎。

PAR 在临床和病理变化上，依据影响因素如免疫力、遗传和饲养管理的不同存在很大差异，但只有在 T^{+} Pm 感染引起的暴发才会引起猪吻部变短、扭曲、持续性鼻甲骨萎缩和生长迟滞。此外，非持续性萎缩鼻炎（NPAR）通常有短暂的鼻甲骨萎缩，没有明显的临床症状和病理变化，在本文不作论述。根据以上对 PAR 的定义表明，在猪群中诊断 PAR 最终取决于是否检测到 T^{+} Pm 的存在。虽然一些亚临床的病例可能被忽视，但临床和病理观察在 PAR 控制中仍具有重要地位。

T^{+} Pm 作为 PAR 的一种重要的致病菌，其致病作用主要依靠其毒力因子。其中最主要的是产毒多杀性巴氏杆菌毒素（PMT），该毒素由基因组中 *tox*A 基因编码，是导致 PAR 发生的主要毒素因子，也是 T^{+} Pm 的重要保护性抗原之一。PMT 毒素的特性研究表明，其为一种不耐热蛋白质，蛋白酶 K、戊二醛或胰酶等均可使其失去毒素活性。该毒素是一种皮肤坏死毒素，同时也是一种促有丝分裂原，因其能与细胞上的受体结合而进入哺乳动物细胞中，诱导细胞的合成，进而致使细胞的异常生长和分裂。甚至 1 pmol/L 的 PMT 就可以诱导 DNA 的合成和细胞的增殖，例如造骨细胞的刺激，致使造骨细胞的异常生长及形态变化，最终导致破骨细胞对骨细胞的瓦解，这也是致使 PAR 发生的主要致病机理。PMT 毒素对小鼠的 LD_{50} 为 0.2 μg，对猪的 LD_{100} 为 40 μg/kg，用亚致死剂量 30 μg/kg 也能复制出典型的 AR 症状。

正常情况下，骨组织内成骨细胞和破骨细胞维持着动态平衡。但是当 PMT 毒素侵入鼻甲骨后，这种动态平衡被打破，一方面骨组织的吸收功能增强，于是造成骨组织逐渐萎缩或消失；另一方面该毒素还可以刺激间质组织不断增生，进而逐渐取代骨组织，使得猪鼻部表现为变形、扭曲、萎缩等。PMT 毒素通过血液循环对肝、肾等器官造成损害效应，同时更多地表现出其促进生长的效应。Dominick 等用纯化的和部分纯化的 PMT 经鼻或非肠道给仔猪或兔免疫接种，结果均出现严重的鼻甲骨萎缩，经组织学和超微结构进行观察认为可直接作用于成骨细胞，抑制成骨细胞的合成（Dominick & Rimler，1988）。以最小皮肤坏死剂量（MDD），给猪和豚鼠皮内接种纯化的 PMT 和产毒素多杀巴氏杆菌培养上清粗提物后，均出现以水肿为主的炎性反应、毛囊和内皮细胞坏死及小静脉栓塞等。同时实验表明，PMT 对 Vero 细胞和 EBL 单层细胞可产生病变，可刺激 Swiss3T3 细胞的有丝分裂。

3.5.4 临床症状与病理变化

1. 临床症状

AR 的特征性变化是猪吻部扭曲变形，病猪上颌比下颌短，面部皮肤皱缩，骨质变化严重时可出现鼻盘歪斜，伴有鼻炎或支气管炎，病猪出现咳嗽、喷嚏，有时还有不同程度的黏液性或脓性分泌物。感染猪只表现中度的和轻度的食欲不良。一般情况下，幼猪感染得越早，临床症状越重，进而发展成临床型的萎缩性鼻炎。患病猪由于眼角流泪黏附尘土而在脸部出现脏的条纹，俗称“泪斑”，并出现严重的生长迟滞现象。如伴发其他呼吸道传染病如支原体、猪呼吸与生殖综合征病毒或猪嗜血杆菌等可加重病情，严重的可导致死亡。对于 3～4 日龄的幼猪，更严重的是支气管肺炎。但与鼻腔感染相比，相对少见。参见图 3-14 和图 3-15。

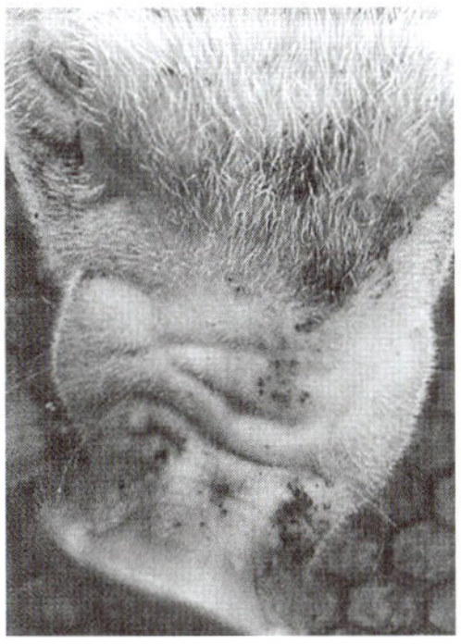

图 3-14 颜面部变形

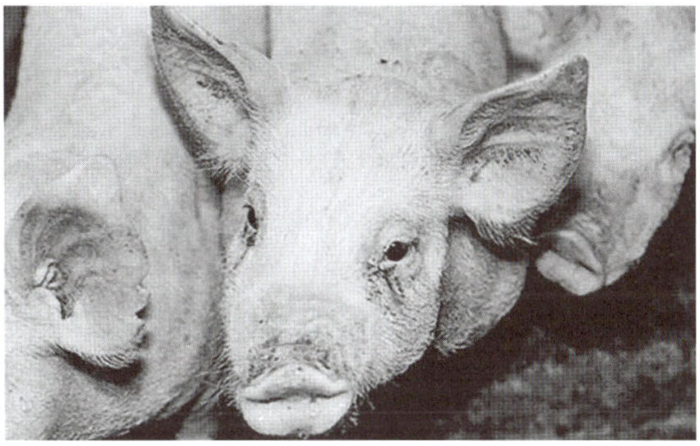

图 3-15 泪斑

2. 病理变化

(1)剖检变化 患猪除出现生长迟滞外，其他眼观病变主要位于鼻腔及临近头部，可见到面部变形，上呼吸道表现为腹侧和背侧鼻软骨萎缩。通常通过第一臼齿和第二臼齿间鼻盘是否横向错位来评价萎缩程度。在这个位置，正常猪的鼻卷曲是上下对称的。在轻度或中度病变，鼻甲骨腹侧卷曲受到的影响大，其变化由轻度收缩至完全萎缩；在严重的病例，腹侧、背侧鼻甲骨卷曲及筛骨均发生萎缩；最严重时，鼻甲骨结构完全消失(图 3-16)。偶尔可见鼻中隔扭曲变形，鼻腔内的渗出物与发病程度有关。

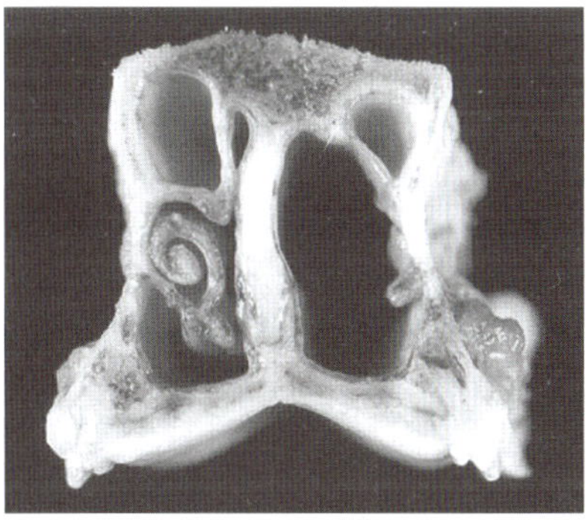

图 3-16 鼻甲骨萎缩消失

(2)病理组织学变化 产毒素多杀巴氏杆菌引起 PAR 的特征性病理组织学变化是鼻甲骨腹侧纤维化，此外还伴有呼吸道上皮细胞退化，黏膜系膜层炎性渗出。同时，感染 Bb 的仔猪出现肺炎。Bb 主要影响肺毛细血管并引起肺泡内出血、坏死及间叶水肿，在出血不严重的部位有嗜中性白细胞渗出。随着病程的延长，肺泡纤维化，一些肺泡内出现肺泡巨噬细胞。

3.5.5 诊断技术与鉴别诊断

1. 临床诊断和病理诊断

本病临床特征明显，可根据病猪出现鼻甲骨变形或扭曲，出现不同程度的分泌物，同时伴有生长迟滞现象就可做出初步诊断。对于那些症状不明显或流行不严重的，即便有经验的人员也很难进行准确判断。剖检尸体也是本病的良好的诊断方法之一。对 4 周龄以上死亡猪或到屠宰年龄的猪在第一臼齿或第二臼齿处将猪鼻横向锯开，观察有无鼻甲骨萎缩。但应注意尽量多剖检患猪，以便提供较准确的诊断依据。此外，一些国家采取 X 射线对活猪鼻甲骨进行诊断。该方法的缺点是操作困难,不能检出轻度病变。

2.病原学诊断

对怀疑有 PAR 的猪群,确诊需要有分离 Bb/T^+ Pm。主要检查鼻腔及鼻分泌物(Pm 和 Bb)、扁桃体(Pm)和肺(Bb)有无病菌存在。鼻分泌物或鼻腔最好用有金属或弹性的塑料杆或竹签的棉签蘸取,保定好活猪并擦净鼻孔,轻轻将棉签插入鼻中,并顺着腹侧轻轻转动着向前推进,尽量避免损伤鼻甲骨。采集病料的棉签应尽快接种鉴别培养基,经纯繁后观察菌落形态和荧光,并进一步做生化试验和菌体型鉴定。

(1)T^+ Pm 的检测

①动物实验　检测出的 Pm 可进一步进行产毒素检测,早期通过接种豚鼠进行检测。1980 年 deJong 首次报道用豚鼠皮肤坏死试验来区分 T^+ Pm 和 T^- Pm。随后,Pijoan 等(1984)报道使用 TSB 培养待检菌株,滤液皮下注射剃毛的豚鼠,连续观察 72 h 并致死豚鼠,检查皮肤发炎和坏死程度,出现直径为 1~2 cm 的坏死面判为弱阳性,4~5 cm 或更大直径的坏死面判为阳性。以后相继有使用马丁肉汤培养基、脑心浸液培养基或加有 5%鸡血清的 BHI 培养细菌作为接种物进行豚鼠皮肤坏死试验的报道。

也有利用小鼠致死试验检测毒素的活性的报道,Rutter 和 Pijoan 先后做过报道。5%马血琼脂平板培养细菌 24 h 后,用 PBS 洗下菌苔制成细菌悬液,冰浴超声波裂解,悬液过滤后腹腔注射老鼠,72 h 死亡者即为 DNT 阳性,部分死亡者为可疑,需重复试验。唐先春等在检测临床分离得到的 Pm 毒素活性时采取 TSA 培养细菌,同样处理后的细菌悬液接种老鼠,观察 72 h 死亡情况。

②细胞毒性实验　1984 年 Rutter 根据肉汤培养上清对胎牛肺细胞(EBL)毒性来区别 T^+ Pm 和 T^- Pm。在 EBL 毒性试验中,长成单层的细胞悬液中加入毒素稀释液,密封 37 ℃培养 3 d,细胞经固定、染色、干燥后进行镜检。Pennings 等考虑到 EBL 细胞培养材料往往难以获得,上述试验不能广泛使用,而非洲绿猴肾细胞(Vero 细胞)常用于检测细菌毒素,具有容易进行传代培养并能快速增殖的特点,使用 Vero 细胞单层试验进行研究 Pm 的产毒性(Pennings & Storm,1984)。从疑为 AR 的猪场分离的 Pm 抽提毒素,加入培养好的 Vero 细胞单层上,观察5 d记录结果。1998 年,Amigot 等还首次报道可使用猫科胎儿肺细胞(FLF)检测 T^+ Pm(Amigot et al.,1998)。Chanter 等在 1986 年报道过一种更为快速的细胞培养试验,用于检测疑似 T^+ Pm 的菌落。将可疑菌落在琼脂覆盖的 EBL 单层上传代,培养 18 h 后,若为产毒性的细菌,可产生足够的毒素通过琼脂层扩散使细胞分散,引起形状的改变。这种琼脂覆盖法将检测时间缩短为 48 h,但由于获得细胞培养材料困难而未广泛使用。

③PCR 检测　PCR 技术由于操作简单、省时而被广泛应用于许多病原的快速鉴定与疾病诊断中。国外已建立了几种比较成熟的 PCR 方法来鉴定 T^+ Pm。Amigot 等曾将 PCR 方法检测的 T^+ Pm 与 FLF 培养物细胞毒性检测、ELISA 试剂盒做过比较,结果发现 PCR 的敏感性较后两者要高。Nagai(1994)首次报道用 PCR 的方法检测 T^+ Pm ,以区分产毒性和非产毒性的 Pm,*tox*A 序列上有约 1.5 kb 的区域编码主要的免疫学决定因子,试验中以此作为 PCR 的目标序列进行扩增。鼻拭子和扁桃体拭子经选择培养基培养后,获得可疑菌株基因组 DNA 后进行 PCR ,与当时已有的用于检测 T^+ Pm 的豚鼠皮肤试验、免疫学方法相比较,符合率基本为 100%。试验结果表明,只有 T^+ Pm 才能扩增出预定的片段,T^- Pm 则没有此片段,而且 A、D 型 T^+ Pm 扩增产物相同。因此,可用 PCR 方法同时检测 A、D 型 T^+ Pm ,为根除 AR 提

供依据(Nagai et al. ,1994)。Borowskl 等(2000)使用此方法鉴定临床分离的 Pm 是否为产毒素菌株,与传统的毒素检测方法比较,PCR 方法存在假阳性的情况。

Lichtensteiger 等建立了直接 PCR 检测 T^+ Pm ,可以扩增 846 bp 的 *tox*A 基因片断。该方法不需要培养单个菌落,可以直接检测少于 100 个细菌的鼻拭子样品。通过对 40 个分离株的检测,结果与菌落原位杂交、菌落免疫印迹分析法、ELISA 和细菌超声波裂解物致死小鼠试验具有一致性。但是,以后的研究表明,此 PCR 方法有导致假阳性的可能。Kamp 等探索出一种适合于大规模检测鼻拭子和扁桃体拭子中 T^+ Pm 的敏感高效的 PCR 方法。拭子中的细菌经硫氰酸胍裂解、核酸酶灭活后,加入硅藻土以提取 DNA ,利用两对引物扩增 *tox*A 中的两个特定片段,特异性大大提高。使用微孔滴板代替常规反应中的 PCR 管,以便用于大规模检测(Kamp et al. ,1996)。目前,此法被认为是用于大规模分析的最敏感和最有效的方法,已有用此法来检测或净化 AR 的报道。

(2)同时检测 Bb 和 T^+ Pm　研究表明,Bb 和 T^+ Pm 的相互作用,可导致严重的 PAR。考虑到 Bb 在 AR 的初期发展过程中的作用不容轻视,同时检测这两种病原体的方法近年来也有报道。美国 Register 等首次应用双色杂交法同时检测 AR 的病原体 Bb 和 T^+ Pm。这是一种菌落杂交分析法,鉴定细菌从初级培养物中的单一菌落挑选,不需要对受检细菌进行纯代培养。同时杂交大小 4 700 bp 的 Bb *alc*A 基因和大小 1 200 bp 的 T^+ Pm *tox*A 基因探针,*alc*A 为地高辛标记,*tox*A 为荧光标记,杂交后有 Bb 存在处显粉红色,有 T^+ Pm 存在处显紫色,取样 3 d 后即可获得结果。检测表现 AR 临床症状的 84 份鼻拭子样品,结果与其他常规鉴定方法如菌落形态结合法、生化反应法、小鼠致死试验、ELISA 的结果做对比,显示出前者具有极高的敏感性和较好的特异性(Register et al. ,2006)。鉴于上法操作复杂并需要专门的分子生物学技术,不适用于推广使用,鲁承等研究出一种多重 PCR 方法检测 AR 的感染。根据 *tox*A 基因和编码 Bb 鞭毛的 *fla* 基因上游序列设计的两对引物,提取细菌基因组后进行 PCR。此法也可以用于直接从所采取的鼻腔分泌物中分离 DNA 进行检测,特异性好,敏感性高,但此方法有待对大量临床样本检测进行验证。有些 T^- Pm 中含有部分或发生突变的 *tox*A 基因片段,部分解释上述提到的有些 PCR 方法存在假阳性的情况,因此用于鉴别 T^+ Pm 和 T^- Pm 的可靠方法应该证明 PCR 的扩增片段仅特异性存在于 T^+ Pm 中。Keith DeJong 考虑到这些因素,正在建立一种同时检测 Pm、T^+ Pm 和 Bb 的标准 PCR 方法,目前处于研究阶段。

3. 血清学诊断

细菌培养是检测 AR 最传统、最基础的方法,但进一步检测 T^+ Pm 的毒素时需使用动物试验和进行细胞培养,操作烦琐,费时费力,临床运用有一定的局限性。自从 1959 年免疫学方法出现后,免疫学技术得到迅速发展,并广泛应用于各个学科领域。基于毒素的免疫原性,相继出现诊断 AR 的抗原抗体反应检测方法。Forged 等(1998)最先使用单克隆抗体检测初代分离培养基中细菌混合物所产生的毒素,以两种不同的鼠抗 Pm 毒素单克隆抗体 P3F51 和 P3F37 为基础建立的夹心 ELISA 检测 615 株分离菌,T^- Pm 和 T^+ Pm 可以得到很好的区分,结果与 EBL 细胞实验完全符合。抗 DNT 特异性的阳性单抗通过免疫印迹筛选得到,其中 P3F51 作为捕获抗体,而生物素标记的 P3F37 作为检测抗体建立夹心 ELISA ,可以检测 50 μL 样本中的最少 50 pg 的毒素。随后,Weber 和 Matschullat 等先后报道使用夹心 ELISA 方法检测鼻拭子和扁桃体拭子中的 T^+ Pm 中的毒素(Weber et al. ,1993; Matschullat et al. ,1994)。Maryline 等对外毒素检测方法做过比较,与豚鼠皮肤试验、Vero 细胞致病变作用相比较，夹心 ELISA 可快速分析大量样品，对大群活猪的流行病学调查十分有用。Levonen 等(1996)通过检测母猪初乳中的抗体水平来判定 T^+ Pm 的存在与否，ELISA 检测为阳性的猪只，通过分离细菌鉴定来进一步确定(Levonen et al.，1996)。Finco Kent 等(2001)发展起一种非竞争终点试验方法来检测 D 型 T^+ Pm 抗毒素抗体水平，结果与小鼠致死试验检测抗体水平有很好的一致性(Finco-Kent et al.，2001)。目前，已有商品化 DA KO PMT-ELISA Kit(K0009)和 DA KO ELISA Kit(K0038)分别用于检测毒素和血清及初乳中抗毒素抗体，可用于区分带菌猪及预防传播。与细胞培养法相比，此试验重复性好，敏感性高，不易产生假阳性。Weber 等(1993)临床使用试剂盒检测 T^+ Pm 毒素，效果良好。

乳胶凝集试验是一种快速诊断技术。猪感染 Bb 后 2～4 周，血清中即出现凝集抗体，国外于 1978 年对该法就有报道。吴斌等采用乳胶凝集试验对猪萎缩性鼻炎进行了血清流行病学调查，以 Bb 的Ⅰ相菌致敏空白乳胶建立的乳胶凝集试验，检测大量的猪血清样本，与同时建立的试管凝集试验同步进行抗体检测，阳性检出率高于试管凝集反应。此法检测 AR 的抗体，结果可靠，操作简单，现已制成试剂盒并应用于本实验室临床检测中。鲁承报道制备微量凝集反应诊断抗原建立了 AR 微量凝集反应。此外可用荧光抗体技术进行诊断，但自然感染后需 3 个月以上才能检出抗体，此种检测仅对母猪有重要意义，对其余猪只意义不大，至多是对猪场 Bb 存在进行回顾性诊断。能够引起 PAR 的 Pm 多为 D 型，也存在有少量的 A 型。Carter 等以透明质酸形成抑制试验来鉴定 D 型，用吖黄素凝集试验可检测 A 型。Trigo 等认为产毒素多杀巴氏杆菌的鞭毛、血凝性和荚膜血清型与毒素的产生无关。波氏杆菌在自然感染时，其毒素为弱免疫原，需要 3 个月以上才产生抗体。从一般意义上说，检测猪血清的 Bb 凝集抗体意义不大。

4. 鉴别诊断

PAR 应与仔猪局部细菌感染(伤口细菌进入鼻窦引起的炎症)相区别。PAR 引起猪打喷嚏、鼻炎等，其他许多病如猪流感、猪胸膜肺炎、猪繁殖与呼吸综合征和伪狂犬病等也有相似症状，应注意它们之间的区别。

3.5.6 防控技术及应用

1. 灭活疫苗

最初研究发现 Bb 是导致 AR 发生的主要病原菌，灭活苗的制备主要为将 Bb 菌液灭活后与佐剂混合制成全菌灭活苗。经动物试验表明，免疫后 AR 的临床发病率有所下降，但免疫效果不足以保护机体抵抗 AR 的发生，这可能与灭活苗不能引起有效的黏膜免疫有关。因此，使用灭活苗后，对猪萎缩性鼻炎的预防没有显著的作用。后经研究发现，AR 是由 Bb 和 T^+ Pm 两者共同引起的，Voets 等使用 Bb 与 T^+ Pm 经灭活后制成二联灭活苗免疫母猪。在使用 Bb 和 T^+ Pm 攻毒试验中，免疫组中只有 17%母猪出现了 AR 的临床症状，对照组约 74%均出现了一定程度临床症状，且从免疫组猪只鼻腔中分离出病原菌的比例也远小于未免疫组。

国内的灭活疫苗主要为 Bb 和 T^+ Pm 二价全菌灭活疫苗，且菌种基本为国内本地区分离到的强毒株，针对本地区的血清型及抗原特性，因此此类疫苗在免疫效力和清除鼻腔细菌的能力上优于国外同类产品，母猪和仔猪均能产生较好的应答反应，例如中国农业科学院哈尔滨兽医研究所所研制的二联灭活油佐剂疫苗免疫后，在母猪初乳和仔猪血清抗体可以达到 80 000 倍以上，波氏杆菌也可以产生极高的抗体，因此得到了广泛的应用，并在我国 AR 的净化方面发挥了巨大作用。但上述二联灭活苗只是降低了病原菌在呼吸道的定植，并不能完全阻止感染或者完全清除病原微生物。

进口灭活疫苗主要是美国辉瑞公司的猪萎缩性鼻炎灭活疫苗，商品名克伟。

2. 弱毒苗、亚单位疫苗与基因工程疫苗

在 Bb 疫苗中，Shimizu 等于 1978 年分离到一株具有疫苗潜力的弱毒疫苗菌株 ts-S34，其能使膝鼠获得抵抗 4 000×LD_{50} Bb 量攻击的保护力。四年后，其在原有的基础上构建了一株保护力提升了 3.25 倍的疫苗菌株。1984 年，Sakano 获得了一株减毒活疫苗，仔猪免疫试验表明可以明显地降低 AR 的发病率，安全性良好。但此类弱毒活疫苗初期效果良好，但均缺乏后期临床效果报道。2007 年 Kang 等尝试将 Bb 的 DNT 毒素包裹制成壳聚糖微球，同时以 F127 作为免疫增强剂联合免疫小鼠，结果显示 DNT 毒素可以在小鼠机体中缓慢释放，从而该疫苗对小鼠具有较好的保护力，对猪只的免疫保护需要进一步研究（Kang et al.，2007）。Mann 等在 2007 年通过基因工程技术成功缺失了 Bb 强毒株的嘌呤核苷酸和Ⅲ型分泌系统，构建了减毒的 Bb 活疫苗，该菌株可以在猪呼吸道中短期定植，安全性极好，同时可有效地刺激机体产生局部黏膜免疫，这无疑可以抵抗 AR 病原在呼吸道的定植，从而有效地提供机体保护力（Mann et al.，2007）。Mcarthur 等也人工构建了缺失芳香族氨基酸营养 *aro*A 基因和 *trp*E 的减毒菌株，此菌株作为疫苗候选菌株免疫小鼠后，小鼠机体产生了明显的 Bb 抗体水平，对小鼠进行攻毒后发现该菌株提供的一定的保护力。何华于 2008 年通过同源重组技术缺失了 Bb 的营养性基因构建了 *aro*A 基因缺失弱毒活疫苗，小鼠攻毒试验表明，该缺失株的毒力较亲本菌降低了大约 4 倍，且能对免疫动物提供一定的抗体保护力，既可作为 Bb 弱毒候选疫苗，也可作为减毒活细菌载体携带外源基因的表达（McArthur et al.，2003）。

在 AR 的致病机理中，PMT 毒素起到了至关重要旳作用。因此，在疫病的免疫预防中，PMT 也是关键的抗原因子。但 T^+ Pm 天然产生的毒素量相对较少，进而造成了单纯的全菌灭活疫苗不足以诱导产生足够的抗体来抵抗毒素的毒害作用，但大剂量的生产和纯化类毒素工艺比较复杂。因此许多学者试图通过基因工程的方法制备类毒素或毒素的有效片段。据文献报道，将 T^+ Pm 中 PMT 毒素 *tox*A 基因分解为 4 段，利用大肠杆菌进行表达并纯化，经动物试验发现基因 N 端的约 1 000 bp 表达产物能够诱使小鼠产生较高的免疫应答，且对活菌具有一定的抵抗力，同样可以降低猪只鼻甲骨萎缩的发生。Lee 等采用同样方法将 T^+ Pm 外膜蛋白基因分为 3 段表达，并制成油苗后免疫小鼠。结果显示，外膜蛋白全长可以提供 80%免疫保护，全菌灭活苗组为 70%，而 N、C 端表达产物只有 50%，其余各段效果较差。Wu 等也试验证实，脂多糖基因的表达产物可以抵御 4 000×LD_{50} 菌量的攻击，并且基因组学分析其具有较好的交叉保护。Husan 等将 PMT 毒素 *tox*A 基因分 3 段利用大肠杆菌进行表达并纯化，然后与灭活的全菌 D 型混合后乳化为油苗，免疫生产母猪和断奶仔猪。结果显示，可以诱导机体产生较高的中和抗体，且用提纯的 PMT 毒素攻毒免疫组鼻甲骨没有出现明显的萎缩，而对照组则出现明显病变。在暴发 AR 的猪场，虽然母猪和仔猪都检测不到抗体，但母猪免疫 2 次后，40%母猪中和抗体滴度明显升高，育肥猪接种后，AR 的临床症状明显减轻，提早出栏 2 周以上，提高了生产性能，这表明该疫苗具有良好的免疫保护作用。

Riising 等于 2002 年对 T^+ Pm 的外膜蛋白进行克隆表达后，与 Bb 灭活后混合制备了 AR 疫苗，并进行了大批量的动物试验。结果表明该疫苗免疫母猪后，所产仔猪的体况、日增重及呼吸道形状均好于空白对照组。在这批仔猪的跟踪饲喂中，对鼻腔进行病原分离发现病原菌的分离率远小于对照组(Riising et al.,2002)。Rajeev 等在 2003 年首次在活疫苗株中表达 Pm 的 PMT 毒素蛋白,期望此单一疫苗株就能防治 AR。但是小鼠免疫试验中发现,该疫苗株体内仅表达 Bb 抗原,几乎检测不到 PMT 抗原的存在,不能提供针对 Pm 攻击的保护力。为探究表达片段的因素,有实验室以减毒支气管败血波氏杆菌 QH0814ΔaroA 为载体,分别插入了 PMT 毒素 *tox*A 基因的 N 段和 C 段,实验结果表明,有较好的抗体水平。赵战勤、段龙川等以沙门氏菌 *asd* 基因缺失株 C501 为载体,分别将支气管败血波氏杆菌 FHA 和 PRN 基因融合后插入 C501 内,将产毒素多杀性巴氏杆菌免疫原性片段 ToxAc 插入 C501 内,成功构建重组菌株 C501(pYA-F1P2)、C501(pYA-toxAc),并对重组菌株进行相关实验。试验结果显示,重组菌株无论采用口服或是皮下方式免疫小鼠,均能诱导小鼠产生针对抗体。

3.6 猪气喘病

猪气喘病或喘气病,也被称为猪支原体肺炎(mycoplasma pneumonia of swine,MPS),是由猪肺炎支原体(*Mycoplasma hyopneumoniae*,Mhp)引起的(Zimmer et al., 2020)。在全世界几乎所有猪的生产领域都普遍存在,并且一年四季多发。猪气喘病是一种慢性呼吸道疾病,其临床特征是干咳、呼吸困难、生长发育迟缓和饲料效率降低(Deblanc et al., 2013)。此外,由于 Mhp 感染通过黏附破坏猪呼吸道纤毛上皮细胞,比较容易继发和混合感染其他呼吸道致病的病毒和细菌,进一步加重相关病情表现,临床上称为猪呼吸道疾病综合征(porcine respiratory disease complex,PRDC)(Raymond et al., 2015)。猪气喘病导致猪生长速度和饲料转化效率降低,治疗和疫苗接种费用增加,以及与多种呼吸道病原体的综合作用导致发病率和死亡率过高,对经济造成了重大影响,严重阻碍了养猪业的发展。

3.6.1 病原学

1. Mhp 形态特征和培养特性

猪气喘病是由猪肺炎支原体引起的。支原体属于柔膜体纲(一类缺乏细胞壁的微生物),由于它们形态小和无细胞壁的特点而与其他细菌在表型上有所不同。尽管支原体与其他细菌之间存在着根本差异,也不属于细菌,但是支原体在分子生物学的很多方面与革兰氏阳性细菌相似(Thacker et al., 2010)。它们的基因组大小为 580～1 350 kb,具有很高的 A+T 含量,约为 70%,支原体是最小的能进行自我复制的原核型微生物。由于它们的基因组很小,所以支原体只能进行有限的代谢,相关的生物合成途径几乎没有(Razin et al., 1998)。缺乏生物合成途径也就意味着他们必须从其生长环境中获取必需物质,如氨基酸、嘌呤和嘧啶以及膜成分等(Thacker et al., 2010)。因此,支原体体外培养的条件非常苛刻(Razin et al., 1998)。

像其他支原体一样,Mhp 具有很小的基因组,缺乏细胞壁并且呈多形性。菌体直径在 300～800 nm 之间,利用高倍显微镜观察时,可以见到多种菌体形态,如球状、环状、丝状及点状等。典型的菌落形态为边缘平整的半透明泛着白色的荷包蛋样,中间有像乳头状一样的凸起。利用扫描电镜和透视电镜观察其超微结构,菌体细胞外膜是一个厚度为 8～11 nm 的特殊的三层膜状结构:由两层蛋白质和中间一层类脂质构成,其中蛋白质约占 2/3,脂类约占 1/3。菌体内部含有数量不等的较高密度的块状或空泡状的核糖体、丝状的脱氧核糖核酸链和小颗粒状蛋白质(吴移谋等, 2008)。

Mhp 对营养的要求是非常严格的，难以在普通的培养基上生长和增殖，是体外培养比较困难的支原体之一。Friis 培养基，是用于培养 Mhp 最为常用的液体培养基，由 Niels Friis 开发（Friis，1974）。另外，Mhp 也很难在固体培养基上生长。Mhp 既可以恒温箱静置培养，也可以摇床振荡培养。在液体培养基中培养时，2～7 d 后培养基颜色会从红色变成黄色，在培养液的底层可见有少量白色沉淀物，摇匀后培养基依旧清亮。这是一种简便而重要的观察 Mhp 生长的方法。Mhp 的培养和分离是费时费力的，并且时常是不成功的，因此不能将分离和培养作为其常规诊断方法(Sibila et al.，2009)。

2. Mhp 抗原

Mhp 抗原成分主要是存在于荚膜和细胞膜中的质脂和蛋白质。质脂是一种半抗原，与蛋白质结合才具有抗原性。表面膜蛋白是 Mhp 产生免疫反应的主要抗原。对 Mhp 蛋白用 SDS-PAGE 电泳方法进行分离和分子质量测定后，发现有几条蛋白带比较特异，分别是 P36、P46、P65 和 P97 蛋白。虽然不同的 Mhp 菌株或同一菌株在不同培养条件下所分泌的抗原蛋白分子质量大小有差异，但 P36、P46、P65 和 P97 仍是其主要抗原蛋白(Maes et al.，2021)。

P36 蛋白：*L*-乳酸脱氢酶(*L*-LDH)，具有特定的抗原决定簇，不同大小之间高度保守，其多克隆抗体对相关菌属的 P36 蛋白没有交叉反应。以纯化的 P36 蛋白作为抗原建立间接酶联免疫吸附法(ELISA)，具有较高的敏感性与准确性，以及更好的重复性和稳定性(涂君平等，2016)。

P46 蛋白：P46 基因在 Mhp 内高度保守，能编码 Mhp 细胞表面的一个大小为 46 kD 的蛋白。该蛋白可引起动物机体的早期免疫反应，并且与其他支原体蛋白无交叉反应性，可作为病原学诊断的优选基因和抗体诊断的最理想抗原。研究表明，利用大肠杆菌表达的 P46 蛋白作为包被抗原建立的双夹心 ELISA 方法能检测出 Mhp，并且具有良好的灵敏性。因此以 Mhp 总蛋白作为抗原，用 P46 筛选制备的替代抗体，可以避免抗生素等的干扰，保证了替代抗体的使用(迟灵芝等，2010)。

P97 蛋白：研究表明，该蛋白由 Mhp183 基因编码，氨基酸序列有两个重复序列区域：R1，R2，在与宿主分子结合过程中具有重要意义。其中 R1 区由 15 个连续的 5 个氨基酸(AAK-PV/E)重复单元构成，R2 区由 4 个连续的 10 个氨基酸(GTPNQGKKAE)重复单元构成，重复单元越多，黏附能力就越强，且 R1 区直接参与黏附，并能够独立发挥黏附功能。感染 Mhp 后，最初产生的就是针对 P97 的 IgA 和 IgM，早于其他抗原的抗体 30～60 d。目前，P97 是猪肺炎支原体疫苗研究的主要抗原(Leal Zimmer et al.，2020)。

P65 蛋白：P65 的免疫原结构域位于其 C 端且在细胞膜外侧，N 端与微量分解酶相似，具有酯酶活性并能分解脂质。P65 是 Mhp 膜表面脂蛋白，是 Mhp 另一个重要的免疫原蛋白。P65 在 Mhp 发病过程中能够被准确识别；同时它是热休克蛋白 HSP70 家族成员之一，具有免疫刺激作用。因此，P65 常被作为免疫优势蛋白用于 Mhp 的 DNA 疫苗及亚单位疫苗的开发(涂君平等，2016)。

3.6.2 流行病学

1. 易感动物

迄今为止，家猪和野猪是已知被 Mhp 感染的唯一宿主。在猪中，没有明显的年龄敏感性迹象，尽管该疾病的临床表现通常在育肥阶段明显。目前尚未有 Mhp 在子宫内传播的证据，因此仔猪出生时被认为没有猪气喘病。乳猪和断奶仔猪易感，发病率和死亡率较高。其次是妊娠后期母猪和哺乳母猪。母猪和成年猪多呈慢性和隐性感染。有报告称，杂交猪的易感性较低，仅表现为轻度咳嗽。我国某些地方品种猪，尤其是太湖猪系列如梅山猪、二花脸猪、姜曲海猪等极为易感（王贵平，2015）。

2. 传染源及传播途径

病猪和带菌猪是本病最常见的传染源。由于 Mhp 不能在外界环境中存活很长时间，因此携带该病原体的猪对 Mhp 在猪群中的维持和传播至关重要。该病原体通常能在感染猪（包括幼畜）的肺部持续存在数月（Pieters et al.，2010）。目前还尚无报道表明其他物种能携带或感染 Mhp。Mhp 主要有 3 种传播方式：母仔传播、同圈猪相互传播和在非全进全出猪群中大猪群传给小猪群。通常能在病猪的鼻分泌物中分离出该病原体，由此而知可能是通过鼻子与鼻子的碰触，或者通过咳嗽、飞沫等进行传播。病原体似乎能通过气溶胶传播，经验证据表明气溶胶扩散可能发生在几千米之外（Meyns et al.，2007）。

3. 流行特点

猪气喘病流行于世界各国和地区，如美国、英国、澳大利亚、法国、丹麦、日本、比利时、西班牙和俄罗斯等。在许多国家的调查表明，30%～80%的屠宰猪肺中具有典型气喘病病变。过去，在美国进行的动物流行病学调查表明，其 13 个农业州的 99%的农场中，均饲养了感染了 Mhp 的猪（Thacker et al.，2012）。在欧洲国家，尽管各个地区的猪感染 Mhp 的百分比差异很大，但多年来猪感染 Mhp 的流行病情况一直相似。在德国，63%的农场的猪感染了这种病原体（Nathues et al.，2014）。法国 71%（Fablet et al.，2012），比利时 79%（Meyns et al.，2011）。相比之下，芬兰、挪威以及瑞士等其他欧洲国家，由于对 Mhp 实施了严格的控制和根除方案，因此被认为不存在 Mhp（Maes et al.，2018）。然而，最近在瑞士，与 Mhp 相关的呼吸系统疾病的患病率似乎略有上升（Overesch et al.，2017）。

据初步统计，我国猪群中气喘病的发病率为 30%～50%，而感染率高达 75%以上，部分地区的养殖场感染率甚至高达 100%。江苏省 7～35 日龄仔猪鼻拭子的 Mhp 检出率 13.5%（王贵平，2015）。新疆部分规模化猪场 Mhp 血清抗体阳性率是 52.2%，病料 PCR 检出率是 58.3%（杨俊杰等，2011）。山西部分猪场 Mhp 抗体阳性率是 36.7%，病料 PCR 检出率是 26.0%（姚敬明等，2010）。陕西部分猪场气喘病流行病学调查结果表明：哺乳仔猪及幼龄仔猪发病率58.46%和 55.66%（邢福珊等，2009）。河南和江西部分猪场血清抗体阳性率：种猪 90.5%，仔猪 31.1%，后备种猪 71.4%～100%（周绪斌等，2008）。

3.6.3 致病机制

Mhp 与纤毛上皮的黏附是引发呼吸道疾病的必要条件。尽管对这种黏附的确切机制知之甚少，但 Mhp 菌体膜的不同成分似乎参与了这一过程（Wang et al.，2020）。最相关的结合蛋白之一是纤毛黏附蛋白 P97，一种位于膜表面的大小为 97 kD 的表面蛋白。该蛋白由 Mhp183 基因编码，具有两个重复区，在结合过程中具有重要意义。其中 R1 结构域被认为是负责纤毛结合的结构域。尽管 P97 的重要性显而易见，但当 P97 结合位点被单克隆抗体阻断时，Mhp 仍然有可能黏附在纤毛上，这表明其他黏附素也参与了这一过程（Hsu et al.，1998）。

黏附素 P102，也参与纤毛结合。这个 102 kD 大小的蛋白由 Mhp182 基因编码，Mhp182 基因与上述 Mhp183 基因位于同一操作区。值得注意的是，编码 P97 和 P102 的两个基因在

Mhp 基因组中有 6 个同源基因。P97/P102 家族的大多数蛋白翻译后会进一步加工和切割，这有助于修改 Mhp 表面抗原结构，并可能促使其逃避宿主的免疫反应(Woolley et al.，2014)。此外，多功能"兼职"蛋白的存在也增加了 Mhp 表面抗原的多样性，避免了免疫反应识别。在这些多功能蛋白质中，由 Mhp684 基因编码的 P146 脂蛋白被认为是 Mhp 表面抗原形态的重要调节因子。在该蛋白的重复区域中观察到的菌株之间的变异性将支持该位点作为 Mhp 基因分型的目标(Orsolya et al.，2018)。

除了促使 Mhp 膜表面抗原发生变化的能力外，这些蛋白质还可以将黏蛋白、肝素、纤溶酶原和纤维连接蛋白募集到 Mhp 表面，促进其在呼吸道上皮定植。一项研究指出，由这些 P97/P102 负责产生的黏附蛋白质组似乎与 Mhp 在猪呼吸道表面形成的生物膜有关(Raymond et al.，2018)。这种生物膜的形成可能解释了 Mhp 对某些抗菌药物的不同敏感性、在体外条件下逃避宿主免疫反应以及在表面存活的原因(Damte et al.，2017)。然而，Mhp 生物膜在体内条件下的潜在作用还尚未被探索。

一旦 Mhp 附着在纤毛上皮上，就会观察到一些纤毛退化的变化。首先，细菌附着在纤毛上与钾离子通道的中断有关，从而导致纤毛停滞。纤毛活性的降低导致呼吸道黏膜清除率的降低，促进了 Mhp 的定植和增殖。随后，对 Mhp 的损伤机制提出了不同的假设。黏附后细胞内钙离子(Ca^{2+})的升高被认为是确定纤毛破坏的细胞内标志物。此外，根据代谢模型，甘油作为碳源产生的 H_2O_2 也可以起到破坏机制的作用(Ferrarini et al.，2016)。然而，这些假设并没有得到其他研究者的证实。

尽管 Mhp 被认为是一种胞外病原体，但最近的研究表明，Mhp 能够穿透猪肾上皮细胞(PK-15)并在细胞内寄居。这一发现可能与细胞骨架肌动蛋白丝的结构变化有关，这种变化允许生物体被吞噬并定位在细胞内。此外，这一事实可能解释了在实验感染的猪除肺以外的其他内脏器官，如大脑、肝脏、脾脏和肾脏中检测并分离出 Mhp(Woolley et al.，2012)。然而奇怪的是，这些组织并没有显示出任何与 Mhp 感染潜在相关的损害。有研究团队在 1～5 日龄的商业仔猪的睾丸和尾部也检测到 Mhp(Maes et al.，2018)。这些结果可能与先前的研究一致，表明 Mhp 可能通过淋巴或血液传播。另一种可能是，这种细菌可能存在于污染这些组织样本的环境中。

3.6.4 免疫机制

尽管尚未完全了解其确切的免疫机制，但能够确定的是 Mhp 可以调节猪的先天及适应性免疫反应。这种调节允许 Mhp 逃避宿主防御，在感染猪的呼吸道持续感染并增殖。此外，对这种病原体的免疫反应在相关肺炎的病程发展中起着重要作用。

1. 先天免疫

宿主的固有免疫反应是识别和防御病原体的第一道防线。一旦 Mhp 在呼吸道定植，这种病原就会被宿主识别，对免疫系统产生免疫刺激和抑制作用。

一方面，Mhp 感染刺激猪肺泡巨噬细胞(PAM)和单核细胞分泌不同的促炎性细胞因子(Th-1)和其他代谢物，如一氧化氮(Li et al.，2014)。已在 BALF 和肺组织中检测到来自 Th-1 细胞的细胞因子水平增加，包括白细胞介素 IL-1(α 和 β)、IL-2、IL-4、IL-6、IL-8、IL-10、IL-18、IL-12、干扰素 IFN-γ、肿瘤坏死因子 TNF-α。虽然这些细胞因子通过调节多种细胞类型有助于消除病原体，但其过量产生会导致过度炎症反应及淋巴增生。

另一方面，巨噬细胞处理和呈递抗原以诱导特异性免疫应答。Mhp 可以通过抑制 PAM 的吞噬能力来抑制免疫应答。这种由 Mhp 感染引起的 PAM 功能的抑制意味着病原体清除率的降低，因此，猪更容易受到 Mhp 和继发性病原体感染(Deeney et al.，2019)。

2. 适应性免疫

(1)体液免疫反应　由于新生仔猪对 Mhp 没有免疫力，初乳摄入后母体产生的抗体将是仔猪最早的防御措施之一。这种被动免疫给予后代部分保护，但不能防止感染。这些母源抗体的中位半衰期约为 16 d。然而，这种抗体在仔猪体内的持久期显然取决于母源抗体的滴度，当母猪的抗体水平较高时，母源抗体在仔猪体内更持久。一旦仔猪暴露于有 Mhp 的环境中，它们也会产生局部和全身体液免疫反应。黏膜免疫似乎在防止 Mhp 感染方面发挥着重要作用，尽管这方面的数据是矛盾的。先前的研究表明，以 IgG 和 IgA 抗体而言，体液黏膜免疫反应出现在 Mhp 接种后 1～3 周，4 周后下降。IgG 的存在可能增强了 PAM 对 Mhp 的吞噬作用，而 IgA 的分泌与防止 Mhp 黏附到呼吸道纤毛有关(Woolley et al.，2014)。事实上，一些研究表明，疫苗诱导的 IgA 可能是免疫保护的关键(Brandtzaeg，2013)。然而，其他研究得出结论，Mhp 感染的猪体内的 IgA 不能预防其肺部病变(Li et al.，2020)。最近，一项研究又指出，感染后期产生的黏膜 IgG 是与肺部病变评分相关性最高的参数(Vranckx et al.，2012)。

全身性体液免疫反应的发生滞后，但持续时间长于局部性体液免疫反应。虽然血清转化在实验条件下出现在 2～4 周之间，但在自然条件下，血清转化将在感染后 1～6 周甚至 9 周开始。这种血清转化的延迟可能由该病原体的细胞外条件和/或向淋巴细胞呈递抗原和激活免疫反应的潜在延迟所导致。如相关研究所述，IgG2 是抗 Mhp 感染的体液免疫应答中的主要抗体亚类。由于这种抗体类别与 Th-1 细胞的激活有关，这一发现可能表明细胞免疫反应对于预防 Mhp 具有重要意义(Coll et al.，2016)。

(2)细胞免疫反应　被动和主动细胞介导的免疫应答在预防 Mhp 感染方面也发挥着重要作用。事实上，母系来源的细胞介导的免疫通过初乳转移到新生仔猪似乎刺激了这些仔猪随后暴露在 Mhp 中的特定细胞反应。值得注意的是，由于仔猪只能从其母源获得 Mhp 特异性细胞介导的免疫，因此在仔猪出生 12～20 h 后应考虑交叉培育措施，以确保母系来源细胞免疫的接收(Bandrick et al.，2014)。

在 Mhp 感染时产生的主动细胞介导的免疫反应，特别是 T 细胞依赖性免疫反应，似乎是该病原体发病的关键因素。Mhp 刺激 Th-1 细胞分泌细胞因子，然后刺激 T 淋巴细胞并激活 B 细胞产生 IgG2 抗体(Hirahara et al.，2016)。此外，细胞因子如 IL-1(α 和 β)和 TNF-α 与巨噬细胞吞噬功能的激活有关，IL-12 与巨噬细胞的增殖有关。IL-12 刺激 T 淋巴细胞产生 IFN-γ，这两种细胞因子之间的反馈作用意味着持续的 Th-1 反应；另一方面，抗炎细胞因子(Th-2)调节 Th-1 细胞因子的表达并诱导 IgG1 的分泌。IL-10 是重要的抗炎细胞因子之一，它与临床保护和减轻肺部病变的严重程度有关(Opal et al.，2000)。

3.6.5 临床特征

猪气喘病的临床表现颇具特色。第一个症状在不同的潜伏期(10 d 至几周)后出现，通常是咳嗽，最初是干咳，然后是潮咳。有时出现在 2～3 周龄的仔猪中，但在育肥猪中更常见。在猪群中，主要在早晨投喂期间或驱赶后常听到。在此期间没有呼吸困难的症状。另一症状，在猪咳嗽的情况下，尽管摄入了食物，但生长却更加缓慢，皮肤失去光泽，变成灰白色（Maes et al.，2018）。

病猪的体重变化可能会有所不同，一般在此期间没有发烧，食欲正常，但是体重增加较小。相比于其他健康猪的外观而言，受感染的仔猪或育肥猪的体型开始“突出”。这种情况持续数周甚至数月（Sibila et al.，2009），只有少数病猪的病情发展很快。多表现为发烧，呼吸急促，双峰呼气，咳嗽加重，鼻涕增加，食欲不振，其中一些症状有时会减轻。长期生病的猪会头晕目眩，腹部被塞满，侧面凹陷，并且皮肤上经常出现湿疹结节，它们是 Mhp 携带者和传播者。猪群中疾病的严重性和后果在很大程度上取决于环境条件。在良好的卫生条件下，病程通常较轻，恢复较快；而在寒冷、潮湿、无保暖设施、存量大的猪群中，大多数都会生病，并且 80%～90%的个体会发生肺部病变（Maes et al.，2021）。

3.6.6 病理变化

气喘病致死的猪尸体通常消瘦。在尸检中，病变仅限于胸部器官，病变严重程度取决于疾病的形式和动物的年龄。在感染的早期和中期，可见到卡他性肺炎的病灶，位于膈叶顶部和中叶裂片的内部，其他叶和尾叶的外部。在此区域中，从气管和支气管到肺部的直接气流的流通，导致了两个肺叶（右肺的中叶和左肺的前叶的后部）和右内叶的变化。由于感染，纵隔和气管支气管淋巴结也增大。在 Mhp 感染的慢性阶段，在解剖病理学中可以观察到肺组织塌陷，并且肺的前腹部分由于炎症呈紫色到灰色。此外，还发现淋巴组织增生，肺泡间隔被破坏，肺泡塌陷和高度淋巴结肿大。感染后 2～4 周，肺部病变会发展到最大程度，并且明显与健康的肺部区分开。如果没有发生再感染或继发感染，典型的肉眼可见病变在感染后会持续长达 10～12 周，之后会留下疤痕（Pieters et al.，2019）。

3.6.7 诊断技术与鉴别诊断

1. 诊断技术

Mhp 感染的诊断在技术上具有挑战性，因为与该呼吸道病原体相关的疾病可能会经历亚临床和临床过程。此外，其他病原体的存在可能使诊断方案复杂化。这意味着，Mhp 感染的诊断应基于临床观察和实验室分析的结合（Garza-Moreno et al.，2018）。此外，所提及的临床症状和肺部病变不能百分之百确定 Mhp 感染，这一事实加强了用明确的实验室诊断确认推定的观察诊断的重要性。

从肺组织进行病原体培养被认为是“金标准”。然而，由于培养基生长和时间要求（4～8 周）、分离率低以及其他支原体过度生长的频繁污染，该方法不便用于常规诊断。目前，在猪群中诊断和监测 Mhp 感染通常是结合屠宰场监测（即肉眼肺损伤评分）、血清学检测和病原体检测。

Mhp 感染通常通过与其相关的肺部病变评分来监测。可采用不同的肺损伤评分方法，大多数方法基于受影响肺组织的延伸/重量；其评分以分数或百分比表示（Coll et al.，2016）。尽管观察到不同的评分方法之间存在差异，但对比之后显示，它们之间存在高度相关性。通过 ELISA 检测抗体是检测 Mhp 最常用的方法。目前市场上最常用的是 IDEXX 公司开发的基于 Mhp 全细胞的间接 ELISA 抗体检测试剂盒和 Oxoid 公司生产的基于单抗的 Mhp 阻断 ELISA 抗体检测试剂盒。这两种试剂盒敏感性和特异性均较好，但仍不能区分母源性抗体、感染或接种引起的抗体。此外，Feng 等建立了分别基于 P97R1、P36 和 P46 蛋白的三种间接 ELISA 抗体检测方法，这三种检测方法检出时间较早，因为它们通常在4～6 d 后能检测 SIgA 而不是血清 IgG。并且，SIgA ELISA 检测方法还能区分灭活疫苗免疫和自然感染产生的 SIgA 抗体。其不足之处是采样过程不易标准化，容易影响结果的判定（Feng et al.，2010）。Liu 等基于 P65 蛋白的单克隆抗体开发了检测血清 IgG 抗体的阻断 ELISA 方法，其特异性和敏感性与 IDEXX 公司的间接 ELISA 试剂盒相似，特异性达到95.7%，敏感性达到 94.8%（Liu et al.，2016）。目前由于 ELISA 方法还存在一些局限性，可能无法检测感染早期产生的抗体（Pieters et al.，2017）。这一事实，加上血清转换时间的高度可变性，表明未产生抗体并不一定意味着无 Mhp 感染。因此，需要对 Mhp 进行病原体检测，才能做出结论性诊断。

为了确认肺组织中是否存在 Mhp，已经开发了不同的实验室诊断技术，如免疫组织化学、免疫荧光分析和原位杂交。这些方法的一些局限性包括需要使用死后样本作为肺组织的组织切片。此外，由于只能评估肺样本某部分，假阴性风险增加。

聚合酶链式反应（PCR）检测 Mhp，特别是实时荧光定量 PCR 被认为是确认病原体存在的最敏感和最有用的策略，甚至在血清转化和观察临床症状之前的早期感染时也可检测。PCR 检测的一个重要优势是可以在不同呼吸道样本上检测到 Mhp（Pieters et al.，2017），可用于死后和活体诊断。然而，对于哪种样本检出 Mhp 的灵敏度最高，目前还缺乏共识。来自下呼吸道的样本，即 Mhp 附着在纤毛上的地方，似乎具有更高的敏感度。事实上，最近的一项研究表明，肺组织和支气管拭子与检测 Mhp 高度相关（Burrough et al.，2018）。因此，在死亡猪只中，肺组织、支气管拭子和肺部灌洗液被认为是检测 Mhp 的最佳样本。在活体猪只中，气管支气管和喉拭子对 Mhp 的检测灵敏度最高，而唾液最低。

目前，针对不同 Mhp 基因和不同检测目的的 PCR 诊断方法不断地涌现。最开始的 PCR 检测方法主要是基于 Mhp 的 16S rRNA 序列设计。随后有实验室开发了基于 Mhp P36 和 P46 保守基因的 PCR 诊断方法（Caron et al.，2000）。另外也有实验室开发了基于 16S rRNA 序列的多重 PCR 方法，能够简单而高效地区分出猪肺组织中 Mhp、絮状支原体和猪鼻支原体这三种支原体（Stakenborg et al.，2006）。自 20 世纪末以来，巢式 PCR 技术也被用于检测鼻腔分泌物、支气管肺泡细胞灌洗液和肺组织中 Mhp，其优点是检测下限比普通 PCR 低，适合于临床样本中检测 Mhp（Calsamiglia et al.，1999；Stärk et al.，1998）。另外，该方法灵敏性极高，对于活猪和死猪中检测 Mhp，均能得到高效敏感的检测结果，所以可以用来评估猪场有无 Mhp 感染。但该方法对无菌操作要求较高，在检测 Mhp 时极易出现假阳性的结果。随着荧光定量 PCR 技术的普及，有研究团队选择了 Mhp 的两个看家基因 mhp165 和 mhp183，建立了敏感性较高的荧光定量 PCR 方法。随后又有实验室建立了基于 P46、P97 和 P102 基因的多重荧光定量 PCR 方法，最低检测极限几乎能到 1 个 Mhp（Marois et al.，2010）。该方法是目前已知的最佳的临床样品中检测 Mhp 的 PCR 方法。

环介导等温扩增（Loop-mediated isothermal amplification，LAMP）技术是一种恒温条件下的核酸扩增技术，广泛应用于对细菌、病毒以及寄生虫等病原体的检测，操作简单、敏感性高、特异性强。Li 等建立了一种能够检测 Mhp 的 LAMP 方法，该方法只需 30 min 就能完成检测，反应结果肉眼可见，检测下限可达 10 个 Mhp 拷贝；但它的不足之处是常出现假阳性结果，特异性低于荧光定量 PCR 方法，所以该方法适合于临床样品的野外检测（Li et al.，2013）。

2. 鉴别诊断

猪支原体肺炎在临床上应注意与猪常见的一些其他呼吸道疾病进行鉴别诊断，如由病毒引起的呼吸道疾病(包括猪流行性感冒、猪繁殖与呼吸综合征、猪圆环病毒感染等)和细菌引起的呼吸道疾病(包括传染性胸膜肺炎、猪肺疫、猪链球菌病等)。临床上可以通过流行病学特点、临床症状和病理变化进行初步鉴别诊断(表3-3)，随后对病料进行涂片或触片染色镜检，也可将病料接种培养基培养、分离以及进行生化鉴定来确诊细菌性感染，实验室内可以通过特异性PCR和ELISA等血清学检测方法来确诊病毒性感染。

表3-3 常见猪呼吸道疾病的鉴别诊断

疫病	病原	流行病学特点	主要临床症状	主要病理变化
猪支原体肺炎	猪肺炎支原体	广泛发病，死亡率不高。	体温一般不升高，病猪稍做运动会出现连续性的咳嗽，呼吸急促，呈腹式呼吸。	在肺心叶、尖叶、中间叶有不同程度的水肿和气肿；病变部界限明显，呈质变外观，颜色多为淡红或灰红色，半透明状，出现“肉变”；病程延长时病变部转为浅红色或灰白色，半透明状态的程度减轻，俗称“胰变”。
猪传染性萎缩性鼻炎	支气管败血波氏杆菌和产毒素多杀巴氏杆菌	主要侵害仔猪，3月龄以上的猪不表现症状，长白猪最易感。	病猪主要表现为鼻炎症状，流浆液性、黏液性或脓性鼻分泌物；搔抓或摩擦鼻部，2～3个月后，鼻端向上翘起或鼻盘歪向一侧。	仅限于鼻腔及临近组织，表现为鼻甲骨萎缩、中隔弯曲变形甚至消失，鼻黏膜充血水肿，附有黏液性或干酪样分泌物。
猪传染性胸膜肺炎	胸膜肺炎放线杆菌	2～5月龄、体重30～60 kg的中猪多发，且多在4—5月份和9—11月份流行。	最急性型、急性型体温升高；最急性型口鼻流出泡沫样血样分泌物，耳、鼻及全身皮肤出现紫斑，多在1～2 d内窒息死亡；急性型常出现心脏和循环衰竭；慢性型呈现间歇性咳嗽。	多呈两侧性肺炎，肺炎区色深而质地坚实，切面易碎，纤维素性胸膜炎，胸腔含有带血色的液体；在迅速致死的病例，气管和支气管充满带血色的黏液性泡沫状渗出物；较慢性的病例，肺膈叶上有不同大小的脓肿样结节，胸膜发生粘连。
猪巴氏杆菌病	多杀伤性巴氏杆菌	以冷热交替、气候突变、潮湿、闷热的时期多发，散发，有时呈地方性流行，本病多发于3～10周龄的仔猪。	典型症状是呼吸困难。最急性型主要特征是咽喉高热、肿痛，口鼻内流出泡沫样液体，最后窒息而死；急性型体温升高，胸部有压痛，流脓性或铁锈色鼻液，可视黏膜蓝紫色，皮肤上有红斑，一般经5～8 d后窒息死亡；慢性型持续咳嗽，呼吸困难，渐进性消瘦。	最急性型黏膜、浆膜及皮下组织有出血点，咽喉部及周围结缔组织的出血性浆液性浸润为特征；急性型的特征性病变是纤维素性肺炎，有不同程度肝变区，肺切面呈大理石纹；慢性型肺肝变区扩大，有灰黄色或灰色坏死灶，内有干酪样物质。

续表 3-3

疫病	病原	流行病学特点	主要临床症状	主要病理变化
猪流行性感冒	猪流感病毒	多发生在冬季或春季，气候变化是主要诱因，常突然发病，迅速波及全群。	病猪体温升高，咳嗽，呼吸困难，眼和鼻流出黏性分泌物，有时鼻分泌物带有血色，畏寒扎堆，肌肉和关节疼痛，不愿起立。	病变主要在呼吸器官及呼吸道，有大量泡沫状黏液；肺的病变部呈紫红色；病区肺膨胀不全，塌陷，其周围组织呈气肿和苍白色，界限分明。
猪繁殖与呼吸综合征	猪繁殖与呼吸综合征病毒	主要表现是母猪繁殖障碍及仔猪呼吸道症状；经空气通过呼吸道感染，传染性极强。	仔猪的症状为嗜睡，体温升高，食欲不振，呼吸困难，共济失调；断奶仔猪感染后表现为下痢、关节炎、耳朵变红、皮肤有斑点；患病母猪其特征主要是繁殖障碍，出现流产或早产等。	可见肺水肿，肾盂肾炎，膀胱炎；胸腔有淡黄色清亮液体，心包积液；弥漫性间质性肺炎，脾呈紫色且肿大，切面增生。

3.6.8 防控技术及应用

1. 管理与生物安全

避免将 Mhp 引入阴性养殖场对于保持不受感染至关重要。虽然尚未制定针对 Mhp 的生物安全措施，但建议使用一般策略来维持无 Mhp 的状态或避免将新的菌株引入猪群。例如，在北美的母猪场中，采用农场空气过滤系统已变得越来越普遍(Reicks，2009)。

常规的消毒和净化系统被认为对 Mhp 有效。特别重要的是，基于病原体对宿主环境的依赖性，Mhp 在宿主之外的存活受到限制。尽管如此，有研究数据指出，当温度较低(4 ℃)时，Mhp 可以在某些塑料表面和灰尘中存活长达 8 d(Browne et al.，2017)。该信息强调需要保持去污系统到位，以避免引入病原体。

猪场中病原体引入的最高风险在于新来的猪，这对于防止 Mhp 感染尤其重要。虽然基于血清学方法检测 Mhp 的方案已经成熟，也已广泛用于筛查未接种疫苗的猪，但是该病的流行病学特征和临床表现使其难以早期被检测发现。但是，据报道，在怀疑病原体传入数月之后，就会临床暴发，当时控制已经来不及了。因此，开发针对早期发现和监视的诊断方案至关重要(Maes et al.，2018)。

2. 治疗

对 Mhp 有活性的抗微生物剂包括四环素、15 和 16 元环大环内酯类、林可酰胺、截短侧耳素、氟喹诺酮类、氟苯尼考、氨基糖苷和氨基环糖醇。许多的研究表明了各种抗菌药物在治疗和控制 Mhp 感染中的功效(Sacristán，2014)。对于大多数经过测试的抗菌药物，动物病情得到改善，肺部病变和临床体征减少。但是气喘病临床病例的治疗效果却不尽人意，因为在停止治疗后往往会再次出现疾病症状和排出 Mhp。

3. 疫苗

Mhp 疫苗接种是控制其感染的最常用策略之一(Maes et al.，2018)。不同的研究表明，接种疫苗可降低呼吸道临床症状的严重程度、肺损伤扩展程度和 Mhp 病原负荷(Michiels et al., 2017)。呼吸体征的减少也意味着生产参数的改善,如 ADWG、饲料转化率和死亡率(Pallarés et al., 2015)。此外,Mhp 的疫苗接种是未来减少抗生素使用的最可行的选择。

目前,国内外大多数抗 Mhp 的商业疫苗是以灭活疫苗和弱毒疫苗为主(表 3-4)。这些疫苗之间的主要区别是 Mhp 菌株、所用佐剂和制造商提出的疫苗接种计划。这些疫苗产品的给药途径有的是肌肉注射,有的是皮内使用。临床上最常见的是给仔猪接种一针或两针 Mhp 疫苗。一针法免疫,免疫时间为 1～3 周龄或以上,免疫持续期达 4～6 个月;两针法免疫,一般免疫程序为 1～2 周龄首免,间隔 2 周后进行二免,免疫期为 6～9 个月。此外,这些疫苗中的一些与其他可随时使用或可随时混合的病原体(即圆环病毒 2 型、副猪流感病毒或猪蓝耳病病毒)疫苗结合使用。一种潜在的替代商业疫苗的方法可能是自体疫苗。这种疫苗是利用感染 Mhp 的猪的肺组织匀浆而制备。然而,鉴于 Mhp 分离和生长的困难,自体疫苗的使用是有限的。目前上述这些类型的疫苗并不能有效控制 Mhp 在猪群中的传播,并且 Mhp 体外培养困难,导致传统疫苗生产成本较高,且存在免疫方式不便、副反应大等缺陷,因此,Mhp 基因工程疫苗成为未来的一个发展方向。目前已有不少研究团队致力于开发 Mhp 基因工程疫苗,虽然还未能达到商品化水平,但是也取得了很大的研究进展,确定了一系列的候选靶标蛋白,如膜蛋白 P97、Mhp366、P37、P42 等。

表 3-4 国内外常见猪气喘病疫苗

疫苗名称	厂家	菌株来源	疫苗类型
猪克喘	梅里亚	BQ14 株	灭活疫苗
瑞倍适	哈药(辉瑞)	P-5722-3 株	灭活疫苗
茵格发	勃林格殷格翰	J 株	灭活疫苗
安百克 M+PAC	英特威先灵葆雅	J 株	灭活疫苗
喜宜丰	西班牙海博莱	J 株	灭活疫苗
支肺通	四川华派	J 株	灭活疫苗
优瑞舒	天津瑞普	J 株	灭活疫苗
科瑞宁	武汉科前	J 株	灭活疫苗
肺祥	中牧实业	DJ-166 株	灭活疫苗
喘泰克	普泰克	P 株	亚单位灭活疫苗
支必宁	南京天邦	168 株	弱毒活疫苗
喘浩佳	乾元浩	168 株	弱毒活疫苗
支益宁	贵州福斯特(南京大爻)	168 株	弱毒活疫苗
喘净威	浙江诺倍威	RM48 株	弱毒活疫苗
支宜捷	齐鲁动保	RM48 株	弱毒活疫苗
菲必舒	吉林和元	RM48 株	弱毒活疫苗
猪支原体肺炎活疫苗	山东绿都	RM48 株	弱毒活疫苗
猪支原体肺炎活疫苗	吉林正业	Z 株	弱毒活疫苗

尽管疫苗接种具有众所周知的优势,但这种策略并不能阻止 Mhp 的定植。值得注意的是,抗 Mhp 的商用疫苗可诱导体液和细胞免疫反应。几项研究表明,这些疫苗可诱导 IgG、

IgM 和 IgA 抗体的体液免疫应答(Michiels et al.，2017)。然而，疫苗诱导的免疫应答被认为是针对 Mhp 的不同细胞膜表面蛋白，这种免疫反应可能因疫苗中使用的菌株以及农场中存在的菌株而异。因此，这种免疫原性表面蛋白在 Mhp 菌株中的多样性可能解释了猪群之间接种疫苗引起的抗体的效力不一致。

同样，由疫苗诱导的细胞介导的免疫应答也被认为是重要的保护措施，因为它们被认为可以减少促炎性细胞因子的产生，特别是 TNF-α。此外，一项研究表明，在接种疫苗的猪中检测到大量的细胞分泌的 IL-10 和 IL-12。尽管体液和细胞免疫都参与了疫苗接种后的免疫保护，但对免疫反应的确切机制尚未完全了解。因此，建议将 Mhp 疫苗接种与上述管理控制措施结合起来应用于全球 Mhp 控制。

尽管已采用不同的疫苗接种策略来控制 Mhp，理想情况下，实施疫苗接种计划前的第一步是确定农场内 Mhp 感染动态。应在 Mhp 暴露前接种疫苗，以诱导对病原体的免疫反应，并建议在较长时间内使用疫苗。此外，应考虑对疫苗接种的成本效益进行分析，以选择适当的疫苗接种方案。

参考文献

卜欣欣，龙进学，顾敏，等. 猪流感病毒的进化及其对人类的威胁. 家畜生态学报，2018，39(8)：86-90.

蔡旭旺，刘正飞，陈焕春，等. 副猪嗜血杆菌的分离培养和血清型鉴定，华中农业大学学报，2005，24(1)：55-58.

迟灵芝，徐斌，迟学芝. 猪肺炎支原体 P46 基因的突变及序列分析. 现代生物医学进展，2010，010(16)：3025-3028.

段廷云，陈红英，崔保安，等. 实时荧光定量 PCR 检测 H1N1 亚型猪流感病毒. 畜牧兽医学报，2008，39(6)：752-756

范桂芳. 两种 H1N1 亚型猪流感基因工程疫苗的制备及免疫效果评价. 武汉：华中农业大学，2018.

方超. H3N2 亚型猪流感病毒的分离鉴定及其灭活疫苗免疫效力评价. 哈尔滨：东北农业大学，2018.

高淑霞，王文志，张伟. 猪流感病毒低密度分型芯片的试验研究. 西南农业学报，2011，24(6)：2385-2388.

高永锐，陆有飞，卢桂娟，等. 猪流感(H3N2 亚型)油乳剂灭活疫苗的免疫及攻毒试验. 广西畜牧兽医，2008，24(3)：131-133.

郭宝清，陈章水，刘文兴，等. 从疑似 PRRS 流产胎儿分离 PRRSV 的研究. 中国畜禽传染病，1996，2：3-7.

胡守萍. 高致病性猪繁殖与呼吸综合征病毒致弱效果的免疫病理学和分子病理学评价. 哈尔滨：东北农业大学，2009.

孔维立，刘志刚，亓文宝，等. 猪流感疫苗研究进展. 动物医学进展，2009，30(6)：70-74.

李海燕. 猪流感 H1、H3 亚型灭活疫苗. 畜牧兽医科技信息，2003，(7)：143.

李洪发. 猪流感的诊断与防治. 吉林农业，2017，(15)：61.

李同兵. 谈猪流感的诊断与防治. 中国动物保健，2018，20(2)：37-38

路伟. 猪流感病毒 H1N1 和 H3N2 亚型分离鉴定及猪流感二价灭活疫苗的研制. 南京：扬州大学，2018.

施丽薇，顾敏，刘秀梵. 影响 H1N1 亚型猪流感病毒致病性与传播性的分子机制研究进展. 中国兽医学报，2020，40(2)：435-440.

苏霞，杨兵，周宏专，等. H1N1 猪流感病毒环介导等温扩增快速检测方法的建立. 中国动物检疫，2010，27(5)：24-27.

童光志，李泽军. 猪流感. 北京：中国农业出版社，2015.

涂君平，王晓谦，蒋会会，等. 猪肺炎支原体膜蛋白特点及其致病机制的研究进展. 黑龙江畜牧兽医，2016，000(3)：73-76.

王贵平. 猪肺炎支原体诱导猪肺泡巨噬细胞基因差异表达谱研究. 长沙：湖南农业大学，2015.

王景成，李志杰，郑海龙，等. 新常态下猪流感的流行病学、诊断、防控新趋势. 猪业科学，2019，36(6)：98-101.

王仁通. 猪流感诊断要点及防治分析. 中国畜禽种业，2017，13(9)：127.

王新发，刘映霞. 甲型流感病毒天然免疫机制研究进展. 中华实验和临床病毒学杂志，2017，31(3)：277-280.

王云龙，陈小科，韩洁，等. H3亚型猪流感病毒荧光定量PCR检测方法的建立. 动物医学进展，2009，30(6)：30-35.

翁少亭，曹建科，常艳凯，等. 新型猪流感疫苗的研究进展. 畜牧与兽医，2016，48(9)：139-144.

吴移谋，叶元康. 支原体学. 2版. 北京：人民卫生出版社，2008.

邢福珊，王韦华，张彦明，等. 猪支原体肺炎的流行病学调查及病理学诊断. 西北农业学报，2009(5)：73-76.

杨焕良，乔传玲，陈艳，等. 猪流感病毒H1N1、H1N2和H3N2亚型多重RT-PCR诊断方法的建立. 中国预防兽医学报，2007，29(9)：714-718.

杨俊杰，李石，李劼，等. 新疆北疆部分规模猪场支原体肺炎流行病学调查. 中国动物检疫，2011，028(011)：44-46.

姚敬明，张李俊，吴忻，等. 种猪场猪支原体肺炎流行病学调研. 养猪，2010(2)：57-58.

于芳. 基于部分PRRSV全基因组的遗传进化及重组热点分析. 中国农业科学院学位论文，2020.

张春明. 实时荧光定量PCR技术快速定量检测H3N2、H1N1和H1N2亚型猪流感病毒. 乌鲁木齐：新疆农业大学，2008.

张莉，鄢明华，李秀丽，等. 猪流感病毒LAMP检测方法的建立. 中国畜牧兽医，2014，41(7)：64-68.

周绪斌，Torrents D，李聪，等. 六个未免疫喘气病疫苗的规模化猪场肺炎支原体血清学动态监测与启示. 中国畜牧兽医学会动物传染病学分会猪病防控学术研讨会，2008.

Ahmed Mostafa, Elsayed M Abdelwhab, Thomas C Mettenleiter, et al. Zoonotic potential of influenza A viruses: A comprehensive overview. Viruses, 2018, 10(9):497-535.

Amigot J A, Torremorell M, Pijoan C. Evaluation of techniques for the detection of toxigenic *Pasteurella multocida* strains from pigs. J Vet Diagn Invest, 1998, 10(2):169-173.

An T Q, Tian Z J, Xiao Y, et al. Origin of highly pathogenic porcine reproductive and respiratory syndrome virus, China. Emerg Infect Dis, 2010, 16(2):365-367.

Ansari I H, Kwon B J, Osorio F A, et al. Influence of N-linked glycosylation of porcine reproductive and reiratory syndrome virus GP5 on virus infectivity, antigenicity, and ability to induce neutralizing antibodies. J Virol, 2006, 80:3994-4004.

Bandrick M, Theis K, Molitor T W. Maternal immunity enhances *Mycoplasma hyopneumoniae* vaccination induced cell-mediated immune responses in piglets. Bmc Veterinary Research, 2014, 10(1):1-11.

Beck M, van den Bosch J F, Jongenelen I M, et al. RTX toxin genotypes and phenotypes in *Actinobacillus pleuropneumoniae* field strains. J Clin Microbiol, 1994, 32(11):2749-2754.

Beura L K, Sarkar S N, Kwon B, et al. Porcine reproductive and respiratory syndrome virus nonstructural protein 1beta modulates host innate immune response by antagonizing IRF3 activation. J Virol, 2010, 84(3):1574-1584.

Bezine E, Vignard J, Mirey G. The cytolethal distending toxin effects on mammalian cells: A DNA damage perspective. Cells, 2014, 3(2):592-615.

Bossé J T, Li Y, Angen Ø, et al. Multiplex PCR assay for unequivocal differentiation of *Actinobacillus pleuropneumoniae serovars* 1 to 3, 5 to 8, 10, and 12. J Clin Microbiol, 2014, 52(7):2380-2385.

Bossé J T, Li Y, Roberto F C, et al. Comparative sequence analysis of the capsular polysaccharide loci of *Actinobacillus pleuropneumoniae* serovars 1-18, and development of two multiplex PCRs for comprehensive capsule typing. Vet Microbiol, 2018, 220:83-89.

Bossé J T, Li Y, Sárközi R, et al. Proposal of serovars 17 and 18 of *Actinobacillus pleuropneumoniae* based on serological and genotypic analyses. Vet Microbiol, 2018, 217:1-6.

Bouchet B, Vanier G, Jacques M, et al. Interactions of *Haemophilus parasuis* and its LOS with porcine brain microvascular endothelial cells. Vet Res, 2008, 39(5):42.

Brandtzaeg P. Secretory IgA: designed for anti-microbial defense. Frontiers in immunology, 2013, 4:222.

Browne C, Loeffler A, Holt H, et al. Low temperature and dust favour in vitro survival of *Mycoplasma hyopneumoniae*: time to revisit indirect transmission in pig housing. Letters in applied microbiology, 2017, 64(1):2-7.

Buddaert W, Van Reeth K, Pensaert M. In vivo and in vitro interferon(IFN) studies with the porcine reproductive and respiratory syndrome virus(PRRSV). Adv Exp Med Biol, 1998, 440:461-467.

Burkard C, Lillico S G, Reid E, et al. Precision engineering for PRRSV resistance in pigs: Macrophages from genome edited pigs lacking CD163 SRCR5 domain are fully resistant to both PRRSV genotypes while maintaining biological function. PLoS Pathog, 2017,13(2):e1006206.

Burrough, Eric R, et al. Comparison of postmortem airway swabs and lung tissue for detection of common porcine respiratory pathogens by bacterial culture and polymerase chain reaction assays. Journal of Swine Health and Production, 2018, 26(5):246.

Calsamiglia M, Pijoan C, Trigo A. Application of a nested polymerase chain reaction assay to detect *Mycoplasma hyopneumoniae* from nasal swabs. Journal of Veterinary Diagnostic Investigation, 1999, 11(3):246-251.

Calvert J G, Slade D E, Shields S L, et al. CD163 expression confers susceptibility to porcine reproductive and respiratory syndrome viruses. J Virol, 2007, 81(14):7371-7379.

Caron J, Ouardani M, Dea S. Diagnosis and differentiation of *Mycoplasma hyopneumoniae* and *Mycoplasma hyorhinis* infections in pigs by PCR amplification of the p36 and p46 genes. Journal of clinical microbiology, 2000, 38(4):1390-1396.

Chen N, Cao Z, Yu X,et al. Emergence of novel European genotype porcine reproductive and respiratory syndrome virus in mainland China. J Gen Virol, 2011, 92(Pt 4):880-892.

Chen S, Chu Y, Zhao P, et al. Development of a recombinant OppA-based indirect hemagglutination test for the detection of antibodies against *Haemophilus parasuis*. Acta Trop, 2015, 148:8-12.

Chen Z, Lawson S, Sun Z, et al. Identification of two auto-cleavage products of nonstructural protein 1 (nsp1) in porcine reproductive and respiratory syndrome virus infected cells: nsp1 function as interferon antagonist. Virology, 2010, 398(1):87-97.

Chien C C, Taylor N S, Ge Z, et al. Identification of cdtB homologues and cytolethal distending toxin activity in enterohepatic *Helicobacter* spp. J Med Microbiol, 2000, 49(6):525-534.

Costa-Hurtado M, Aragon V. Advances in the quest for virulence factors of *Haemophilus parasuis*. Vet J, 2013, 198(3):571-576.

Costa-Hurtado M, Olvera A, Martinez-Moliner V. Changes in macrophage phenotype after infection of pigs with *Haemophilus parasuis* strains with different levels of virulence. Infect Immun, 2013, 81(7):

2327-2333.

Crisci E, Mussá T, Fraile L, et al. Review: Influenza virus in pigs. Molecular Immunology, 2013, 55: 200-211.

Curreem S O, Watt R M, Lau S K, et al. Two-dimensional gel electrophoresis in bacterial proteomics. Protein Cell, 2012, 3(5):346-363.

Damte T D, Fikru M A, Na-Hye P, et al. Biofilm formation and determination of minimum biofilm eradication concentration of antibiotics in *Mycoplasma hyopneumoniae*. Journal of Veterinary Medical Science, 2017, 79(10):1716-1720.

Dassanayake R P, Zhou Y, Hinkley S, et al. Characteri *Haemophilus ducreyi* zation of cytolethal distending toxin of campylobacter species isolated from captive macaque monkeys. J Clin Microbiol, 2005, 43(2): 641-649

Deblanc C, Robert F, Pinard T, et al. Pre-infection of pigs with *Mycoplasma hyopneumoniae* induces oxidative stress that influences outcomes of a subsequent infection with a swine influenza virus of H1N1 subtype. Veterinary Microbiology, 2013, 162(2-4):643-651.

Deeney A S, Maglennon G A, Chapat L, et al. *Mycoplasma hyopneumoniae* evades phagocytic uptake by porcine alveolar macrophages in vitro. Veterinary Research, 2019, 50(1):1-15.

Delputte P L, Vanderheijden N, Nauwynck H J, et al. Involvement of the matrix protein in the attachment of porcine reproductive and respiratory syndrome virus to a heparinlike receptor on porcine alveolar macrophages. J Virol, 2002, 76:4312-4320.

Deneer H G, Potter A A. Effect of iron restriction on the outer membrane proteins of *Actinobacillus* (*Haemophilus*) *pleuropneumoniae*. Infect Immun, 1989, 57(3):798-804.

Dom P, Haesebrouck F, Ducatelle R, et al. In vivo association of *Actinobacillus pleuropneumoniae* serotype 2 with the respiratory epithelium of pigs. Infect Immun, 1994, 62(4):1262-1267.

Dom P, Haesebrouck F, Kamp E M, et al. NAD-independent *Actinobacillus pleuropneumoniae* strains: production of RTX toxins and interactions with porcine phagocytes. Vet Microbiol, 1994, 39(3-4):205-218.

Dominick M A, Rimler R B. Turbinate osteoporosis in pigs following intranasal inoculation of purified *Pasteurella* toxin: histomorphometric and ultrastructural studies. Vet Pathol, 1988, 25(1):17-27.

Duncan J R, Ross R F, Switzer W P, et al. Pathology of experimental *Bordetella bronchiseptica* infection in swine: atrophic rhinitis. Am J Vet Res, 1966, 27(117):457-466.

Edwards J A, Groathouse N A, Boitano S, et al. *Bordetella bronchiseptica* adherence to cilia is mediated by multiple adhesin factors and blocked by surfactant protein A. Infect Immun, 2005, 73(6):3618-3626.

Elwell C A, Dreyfus L A. DNase I homologous residues in cdtB are critical for cytolethal distending toxin-mediated cell cycle arrest. Mol Microbiol, 2000, 37(4):952-963.

Eugenio J Abente, Daniela S Rajao, Jefferson Santos, et al. Comparison of adjuvanted whole inactivated virus and live-attenuated virus vaccines against challenge with contemporary, antigenically distinct H3N2 influenza A viruses. J Virol, 2018, 92(22):e023.

Evans S E, Xu Y, Tuvim M J, et al. Inducible innate resistance of lung epithelium to infection. Annu Rev Physiol, 2010, 72:413-435.

Fablet C, Maroiscrehan C, Simon G, et al. Infectious agents associated with respiratory diseases in 125 farrow-to-finish pig herds: A cross-sectional study. Veterinary Microbiology, 2012, 157(1):152-163.

Feng Z X, Shao G Q, Liu M J, et al. Development and validation of a SIgA-ELISA for the detection of *Mycoplasma hyopneumoniae* infection. Veterinary Microbiology, 2010, 143(2-4):410-416.

Fenwick B W, Henry S. Porcine pleuropneumonia. J Am Vet Med Assoc, 1994, 204(9):1334-1340.

Fenwick B W, Osburn B I. Immune responses to the lipopolysaccharides and capsular polysaccharides of *Haemophilus pleuropneumoniae* in convalescent and immunized pigs. Infect Immun, 1986, 54(2):575-582.

Ferrarini M G, Siqueira F M, Mucha S G, et al. Insights on the virulence of swine respiratory tract mycoplasmas through genome-scale metabolic modeling. BMC genomics, 2016, 17(1):353.

Finco-Kent D L, Galvin J E, Suiter B T. *Pasteurella multocida* Toxin type D serological assay as an alternative to the toxin neutralisation lethality test in mice. Biologicals, 2001, 29(1):7-10.

Firth A E, Zevenhoven-Dobbe J C, Wills N M, et al. Discovery of a small arterivirus gene that overlaps the GP5 coding sequence and is important for virus production. J Gen Virol,2011,92(Pt 5):1097-1106.

Frandoloso R, Martínez-Martínez S, Gutiérrez-Martín C B. *Haemophilus parasuis* serovar 5 Nagasaki strain adheres and invades PK-15 cells. Vet Microbiol, 2012, 154(3-4):347-352.

Frey J, Beck M, Stucki U, et al. Analysis of hemolysin operons in *Actinobacillus pleuropneumoniae*. Gene, 1993, 123(1):51-58.

Friis N F. Mycoplasmas in pigs: with special regard to the respiratory tract: Commissioned by DSR Forlag. Royal Veterinary and Agricultural University, 1974.

Frisan T, Cortes-Bratti X, Chaves-Olarte E, et al. The cytolethal distending toxin induces DNA double-strand breaks and promotes ATM-dependent activation of rhoA. Cell Microbiol, 2003, 5(10):695-707.

Gao J C, Xiong J Y, Ye C, et al. Genotypic and geographical distribution of porcine reproductive and respiratory syndrome viruses in mainland China in 1996-2016. Vet Microbiol, 2017, 208:164-172.

Gao J, Xiao S, Xiao Y,et al. MYH9 is an essential factor for porcine reproductive and respiratory syndrome virus infection. Sci Rep, 2016, 6:25120.

Gao W, Sun W, Qu B,et al. Distinct regulation of host responses by ERK and JNK MAP kinases in swine macrophages infected with pandemic (H1N1) 2009 influenza virus. PLoS One, 2012, 7:e30328.

Garcia-Morante B, Segalés J, Fraile L, et al. Assessment of *Mycoplasma hyopneumoniae*-induced pneumonia using different lung lesion scoring systems: a comparative review. Journal of Comparative Pathology, 2016, 154(2-3):125-134.

García-Sastre A, Biron C A. Type 1 interferons and the virus-host relationship: a lesson in détente. Science, 2006, 312:879-882.

Garten R J, Davis C T, Russell C A, et al. Antigenic and genetic characteristics of swine-origin 2009A (H1N1) influenza viruses circulating in human. Science, 2009,325(5937):197-201.

Garza-Moreno L, Segalés J, Pieters M, et al. Acclimation strategies in gilts to control *Mycoplasma hyopneumoniae* infection. Veterinary microbiology, 2018, 219:23-29.

Gelfanova V, Hansen E J, Spinola S M. Cytolethal distending toxin of *Haemophilus ducreyi* induces apoptotic death of Jurkat T cells. Infect Immun, 1999, 67(12):6394-6402.

Gueirard P, Guiso N. Virulence of *Bordetella bronchiseptica* : Role of adenylate cyclase-hemolysin. Infect Immun, 1993, 61(10):4072-4078.

Han Z, Liu Y, Wang G, et al. Comparative analysis of immune responses in pigs to high and low pathogenic porcine reproductive and respiratory syndrome viruses isolated in China. Transbound Emerg Dis, 2013. DOI:2013. 10. 1111/tbed. 12190.

Hirahara K, Nakayama T. $CD4^+$ T-cell subsets in inflammatory diseases: beyond the Th1/Th2 paradigm. International Immunology, 2016, 28(4):163.

Hontz J S, Villar-Lecumberri M T, Dreyfus L A, et al. Crystallization of *Escherichia coli* CdtB, the biologically active subunit of cytolethal distending toxin. Acta Crystallogr Sect F Struct Biol Cryst Commun, 2006, 62(3):192-195.

Hontz J S, Villar-Lecumberri M T, Potter B M, et al. Differences in crystal and solution structures of the cytolethal distending toxin B subunit: Relevance to nuclear translocation and functional activation. J Biol Chem, 2006, 281(35):25365-25372.

Howell K J, Peters S E, Wang J, et al. Development of a multiplex PCR assay for rapid molecular serotyping of *Haemophilus parasuis*. J Clin Microbiol, 2015, 53(12):3812-3821.

Hsu T, Minion F C. Identification of the cilium binding epitope of the *Mycoplasma hyopneumoniae* P97 adhesin. Infection and immunity, 1998, 66(10):4762-4766.

Janke B H. Influenza A virus infections in swine. Veterinary Pathology, 2013, 51:410-426.

Janke B H. Influenza A virus infections in swine: pathogenesis and diagnosis. Vet Pathol, 2014, 51:410-426.

Jansen R, Briaire J, van Geel A B, et al. Genetic map of the *Actinobacillus pleuropneumoniae* RTX-toxin (Apx) Operons: characterization of the apxⅢ operons. Infect Immun, 1994, 62(10):4411-4418.

Jeffrey J Z, Locke A K, Alejandro R, et al.,猪病学. 10 版. 赵德明等(主译),北京:中国农业大学出版社, 2014.

Jinadasa R N, Bloom S E, Weiss R S, et al. Cytolethal distending toxin: a conserved bacterial genotoxin that blocks cell cycle progression, leading to apoptosis of a broad range of mammalian cell lineages. Microbiology, 2011, 157(Pt 7):1851-1875.

Kamp E M, Bokken G C, Vermeulen T M. A specific and sensitive PCR assay suitable for large-scale detection of toxigenic *Pasteurella multocida* in nasal and tonsillar swabs specimens of pigs. J Vet Diagn Invest, 1996, 8(3):304-309.

Kamp E M, Popma J K, Anakotta J,et al. Identification of hemolytic and cytotoxic proteins of *Actinobacillus pleuropneumoniae* by use of monoclonal antibodies. Infect Immun, 1991, 59(9):3079-3085.

Kamp E M, Vermeulen T M, Smits M A, et al. Production of Apx toxins by field strains of *Actinobacillus pleuropneumoniae* and *Actinobacillus suis*. Infect Immun, 1994, 62(9):4063-4065.

Kang M L, Jiang H L, Kang S G, et al. Pluronic F127 enhances the effect as an adjuvant of chitosan microspheres in the intranasal delivery of *Bordetella bronchiseptica* antigens containing dermonecrotoxin. Vaccine, 2007, 25(23):4602-4610.

Kaut C S, Duncan M D, Kim J Y, et al. A novel sensor kinase is required for *Bordetella bronchiseptica* to colonize the lower respiratory tract. Infect Immun, 2011, 79(8):3216-3228.

Kim J K, Fahad A M, Shanmukhappa K, et al. Defining the cellular target(s) of porcine reproductive and respiratory syndrome virus blocking monoclonal antibody 7G10. J Virol, 2006, 80(2):689-696.

Kwon B, Ansari I H, Pattnaik A K, et al. Identification of virulence determinants of porcine reproductive and respiratory syndrome virus through construction of chimeric clones. Virology, 2008, 380(2):371-378.

Leal Zimmer F M, Paes J A, Zaha A, et al. Pathogenicity & virulence of *Mycoplasma hyopneumoniae*. Virulence, 2020, 11(1):1600-1622.

Lee C S,Kang B K,Lee D H,et al. One-step multiplex RT-PCR for detection and subtyping of swine influenza H1,H3,N1,N2 virusesin clinical samples using a dual priming oligonucleotide (DPO) systern. Joumal of Virological Methods,2008,151(1):30-34.

Levonen K, Frandsen P L, Seppänen J. Detection of toxigenic *Pasteurella multocida* infections in swine herds by assaying antibodies in sow colostrum. J Vet Diagn Invest, 1996, 8(4):455-459.

Li B, Du L, Sun B, et al. Transcription analysis of the porcine alveolar macrophage response to *Mycoplasma hyopneumoniae*. PLoS One, 2014, 9(8):e101968.

Li G, Obeng E, Shu J, et al. Genomicvariability and post-translational protein processing enhance the immune evasion of *Mycoplasma hyopneumoniae* and its interaction with the porcine immune system. Frontiers in Immunology, 2020, 11:2375.

Li G, Xie F, Li J, et al. Identification of novel *Haemophilus parasuis* serovar 5 vaccine candidates using an immunoproteomic approach. J Proteomics, 2017, 163:111-117.

Li J, Minion F C, Petersen A C. Loop-mediated isothermal amplification for rapid and convenient detection of *Mycoplasma hyopneumoniae*. World Journal of Microbiology & Biotechnology, 2013, 29(4):607-616.

Li Y, Zhou L, Zhang J, et al. NSP9 and NSP10 contribute to the fatal virulence of highly pathogenic porcine reproductive and respiratory syndrome virus emerging in China. PLoS Pathog, 2014, 10(7):e1004216.

Liu J, Chen Y, Hu L, et al. Construction and characterization of *Actinobacillus pleuropneumoniae* serovar 7 live attenuated vaccine strain co-expressing Apx Ⅰ A. Chinese Journal of Biotechnology, 2010, 26(3): 305-310.

Liu M, Du G, Zhang Y, et al. Development of a blocking ELISA for detection of *Mycoplasma hyopneumoniae* infection based on a monoclonal antibody against protein P65. Journal of Veterinary Medical Science, 2016, 78(8):1319-1322.

Loera-Muro A, Angulo C. New trends in innovative vaccine development against *Actinobacillus pleuropneumoniae*. Veterinary Microbiology, 2018, 217, 66-75.

Maes D, Sibila M, Kuhnert P, et al. Update on *Mycoplasma hyopneumoniae* infections in pigs: Knowledge gaps for improved disease control. Transboundary and emerging diseases, 2018, 65:110-124.

Maes D, Sibila M, Pieters M. Mycoplasmas in Swine: CABI, 2021.

Mann P, Goebel E, Barbarich J, et al. Use of a genetically defined double mutant strain of *Bordetella bronchiseptica* lacking adenylate cyclase and type Ⅲ secretion as a live vaccine. Infect Immun, 2007, 75(7): 3665-3672.

Marchioro S B, Maes D, Flahou B, et al. Local and systemic immune responses in pigs intramuscularly injected with an inactivated *Mycoplasma hyopneumoniae* vaccine. Vaccine, 2013, 31(9):1305-1311.

Marois C, Dory D, Fablet C, et al. Development of a quantitative Real-Time TaqMan PCR assay for determination of the minimal dose of *Mycoplasma hyopneumoniae* strain 116 required to induce pneumonia in SPF pigs. Journal of Applied Microbiology, 2010, 108(5):1523-1533.

Martha I Nelson1, Amy L Vincent. Reverse zoonosis of influenza to swine: new perspectives on the human-animal interface. Trends Microbiol, 2015, 23(3):142-153.

Matschullat G, Müller E, Mumme J, et al. Detection of toxin-producing strains of *Pasteurella multocida* in nasal and tonsil swabs, a possibility for the control of atrophic rhinitis in swine breeding herds? Parallel comparison with other research methods. Dtsch Tierarztl Wochenschr, 1994, 101(1):27-30.

Mattoo S, Miller J F, Cotter P A. Role of *Bordetella bronchiseptica* fimbriae in tracheal colonization and development of a humoral immune response. Infect Immun, 2000, 68(4):2024-2033.

McArthur J D, West N P, Cole J N, et al. An aromatic amino acid auxotrophic mutant of *Bordetella bronchiseptica* is attenuated and immunogenic in a mouse model of infection. Fems Microbiol Lett, 2003, 221 (1):7-16.

Medhekar B, Shrivastava R, Mattoo S, et al. *Bordetella* Bsp22 forms a filamentous type Ⅲ secretion system tip complex and is immunoprotective in vitro and in vivo. Mol Microbiol, 2009, 71(2):492-504.

Meyns T, Maes D, Calus D, et al. Interactions of highly and low virulent *Mycoplasma hyopneumoniae* isolates with the respiratory tract of pigs. Veterinary Microbiology, 2007, 120(1-2):87-95.

Meyns T, Van Steelant J, Rolly E, et al. A cross-sectional study of risk factors associated with pulmonary lesions in pigs at slaughter. The Veterinary Journal, 2011, 187(3):388-392.

Michiels A, Vranckx K, Piepers S, et al. Impact of diversity of *Mycoplasma hyopneumoniae* strains on lung lesions in slaughter pigs. Veterinary research, 2017, 48(1):2.

Miller L C, Laegreid W W, Bono J L, et al. Interferon type I response in porcine reproductive and respiratory syndrome virus-infected MARC-145 cells. Arch Virol, 2004, 149(12):2453-2463.

Morton D J, Madore L L, Smith Ann, et al. The heme-binding lipoprotein (HbpA) of *Haemophilus influenzae*: Role in heme utilization. Fems Microbiol Lett, 2005, 253(2):193-199.

Mullins M A, Register K B, Bayles D O, et al. *Haemophilus parasuis* exhibits IgA protease activity but lacks homologs of the IgA protease genes of *Haemophilus influenzae*. Vet Microbiol, 2011, 153(3-4):407-412.

Nagai S, Someno S, Yagihashi T. Differentiation of toxigenic from nontoxigenic isolates of *Pasteurella multocida* by PCR. J Clin Microbiol, 1994, 32(4):1004-1010.

Nathues H, et al. Herd-level risk factors for the seropositivity to *Mycoplasma hyopneumoniae* and the occurrence of enzootic pneumonia among fattening pigs in areas of endemic infection and high pig eensity. Transboundary & Emerging Diseases. 2014, 61(4):316-328.

Negrete-Abascal E, Tenorio V, García C, et al. *Actinobacillus pleuropneumoniae*: virulence and gene cloning. Arch Med Res, 1994, 25(2):229-233.

Nuwarda R F, Alharbi A A, Kayser V. An overview of influenza viruses and vaccines. Vaccines, 2021, 9(9): 1032; https://doi. org/10. 3390/vaccines9091032.

Opal S M, DePalo V A. Anti-inflammatory cytokines. Chest, 2000, 117(4):1162-1172.

Orsolya F, Zsuzsa K, Sulyok K M, et al. Genotyping *Mycoplasma hyopneumoniae* isolates based on multi-locus sequence typing, multiple-locus variable-number tandem repeat analysis and analysing gene p146. Veterinary Microbiology, 2018, 222:85-90.

Overend C, Mitchell R, He D, et al. Recombinant swine beta interferon protects swine alveolar macrophages and MARC-145 cells from infection with Porcine reproductive and respiratory syndrome virus. J Gen Virol, 2007, 88(Pt 3):925-931.

Overesch G, Kuhnert P. Persistence of *Mycoplasma hyopneumoniae* sequence types in spite of a control program for enzootic pneumonia in pigs. Preventive Veterinary Medicine, 2017, 145:67-72.

Pallarés F J, Lasa C, Roozen M, et al. Use of tylvalosin in the control of porcine enzootic pneumonia. Veterinary Record Open, 2015, 2(1):e000079.

Paradis S E, Dubreuil D, Rioux S, et al. High-molecular-mass lipopolysaccharides are involved in *Actinobacillus pleuropneumoniae* adherence to porcine respiratory tract cells. Infect Immun, 1994, 62(8):3311-3319.

Pennings A M, Storm P K. A test in vero cell monolayers for toxin production by strains of *Pasteurella multocida* isolated from pigs suspected of having atrophic rhinitis. Vet Microbiol, 1984, 9(5):503-508.

Pieters M G, Maes D. Mycoplasmosis. Diseases of swine, 2019.

Pieters M, Daniels J, Rovira A. Comparison of sample types and diagnostic methods for in vivo detection of *Mycoplasma hyopneumoniae* during early stages of infection. Veterinary Microbiology, 2017, 203:103-109.

Pieters M, Fano E, Pijoan C, et al. An experimental model to evaluate *Mycoplasma hyopneumoniae* transmission from asymptomatic carriers to unvaccinated and vaccinated sentinel pigs. Canadian Journal of Veterinary Research, 2010, 74(2):157-160.

Rafiee M, Bara M, Stephens C P, et al. Application of ERIC-PCR for the comparison of isolates of *Haemophilus parasuis*. Aust Vet J, 2000, 78(12):846-849.

Rajeev S, Nair R V, Kania S A, et al. Expression of a truncated pasteurella multocida toxin antigen in *Bordetella bronchiseptica*. Vet Microbiol, 2003, 94(4):313-323.

Ramjeet M, Deslandes V, GouréJ, et al. *Actinobacillus pleuropneumoniae* vaccines: from bacterins to new insights into vaccination strategies. Anim Health Res Rev, 2008, 9:25-45.

Rapp-Gabrielson V J, Gabrielson D A, Schamber G J. Comparative virulence of *Haemophilus parasuis* serovars 1 to 7 in guinea pigs. Am J Vet Res, 1992, 53(6):987-994.

Raymond B B A, Cheryl J, Lynne T, et al. Extracellular DNA release from the genome-reduced pathogen *Mycoplasma hyopneumoniae* is essential for biofilm formation on abiotic surfaces. Scientific Reports, 2018, 8 (1):1-12.

Raymond B B, Jenkins C, Seymour L M, et al. Proteolytic processing of the cilium adhesin MHJ _0194 (P123J) in *Mycoplasma hyopneumoniae* generates a functionally diverse array of cleavage fragments that bind multiple host molecules. Cellular Microbiology, 2015, 17(3):425-444.

Razin S, Yogev D, Naot Y. Molecular biology and pathogenicity of mycoplasmas. Microbiol Mol Biol Rev, 1998, 62(4):1094-1156.

Register K B, DeJong K D. Analytical verification of a multiplex PCR for identification of *Bordetella bronchiseptica* and *Pasteurella multocida* from swine. Vet Microbiol, 2006, 117(2-4):201-210.

Reicks D. Application of air filtration systems in swine operations. Paper Presented at the Iowa State University Swine Disease Conference for Swine Practitioners, 2009.

Riising H J, Empel P, van Witvliet M, et al. Protection of piglets against atrophic rhinitis by vaccinating the sow with a vaccine against *Pasteurella multocida* and *Bordetella bronchiseptica*. Vet Rec, 2002, 150(18): 569-571.

Rosinha G M, Freitas D A, Miyoshi A, et al. Identification and characterization of a *Brucella abortus* ATP-binding cassette transporter homolog to *Rhizobium meliloti* ExsA and its role in virulence and protection in mice. Infect Immun, 2002, 70(9):5036-5044.

Sacristán R D P. Treatment and control of *Mycoplasma hyopneumoniae* infections. Ghent University, 2014.

Savelkoul P H, de Kerf D P, Willems R J, et al. Characterization of the fim2 and fim3 fimbrial subunit genes of *Bordetella bronchiseptica*: roles of Fim2 and Fim3 fimbriae and flagella in adhesion. Infect Immun, 1996, 64(12):5098-5105.

Savelkoul P H, Kremer B, Kusters J G, et al. Invasion of HeLa cells by *Bordetella bronchiseptica*. Microb Pathog, 1993, 14(2):161-168.

Schaller A, Djordjevic S P, Eamens G J, et al. Identification and detection of *Actinobacillus pleuropneumoniae* by PCR based on the gene apxⅣA. Vet Microbiol, 2001, 79(1):47-62.

Shi M, Lam T T, Hon C C, et al. Phylogeny-based evolutionary, demographical, and geographical dissection of North American type 2 porcine reproductive and respiratory syndrome viruses. J Virol, 2010, 84 (17):8700-8711.

Shibata M, Kajio N, et al. Pathologic observations of pigs intranasally inoculated with serovar 1, 4 and 5 of *Haemophilus parasuis* using immunoperoxidase method. J Vet Med Sci, 1994, 56(4):639-644.

Sibila M, Pieters M, Molitor T, et al. Current perspectives on the diagnosis and epidemiology of *Mycoplasma hyopneumoniae* infection. The Veterinary Journal, 2009, 181(3):221-231.

Skehel J J, Wiley D C. Receptor binding and membrane fusion in virus entry: The influenza hemagglutinin. Annu Rev Biochem, 2000,69:531-569.

Smart N L, Miniats O P, MacInnes J I. Analysis of *Haemophilus parasuis* isolates from southern ontario swine by restriction endonuclease fingerprinting. Can J Vet Res, 1988, 52(3):319-324.

Snijder E J, Kikkert M, Fang Y. Arterivirus molecular biology and pathogenesis. J Gen Virol, 2013, 94: 2141-2163.

Stakenborg T, Vicca J, Butaye P, et al. A multiplex PCR to identify porcine mycoplasmas present in broth cultures. Veterinary Research Communications, 2006, 30(3):239-247.

Stephan Pleschka. Overview of influenza viruses. Curr Top Microbiol Immunol, 2013,370:1-20.

Strait E L, Madsen M L, Minion F C, et al. Real-time PCR assays to address genetic diversity among strains of *Mycoplasma hyopneumoniae*. Journal of clinical microbiology, 2008, 46(8):2491-2498.

Stärk K D, Nicolet J, Frey J. Detection of *Mycoplasma hyopneumoniae* by air sampling with a nested PCR assay. Applied and Environmental Microbiology, 1998, 64(2):543-548.

Sun Y K, Chen Y J, Cai Y, et al. Insights into the evolutionary history and epidemiological characteristics of the emerging lineage 1 porcine reproductive and respiratory syndrome viruses in China. Transbound Emerg Dis, 2020. DOI:10.1111/tbed.13613.

Thacker E, Minion F. Mycoplasmosis. Diseases of swine, 10th ed. Thacker E, Minion F. Mycoplasmosis I. Diseases of Swine. Ames, IA: Iowa State University Press, 2012.

Thanawongnuwech R, Thacker E L. Interleukin-10, interleukin-12, and interferon-gamma levels in the respiratory tract following *Mycoplasma hyopneumoniae* and PRRSV infection in pigs. Viral immunology, 2003, 16(3):357-367.

Tian K, Yu X, Zhao T, et al. Emergence of fatal PRRSV Variants: unparalleled outbreaks of atypical PRRS in China and molecular dissection of the unique hallmark. Plos One, 2007, 2:e526.

Tong G Z, Zhou Y J, Hao X F, et al. Highly pathogenic porcine reproductive and respiratory syndrome, China. Emerg Infect Dis, 2007, 13(9):1434-1436.

Utrera V, Pijoan C. Fimbriae in *A. pleuropneumoniae* strains isolated from pig respiratory tracts. Vet Rec, 1991, 128(15):357-358.

Vahle J L, Haynes J S, Andrews J J. Experimental reproduction of *Haemophilus parasuis* infection in swine: clinical, bacteriological, and morphologic findings. J Vet Diagn Invest, 1995, 7(4):476-480.

van Belkum A, Sluijuter M, de Groot R, et al. Novel BOX repeat PCR assay for high-resolution typing of *Streptococcus pneumoniae* strains. J Clin Microbiol, 1996, 34(5):1176-1179.

Vanderheijden N, Delputte P L, Favoreel H W, et al. Involvement of sialoadhesin in entry of porcine reproductive and respiratory syndrome virus into porcine alveolar macrophages. J Virol, 2003, 77(15): 8207-8215.

Vergauwen B, Elegheert J, Dansercoer A, et al. Glutathione import in *Haemophilus influenzae* Rd is primed by the periplasmic heme-binding protein HbpA. Proc Natl Acad Sci, 2005, 107(30):13270-13275.

Vranckx K, Maes D, Marchioro S B, et al. Vaccination reduces macrophage infiltration in bronchus-associated lymphoid tissue in pigs infected with a highly virulent *Mycoplasma hyopneumoniae* strain. BMC Veterinary Research, 2012, 8(1):1-7.

Wang C, Wang Y, Shao M, et al. Positive role for rApxⅣN in the immune protection of pigs against infection by *Actinobacillus pleuropneumoniae*. Vaccine, 2009, 27(42):5820-5821.

Wang H, Zhang Z, Xie X, et al. Paracellular pathway-mediated *Mycoplasma hyopneumoniae* migration across porcine airway epithelial barrier under air-liquid interface conditions. Infection and Immunity, 2020, 88(10).

Wang X, Sanjie C , Luhua Z, et al. Comparative proteome analysis of the extracellular proteins of two *Haemophilus parasuis* strains nagasaki and SW114. Biochem Biophys Res Commun, 2014, 446(4):997-1001.

Wang Y, Liang Y, Han J, et al. Attenuation of porcine reproductive and respiratory syndrome virus strain MN184 using chimeric construction with vaccine sequence. Virology, 2008, 371(2):418-429

Weber A, Wachowitz R, Singer H, et al. The detection of *Pasteurella multocida* toxin using a commercially available ELISA. Berl Munch Tierarztl Wochenschr, 1993, 106(10):328-330.

Wilson I A, Skehel J J, Wiley D C. Structure of the haemagglutinin membrane glycoprotein of influenza virus at 3 A resolution. Nature, 1981,289:366-373.

Woolley L K, Fell S A, Djordjevic S P, et al. Plasmin activity in the porcine airways is enhanced during experimental infection with *Mycoplasma hyopneumoniae*, is positively correlated with proinflammatory cytokine levels and is ameliorated by vaccination. Vet Microbiol, 2013, 164(1-2):60-66.

Woolley L K, Fell S A, Gonsalves J R, et al. Evaluation of recombinant *Mycoplasma hyopneumoniae* P97/P102 paralogs formulated with selected adjuvants as vaccines against mycoplasmal pneumonia in pigs. Vaccine, 2014, 32(34):4333-4341.

Woolley L K, Fell S, Gonsalves J R, et al. Evaluation of clinical, histological and immunological changes and qPCR detection of *Mycoplasma hyopneumoniae* in tissues during the early stages of mycoplasmal pneumonia in pigs after experimental challenge with two field isolates. Veterinary Microbiology, 2012, 161(1-2):186-195.

Wu W H, Fang Y, Rowland R R R, et al. The 2b protein as a minor structural component of PRRSV. Virus Res, 2005, 114:177-181.

Xian Q, Lun B C, Yong J J, et al. Antigenic and genetic characterization of a European avian-like H1N1 swine influenza virus from a boy in China in 2011. Arch Virol, 2013;158(1):39-53.

Xiao Y, A n T Q, Tian Z J, et al. The gene expression profile of porcine alveolar macrophages infected with a highly pathogenic porcine reproductive and respiratory syndrome virus indicates overstimulation of the innate immune system by the virus. Arch Virol, 2015, 160(3):649-662.

Xie F, Li G, Zhou L, et al. Attenuated *Actinobacillus pleuropneumoniae* double-deletion mutant S-8ΔclpP/apxIIC confers protection against homologous or heterologous strain challenge. BMC Veterinary Research, 2016, 13(1):14.

Yamada T, Komoto J, Saiki K, et al. Variation of loop sequence alters stability of cytolethal distending toxin (CDT): crystal structure of CDT from *Actinobacillus actinomycetemcomitans*. Protein Sci, 2006, 15(2):362-372.

Yokomizo Y, Shimizu T. Adherence of *Bordetella bronchiseptica* to swine nasal epithelial cells and its possible role in virulence. Res Vet Sci, 1979, 27(1):15-21.

Zhang B, Feng S, Xu C, et al. Serum resistance in *Haemophilus parasuis* SC096 strain requires outer membrane protein P2 expression. FEMS Microbiol Lett, 2012, 326(2):109-115.

Zhang B, He Y, Xu C, et al. Cytolethal distending toxin (CDT) of the *Haemophilus parasuis* SC096 strain contributes to serum resistance and adherence to and invasion of PK-15 and PUVEC cells. Vet Microbiol, 2012, 157(1-2):237-242.

Zhao G,Fan Q,Zhong L,et al. Isolation and phylogenetic analysis of pandemic H1N1/09 influenza virus from swine in Jiangsu province of China. Research in Veterinary Science, 2012,93(1):125-132.

Zhao K, Gao J C, Xiong J Y, et al. Two residues in NSP9 contribute to the enhanced replication and pathogenicity of highly pathogenic porcine reproductive and respiratory syndrome virus . J Virol, 2018, 92(7):e02209-02217.

Zhao K, Ye C, Chang X B, et al. Importation and recombination are responsible for the latest emergence of highly pathogenic porcine reproductive and respiratory syndrome virus in China. J Virol, 2015, 89(20):

10712-10716.

Zhou L, Zhang J, Zeng J, et al. The 30-amino-acid deletion in the NSP2 of highly pathogenic porcine reproductive and respiratory syndrome virus emerging in China is not related to its virulence. J Virol, 2009, 83 (10):5156-5167.

Zhou M, Zhang Q, Zhao J, et al. *Haemophilus parasuis* encodes two functional cytolethal distending toxins: CdtC contains an atypical cholesterol recognition/interaction region. PLoS One, 2012, 7(3):e32580.

Zhu H, ZHou B, Fan X, et al. Novel reassortment of Eurasian avian-like and pandemic H1N1/09 influenza virus in swine: infectious potential for humans. Journal of Virologe, 2011,85(20):10432-10439.

Zimmer F M A L, Paes J A, Zaha A, et al. Pathogenicity & virulence of *Mycoplasma hyopneumoniae*. Virulence, 2020, 11(1):1600.

（安同庆、鄢明华、王春来、辛九庆、潘巧）

国家奖

猪繁殖与呼吸综合征防制技术及应用

2010 年获得国家科学技术进步奖二等奖，完成单位为中国农业科学院哈尔滨兽医研究所。猪繁殖与呼吸综合征(PRRS)防制技术包括 PRRS 病毒(PRRSV)分离鉴定技术、PRRSV 抗体的免疫酶检测技术和 PRRS 系列疫苗的研制与应用 3 个方面，为我国 PRRS 的防制构建了系统、科学的技术平台。其创新点主要体现在：该技术平台整合疫病的监测技术和疫苗免疫控制技术，使之成为较为完善的 PRRS 防制技术体系。应用该技术平台，实现了对 PRRSV 在我国的流行特点和病原变异规律的动态监测，使 PRRS 的预防更具预测性、针对性和实用性。在国内率先研制成功的具有自主知识产权的 PRRS 系列疫苗，免疫效力均高于国外同类产品的水平，填补国内空白。该技术平台是疫病分子诊断技术和传统疫苗免疫技术的有机整合，并在推广、应用过程中产生了显著的经济和社会效益。该项技术已经成为我国防制 PRRS 的重要手段之一。特别 PRRS 灭活疫苗和活疫苗的研制成功，对我国较好的控制 PRRS 泛滥作用显著。PRRS 系列疫苗区域试验至今推广应用于除西藏、新疆之外的大陆所有的省、市、自治区。PRRSV 抗体的免疫酶检测技术已经广泛应用于现地，对监测 PRRS 的疫情流行情况和及时诊断 PRRS 发挥巨大作用。先后提供诊断试剂 1 730 万头份，为 16 个省(市)防控 PRRS 提供必要技术手段，实践证明，该项技术具有敏感特异、准确直观和简便快速的特点，已经广泛地应用于 PRRS 诊断、检测和口岸检疫。该科研成果为控制 PRRS 在我国的传播与蔓延发挥了重要作用，产生了显著的社会效益和经济效益。

安全高效猪支原体肺炎活疫苗的创制及应用

2015 年获得国家技术发明奖二等奖，完成单位为江苏省农业科学院兽医研究所。

猪支原体肺炎是世界范围内重要的猪传染病，感染率达 70%～90%，发病率在 40%以上，仅我国每年因此病造成的直接经济损失超过 100 亿元。国内外防控该病主要依靠抗生素和灭活疫苗，但抗生素易导致病原菌产生耐药性，灭活疫苗存在免疫期短、保护率低等缺陷。活疫苗具有免疫保护快、效力高等优势，是防控猪支原体肺炎的理想手段，但猪支原体肺炎活疫苗创制一直存在野毒的高效分离、强毒致弱的免疫原性保持、特别是弱毒株的无细胞培养等方面的世界性难题。项目围绕攻克这一难题，在国家科技攻关等项目资助下，历经 30 多年奋力攻关，成功创制了具有国际领先水平的猪支原体肺炎活疫苗，并实现了产业化推广应用，打破了国外灭活疫苗对我国市场的垄断，推动了猪支原体肺炎防控技术的进步和养猪业的健康发展。主要发明创造如下：

(1)发明了国际上首个无细胞培养的猪肺炎支原体克隆致弱株。创制了 KM2 无细胞培养基，创建了“病肺块浸泡法”分离培养技术，解决了猪肺炎支原体体外分离培养的技术难题，并从 12 个省(市)分离鉴定的 55 株猪肺炎支原体野毒中，成功筛选出具有超强毒力的安宁系 168 强毒株。独创了“KM2 无细胞培养-本种动物回归交替传代”的致弱技术，解决了猪肺炎支原体强毒传代致弱过程中毒力下降伴随免疫原性丧失的世界性难题，历经14年，连续继代致弱强毒株至322代以上，经多次固相克隆纯化，攻克了传统致弱方法难以避免的外源微生物、制剂污染的难关，最终育成国际上首个无细胞培养的安全高效猪肺炎支原体克隆致弱株，为活疫苗创制奠定了关键性基础。

(2)创制了免疫效力居国际领先水平的猪支原体肺炎活疫苗。优选出安全高效的肺内免疫途径，显著诱导猪呼吸道免疫保护，疫苗保护效率达80%～96%，免疫期达9个月。构建了高效低成本的疫苗生产新工艺，建立了人工发病模型和早期免疫程序，制订了疫苗制造与检验规程及质量标准，创制了国际上首个无细胞培养的猪支原体肺炎活疫苗，实现了符合现代药品生产质量管理规范要求的规模化生产，产品效价高、应激低，免疫效力达到国际领先水平。

(3)创建了猪支原体肺炎活疫苗配套技术体系。建立了猪肺炎支原体抗原与抗体快速敏感检测技术，制订了猪支原体肺炎诊断与综合防控技术标准，创建了猪支原体肺炎的早期检测、动态监测和综合防控等配套技术体系。活疫苗上市并广泛应用，改变了猪支原体肺炎疫苗防控完全依赖进口灭活疫苗的局面。

项目创制的活疫苗与进口灭活疫苗相比，保护率高20%，免疫期长3～5个月，疫苗成本低80%。在全国28个省(区、市)应用3 544.02万头份，直接收入8 279.71万元，新增税收973.08万元，新增社会经济效益60.81亿元。发表论文139篇，出版专著1部，他引384次，获国家授权发明专利4项、实用新型1项，国家二类新兽药证书1件，制定地方标准3项，获神农中华农业科技一等奖、大北农科技成果奖、中国技术市场协会金桥奖。

第 4 章 猪消化系统疫病

【本章提要】 猪消化系统疾病是危害养猪业的三大系统疾病之一，是安全养猪的"隐形杀手"。目前在我国引起猪只腹泻的病原主要有病毒和细菌，其中病毒引起的腹泻病会导致所有日龄的猪只发病，尤其是哺乳仔猪，发病率和死亡率可高达 100%。若不及时采取适当的措施，会因呕吐、腹泻、脱水引起的酸中毒而致死，严重制约养猪业的发展，同时也给养猪业造成巨大的经济损失。本章从我国生猪产业的实际情况出发，从猪冠状病毒、猪轮状病毒和大肠杆菌、魏氏梭菌、胞内劳森氏菌、猪痢疾密螺旋体引起的主要猪消化道疫病入手，重点分析不同病原引起的猪消化道疾病的特征，结合诊断与鉴别诊断方法确定病因，同时进一步阐述针对猪消化道疾病的最新防控技术及应用和未来 30 年的展望。

4.1 猪流行性腹泻

猪流行性腹泻（porcine epidemic diarrhea，PED）是由猪流行性腹泻病毒（porcine epidemic diarrhea virus，PEDV）引起的猪的一种急性、高度接触性传播的肠道疾病。该病主要以呕吐、腹泻、脱水和哺乳仔猪的高死亡率为特征。PED 于 1971 年首次在英格兰的架子猪和育肥猪中暴发，除 4～5 周龄以内的哺育仔猪不发病外，其他猪只均发病；1976 年英格兰的猪群中又发生了 PED，所有日龄的猪均能感染发病。随后，PED 在欧洲大陆其他国家陆续发生。自 20 世纪 70 年代起，PED 开始在我国、韩国、日本及东南亚地区流行，给亚洲养猪业造成了巨大的经济损失。自 2010 年冬季以来，PED 首先在我国华南地区的猪群中暴发，随后在我国大部分省份的猪群中暴发，给我国养猪业造成了巨大的经济损失。2013 年 2 月 PED 在美国俄亥俄州的猪群中首次暴发，随后蔓延至 30 多个州，重创了美国的养猪业，约 10% 的猪场破产。随后，加拿大、墨西哥、南美洲的部分国家及东亚的韩国、日本也暴发了 PED，给当地养猪业造成了严重的经济损失（Jung and Saif，2015；Lin et al.，2016）。目前，PED 已在欧洲、亚洲、北美洲和南美洲的养猪国家中流行。

4.1.1 病原学

PEDV 是具有囊膜球形或类球形的病毒粒子，直径为 95～190 nm，表面有长度约 18 nm 的纤突（Spike，S）蛋白，类似王冠。PEDV 对脂溶剂（乙醚、氯仿等）、福尔马林（1%）、无水碳酸钠（4%）、磷酸碘伏（1%）、氢氧化钠（2%）敏感。根据温度和相对湿度，PEDV 可以在宿主体外存活不同的时间。例如，在 4 ℃的浆液中，它可以存活至少 28 d；在 25 ℃的粪便污染的干饲料中，它可以存活 7 d；在 25 ℃的湿饲料中至少存活 14 d；在 25 ℃的湿饲料混合物中至少存活 28 d。PEDV 在 60 ℃以上失去传染性，在 37 ℃、pH 6.5～7.5 和 4 ℃、pH 5～9 的情况下稳定（OIE，2014）。

PEDV 是尼多目（*Nidovirales*）冠状病毒科（*Coronaviridae*）冠状病毒亚科（*Coronavirinae*）α-冠状病毒属（*Alphacoronavirus*）的成员。与 PEDV 同属的还有 *Alphacoronavirus* 1，包括猪传染

性胃肠炎病毒(transmissible gastroenteritis virus,TGEV)、犬冠状病毒(canine coronavirus, CcoV)和猫冠状病毒(feline coronavirus, FCoV)、人冠状病毒 229E(human coronavirus 229E,HCoV 229E)、人冠状病毒 NL63(human coronavirus NL63,HCoV NL63)、长翼蝠冠状病毒 1(miniopterus bat coronavirus 1)、长翼蝠冠状病毒 HKU8(miniopterus bat coronavirus HKU8)、菊头蝠冠状病毒 HKU2(rhinolophus bat coronavirus HKU2)和黄蝠冠状病毒 512(scotophilus bat coronavirus 512)。PEDV 和其他猪肠道冠状病毒如 TGEV,没有交叉免疫。

PEDV 是一种单股正链不分节段的 RNA 病毒,其基因组大小约为 28 kb,5′端有帽子结构,3′端有多聚腺苷酸(Poly A)尾巴。从左至右,依次是 5′非编码区(untranslated region,UTR)、开放阅读框(open reading frame,ORF)1、S 基因、ORF3、小包膜(envelope,E)基因、膜(membrane,M)基因、核衣壳(nucleocapsid,N)基因和 3′UTR。ORF1 又分为 ORF1a 和 ORF1b,占据 5′近端基因组的 2/3,分别编码多聚蛋白 PP1a、PP1ab;PP1a、PP1ab 在病毒蛋白酶的作用下分别产生 11 个非结构蛋白(Nsp1~11)和 5 个非结构蛋白(Nsp12~16),合计产生 16 种非结构蛋白。3′近端基因组区域中的 ORFs(S,E,M,N,ORF3)分别编码 4 种结构蛋白:150~220 kD 糖基化的 S 蛋白,7 kD 的 E 蛋白,20~30 kD 的 M 蛋白,58 kD 的 N 蛋白和辅助蛋白 ORF3(图 4-1)(Lee,2015)。

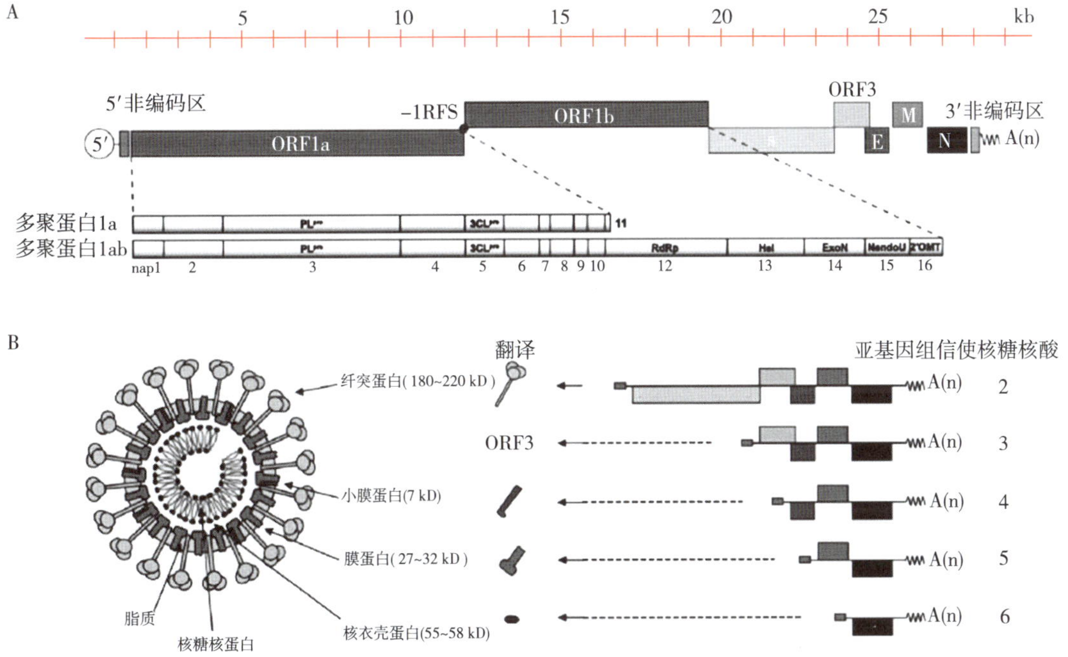

图 4-1 PEDV 基因组和病毒粒子结构(Lee,2015)

在 PEDV 结构蛋白中,S 蛋白是病毒粒子囊膜上的Ⅰ型糖蛋白,以三聚体的形式存在于病毒粒子表面,其在病毒进入宿主期间与细胞受体相互作用并刺激宿主产生中和抗体。此外,它与病毒在体外环境生长适应性及在体内毒力致弱有关。因此,PEDV S 糖蛋白通常用于确定 PEDV 分离株之间的遗传相关性,以及用于开发相关诊断分析产品和研发有效疫苗。M 蛋白是病毒囊膜中最丰富的成分,是病毒组装过程所必需的,也可以引发具有病毒中和活性的保护性抗体的产生。E 蛋白在冠状病毒出芽期间起重要作用,E 和 M 蛋白的共表达可形成冠状病毒样病毒粒子。ORF3 作为 PEDV 中唯一的辅助基因表达的蛋白，被认为起到离子通道的作用并影响病毒毒力(Wang et al.,2012)。

N 蛋白在病毒复制和冠状病毒病变的发病机制中具有多种功能。一般来说，在冠状病毒组装期间，冠状病毒的 N 蛋白与病毒基因组 RNA 相互作用并与其他 N 蛋白分子结合以保护病毒基因组，成为螺旋核衣壳的关键基础。笔者所在团队在研究中发现 PEDV 在感染细胞的细胞质中复制，但其 N 蛋白却特异性地定位于细胞核中，核转运机制及 N 是否与特定的核仁成分相关尚不清楚。研究发现核仁磷蛋白(NPM1)与 N 蛋白相互作用并定位于核仁中，体外研究表明 N 蛋白 148～294 位氨基酸和 NPM1 118～188 位氨基酸是两者相互结合的关键位点。有趣的是，N 蛋白进出核仁并不依赖于 NPM1 在细胞核和细胞质之间穿梭的能力。过表达 NPM1 能够促进 PEDV 复制，而下调 NPM1 则抑制 PEDV 的复制(图 4-2)。此外，N 蛋白与 NPM1 的结合保护其免受胱天蛋白酶-3(Caspase-3)的蛋白水解降解，导致细胞存活增加，从而促进 PEDV 的复制(Shi et al.,2017)。

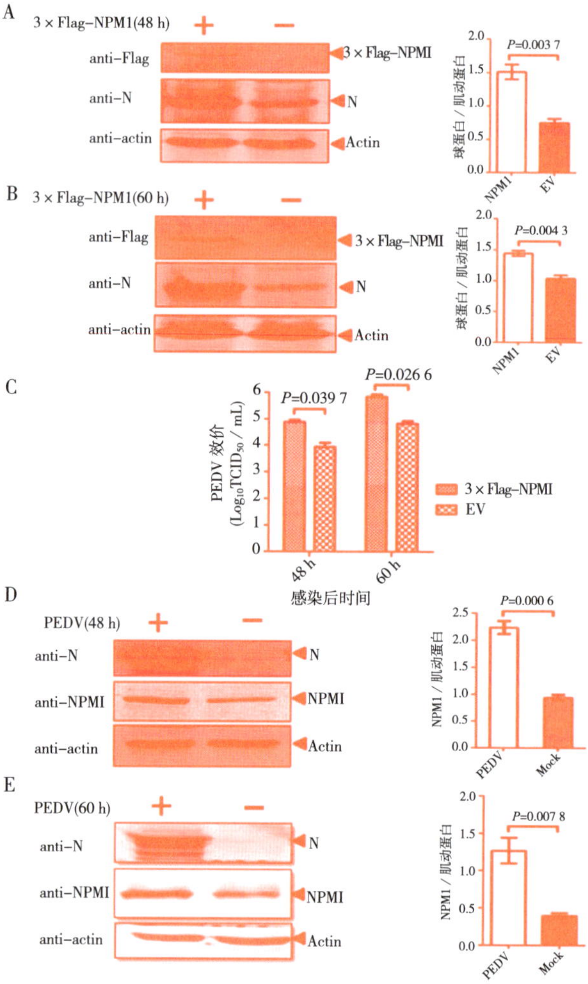

图 4-2 NPM1 过表达(A～E)/沉默表达(A～C)对 PEDV 复制的影响

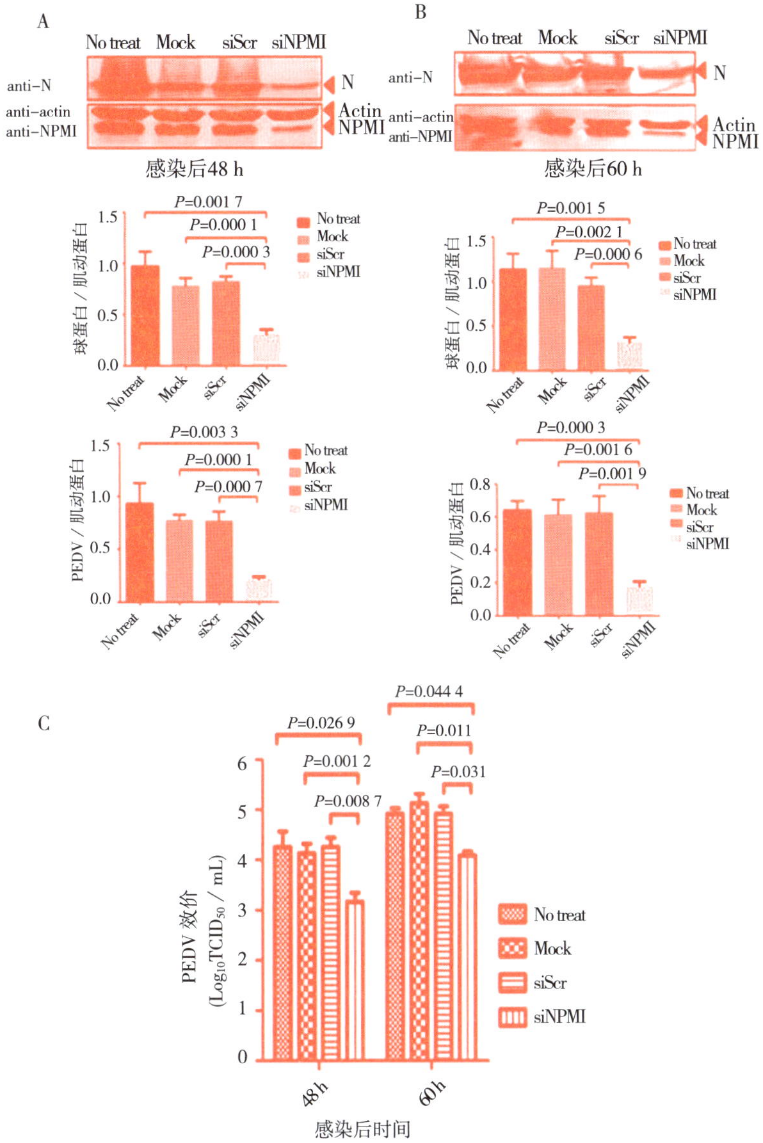

续图 4-2

随着干细胞技术的发展,体外培养的人或鼠肠类器官能模拟体内肠上皮结构。笔者所在研究团队从猪不同肠段分离肠隐窝干细胞,其能够在体外 7 d 后分化成肠类器官,能重现肠上皮多种细胞类型的复杂结构,且能连续传代和冻存复苏。通过荧光定量 PCR(qPCR)和间接免疫荧光(IFA)检测发现小肠类器官对 PEDV 易感,能产生感染性病毒颗粒($TCID_{50}$ 达 10^4/ mL)。IFA 检测证实 PEDV 可以感染多种类型的细胞(绒毛上皮细胞、干细胞和杯状细胞)。进一步通过 qPCR 和 IFA 检测,发现回肠类器官和结肠类器官表现出不同肠段对 PEDV 敏感性的差异,与体内感染结果一致,表明肠类器官保留着宿主遗传特性。还发现临床分离株 PEDV-JMS 比细胞适应株 PEDV CV777 在回肠类器官中复制得更好。通过 qPCR 检测发现 PEDV 在感染早期抑制回肠类器官中 IFN 产生,并且在回肠类器官中 IFN-λ1 比 IFNα诱导更强的抗病毒基因的表达(ISG15、MxA、OASL和IFITM1),更有效抑制PEDV感染(Li et al.,2019)。

4.1.2 流行病学

PED一年四季均可发生,主要发生于每年的12月份至次年的2月份,有时夏季高温季节也有发生。PED主要在家猪中发生和流行,偶尔也见于人工饲养的野猪。PED不是人畜共患病,不会给人及其他动物和食品安全造成危害。PED主要侵害7日龄以内仔猪,仔猪出生后2~3 d(最短是6 h)发病。有些猪场PED反复发作,间隔2~3周又有新的哺乳仔猪群发病。新生仔猪发病后精神不振,食欲减退,呕吐物含凝乳块,排黄色、灰色或黄绿色水样粪便,挤压腹部时立即喷出水样稀粪。多数仔猪发病后2~4 d死亡,发病率可达60%~100%,死亡率高达100%。在保育猪和育肥猪中,发病率为20%~80%,但是没有死亡或死亡率很低。成猪发病后,食欲减退,精神稍差,排稀粪,5~7 d后可自然恢复,但成年猪无死亡,病死率随年龄增长而降低。成年母猪表现一过性症状(腹泻)并伴有泌乳量下降现象。

PED主要是通过口-粪途径进行传播,直接传播是通过摄入PEDV污染的饲料、饮水等而发生的。间接传播是通过被污染的车辆(包括饲料卡车、服务车辆)以及人员、设备或其他类型的粪便污染物(包括饲料)而进行的。人们将污染的猪血产品(如喷雾干燥的血浆)掺入口粮中喂养仔猪,已被认为是传播病毒的一种途径。但是,多项实验研究表明,只要遵循良好的生产规范和生物安全标准,喷雾干燥的猪血浆就不能成为传染性病毒的来源。已确定用于猪只运输的受污染车辆是传播疾病的重要危险因素。近年来笔者实验室和国内大学、科研院所的同行们先后在哺乳患病仔猪的母猪乳汁中检测到PEDV核酸(Chen et al.,2013);此外,部分猪场的技术人员将哺乳患病仔猪的母猪乳汁给健康的哺乳仔猪或断奶仔猪口服后能够引起其发病。这些结果说明感染母猪可通过乳汁排毒,从而引起哺乳仔猪发病。

PED的潜伏期为1~4 d,感染期可在首次出现临床症状后持续6~35 d。2~4周龄的猪人工感染PEDV后可在数天内检测到病毒血症。PEDV主要来自病猪或死猪的粪便。

根据全长S基因构建的系统发育树分析结果表明,PEDV流行毒株主要分为2个基因型(图4-3),即G1型(经典毒株,国外又称S基因缺失插入型)和G2型(变异毒株,国外又称非S基因缺失插入型),二者的主要差异为G2型的S基因及其编码蛋白存在核苷酸及氨基酸缺失/插入现象和大量的点突变现象,这些变化主要集中在S基因5′端的1 200个核苷酸和S蛋白N端400个氨基酸内。我国PEDV流行毒株在2010年以前主要以G1型为主,2010年以后主要以G2型为主(Chen et al.,2013)。近年来,在北美、南美、东南亚、韩国及日本的流行毒株也是以G2型为主。2017—2018年在日本和北美的PEDV流行毒株中又发现了S基因大片段(582~648个核苷酸)缺失毒株,这些缺失主要位于S基因5′端的28~723核苷酸之间,从而导致其编码的S蛋白在N端10~241氨基酸之间缺失194~216个氨基酸。这些S基因大片段缺失毒株在临床上能够引起猪只的轻度腹泻和呕吐(Diep et al.,2017;Su et al.,2018)。目前,在我国猪群中还没有发现S基因大片段缺失的PEDV流行毒株。

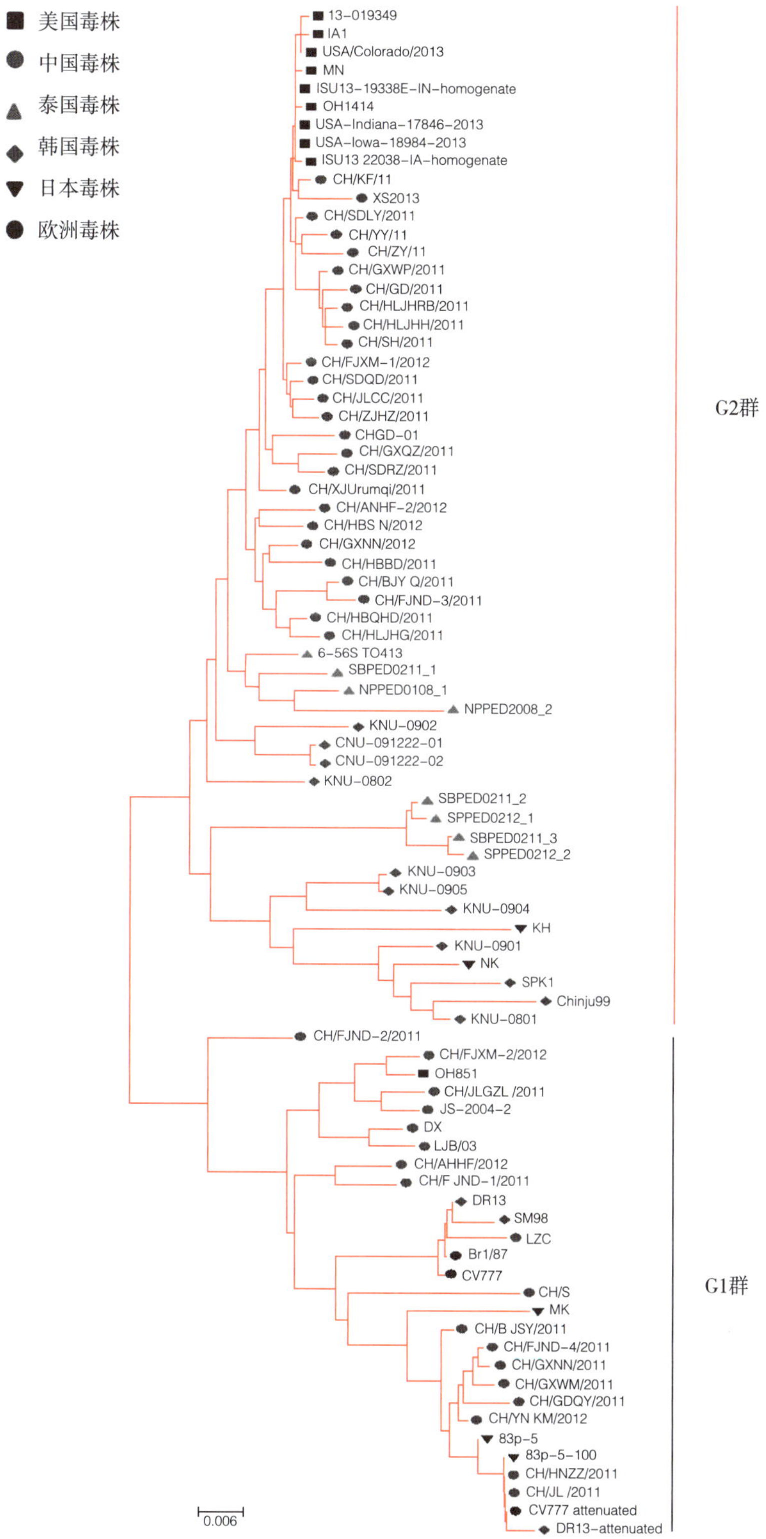

图 4-3 PEDV 流行毒株遗传演化分析(全长 S 基因)

4.1.3 致病机制

PEDV 经口和鼻感染后入小肠，侵染仔猪的部位主要包括空肠后半段、回肠等器官的柱状上皮细胞，而其他脏器内至今未发现病毒增殖。PEDV 的增殖主要在粗面内质网上，主要以出芽方式进行。经粗面内质网破裂后，PEDV 粒子进入细胞质，并与其融合而突出胞外。病毒主要造成肠黏膜上皮细胞及其相关细胞器的损伤，从而将会出现细胞功能障碍，如肠上皮吸收表面积的减少，腹泻的主要原因就是吸收表面积的减少造成的消化、吸收的紊乱。由于严重腹泻可以导致脱水进而引起病猪的死亡。同时感染 PEDV 后，肠上皮细胞的 ATP 酶活性降低或缺乏，碱性磷酸酶含量也会显著减少，引起营养物质吸收障碍，晶体渗透压升高，导致仔猪因脱水、衰竭而死亡。

PEDV 基因组复制与其他冠状病毒相似，病毒粒子通过膜融合侵入宿主细胞内，然后释放其具有感染性的基因组 RNA。首先，ORF1 翻译一个多聚前体蛋白质，经共转译处理后产生 RNA 依赖性 RNA 聚合酶(RdRp)和其他合成病毒 RNA 的蛋白质，RdRp 以基因组 RNA 为模板转录产生负链 RNA，然后以负链 RNA 为模板合成不同长度的亚基因组 mRNA(sgmRNA)和基因组 RNA，所有 sgmRNA 的共同特征是 5′端有与基因组 RNA 相同的 L 序列、3′端有一套相同的重叠序列。一般情况下，每个 sgmRNA 翻译合成其 5′端 ORF 所编码的一种蛋白质，这样不同的 sgmRNA 在细胞质中合成了病毒所有结构蛋白。N 蛋白与新合成的基因组 RNA 在细胞质中形成螺旋的核衣壳，核衣壳与固定在内质网和高尔基体之间空隙的 M 蛋白结合后再与 E 蛋白结合，E 蛋白和 M 蛋白相互作用促使病毒粒子出芽，形成包裹的核衣壳。最后，包裹的核衣壳与在高尔基体内经糖基化等修饰的三聚体 S 蛋白结合形成成熟的病毒粒子，通过类似融合的胞吐作用释放到细胞外。成熟的病毒粒子通过粪便或呕吐物排放到环境中，病毒再通过口-粪途径或泌乳母猪的乳汁感染易感猪只，从而在猪群中进行传播。

笔者所在研究团队发现 PEDV 感染上皮细胞后破坏了紧密连接蛋白(occludin)与其细胞内位置的紧密连接分布。靶细胞过表达 occludin 后对 PEDV 更易感，然而利用小 RNA 干扰技术沉默靶细胞中 occludin 后，显著降低了它们对病毒的易感性。然而，occludin siRNA 干扰所观察到结果表明 occludin 并不是病毒吸附所必需的。我们认为 occludin 在后结合阶段的 PEDV 感染中发挥重要作用。此外，研究表明巨胞饮作用抑制剂阻断了 occludin 内化和病毒入侵，表明病毒入侵和 occludin 内化是紧密耦合的。然而，一旦病毒进入宿主细胞，巨噬细胞增多抑制剂就不能阻止病毒复制。这表明通过巨胞饮作用或类巨细胞吞作用过程的 occludin 内化参与病毒入侵事件。免疫荧光共聚焦显微镜显示，在巨噬细胞增多抑制剂处理后，PEDV 被捕获在细胞连接区域，表明 occludin 可以作为病毒入侵的支架(图 4-4)。这些数据表明，occludin 在晚期 PEDV 感染进程中起着重要作用，研究结果为 PEDV 感染和相关的发病机制提供了新的见解(Luo et al.,2017)。

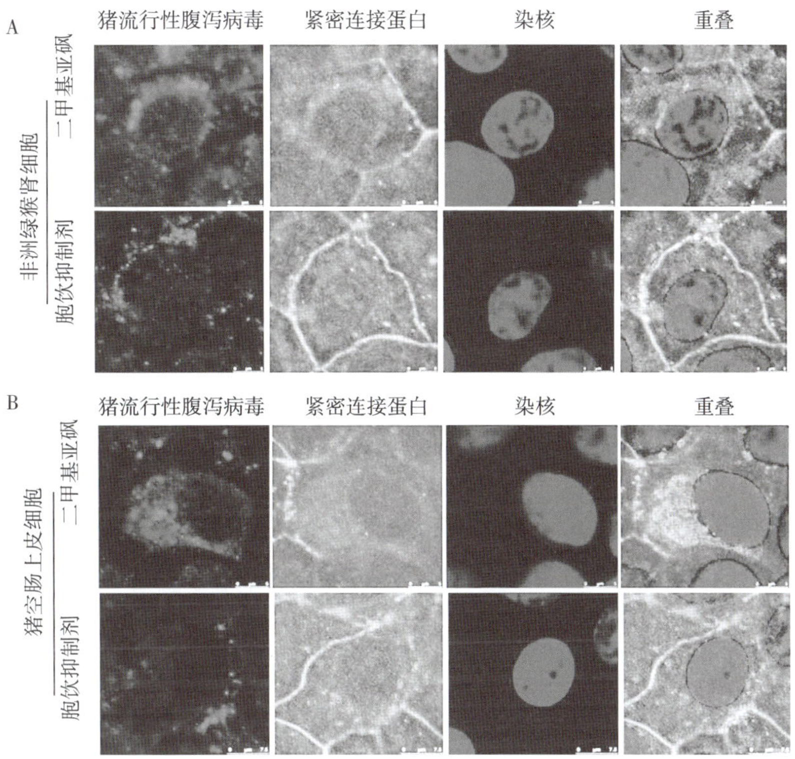

图 4-4 紧密连接蛋白 occludin 在 PEDV 进入细胞中起重要作用

4.1.4 免疫机制

笔者所在研究团队对 PEDV G1/G2 基因型毒株抗原差异性进行了分析。首先利用真核表达系统获得了 G1/G2 毒株的全长 S 蛋白，用两组 S 蛋白分别免疫小鼠，免疫组 IgG 抗体均在免疫后 14 d 开始显著升高（$P<0.05$），在 21 d 开始极显著升高（$P<0.01$），但 G1 型毒株 CV777 S 蛋白免疫组与 G2 型毒株 LNCT2 S 蛋白免疫组间没有显著差异。两组 S 蛋白产生的鼠源多抗均能与不同基因型毒株感染细胞后产生的天然 S 蛋白发生反应（图 4-5），研究结果表明 PEDV 虽然有 2 个基因型，但血清型只有 1 个。

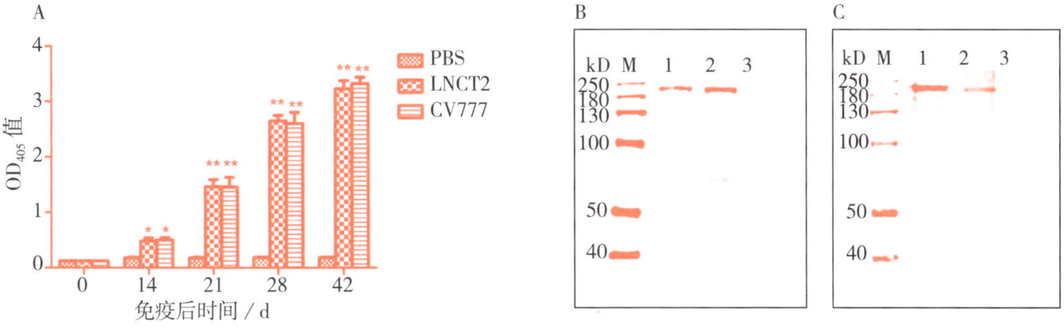

图 4-5 PEDV G1/G2 型毒株 S 蛋白的表达及免疫原性分析

A. S 蛋白免疫小鼠后 IgG 抗体变化趋势 B. 抗 S_{CV777} 多抗与两种基因型病毒天然 S 蛋白之间的反应 C. 抗 S_{LNCT2} 多抗与两种基因型病毒天然 S 蛋白之间的反应 M：蛋白 marker；1：CV777；2：LNCT2；3：对照

间接ELISA结果表明：抗S蛋白多抗与同型毒株S蛋白反应效价可达1∶204 800，与不同型毒株S蛋白反应效价为1∶102 400。间接免疫荧光（IFA）结果表明：抗S蛋白PAb针对同型毒株反应产生荧光时抗体最大稀释倍数为1∶51 200，针对不同型毒株反应产生荧光抗体最大稀释倍数为1∶25 600。中和试验结果表明：抗CV777毒株S蛋白多抗中和CV777的抗体效价为1∶336，而中和LNCT2的抗体效价为1∶150；抗LNCT2毒株S蛋白多抗中和LNCT2的抗体效价为1∶387，而中和CV777的抗体效价为1∶230（图4-6）。综上所述，ELISA、IFA、中和（SN）试验证明G1与G2基因型毒株间产生了一定的抗原变异（Wang et al.，2016）。

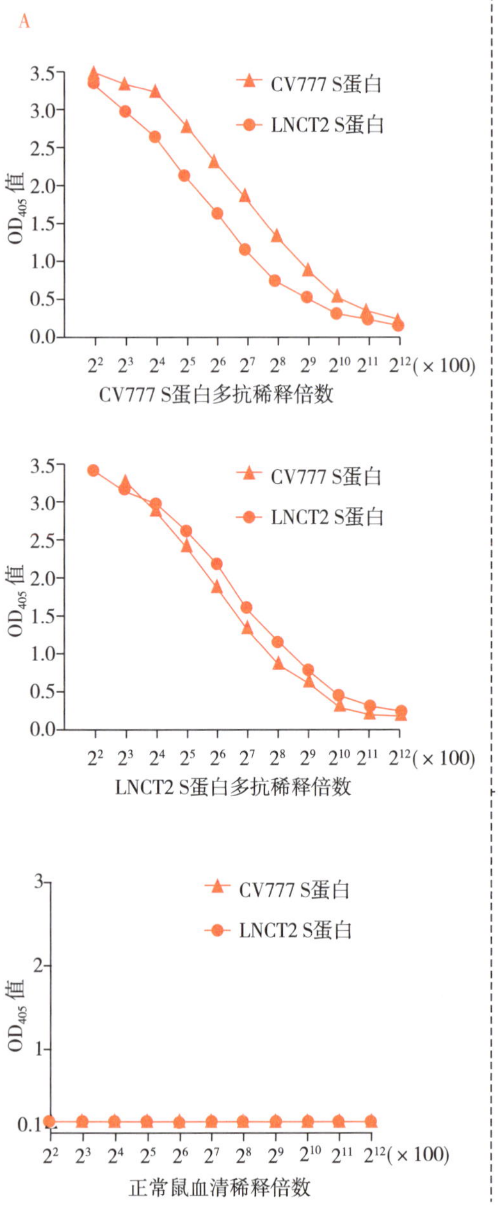

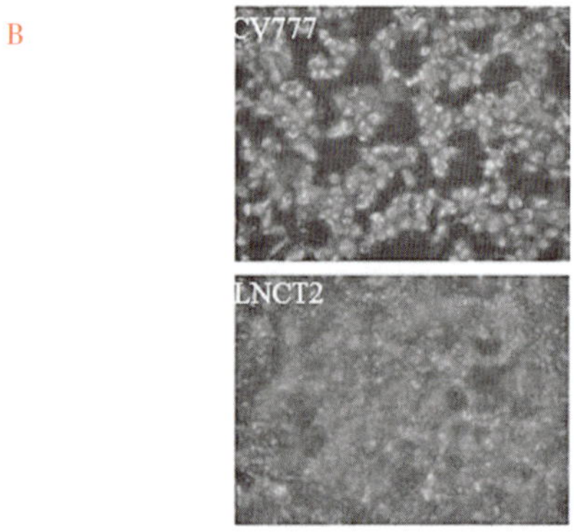

毒株	CV777 S蛋白多抗稀释倍数						
	1 600	3 200	6 400	12 800	25 600	51 200	102 400
CV777	+++	+++	++	++	+	+	–
LNCT2	+++	+++	++	++	+	–	–
Vero E6	–	–	–	–	–	–	–

毒株	LNCT2 S蛋白多抗稀释倍数						
	1 600	3 200	6 400	12 800	25 600	51 200	102 400
LNCT2	+++	+++	++	++	+	+	–
CV777	+++	+++	++	++	+	–	–
Vero E6	–	–	–	–	–	–	–

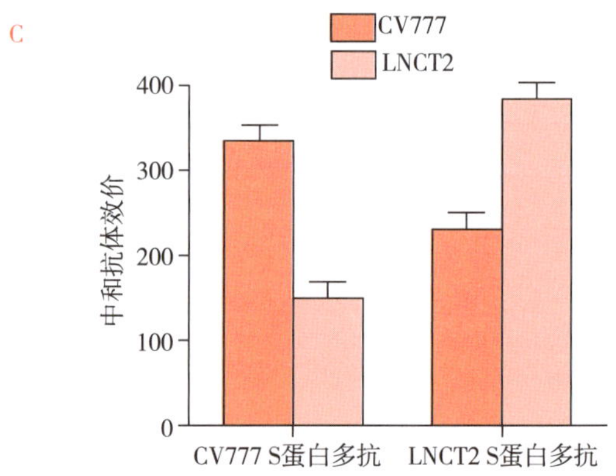

图4-6　S蛋白多抗与不同基因型病毒之间的作用

A，间接ELISA结果　B，间接免疫荧光（IFA）结果　C，中和试验结果近年来天然免疫成了研究热点。笔者所在团队经系统性研究首次发现，猪流行性腹泻病毒对Ⅰ型干扰素(对抗病毒分子)具有一定耐受能力(图 4-7A)。其机制为猪流行性腹泻病毒感染可特异性降解靶细胞干扰素信号通路的重要分子 STAT1(信号转导与转录激活子 1)，从而降低靶细胞内磷酸化 STAT1 的水平，进而抑制靶细胞产生抗病毒免疫分子(干扰素)的能力(图 4-7B)。进一步研究表明，STAT1 的降解是由于猪流行性腹泻病毒感染诱导该蛋白泛素化蛋白酶体的降解途径(图 4-7C)。当特异性抑制靶细胞内蛋白酶体活性提高 STAT1 表达水平时，靶细胞提高了限制猪流行性腹泻病毒感染复制能力(图 4-7D)。该研究阐明了猪流行性腹泻病毒感染抑制细胞干扰素信号通路的作用机制，明确了对传统冠状病毒抵御机体免疫应答的认识，为猪流行性腹泻病毒等冠状病毒致病机制研究提供了新思路，为针对该病药物研究提供了新靶点，为该病防控提供了新策略(Guo et al.，2016)。

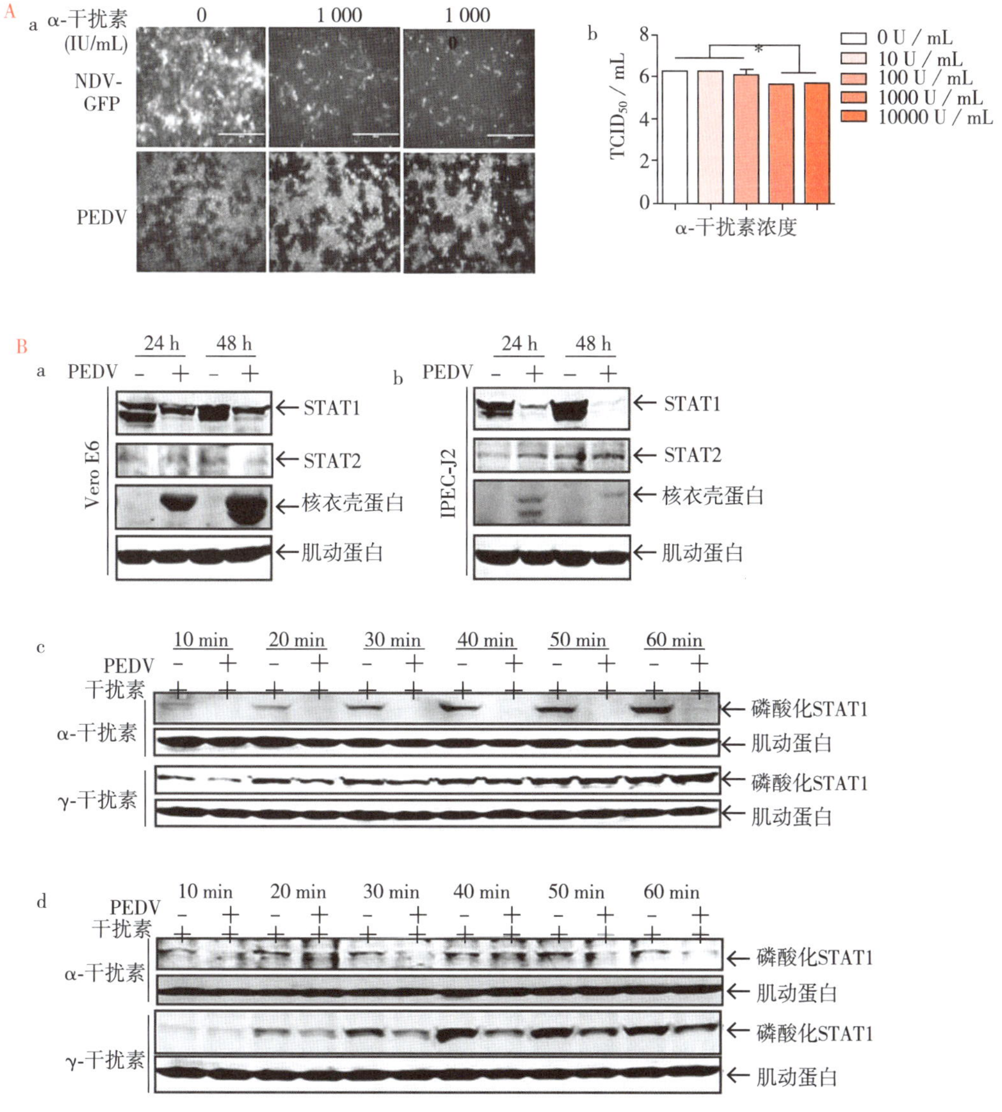

图 4-7 PEDV 感染抑制Ⅰ型干扰素信号通路

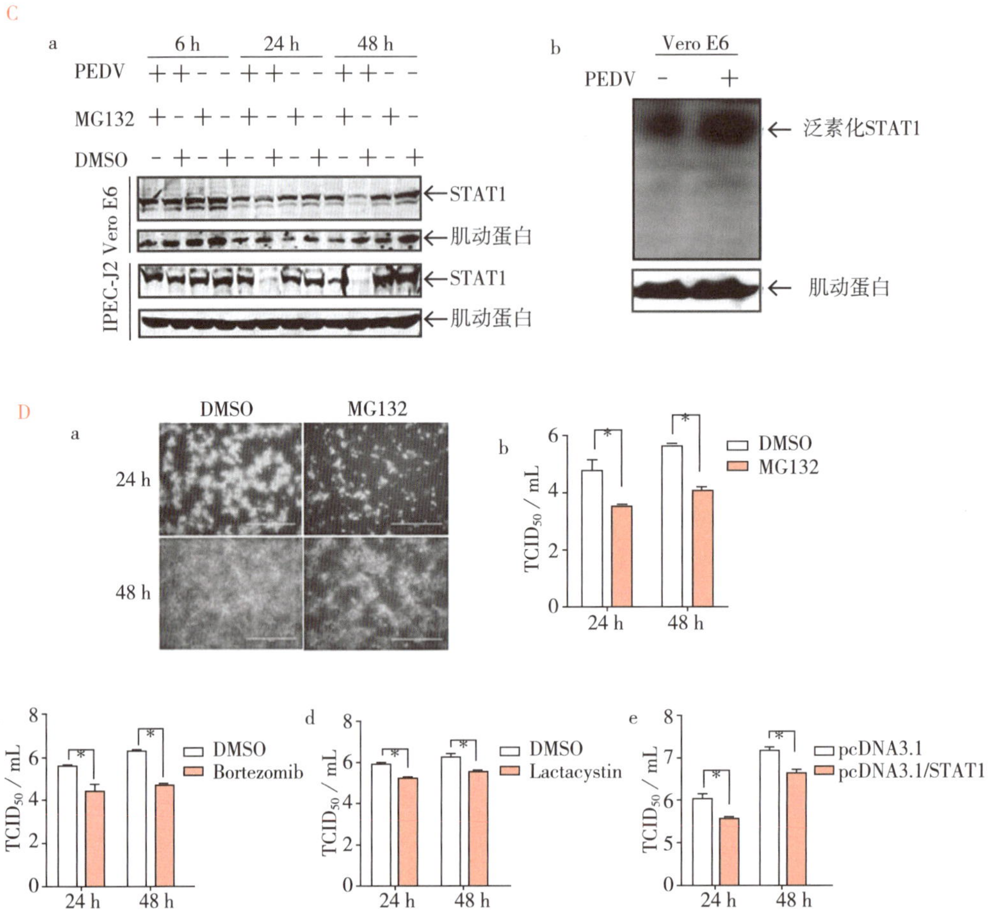

续图 4-7

Ⅲ型干扰素(IFN-λ)属于 IL-10 家族成员，主要作用于黏膜上皮细胞。前期研究表明猪 IFN-λ3 比 IFN-α 更有效地抑制 PEDV 感染，但其抗病毒差异的机制尚不清楚，尤其是 IFN-λ3 诱导的转录谱。为解析猪 IFN-λ3 抗黏膜病毒的分子机制以及与 IFN-α 抗 PEDV 活性的差异，通过 RNA-seq 比较了两种 IFN 在猪小肠上皮细胞(IPEC-J2)诱导的基因转录谱，发现 IFN-λ3 处理 IPEC-J2 细胞后诱导 997 个基因差异表达而 IFN-α 只诱导 126 个基因差异表达，其中共同诱导差异表达基因 110 个。转录谱富集分析表明，IFN-λ3 比 IFN-α 参与调控 IPEC-J2 细胞中更多的细胞组分、分子功能等生物学过程，激活更多的信号通路，尤其是 JAK-STAT 信号通路。通过 q PCR 在 IPEC-J2 和小肠类器官上验证了 RNA-seq 结果，证实 IFN-λ3 比 IFN-α 更有效上调 ISGs 表达(MX2、IFIT3、OASL、OAS1、RSAD2 和 PLAC8)。通过克隆表达 IFN-λ3 诱导前 10 个基因中的 *rsad*2 和 *mx*2 基因，证实猪 RASD2 和 MX2 呈剂量依赖性，能显著抑制 PEDV 的感染(李亮，2019)。

表皮生长因子受体(EGFR)是一种跨膜酪氨酸受体，介导各种细胞事件以及几种类型的人类癌症。笔者所在研究团队首次分析了 EGFR 在 PEDV 感染中的作用(Yang et al.，2018)，发现 PEDV 感染后诱导 EGFR 激活，激活后的 EGFR 与 STAT3 级联从而激活了 STAT3 信号通路，负调控Ⅰ型干扰素，从而削弱了Ⅰ型干扰素的抗病毒活性，促进病毒复制。

体外过表达 EGFR 能够促进 PEDV 的复制，抑制或沉默 EGFR 则减少或降低 PEDV 的复制。PEDV 感染后诱导 STAT3 激活，负调控干扰素集落刺激因子的表达，促进病毒的复制。宿主细胞用 STAT3 抑制剂 S3I-201 处理后，再接种 PEDV 后，则发现病毒增殖受到影响（图 4-8）。

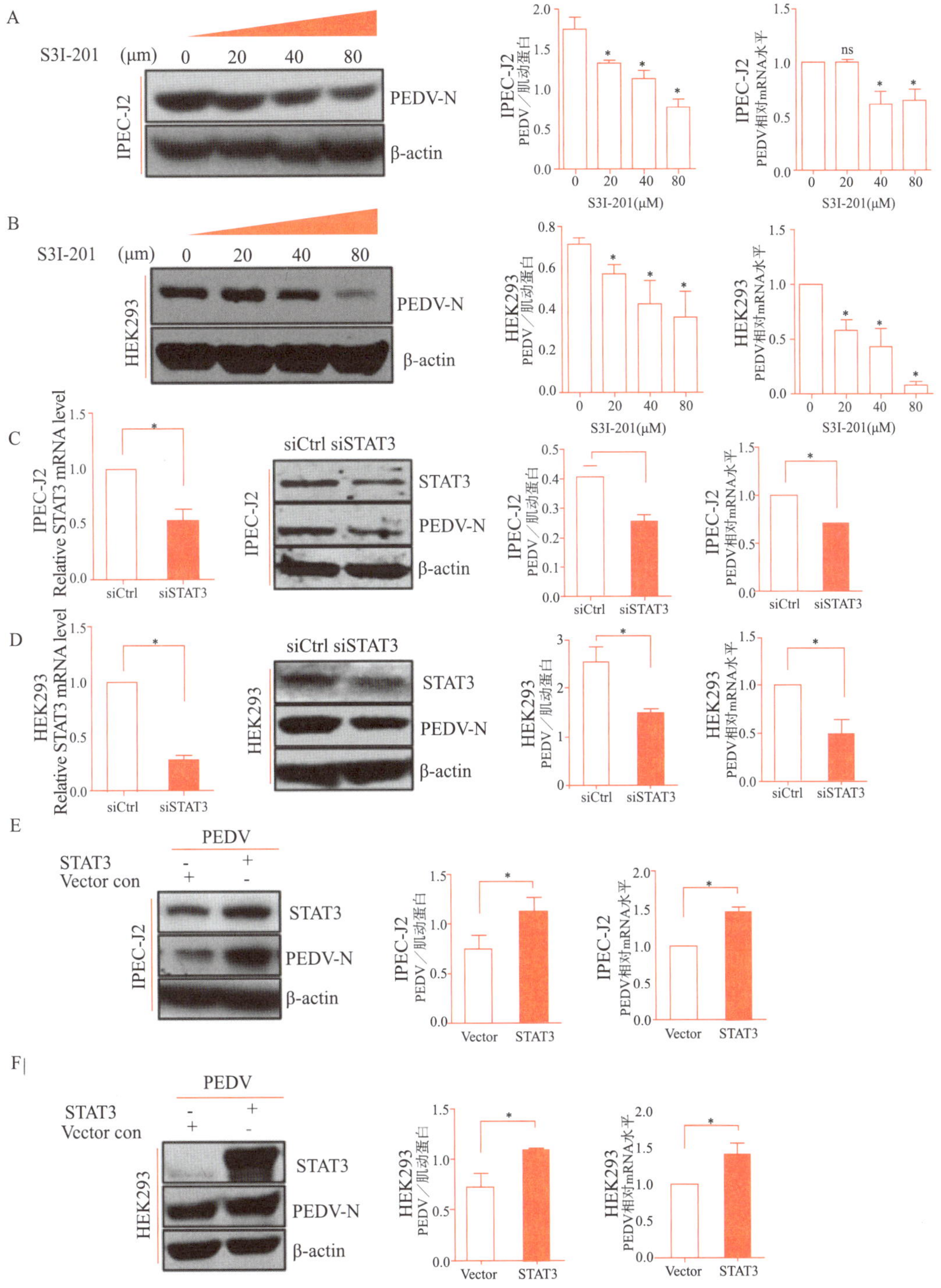

图 4-8 STAT3 抑制剂 S3I-201 抑制 PEDV 复制

在病毒性腹泻的免疫机制中，黏膜免疫具有非常重要的作用。肠道黏膜分泌的 IgA 抗体能抵御入侵的病原菌。口服疫苗能刺激黏膜免疫，并能产生黏膜和血清保护性 IgA 抗体，是预防肠道传染病的有效途径。转基因植物作为口服疫苗有可能产生理想的黏膜免疫反应，从而达到预防病毒性腹泻病的目的。2003 年，韩国 Bae 等将 PEDV 中和表位区域 COE 基因转入烟草，构建了表达抗原的转基因烟草。利用表达的抗原口服免疫小鼠，试验结果表明，能有效地诱导产生保护宿主细胞免受 PEDV 感染的体液和黏膜免疫应答。尽管在烟草中表达的 PEDV 表位有抗原决定簇，但是外源抗原在烟草中表达水平低限制了转基因植物疫苗的发展。为此，2005 年，Kang 等在无尼古丁的烟草中表达了合成的 PEDV 中和表位基因，外源抗原的表达量占全部可溶性植物蛋白的 2.1%，大约是天然基因表达量的五倍，为可食转基因植物疫苗的研究奠定了基础。

乳酸杆菌作为微生态制剂中的主要益生菌，广泛应用于食品、饲料加工业。构建乳酸杆菌质粒载体，表达在黏膜系统中增殖的病原微生物的保护性抗原基因，制备绿色环保、可食用的多功能黏膜免疫的微生态制剂疫苗应用前景广阔。侯喜林等用干酪乳酸杆菌表达的重组 PEDV N 蛋白，经口服和鼻内接种妊娠母猪和小鼠，在黏膜免疫的小鼠或猪体内没有检测到具有抗 PEDV 感染的中和活性抗体，但是初乳中 IgA 的水平明显比 IgG 的水平高，哺育仔猪的 IgG 水平也明显提高。研究结果表明表达的重组 N 蛋白能够诱导产生抗 PEDV N 抗原的高水平的黏膜型 IgA 和循环性 IgG 免疫应答。葛俊伟等先后构建了表达 PEDV N 基因和中和抗原位点的重组干酪乳杆菌，并将表达的外源蛋白口服免疫小鼠。研究结果表明重组干酪乳杆菌表达的重组 PEDV N 蛋白和重组 PEDV COE 蛋白具有良好的免疫原性，可以刺激肠道产生局部免疫应答，又可诱导产生系统特异性免疫应答。经口免疫小鼠能激发出特异性的体液免疫和细胞免疫，在小鼠体内显示了很好的免疫效力，为口服疫苗的研制奠定了基础。

7 周龄的普通商品猪以口服的方式感染 non-S INDEL（S 基因无插入和缺失）PEDV，对感染前 7 d 至感染后 42 d 血清中 IgG 的抗体水平进行研究发现，血清中针对 S 蛋白 S1 片段的抗体在感染后 7 d 就可以检测到，10 d 后可以检测到针对 N 和 M 蛋白的抗体，但是针对 E 蛋白的抗体始终检测不到。抗体水平在感染后 14～17 d 达到高峰，在感染后 42 d 仍然可以检测到。针对 S1 产生的 IgG 抗体与其他猪肠道冠状病毒，如 TGEV、PRCV 和猪德尔塔冠状病毒（PDCoV）并不能反应，说明 S 蛋白是 PEDV 感染最敏感及特异性最高的分子标记。在 11 日龄普通商品猪中，实验结果表明，攻毒保护效果与肠道相关淋巴组织（十二指肠和回肠固有层及肠系膜淋巴结）及血液中的 IgA 和 IgG 抗体分泌细胞的水平存在很强的相关性，并且保护效果同样与 IgA 和 IgG 的抗体水平有关。自然感染 PEDV 的母猪，感染后 1 个月在肠道中就可以检测到 IgA 和 IgG 抗体分泌细胞，然后逐渐减弱，但在感染后 6 个月仍然可以检测到。不同日龄猪的感染实验结果表明：在感染后 10 d 左右可以在血清中检测到病毒的中和抗体，在感染后 18 d 左右达到最高，在感染后 21 d 中和抗体水平稍有下降，然后保持在较高水平并持续到感染后 42 d。有研究结果表明，用 PEDV 强毒株和弱毒株口服感染 40 日龄的断奶猪，在感染后 24 d 检测中和抗体发现，强毒和弱毒免疫组的中和抗体水平相似；但攻毒试验发现，只有口服感染强毒株的猪可以免于强毒的攻击。结果表明，T 细胞免疫应答在诱导免疫保护方面可能发挥重要的作用。然而，目前关于病毒感染后细胞因子应答的数据较多，而缺乏细胞免疫方面的结果，但有文献表明 PEDV 感染 9 日龄仔猪，导致血液和回肠中 NK 细胞的比例和活性下降。与断奶猪相比，新生仔猪 NK 细胞的固有免疫功能的缺陷很可能加剧了 PEDV

对新生仔猪的感染，这一结果在 TGEV 感染中同样存在。

与哺乳仔猪相比，断奶猪发病时间相对较晚、病程较短及粪便排毒量较少，这与炎症因子的反应时间迟缓的结果相一致，所以推测炎症反应在病毒的致病性方面发挥重要的作用。PEDV E 蛋白和 N 蛋白可以通过诱导内质网应激来上调 IL-8 的表达进而激活 NF-κB 信号通路，此外 PEDV 感染后 Toll 样受体（TLR2、TLR3 和 TLR9）在介导 NF-κB 信号通路激活中发挥重要作用（Cao et al.，2015）。PEDV 同样存在抑制宿主免疫应答的机制，目前研究表明至少 11 种病毒编码蛋白（nsp1、nsp3、nsp5、nsp7、nsp14、nsp15、nsp16、ORF3、E、M 和 N）具有拮抗干扰素的功能。鉴定病毒拮抗天然免疫的病毒蛋白，并详细研究病毒拮抗干扰素的具体机制有助于疫苗的设计和研发。目前研究表明最大限度地诱导黏膜免疫应答，尤其是肠道的黏膜免疫应答，可以诱导初乳和乳汁中高水平 IgA 的表达，仔猪通过采食初乳可以摄入乳汁中的 IgA，从而获得被动免疫来抑制 PEDV 感染。诱导有效的针对 PEDV 的肠道黏膜免疫对于保护母猪肠道至关重要。

对于 PEDV 主动免疫的结果表明，灭活苗 2 次免疫的中和抗体水平要高于活疫苗 2 次免疫的结果。研究人员在产前 4 周和产前 2 周通过肌注灭活疫苗或活疫苗的三种免疫策略，比较是否可以刺激母猪血清和乳汁中产生足够强的针对 PEDV 的中和抗体应答。韩国研究人员在母猪（母猪经 ELISA 抗体检测和 RT-PCR 检测为 PEDV 阴性）中评价了三组疫苗组合的免疫效果，灭活疫苗 2 次免疫组（K＋K），活疫苗 2 次免疫组（L＋L）和活疫苗首免、灭活疫苗加强免疫组（L＋K）。研究表明：K＋K 免疫组母猪血清、初乳和仔猪血清中有更高的 IgG、IgA 抗体水平，且具有针对 S3 较高的中和抗体水平。在三组免疫组合中，2 次活疫苗免疫组的中和抗体水平最低，可能由于弱毒疫苗免疫之后不能到达肠道，加上与灭活疫苗相比抗原量和免疫原性低，从而不能刺激机体产生足够的抗体（Paudel et al.，2014）。但此实验没有进行新生仔猪的攻毒实验，因此不能确定灭活疫苗 2 次免疫能否可以为仔猪提供较好的被动免疫保护。

笔者所在研究团队选用 DMEM 和 PEDV 灭活疫苗分别经后海穴对妊娠母猪 A、B 组进行了产前 40 d 和产前 20 d 的两次免疫。产后使初生仔猪采食初乳，将 5 日龄仔猪随机分为 3 组：攻毒组、对照组以及抗体水平监测组。攻毒组和对照组分别口服 PEDV LNct2a 毒株 F13 和 DMEM。临床症状显示产于未免疫母猪的仔猪在感染病毒 24 h 后可见精神沉郁、腹泻症状，攻毒 5 d 内发病率为 100%，腹腔剖检结果可见肠壁组织变薄，充满淡黄色稀液和食物残渣。同时，该组仔猪排毒量高，肠组织均能检测到病毒 RNA，免疫组化能观测到 PEDV 对回肠和空肠上皮细胞的感染。与之相反，产于免疫母猪的仔猪感染 PEDV 5 d 后只有 10.5%的仔猪出现了轻微的腹泻症状，仔猪获得了高达 89.5%的保护。B 组仔猪几乎没有排毒现象，肠组织内病毒 RNA 含量极低。间接 ELISA 结果显示猪血清中 IgA 和 IgG 抗体水平与其中和抗体水平有极显著相关性。统计分析发现，当 5 日龄仔猪血清内特异性 IgG 抗体 PR 值高于 45，IgA 抗体 PR 值高于 55，以及中和抗体效价高于 1/35 时，灭活疫苗能为仔猪提供免疫保护的作用（图 4-9）。该结果表明 PEDV 灭活疫苗所引起的免疫保护与血清内 IgG、IgA 和中和抗体的水平具有相关性（刘烨，2019）。

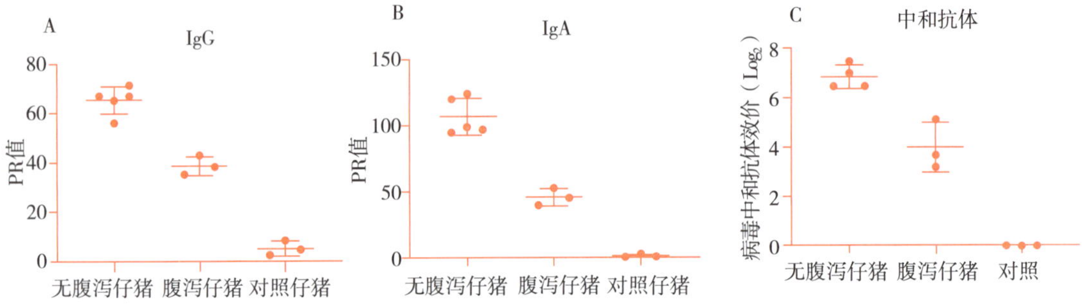

图 4-9 攻毒前仔猪血清 IgG、IgA 和中和抗体水平检测

A. 特异性 IgG 抗体间接 ELISA 方法检测 B. 特异性 IgA 抗体间接 ELISA 方法检测 C. 中和抗体检测

4.1.5 病理变化

PEDV 感染病变主要在小肠，感染后濒死猪或死亡仔猪剖解后肉眼可见为小肠充血、肠壁变薄、鼓气、充满淡黄色或黄绿色稀便；盲肠、结肠充满稀便；肠系膜充血、淋巴结肿大、充血；胃内有大量未消化的白色凝乳瓣。小肠病变开始于空肠，而后波及整个小肠段。临床出现腹泻后 6 h 达到高峰，主要是上皮细胞变性、坏死和脱落。

4.1.6 诊断技术与鉴别诊断

根据临床症状和组织病理学病变不能够对 PED 进行诊断，因为引起猪只腹泻的其他病原，如猪传染性胃肠炎（TGE）、猪轮状病毒（PoRV）感染等所引起的临床症状和病理变化与 PED 极其相似，无法对它们进行鉴别诊断，因此对 PEDV 进行实验室诊断是非常必要的。

病毒分离常被看作诊断病毒病的金标准，然而对 PED 而言病毒分离相对困难。实验室诊断可采取猪小肠黏膜作抹片，进行荧光抗体染色，在发病猪小肠各段可发现大量的荧光细胞。感染的上皮细胞经电镜观察可见绒毛减少或缩短、细胞质破裂，在细胞质的空泡内或滑面内质网中可见到病毒粒子。

目前，许多技术可用于 PEDV 的检测，如免疫荧光法（IF）、免疫组织化学技术（IHT）、直接电镜（DEM）、免疫电镜（IEM）、酶联免疫吸附试验（ELISA）、阻断 ELISA、链霉亲和素-生物素（SAB）技术、原位杂交法（in situ hybridization）、竞争阻断 ELISA。然而这些方法不但费时，而且特异性和敏感性较低。为了快速诊断 PEDV，研究人员先后建立了检测 PEDV M 基因、N 基因、ORF3 基因和 S 基因的反转录聚合酶链反应（RT-PCR）或反转录套式聚合酶链反应（RT-nested PCR）。近年来，环介导等温扩增技术（LAMP）广泛应用于各种病原的快速诊断，该方法具有快速简便、敏感性高、特异性强的优点。同 PCR 方法相比，不需要 PCR 仪，产物不需要进行核酸电泳，根据颜色变化用肉眼即可判断结果，且成本低，省时间。研究人员针对 PEDV N 基因建立了 RT-LAMP 方法，该方法比 RT-PCR 和 ELISA 方法更敏感，可用于现地样品中 PEDV 的检测。

由于 PED 与 TGE 的临床症状和病理变化极其相似，为了在临床上将二者快速区分开，研究人员建立了多重 RT-PCR 和多重 RT-nested PCR。为了检测和区分猪肠道病毒感染，又建立了鉴别诊断 PEDV、TGEV、PoRV 的多重套式 RT-PCR。为了对 PEDV 进行定性和定量研究，减少污染的概率，研究人员建立了实时荧光定量 RT-PCR，同时又建立了区分 PEDV 与

TGEV 的实时荧光定量 RT-PCR。

PEDV 抗原快速检测试剂盒或荧光定量快速检测试纸条可用于猪场 PED 的快速诊断，该方法可敏感特异地检测 PEDV S 蛋白或 N 蛋白。虽然准确性比 RT-PCR 略低，但是能在 5～10 min 内确诊 PED。由于弱毒疫苗存在返祖现象，为了更好地检测和区分现地感染是由野毒株还是疫苗株引起的，研究人员先后建立了基于 PEDV ORF3 基因和 N 基因的限制性片段长度多态性分析的方法来区分 PEDV 强、弱毒感染。随后笔者所在实验室又根据 PEDV 疫苗株 ORF3 基因存在 49～51 个核苷酸缺失，而野毒株不存在缺失这一特征，建立了基于 ORF3 基因的 RT-PCR 来区分强、弱毒感染（Chen et al.，2010）。为了快速地评价疫苗免疫效果或是否感染野毒，建立了检测 PEDV 特异性 SIgA 的免疫层析试纸条，可用于检测乳汁中的 SIgA，该方法与 ELISA 抗体检测方法相比省时、省力。同时，为了快速诊断，又研制出了一种快速灵敏的基于铕（Ⅲ）螯合微粒的横向流动试纸条，用于 PEDV 检测和流行病学监测（Liu et al.，2020a，2020b）。

4.1.7 防控技术及应用

1. 总体防控策略

在总体防控策略上，与接触性传染的防控手段基本相同。要树立整体生物安全观，重视生物安全的管理与落实。对于猪流行性腹泻的防控，一定要充分认识到其为高度接触性传染病的本质，牢牢树立预防为主的方针，做到群防群控，免疫接种要不留死角，不能在群体中存在易感动物。从传染病三要素入手，针对传染病发生的各个环节，消灭传染源，切断传播途径。从传染病发生后的处理原则上，要按照早、快、严、小的方针。从管理角度，加强猪群，尤其是母猪群的健康管理，保证猪群健康；另外，环境管理也至关重要，保证产子舍温度，控制合理湿度，尤其是外部环境发生改变，如突然降温、雨雪天气等，更应该做好提前准备，尤其是保证产子舍环境条件不出现大的波动。

2. 疫情阴性场防控策略

（1）防止外来输入　有条件的猪场，最好采用自繁自养的策略，可以杜绝很多疫病的引入。如果必须引进种猪用于品种的更新和避免血缘关系太近而影响到整个猪群生产性能，做好引进猪只的抗原、抗体检查，杜绝引入阳性猪，尽量应做到不从疫区购买，买入后要隔离观察 1～2 个月，确认健康无病才可以混群饲养。

（2）做好生物安全　管理好外来的车辆和人员，在非洲猪瘟发生后，很多猪场建立的洗消中心，可以有效管控外来疫病的带入。洗消中心要做到洗消效果的彻底，避免运猪车带来的疫病传播。

若猪场受周边环境影响非常小，可以不接种疫苗，若周边环境不稳定，有猪流行性腹泻阳性场，则要做好疫苗的普免，每年至少二次疫苗普免。最好在流行季节前（每年的十月份左右）普免一次，间隔半年再免疫一次。

3. 疫情稳定场防控策略

（1）做好疫苗的日常接种　对于疫情稳定场，一定要做好疫苗的免疫接种，要把猪流行性腹泻疫苗纳入常规免疫计划而非季节性免疫计划。保证疫苗科学合理的使用。目前对于猪流行性腹泻防控的疫苗主要有弱毒疫苗和灭活疫苗两种。两种疫苗均可用于猪流行性腹泻的防控。灭活苗以抗体持续期长，能诱导很好的体液免疫应答为特点。活疫苗以诱导体液和细胞免疫应答，刺激黏膜免疫为主要特点。疫苗免疫效果好坏的关键首先是疫苗的选择是否精准，在猪的病毒性腹泻疫病当中，多种病原均可导致类似的症状，所以明确猪群中存在何种潜在病原至关重要；其次是疫苗的效力，很多疫苗的免疫效力不够，不能够达到免疫保护要求，这也是疫苗免疫好坏的另一关键因素。当然影响免疫效果好坏的因素还有免疫程序、营养等。疫苗免疫的核心是全群免疫，多次免疫，对于初产母猪群要注意其免疫效果，可以通过断奶后就开始疫苗免疫驯化的方式。

(2)做好生物安全管理　有条件的猪场要做到两点或三点式饲养模式，其核心的要义是通过两点或三点式饲养，可以切断其他群体因为感染 PED 而对母猪群，尤其是妊娠母猪群的影响。并可切断母猪群中致病微生物传染到保育和育肥群体。物理空间的隔离对疫病的防控至关重要。在两点和三点饲养模式中，杜绝由于物流和人流带来的病原体的污染，否则这种两点或三点式饲养意义不大。欧美发达国家也采用早期断奶的方式来阻断病原微生物的传播，但是过早断奶也会影响到仔猪的成活率和后期的增重，太早的断奶在我国用得还很少。平时一定要采用全进全出的模式，进行彻底的消毒和空舍也是重要的措施(见疫情发生情况下的消毒空舍)。

(3)做好综合管理　做好猪群的营养健康管理。要保证哺乳母猪的营养，并加强仔猪的科学管理，首先是让仔猪尽早地吃到优质初乳，这样可以提高仔猪获得母源抗体的能力，保证 PED 免疫后的效果，另外母猪质量好坏直接关系到仔猪的营养健康状态和对疫病的抵抗力。

(4)做好环境温度、湿度控制　虽然猪流行性腹泻是病毒性传染病，但也是对条件依赖的一种病毒性疾病，寒冷和潮湿是其诱因，常常成为 PED 暴发的导火索，所以环境温度控制和湿度控制非常重要。一定要保证产仔舍的温度，包括保温箱内的温度。分娩后一周，舍温控制在 25℃，一周后在 23℃，同时保温箱内的温度分别控制在 35℃ 和 32℃。在母猪进入产房后，要保证湿度在 55%～65%之间，可以通过通风、喷水和生石灰除湿来调节。智能化养猪可以通过智能化设备设施来控制舍温、湿度等参数。

4. 疫情发生场防控策略

(1)做好生物安全管理　对于已经发生疫情的猪场，核心要务是通过生物安全管控实现内防扩散的目的。在猪流行性腹泻发生场，一定要杜绝发病舍与其他人员和物料的交叉，停止人员流动，发病单元的器具物品等不能携带到其他厂区。避免病毒扩散，如果这一环节控制得好，可以减少损失。如果控制不好，一般一周左右会传遍整个场区。另外一种措施是将产子舍未分娩母猪调整到消毒空舍后的猪舍当中，发病仔猪及母猪留在原地。移走的母猪做好体表消毒工作，移走母猪所产仔猪的腹泻将得到控制。

(2)清洗、消毒和空舍　发病的产子舍待完成断奶后，彻底进行清群，然后对圈舍进行彻底的清洗，清洗过程中要不留死角，可用高压热水清洗。如果是水泡粪的猪舍，要彻底清除粪便，然后彻底清洗，不让有机物残留。然后进行一次彻底的消毒，并空舍 1～2 周，才能让猪群进舍。在猪场发生传染病时，猪舍和用具应每周消毒 1 次，严重的可以每间隔 1 天消毒 1 次。消毒药可用 10%～20%的石灰乳、2%火碱溶液等。环境最后可用福尔马林熏蒸消毒。这一环节对发病场至关重要。

(3)疫苗的紧急免疫　疫情发生猪场，可以用疫苗进行紧急接种，但是对于已经发生腹泻的仔猪，其效果并不理想，主要是通过疫苗接种，让那些妊娠待产的母猪提高免疫力。灭活疫苗的起效周期较长，活疫苗要优于灭活疫苗。

在生产实践中，也有用强毒返饲而快速建立免疫的方法，其优点可以诱导很好的黏膜免疫应答，短时间内会收到一定的效果，但是缺点是导致强毒在群体里大面积污染和扩散，不宜多次使用，要速战速决。另外组织毒中如果混有其他病毒性病原，如猪繁殖和呼吸道综合征病毒、非洲猪瘟和伪狂犬等强毒时候，可导致其他病毒的扩散而发病，必须要做到科学合理，所以不提倡反复返饲。

饲喂特异性抗体或免疫预防因子可用于治疗 PED。如抗 PEDV 鸡卵黄免疫球蛋白(IgY)和来自高免母牛的初乳能够有效地抗 PEDV 感染，减少仔猪的死亡率，并能提高攻毒仔猪的存活率，中和性单克隆抗体技术也在研发过程中，但是目前没有商业化的产品问世。

(4)对症治疗　对于发生猪流行性腹泻的哺乳仔猪，主要采取对症治疗方法，防止脱水，可采取饮用口服补液盐水的方法进行补液。对于断奶后的其他猪只，几乎不会引起严重的脱水和死亡，大龄猪只基本上 2～3 d 即可痊愈，部分猪只会表现为厌食，也可口服矽炭银等收敛性药物。伴有细菌混合感染，可以添加抗生素。但是随着集约化程度越来越高，猪群数量越来越大，这种针对个体治疗的方案很难实施，所以做好群体的疫病防控是必然趋势，也是唯一正确的策略。

4.2　猪传染性胃肠炎

猪传染性胃肠炎病毒(swine transmissible gastroenteritis virus，TGEV)是猪传染性胃肠炎(TGE)的病原，主要侵染小肠组织，临床上以仔猪呕吐、严重腹泻和高死亡率(通常 100%)为主要特征(Song et al.，2019)。所有品种和年龄的猪对此病毒都易感，尤其是 2 周龄以内的仔猪病死率较高，5 周龄以上猪的病死率较低，几乎不会引起成年猪的死亡。本病最初是由 Doyle 和 Hutchings 于 1946 年在美国首次报道(Doyle and Hutchings，1946)，随后逐渐传入欧亚大陆的许多国家。20 世纪 60 年代前后传入我国，1956 年在广东省首次报道，之后在多地暴发，呈季节性流行，主要发生在冬春季节。猪传染性胃肠炎在《国际动物卫生法典》中为 B 类传染病，也是疫病防控的重点。1984 年在比利时出现了一种 TGEV 的基因缺失株即在 S 基因存在 621～681 bp 的缺失，临床上以呼吸道症状为主要特征，命名为猪呼吸道冠状病毒(PRCV)(Pensaert et al.，1986)。一些学者对 1984 年后欧洲地区的血清学调查发现超过 95%的猪群对 TGEV 抗体呈血清阳性，推测可能地方性 PRCV 的流行使得猪群对 TGEV 表现抗体阳性，从而降低了 TGEV 造成的影响(Yaeger et al.，2002)。近年我国学者开展的针对 TGEV 的血清学调查显示猪群中感染率呈现上升趋势，特别是与猪流行性腹泻病毒(PEDV)的混合感染比例较高，给我国养猪业造成了重大的经济损失。

4.2.1　病原学

TGEV 属于尼多病毒目(*Nidovirales*)冠状病毒科(*Coronaviridae family*)α-冠状病毒属(*Alpha-Coronavirirus*)的成员之一。TGEV 为一种多形性有囊膜的病毒，病毒粒子呈圆形或椭圆形，直径 90～160 nm，外膜上覆盖有花瓣状纤突，间隔较宽，纤突末端呈球状，直径约为 10 nm(图 4-10)。其在蔗糖中的浮密度为 1.18～1.20 g/mL。经磷钨酸负染后，在电子显微镜下观察可见粒子中央有一核心，其内含一个串珠状丝状物。TGEV 对乙醚、氯仿、过氧乙酸及去氧胆酸钠均敏感，利用 0.03%的福尔马林、0.01%的丙内酯、次氯酸钠、氢氧化钠、碘、季铵盐等化合物均可将其灭活(van Cott et al.,1993)。病毒对胰蛋白酶具有一定的抵抗力,能够耐受 0.5%胰蛋白酶约 1 h,在 pH 4~8 条件下稳定,这些特性决定了病毒可以在消化道中存活。病毒粒子对光敏感,含有 10^5 基因拷贝数的病毒颗粒在正常光照或紫外线下约 6 h 即可灭活。细胞培养病毒在冷冻贮存时非常稳定,而在室温或高于室温的条件下不稳定,在 −20 ℃条件下可存活 1 年,病毒的滴度也无明显下降。TGEV 的这些特性有利于自身抵抗胃肠道的环境,但 TGEV 强弱毒株间可能存在理化性质的差异。

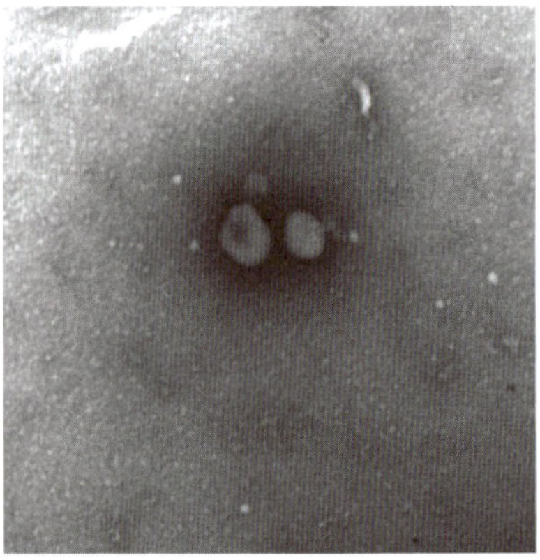

图 4-10　TGEV 电镜图片

TGEV 属于单股正链 RNA 病毒(+ssRNA),基因组长约 28.5 kb,5′末端具有甲基化帽子结构,3′末端含有一个多聚腺苷酸尾巴(polyA)(Ding et al.,2017)。基因组包含至少约 9 个开放阅读框(open reading frames,ORFs),顺序为 5′-ORF1a-ORF1b-S-ORF3a-ORF3b-E-M-N-ORF7-3′。其中最大的 ORF1a 和 ORF1b 约占整个基因组全长的 2/3,负责编码病毒复制的 RdRp 聚合酶并酶解为 16 个非结构蛋白(NSP1~16),其中 NSP1 在 TGEV 毒力方面起到很重要的作用(Shen et al.,2019。靠近 3′端的 4 个结构蛋白包括纤突蛋白(spike,S)、小膜蛋白(E)、膜蛋白(M)和核衣壳蛋白(N),以及 3 个非结构蛋白 ORF3a、ORF3b 和 ORF7。完整的病毒核酸具有侵染性。

TGEV S 蛋白是一种糖蛋白,位于病毒粒子的表面,主要功能是介导细胞吸附、膜融合以及诱导机体产生不依赖补体的中和抗体,S 蛋白 522~744 位氨基酸残基位点为结合细胞表面受体猪氨基肽酶 N(porcine aminopeptidase N,pAPN)的功能位点(Delmas et al.,1992)。TGEV 的 S 蛋白具有唾液酸结合活性,能够帮助病毒粒子克服小肠上皮细胞黏液层到达肠上皮组织,PRCV 缺失这一唾液酸结合位点,因而两者存在组织嗜性差异(Wang and Zhang,2017)。成熟的 S 蛋白呈三聚体复合物结构,突出囊膜外的部分可以分为 S1 和 S2 两个亚单位结构。S1 为突起的球状结构,负责病毒与细胞间的识别与结合;S2 作为突起的茎部结构,起到将蛋白锚定在病毒囊膜上的作用,介导病毒与宿主细胞之间的膜融合(Matsuyama and Taguchi,2002)。通过高亲和力的中和抗体鉴定发现,TGEV 的 S 蛋白的 N 端具有 4 个主要抗原位点:A、B、C 和 D,A 和 B 位点在诱导中和抗体中发挥重要作用,通过对不同来源的 TGEV 毒株进行研究发现,A、B 和 D 位点高度保守(Suo et al.,2015)。TGEV M 蛋白也是一种糖蛋白,连接核衣壳与囊膜,负责病毒粒子的装配(Escors et al.,2001。Laude 等还证实 TGEV 的 M 蛋白能够诱导高水平干扰素(interferon,IFN)的产生,使用 M 蛋白的特异性单克隆抗体还可有效阻断 IFN 的产生,并且证实 M 蛋白第 6~22 位氨基酸区域为其主要功能结构域(Laude et al.,1992)。N 蛋白是病毒唯一的磷酸化结构蛋白,可与病毒基因组 RNA 紧密结合形成螺旋状复合物,构成病毒的核衣壳(Calvo et al.,2005)。N 蛋白作为 RNA 伴侣蛋白,可增强病毒的转录效率(Zuniga et al.,2007)。病毒 E 蛋白位于病毒粒子的囊膜中,主要参与囊膜的形成,同时还参与病毒运输与病毒粒子释放(Ortego et al.,2007)。

体外培养 TGEV 的敏感细胞系包括猪甲状腺细胞(IBRS-2)、猪睾丸细胞(ST)和猪肾细胞(PK-15)以及猪小肠上皮细胞(IPEC-J2),可形成明显的细胞病变,如细胞质内出现空泡、颗粒样变性，同时细胞肿胀、变圆，病变严重的可导致破碎并脱落。在病毒感染后利用免疫荧光（IF）观察可检测到细胞质中成熟的病毒，通过内质网出芽，常在细胞质的空泡中观察到病毒粒子，病毒从感染细胞排出后则常见其排列于宿主细胞膜表面（Wagner et al.，1973）。

TGEV 只有一个血清型。通过常规的病毒中和（VN）试验无法有效区分 TGEV 与 PRCV 毒株，但 TGEV 能够凝集动物的红细胞，这种血凝活性位点位于 S 蛋白 N 末端部位，而 PRCV S 蛋白缺少这一部分，因此可根据有无血凝性，进行区别 TGEV 与 PRCV 毒株。对与 TGEV 同亚群 *Alphacoronavirus* 包含的 6 种冠状病毒：犬冠状病毒（CCoV）、猫传染性腹膜炎病毒（FIPV）、猫肠道冠状病毒（FeCoV）、PEDV、PRCV 及人冠状病毒（HCoV-229E）进行分析，通过病毒中和试验（VN）与免疫荧光（IF）交叉试验，以及利用单克隆抗体对各病毒的 S、N 和 M 蛋白进行交叉作用试验，结果表明只有 TGEV、PRCV、CCoV 与 FIPV 之间的 S、M 和 N 蛋白之间存在交叉反应。但通过双向中和试验发现，TGEV 与 CCoV、FIPV 存在血清学上的区别，TGEV 可在犬肾细胞、猫传代细胞及猪睾丸细胞上生长，而 CCoV、FIPV 均不可在猪睾丸细胞上生长。针对 PEDV 进行多克隆抗体和单克隆抗体交叉试验，未监测出 PEDV 和 TGEV 之间有抗原交叉反应。

4.2.2 流行病学

本病对各年龄猪均易感，10 日龄以内仔猪的发病率和死亡率很高，而断奶仔猪、育肥猪和成年猪的症状则较轻微，多数能自然耐过。病猪和带毒猪是该疫病主要的传染源，乳汁、粪便、鼻腔分泌物、呕吐物以及呼出的气体是主要的排毒途径，通过污染饲料、饮水、空气、土壤等将该病毒传染给易感猪只。该病可经消化道、呼吸道在猪群中造成水平传播。猪群的传染来源多数是引入的带毒猪或处于潜伏期的感染猪。另有犬、猫、狐狸等也可携带 TGEV，造成本病的间接传播蔓延。由于 TGEV 在温度较低时比较稳定，而对较高的温度或阳光直射比较敏感，因此本病的发生具有明显的季节性，常在秋冬季及来年春季发病最多，夏季较少（Pineyro et al.，2018）。根据本病的发生和流行形式，可分为暴发性流行和地方性流行两种形式。而伴随 PRCV 的流行发生，TGEV 的流行模式更加复杂化。暴发性流行常发生于从未发生过该病的 TGEV/PRCV 血清学阴性猪群，因而对 TGEV 具有高度易感性。猪群一旦发病，则迅速蔓延至全部猪，10 日龄以内的猪死亡率极高，但断乳仔猪、育肥猪和成年猪发病多预后良好，几周后可自然耐过，成年猪可产生主动免疫，但 50%康复猪持续排毒，排毒时间可持续 2～8 周，最长可达 108 d。地方性流行多发生于有既往发病史疫区，猪群中存在一定比例的 TGEV/PRCV 血清学阳性，可免于疾病发生。但存在持续排毒猪，由于猪群更新换代，易感猪群比例不断上升，从而导致本病的持续流行。但如哺乳母猪曾感染过 TGEV（临床或亚临床感染），则初生仔猪可能通过吮吸初乳而获得保护性抗体，在母源抗体的有效保护期内，仔猪的发病率和死亡率均可有所降低。

目前，TGEV 呈全球流行。2012 年，有研究学者从自然感染的犬上分离到 TGEV HYM-09 毒株，并对 TGEV N 基因进行比对分析，发现与参考的 12 个毒株具有 96%的同源性（Man and Yu，2012）。2014 年，Hu 等在上海分离到 TGEV SHXB 毒株，经全序列分析比对发现其与 Purdue 同源性最高，并且与 Miller 毒株来自同一祖先，SHXB 毒株和其他毒株相比，其在 S 蛋白的主要抗原位点上第 1 753 个碱基有一个 T 到 G 的突变，导致第 585 个氨基酸由丝氨酸突变为丙氨酸（Hu et al.，2014）。2015 年胡晓亮等在黑龙江分离鉴定了 TGEV HX 毒株。

李静对 2015—2016 年间在内蒙古地区采集的猪腹泻样本进行了检测和鉴定，其中 204 份样本有 24 份为 TGEV 阳性，阳性率达到 11.76%，通过基因比对结果显示，与其亲缘关系最为相近的是致弱的 H 毒株和 H16 毒株（李静，2016）。2016 年白云云等在黑龙江地区分离鉴定了 TGEV HE1 和 HE4 流行毒株，并进行了全基因组的测序，通过分析发现与 TGEV Purdue 株为同一属。2017 年，笔者课题组利用 ST 细胞从患病仔猪的小肠内容物中成功分离鉴定出 TGEV AHHF 株，经全序列鉴定分析，对其进行了传代培养和基因组序列测定，发现 AHHF 毒株的基因序列在 Purdue 株和 Miller 株之间，是一个天然重组的 TGEV 毒株（图 4-11）（Zhang et al.，2017）。2018 年李嘉琛等在内蒙古分离到 TGEV，经 ST 细胞培养，对 N 基因进行了分析鉴定，结果与 H16、JS2012 和 Miller M6 毒株同源性可达到 100%。从感染情况和流行病毒调查可以发现 TGEV 的感染仍呈明显的流行趋势，因此对该病毒的防控仍需重视。

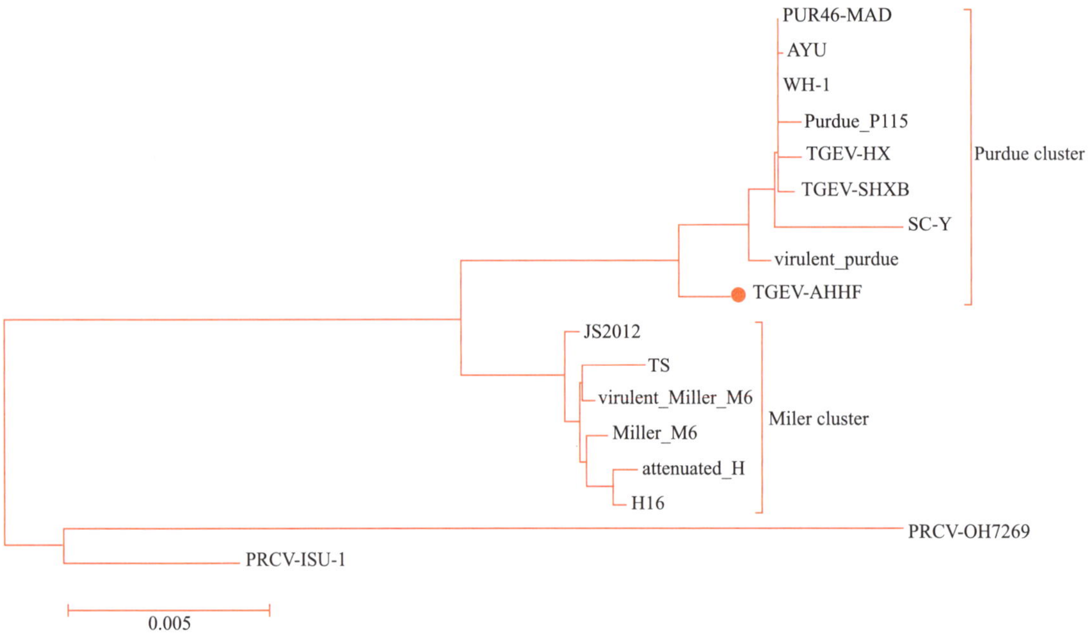

图 4-11　TGEV AHHF 株与参考毒株系统进化树（基于全基因组序列）

4.2.3　致病机制

TGEV 作为典型的感染胃肠道的冠状病毒，同时也具有在呼吸道繁殖的能力。病毒可经口鼻感染后定植于鼻黏膜及肺部组织进行复制，也可通过摄食（粪口传播）进入体内，随后可经血液及消化系统进入小肠。猪氨基肽酶 N（porcine aminopeptidase-N，pAPN）在小肠黏膜中表达量丰富，其表达量占分化肠细胞顶膜蛋白总量的 8%，并且主要分布在空肠、回肠绒毛的刷状缘中。1992 年，Delmas 等在 Nature 首次报道 pAPN 是 TGEV 主要的细胞受体，并构建了四种稳定表达 pAPN 的细胞系。用 FIPV、CCV 以及 TGEV 进行感染，发现仅有 TGEV 能感染，进一步证实了 pAPN 是 TGEV 主要细胞受体（Delmas et al.，1993）。TGEV 可抵抗胃肠道的低 pH 环境及蛋白酶作用环境，通过唾液酸结合活性，穿过小肠黏液层，依赖 S 蛋白受体结合域与 pAPN 结合，从而感染高度敏感的小肠绒毛上皮细胞。大量此类细胞感染后，造成功能性上皮细胞迅速大量脱落，引起肠绒毛萎缩，导致小肠内酶活性明显降低，扰乱消化和细胞运输营养物质和电解质障碍，肠道内乳糖和营养物质不能有效消化吸收，肠内渗透压升高，水钠滞留，从而造成腹泻、脱水及代谢性酸中毒(Wagner et al.，1973)(图 4-12)。新生仔猪肠隐窝内原代肠上皮细胞的更新速度比成年猪的慢，同时易受感染的肠上皮细胞被破坏后，导致黏膜吸收区彻底丧失，绒毛内层肠上皮的损伤导致乳糖酶等的丢失，造成无法对乳汁进行有效处理吸收，进一步增加了肠道内容物渗透压，因而进一步加剧了病猪的腹泻症状和代谢紊乱。

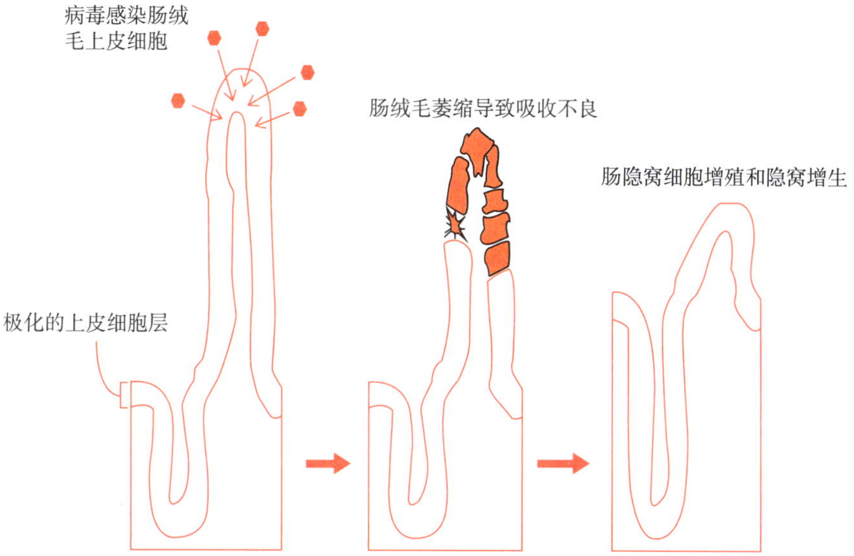

图 4-12 猪传染性胃肠炎的发病机制示意图(Maclachlan et al.，2011)

病毒感染破坏小肠绒毛内层肠细胞，导致吸收不良腹泻。

在对 TGEV 致病因子研究过程中发现 TGEV NSP1 可以抑制靶细胞基因的表达，干扰靶细胞的免疫应答(Jansson，2013)。Cruz 等发现敲除 NSP7 基因的 TGEV 突变株感染靶细胞，可以激活靶细胞的 Caspase 介导的细胞凋亡，造成靶细胞严重的细胞病变。进一步研究发现该突变株可以增加真核细胞转录起始因子 eIF2α 的磷酸化，增加核糖核酸酶 L 的活性。说明敲除 TGEV NSP7 基因可能促进高密度 dsRNA 激活靶细胞的抗病毒免疫应答，并因此推测 TGEV NSP7 可以抑制靶细胞的抗病毒应答，增加细胞存活时间利于病毒持续感染(Cruz et al.，2011)。越来越多的研究表明 TGEV 感染 ST、PK15 等细胞后，可以诱导明显的细胞凋亡。Huang 等研究发现 TGEV 可以激活 PK15 等细胞 FasL 及线粒体介导的细胞凋亡(Huang et al.，2013)。同时，也有研究证实 TGEV 在感染 ST 细胞 10～12 h 后经电镜观察即可观察到凋亡小体存在，通过检测相关标记分子，发现 TGEV 感染可激活 Caspase-3、Caspase-6、Caspase-7、Caspase-8、Caspase-9 并可酶解 Caspase 底物 eIF4G1、Gelsoli，并且证实 N 蛋白在激活宿主细胞凋亡时被 Caspase-6 和 Caspase-7 酶解(Eleouet et al.，2000)。除上述因素外，仔猪的免疫系统也在 TGEV 的致病机制中发挥重要作用。Laude 等研究发现 TGEV 感染可以在肺泡巨噬细胞中复制，并引起细胞病变，推测 TGEV 在巨噬细胞中大量复制并损伤巨噬细胞的吞噬功能，通过巨噬细胞作为载体进入肺组织，造成仔猪肺部严重病变，这也是 TGEV 的致病机制之一(Laude et al.，1984)。

4.2.4 免疫机制

TGEV 作为典型的诱导刺激肠道黏膜免疫发生的模式病原，在到达小肠黏膜层面时，刺激适应性免疫的过程中与其作用结合的抗原递呈细胞不是巨噬细胞，而是位于上皮细胞之间的 M 细胞或黏膜下层的树突状细胞（dendritic cell，DC）。Qian Yang 等研究发现单核树突状细胞（Mo-DCs）可以通过树突来摄取 TGEV 强、弱毒株，对 TGEV 强毒株的摄取能力随着时间延长而降低，而对 TGEV 弱毒株的摄取能力随着时间延长而增强，并且 TGEV 强、弱毒株均可以低水平感染未成熟和成熟 Mo-DCs，且未成熟 Mo-DCs 比成熟 Mo-DCs 更易感。进一步研究发现，TGEV 强毒株感染导致未成熟和成熟 Mo-DCs 表面分子 $CD1a^+$、$SLA\text{-}II\text{-}DR^+$ 表达量显著降低，但 TGEV 弱毒株并不影响它们的表达量；TGEV 强毒株感染导致未成熟 Mo-DCs 分泌 IL-12 和 IFN-γ 的量显著低于弱毒株；TGEV 强毒株感染导致成熟和未成熟 Mo-DCs 均失去刺激 T 细胞增殖的能力，而弱毒株感染的成熟和未成熟 Mo-DCs 在一定程度上可以刺激 T 细胞的增殖。这些结果说明，TGEV 强、弱毒株可以影响 Mo-DCs 的抗原摄取、递呈、分泌细胞因子以及刺激 T 细胞增殖的能力，但 TGEV 强毒株严重损伤 Mo-DCs 的这些功能而 TGEV 弱毒株可以增强 Mo-DCs 的功能。被 DC 细胞激活的特异性 T 细胞能促进位于生发中心的 B 细胞发生 IgA 类型转换，产生特异性 IgA。IgA 阳性浆细胞可从 PP 结中迁移出来后表达肠归巢分子，使阳性浆细胞继续迁移回到肠固有层。经由在肠固有层中的 T 细胞分泌的 IL-5、IL-6 和 IL-10 最终诱导 IgA 阳性浆细胞分化成为能产生二聚体或多聚体 IgA 的浆细胞。多聚体 IgA 与上皮细胞基膜表达的多聚体免疫球蛋白受体结合，形成 SIgA 后运输至肠腔黏膜表面，从而中和位于肠腔黏膜层的病毒粒子。在固有免疫应答层面，TGEV 作为一种 ssRNA 病毒，可作为一种病原体相关分子模式（pathogen-associated molecular pattern，PAMP）激活三种主要的模式识别受体（pattern recognition receptors，PRRs），包括 Toll 样受体（Toll-like receptor 3，TLR3）、视黄酸诱导基因Ⅰ（retinoic acid-inducible gene Ⅰ，RIG-Ⅰ）。PRRs 识别到病毒后开始招募转接蛋白，进而激活干扰素调节因子 3/7（interferon regulatory factor 3/7，IRF3/7）诱导Ⅰ型干扰素和促炎细胞因子的表达。TGEV 在长期的对抗宿主免疫过程中，已经进化出几种不同的机制来抵消固有免疫应答，TGEV 的 Nsp14 经人为突变后，和野生型 TGEV 相比在感染细胞后 IFN-β、TNF 和 ISGs 的表达都有明显的降低（Becares et al.，2016）。TGEV NS7 的缺失会造成 IFN、CCL2、IL-8 等在内的多种炎症相关基因表达显著上调（Cruz et al.，2013；Cruz et al.，2011）。TGEV 的木瓜样蛋白酶 1（papain-like 1 proteases，PLP1）具有去泛素酶活性，对 RIG-I 和 IFN 的表达有显著的抑制作用（Hu et al.，2017）。

4.2.5 病理变化

TGEV 造成的临床病理变化主要集中于胃肠道。经剖检后肉眼可见胃内容物呈鲜黄色并混有大量乳白色凝乳块，在其隔侧可能有小出血区。小肠呈现气性膨胀，内含黄色泡沫样液体，并且含有未消化的凝乳块。肠管扩张，肠壁菲薄呈现透明状，黏膜充血（Hooper and Haelterman，1969）。用生理盐水将肠内容物洗去后，取样经病理切片观察，最典型的病理变化是可见空肠和回肠绒毛明显变短，通过比较空肠绒毛长度与利贝昆滤泡的深度判断，由正常的 7∶1，萎缩为 1∶1。这一病变也见于轮状病毒感染，但病变程度不如 TGE 严重或广泛。研究人员利用扫描电镜（EM）还曾发现，在 TGEV 感染的猪，其被动免疫水平不但影响绒毛萎缩的程度，还会影响它们的分布。未感染 TGEV 母猪或用弱毒活苗免疫母猪所产仔猪与曾用强毒感染的母猪所产仔猪相比，后者绒毛萎缩程度最小（Moxley and Olson，1989）。最新研究表明，TGEV 感染还可以导致脑组织的损伤（Papatsiros et al.，2019）。TGE 仅从临床症状和病理变化上很难与 PED 等其他猪肠道病毒病准确区分（Hsu et al.，2018），临床确诊还需依靠进一步的实验室诊断。笔者所在团队利用分离鉴定的 TGEV AHHF 株对 1 日龄 SPF 猪进行口服接种，结果表明攻毒组 18 h 后出现精神沉郁、食欲减退症状，48 h 后攻毒组出现呕吐、水样腹泻，出现典型的腹泻临床症状；剖检发现试验组肠壁变薄，肠内充满淡黄色透明液体，部分肠内充满气体；HE 染色发现攻毒组空肠绒毛显著萎缩，黏膜上皮细胞空泡变性；回肠绒毛萎缩，黏膜上皮细胞发生坏死和溶解；心、肝、脾、肺、肾、胃、结肠和直肠均没有明显的病理变化（图 4-13）。

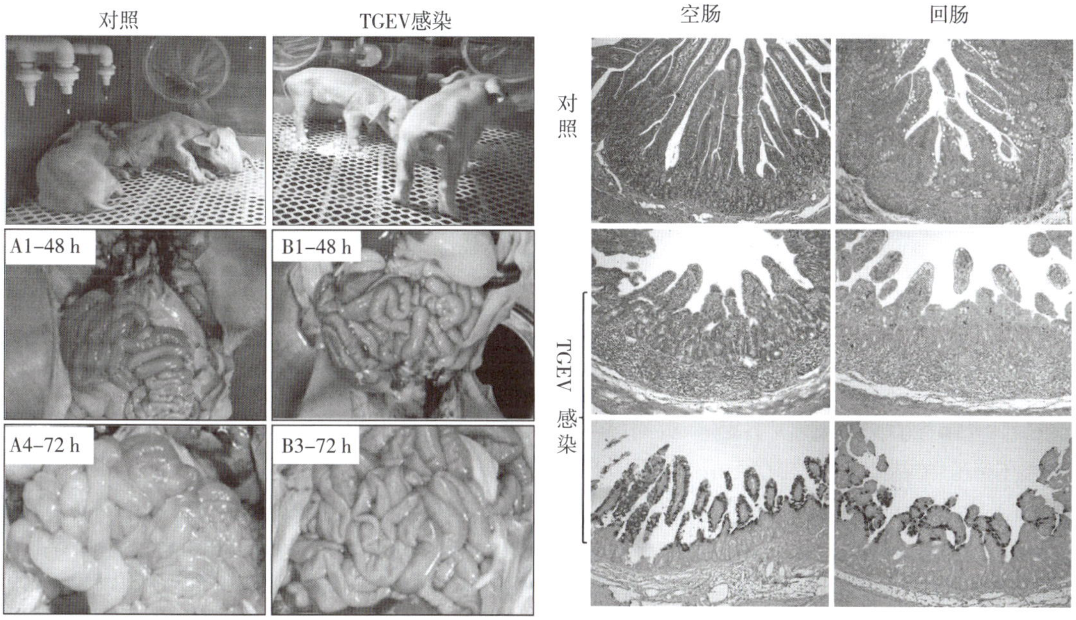

图 4-13　1 日龄 SPF 猪感染 TGEV AHHF 株后的临床症状、剖检及病理变化

猪小肠上皮细胞（porcine small intestinal epithelial cell line-jejunum，IPEC-J2）是从刚出生的未吃初乳的仔猪空肠中段分离而来的非永生化细胞系。IPEC-J2 细胞具有分化上皮细胞的极化特点，可以表达 TLR1、TLR2、TLR3、TLR4、TLR6、TLR8、TLR9、TLR10、IL-1a、IL-6、IL-7、IL-8、IL-18、TNF-α 和 GM-CSF 等免疫分子，也能表达各种紧密连接蛋白、纤毛蛋白、粘蛋白等上皮细胞标志性物质，和猪原代肠上皮细胞具有极强的相似性，因此 IPEC-J2 细胞被认为是一株良好的猪小肠上皮模式细胞。研究发现，TGEV 强、弱毒株均可以感染 IPEC-J2 细胞，但强毒株在 IPEC-J2 细胞中复制能力要高于弱毒株。TGEV 强毒株导致 IPEC-J2 细胞发生明显的细胞病变，可以广泛地引起细胞微绒毛脱落，部分膨大形成蘑菇状，细胞微丝骨架散乱、消失，细胞质中线粒体、高尔基体、内质网等双层膜结构消失而出现空泡状或 U 形的单层膜结构，细胞核周池变大，内外核膜分离、核固缩。而 TGEV 弱毒株感染仅引起 IPEC-J2 细胞发生轻微病变，仅见细胞微绒毛散乱，少量形成膨大的蘑菇状结构，细胞质中线粒体、高尔基体、内质网等肿胀，细胞核周池稍微膨大，部分细胞内外核膜分离。紧密连接是上皮细胞之间的主要连接方式之一，对维持上皮细胞完整性以及防止细菌、病毒等病原体进入体内起着重要的作用。病原微生物能通过改变细胞的微丝骨架使自己的增殖达到最佳水平。研究发现，

TGEV 强、弱毒株在感染早期均可降低 IPEC-J2 细胞跨膜电阻，增加细胞旁路渗透性，下调 IPEC-J2 细胞的紧密连接蛋白 Claudin-1 和 Occludin 的表达，且 TGEV 强毒株对 IPEC-J2 细胞紧密连接完整性的破坏程度显著高于弱毒株。TGEV 强、弱毒株均可引起 IPEC-J2 细胞微丝重塑，而 TGEV 强毒株引起 IPEC-J2 细胞微丝骨架发生紊乱的程度显著高于弱毒株。

4.2.6 诊断技术与鉴别诊断

TGEV 与其他猪肠道冠状病毒的区别仍需依赖于最终实验室诊断，通过病毒及核酸检测和血清学检测来完成这一过程。

临床上病毒的分离鉴定是诊断病毒传染病最为经典的方法，利用 IBRS-2、PK-15 或 ST 细胞可以从被污染的猪粪便及肠道内容物中分离到 TGEV。其中 ST 细胞最适合 TGEV 的分离，初代分离的野毒株可能没有明显的细胞病变(CPE)，经连续传代后才会出现明显的 CPE，同时在细胞培养液中加入胰蛋白酶或可进一步增加 ST 细胞的敏感性，提高分离成功率(Kemeny and Woods, 1977)。

目前可通过电镜技术检测 TGEV，其中利用免疫电镜(IEM)对 TGEV 进行鉴定则更加准确，IEM 对检测临床样品或细胞培养物中的 TGEV 更加敏感，并可通过血清学验证 TGEV 的存在(Saif et al., 1977)。

利用聚合酶链式反应(PCR)或相关延伸技术进行 TGEV 核酸的检测是目前应用最为广泛和高效的检测技术。针对与其他冠状病毒差异性基因组片段设计相关引物，如针对 N 基因保守序列建立的 RT-PCR 方法完成区别鉴定，或针对 S 基因缺失序列设计引物，可以有效完成与 PRCV 的鉴别诊断(Costantini et al., 2004; Kim et al., 2000; Paton et al., 1997)。还有学者针对 TGEV N 基因、PEDV M 基因、PDCoV M 基因和 SADS-CoV N 基因建立的多重荧光定量 PCR 可以完成对腹泻样品中 TGEV、PEDV、PDCoV 和 SADS-CoV 四种猪冠状病毒的检测(Huang et al., 2019)。

利用血清学技术可以完成对病毒抗原和抗体的检测，通过 TGEV 编码的 N、M、S 等结构蛋白制备得到的多克隆抗体或单克隆抗体，可以广泛应用到依赖血清学技术的抗原检测中(Dong et al., 2016; Xue et al., 2018)。目前针对 TGEV 的检测，可以利用免疫荧光(IF)和免疫组织化学技术对空肠或回肠的病理切片进行观察(Zhang et al., 2016)，但 IF 技术所用到的特异性抗体可能与 PRCV 存在交叉反应，但 PRCV 在小肠绒毛上皮细胞的复制并不多见，若肠绒毛上皮细胞 IF 染色呈阳性，并伴有腹泻症状，则几乎可以肯定为 TGEV 感染。虽然多克隆抗体不能有效区分 TGEV 和 PRCV，但一些单克隆抗体只与 TGEV 反应而不与 PRCV 反应，则在此基础上开发出的诊断技术更具有准确性。同时，以抗 TGEV 单克隆或多克隆抗体作为捕获抗体的双抗夹心 ELISA 已被广泛应用于 TGEV 抗原的检测。

针对 TGEV 血清抗体的 ELISA 检测技术主要是以纯化的抗原蛋白为基础开发的，我国学者通过对 TGEV N 蛋白为抗原建立的间接 ELISA 方法，其特异性、敏感性和阳性率均可达到 93%以上。针对 TGEV S 蛋白的主要抗原位点序列进行表达建立的间接 ELISA 方法检测合格率也在 90%以上。血清中 TGEV 的中和抗体最早可于感染后 7～8 d 检测到，并可持续存在 18 个月，因此应用血清学的抗体检测技术可以用于监测猪场中 TGEV/PRCV 的感染情况，针对 TGEV 和 PRCV 的鉴别诊断，则可应用阻断 ELISA 进行区分(Bernard et al., 1989; Magtoto et al., 2019; Simkins et al., 1993)。在阻断 ELISA 试验中，包被于 ELISA 板的 TGEV 抗原或重组 S 蛋白首先与 TGEV 或 PRCV 抗血清反应，然后与单克隆抗体反应。

TGEV 抗血清中含有竞争性抗体而与抗原结合，从而阻断了单克隆抗体与之吸附的机会。相反，PRCV 抗血清中无竞争性抗体存在，不能阻断单克隆抗体与抗原吸附的机会。

4.2.7 防控技术及应用

针对患病猪群可行的治疗方法仅仅是减少饥饿、纠正脱水和酸中毒。非肠道补液、补充电解质和营养对治疗仔猪有效，但大规模应用对于猪场不实用。建议采取以下措施：提供温暖（最好 32 ℃以上）、无穿堂风和干燥的环境，并使 TGEV 感染猪自由饮用水或营养液。这些措施将会减少 3～4 日龄以上感染猪的死亡率。抗细菌治疗对 2～5 周龄猪有益，特别是与大肠杆菌等致病菌混合感染时。当发生疾病时，交叉哺乳，或将已感染、易感的仔猪转移到 TGEV 免疫的母猪进行哺乳是可行的。同时对于 2 周以后才能分娩的母猪，可以采取疫苗主动免疫接种使其在分娩前产生免疫力以保护新出生的仔猪。

那些处于潜伏期或排毒、带毒的猪是 TGEV 侵入猪场的主要传染源。为避免发生侵入，预防措施是从无 TGEV 猪场引进血清阴性猪，将这些猪在并群前在猪场隔离 2～4 周（Magtoto et al.，2019）。在猪群管理过程中，注意防止猫、犬或狐狸等动物自由出入猪场。TGEV 感染猪的粪便可被靴、鞋、衣服、车斗、饲料携带，并可能成为其他猪场感染的来源。尤其在冬季，这些可能是 TGEV 在运输猪及饲料时传播的重要途径。因此，应注意采取措施减少类似事情的发生。

国外一些成功方法既可防止疫病传入种猪群，又不减少猪的饲养量，其步骤是：①疫情暴发后间隔 4～6 个月引种。②遇到 TGEV 暴发，给全场猪（包括新引入的猪）饲喂切碎的感染猪的肠道组织来消除易感猪，以缩短病程，并保证全群猪感染在同一水平上。③严格对产房及保育房的猪采取全进全出的方法。④TGE 症状消失 2 个月后，且血清阴性时，方可引入新猪群，并监测 TGEV 血清学的变化。为了控制或消除地方流行性 TGE 猪场的问题，可考虑以下两种途径：第一，对妊娠期血清阳性母猪，在妊娠晚期或刚产仔后肌肉注射或乳腺内注射 TGEV 弱毒活苗以加强免疫。虽然可见到的资料有限，但这种程序可提高母乳中的抗体水平，并为哺乳仔猪提供更长期的被动免疫。尽管这种程序可能只推迟已感染猪的发病，但有助于减少死亡率。第二，改变管理制度，消除易感猪，以中断感染周期，可采取如下方法：防止敏感猪不断进入猪场，即暂时改变产仔计划。暂时使用其他设施，使用较小的产房和保育房，以更好地成功应用“全进全出”管理制度。

及时进行疫苗接种是控制该病的最有效手段。许多研究证明，针对 TGEV 的免疫需要局部黏膜免疫与全身性细胞免疫相结合才能达到机体抗感染的能力。近年来的趋势主要是发展弱毒疫苗或基因工程疫苗。目前，国内控制 TGEV 的疫苗主要为中国农业科学院哈尔滨兽医研究所研发的 TGEV、PEDV 与 PRV 的三联或二联活疫苗或灭活疫苗，其免疫效果达到或超过了国外同类疫苗（Sun et al.，2016）。弱毒疫苗的应用，虽然有一定残毒，但不会引起严重的不良反应，某种程度上会导致猪场隐性带毒或重组病毒的出现，令人担忧（Boniotti et al.，2016；Zhang et al.，2017）。常规弱毒疫苗和灭活疫苗还不能阻止病毒的持续感染，因此研究人员着手开展基因工程疫苗的研究，如针对 TGEV S1 基因设计的 DNA 疫苗在小鼠体内可以激活良好的体液及细胞免疫应答（Zhang et al.，2017）。

研究表明，TGEV 主要通过与猪小肠上皮细胞中的 APN 结合而感染仔猪，pAPN 作为 TGEV 侵染宿主细胞的功能性受体意义重大，这为抗 TGEV 猪的新品种培育指明方向。已有研究表明通过敲除猪的 APN 基因可以阻止 TGEV 对猪的感染（Luo et al.，2019）。

4.3 猪德尔塔冠状病毒病

猪德尔塔冠状病毒病(porcine deltacoronavirus disease,PDCoVD)是由猪德尔塔冠状病毒(porcine deltacoronavirus,PDCoV)引起的猪的一种接触性传播的肠道疾病。该病于 2014 年 2 月首次在美国俄亥俄州的猪群中发现,并迅速波及美国 20 多个州以及加拿大的部分地区(Wang et al.,2014; Marthaler et al., 2014)。随后在中国、韩国、日本、泰国、越南、老挝等国家的猪群中流行,给当地养猪业造成了严重经济损失。由于德尔塔冠状病毒既感染哺乳动物(猪、亚洲豹猫)又感染禽类(Dong et al., 2007; Woo et al., 2009;2012),对公共安全具有潜在的威胁。

4.3.1 病原学

PDCoV 是一种具有囊膜的单链正链 RNA 病毒。电镜下 PDCoV 呈球形或椭圆形,囊膜上有冠状纤突,整体呈“皇冠”状,病毒颗粒直径为 80～160 nm(图 4-14)。病毒粒子从内向外依次是 RNA 与 N 蛋白形成的核衣壳,然后是脂质形成的囊膜,在囊膜上有 S、E、M 蛋白,其中 S 蛋白以三聚体的形式存在。

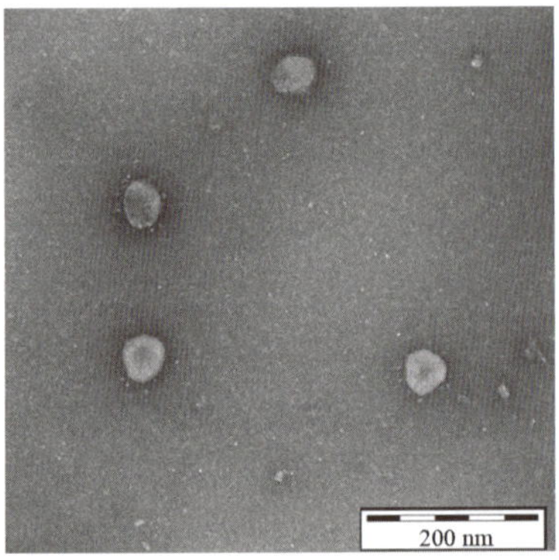

图 4-14 PDCoV 电镜图片

2011 年国际病毒分类委员会第九次报告将 PDCoV 划归为尼多病毒目(*Nidovirales*)冠状病毒科(*Coronaviridae*)冠状病毒亚科(*Coronavirinae*)德尔塔冠状病毒属(*Deltacoronavirus*)。现有的研究表明,在多种野生的小型哺乳动物和禽类中均检测到德尔塔冠状病毒,说明德尔塔冠状病毒的宿主谱相当广泛。我国德尔塔冠状病毒最早发现于 2006 年,当时 Dong 等在对 SARS-CoV 进行血清学调查时,利用 PCR 方法从来自活动物交易市场的中国白鼬獾和亚洲豹猫的粪便中检出两种新型冠状病毒,对扩增目的片段进行测序及进化树分析结果表明这两株病毒在遗传进化上相似但与其他冠状病毒基因组序列的同源性较低。与其他冠状病毒相比,两株病毒独立进化,表现为独立分支(Dong et al., 2007)。后来的研究表明两株病毒属于 δ 冠状病毒属成员。2009 年,在香港的流行病学调查中,Woo 等从鸟群中检出夜莺冠状病毒(BuCoV HKU11)、画眉冠状病毒(ThCoV HKU12)以及文鸟冠状病毒(MunCoV HKU13)3 种新型禽源冠状病毒。最初将这 3 种冠状病毒列为 γ 冠状病毒属下一个新型冠状病毒亚组(Woo et al., 2009),随后的研究表明这 3 种禽源新型冠状病毒属于 δ 冠状病毒属成员。2012 年,Woo 等又检测到 50 多个冠状病毒阳性样本,其中 7 种为 δ 冠状病毒,包括 1 种猪 δ 冠状病毒(HKU15)和 6 种禽源 δ 冠状病毒(HKU16、HKU17、HKU18、HKU19、HKU20 和 HKU21)。该研究首次证明了 2007—2011 年中国大陆及香港的猪群中已经存在 PDCoV,采集的猪粪便拭子 PDCoV 阳性率为 10.1%,并首次对 PDCoV HKU15-44 和 HKU15-155 毒株的全基因组进行了测序、分析(Woo et al., 2012)。将 PDCoV 的基因组序列与同属的其他冠状病毒进行比较,发现 PDCoV 的聚合酶基因、S 基因和 N 基因与已测序的亚洲豹猫、中国白鼬獾来源的冠状病毒核苷酸序列同源性高达 99.8%,这些结果提示 δ 冠状病毒在不同种属之间存在跨种传播的可能性。对现有的 PDCoV 基因组序列进行比对,发现不同病毒株核酸序列同源性很高，与最初测得 HKU15 的序列高度同源，说明 PDCoV 的进化相对比较保守。2015 年笔者利用猪肾细胞从患病仔猪的小肠内容物中成功分离鉴定出 PDCoV NH 株，并对其进行了传代培养和基因组序列测定，发现 NH 株与 HKU15-155、CHN-HB-2014 的同源性分别为 99.2%、99.3%，根据全基因组序列构建的系统发育树分析结果表明 NH 株与国内参考株的亲缘关系近，而与美国、韩国、泰国毒株的亲缘关系较远（图 4-15）（陈建飞等，2016）。

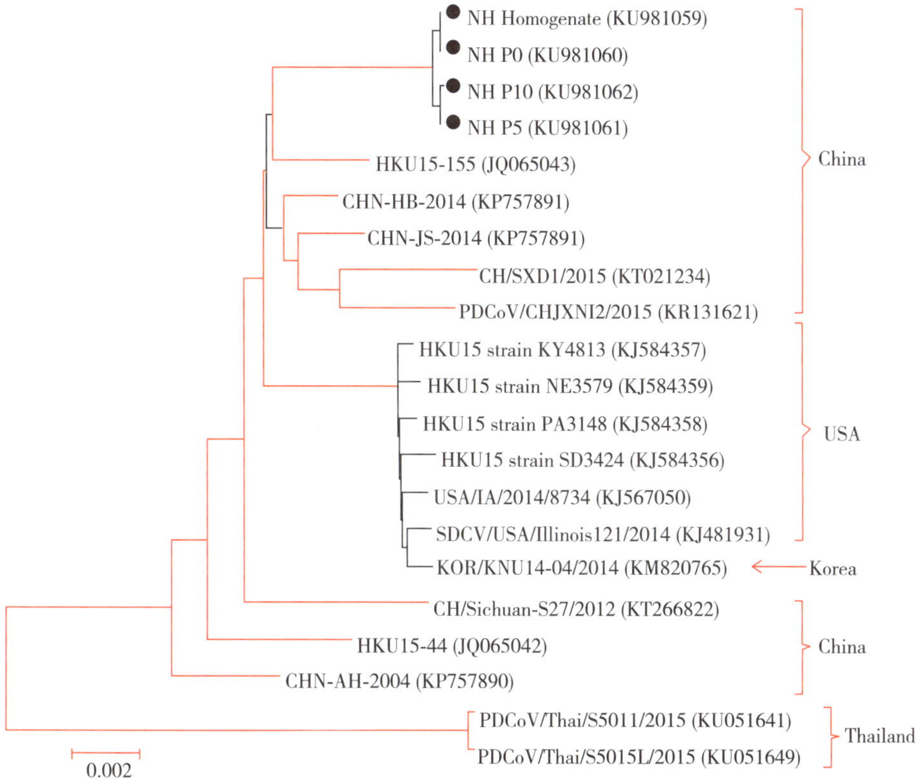

图 4-15 PDCoV NH 株与参考毒株系统进化树（基于全基因组序列）

PDCoV 基因组长度为 25.4 kb（poly A 尾除外），是目前已知冠状病毒中基因组最小的病毒。其基因组是单股、正链、不分节段的 RNA，从左至右依次为：5′非编码区（UTR），开放阅读框 1a/1b（ORF1a/1b），纤突蛋白（S）基因，包膜蛋白（E）基因，膜蛋白（M）基因，ORF5（NS6）基因，核衣壳蛋白（N）基因，ORF7（NS7）基因和 3′非编码区。其中占全基因组约 2/3 的 ORF1a/1b 长约为 19 300 bp，辅助蛋白基因 ORF5 位于 M 和 N 基因之间，辅助蛋白基因 ORF7 位于 N 基因内部（图 4-16），其中 ORF1a/1b 编码的多聚蛋白 pp1a 和 pp1ab 被蛋白酶切割加工成与病毒复制和转录相关的 16 种非结构蛋白，这些非结构蛋白的功能有待进一步研究。

S 蛋白是由 1 160 个氨基酸（amino acids，aa）组成的大小约为 200 kD 的三聚体糖蛋白，位于病毒粒子的表面，在识别并结合细胞受体、促进病毒与细胞膜融合和病毒进入细胞中发挥重要作用。同时 S 蛋白是 PDCoV 的主要抗原，可以诱导机体产生中和抗体。其中 S1 包含 2 个相对独立的结构 CTD（C-terminal domain）和 NTD（N-terminal domain）。有研究将 S 基因截成 3 段：S1 亚基的 NTD（aa 50～286），S1 亚基的 CTD（aa 278～616）和 S2 亚基（aa 601～1 087），利用大肠杆菌系统成功表达了蛋白并对蛋白的免疫原性进行了评价，三段重组蛋白产生的抗血清都

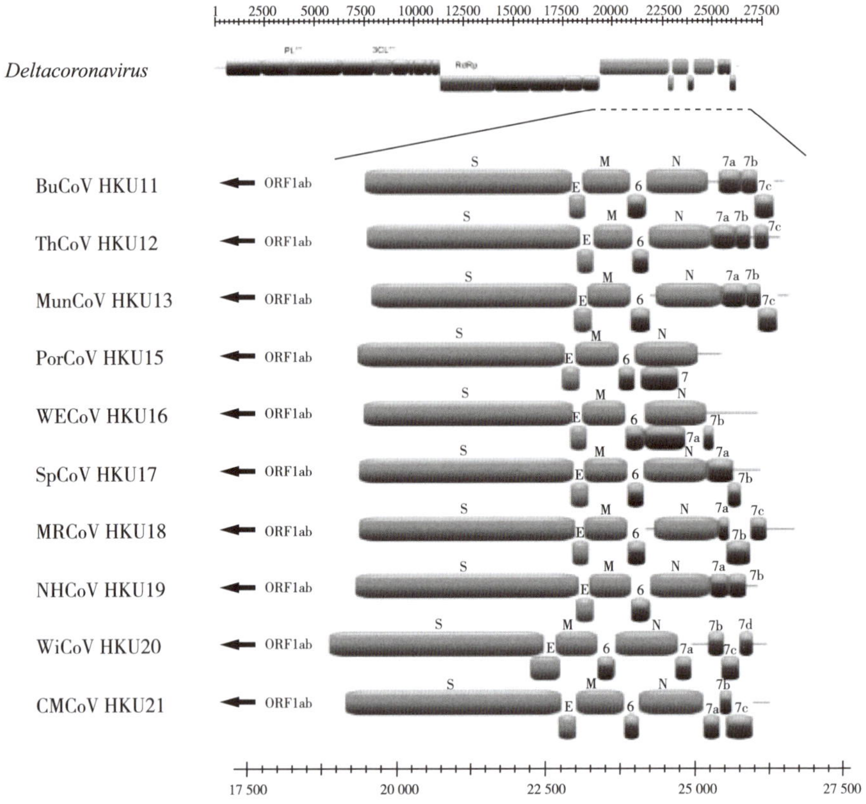

图 4-16　δ冠状病毒基因结构(Woo et al.,2012)

能在体外抑制病毒复制，但是 CTD 重组蛋白产生的抗血清中和作用效果最强，说明 PDCoV S 蛋白的 CTD 可能含有病毒的主要中和表位(Chen et al., 2020)。S 蛋白功能与其他冠状病毒 S 相似，在病毒与细胞受体结合、介导病毒入侵和感染中发挥重要作用。同时，S 蛋白也决定了病毒的组织嗜性，是病毒诱导机体产生中和抗体的主要抗原。因此，S 蛋白可作为研发抗 PDCoV 感染高效疫苗的靶标，且为诊断试剂的研发奠定了理论基础。E 蛋白是由 252 bp的 E 基因编码的小膜蛋白，由 83 个氨基酸组成，大小为 8.4～12 kD，是 PDCoV 编码的最小的结构蛋白。E 蛋白在冠状病毒形成病毒颗粒和冠状病毒组装中具有重要功能。

M 蛋白是由 654 bp 的 M 基因编码的膜蛋白，大小为 25～30 kD。其他冠状病毒的研究结果表明 M 蛋白是病毒囊膜中最丰富的蛋白且相对保守，在病毒的装配和出芽中起着重要作用。M 蛋白可以与其他蛋白发生相互作用，M 蛋白与 M 蛋白相互作用已经在组装过程中被证实。对于许多冠状病毒而言，M 蛋白和 E 蛋白在细胞中共表达可以诱导产生病毒样颗粒。在 PDCoV M 基因和 N 基因之间的辅助基因 ORF5，编码了一个辅助蛋白 NS6，其功能为拮抗宿主细胞干扰素信号通路，发挥免疫逃逸的功能(Fang et al.,2016)。在 N 基因中发现编码 NS7 和 NS7a 两种辅助蛋白，但具体功能尚不清楚(Fang et al.,2017)。N 蛋白由 1 209 bp 的 N 基因编码，长度为 342 个氨基酸。N 蛋白是在病毒感染细胞中表达量最高的蛋白之一，在病毒复制和发病机制中具有多种功能。作为病毒核衣壳的唯一架构成分，N 蛋白通过与病毒核酸缠绕形成核衣壳来保护病毒基因组，在病毒装配及复制过程中发挥重要作用。有研究表明在稳定表达 PDCoV N 蛋白的猪肾细胞中 N 蛋白存在于细胞质和核仁中，表明 RNA 的合成或核糖体的合成是通过 N 蛋白与核糖体亚基或核仁蛋白相互作用来发挥功能的。Chen 等研究表明 PDCoV N 蛋白抑制了仙台病毒诱导的 IFN-β 的产生和转录因子 IRF3 的激活，证明了 PDCoV N 蛋白是 IFN 的拮抗剂（Chen et al.，2019）。Fu 等制备了抗 PDCoV N 蛋白的单克隆抗体，并鉴定出该单抗的最短识别表位（Fu et al.，2020）。

目前，PDCoV 的分离和培养主要使用猪肾细胞（LLC porcine kidney，LLC-PK）和猪睾丸细胞（swine testicular，ST）。美国国家兽医服务实验室利用 ST 细胞成功分离了两株 PDCoV 病毒，PDCoV USA/IL/2014 和 Michigan/8977/2014。Hu 等用 LLC-PK 细胞和 ST 细胞在病料中成功分离到 PDCoV OH-FD22，从猪小肠内容物中分离到 PDCoV OH-FD22 (DC44) 株（Hu et al.，2015）。笔者用 LLC-PK 细胞成功分离了 PDCoV NH 株、用 ST 细胞成功分离了 BJ 株，ST 细胞感染 NH 株或 BJ 株 18～24 h 后均能出现肉眼可见的 CPE。在病毒分离和培养过程中，病毒的复制和感染需要添加外源胰酶。胰酶可以显著提高病毒在传代过程中的病毒滴度。然而有研究表明，不添加胰酶，病毒也可以在 LLC-PK 细胞上复制但是没有细胞病变，并且病毒滴度比添加胰酶的要低。因此，胰酶对于病毒的复制不是必需的，但是胰酶的添加有助于病毒在 LLC-PK 细胞上复制。病毒在 ST 细胞上的培养适应与 LLC-PK 细胞略有不同，胰酶并不能促进 PDCoV 在 ST 细胞上进行传代。相反，在 ST 细胞上的连续传代需要添加胰液素或来源于无菌仔猪的小肠内容物。有研究表明，在胰酶处理下病毒可以跨过内吞途径直接通过细胞膜途径进入细胞。同时有研究利用假病毒系统来研究胰蛋白酶对病毒入侵的影响，发现胰蛋白酶不能促进病毒入侵，也不影响病毒的释放。胰蛋白酶在 PDCoV 介导的细胞间膜融合中起着重要作用，从而促进病毒传播。同时，该研究显示在相同的条件下 PDCoV 在 LLC-PK 细胞中更易感，说明 LLC-PK 细胞更有利于病毒的分离（Yang et al.，2020）。在 PDCoV 的传代过程中，LLC-PK 细胞中添加胰酶和 ST 细胞中添加胰液素，病毒产生相似的 CPE，主要表现为感染细胞变大、变圆，部分细胞出现细胞融合，细胞皱缩脱落现象。胰酶或胰液素在病毒分离和传代中的作用现在还不清楚。但现有的研究表明，在冠状病毒入侵细胞过程中，S 蛋白的切割对于病毒的感染至关重要。当 S 蛋白被细胞内的蛋白酶或外源添加的胰酶切割后，才能暴露出 S 蛋白的融合肽，促进病毒的囊膜和细胞膜融合，病毒基因组才能释放到细胞中，转录复制产生新一代的病毒粒子。

现有的动物实验结果表明，PDCoV 感染后会出现急性腹泻，在临床发病前的 1～2 d 可在粪便拭子中检测到病毒 RNA。在感染 1～3 d 后，粪便拭子中的病毒含量达到最大。Hu 等的研究结果表明，14 日龄的无菌猪口服感染 $10^{8.8}$ 基因组拷贝数的 PDCoV OH-FD22 株或 10^{11} 基因组拷贝数的 PDCoV OH-FD100 株，在感染后 21～24 h 出现严重的腹泻或呕吐症状，同时在粪便拭子中可检测到病毒核酸。在感染后 2～5 d 病毒核酸含量达到最大（$10^{7.8}$～$10^{8.9}$ 个基因组拷贝）（Hu et al.，2016）。Chen 等用 5 日龄的普通仔猪，以 3×10^4 $TCID_{50}$/头的感染剂量口服感染 PDCoV USA/IL/2014 细胞适应株第 11 代病毒，在感染后第 5 天所有感染仔猪均出现腹泻症状，其中有 3 头仔猪在感染后第 4 天可检测到排毒，在感染后第 5 天所有猪只均出现排毒的现象。粪便拭子中的病毒含量在感染后 5～7 d 达到峰值，随后病毒含量逐渐降低（Chen et al.，2015）。Ma 等用 4 头 10 日龄的普通仔猪和 3 头 10 日龄的无菌猪，以 10^6 PFU 的感染剂量口服感染与 PDCoV USA/IL/2014 株遗传关系上相近的另一株 PDCoV 细胞适应株 Michigan/8977/2014 株第 15 代病毒，所有的普通商品猪和所有的无菌猪分别在感染后 1 d 和感染后 3 d 表现出中度至严重的腹泻症状。并且在感染后 1 d，普通猪和无菌猪都可以在粪便拭子中检测到 PDCoV 的病毒核酸。在感染后 7 d 粪便中的病毒核酸拷贝数达到最大（10^6～10^7 RNA 拷贝数），随后逐渐降低（Ma et al.，2015）。

PDCoV 感染后腹泻的持续时间为 5～10 d，并且在哺乳仔猪的粪便中可持续检测到病毒 RNA。无菌猪以 $10^{8.8}$ 个基因组拷贝口服感染 PDCoV 野毒株 OH-FD22 株，在攻毒后 21～24 h，出现腹泻的临床症状，腹泻持续时间长达 7 d（Jung et al.，2015）。Hu 等的研究结果表明，无菌猪口服感染 TC-PDCoV OH-FD22 株 $10^{10.1}$～$10^{10.8}$ 个基因组拷贝，所有猪只在感染后第 2 天均表现腹泻的临床症状，腹泻持续时间为 4～6 d。PDCoV 感染后，长时间可在粪便拭子中检测到病毒核酸。用野毒株 PDCoV OH-FD22 株感染后的仔猪，粪便排毒时间长达 20 d；用细胞适应株 TC-PDCoV OH-FD22 第 5 代和第 20 代病毒感染仔猪后，粪便中排毒分别为 18 d 和 20 d。病毒细胞适应株直至第 40 代，在感染后 15 d，粪便中仍可检测到病毒 RNA（Hu et al.，2016）。

目前的研究表明，冠状病毒可以通过两种方式入侵细胞，一种是直接在细胞膜表面入侵细胞；另一种是通过内吞的方式入侵细胞。冠状病毒需要利用多种条件来活化 S 蛋白，如受体的结合，低 pH 环境及 S 蛋白的切割裂解。活化后的 S 蛋白释放融合肽，将融合肽插入细胞膜或内吞体膜，诱导病毒囊膜与细胞膜或内吞体膜的融合。膜融合后的病毒粒子释放病毒基因组至细胞内，病毒开始新一轮的复制增殖。宿主细胞内或细胞外的蛋白酶在病毒 S 蛋白切割活化中发挥重要作用，在一定程度上决定了病毒的入侵方式。目前研究表明有四种类型的蛋白酶在 S 蛋白活化中发挥作用。第一种是膜结合的蛋白酶，如跨膜丝氨酸蛋白酶（TMPRSS2），可以切割活化 S 蛋白介导 SARS-CoV 和 MERS-CoV 直接从细胞膜表面入侵细胞。第二种蛋白酶是内吞体内的蛋白酶，如组织蛋白酶 L（cathepsin L，CTSL）和组织蛋白酶 B（cathepsin B，CTSB）。病毒通过内吞体途径入侵细胞，在内吞体内蛋白酶 CTSL 和 CTSB 在低 pH 下自活化，然后将 S 蛋白进行切割暴露出融合肽，诱导病毒囊膜与内吞体膜的融合。第三种蛋白酶是蛋白前体转化酶，如弗林蛋白酶（furin）。MERS-CoV S 蛋白在细胞内合成后就被 furin 蛋白酶进行切割。第四种蛋白酶是细胞外的蛋白酶，如胰酶。目前的研究表明胰酶在肠道冠状病毒如 PEDV 的入侵中发挥重要的作用，病毒的分离及传代都需要在培养基中外源添加胰酶。

笔者所在研究团队为解决定量检测 PDCoV 入侵细胞效率的问题，首先建立了检测 PDCoV sgNS7a 的荧光定量检测方法，该方法只能检测入侵细胞后的病毒产生的亚基因组 RNA，而成熟病毒粒子中的 RNA 检测不到，这就排除了感染病毒时，吸附在细胞膜表面的残留病毒对实验结果的影响。同时，我们还建立了 Ct 值与病毒滴度之间的标准曲线，可以更好地定量病毒入侵的效率。应用不同的抑制剂去处理细胞，然后感染病毒，发现内吞体酸化抑制剂可以显著抑制病毒的感染，说明 PDCoV 感染依赖于低的 pH，同时说明病毒可以通过内吞体的途径入侵细胞。病毒入侵细胞需要 S 蛋白的切割活化，细胞内的蛋白酶在其中发挥重要的作用。为验证 CTSL 和 CTSB 是否对 PDCoV 有影响，用针对 CTSL 和 CTSB 的特异性抑制剂处理细胞后感染病毒，结果表明 CTSL 和 CTSB 的抑制可显著降低 PDCoV 的感染。同时体外酶切实验表明，CTSL 和 CTSB 可以切割活化 S 蛋白。PDCoV 感染后可以上调 CTSL 和 CTSB 的表达，还可以提高 CTSB 的酶活性，来进一步促进病毒的复制。在抑制剂存在的情况下用胰酶处理，可以促进病毒的复制，说明胰酶的处理可以使病毒跨过内吞体途径直接从细胞膜表面入侵细胞。且两种方式的入侵效率不同，通过不同时间点病毒入侵的效率比较发现，通过细胞膜表面入侵的效率更高（Zhang et al.，2019）。

PDCoV 和其他冠状病毒如 SARS-CoV 和 MERS-CoV 都可以通过两种方式感染细胞，但通过细胞膜表面入侵途径中采用的蛋白酶不同，PDCoV 通过胰蛋白酶进行 S 蛋白的切割活化，而呼吸道冠状病毒如 SARS-CoV 和 MERS-CoV 可以通过跨膜丝氨酸蛋白酶（TMPRSS2）进行 S 蛋白的切割活化。体外验证可以通过两种方式侵入细胞（图 4-17），考虑到 PDCoV 主要感染空肠和回肠，以及小肠内丰富的胰酶环境，我们推测体内感染时主要通过细胞膜表面的感染方式。综上所述，PDCoV 体外可以通过两种方式感染宿主细胞，胰酶处理后可以显著促进病毒的感染。PDCoV 作为一种肠道冠状病毒，感染的主要部位是空肠和回肠。小肠中丰富的蛋白酶环境可以促进病毒的感染，所以在体内病毒可能通过细胞膜表面的方式高效率地感染小肠上皮细胞，但还需要实验进一步证实（张家林，2019）。

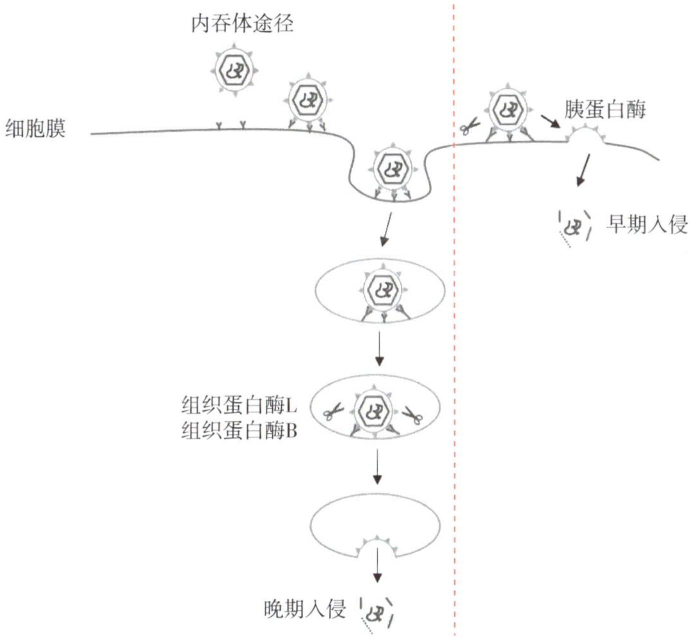

图 4-17 PDCoV 入侵途径

4.3.2 流行病学

PDCoV 不仅可以感染哺育猪和断奶猪，还可以感染育肥猪和母猪。PDCoV 感染猪的临床表现为急性水样腹泻、呕吐、嗜睡、体重减轻、脱水和死亡。PDCoV 具有较强的致病性，哺乳仔猪感染后死亡率可高达 30%～40%，严重威胁着猪群健康。分别用无菌猪和商品猪进行 PDCoV 感染试验，发现临床症状并不完全相同，例如在商品仔猪的感染试验中，只观察到仔猪的腹泻，其他临床症状没有观察到。但是，研究结果表明在同一病毒及相同感染剂量的情况下，普通商品仔猪和无菌猪相比，对 PDCoV 的易感性更高。这一结果说明普通仔猪复杂的体内环境可能在病毒的致病性中发挥重要的协同作用。基于美国猪场的 PDCoV 感染数据，Anon等报道 PDCoV 在哺乳仔猪中可引起高达 40%的死亡率，这一结果也表明，PDCoV 所引起的仔猪死亡率比 PEDV 要低，因此 PDCoV 的疾病危害程度可能低于 PEDV。但 Song 等的报道显示，来源于中国猪场中的 PDCoV 感染数据表明，PDCoV 感染在哺乳仔猪中可以引起高达 80%的死亡率。

尽管 2012 年就检测到了 PDCoV，但并没有分离到病毒，且 PDCoV 并没有暴发和流行，因此也没有对其进行大规模的流行病学调查。在 2014 年 2 月 11 日，美国俄亥俄州农业部发布公告称，美国农场猪群中存在 PDCoV 感染。2014 年 1—2 月期间，美国部分农场暴发仔猪严重腹泻，对来自俄亥俄州、艾奥瓦州、伊利诺伊州的腹泻样本进行检测时发现，所有样本 PEDV、TGEV、猪轮状病毒（porcine rotavirus，PoRV）等几种常见的能够引起仔猪腹泻的病原均显示为阴性。研究人员将腹泻样本进行处理后，利用电子显微镜观察时发现腹泻病料中存在病毒粒子，直径 120～200 nm，有纤突和囊膜，呈球形，为典型的冠状病毒形态，进一步检测发现为 PDCoV。对其基因组进行扩增测序及序列比对后发现，引起发病的 PDCoV 与 2012 年报道的香港毒株 HKU15-44 和 HKU15-155 核苷酸序列高度同源，同源性达 99%以上。同一时间，美国明尼苏达大学兽医诊断实验室在收到的腹泻病料中检测到了 PDCoV，毒株命名为 PDCoV SDCV/USA/Illinois121/2014，序列比对发现该株病毒核苷酸序列与两株香港毒株高度一致，达到 99%。美国爱荷华州立大学兽医诊断实验室同样从腹泻病料中检测到了 PDCoV，毒株序列与香港毒株 HKU15-44 的一致性达 98.9%，与 HKU15-155 的核苷酸一致性达 99.2%。随后，在美国的南达科他州、布达拉斯加州、肯塔基州、密歇根州等 9 个州的猪群中均检测到了 PDCoV 感染。在检测的 435 份腹泻病料中，有 109 份病料为 PDCoV 核酸阳性，阳性率达 25%，核苷酸序列比对发现，这 109 株病毒的核苷酸序列相似性达到 99.8%，与香港毒株 HKU15-44 和 HKU15-155 的核苷酸序列相似性达 98.9%～99.2%。PDCoV 的感染随后席卷美国的 20 个州。在美国大规模暴发 PDCoV 后，美国农业部加强了对 PDCoV 的流行病学检测。从 2014 年 3 月至 2016 年 3 月，两年时间里，用 PCR 方法共计检测 38 774 份腹泻病料，其中 1 092 份的样品为 PDCoV 核酸阳性。在 PDCoV 暴发之后，美国研究人员对 PDCoV 在美国猪群中的存在情况进行了回溯检测。将 2010 年 10 月至 2013 年 12 月来自 13 个州的 1 734 份临床样本用荧光定量 PCR 的方法检测，发现有 5 份样品为 PDCoV 阳性。最早的阳性样品为 2013 年 8 月份，说明在这之前美国已经存在 PDCoV 感染。另一项回溯研究是使用间接 ELISA 的方法检测血清中的针对 PDCoV 的 IgG 抗体。对 2006 年至 2014 年的 968 份血清进行检测，发现最早的阳性样本是 2010 年的。但是到目前为止美国 PDCoV 的来源还不清楚。2014 年 3 月中旬，加拿大安大略省的 6 个农场检测到 PDCoV 感染。接着，2014 年 4 月韩国报道在腹泻的粪便拭子中检测到 PDCoV，毒株为 PDCoV KOR/KNU 14-04/2014。在流行病学调查中，将 2013 年 1 月份至 2015 年 3 月份间，韩国 59 个猪场有腹泻症状的 681 份粪便拭子进行反转录 PCR 检测，发现只有 2 份病料中检测到 PDCoV，并且没有发现 PDCoV 与 PEDV、TGEV、PoRV 共感染的情况。2015 年 6 月泰国报道猪场中检测到 PDCoV。全基因组序列比对发现，该株病毒与中国的 2004 年的 PDCoV CHN-AH-2004 株具有最高的核苷酸一致性，达到了 98.4%。2016 年老挝的猪场中检测到 PDCoV。

有文献报道 2012 年 11 月份至 2015 年 3 月份来自江西 51 个猪场的 356 份病料（170 份来自母猪和仔猪的粪便拭子，186 份来自仔猪的肠组织），进行 PCR 检测，发现 12 份样品为 PDCoV 阳性，阳性率为 33.71%；231 份为 PEDV 阳性，阳性率为 64.89%；70 份为 PDCoV 和 PEDV 共感染，阳性率为 19.66%；在 120 份 PDCoV 阳性样品中，有 70 份为 PEDV 共感染，阳性率为 58.33%。在另外一项研究中，对 2004—2014 年间，来自安徽、广西、湖北和江苏四省份的 215 份肠组织或粪便拭子样品用 PCR 方法进行检测，发现 14 份为 PDCoV 阳性，阳性率为6.51%;110份为PEDV阳性,阳性率为51.2%;5份样品为TGEV阳性,阳性率为2.3%;2份样品为PEDV、TGEV和PDCoV共感染,阳性率为0.9%;在14份PDCoV阳性样品中,有7份为PEDV阳性,阳性率为50%。这一结果说明,PDCoV在中国的阳性率比PEDV要低,目前的仔猪腹泻病原还是以PEDV为主。同时,在来自安徽的2004年腹泻病料中检测到了PDCoV,说明2004年PDCoV在中国猪群中已经存在感染的情况。这也是世界范围内关于PDCoV感染的最早时间(2004年)的报道。对检测的部分样品进行全基因组测序分析,发现我国内地猪场中流行的PDCoV同样与2012年我国香港报道的两株病毒核苷酸序列有较高的同源性。所有的PDCoV毒株序列有高达98.9%的核苷酸序列一致性。同时,在中国的PDCoV毒株中S蛋白基因上存在多个点突变和核苷酸的缺失,在非结构蛋白及3′UTR区域同样存在缺失情况,然而碱基突变的情况在美国毒株中并没有发现。笔者设计并合成了针对PDCoV E基因和M基因的特异性引物,对来源于2014年1月份至2015年11月收集的77个猪场的232份腹泻病料进行RT-PCR鉴定,结果表明有24份样品为PDCoV阳性样品,阳性率为10.34%。Zhang等对2015—2018年收集的430份粪便和肠道样品进行检测,结果显示PDCoV阳性率高达23.49%。从感染情况和流行病学调查可以发现PDCoV的感染呈现全球流行的趋势,因此对该病毒的防控势在必行。

4.3.3 致病机制

人工感染普通商品猪和无菌猪实验证实了PDCoV具有较强的致病性。临床上PDCoV可感染不同日龄的猪,但感染新生仔猪后导致的死亡率较高,感染日龄较大的猪也可产生典型的临诊症状,如水样腹泻、脱水、食欲下降,在粪便拭子中可检测到大量的病毒核酸,但对日龄较大的猪的致死率较低,通常会逐渐恢复。

PDCoV的组织嗜性和PEDV、TGEV的相同,主要感染小肠细胞。PDCoV感染小肠细胞后迅速导致感染细胞的急性坏死,肠绒毛萎缩、脱落。和PEDV、TGEV的感染相同,PDCoV感染并不会诱导小肠组织的细胞凋亡。用间接免疫荧光和免疫组化的方法对PDCoV的感染肠段进行染色发现,PDCoV病毒抗原主要分布在小肠中的空肠和回肠,说明空肠和回肠是PDCoV体内感染的靶器官。对感染PDCoV 3～7 d的仔猪剖杀后进行抗原检测发现PDCoV抗原主要存在于萎缩的空肠上皮细胞中,在十二指肠、近端空肠及盲肠、结肠中检测到较少的病毒抗原。同时,在肠隐窝细胞中也检测到了少量的PDCoV抗原阳性细胞。PDCoV之所以主要感染小肠组织可能是因为猪小肠绒毛上皮细胞中表达大量的氨基肽酶N,目前的研究表明APN是PDCoV感染细胞的受体,该蛋白同时是TGEV感染肠组织的重要功能性受体。但也有研究表明,APN并不是PDCoV感染靶细胞的功能性受体,APN的表达可以促进PDCoV的感染。笔者所在实验室也对APN的功能进行了研究,结果发现表达APN的BHK细胞并不能介导病毒的感染,表明APN并不是PDCoV的功能性受体。因此,对于PDCoV的受体还需要进一步研究确定。另有研究报道,在病毒感染的早期阶段,在肠固有层细胞、集合淋巴结和肠系膜淋巴结中只能检测到少量病毒抗原。但在感染后23～24 d,临床感染的猪只康复并停止排毒后,上述组织中可检测到大量的PDCoV阳性细胞。这些抗原阳性细胞可能也包括抗原递呈细胞,如巨噬细胞。在胃、肺、心脏、扁桃体、脾脏、肝脏及肾脏中未检测到病毒抗原,但由于病毒血症的原因,利用荧光定量PCR的方法,可以在多种组织中检测到低量的PDCoV RNA拷贝。

PDCoV 除了小肠复制外，研究人员试图寻找 PDCoV 其他的复制器官。Hu 等用 10～14 日龄的无菌猪，口服或鼻内感染 PDCoV LLC-PK 细胞适应株 TC-PDCoV OH-FD22 第 5 代和第 80 代病毒。感染后第 3～10 天，尽管所有感染猪只都表现出临床症状并排毒，但在鼻拭子和支气管肺泡灌洗液中未检测到 PDCoV RNA，这提示 PDCoV 在呼吸道不能复制。但有趣的是鼻内感染的猪只也表现出了临床症状，一种解释可能是鼻内接种的病毒液从鼻腔经口感染消化道，另一种可能是目前在 PEDV 上发现的另一种感染途径，即在鼻内感染上皮细胞后，经抗原递呈细胞-CD3 T 淋巴细胞感染肠上皮细胞。但目前这种感染途径只是猜测，还未得到实验验证。

4.3.4 免疫机制

目前，对 PDCoV 免疫机制的研究主要局限在天然免疫方面。天然免疫主要通过天然免疫分子来清除和杀灭病原体，是机体抵抗病原微生物入侵的第一道防线。在众多的天然免疫分子中，干扰素是一种具有广谱抗病毒活性的细胞因子。干扰素抗病毒活性的发挥是通过干扰素与细胞表面的干扰素受体结合，激活细胞内的信号通路(JAK-STAT)，通过信号级联放大的作用，激活一系列的干扰素相关刺激基因(ISG)的表达来发挥抗病毒作用。病毒在长期适应宿主的进化过程中，逐渐获得了拮抗宿主天然免疫的能力，以免疫逃逸的方式更好地适应宿主细胞。目前的研究表明，PDCoV 的 NS5 蛋白具有 3C 样蛋白酶的活性，可以通过切割干扰素信号通路中的 NEMO 分子，降低其表达量的方式，来抑制干扰素的产生。在干扰素下游信号通路中，NS5 可降低 JAK-STAT 信号通路中的关键分子 STAT2，抑制干扰素下游信号分子的激活及抗病毒基因的转录，从而达到免疫逃逸的目的(Zhu et al.，2017)。Fang 等的研究表明 PDCoV 编码的 NS6 蛋白通过与细胞内的 RIG-1/MDA5 相互作用，抑制 RIG-1/MDA5 对 RNA 分子的识别，从而抑制细胞内 β 干扰素的产生来发挥拮抗干扰素的功能(Fang et al.，2018)。非结构蛋白 Nsp15 是一种 IFN 拮抗剂，它通过不依赖核糖核酸内切酶活性的机制抑制 β-干扰素的产生(Liu et al.，2019)。

在获得性免疫方面也进行了初步研究。笔者所在研究团队用已建立的基于 S 蛋白包被的 ELISA 检测方法对母猪血清及乳汁中的 IgG、SIgA 进行检测(图 4-18)。灭活苗首次免疫后 20 d 检测抗体，结果表明抗体转阳，加强免疫后抗体水平继续升高；对分娩后的母猪血清中的抗体水平持续检测发现在产后 21 d 抗体水平依然维持在较高的水平(图 4-18A)。检测乳汁中 S 蛋白特异性的 IgG，结果表明乳汁中的针对 S 蛋白的 IgG 水平不高，且下降较快，在分娩后 4～5 d，ELISA 抗体转阴(图 4-18B)。同时，灭活苗免疫后，在乳汁中可以检测到针对 S 蛋白的特异性 SIgA，但 SIgA 的抗体水平下降较快，在初乳中的抗体水平最高(图 4-18C)。同时，检测了母猪血清中的中和抗体水平变化，所有母猪在免疫前中和抗体为阴性，在首次免疫后中和抗体水平转阳，但抗体水平不高，间隔 20 d 即产前 20 d 再次免疫后中和抗体水平迅速升高，在产后 21 d 仍然维持在较高的水平(张家林，2019)。

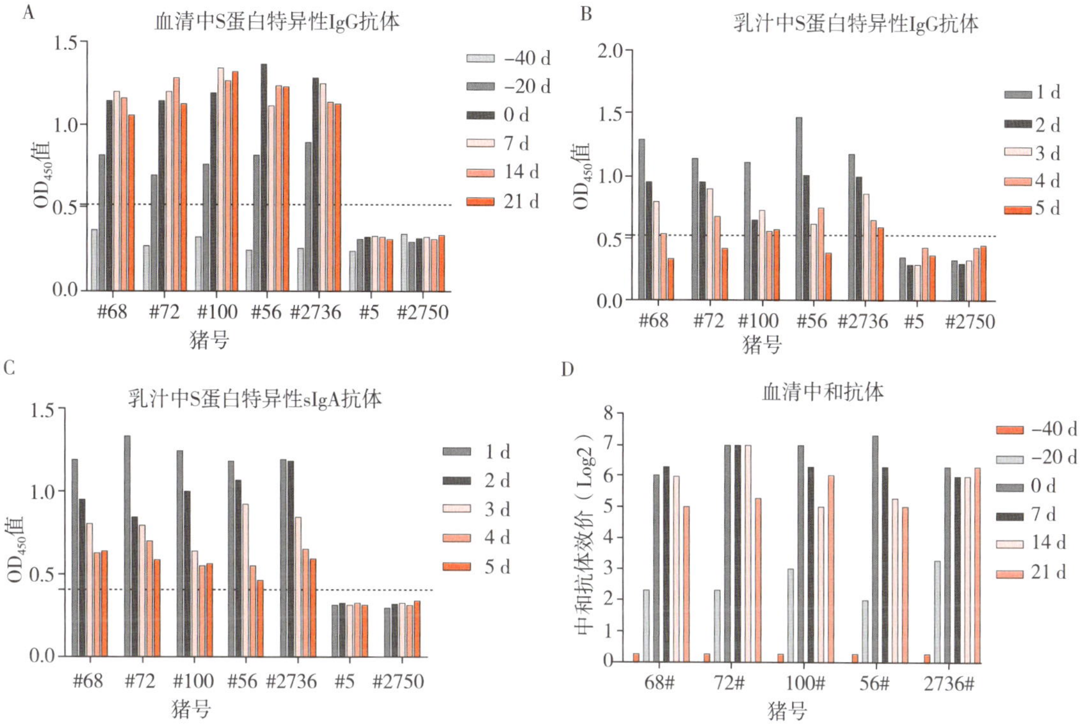

图 4-18　母猪血清及乳汁中的抗体水平检测

A. 检测母猪血清中的 IgG 抗体水平变化　B. 检测母猪乳汁中的 IgG 抗体水平变化

C. 检测母猪乳汁中的 SIgA 抗体水平变化　D. 母猪血清中的中和抗体水平变化

用 ELISA 检测仔猪血清中的 IgG 抗体水平发现，仔猪通过采食母乳，可以被动获得母源抗体，并且 S 蛋白特异性的 IgG 在血清中可以维持较长时间（约 12 d）（图 4-19A），同时中和试验结果表明，仔猪血清中具有较高的中和抗体，并且可以持续较长时间，在出生后 26 d 中和抗体仍为阳性（图 4-19B）。说明仔猪可以通过母乳获得中和抗体以抵抗病毒的攻击。

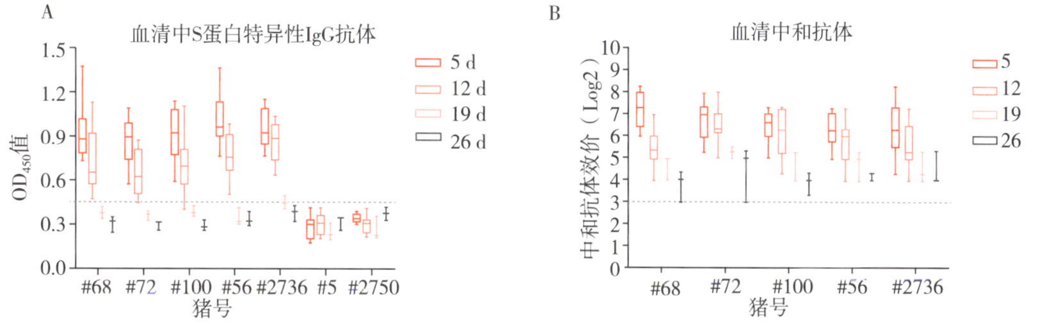

图 4-19　仔猪血清中的抗体水平

A. 检测仔猪血清中的 IgG 抗体水平变化　B. 仔猪血清中的中和抗体水平

25 日龄断奶 SPF 猪口服感染 PDCoV NH P10 后进行采血，用 ELISA 检测方法对血清中的 IgA 和 IgG 及中和抗体进行检测（图 4-20）。在第 1 次口服感染 2 周之后 IgA 抗体转阳，在

3 周之后达到最高然后下降；在第 2 次口服感染后 IgA 的水平变化不大，在第 2 次感染后有下降趋势；而第 3 次感染后，IgA 抗体水平迅速升高并在感染后 3～10 d 达到最高并维持 7 d 左右，抗体水平迅速下降。结果表明，口服感染 PDCoV 可以诱导高水平的 IgA 抗体水平应答，第 2 次感染后因为第 1 次感染产生的抗体中和部分病毒使得第 2 次感染后抗体变化不明显，而第 3 次感染后因为抗原的再次刺激，使得 IgA 抗体水平迅速升高（图 4-20A）。而 IgG 的水平在第 2 次免疫之后开始转阳，并迅速升高；在第 3 次感染后两周抗体水平迅速升高（图 4-20B）。血清中中和抗体的变化与血清中 IgG 的变化相似，在第 3 次感染后中和抗体迅速升高（图 4-20C）。由中和抗体的变化规律和 IgG 的变化趋势来分析，中和抗体中 IgG 占主导作用（张家林，2019）。

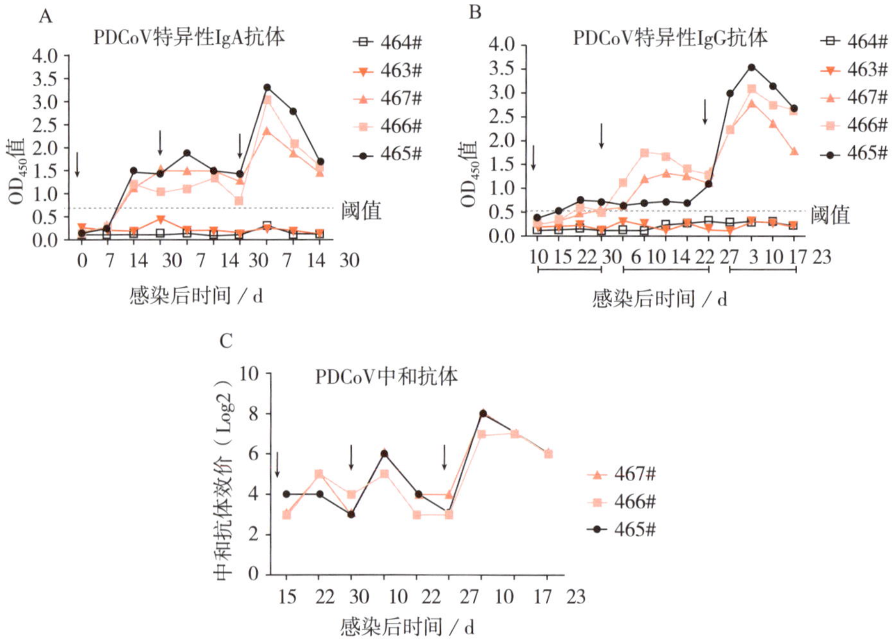

图 4-20　特异性抗体水平检测

A. ELISA 检测血清中 IgA 的表达水平　B. ELISA 检测血清中 IgG 的表达水平　C. 中和抗体水平检测

4.3.5　病理变化

像 PEDV 和 TGEV 一样，PDCoV 引起的腹泻可能是由于小肠绒毛上皮细胞大量损失造成的吸收不良引起的。感染小肠的上皮细胞中可观察到轻度的空泡化、脱落，可能会干扰水和电解质的吸收。因为 PDCoV 与 PEDV、TGEV 感染之后相似的病理学特征，PDCoV 感染后也可能导致消化不良性腹泻。PDCoV 感染后病毒在肠上皮细胞中复制增殖，导致空肠或回肠肠绒毛上皮细胞之间的紧密连接结构的严重破坏；同时病毒感染后可导致萎缩性肠炎，这些因素可能与病毒血症的产生相关。在 PDCoV 感染猪中肉眼可见的病变仅限于胃肠道，其特征是肠壁变薄、透明，大量黄色液体在肠腔内积聚，胃内有未消化的凝乳。用 HE 和免疫组化的方法对感染肠段进行染色发现，PDCoV 感染主要表现为急性、弥漫性、轻度至重度萎缩性肠炎，引起的病变和抗原分布主要在空肠和回肠，说明空肠和回肠是病毒复制的主要部位。在急性感染期间，空肠和回肠可见空泡化的肠上皮细胞或大量脱落的细胞。固有层中巨噬细胞、淋巴细胞、嗜中性粒细胞和嗜酸性粒细胞浸润。感染猪的胃、心、肝、脾、肺和肾等其他器官中均未见病变且 PDCoV 抗原检测呈阴性。笔者所在研究团队利用分离鉴定的 PDCoV NH 株对 5 日龄 SPF 猪或商品化猪、16 日龄 SPF 猪、25 日龄断奶 SPF 猪进行口服接种，结果表明 5 日龄 SPF 猪或商品化猪在接种后 24～27 h，排出黄色水样粪便，出现典型的腹泻的临床症状；剖检发现其肠壁变薄、透明，内有淡黄色液体。病理切片 HE 染色表明，空肠和回肠的肠绒毛在感染后 72 h 出现明显的萎缩、变短和脱落(图 4-21)。与文献报道不同的是猪只感染 PDCoV NH 株后没有出现呕吐的临床症状(Zhang et al.，2020)。15 日龄 SPF 猪和 25 日龄断奶 SPF 猪在接种后 4～5 d 出现腹泻的临床症状，其中 25 日龄断奶 SPF 猪临床症状持续 5 天后恢复。160 日龄 SPF 猪肌肉注射 5mL 病毒液，没有临床症状。这些结果说明随着猪只日龄的增大，感染发病也随着减少。

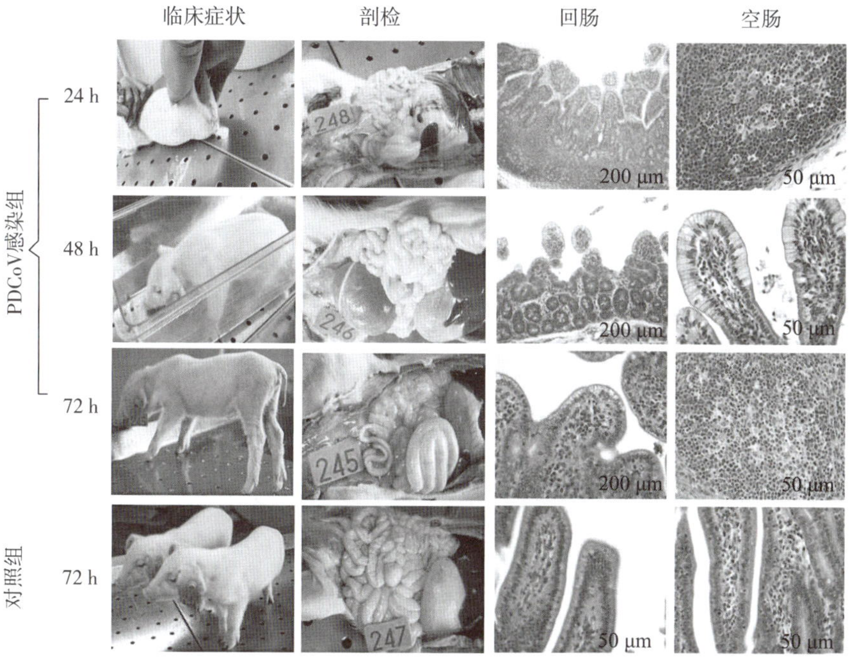

图 4-21 5 日龄 SPF 猪感染 PDCoV NH 株后的临床症状、剖检及病理变化

4.3.6 诊断技术与鉴别诊断

目前对 PDCoV 的实验室诊断方法主要分为病原学和血清学两种。

1. 病原学的检测方法

(1)电子显微镜(EM) EM 可以直接观察到病毒颗粒的形态及大小，进而可按照已有的病毒学分类标准将病毒进行归类。PDCoV 在最初诊断时就是利用电子显微镜在腹泻样本中检测到了冠状病毒样的病毒颗粒，从而为 PDCoV 的进一步确诊指明了方向。

(2)反转录 PCR(RT-PCR) Ding 等建立了多重定量 PCR 方法，可同时检测 PEDV、TGEV 和 PDCoV(Ding et al.，2020)。张帆帆等以 PDCoV N 基因的保守区为模板，设计特异性引物建立了针对 N 基因的 RT-PCR 检测方法，对临床样品的检测结果表明该方法具有较好的特异性和敏感性。Song 等根据 PDCoV N 基因的序列设计引物，建立了套氏 RT-PCR 检测方法，用该方法对江西的腹泻病料进行检测，确定了 PDCoV 在江西地区的感染。Chen 等针对 PDCoV M 和 N 基因建立的荧光定量 PCR 方法，特异性敏感性都很高。Zhang 等以 PDCoV 和 PEDV M 基因为模板设计特异性的引物建立的荧光定量检测方法可同时检测 PEDV 和 PDCoV 两种病原。张利卫等以 PDCoV M 基因为模板，建立了基于 M 基因的荧光定量 PCR 的检测方法，针对临床样品的检测结果表明该方法敏感性高，特异性好。肖帅等以 PDCoV N 基因为模板建立了重组聚合酶的方法来实现 PDCoV 的快速检测。任玉鹏等建立了多重 RT-PCR 检测方法可以同时检测 TGEV、PEDV 和 PDCoV。董志珍等以 PDCoV M 基因为模板建立了纳米 PCR 检测 PDCoV，该方法比常规 PCR 更敏感。Lei 等建立基于探针的重组聚合酶扩增方法，可以在 20 min 完成扩增，实现了 PDCoV 的快速检测。

2. 血清学诊断方法

(1)免疫荧光技术　用于细胞或组织中 PDCoV 的检测，以确认 PDCoV 的感染和分布。利用荧光标记的 PDCoV 特异性抗体检测细胞内 PDCoV 抗原，具有良好的特异性。Chen 等用间接免疫荧光技术准确地识别出细胞中的 PDCoV。免疫组化(IHC)试验通过对固定组织中的 PDCoV 抗原与标记抗体特异性结合，随后通过酶与底物反应在病理组织切片中观察到 PDCoV 抗原信号。临床上应用免疫荧光技术检测 PDCoV 抗原能够准确地显示感染过程中 PDCoV 的靶细胞和组织分布。

(2)酶联免疫吸附试验(ELISA)　ELISA 具有快速、简便和敏感性强的特点，是常用的检测抗原或抗体的手段。Thachil 等为了确定 PDCoV 在美国的流行情况，用重组表达的 PDCoV S1 蛋白为包被抗原来检测 PDCoV 特异性 IgG。利用该方法对 2014 年收集的 355 份猪血清进行检测，结果有 8.7% 血清样品中检测到抗 PDCoV 特异性 IgG，该方法敏感性为 91%，特异性为 95%。Su 等以原核表达的 PDCoV N 蛋白作为包被抗原建立了 ELISA 检测法并与 Western blot 法进行了比较，结果表明该方法敏感性为 100%，特异性为 90.4%。Lu 等以真核表达的 S1 蛋白为包被抗原建立了检测 PDCoV 特异性 IgA 的间接 ELISA 方法，对 152 份血清和 65 份乳汁进行了检测，血清和乳汁的阳性率分别为 62.5%、100%(Lu et al., 2020)。侯林衫等以重组表达的 PDCoV S1 蛋白为包被抗原建立了 ELISA 方法来检测特异性 IgG 抗体，并用该方法对河北地区的 PDCoV 流行情况进行调查。Ma 等建立了基于 PDCoV 全病毒包被的 ELISA 检测方法，用于确定 PEDV 与 PDCoV 特异性抗体之间的血清交叉反应。Okda等在大肠杆菌中表达 N 蛋白，并进行复性，以复性后的 N 蛋白作为包被抗原建立了 ELISA 方法和荧光微球免疫检测法，并对反应条件进行了优化，确定了最佳抗原包被浓度和最佳血清稀释度。并用这两种方法对已知血清进行检测，最终确定 ELISA 检测方法的特异性为96.2%，敏感性为 96.1%，荧光微球免疫检测方法的特异性为 98.1%，敏感性为 95.8%。

(3)中和试验　中和试验是免疫效果评价的金标准。Zhang 利用中和试验在感染 PDCoV 7～42 d 后的仔猪腹泻样品中检测到 PDCoV 中和抗体但不能确定抗体类型。此外，病毒中和试验可用于病毒中和抗体效价的检测，用于区分 PDCoV 阳性和阴性猪，但病毒中和试验所需的试验周期长，而且劳动强度大，细胞病变确定需要 3～4 d 的时间，很难用于临床大量血清样本的检测。但中和试验是疫苗免疫效果评价的金标准，在血清学检测方面具有不可替代的作用。

(4)免疫荧光染色　可用于确定体外细胞分离病毒是否成功，还可用于体内感染组织的抗原染色。Jung 等用建立的免疫荧光染色法对 PDCoV 感染的组织进行染色，确定了 PDCoV

主要在空肠和回肠中进行复制。

4.3.7 防控技术及应用

目前,猪德尔塔冠状病毒感染无有效药物和疫苗可用。疫苗的获得主要通过三种途径来实现:通过化学试剂或紫外射线照射获得灭活苗,常规致弱获得弱毒疫苗,基因工程技术改造获得基因工程疫苗。

灭活疫苗通常使用化学药物(如福尔马林、β-丙内酯和焦碳酸二乙酯)或紫外射线照射使病毒保持结构特征从而保留了病毒的抗原性,消除了引起感染的可能性。因此,灭活的病毒在抗原上与活病毒相似且易于制备。不同的研究表明灭活疫苗在添加或不添加佐剂的情况下可以诱导产生中和抗体抑制病毒复制。但是灭活疫苗使用剂量大,需要多次加强免疫,且免疫持续期短。

笔者所在研究团队制备了 PDCoV 灭活疫苗,通过后海穴注射的免疫途径,分别在产前 40 d和产前 20 d 对妊娠母猪进行免疫,在母猪分娩后让新生仔猪采食初乳,并在 5 日龄进行攻毒。根据临床发病、病理损伤及排毒情况对灭活疫苗的被动免疫保护效果进行评价。结果表明,母猪免疫灭活疫苗后在血清及母乳中可诱导 IgG 及中和抗体应答,仔猪通过吸食母乳可获得被动免疫保护。攻毒实验表明,灭活疫苗可为仔猪提供 87.1%的被动免疫保护率。除了被动免疫为仔猪提供被动免疫保护外,主动免疫可以提高猪只的免疫水平,减少 PDCoV 感染的风险。首先我们模拟自然感染,对 25 日龄的 SPF 猪进行了口服感染实验并监测抗体水平。结果表明口服感染后第 5 天可引起 25 日龄断奶猪产生腹泻的临床症状。抗体检测结果表明,在第 3 次口服感染后抗体水平迅速升高,同时可检测到高水平的 IgA。为评价主动免疫的效果,我们采取了 3 种免疫策略:灭活疫苗两次免疫(K+K);活疫苗首免,灭活苗加免(L+K);活疫苗两次免疫(L+L)。结果表明,三种免疫策略在免疫后两周,中和抗体转阳,在加强免疫后抗体水平迅速升高。K+K 免疫组的中和抗体水平要高于其他两组。并且在免疫后两周 K+K 免疫组在血清中就可以检测到高水平的 IFN-γ,说明灭活疫苗免疫也可以激活细胞免疫应答。组织毒攻毒实验结果表明,K+K 免疫组的保护效果要高于其他两组。以上结果说明采用灭活疫苗间隔两周免疫两次的免疫策略可以诱导较好的中和抗体应答并为猪只提供保护(Zhang et al. ,2020)。

减毒活疫苗是通过减少或消除强毒的毒力来生产的。通常使用异种动物或细胞连续传代,添加化学药物诱导基因突变和反向遗传学手段定点突变或基因替换方式来产生弱毒候选株,因此,该病毒能够进行有效感染但致病力降低。减毒活疫苗可以有效刺激机体的免疫系统引起天然免疫应答和适应性免疫应答,并且免疫持续期长。弱毒疫苗的获得主要是将强毒株在体外异种动物或同(异)源细胞进行连续传代,但也要保证传代的病毒不能失去免疫原性。强毒株在细胞上连续传代致弱的机理是将病毒长时间在不适宜的条件下繁殖,其在选择压力下产生突变以适应环境,从而导致病毒的毒力基因改变,对宿主的致病力下降。

笔者所在研究团队通过在体外连续传代培育了一株 PDCoV 弱毒株,然后以大剂量口服接种 5 日龄商品化阴性仔猪,观察 3 d,没有发现呕吐、腹泻现象。剖杀后小肠无肉眼可见病变,但在空肠、回肠能够检测到病毒特异性抗原(图 4-22)。

反向遗传学技术主要通过基因测序技术对强弱毒株基因组序列比对找到与病毒毒力相关的变异位点,构建以强毒株和弱毒株为骨架的感染性克隆通过定点突变或基因互换的方式评估基因对病毒毒力的影响。目前,只有 Hu 报道了 PDCoV 在细胞连续传代 40 次,S 基因 5 个点突变特征并对其致病性进行评价,结果显示传代 40 次的 PDCoV 致病力未减弱。Zhang 报道构建了 PDCoV 全长的感染性克隆,构建辅助蛋白 NS6 和 NS7 的感染性克隆进一步证实了辅助蛋白 NS6 与 PDCoV 的致病力相关(Zhang et al.,2019)。

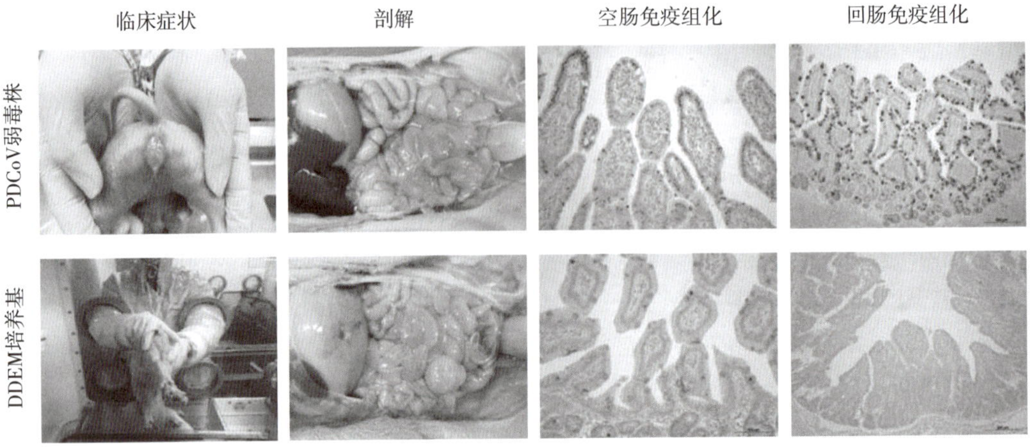

图 4-22　PDCoV NH 弱毒株致病性研究

基因工程疫苗就是利用 DNA 重组技术将能引起机体产生免疫应答的抗原导入原核或真核表达系统,表达出不含有感染性的疫苗。PDCoV S 蛋白是病毒表面的糖蛋白,可以诱导中和抗体产生,因此可作为疫苗研究的重要靶蛋白。

4.4　猪急性腹泻综合征

自 2010 年 12 月以来,国内大面积暴发仔猪腹泻疫情,疫苗接种预防腹泻相对有效。然而,从 2016 年 10 月底,在广东清远地区某猪场,PEDV 疫苗接种猪群暴发致死性猪腹泻疫情,并且暴发的地理位置与 2002 年 SARS-CoV 首发地非常接近(Zhou et al.,2018b)。在暴发此次疫情之前,PEDV 曾在该猪场流行,并且在此次腹泻疫情暴发的后期,仍能在腹泻仔猪体内零星检测到 PEDV 的存在。但自 2017 年 1 月中旬后,该猪场包括 PEDV 在内的其他常见病原检测都呈阴性的情况下,该猪场的腹泻疫情流行情况仍然很严重。此外,在恢复的母猪体内未发现针对 PEDV 的中和抗体,这些发现表明该猪场可能存在一种未知的猪腹泻病原。随后,在离该猪场 20～150 km 处的 3 个猪场也出现了同样的情况。截止到 2017 年 5 月初,发病的 4 个猪场的仔猪死亡数已超过 24 000 头。仅该猪场,2017 年 2 月的新生仔猪死淘率高达 64%(4 659/7 268)(Zhou et al.,2018b)。随后通过经典的宏基因组测序发现这是一种新的冠状病毒,并命名为猪急性腹泻综合征冠状病毒(swine acute diarrhea syndrome coronavirus,SADS-CoV),与菊头蝠冠状病毒 HKU2(rhinolophus bat coronavirus HKU2)亲缘关系较近。SADS-CoV 被我国不同的研究组独立发现,分别命名为 SADS-CoV、猪肠道甲型冠状病毒(swine enteric alphacoronavirus,SeACoV)或猪肠道阿尔法冠状病毒(porcine enteric alphacoronavirus,PEAV)(Yang et al.,2019)。

SADS-CoV 可导致猪急性腹泻综合征(swine acute diarrhea syndrome,SADS),是猪的一

种接触性肠道传染病。SADS-CoV 感染猪的临床症状类似于猪传染性胃肠炎病毒(porcine transmissible gastroenteritis virus,TGEV)、猪流行性腹泻病毒(porcine epidemic diarrhea virus,PEDV)和猪德尔塔冠状病毒(porcine deltacoronavirus,PDCoV)感染,表现为严重且急性呕吐和腹泻,新生仔猪体重迅速减轻,感染仔猪发病后 2～6 d 内死亡,感染母猪表现为轻微腹泻,大部分母猪 2 d 内即可恢复。5 日龄及以下的仔猪死亡率高达 98%,但对于 8 日龄以上的仔猪致死率只有 5%,该病没有发热现象(Gong et al., 2017; Pan et al., 2017; Zhou et al., 2018b)。

4.4.1 病原学

本病病原为 SADS-CoV,属于尼多病毒目(*Nidovirales*)冠状病毒科(*Coronaviridae*)α-冠状病毒属(*Alphacoronavirus*)的成员。SADS-CoV 具有典型的冠状病毒结构,有囊膜,形态多样,呈球形或椭圆形,直径 90～160 nm,在囊膜上镶嵌有长度为 10～24 nm 的棒状纤突,且间隔较宽(图 4-23)。SADS-CoV 基因组全长约为 27.17 kb,包括 5′-UTR、3′-UTR、5 个非结构蛋白(ORF1a、ORF1b、NS3a、NS7a、NS7b)以及 4 个结构蛋白包括纤突(spike,S)蛋白、小膜(envelope,E)蛋白、膜(membrane,M)蛋白和核衣壳(nucleocapsid,N)蛋白。

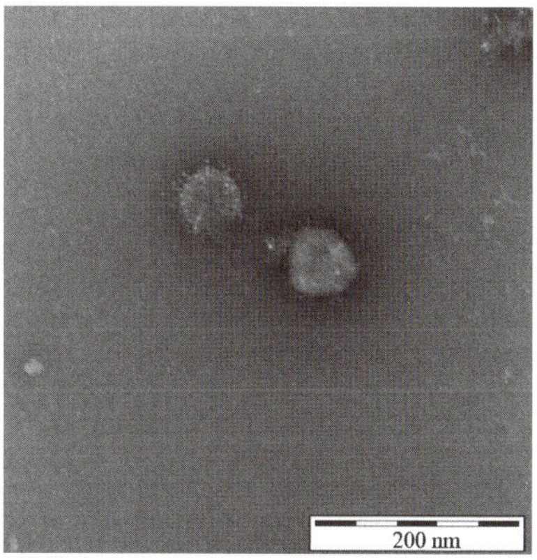

图 4-23 猪急性腹泻综合征冠状病毒(电镜负染)

体外感染试验证明 SADS-CoV 可以侵染不同物种的多种细胞(表 4-1),尤其可感染多种啮齿类动物(大鼠、小鼠、沙鼠、仓鼠)的细胞系,而其他冠状病毒未有报道,表明 SADS-CoV 在体外具有广泛的宿主嗜性。该病毒也可感染人类和非洲绿猴细胞,提示其具有潜在的人畜传播能力。SADS-CoV 在体外增殖不依赖胰酶,但加入胰酶有促进作用(Yang et al., 2019)。Vero 和 ST 细胞系是实验室中进行病毒增殖常用的细胞系。初代次培养细胞病变较轻或无病变,易被忽略。病毒感染后的复制、增殖机制与本属其他成员相似,病毒的成熟发生于细胞质中,通过内质网出芽,在细胞质的空泡中可见明显的病毒粒子。

SADS-CoV 与猪的另外 3 种冠状病毒,即猪流行性腹泻病毒(PEDV)、猪传染性胃肠炎病毒(TGEV)及猪德尔塔冠状病毒(PDCoV)无抗原相关性,因此现有的猪冠状病毒疫苗对预防 SADS-CoV 感染无效。

4.4.2 流行病学

SADS-CoV 同其他冠状病毒一样,存在于动物机体的消化器官以及排泄物中,很容易造成疫情的传播。在正常情况下,传播是通过与病猪排出的腹泻物直接或间接接触而发生。蝙蝠是多种冠状病毒的自然储存宿主(Wang et al., 2018b),由于人类大面积砍伐森林导致蝙蝠失去觅食地,进而接近人类耕地和家畜,并且非法交易和食用被感染的野生动物,使病毒有机会直接传染给人类。测序结果表明,SADS-CoV 与菊头蝠冠状病毒 HKU-2 全基因组序列高度相似,但纤突蛋白(S 蛋白)的氨基酸序列一致性仅为 86%,表明蝙蝠源 HKU-2 虽不是 SADS-CoV 的直接祖先,但两者在遗传演化上关系相近,推测 SADS-CoV 和 HKU2 可能来源于同一个宿主——蝙蝠。为了验证这一假设,研究人员建立了针对 RNA 聚合酶的荧光定量检测

表 4-1　人或动物不同细胞系对 SADS-CoV 的易感性

细胞系			不加胰酶		加胰酶	
物种和(或)组织	名称	ATCC 编号	免疫荧光	细胞病变	免疫荧光	细胞病变
人						
肝癌细胞	Huh-7	N/A	++	−	++	−
肝癌细胞	HepG2/C3A	HB-8065	+	−	++	−
胚胎肾细胞	293T	CRL-11268	+	−	N/D	N/D
肺癌细胞	A549	CCL-185EMT	+	−	++	−
宫颈癌细胞	HeLa	CCL-2	+	−	+	−
猴						
非洲绿猴肾细胞	Marc-145	N/A	+	−	++	+
非洲绿猴肾细胞	Cos-7	CRL-1651	++	−	+++	++
非洲绿猴肾细胞	BSC-40	CRL-2761	++	−	+++	++
非洲绿猴肾细胞	Vero	CRL-1586	++	+	+++	+++
猪						
睾丸细胞	ST	CRL-1746	+	+	++	++
肾细胞	PK-15	CCL-33	+	−	++	+
肾细胞	LLC-PK	CL-101	+	−	++	+
小肠上皮细胞	IPEC-J2	N/A	+	−	+	−
蝙蝠						
水鼠耳蝠胚胎肾细胞	BFK	N/A	−	−	−	−
游离尾蝠肺细胞	Tb-1	CCL-88	+	−	++	−
犬						
肾细胞	MDCK	CCL-34	−	−	−	−
小鼠						
胚胎成纤维细胞	NIH/3T3	CRL-1658	+	−	N/D	N/D
单核细胞/巨噬细胞	RAW 264.7	TIB-71	−	−	−	−
仓鼠						
金黄地鼠肾细胞	BHK-21	CCL-10	+	−	+++	+
中国仓鼠卵巢细胞	CHO	CCL-61	+	−	N/D	N/D
大鼠						
肝细胞	BRL-3A	CRL-1442	++	+	N/D	N/D
肾细胞	NRK-52E	CRL-1571	+	−	N/D	N/D
沙鼠						
原代肾细胞		N/A	++	−	N/D	N/D
鸡						
胚胎成纤维细胞	DF-1	CRL-12203	+	−	N/D	N/D

通过免疫荧光(IFA)或细胞病变对感染程度进行定量(−:感染或眼观病变≤1%;+:≤25%;++:≤50%;+++:≤75%;++++:≤100%);N/A:不感染;N/D:细胞对胰酶敏感未检测。

测方法，并对 2013—2016 年间在广东地区采集的 591 份蝙蝠肛门拭子进行荧光定量 PCR 检测，结果显示共有 58 份样品为阳性，且大部分阳性样品来源于菊头蝠。随后，对与 SADS-CoV RNA 聚合酶同源性最高的 4 份阳性样品进行全基因组测序，比对结果表明，这 4 份阳性样品的全基因组序列与 SADS-CoV 全基因组序列同源性高达 96%～98%，更为重要的是，SADS-CoV 与其中两份样品的 S 蛋白氨基酸序列同源性高达 98%以上。以上结果表明，导致仔猪腹泻疫情的 SADS-CoV 可能来源于蝙蝠源 HKU-2 相关冠状病毒的跨种传播。进一步采集接触患病猪群工作人员的血清进行相关血清学检测，尚无证据显示 SADS-CoV 可进一步跨种感染人。猪急性腹泻综合征与 2002—2003 年暴发的严重急性呼吸综合征（SARS）具有诸多相似之处：两者均发生于广东，都由新发冠状病毒引起，源头都是菊头蝠。研究表明，蝙蝠是多种冠状病毒的自然宿主。SADS-CoV 的发现与溯源研究证实，蝙蝠携带的某些冠状病毒可跨种传播至家畜并造成严重的疾病，同时啮齿类动物可能作为潜在的长期 SADS-CoV 携带者。因此，针对蝙蝠和啮齿类动物持续开展冠状病毒的流行病学监测，对于防控新发传染病，保障畜牧业生产安全具有重要的意义。

随后，科研人员对广东省 45 家养猪企业的腹泻样本进行了回顾性检测，以评价 SADS-CoV 的发生和分布情况。结果显示，至少自 2016 年 8 月以来，中国猪群已经出现 SADS-CoV 的感染，这个时间点比之前报告的第一个发现时间提前了 5 个月。同时也表明 PEDV（感染率 78.25%）为猪病毒性腹泻的主要病原，而 SADS-CoV 感染率位居第二位（43.53%），具有明显的流行趋势（Zhou et al.，2019）。

4.4.3 致病机制

SADS-CoV 致病机制研究是在未吃初乳的普通商品猪和 SPF 猪中进行的。仔猪于 3 日龄时经口服接种 SADS-CoV 分离株（Pan et al.，2017；Zhou et al.，2018b），口服接种 27～40 h 后仔猪发病。免疫荧光（IF）技术观察证明病毒在小肠的绒毛上皮细胞中复制，导致细胞变性，绒毛严重萎缩。SADS-CoV 在仔猪小肠中的致病特点与 PEDV、TGEV 和 PDCoV 极为相似。

病毒经口传入猪体后，由于病毒本身具有抗酸，抗胃蛋白酶、胰蛋白酶的特性，维持活性的 SADS-CoV 可以直接接触具有高度易感性的小肠上皮细胞并进行复制和增殖，造成小肠黏膜的功能性损伤，导致小肠内各种消化酶的活性显著降低以及小肠上皮细胞内的营养物质和电解质发生紊乱，引起急性消化不良综合征。由于具有分泌乳糖酶的微绒毛细胞被破坏，使感染仔猪消化乳糖能力下降，未被消化的乳糖滞留在肠道中，渗透压增高，致使小肠组织向肠腔内大量分泌液体，最终导致腹泻和脱水。感染仔猪水、盐和电解质代谢障碍也是腹泻的重要原因。

SADS-CoV 主要侵染小肠绒毛上皮细胞，在侵染过程中呈现了细胞与病毒之间的一场“殊死博弈”，“生”与“死”的关键取决于病毒与宿主调控细胞凋亡的平衡状态。SADS-CoV 感染 Vero 细胞时可出现明显的 CPE，显微镜下可见凋亡细胞胞质固缩和细胞膜融合、染色质凝缩并附在核膜周边，形成凋亡小体。引起细胞凋亡的途径主要有外在凋亡途径（死亡受体通路）和内在凋亡途径（线粒体途径）。外在凋亡途径是通过病原微生物刺激细胞膜上的死亡受体，使其激活，从而激活半胱天冬酶（Caspase）级联凋亡信号途径，Caspase 级联信号通路在 Caspase-8/-10 激活后分为两条路径，一条激活下游 Caspase3/7 分子并最终切割 DNA 修复酶（poly ADP-ribose polymerase，PARP），使 PARP 丧失修复 DNA 的功能，引起细胞凋亡；另一条路径是活化的 Caspase-8/-10 还可以作用于 Bcl-2 家族中的促凋亡因子 Bit，导致 Bit 切割活化从而通过线粒体凋亡途径诱导细胞凋亡。SADS-CoV 体内、体外感染后引起 Caspase-8、-9、-3 和 PARP 的切割活化，同时还引起 FasL 蛋白上调表达，表明外在凋亡途径在 SADS-CoV 诱导细胞发生凋亡中起到了重要的作用。此外，SADS-CoV 感染细胞后 Bit 可被切割活化并转移至线粒体外膜上抑制抗凋亡蛋白 Bcl-2 及 Bcl-xL 的活性，与此同时 Bax 由胞质转位至线粒体，引起线粒体膜通透性发生改变，导致线粒体中的促凋亡分子 Cyt C 释放到细胞质中，激活线粒体通路（内在凋亡途径），说明 SADS-CoV 引起细胞凋亡信号途径的多样性、广泛性和交叉性。Caspase 广谱性抑制剂抑制凋亡发现抑制病毒的复制，究其原因可能是细胞凋亡促进了病毒广泛的传播并侵染更多的细胞（Zhang et al.，2020）。

本病的潜伏期较短，并且传播迅速，感染发生后 2～3 d 可波及整个猪群。临床症状因猪龄大小而异，新生仔猪的典型症状是水样腹泻、脱水、体重迅速下降，导致新生仔猪高发病率和高死亡率。严重腹泻的仔猪，常出现未消化的乳糜块、粪便腥臭。病程短，症状出现后 2～5 d 死亡。育肥猪感染时，临床症状较轻，表现为厌食、较轻程度腹泻，持续时间短，极少发生死亡，并且在感染期体质虚弱，生长发育受阻。

4.4.4 免疫机制

由于 SADS-CoV 为新发现的一种冠状病毒，所以目前对 SADS-CoV 免疫机制的研究主要局限在天然免疫方面。天然免疫即多种细胞生物在漫长的生物进化史中进化出的一种能非特异性抵抗外界病原微生物入侵的特性。天然免疫应答是宿主抵抗病原微生物感染的最前沿，是机体与生俱来的防御特性。当外界病原微生物入侵宿主细胞时，天然免疫能发挥其作用将其识别，并且启动一系列级联反应来抑制或清除病原微生物的感染。病原微生物感染宿主细胞时会产生一系列的复制中间体，如核酸、蛋白质、脂多糖等，即病原相关分子模式（pathogen associated molecular patterns，PAMPs），PAMPs 能被细胞膜或胞内的模式识别受体（pattern recognition receptors，PRRs）识别，随后激活特定的信号通路，诱导Ⅰ型干扰素的表达（Brubaker et al.，2015；Gunther et al.，2016；Wang and Wang，2013）。产生的Ⅰ型干扰素被分泌到细胞外并与邻近细胞上的干扰素受体结合，激活下游的 JAK/STAT1 信号通路，最终产生干扰素刺激因子（Kawai and Akira，2006），其可以通过抑制病原微生物基因组的复制或者干扰病毒蛋白合成等方式来抑制病原微生物的增殖。目前的研究表明，以 IPEC-J2 细胞作为模型发现 SADS-CoV 感染拮抗 IFN-β 的产生，同时在 PEDV、PDCoV 和 PRRSV 都有类似的发现。

众所周知，转录因子 IRF3 和 NF-κB 的激活对于 IFN-β 的产生至关重要，磷酸化和核易位是其激活的关键过程，同时 TBK1 和 IKKε 主要负责激活 IRF3。研究发现，SADS-CoV 感染可以抑制 IRF3 的磷酸化和核易位，同时发现 SADS-CoV 感染未能抑制 IRF3、TBK1 和 IKKε 所诱导的 IFN-β 启动子的活性，但是能抑制由 IPS-1 以及 RIG-Ⅰ诱导 IFN-β 启动子的活性，说明 SADS-CoV 通过靶向 IPS-1 来抑制 IFN-β 的产生。进一步研究发现 SADS-CoV N 蛋白通过干扰 TBK1 与 TRAF3 之间的相互作用导致 IPS-1 无法招募 TBK1，而使 TBK1 激活失败，最终阻断 IFN-β 的产生。

4.4.5 病理变化

自然感染和实验感染的仔猪均有肉眼可见的病变。除脱水外，肉眼变化常局限于胃肠道，胃内充满凝乳，小肠充满黄色的泡沫性液体，并且一般含有未消化的凝乳块。肠壁菲薄，几乎透明(图 4-24B)，可能是绒毛萎缩引起的。

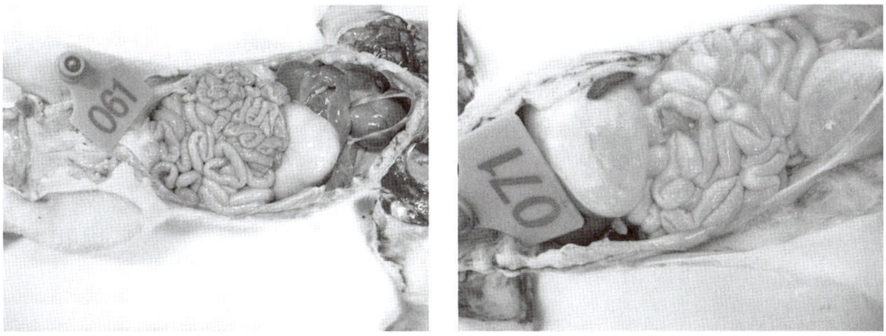

A　　B

图 4-24　正常仔猪(A)和猪急性腹泻综合征仔猪(B)小肠组织表现

通过镜检发现，仔猪感染后小肠上皮细胞开始空泡化并脱落，导致空肠和回肠绒毛明显变短(图 4-25B)，把这种变化称为绒毛萎缩。这一病变也见于 PEDV、TGEV、PDCoV 和轮状病毒的感染。

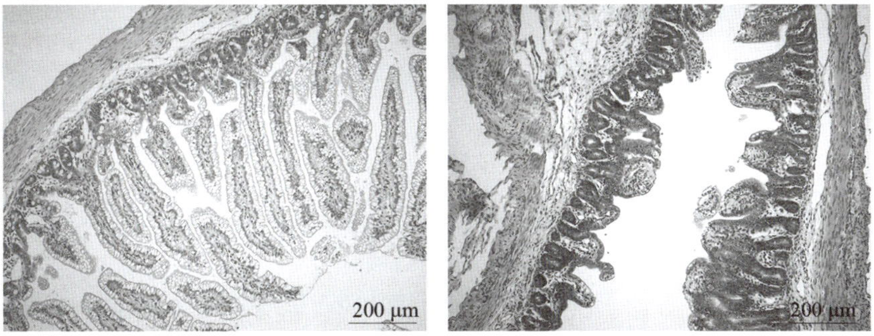

A　　B

图 4-25　正常仔猪(A)和猪急性腹泻综合征仔猪(B)小肠组织病理学表现

超微结构变化主要发生于小肠上皮细胞细胞质中，可见小肠上皮细胞内线粒体、内质网以及其他细胞质内的成分变性，在细胞质空泡内有病毒粒子的存在。

4.4.6　诊断技术与鉴别诊断

由于 SADS-CoV 与 PEDV、TGEV、PDCoV 以及轮状病毒感染引起的临床症状极为相似，因此对于该疫病的确诊必须依据实验室检测结果。鉴于绒毛萎缩是猪病毒性腹泻疫病的共同病变，因此 SADS-CoV 的实验室诊断通常要进行下列一种或几种检查：病毒抗原的检测，病毒核酸的检测，病毒显微镜检测，病毒的分离、鉴定，有效抗体应答的检测。

1. 病毒抗原检测

检测小肠上皮细胞中的 SADS-CoV 病毒抗原是诊断仔猪 SADS-CoV 最常用的方法，免疫荧光和免疫组化技术都可应用，但前者较常用，为获得最佳效果或提高检出率，最好于腹泻早期将病猪扑杀，取小肠特别是空肠进行直接或间接免疫荧光染色。免疫组化技术是利用一种抗 SADS-CoV 高度保守蛋白 N 的单克隆抗体的免疫过氧化物酶技术来检测 SADS-CoV，用免疫组化技术已在小肠组织中检测出 SADS-CoV 抗原（Zhou et al.，2018b）。

2. 病毒核酸检测

近年来，针对病毒核酸建立的反转录聚合酶链式反应（RT-PCR）、逆转录环介导等温扩增法（reverse transcription loop-mediated isothermal amplification，RT-LAMP）（Wang et al.，2018a）以及荧光定量 PCR（Zhou et al.，2018a）检测方法迅速发展，并提高了针对田间样品进行直接检测 SADS-CoV 的敏感性和特异性。

3. 病毒电镜检测

此方法可用于直接检查病猪粪便，也可用于检查肠组织切片。但是用免疫电镜（IEM）比常规电镜（EM）法更准确，把血清学和形态学结合在一起，结果更可靠。

4. 病毒分离与鉴定

经口服感染血清阴性仔猪也许是分离或检测 SADS-CoV 最敏感的方法。然而，这种方法成本很高。因此，常用原代或传代细胞来分离病毒。非洲绿猴肾细胞（Vero）已成功地用来从被感染猪的粪便及肠道内容物分离 SADS-CoV（Pan et al.，2017；Xu et al.，2019；Zhou et al.，2018b）。初次分离野毒株可能没有明显的细胞病变（CPE），需连续传代才出现明显的 CPE，在 Vero 细胞上的典型 CPE 由具有膨胀的、圆形或长形外观如气球的细胞组成。Vero 传代细胞已用于 CPE、蚀斑或 IF 试验，以检测 SADS-CoV 野毒株。为检测病毒 CPE 或蚀斑，在细胞培养液中加胰酶制剂或胰蛋白酶可进一步提高 Vero 细胞的敏感性。培养物可用 IFA、IEM 或 EM 方法检查病毒抗原，亦可用血清中和试验鉴定。

5. 血清学诊断

利用血清学技术可以完成对 SADS-CoV 抗原及抗体的检测，实验室人员利用编码的 N 蛋白制备的多克隆抗体及单克隆抗体，可以广泛应用到依赖血清学技术的抗原检测中（Han et al.，2019；Zhou et al.，2018b）。

检测 SADS-CoV 抗体有助于诊断和控制 SADS-CoV 的感染及传播。只引进血清阴性猪也将有助于猪场保持无 SADS-CoV。急性期和康复期血清样品之间抗体滴度上升为流行性 SADS-CoV 感染的回顾诊断提供证据。猪群的有关病史和血清抗体水平有助于解释血清学检测结果。为判定一个猪场中地方流行性 SADS-CoV 是否存在，可以检测 2～6 月龄猪的血清。这个年龄的猪群缺乏被动获得免疫抗体，因此，阳性结果表明有地方流行性 SADS-CoV，血清学试验可用于监测一个猪场中 SADS-CoV 感染情况。

SADS-CoV 抗体可以通过数种不同血清学方法检测。最常用的是 VN 试验，通过各种不同方法在细胞培养系统中使用细胞培养适应病毒，微量滴定板 CPE 抑制试验最普遍。

4.4.7 防控技术及应用

SADS-CoV 为新发现的病毒，尚无有效疫苗可用，主要以预防为主。

对无 SADS-CoV 的“洁净”猪场，要从无 SADS 病史的猪场引入种猪或仔猪，在引种前，要对所引入的猪做 SADS-CoV 的抗体检测，确认阴性方可引入。引入后要隔离、观察 2～4 周，证明无异常情况方可并群。坚持自繁自养、全进全出和多点式饲养是控制本病的有效措施。

SADS-CoV 污染的粪便、工作服、用具和饲料是重要的传染源和传播媒介，特别是在冬季，要尽可能减少或避免这种情况的发生。

发生疫情时的预防：当 SADS 在猪场发生后，要立即隔离病猪，用生石灰、碱性消毒剂或火焰对猪舍、场地、用具进行严格彻底的消毒。封锁或限制人员流动，防止病毒蔓延传播。对那些尚未感染的妊娠母猪或育肥猪，在没有疫苗的情况下可考虑用发病仔猪的小肠饲喂妊娠母猪，可保护新生仔猪免受感染，但是容易造成散毒和长期带毒，最好不要采取该措施。

4.5 猪轮状病毒病

轮状病毒一般通过接触病畜或病人排泄物后经粪口途径传播，轮状病毒感染后导致吸收不良引起腹泻。轮状病毒宿主范围较广，能够感染人类、多种哺乳动物以及鸟类。1969 年，科学家首次通过细胞培养分离了 A 群牛轮状病毒，并确认其是犊牛腹泻的病因（Aung et al.，2009）。1973 年，发现 A 群轮状病毒在幼龄动物中广泛流行且能感染人类（Bishop et al.，1973）。1982 年在猪体内也检测出猪轮状病毒(PoRV)(Saif et al.，1980)。轮状病毒感染具有种属特异性，但目前已经证明，感染动物的轮状病毒也可以感染人类，威胁公共卫生安全。在世界范围内，轮状病毒感染对畜牧业生产造成极大经济损失。

4.5.1 病原学

猪轮状病毒(PoRV)是呼肠孤病毒科(*Reoviridae*)轮状病毒属(*Rotavirus*)成员。根据 VP6 蛋白的抗原关系，将轮状病毒分为 10 个群(A～J)，其中 A、B 和 C 群在人和动物中都有报道，而 D、E、F、G 和 H 群仅在动物中有过报道，最近分别在匈牙利的庇护犬和塞尔维亚的蝙蝠中发现 I 和 J 群（Matthijnssens et al.，2012；Tate et al.，2012）。其中，A 群轮状病毒毒株流行最广，致病性强，具有高遗传变异性，是最受公共卫生和兽医领域重视的急性腹泻病原之一。猪群中轮状病毒以 A 群轮状病毒为主。

猪轮状病毒外壳蛋白 VP7 和 VP4 能够诱导中和抗体产生，是形成 G 和 P 双重分型系统的基础。目前猪轮状病毒由至少 27 个 G 型(按照 VP7 核苷酸序列)和 37 个 P 型(按照 VP4 核苷酸序列)组成。由于猪轮状病毒毒株遗传多样性高，因此又将 G/P 分型系统扩展为全基因组序列进行分类。这种方法确立了病毒 11 个基因片段的核苷酸百分比分界值以区分不同毒株，G-P-I-R-C-M-A-N-T-E-H 表示病毒编码的不同基因(VP7-VP4-VP6-VP1-VP2-VP3-NSP1-NSP2-NSP3-NSP4-NSP5/6)。当不同基因型的轮状病毒同时感染同一宿主时，可能产生重组病毒，这是导致轮状病毒基因多样性的主要原因。

1. 病毒形态与结构

猪轮状病毒粒子直径为 70～100 nm，具有感染性的猪轮状病毒粒子由三层病毒蛋白组成，称为三层病毒粒子(TLPs)。电镜下观察，TLPs 的形态像车轮一样，因此命名为轮状病毒。根据冷冻电镜观察以及图像重建数据，可以看到猪轮状病毒粒子呈二十面体对称结构(Jayaram et al.，2004)。猪轮状病毒基因组含有 11 个片段，可编码 6 种结构蛋白（VP1～VP4、VP6 和 VP7)和 5～6 种非结构蛋白(NSP1～NSP5/NSP6)。

通过低温电子显微镜和图像重建数据分析，证明轮状病毒粒子的结构 VP2 二聚体(120 个 VP2)构成 VP2 核心蛋白层。VP1 和 VP3 组成复制酶复合物，位于轮状病毒最内层核衣壳，VP1 与一个特定的基因组 dsRNA 紧密结合。轮状病毒核衣壳内共包含轮状病毒基因组的 11 个 dsRNA 片段和轮状病毒 RNA 依赖的 RNA 聚合酶(RdRp)(VP1 和 VP3)。病毒核心周围是 260 个 VP6 的三聚体构成了中间层。VP6 的三聚体与两个核心蛋白 VP2 相连，其外层是 VP7 和 VP4 三聚体（Aoki et al.，2009；Patton et al.，2007；Sadiq et al.，2018）(图 4-26)。

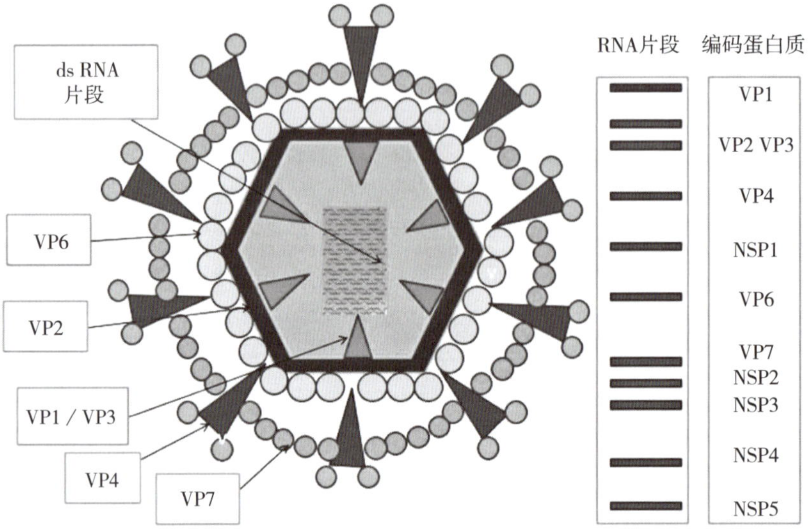

图 4-26　轮状病毒粒子模式图(Sadiq et al.,2018)

成熟的轮状病毒粒子最外层由 VP7 和 VP4 构成,核心由内层衣壳蛋白 VP1、VP2、VP3 和 dsRNA 形成，中间层是由衣壳蛋白 VP6 形成。

2.病毒结构蛋白

VP1 蛋白是猪轮状病毒 RNA 依赖的 RNA 聚合酶,由基因片段 1 编码(3 302 bp),大小为 125 kD,由 1 088 个氨基酸组成,占病毒蛋白总量的 2%左右。VP1 蛋白可以与病毒的 RNA 结合并和 VP3 蛋白组成蛋白复合物,在病毒复制过程中发挥重要作用。

VP2 蛋白与 RNA 结合装配病毒粒子,促进病毒装配,由基因片段 2 编码(2 687 bp),蛋白质大小为 94 kD,由 880 个氨基酸组成,VP2 蛋白的含量比较丰富,占病毒蛋白总量的 15%左右。VP2 蛋白也是病毒的群特异性抗原,在病毒的复制过程中也起着重要作用。

VP3 蛋白具有鸟苷酸转移酶活性,能够促进 mRNA 成熟,由基因片段 3 编码(2 592 bp),蛋白质大小为 88 kD,由 835 个氨基酸组成,占病毒蛋白总量的 0.5%左右。

VP4 蛋白由血凝抗原和病毒黏附蛋白组成,与病毒致病性有关,由基因片段 4 编码(2 362 bp),为同源三聚体,蛋白质大小为 86 kD,由 776 个氨基酸组成,占病毒蛋白总量的 1.5%左右。VP4 具有血凝素作用,能够与宿主细胞受体结合,决定轮状病毒毒力,也是病毒保护性抗原之一。VP4 蛋白能够刺激机体产生中和抗体。VP4 位于猪轮状病毒粒子的最外层衣壳,在猪轮状病毒感染时被胰蛋白酶切割成 VP5 和 VP8 两个蛋白,大小分别为 60 kD 和 20 kD。VP5 含 529 个氨基酸,主要和病毒感染宿主细胞有关。VP8 含有 247 个氨基酸,包含了 VP4 蛋白上的主要中和抗原位点。VP4 蛋白裂解后病毒在细胞培养物上生长的抑制作用消失,病毒感染细胞的能力增强,病毒的生长繁殖能力增强。

VP6 蛋白是猪的群抗原和亚群抗原,可根据 VP6 对猪轮状病毒进行血清学分类。VP6 由猪轮状病毒第 6 片段编码(1 356 bp),位于猪轮状病毒中层,为同源三聚体,蛋白质大小为 44 kD,由 397 个氨基酸组成,在猪轮状病毒粒子中含量最为丰富,占病毒总量的 51%左右。

VP6 蛋白在同群中表现为高度保守，在不同哺乳动物群体中的氨基酸同源性大于 87%。VP6 蛋白是猪轮状病毒转录酶、复制酶的必须亚基，对于病毒的中和起重要作用。VP6 蛋白具有很强的免疫原性，是介导黏膜免疫的特异性抗原。猪轮状病毒感染后最早和主要的抗体反应是针对 VP6，随后是 VP7、VP4、NSP2 和 NSP4。研究表明，VP6 是猪轮状病毒中最具免疫原性的蛋白，而对猪轮状病毒的保护性与针对 VP6 蛋白的 IgA 抗体水平密切相关。

VP7 蛋白是病毒外膜的重要糖蛋白，主要构成为 N-低聚甘露糖糖蛋白，是猪轮状病毒主要的中和抗原，基因片段 7 编码(1 062 bp)，为同源三聚体，蛋白质大小为 37 kD，由 326 个氨基酸组成，位于猪轮状病毒粒子最外层，占病毒蛋白总量的 30%左右。猪轮状病毒的 G 基因型由 VP7 蛋白决定，在相同血清型的不同毒株之间是高度保守的，但在不同血清型之间变化较大。由于 VP7 的抗原决定簇多是构象性的，空间复杂，排列规律不明显。

3. 病毒非结构蛋白

NSP1 蛋白由猪轮状病毒第 5 片段编码，是一种富含半胱氨酸的金属蛋白，其具有丰富的基因多样性，能够调节干扰素调节因子。

NSP2 蛋白由猪轮状病毒第 7 片段编码，能结合猪轮状病毒 ssRNA，促进病毒复制，还能促进 NSP5 的磷酸化。

NSP3 蛋白由猪轮状病毒的第 7、8 或 9 片段编码，结合病毒(+)RNA 的 3′末端，参与(+)RNA 的运输。

NSP4 蛋白由猪轮状病毒第 10 片段编码，分子质量约为 28 kD，是一种跨膜糖蛋白，也是一种具有致病性的肠毒素。

NSP5 和 NSP6 蛋白均由猪轮状病毒第 11 片段编码，NSP5 的翻译后修饰有糖基化和磷酸化。目前研究表明，NSP5 的磷酸化受细胞因子的调控，而 NSP5 的磷酸化是通过其 ATP 酶活性水解高度磷酸化的 NSP2，再利用其磷酸自激酶活性来完成 NSP5 自身的磷酸化。NSP6 对于猪轮状病毒的复制不是必需的。

4. 病毒复制

轮状病毒的复制过程包括以下步骤：吸附和进入细胞、转录和复制以及病毒粒子的装配与释放(Desselberger，2014；Sadiq et al.，2018)。

(1)吸附和进入细胞　感染性轮状病毒颗粒是三层粒子(TLP)，直径大约为 85 nm。轮状病毒生活周期的第一步是吸附在宿主细胞上。吸附是一个复杂的过程，由 VP4(轮状病毒突起蛋白)、特异性的受体(唾液酸)和共同受体介导。最新研究表明，组织血型抗原可以作为轮状病毒吸附的受体。首先，突起蛋白 VP4 由胰蛋白酶样蛋白酶的媒介作用切割成 VP5 和 VP8 亚基。吸附是由 VP8 介导的唾液酸受体相互作用。吸附之后，轮状病毒通过受体介导的内吞作用或者经典的网格蛋白介导的内吞作用或者其他机制进入细胞质。进入细胞以后，钙离子水平下降，造成了外层衣壳蛋白的溶解，伴随着称为病毒质的细胞质包涵体的形成。病毒质作为 RNA 转录、基因复制、外壳装配的重要组成部分，聚集了油脂液滴作为能量的来源。进入以后，移除外层的糖蛋白，之后病毒粒子就变成了双层粒子(Sadiq et al.，2018)。

对于轮状病毒的细胞受体，目前仍有争论。最初认为，动物源性猪轮状病毒感染需要细胞表面上存在 N-乙酰神经氨酸(唾液酸，SA)残基，使病毒与宿主细胞有效结合并具有感染性。最近证实，某些轮状病毒，可以以组织血型抗原(HBGA)作为轮状病毒的新受体(Jiang et al.，2017)。各种不同的细胞表面分子也能作为轮状病毒吸附后的共同受体。轮状病毒的外层衣壳蛋白 VP4 和 VP7 上，有迟现抗原 2(VLA-2，也是 α2β1 整合素)、迟现抗原 4(VLA-4，也是 α4β1 整合素)和补体受体 4(CR4，也是 αxβ2 整合素)的配体序列。细胞表面的这些整合素也可能是轮状病毒的受体。

病毒与细胞结合以后，轮状病毒进入细胞是一个多步骤的过程，需要 VP7 和裂解的 VP4。VP4 纤突是猪轮状病毒吸附蛋白，位于 TLPs 上。在胰蛋白酶存在的条件下以二聚体的形式存在，部分分子组成球状区域并延伸至病毒粒子，与中间层 VP6 蛋白相互作用。对 VP4 纤突蛋白进行冷冻电镜和图像处理研究发现，在缺少胰蛋白酶的条件下，纤突生长混乱，如果用细胞外的胰蛋白酶处理病毒，仅有部分纤突恢复结构并提高病毒的感染性。此后研究表明，VP4 经蛋白酶处理后裂解成 VP5 和 VP8，VP8 表面的浅沟槽与细胞多聚糖末端的细胞表面唾液酸(SAs)相互作用，VP5 发生构象变化，亲脂区暴露于病毒表面，使 TLPs 具有完全的感染性(Hu et al.，2012)。轮状病毒也可能是病毒直接穿透细胞膜，或是通过受体介导的细胞内吞作用进入。轮状病毒也可以直接穿透细胞膜侵入细胞，通过观察经胰蛋白酶作用的猪轮状病毒能诱导某些关键蛋白从细胞中快速释放。这些蛋白由 VP5 介导(VP5 是一种特殊的能透膜的衣壳蛋白，在轮状病毒进入细胞过程中起作用)，VP5 含有一个融合的疏水区域(385～404 位氨基酸)，VP5 裂解片段在体外单独透过脂囊泡。轮状病毒通过受体介导的细胞内吞机制，通常依赖于细胞内体的酸化，使病毒部分脱壳或进入细胞。轮状病毒从内吞小泡进入细胞质这个过程，不依赖融合作用，但却可以通过受体介导的内吞作用进入细胞。

轮状病毒进入主要有两个模型(图 4-27)(Rodriguez and Luque，2019)。在这两种模型中，轮状病毒进入都是在感染性颗粒与聚糖附着分子相互作用的情况下开始的。在模型 A(Abdelhakim et al.，2014)中，这种短的初始相互作用允许粒子横向移动，通过插入 VP4 分子(A1)的疏水环固定，从而开始将病毒吞噬在紧密贴合的膜(A2)中。在这个模型中，病毒成分被直接吞噬(A3)。可能是由于插入环对膜的不稳定作用，钙离子从小泡渗出到细胞质，导致钙浓度逐渐降低，最终导致 VP7 层(A4)的解体。在没有 VP7 层的情况下，VP4 能够执行折叠转换(A4)。在这种构象变化过程中，疏水环的运动促使膜增大其面积，导致局部气泡的产生。最终，这种局部气泡的产生在病毒囊泡膜之间共享，从而累积畸变(A5)。由于 VP4 蛋白的逐渐折叠，当累积的压力超过了双层膜的破裂点，囊泡破裂(A6)，DLP 被释放到细胞质中，启动转录(A7)。

在模型 B(Arias et al.，2015)中，在与聚糖附着分子相互作用后，进入的颗粒通过网格蛋白依赖的或独立的内吞作用被内化(这取决于病毒株)(B1)。不考虑细胞内吞途径，颗粒到达早期的内体(B2)和成熟的内体(B3)，其中一些毒株(称为早期穿透毒株)能够释放到细胞质并启动转录(B4)。而另外一些毒株(称为晚期穿透毒株)必须到达晚期内体(B5)后才能释放，从而引发后续感染(B6)。

(2)转录和复制　轮状病毒二层病毒粒子(DLP)被运输到细胞质。在细胞质中，DLP 变成转录活性分子。轮状病毒的转录复合物由 VP1 和 VP3 与 11 段病毒 dsRNA 复合而成。轮状病毒正义 ssRNA 转录本是由细胞质中 RV-DLPs 基因组 RNA 的负链产生的。经过几轮转录后，新合成的正 RNA 链从 DLPs 到细胞质中。正链 RNA 可以作为复制和翻译 dsRNA 片段(子代片段)和病毒编码蛋白质的模板。

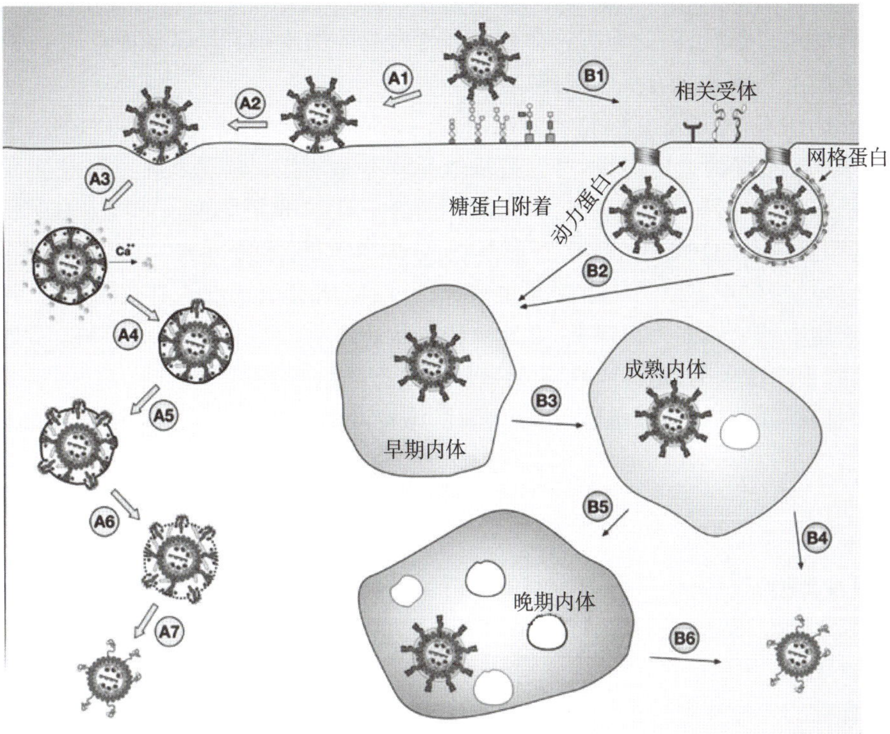

图 4-27 轮状病毒进入宿主细胞的两个模型(Rodriguez and Luque，2019)

(3)病毒粒子的装配与释放　产生的病毒蛋白聚集在病毒质中，轮状病毒 RNA 和病毒结构蛋白(VP1～3 和 VP6)的组装发生在 DLP 形成之后。DLPs 在 NSP4 和 VP6 的协同作用下从病毒质经内质网萌发。外衣壳蛋白(VP7 和 VP4)的组装与 DLP 一起发生，导致形成完全传染性的三层轮状病毒颗粒(TLP)。TLP 通过细胞溶解或从细胞表面释放。

5. 病毒对理化因素的抵抗力

对于外界理化因素的作用，猪轮状病毒具有很强的抵抗能力。病毒粒子经过化学作用(如三氯甲烷、乙醚等)和物理作用(如反复冻融、超声等)方式处理下，仍具有感染性。轮状病毒的病毒粒子对于酸、碱性环境的刺激也同样具有一定的适应能力，在 pH 3.5～10 的条件下依然具有活性。因此，猪轮状病毒在胃内过酸的环境下，仍具有活性，所以猪轮状病毒的攻毒试验采取的是口服的方式。在室温下放置 7～9 个月，粪便中的猪轮状病毒仍然有活性，并且具有一定的感染性。

猪轮状病毒对 EDTA、EGTA 等促溶剂以及硫氯酸钾、氯化钙等化学试剂的抵抗力较弱，这些试剂可以使猪轮状病毒的双衣壳变成单衣壳，从而改变了衣壳的密度，使病毒不再具有聚合酶的活性，从而失去了感染性。此外，猪轮状病毒对碘酒、苯酚、臭氧、氯等比较敏感，95%的酒精对猪轮状病毒的灭活效果最好，56 ℃加热 30 min 的条件下也可以使病毒丧失活性。

6. 病毒培养

在体外进行培养和增殖对于猪轮状病毒来说是十分困难的，除了 A 型猪轮状病毒外，大多数的猪轮状病毒到目前为止仍然没有找到适合其体外培养的细胞系进行分离和体外培养。在一般情况下，猪轮状病毒侵染的主要部位是肠绒毛上皮细胞，由于猪轮状病毒对它所感染的宿主细胞具有一定的识别和记忆的作用，所以猪轮状病毒无论是在体内还是体外都只能侵染来源于肠或肾的上皮细胞，因此在进行体外培养增殖时的细胞也必须是肠或肾的上皮细胞，也只有在这些细胞上培养才具有一定的感染性。

通过不断的探索，发现有些猪轮状病毒对恒河猴胚肾细胞 MA104 株和非洲绿猴肾传代细胞 CV-1 株具有很好的适应能力，可以进行体外培养和传代。猪轮状病毒粒子表面的 VP4 对于病毒在细胞上的生长没有促进的作用，反而具有一定的抑制作用。VP4 对胰蛋白酶非常敏感，在具有胰蛋白酶的环境下，VP4 可裂解成 VP5 和 VP8 两个小结构蛋白，从而暴露出了许多结合位点，这些位点可以与细胞受体相结合，可以使病毒与细胞更有效的结合，增强了病毒在所感染细胞上的繁殖能力。因此，在培养猪轮状病毒前，需要先用胰蛋白酶与猪轮状病毒作用，一般胰蛋白酶浓度为 0.25% 的不含乙二胺四乙酸(EDTA)的胰蛋白酶，而后病毒才能适应细胞，而且在将病毒感染细胞时，用于孵育的维持液内也应加入一定量的胰蛋白酶。

4.5.2 流行病学

1. 传染源

病猪、隐性感染猪及带毒猪是本病的传染源。动物主要通过直接接触或间接接触感染猪及被污染的饮水、饲料等感染。

2. 传播途径

猪轮状病毒的毒株种类较多，对其防控非常困难。“粪—口”途径是猪轮状病毒传播的主要途径，病毒粒子在小肠内随粪便排到外界环境，食用被污染的饲料、接触被感染的牲畜、使用被污染的用具等都可以造成猪轮状病毒在猪群的大面积传播，并且微量的病毒就能够造成严重的感染。仔猪及产仔母猪易感染猪轮状病毒，母猪感染一般不发病，但会通过“粪—口”途径传播给仔猪，导致仔猪腹泻。当猪轮状病毒与其他腹泻相关病毒共同感染猪时，将会表现更严重的临床症状，死亡率更高，将会给养猪业造成严重的经济损失。

3. 易感动物

猪轮状病毒主要感染幼龄动物。人、牛、猪、幼驹、羔羊、兔、鸡、猴等都有易感性。通常情况下，动物和人猪轮状病毒存在交叉感染。在猪群和牛群、猪群和马群及猪群和人类之间，猪轮状病毒会发生基因重组和种间传播(Jing et al.，2018)。猪轮状病毒重组毒株可能引起人类和动物患病，但目前对不同种间的交叉感染程度的了解尚不清楚。

4. 流行特征

猪轮状病毒感染病，在 1～5 周龄猪中检出率最高，猪轮状病毒的潜伏期为 18～96 h，伴随着萎靡、腹泻，有时会有发热症状。天然感染猪轮状病毒伴发腹泻的猪多为 1～41 日龄的哺乳期猪只。猪轮状病毒在排泄物中存在的持续时间从 1～4 d 不等，排出病毒受被动免疫水平和猪轮状病毒血清群的影响。成年动物一般不排出病毒，但偶尔会排出病毒，成为感染源。

猪轮状病毒单一感染病例中，当猪轮状病毒没有与其他肠道病原发生共同感染时，猪群的腹泻症状通常是轻微的，2～3 d 即可耐过。粪便为黄色或白色，水样到奶油状、絮状，发病率一般小于 20%。猪轮状病毒与传染性胃肠炎病毒或者肠毒素大肠杆菌混合感染，可引起断奶仔猪严重的腹泻。

猪轮状病毒感染具有明显的季节性，多发生于晚秋、冬季和早春。少数地区季节性不明显而呈终年流行。猪轮状病毒多为散发，偶见暴发。一旦发生本病，随后将每年连续发生。由于动物通过粪便可排出大量的病毒，猪轮状病毒在体外有较强的抵抗力，很少的环境污染物也能造成大面积感染，且隐性感染的成年动物也可不断向外排毒。猪轮状病毒感染流行病学比较复杂，在同一地区可能由于基因漂移和重组导致多种不同血清型的猪轮状病毒共同存在。

猪轮状病毒主要在小肠绒毛上皮细胞、盲肠或结肠上皮细胞繁殖。小肠的空肠段和回肠段最为易感，接种后 13～48 h，几乎在全部的空肠和回肠绒毛上皮细胞和少部分十二指肠绒毛末端可以检测到猪轮状病毒抗原。猪轮转病毒引起猪腹泻是由于猪轮状病毒诱导肠绒毛萎缩，使肠道吸收细胞失去功能，引起吸收不良。

5. 流行形势

迄今为止，猪轮状病毒中已经发现 27 种 G 基因型和 37 种 P 基因型。其中 G3、G4、G5、G9 和 G11 型被认为是猪群中最常见的 G 基因型，并且常与 P[5]、P[6]、P[7]、P[13]和 P[23]基因型组合。在我国 G9 和 G5 型可能是最流行的毒株，P 型则以 P[23]、P[13]和 P[19]为主(Amimo et al.，2017；Amimo et al.，2013)。

4.5.3 致病机制

仔猪感染猪轮状病毒后，会出现严重的临床症状，表现为呕吐，呕吐物为胃内未消化的黄白色凝乳状物，腹泻呈滴水样，还会含有胃内没有消化的凝乳块。被感染的仔猪日龄越小，症状表现得就越严重，死亡率也会随之升高。仔猪感染猪轮状病毒的发病率极高，死亡率可接近 100%。1 周龄以内的仔猪感染猪轮状病毒，一般在发病后的 2～4 d 内就会死亡，而 1 月龄以上的猪只死亡率较低。育成猪的发病率低，但是作为病毒的携带者，对整个猪群来说构成了极大的威胁。猪只感染猪轮状病毒后，其潜伏期非常短，一旦有猪感染，则会迅速在这个区域内传播，很短的时间内就可以感染整个猪群。

感染猪轮状病毒的妊娠母猪主要是通过粪便和母乳的途径传播病毒，仔猪接触到被感染母猪的粪便就会被传染。此外，母猪分泌的乳汁中也会含有病毒，但由于乳汁中含有猪轮状病毒的抗体，因此仔猪在接触乳汁后不会表现严重的临床症状，一般可自行康复，死亡率较低。

对于猪轮状病毒的致病机理，目前存在几种不同的观点。猪轮状病毒主要感染小肠绒毛顶端非分裂的成熟肠上皮细胞，并在其中进行复制(图 4-28)。猪轮状病毒的致病性与多种因素有关(Blutt and Conner，2007；Vlasova et al.，2017)：

(1)猪轮状病毒感染胃肠道内壁成熟肠细胞，导致肠上皮细胞空泡化、隐窝增生和绒毛变短，而绒毛变短导致小肠吸收障碍，但早期也有报道称腹泻的症状与肠上皮细胞损伤有关。

(2)猪轮状病毒的 NSP4 是一种肠毒素，可以通过抑制转运蛋白，影响紧密连接的整体性，从而改变细胞骨架结构，调节 Na^+/K^+ 泵。肠上皮细胞内的调节异常伴随着消化酶的下调表达、葡萄糖吸收障碍，以及非依赖性纤维化电导调节分子的分泌，这也可能是导致腹泻的一个原因。

(3)在猪轮状病毒引起的腹泻中，肠神经系统参与猪轮状病毒诱导的分泌性腹泻和肠蠕动性的增加。

(4)猪轮状病毒可以感染肠嗜铬细胞瘤，诱导细胞释放血清素(5-羟色胺)，作用于肠神经系统，通过迷走神经刺激大脑，导致患病动物恶心呕吐。

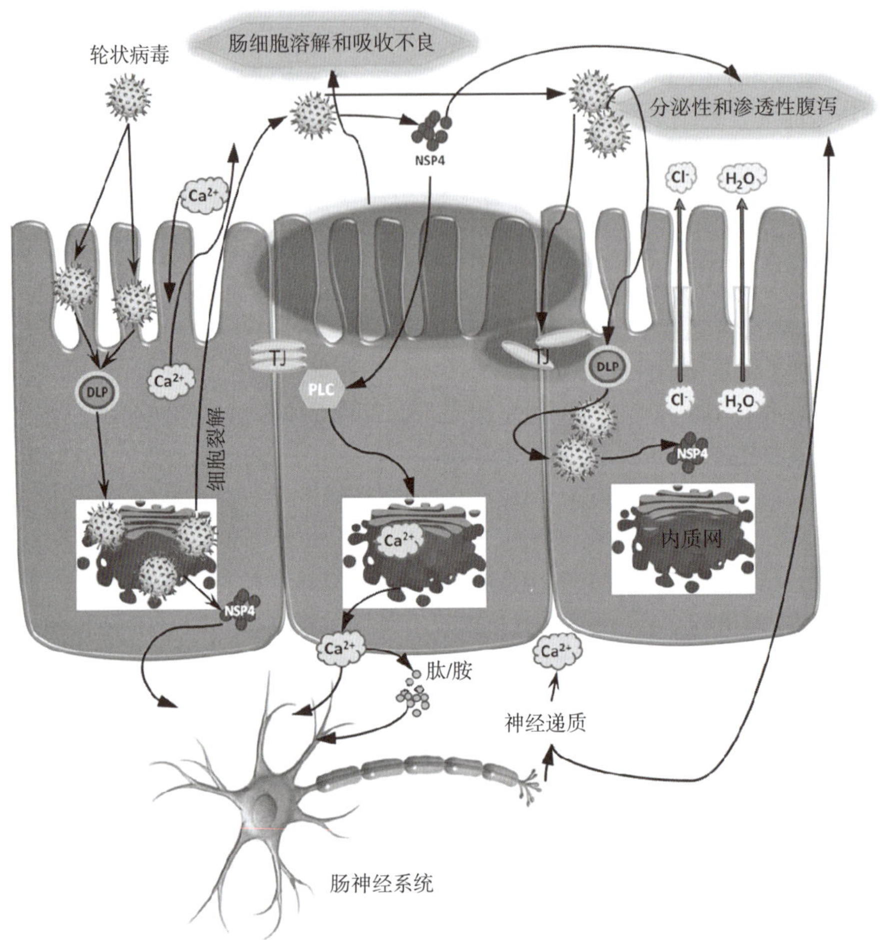

图 4-28　轮状病毒发病机制(Vlasova et al.,2017)

4.5.4　免疫反应

猪轮状病毒感染可同时引发系统性和局灶性的免疫反应。猪轮状病毒颗粒外衣壳由 VP7 附着蛋白以及 VP4 病毒血细胞凝集素组成,这两个蛋白能够诱导病毒的中和抗体。VP4 可被胰酶消化为 VP8 和 VP5,VP8 上具有中和表位。内壳蛋白 VP6 含有基因组的蛋白核心,具有很强的免疫原性,在同群中表现为高度保守,是介导黏膜免疫的特异性抗原(Rodriguez and Luque,2019)。

经过猪轮状病毒的强毒感染康复后,猪对同型病毒(通常是 G 型或 P 型)能产生保护力,而对异型病毒缺少保护力。这些结果显示,G 型和 P 型特异性免疫反应对于控制猪轮状病毒感染具有重要意义。外衣壳 VP4 和 VP7 诱导猪产生病毒中和抗体,并对同型猪轮状病毒提供独立的保护力。血清 IgA 抗体可与细胞内的猪轮状病毒发生反应,高水平的血清 IgA 抗体与临床猪轮状病毒肠炎的保护有关。因此可通过检测针对 VP6 蛋白的血清 IgG 或 IgA 抗体,来评估猪轮状病毒的感染或免疫情况。研究显示血清猪轮状病毒 IgA 抗体滴度大于 1∶800 可以保护中度到重度的腹泻。在肠道和血清中存在的抗猪轮状病毒 IgA 抗体而非 IgG 抗体,是保护猪免于感染猪轮状病毒疾病的最为相关的因素。

在仔猪出生后的很短时间内(出生后 24～36 h),可以从免疫母猪通过初乳而得到母源 IgA 抗体,母源抗体可以保护肠道。但是在母源抗体水平下降后,仔猪最容易受猪轮状病毒感染。初乳和乳汁中主要的抗体分别是 IgG 和分泌型 IgA,分泌型 IgA 在肠道里更能对猪轮状病毒产生有效保护力。母源 IgG 抗体从血清被动地渗透到肠道,也能短暂性地对猪轮状病毒感染产生保护力。在限制和清除大部分猪轮状病毒中,$CD8^+$ T 细胞发挥了重要作用,$CD4^+$ T 细胞也有助于形成黏膜抗体反应。

由于猪群中猪轮状病毒感染率比较高,所以检测猪轮状病毒的 IgG 抗体并没有太大价值。但是,较高的 IgM 和 IgA 抗体水平表明是新近感染或急性感染,因此通过检测免疫球蛋白 M(IgM)和免疫球蛋白 A(IgA)的抗体水平能更有效地评估猪的免疫状态。

在先天免疫方面,最近的研究结果显示,轮状感染的严重程度与浆细胞样树突状细胞(pDC)和自然杀伤细胞(NK)的功能和频率的增强有关,pDC 和 NK 细胞在系统和局部以及全身都有明显的 IL-12 反应(Vlasova et al.,2017)。

肠道轮状病毒 VP4/VP7 分泌型免疫球蛋白 A(sIgA)中和抗体在感染后早期可防止病毒与肠细胞的结合和渗透,而在跨肠上皮细胞转运过程中抗 VP6 的 sIgA 可部分抑制病毒的复制。此外,许多免疫细胞参与轮状病毒的先天性和适应性免疫反应:浆细胞样树突状细胞(pDCs)产生抗病毒(IFN-σ)和促炎细胞因子(IL-12),这些细胞因子可抑制轮状病毒复制或诱导其他免疫细胞亚群,包括产生颗粒酶、穿孔素和 TNF-σ 以及能裂解轮状病毒感染细胞的自然杀伤(NK)细胞。常规树突状细胞(cDCs)向 T 细胞呈递抗原后,分泌细胞因子(特别是 IFN-γ)的轮状病毒特异性 Th 细胞也能抑制病毒复制,并能激活 B 细胞产生 IgA。此外,RV 特异性 CD8 细胞毒性 T 细胞产生的 IFN-γ 有助于感染 RV 细胞的裂解(图 4-29)。

4.5.5 病理变化

猪轮状病毒感染机体后表现的腹泻症状的特点与其他引起腹泻的病毒不同。猪轮状病毒主要侵染小肠绒毛上皮上的成熟细胞,在感染初期,只有一小部分的小肠上皮细胞受到损害,而没有损害肠隐窝细胞。随着感染时间的增加,猪轮状病毒引起的腹泻症状表现得更明显,肠细胞的损害程度加重,肠绒毛开始脱落,导致小肠的吸收和消化功能受阻。由猪轮状病毒侵染机体引起的腹泻和呕吐,临床症状表现的时间比其他病毒引起机体病症的持续时间要长。

猪轮状病毒感染猪只后,小肠是其侵染的最主要组织,也是发生病变的最主要部位,是猪轮状病毒进行增殖的主要场所。猪只感染猪轮状病毒后,其肠壁变薄,呈透明状,肠内含有大量浅黄色液体,肠系膜淋巴结肿大。胃内充气,内有未被消化的黄白色乳状物。观察小肠病理组织切片,可见小肠绒毛萎缩,变短变粗,空泡化,有脱落等现象(图 4-30)。

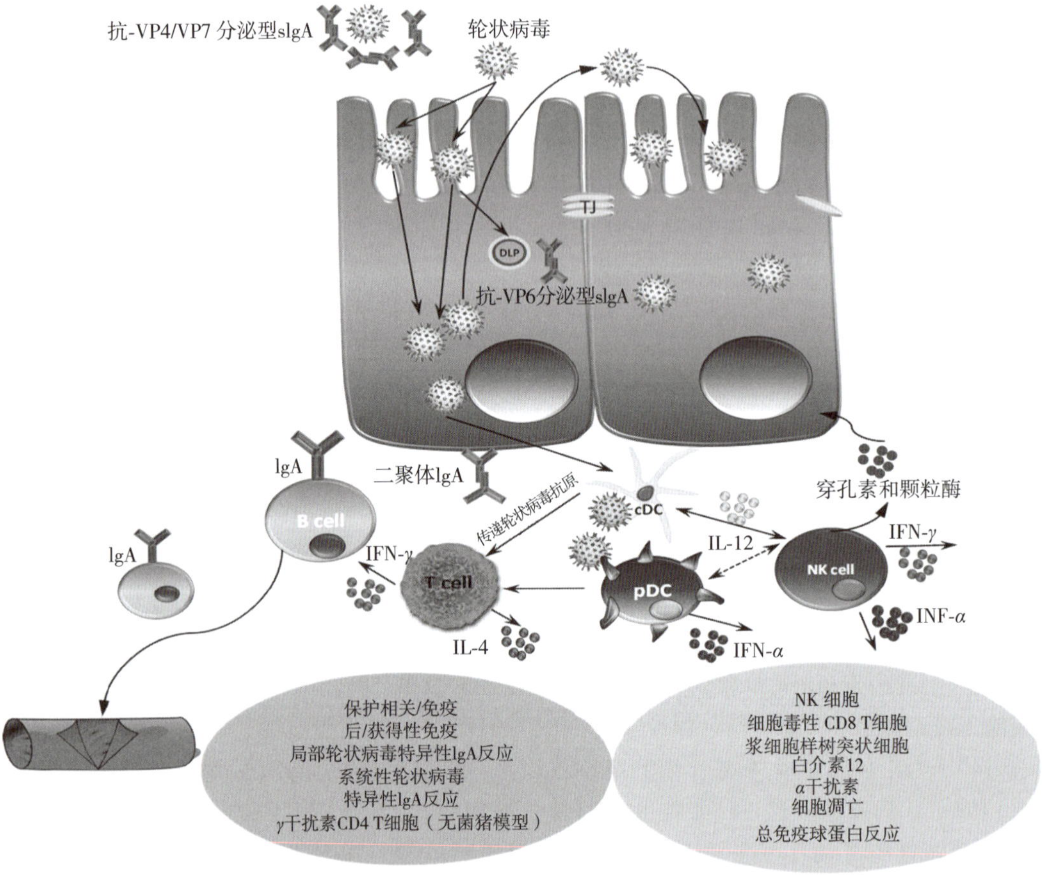

图 4-29　轮状病毒感染产生的免疫反应（Vlasova et al.，2017）

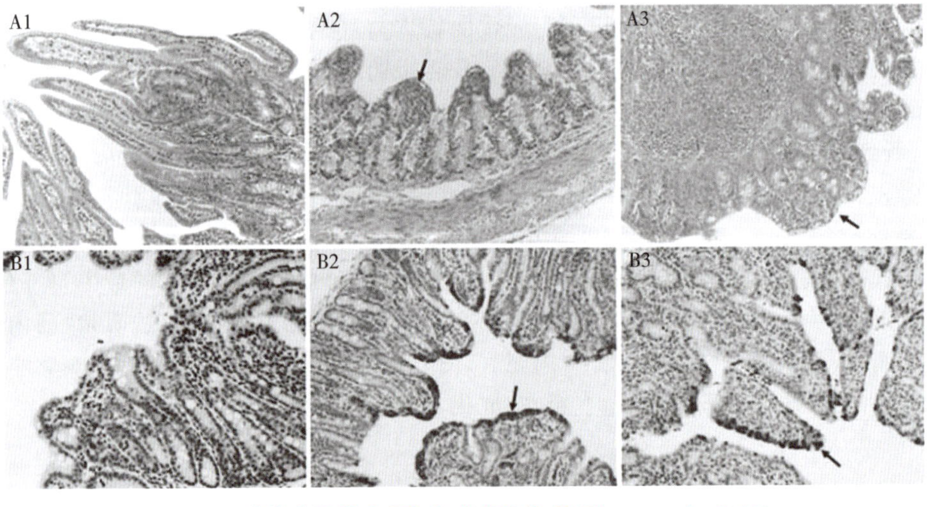

图 4-30　感染猪肠道病理和免疫组化分析（Zhang et al.，2013）

A1，B1. 对照　A2. 空肠损伤　A3. 回肠损伤　B2. PEDV 免疫组化　B3. 猪轮状病毒免疫组化

4.5.6 诊断技术与鉴别诊断

猪轮状病毒的检测技术主要有病原学检测和血清学检测。其中,最普遍、最经典的技术是免疫学技术。近年来实时荧光定量 PCR(RT-q PCR)技术以其特异、灵敏、快速的优点在生命科学研究领域迅速发展,并越来越广泛地用于猪轮状病毒的检测。

1. 病原学诊断技术

(1)病毒分离与鉴定　病原学检测技术主要是指猪轮状病毒进行分离,利用电镜技术在电镜下观察病毒粒子形态进行鉴定。将发生腹泻的猪小肠及其内容物稀释并进行无菌处理,接于 MA104 细胞上培养,盲传至 4~8 代后,可产生明显细胞病变,细胞先肿大变圆,边界不清,后聚集、萎缩,直到死亡脱落。负染后在电镜下可观察到细胞培养物中的病毒形态,猪轮状病毒外形呈车轮状。

(2)RNA 基因组电泳技术　RNA 基因组电泳技术对猪轮状病毒进行检测,其原理是根据不同血清型猪轮状病毒的 RNA 基因组在聚丙烯酰胺凝胶电泳或琼脂糖电泳中表现不同的条带分布的方法进行检测。该检测方法主要用于对猪轮状病毒的临床分析及流行病学分析。

(3)分子探针技术　分子探针通过寡核苷酸探针与待检测基因序列互补结合而进行检测,探针通常是被放射同位素、生物素、酶或荧光物质标记的 cDNA 或 RNA,该方法的灵敏度高、特异性好。探针技术不仅可以用于对猪轮状病毒的定性检测,还可以与 PCR 技术相结合,通过检测被标记的探针信号的强弱来判断反应体系中猪轮状病毒的含量,进而对猪轮状病毒进行定量检测。

(4)PCR 技术　PCR 技术可用于多种样本的检测,即使保存时间过长的样本也能检测到,扩增后得到的基因片段可用于克隆、测序等,可对猪轮状病毒的基因进行深入的研究。RT-PCR 技术是猪轮状病毒检测中最常用的技术,具有快速、灵敏、特异的优点。

(5)基因芯片技术　基因芯片技术是把探针分子固定在载体上,载体一般为硅片、硝酸纤维素膜等,该技术可以固定大量的特定序列的探针分子,然后将标记的样品分子与其杂交,通过检测每个探针分子的杂交信号强度,判断是否含有目的分子及目的分子的数量和序列,从而来获得目的分子的遗传信息。基因芯片技术可以同时把大量的探针固定在载体上,可以同时检测和分析大量的序列。目前,猪轮状病毒基因芯片多数用于新毒株的鉴定、病毒株的分组、分型及病原学研究等。

(6)实时荧光定量 PCR 技术　实时荧光定量 PCR 比普通 PCR 具有更高的灵敏度和特异性,在操作上也更加简便。针对猪轮状病毒不同蛋白基因(例如 VP2,VP6,VP7,NSP2 和 NSP4 等),研究者建立了针对猪轮状病毒的实时荧光定量 PCR 方法,能够实现对 A 群猪轮状病毒的快速检测。

2. 血清学诊断技术

在猪轮状病毒的检测技术中,免疫学技术是最可靠、最实用的技术。免疫学技术主要检测的是粪便或血清中的猪轮状病毒抗体(抗原),最常用的有酶联免疫吸附试验、胶体金免疫层析和免疫荧光。

(1)酶联免疫吸附试验　酶联免疫吸附试验采用的技术是酶联免疫技术,将待检测的抗原或抗体包被在板孔中,利用抗原抗体结合的原理对其进行检测。颜色反应的深浅反映了样品中抗原或抗体的量的多少。此方法有很多优点,如操作简便、价格低廉、灵敏度高、特异性好。

(2)胶体金免疫层析　胶体金技术应用的原理是抗原抗体结合,是一种新型的免疫标记技术。利用还原剂可以与氯金酸发生反应,然后聚合成指定大小的聚合颗粒,并且这些聚合颗粒可以在静电的作用下形成一种稳定的胶体状态。胶体金免疫层析法使特异的抗原或抗体稳定地结合在膜上,样品借助毛细作用移动,移动到抗原或抗体所在的指定区域时,可通过肉眼直接观察到显色的结果。该方法因具有快速、特异、敏感的优点已被应用于生物学的许多研究领域。

(3)免疫荧光　免疫荧光技术是将采集的腹泻猪只的肠道内容物置于干冰中冷冻、涂片并固定,使之与荧光标记的猪轮状病毒抗体在 37 ℃温箱中进行作用,然后复染、封片后用荧光显微镜进行观察,主要观察的是小肠绒毛结构是否完整以及是否有荧光信号出现。因其操作简便、快捷,也被用于猪轮状病毒的临床检测和筛选。

4.5.7　防控技术及应用

目前,服用猪轮状病毒疫苗是对猪轮状病毒最有效的预防措施。此外,可以通过及时对场地进行消毒、防止环境污染来预防猪轮状病毒的感染,通过及早发现、及早隔离等方法来防止猪轮状病毒的大规模暴发。

1. 传统疫苗研究

目前,国内临床应用的疫苗有中国农科院哈尔滨兽医研究所研制的猪传染性胃肠炎、猪流行性腹泻与猪轮状病毒(G5 型)三联活疫苗(弱毒华毒株＋弱毒 CV777 株病毒＋NX 株)。对妊娠母猪于产仔前 2～3 个月后海穴免疫接种,疫苗具有一定的保护作用。目前国外上市的有包含两种主要致弱的猪轮状病毒活疫苗(merck animal health),对哺乳仔猪采用口服免疫或肌肉注射都有一定的作用。韩国科微范株式会社制备的猪传染性胃肠炎、猪流行性腹泻、猪轮状病毒三联活疫苗(175L＋SM98P＋A1,10)能够对猪轮状病毒提供一定的预防和保护,主要针对的是 A1 和 A10 猪轮状病毒。

灭活的猪轮状病毒疫苗对母猪或哺乳仔猪的效力仍需进一步的确定。对猪轮状病毒血清反应阴性仔猪,肌肉注射灭活的猪轮状病毒不能够诱导肠道产生分泌型 IgA 抗体。

2. 新型疫苗研究

除了传统疫苗,正在研制中的猪轮状病毒疫苗包括病毒样颗粒(vims-like particle,VLP)、DNA 疫苗及植物疫苗等。通过猪轮状病毒血清阴性无菌猪对各种替代疫苗的免疫原性和保护力、接种途径、佐剂进行了评估。研究表明,通过原核或真核表达猪轮状病毒结构蛋白 VP2、VP6、VP7 和 VP4 可以形成 SLPs(VP2),DLPs(VP2 和 VP6)、TLPs(VP2、VP6 和 VP7 或 VP2、VP6、VP7 和 VP4)。体外只表达 VP6 蛋白也可形成 SLPs、DLPs 和 TLPs。VP6 形成的 VLP 可以保护猪轮状病毒诱导的腹泻。

小鼠实验已表明编码 VP6、VP4 或 VP7 的 DNA 疫苗能够刺激机体产生高水平血清抗体,血清抗体转移或渗出到肠腔,会产生抵抗猪轮状病毒的保护作用。研究表明,使用编辑猪轮状病毒 VP6 蛋白的质粒 DNA 疫苗可以激发抗体和细胞毒性 T 细胞反应,从而对实验动物形成保护。VP6 DNA 疫苗可以诱导产生猪轮状病毒特异性的肠道 IgA 抗体,实现细胞内 IgA 介导的中和保护作用。

转基因植物疫苗具有安全、廉价和便于大量生产等优点。研究表明,表达猪轮状病毒 VP6 蛋白的烟草和马铃薯植物疫苗可以有效诱导黏膜 IgA 和血清 IgG 抗体,这种可食用疫苗为 RV 疫苗的研究和发展开拓了更广阔的前景。

3. 乳酸菌口服载体疫苗研究

乳酸菌是被公认为安全的食品级微生物，乳酸菌可以定植在动物和人的肠道和生殖道黏膜，能刺激机体 sIgA 的细胞增殖，从而使得 sIgA 水平上升，促使系统对肠道病毒产生免疫应答，中和毒素，缓解肠道病毒引起的腹泻、急性炎症等症状。乳酸菌也可将具有抗原性和治疗作用的蛋白传至黏膜表面，这样的工程乳酸菌可有效激发黏膜和系统免疫。因此，猪轮状病毒乳酸菌口服载体疫苗具有良好的使用前景。

4.6 仔猪红痢（仔猪传染性坏死性肠炎）

梭菌性肠炎又称仔猪传染性坏死性肠炎（infectious necrotic enteritis），俗称仔猪红痢，是由 C 型产气荚膜梭菌引起的 1 周龄仔猪高度致死性的肠毒血症，以血性下痢、病程短、病死率高、小肠后段的弥漫性出血或坏死性变化为特性。在环境卫生条件不良的猪场，发病较多，危害较大。C 型产气荚膜梭菌携带编码 α、β 毒素的基因，有些菌株也会携带编码肠毒素的 *cpe* 基因。C 型产气荚膜梭菌在新生动物如小牛、绵羊、山羊，特别是猪中更容易引起肠炎（Songer et al.，1996；Songer et al.，2005）。1955 年英国 Field 和 Gibeon 首次报道本病，随后在世界各地陆续有报道（Azuma et al.，1983；Barnes et al.，1964；Hogh et al.，1967；Matthias et al.，1965）。

4.6.1 病原学

病原体为 C 型产气荚膜梭菌（clostridiom perfringens type C），亦称魏氏梭菌（*C. welchii*）。革兰氏阳性，有荚膜不运动的厌氧大肠杆菌，芽孢卵圆形，位于菌体中央或近端，但在人工培养基中则不容易形成。从广义上讲，猪和其他动物的梭状芽孢杆菌病可分为肠内感染、组织毒性感染和神经毒性感染。A 型产气荚膜梭菌、C 型产气荚膜梭菌、破伤风梭菌、诺维氏梭菌（水肿梭菌）、肉毒梭菌、艰难肠梭菌等是猪的主要致病菌株，有时气肿疽梭菌（肖氏梭菌）和腐败梭菌也可以引起猪发病，有时也可引起猪的侵袭型、持续性的损伤或损害（表 4-2）。根据 6 种主要毒素［即 α（CPA）、β（CPB）、ε（ETX）、δ（ITX）、肠毒素（CPE）和坏死性肠炎 B 类毒素（NetB）］的产生情况，将毒素分为 7 种型（A～G）（表 4-3）。在血琼脂中大多数产气荚膜梭菌的菌落具有典型的外观特征，可观察到菌落周围溶血的双光晕（图 4-31）。C 型菌株主要是 α、β 毒素，特别是 β 毒素，它可引起仔猪肠毒血症、坏死性肠炎。形成芽孢后，对外界抵抗力强，80 ℃ 15～30 min，100 ℃ 则几分钟才能杀死。该菌有时也可以引起其他疾病，如传染性胃肠炎。B 型和 D 型产气荚膜梭菌（Harbola and Khera，1990）也已经从类 C 型产气荚膜菌性肠炎的病例中分离到，但是在体内不同的组织中表现出不同的症状，故在确诊前需要十分谨慎地判定，因为他们很少引起小猪的急性肠炎。

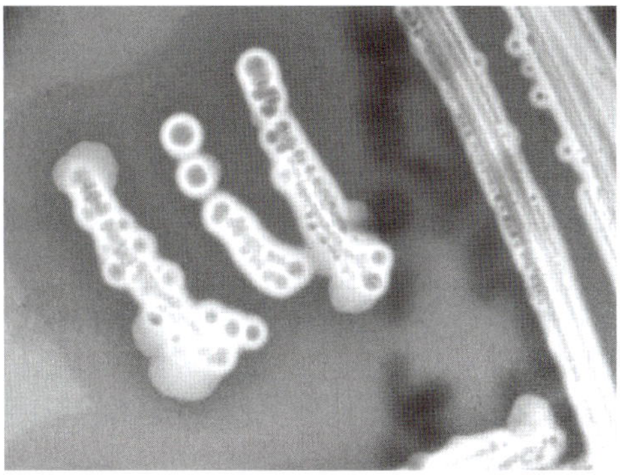

图 4-31 C 型产气荚膜梭菌在血琼脂上的菌落

（这种微生物的特点是可明显观察到菌落周围溶血的双晕）

表 4-2 影响猪的主要梭状芽孢杆菌感染及其相关综合征

感染类型	综合征	梭菌类型
肠毒性	新生仔猪出血性坏死性肠炎	C 型产气荚膜梭菌
	坏死性肠炎	A 型产气荚膜梭菌
	新生仔猪坏死性小肠结肠炎	艰难梭菌
组织毒性	气性坏疽	败血梭菌、C 型产气荚膜梭菌、A 型产气荚膜梭菌、诺维氏梭菌
	黑腿病	诺维氏梭菌
神经毒性	破伤风	破伤风梭菌
	肉毒中毒	肉毒梭菌

表 4-3 产气荚膜梭菌毒素类型及与之相关人类和动物疾病产生的主要毒素

毒素类型	主要毒素						主要疾病
	α（CPA）	β（CPB）	ε（ETX）	肠毒素（CPE）	δ（ITX）	坏死性肠炎样毒素（NetB）	
A	+	−	−	−/+	−	−	人和动物的气体坏疽，绵羊的黄羊病，新生猪的坏死性小肠结肠炎。
B	+	+	+	−/+	−	−	羔羊痢疾，牛和马可能的出血性肠炎。
C	+	+	−	−/+	−	−	新生猪、马、牛、绵羊和山羊的坏死性或出血性肠炎，成年绵羊的急性肠毒素血症。
D	+	−	+	−/+	−	−	绵羊、山羊和牛的肠毒血症。
E	+	−	−	−/+	+	−	在动物疾病中的作用尚未完全确定。
F	+	−	−	+	−	−	人类食物中毒；在动物疾病中的作用尚未完全确定。
G	+	−	−	−/+	−	+	家禽坏死性肠炎。

4.6.2 流行病学

本病发生于 1 周龄以下的仔猪，以 1～3 日龄的新生仔猪最多见，最早可以在出生后 12 h 内发生，很少造成 1 周龄以上的仔猪发病（Bergeland et al.，1966；Meszaros and Pesti，1965；Matthias et al.，1968）。魏氏梭菌广泛存在于人畜肠道、土壤、下水道及尘埃中，病猪群中母猪的肠道中更为多见，并可随粪便排出体外，污染圈舍，在饲养管理不良时，容易发生本病。该菌的芽孢对外界的抵抗力很强，猪场一旦有此病发生，常顽固地在猪场扎根。C 型产气荚膜菌性肠炎可以在没有免疫的猪群中流行（Bergeland et al.，1972）。在同一猪群内各窝仔猪的发病率相差很大，最高的可达 100%，多数猪群的病死率高达 50%～60%（Hogh et al.，1967）。当猪群免疫率提高时，繁殖母猪与发病仔猪接触较多的地方，该病会发展成为地方流行性疾病。温和型的病例会在独立的猪群中绵延数月，持续性急性病例的出现，则提示我们该猪群免疫能力低下（如后备母猪及经产母猪的发病）或仔猪不能从初乳中获得足够的抗体保护。

本病可以在猪与猪之间传播，猪肠可能是病原菌最初的来源，故通过更换垫料的方式预防本病的发生，可能作用不大。在正常猪的粪便内，相对于 C 型梭菌来说，C 型产气荚膜菌可能只是占有极小的一部分，它们通常不能被一般的检测方法检测到，除非专业性强、针对性强的方法，故对大面积的动物普查是不现实的。仔猪作为该菌的一个富集器，C 型产气荚膜菌在与其他细菌的竞争中占据优势，从而大量增殖，引起疾病的发生。病原体在外界环境中能存活较长时间，有时形成芽孢，可以耐受高热、消毒剂、紫外线等(Diab et al.，2016)。环境中的微生物进入未免疫的仔猪体内需要较长的时间。

本病的病程长短差别很大，按病的经过分为最急性型、急性型、亚急性型和慢性型(Hogh et al.，1967；Hogh et al.，1969；Jäggi et al.，2009)。

最急性型：仔猪出生后 1 d 内就可发病，往往于生后当天或第 2 天死亡。症状多不明显，只见仔猪后躯沾满血样稀粪，病猪虚弱，很快变为濒死状态，受感染极严重的仔猪在接触 C 型产气荚膜梭菌 8～22 h 后开始出现出血性腹泻(Uzal et al.，2014；Uzal et al.，2016)。患病猪表现虚弱，不愿走动，很快就会奄奄一息。直肠温度降至 35 ℃或以下，腹部皮肤在死亡前可能会变暗。许多仔猪发现死亡时没有观察到临床症状。

急性型：此病型最常见。整个病程中病猪排出含有灰色组织碎片的红褐色液状稀粪。病猪日益消瘦和虚弱，病程常维持 2 d，一般在第 3 天死亡。

亚急性型：病猪呈持续性腹泻，病初排出黄色软粪，以后变成液状，内含坏死组织碎片。病猪极度消瘦和脱水，一般 5～7 d 死亡。

慢性型：1 d 以上时间呈现间歇性或持续性腹泻，粪便呈黄灰色糊状。病猪逐渐消瘦，生长停滞，于数周后死亡或淘汰。

4.6.3 病理变化

典型病变为小肠的节段性黏膜坏死。病变常局限于小肠和肠系膜淋巴结，以空肠的病变最重(Cho et al.，1991；Uzal et al.，2014；Uzal et al.，2016)。

最急性病例，空肠呈暗红色，肠腔充满血染液体，肠系膜淋巴结呈鲜红色，胸腔、心包腔、腹腔内有多量的樱桃红色积液(Cho et al.，1991；Uzal et al.，2016)。急性病例的肠黏膜坏死变化最重，而出血较轻，肠黏膜呈黄色或灰色，肠腔内有血染的坏死组织碎片黏着于肠壁，肠绒毛脱落，遗留一层坏死性假膜。有些病例的空肠有约 40 cm 长的气肿。大体病变包括肠壁出血和肺气肿(图 4-32)和黏膜纤维蛋白坏死渗出物。病变可能包括肠壁通常增厚，颜色为黄色或灰色，有时称为“虎条纹”，肠内容物中充满血液和坏死的碎片(图 4-32 和图 4-33)。多数急性病例可以发展为出血型肠炎，伴随着会阴部被大便污染，仔猪迅速变为虚弱，勉强运动，急速转变为垂死，直肠温度降为 35 ℃左右，腹部皮肤在死前变黑。多数病例在出生后 12～36 h 内死亡，有些动物即使没有发现肠炎也可能引起死亡。在剖检尸体切开腹壁时通常会发现水肿，紧接着会发现一个显著的特点：小肠的出血很严重。腹腔中积聚较多的血水，空肠和回肠的病变较为典型，这些病变会扩展到幽门后数厘米以及相邻的结肠，或只影响空肠数厘米。黏膜病变的区域之间是红黑相间，肠壁上布满了出血点，鼓气，肠系膜淋巴结充血、潮红，受损害的区域肠内容物充满血液，有时可以达到盲肠的末端。肾脏中的尿液中通常含有结晶。

镜检可见肠上的多数绒毛消失，上面覆盖着坏死物的碎片和细菌(图 4-34)。暴露的黏膜下层液覆盖着的大量的细菌，像一层地毯似的，掩盖了上皮细胞、纤维性物质、退化的炎性细胞。黏膜下层的血管坏死,黏膜下层、肌膜、浆膜下的内容物中含有大量的血栓,气肿(图4-35)。大量的革兰氏阳性菌在肠壁的深层出现。

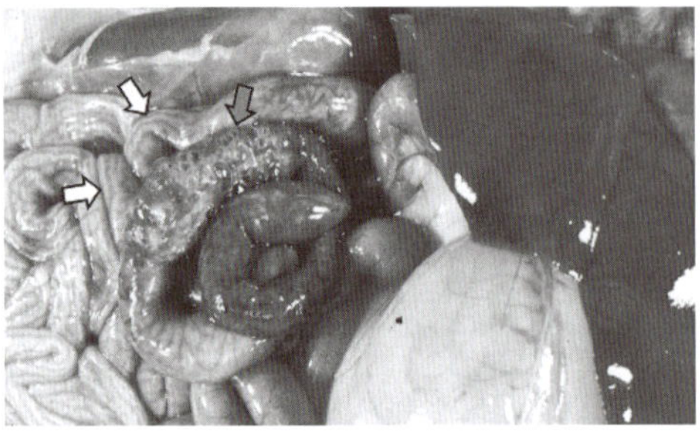

图 4-32 C 型产气荚膜梭菌在新生仔猪中的病变

(Mark Anderson)

可以观察急性肠壁出血和肺气肿(灰色箭头)及空肠段(白色箭头)的纵向条纹(老虎条纹)急性增厚。

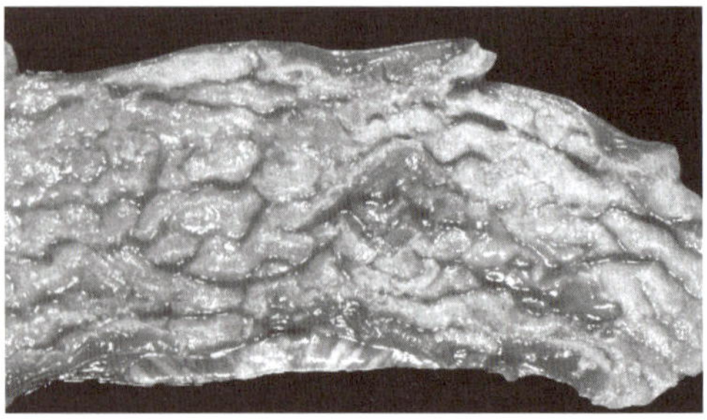

图 4-33 新生仔猪慢性 C 型产气荚膜梭菌肠炎

(Pat Blanchard)

小肠黏膜被厚厚的纤维蛋白坏死膜覆盖。

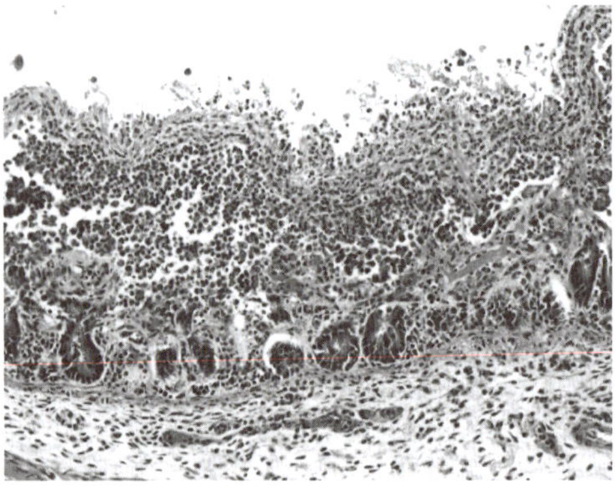

图 4-34 新生仔猪产气荚膜梭菌 C 型感染

(Pat Blanchard)

产气荚膜样生物与剥蚀坏死绒毛基底膜的结合和空肠腔大量生物的积累。

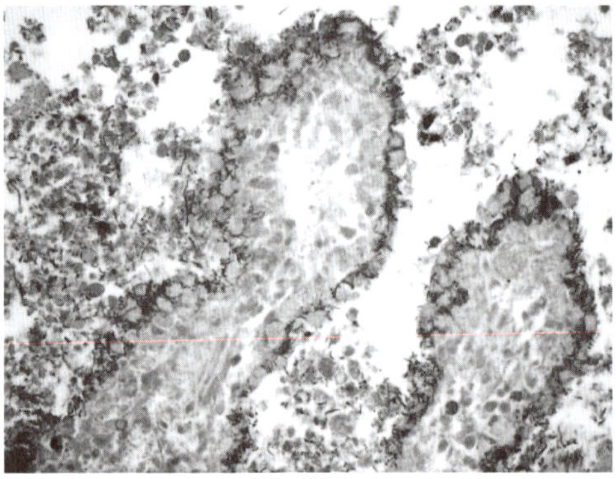

图 4-35 新生仔猪患有产气荚膜梭菌 C 型肠炎

(Pat Blanchard)

可以观察到黏膜严重坏死及覆盖黏膜的假膜(250×)。

亚急性肠炎是非出血性的,猪群仍然充满活力、活泼机敏,在 5～7 d 死亡,表现脱水、消瘦(Songer et al., 2005)。大便开始时为微黄色,不久后颜色变清,含有坏死的碎片。受到影响的小肠区域会发生粘连,肠壁增厚,易脆,从浆膜表面到纵向的灰黄色区域的黏膜表面覆盖着一层粘连紧密的坏死假膜,坏死黏膜粘连,界限明显(在有些病例中长度仅为 1～2 cm)。肠壁深层慢性炎性细胞浸润。

4.6.4 致病机制与免疫机制

产气荚膜梭菌繁殖快、世代间隔短,在数小时内,C 型梭菌在肠内容物中可以增殖到 10^8～10^9 细胞/g(Ohnuna et al., 1992)。细菌黏附在空肠上皮细胞的绒毛顶部,紧邻脱落的细胞,在基底膜处大量增殖,导致绒毛基底膜的大面积坏死,出血。坏死区域从隐窝发展到肌层、黏膜下层,有时可以发展到肌肉层。有些细菌穿过肠壁进入肌肉层、腹膜下、肠系膜淋巴结处,形成气肿(有时兼有血栓)。细菌仍然与坏死的肠绒毛粘连,或与细胞碎片、血液一起流入肠腔,有时可以观察到细菌芽孢的存在(Kubo and Watase, 1985)。C 型产气荚膜梭菌引起的仔猪回肠炎,黏膜已经被包含许多细菌的坏死黏膜所取代。黏膜下层、肌层和浆膜等被慢性炎性细胞浸润。在 C 型产气荚膜梭菌感染的致病过程中,能致死的、坏死性 β 毒素起关键作用(Warrack, 1963; Hogh, 1967a)。类毒素疫苗能够抵抗感染,但是对于急性、含有众多梭菌抗原的梭菌却无能为力,更不用说 β 毒素。试验表明,CPB 在致病机理中的作用有待证实。疾病能够通过口服毒素被复制,随后发现猪只能被病原体感染(Field and Goodwin, 1959)。通过肠袢灌服 C 型产气荚膜梭菌的培养物发现,最典型的病变在内脏。但是单独灌服 CPB 时,坏死不会发生。在公开发表的文献中记载它有较多的协同因子,包括使用较大年龄的猪只作为试验动物。胰岛素分泌不足、初乳中的蛋白酶抑制剂可能增加小于 4 日龄仔猪的易感性。

死亡的主要原因在于肠的正常环境遭到破坏和毒素的作用,在肠内容物和腹腔液中能够检测到 CPB 的存在(Miclard et al., 2009)。高剂量的毒素导致猪只的猝死,低剂量的毒素可以导致脊髓灰质软化、肾上腺皮质坏死、肺水肿。血糖浓度过低和机体对 C 型产气荚膜梭菌、大肠杆菌的双重感染引起的菌血症提高了仔猪的病死率(Field and Goodwin, 1959; Hogh, 1967)。大多数甚至所有的 C 型梭菌感染中都能产生 β-2 毒素(CPB2)。

4.6.5 诊断技术与鉴别诊断

根据特征临床症状、死亡率的高低以及大体病变和组织学病变可以初步诊断为 C 型梭菌性肠炎。针对最急性病例需要进行实验室检查确诊时,可采取小肠内血染的液体或腹腔液,加等量生理盐水搅拌均匀后,3 000 r/min,离心 30～60 min,取上清液给小鼠静脉注射,每只 0.2～0.5 mL,如小鼠迅速死亡,可诊断为本病。对于慢性型疾病的诊断,还需要更详细的猪群感染的资料,排除其他病原引起的坏死性肠炎,并在受伤害的区域检测到 C 型梭菌,方能确诊。球虫病及其他引起绒毛萎缩的病原,如轮状病毒感染、传染性胃肠炎、猪流行性腹泻等先引起病变,然后 C 型梭菌开始定居增殖,这在区分 A 型产气荚膜梭菌和 C 型产气荚膜梭菌引起的亚急性和慢性病例中十分重要,这些区分也可以通过细菌培养、毒素检测、基因分型确定。实验室诊断包括细菌培养、肠内容物抹片检查、在肠组织切片寻找革兰氏阳性大肠杆菌。有时可以看到卵圆形的芽孢。细菌在马或牛血琼脂平板上生长 24 h 后菌落清晰可见,菌落呈 3～5 mm 的灰色、圆形。在首次分离时,夹杂有小的、光滑的、橡皮糖样的菌落。由于细菌产生 θ 毒素,故在培养基上形成一个内在的完全溶血区,而 CPA 则在外层形成一个不完全的溶血区。只有基于细菌的生化特性和产生的毒素类型才能鉴定细菌的型别。

机体的组织学病变具有特征性。在出血性的肠内容物或腹腔液体中检测到 CPB 就可以确定为本病。现在在鼠类的保护试验已经很少采用,而是采用操作较为简单的酶联免疫吸附实验代替之(Diab et al., 2016; Uzal et al., 2005)。在分离菌的分型方面,用 PCR 方法检测主要的毒素基因已经替代了传统意义上的毒素检测方法,并为确诊提供更可靠的依据(Buogo et al., 1995; Meer and Songer, 1997)。

当提供的样品不能用于毒素检测时,细菌分离和分型有助于诊断的确立。在多数情况下,通过肠黏膜的刮屑能够分离到大量的 C 型梭菌,并能获得纯培养物。由于机体受到 TGEV 或其他病毒的侵袭,引起 C 型梭菌的二重感染,可能会导致误诊,但这种情况较少。对于慢性病例,细菌分离可能是阴性,或者是分离到 C 型和 A 型的混合病原体。因此,对于初次分离的细菌进行分型就显得较为重要。在多数情况下,确诊时必须从总体出发,而不单单通过对单个发病动物的检测，就轻易下结论。

4.6.6 防控技术及应用

治疗对于已经出现症状的动物作用甚微(Szabo and Szent-Ivanyi，1957；Hogh，1967)，而加强预防是最好的选择。在没有免疫的猪群暴发梭菌病时，用马抗毒素血清进行被动治疗效果较好，疗效可以持续3周以上(Ripley and Gush，1983)。抗毒素最好在仔猪出生后尽早注射。口服抗生素如氨苄青霉素、阿莫西林等具有一定的预防作用，出生后立即开始使用，连续应用3 d。有报道称C型梭菌具有抗生素抗性，并且有四环素抗性的质粒已经被提取和鉴定(Rood et al.，1985)。然而梭菌仍然对青霉素保持敏感。头孢噻呋可以作为治疗仔猪疾病的替代药物，在母猪分娩前后，给予杆菌肽亚甲基水杨酸盐可以预防仔猪的梭菌感染。

在母猪的饲养期、配种前、分娩前2～3周注射C型梭菌类毒素疫苗是预防本病的最好选择(Kennedy et al.，1977)。目前已经商业化的类毒素疫苗效果较好，在一个繁殖周期内制定一个较为合理的免疫程序可以消除本病的发生。如果母猪对疫苗能够产生正常的免疫力(Matishek and McGrinley，1986)或仔猪能够吃到较为充足的初乳，死亡率将会减少数十倍(Ripley and Gush，1983)。加强免疫应放在分娩后的3周之内。类毒素可能对断奶后的仔猪有较好的保护作用(Meszaros and Pesti，1965)。

首先要加强猪舍与环境的清洁卫生和消毒工作，产房和分娩母猪的乳房应于临产时彻底消毒。有条件时，母猪分娩前一个月和半个月，各肌肉注射仔猪红痢菌苗1次，剂量5～10 mL，可使仔猪通过哺乳获得被动免疫。如连续产仔，前1～2胎在分娩前已经两次注射过菌苗的母猪，下次分娩前半个月注射1次，剂量3～5 mL。另外，仔猪生下后，在未吃初乳前及以后的3 d内，投服青霉素或与链霉素并用，有防治仔猪红痢的效果，也可试用拜有利、炎痛宁及环丙沙星等药物。

4.7 猪大肠杆菌病

大肠杆菌是属于肠杆菌科，需氧或兼性厌氧的革兰氏阴性杆菌。大肠杆菌属包括胃肠道的部分正常杆菌及引起猪肠道内外疾病的病原菌。大肠杆菌由Escherich在1885年首次发现，在此后相当长的时间里，一直被认为是肠道中的非致病菌。直到20世纪中叶，研究人员才发现一些特殊血清型的大肠杆菌对人和动物具有致病性，特别是可以引起仔猪严重腹泻。近年来，随着大规模集约化养猪业的发展，病原性大肠杆菌对猪群的危害日益明显，对养猪业造成了巨大的经济损失。大肠杆菌具有多个血清型，病原性大肠杆菌和非致病性大肠杆菌在形态、染色反应、培养特性和生化反应等方面相似，但可以根据其抗原构造将其进行区分。已知的大肠杆菌包括菌体抗原(O抗原)、荚膜抗原(K抗原)、鞭毛抗原(H抗原)及菌毛抗原(F抗原)。到目前为止，已有188个O抗原、103个K抗原、56个H抗原及20个F抗原被正式鉴定。根据大肠杆菌毒力机制可以将致病性大肠杆菌分为很多类：肠毒素性大肠杆菌(ETEC)、水肿病大肠杆菌(EDEC)、黏附和损伤性大肠杆菌(AEEC)(Gyles and Fairbrother，2004)。外毒素可以在ETEC感染时使动物肠道大量分泌液体，同时也是造成EDEC引起系统病变的原因。因仔猪的生长期和大肠杆菌血清型的不同，病原性大肠杆菌引起的肠道疾病在仔猪的临床表现具有不同，可以分为新生仔猪大肠杆菌性腹泻、断奶后大肠杆菌性腹泻(PWD)以及猪水肿病(ED)。新生仔猪大肠杆菌性腹泻，又称仔猪白痢，患病仔猪通常排出乳白色或灰白色浆状、糊状粪便。PWD 又称仔猪黄痢，患病仔猪表现为排出黄色浆状稀粪、严重脱水等。ED 能引起仔猪肠毒血症，其特征为胃壁和其他部位发生水肿并伴有腹泻症状。

4.7.1 新生仔猪大肠杆菌性腹泻

随着产仔管理的加强，猪的腹泻成为一种具有很重要经济意义的疾病。此病可以分成三大类：新生仔猪腹泻（出生后头几天）、仔猪腹泻（出生后 1 周到断奶）及断奶后腹泻。大肠杆菌是造成新生仔猪腹泻和断奶后腹泻最重要的病原。引起仔猪腹泻的病原有许多，其中包括传染性胃肠炎病毒、轮状病毒、球虫和大肠杆菌（Biehl and Hoefling，1986）。由肠大肠杆菌引起的具有出血性胃肠炎大体病变的急性休克综合征并不多见，Alexander 在 1994 年曾对新生仔猪腹泻做了综述。

1. 病原学

由大肠杆菌引起的新生仔猪腹泻多发生在 0～4 日龄。致病菌产生一种或多种肠毒素，这种菌被称为肠毒素性大肠杆菌（ETEC）。ETEC 利用一种或多种菌毛黏附素，如 F4（K88）、F5（K99）、F6（987P）或 F41 吸附在新生仔猪小肠黏膜上。本菌吸附在小肠并产生一种或几种肠毒素，如 STa（STⅠ）、STb（STⅡ）或 LT。直到最近才发现新生仔猪腹泻中最常见的 ETEC 属于血清型 O149、O8、O147 及 O157，呈 F4 阳性，并产生 LT、STb 肠毒素（Harel et al.，1991；Soderlind et al.，1988；Wilson and Francis.，1986）。越来越多的 ETEC 的血清型 O8、O9、O64、O101 被分离出来，这些血清型是 F5、F6 及 F41 阳性并产生肠毒素 STa 或很少产生 STb。ETEC 主要引起 0～6日龄仔猪腹泻，稍大的猪少见，但 F4 阳性 ETEC 可在出生到断奶后病猪中分离。F4 阳性的 ETEC 属于血清型 O149，也是造成断奶后腹泻的主要病因。伴发休克的肠道大肠杆菌病也常见于断奶前后的仔猪。与此病有关的大肠杆菌或是 ETEC，常属于血清型 O149、O157、O8，它们都是 F4 阳性，产生 STb 和 LT，但很少产生志贺样毒素（SLX2e）（Faubert and Drolet，1992）；或是产生 SLX2e，与水肿病有关。后者将在以后的部分中讨论。

2. 流行病学

大肠杆菌性腹泻与病菌、环境条件和宿主因素的相互作用有关。只有食入大量携带有毒力因子的大肠杆菌才能产生腹泻。新生仔猪从脱离母猪子宫到吃奶期间，接触了产床、母猪皮肤等污染严重的环境，导致食入来自母猪肠道菌群的细菌。这样，在一个卫生条件不好或污染的产仔系统中，环境中致病性大肠杆菌的增加都可能导致新生仔猪大肠杆菌性腹泻的暴发。初乳中含有非特异性杀菌因子及特异性抗体（IgG 和 IgA）可以抑制致病性大肠杆菌在肠道的附着。如果母猪在产仔前未曾接触过致病性大肠杆菌，初乳中不含有特异性抗体，仔猪就会对大肠杆菌易感。同样，如果个别仔猪由于受伤、缺少竞争力、母猪乳汁缺乏、乳头不足等原因无法获得初乳，也会对大肠杆菌易感。产房的温度也较为重要，饲养温度低于 25 ℃猪肠管蠕动能力显著降低，细菌的排出及保护性抗体的分泌都会降低（Sarmiento，1983）。这些猪比饲养于 30 ℃条件下的猪肠道内致病性大肠杆菌的数量多，腹泻更严重。

3. 发病机制

在特定环境及宿主条件下，致病性大肠杆菌在宿主肠道内繁殖并通过特异的毒力因子导致腹泻。大肠杆菌需要先黏附和定植于小肠黏膜上，以保证一定量的肠毒素释放并引发腹泻。菌毛与小肠黏膜上皮细胞膜的特异受体结合，黏附在肠上皮外的黏膜上。大肠杆菌对新生仔猪的影响主要集中在空肠和回肠下部。仔猪多在出生后头几天对 F5 和 F6 阳性大肠杆菌感染敏感而后有抵抗力，其抵抗力可能与随着年龄的增加小肠上皮细胞受体数量减少有关。在成年猪体内，F6介导的肠黏附被抑制，这可能与F6优先与黏液中的F6受体结合而不是与肠上皮细胞的F6受体结合有关。并非所有猪的肠上皮细胞上都有F4黏附素受体，因此它们对F4阳性大肠杆菌感染更有抵抗力（Van Den Broeck et al.，1999）。对感染的抗性遗传遵循孟德尔定律，其受体的等位基因是显性的。其他新生仔猪ETEC菌毛（F5，F6，F41）的相同遗传抗性还未被发现。TEC黏附在小肠黏膜上产生肠毒素，继而使小肠中水分和电解质的量改变，如果大肠不能将来自小肠的过多水分吸收则导致腹泻。肠毒素的过量分泌会导致脱水、代谢性酸中毒，严重时死亡。大多数新生仔猪大肠杆菌产生STa，STa在乳鼠和2周龄内仔猪体内有活性，但在2周龄以上仔猪体内活性较低，这可能是由于在不同日龄猪体内肠道受体量不同。基于STa受体的浓度和亲和力，空肠后段似乎是对STa发生高分泌的主要部位。初乳和牛奶中可能含有非特异性杀菌因子和特异性抗体（主要是IgG和IgA，也包括IgM）抑制致病性大肠杆菌对肠道的黏附。如果猪场中的猪没有接种疫苗或将新生仔猪暴露于有致病性大肠杆菌存在的环境中，初乳和牛奶中不存在特异性抗体，哺乳仔猪就容易受到肠道感染。同样，当个别仔猪由于受伤、母猪患有无乳症或母猪乳头不足无法通过竞争获得初乳时，则更易受到感染。

4.临床症状

新生仔猪下痢可在仔猪出生2～3 h后发生，可影响单个猪或整窝猪。初产母猪所产的仔猪比经产母猪所产的仔猪更易感。受影响群体的发病率变化极大，平均为30%～40%，但在一些猪群中可能高达80%，受影响分娩死亡率可达70%。在一些占比例较低的猪群中，感染发生可能极为迅速，以至于仔猪在发展到腹泻之前就死亡。腹泻症状可能非常轻，无脱水表现或腹泻物清亮，呈水样。粪便颜色不一，从清亮到白色或稍带程度不一的棕色。在较严重流行时，少量病猪可能呕吐，由于体液流进肠管可造成体重下降30%～40%并伴发脱水症状，腹肌系统松弛、无力，猪精神抑郁、迟钝，眼睛无光，皮肤蓝灰色，水分丢失和体重下降，不久仔猪死亡。在慢性或不很严重时，猪的肛门和会阴部可能由于与碱性粪便接触而发炎。脱水不严重的病猪可能在饮水及治疗及时的情况下恢复，但往往会存在长期病变。

5.病理变化

肠道大肠杆菌感染很少有特异病变，大体病变包括脱水、胃扩张（在断奶后仔猪腹泻病例，排泄物可能包括未消化的凝乳、饲料），胃大弯部静脉梗死，局部小肠壁充血，小肠扩张。在并发休克的ETEC感染时，其特征性病变是小肠壁和胃壁显著性充血及血性肠内容物。组织学病变与感染的大肠杆菌有关。F4阳性ETEC分离株感染时，在黏膜上皮细胞发现大肠杆菌，并多在空肠和回肠，而其他ETEC分离株感染时病变多在空肠和回肠后端。一般仅在李氏隐窝处发现黏附细菌，或见于隐窝表面和绒毛顶端。透射电镜下，细菌常定植于距微绒毛半个细菌宽度处，有时看到菌毛在菌体与微绒毛间（图4-36）。组织学变化包括固有层血管充血、肠腔出血、固有层中中性白细胞和巨噬细胞增加、肠管迁移以及绒毛萎缩。在ETEC肠感染并发休克时，可见大肠杆菌黏附在小肠黏膜上皮细胞上。胃、小肠和结肠的肠系膜可见充血、出血，严重病例还可见绒毛坏死及毛细血管内纤维蛋白血栓形成。

AEEC菌株感染的猪，在成熟肠细胞的刷状缘上可观察到有多灶性的栅栏状排列的大肠杆菌定植，肠细胞变性和固有层轻度至中度炎症多见于回肠（Hélie et al.，1990）。在十二指肠和盲肠细菌定植最多，有时可在肠细胞的细胞质内液泡中发现细菌，小肠中有轻度至中度绒毛萎缩。在透射电镜片中，可见细菌紧密吸附于成熟肠细胞的胞膜上，并呈规则的栅栏状排列，与微绒毛平行，可见临近绒毛脱落（图 4-37）。细菌细胞壁和肠细胞的细胞膜顶部凹陷处由一条窄的规则的宽 10 nm 的缝隙隔开，吸附位点处可见致密区域。

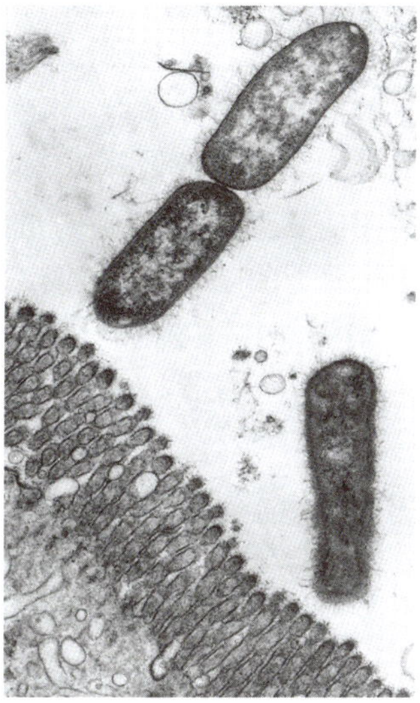

图 4-36 肠道中 987P 阳性大肠杆菌株黏附的电镜图（Zimmerman et al.，2019）

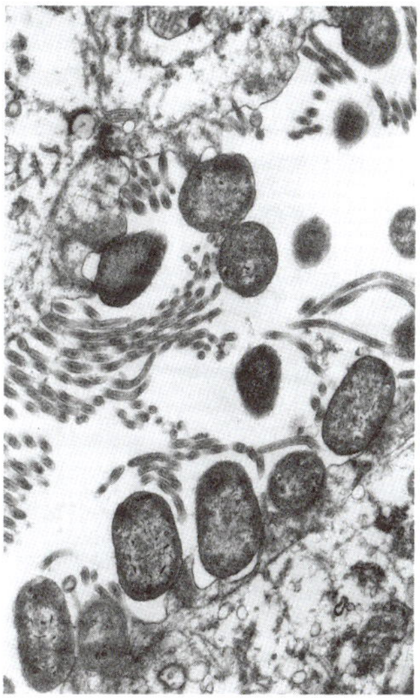

图 4-37 AEEC 病变电镜图（Zimmerman et al.，2019）

6. 诊断

新生仔猪肠道大肠杆菌感染应与引起同龄仔猪腹泻的普通传染病区分开。包括艰难梭菌和产气荚膜梭菌，TGEV，PEDV，PoRV A、B 和 C，PRRSV。在 5 日龄及 5 日龄以上的仔猪中，也必须考虑异孢菌。粪便 pH 测定可能有助诊断，肠道 ETEC 感染造成的分泌性腹泻液 pH 为碱性，而由 TGEV 或轮状病毒引起代谢紊乱的腹泻液 pH 多为酸性。对肠道大肠杆菌感染的诊断要基于临床症状、组织病理学变化及在小肠黏膜中革兰氏阴性细菌的检出。通过冰冻切片的免疫荧光法或福尔马林固定、石蜡包埋的组织切片的免疫过氧化物酶技术，可直接检测出病猪体内黏附在小肠黏膜上的大肠杆菌。从大肠杆菌的直肠拭子或肠道中分离出具有适当毒力因子的大肠杆菌，也可加强诊断。

肠道内容物的拭子或样本应接种在血液和麦康凯琼脂或其他培养基上，这些培养基对肠杆菌科有选择性，可以对乳糖发酵和非乳糖发酵革兰氏阴性肠杆菌进行区分。如果不能在 24 h内隔离，则应避免使用运输介质，如海藻酸钠拭子或斯图尔特培养基。麦康凯琼脂的形态和乳糖发酵是潜在大肠杆菌的第一个指标。要鉴定该物种为大肠杆菌，必须确定菌落转化吲哚的能力，因为 99%的大肠杆菌菌株为吲哚阳性。也可通过柠檬酸盐分析（大肠杆菌不能使用柠檬酸盐作为唯一碳源）和甲基红分析进行鉴定。

诊断实验室可以使用 OK 分型血清（血清分型）对其地理区域最普遍的血清群进行鉴定，以获得快速诊断。完整的 O 和 H 血清分型只能在少数实验室进行。由于不可分型（NT）致病性菌株的存在，血清分型在猪致病性大肠杆菌的初步鉴定中的应用目前还不太常见。并非所有给定血清型的菌株都可致病，需要大量的抗血清参考以及越来越多的有效遗传学方法来鉴定致病性因素。因此，病毒分型或毒力因子的测定是鉴定致病性大肠杆菌的一种更为明确的方法。常规诊断方法中，通过生物活性测定来检测肠毒素和细胞毒素的存在已不再常用。用于检测产生 Stx 培养物或直接检测粪便中产生 Stx 细菌的酶联免疫吸附试验已被研发，并可能在实验室诊断中得到更广泛的应用。载玻片凝集法是一种简单易行的检测大肠杆菌菌毛黏附素的方法，其结果在培养基中表达。但 F18 在体外很少表达，因此该方法常用于 F4 型大肠杆菌的鉴定。酶联免疫吸附试验也用于确定黏附素的存在。然而细菌必须生长在适合检测 F5 和 F41 的培养基上，而 F5 和 F41 只在低葡萄糖或丙氨酸的培养基中表达良好。其他菌毛如 F1 和 F6 经历阶段性变化，在实验室中经连续传代后很可能表达率较低。

目前，基因型分析更常用于定义与感染有关的细菌类型。该项技术包括菌落或 DNA 杂交和聚合酶链式反应（PCR），用于检测毒素和黏附素等毒性因子的基因（Francis，2002；Frydendahl，2002；Harel et al.，1991 年）。PCR 也可用于在福尔马林固定的石蜡包埋组织中原位检测致病性大肠杆菌。

7. 预防和治疗

在早期出现腹泻症状时通过口服或非肠道注射方法使用抗菌药物进行治疗，只可针对个体或少数病例。通过细菌培养来确诊大肠杆菌感染和进行药敏试验都很重要，因为大肠杆菌分离株间的抗生素敏感性差异很大。近年来，大肠杆菌对多种抗菌药物的体外耐药性急剧上升。常见的抗菌药物有氨苄西林、安普霉素、头孢噻呋、庆大霉素、新霉素、大观霉素、呋喃唑酮和增强型磺胺类药物。此外，在实验室中还成功应用噬菌体作为治疗肠道大肠杆菌感染的另一方法，但实际中此法还未被广泛应用。口服含有葡萄糖的电解质替代溶液的补液疗法对脱水和酸中毒很有效。具有抑制肠毒素分泌作用的药物，如氯丙嗪和硫酸黄连素针对腹泻情况的治疗可能有一定的效果，但这类药品通常带有一些副作用。控制大肠杆菌新生仔猪腹泻的原则应围绕卫生和管理策略进行，以减少致病性大肠杆菌的积累，提高母猪和仔猪的免疫力。预防肠出血性大肠杆菌感染应以减少环境中致病性大肠杆菌的数量为目标，保持良好卫生，维持适宜的环境并在出生后提供充足初乳。

预防肠出血性大肠杆菌感染和败血症的最重要因素之一是保持仔猪处于适当的环境温度、无气流和低热传导地板上，对于体重低于平均值的仔猪来说尤其如此。由于体重较轻的仔猪每单位体重有更大的皮肤表面积，所以它们的散热速度更快。应采取严格的生物安全措施，控制不同大肠杆菌型或其他传染源进入猪群。猪只对其没有接触过的大肠杆菌菌毛抗原几乎没有免疫力。在产仔区良好的卫生条件能令仔猪的大肠杆菌数量减少到可以通过自身防御机制控制的水平。产仔箱应在产仔间进行彻底清洁和消毒，产仔室应按全入/全出管理，产仔组之间应进行彻底消毒。生产区保持良好卫生条件可使环境大肠杆菌数量减少。大肠杆菌呈现给仔猪的水平能够通过自身防御机制来控制。通过根据母猪大小选择产仔箱和使用粪便可下落排除的多孔地板等方式，可有效减少产仔箱内粪便污染面积和母猪粪便量。多孔地板仔猪发生腹泻的概率远远低于水泥地面仔猪。干燥温暖的环境可以降低有效湿度从而降低大肠杆菌的存活率。它受通风率影响很大，如果温度过高，母猪会躺在水中散热，这样会不利于卫生。母猪应在 22 ℃左右的温度条件下，为仔猪提供一个较暖和的爬行区是很必要的。重要的是要确保低日龄仔猪保持在 30～34 ℃恒定温度，以防止低温导致的新生仔猪大肠杆菌病。在市场上常用的疫苗是通过非肠道途径进行免疫的，多为灭活全细胞菌苗或纯化的菌毛苗，两种疫苗的效果相似。这种疫苗多在分娩前 3 周或 4 周前进行非肠道给药，第二种通常在分娩前 2～3 周给药。大多数疫苗包含其他病原体的抗原，如产气荚膜梭菌和轮状病毒。一些疫苗可能包括不同 F4ab、F4ac 和 F4ad 变异体的抗原。然而，目前尚不清楚这些疫苗是否比其他疫苗（仅包括 F4ac）更有效，因为大多数病例是由 F4ac 型大肠杆菌引起的。这三种突变体之间的交叉免疫反应已被报道。一种母猪疫苗，包括 F18ab 和 F18ac 大肠杆菌菌苗最近在个别欧洲国家获得批准。在疫苗接种无效的情况下，鉴定可能的血清型并尽可能制成自家苗是非常重要的。对分离株的进一步鉴定可能会发现在大肠杆菌腹泻中起重要作用、参与致病机理的新型或变异的菌毛黏附素。

8. 免疫

对大肠杆菌感染的免疫主要是体液免疫，初期靠初乳、母乳中的母源抗体，后期靠肠道局部的免疫反应。初乳中 IgG 浓度是母猪血浆中 IgG 的几倍，其浓度在分泌后最初的 24 h 内迅速下降。保护性免疫基于表面抗原抗体的存在发挥作用，特别是黏附素 F4、F5、F6 和 F41。大肠杆菌多糖胶囊的抗体也可能具有保护作用。抗菌毛和抗荚膜抗体通过抑制大肠杆菌吸附肠细胞发挥作用。菌毛阳性的大肠杆菌感染如 F5，对另一菌毛阳性大肠杆菌感染起到交叉保护的可能性较低，如 F4 或 F41，仅可通过与共享囊膜抗原的抗体作用给予机体保护。

4.7.2 断奶后大肠杆菌性腹泻及水肿病

仔猪断奶后的大肠杆菌性腹泻常与水肿病放在一起讨论，因为它们常发生在一个猪群，病原菌的毒力因子也有相同之处，一些大肠杆菌株可以造成两种疾病，但是它们也有一些明显的区别。母乳中保护性抗体水平会随着哺乳仔猪的年龄增长而逐渐降低，未断奶仔猪会受到大肠杆菌腹泻和 ED 的影响。而断奶后仔猪失去了母乳中的保护性抗体后，PWD 和 ED 的易感性会大大提升（Deprez et al.，1986；Sarmiento et al.，1988b），所以很多的疾病都是在仔猪断奶后出现的。水肿病（ED）是一种由某种定植于小肠的大肠杆菌引起的传染性肠毒素血症，这种大肠杆菌可产生一种侵入血流并破坏血管壁的外毒素。因为胃黏膜下和结肠系膜的水肿是此病的主要特点，因此此病被称为“水肿病”和“肠水肿”。断奶后大肠杆菌性腹泻与水肿病无明显区别，因为某些大肠杆菌可同时引起这两种病。Sojka 在 1965 年就对这两种病的早期研究进展做过详细的回顾。大肠杆菌是引起断奶仔猪死亡的一个主要病原。由于 PWD 造成的死亡在全世界都有报道，而由 ED 造成的死亡率在北美没有在欧洲的高。ED 与由肠出血型大肠杆菌（EHEC）引起的人的疾病颇为相似，这些大肠杆菌可产生密切相关但又不完全相同的类志贺氏菌毒素。

1. 病原学

PWD 和 ED 由具有某种黏附因子并能产生一种或多种外毒素的大肠杆菌菌株引起，这类黏附因子可使大肠杆菌定植于小肠。几乎所有的这些大肠杆菌都是 α 溶血性的，大多属于有限的几种血清型。在一给定的区域内，血清型与一系列相当恒定的黏附因子和毒素紧密相关。血清型 O139 携带菌毛变体 F18ab 的情况相当普遍，从澳大利亚分离的血清型的菌株常引起 PWD，从欧洲分离的菌株则一般诱发 ED，血清型 O149 携带菌毛变体 F4ac 并导致 PWD。目前，与猪 PWD 有关的最主要的大肠杆菌血清型是 O149。在表 4-4 中罗列了全世界与 PWD 有关的大肠杆菌最重要的毒力型和 O 血清型。这些毒力型通常包括作为菌毛黏附因子的 F4 和 F18。位于魁北克和其他地方的大肠杆菌实验室在感染 PWD 的猪中鉴定出来一些 F4 和 F18 阴性的菌株（Frydendahl，2002）。这些毒力型的菌株对腹泻的作用机制还不清楚。在世界各地存在的菌株主要毒力型有一些不同，例如，1999—2000 年，丹麦 PWD 或 ED 猪中的菌毛型 F4 和 F18 的检出率分别为 45%和 39%(Frydendahl, 2002)。在 F4 阳性分离菌中，都是 O149 型，2/3 是 LT:STb:EAST1:F4 毒力型，1/3 是 LT:STa:STb:EAST1:F4 毒力型。分离出来的 F18 多是不同种类的，最常见的血清型或毒力型是 O149:LT:STb:EAST1:F18，O138: STa:STb:F18，O138:LT:STb:EAST1:Stx2e:F18 和 O139:Stx2e:F18。2001—2002 年期间，从美国南达科他州猪腹泻病例中分离的 ETEC 半数以上都是 LT:STb:F4，STa:STb:F18 或 STa:STb:Stx2e: F18 毒力型，F4 比 F18 略占优势(Francis, 2002)。1994—1998 年从加拿大魁北克省分离的猪腹泻性 ETEC(Fairbrother et al., 2000)和引起 17 个猪场在断奶后 3 周内至少有 15%腹泻(个人观察)的主要菌毛黏附素都是 F4。在上述的研究中，半数以上的 ETEC 都能产生 F4。所有 F4 阳性分离菌都是 O149 型，一半是 LT:STb:EAST1:F4，一半是 LT:STa:STb:EAST1:F4 毒力型。只有 2%的分离菌是 F18 阳性菌，且大多数是 STa:STb 毒力型。F4、F18 阴性的 ETEC 一般是 STa:STb 和 STb:EAST1:AIDA 毒力型。最近在引起猪水肿病和断奶后腹泻的大肠杆菌株中发现了 AIDA，尤其是 Stx:F18 和 F18 毒力株中(Mainil et al., 2002)。从断奶仔猪中分离的 STb 或 STb:EAST-1 毒力型 ETEC 可能是 AIDA 阳性。

表 4-4　造成断奶后猪病大肠杆菌重要的致病型、毒力型、O 血清型

(Francis, 2002; Frydendahl, 2002; Mainil et al., 2002.)

疾病	致病型	毒力型	O 血清型
断奶后腹泻	ETEC	LT:STb:EAST1:F4, LT:STb:STa:EAST1:F4, STa:STb, STa:STb:Stx2e1:F18ac, STa:F18ac, LT:STb, STb:EAST1:AIDA, LT:STb:STa1:EAST1:F41:AIDA1:Stx2e1:F18ac, AIDA:F18ac	8, 38, 139, 141, 147, 149, 157
	EPEC	Eae:EAST11	45, 103
水肿病	EDEC	Stx2e:F18ab:AIDA1	138, 139, 141

现在研究发现了 O149 毒力型的演化。通过回顾加拿大的研究，可以发现在 1990 年以前 O149 株主要是 LT:STb:EAST1 毒力株(Fontaine et al., 2002; Noamani et al., 2003)，但是自从 1990 年开始，出现了 LT:STa:STb:EAST1 毒力型，这种新毒力型与旧毒力型相仿(Fontaine et al, 2002; Frydendahl, 2002)或几乎完全代替旧毒力型(Noamani et al., 2003)。这种趋势并不普遍，从波兰 4～6 周龄断奶腹泻猪中分离的大多数 O149 株是 LT:STb:EAST1 毒力型(Osek, 2003)。PWD 和 ED 都是由毒素引起的，大肠杆菌的肠毒素可引起 PWD，类志贺氏毒素可引起 ED。值得注意的是，ETEC 和 EDEC 株多分离自缺乏 PWD 和 ED 症状的猪群中。在这些病例中，致病性大肠杆菌在健康猪粪便中含量很低，但是在发病猪

的粪便中，其含量很高。

类志贺氏毒素(Stx2e)这一术语是Vero细胞毒素、水肿病因子、神经毒素和血管毒素的同义词。Macleod和Gyles(1990)提出了一种纯化方案，用此方案可制备出无内毒素的Stx2e的均质的制备物。每千克体重仅用3 mg纯化的Stx2e给青年猪静脉注射即可诱发出疾病。临床、显微和大体病变都有ED的典型特征，这样就证实了Stx2e和EDP(水肿病因子)为同一种物质。疾病的潜伏期及严重程度直接和毒素剂量相关。

很多研究者都描述过一种与PWD不同的肠道综合征。其特征是大肠杆菌引起的吸附和损伤(AEEC)。它感染的临床暴发状况是很难评价的，因为它经常混合感染，例如与F4阳性的ETEC混合感染经常发生。AEEC不具备PWD和ED菌株的任何毒性因子(Zhu et al, 1994)，它们的毒性特征已在新生仔猪大肠杆菌性腹泻一节中加以讨论。人工感染悉生猪可以复制这种疾病。断奶仔猪日粮中有大豆和野豆可促进细菌的定植并造成损伤，但不引起腹泻(Neef et al., 1994)。完整的综述关于大肠杆菌在动物疾病中的作用在其他资料可以看到(Gyles, 1994; Gyles and Fairbrother, 2004)。

2. 流行病学

PWD和ED的流行病学具有很多共同的特征。初次感染PWD/ED与仔猪的断奶日龄有关。F4阳性和F18阳性的大肠杆菌之间有一些差异。前者可导致新生仔猪、断奶前及断奶后仔猪腹泻，最常导致刚断奶几天的仔猪腹泻。在仔猪断奶后，农场采取的下面这些管理措施，例如添加高水平的动物源性蛋白、血浆、酸化食品、氧化锌等物质，都可在断奶后3周、甚至6～8周引起腹泻和休克性肠大肠杆菌高发。未断奶仔猪亦可感染PWD和ED，对于哺乳仔猪，该病的严重程度与乳中母源抗体浓度有关(Sarmiento et al., 1988b)。感染猪群的发病率有很大变化。在某个窝发病率可高达80%或更多，但平均仅为30%～40%。发生ED后的死亡率在50%～90%，甚至超过90%，病程4～14 d，平均病程1周以内。断奶猪所处的环境最有可能是致病性大肠杆菌的来源。但其感染的最低剂量未知，在以F4阳性的ETEC株的传播试验中，常可观察到间隔1.5 m的铁笼中饲养的猪只经空气传播该病(Wathes et al., 1989)。任何暴发通常仅由一种F4阳性大肠杆菌株引起，偶尔可分离到两种致病菌株，但常以一种为主。致病性大肠杆菌可通过灰尘、饲料、运输工具、病猪或其他动物进行传播。有很高隔离条件的原代SPF猪场，一般间隔1～2年都可观察到有大肠杆菌致病菌株的感染。一旦某地点被某株菌株污染，可持续存在很长一段时间，与断奶后疾病相关的血清型在大范围邻近区域内差异不大。1994年丹麦发生ED时，它迅速地从一个SPF种猪场通过猪只贸易扩散到37个以上的其他猪场，确定了病株间的关系(Aarestrup et al., 1997; Jorsal et al., 1996)，有22个猪群感染，但没有已知的贸易往来。

3. 发病机制

细菌在小肠的定植：EPEC使用Ⅲ型分泌系统(T3SS)将细菌效应器直接转移到肠上皮细胞。猪EPEC附着于肠黏膜并引起类似的病变(Hélie et al., 1991)。它们通过一种称为"EPEC附着和排出因子"(EAE)或"intimin"的细菌外膜蛋白紧密附着在肠上皮细胞膜上。EAE是EPEC中染色体PAI的产物，由40多个基因组成，编码参与宿主细胞内紧密黏附和信号转导的蛋白质(Dean and Kenny, 2009; Nataro and Kaper, 1998)。

造成PWD和ED的大肠杆菌通过被摄取的方式进入动物体内，在达到一定数量后，就会通过鞭毛黏附素与小肠上皮细胞受体或上皮细胞黏液层结合，以这种方式定植到小肠上。这

图 4-38　给断奶仔猪经口服人工接种大肠杆菌 O139:K12:H1 6 d 后可见细菌呈斑块状黏附于小肠黏膜上皮的微绒毛上(Zimmerman et al., 2019)

些细菌在回肠上快速增长,数量迅速达到 10^9,定植的程度决定了感染能否引发疾病。用 O139 型的 2 株细菌进行人工感染试验,在猪的小肠黏膜上发现了黏附的细菌菌群或细菌层(图 4-38)(Bertschinger and Pohlenz, 1983; Methiyapun et al., 1984; Bertschinger et al., 1990)。EDEC 与 ETEC 相似,都黏附于刷状缘上。并非每头猪都有大肠杆菌的刷状缘受体。Sellwood 等(1975)首次描述了由于缺乏 F4 受体而具有的遗传抗性(详见新生仔猪大肠杆菌性腹泻一节)。F18 菌毛的受体也在一个位点受到控制,并且该受体的出现显著多于缺失的情况(Bertschinger et al., 1993)。在对一瑞士猪占主体的猪群的调查表明,对应激的抵抗力与是否易被 F18 菌毛大肠杆菌黏附有关(Vogeli et al., 1996)。鉴于应激易感的猪只较少,具有 F18 受体猪的数量一定很多。

菌毛受体可能是一种糖基化受体,它可以通过含豆科植物饲料中的植物血凝素加以调节(Kelly et al., 1994)。据推测,在断奶后最初几天,饲料诱导的受体变化可减少 F18 阳性大肠杆菌定植的可能性(Bertschinger et al., 1993)。内源性或口服的蛋白酶可减少 F4 菌毛受体的活性(Mynott et al., 1996)。F4 受体不论是初生猪还是成年猪都能充分表达,而 F18 受体在 20 日龄以下的猪只还未表达完全(Nagy et al., 1992),这就解释了为何有 F18 菌毛的大肠杆菌不引起新生仔猪的疾病。这种不断表达的受体构成了断奶后具有 F4 的大肠杆菌在 F4 和 F18 阳性菌呈地方性流行的猪场中早期出现的基础。Sarmiento 等(1988b)在猪乳中检测到了特异的抗体,并指出:在整个哺乳期只要能吃到乳汁,乳中的抗体就能防止大肠杆菌的定植。其中一种蛋白质是“易位的 intimin 受体”(Tir),它被注射到宿主细胞质中,之后会再次出现在宿主细胞表面,充当细菌的受体(Gyles and Fairbrother, 2010)。

猪肠道中可有多种病毒感染,这可能改变肠道的菌群环境。在断奶后腹泻的仔猪实验性模型中,用轮状病毒和没有 F4ETEC 菌株的复合感染,可引起比两者单独接种更加严重的腹泻(Lecce et al., 1982)。研究人员认为,病毒对上皮的损伤有利于大肠杆菌的定植。被 PRRSV 感染导致免疫系统功能下降,从而造成败血症并导致死亡(Nakamine et al., 1998)。

一些研究人员发现,酸化饲料不能使空肠的 pH 降低。靠近空肠刷状缘的 pH 偏酸且可调节,并且不受食糜 pH 的影响(McEwan et al., 1990)。兽医和农场主多年前已深信,饲料营养在疾病发展中起的作用很大,因此 ED 被命名为“蛋白质中毒”。Smith 和 Halls(1968)给采用不同饲料配方的猪接种一株血清型为 O141:K85ac 的 EDEC 后发现,限饲猪发病少且粪便中的菌含量低,自由采食高纤维低养分饲料的猪也得到了相似的结果。研究人员推论,也许是小肠上皮的生理状态影响了细菌的黏附。后继实验由 Bertic hinger 等(1978)展开,他们以一株血清型 O139:K12 的 EDEC 给猪接种,证实了 Smith 和 Halls(1968)的结果。然而,日粮质量差会引起仔猪发育不良。当用传统日粮替换后,细菌的定植和疾病又开始增多。当用鱼粉添加到较差日粮中时,会消除这种抑制的效果,而添加淀粉或脂肪也可以,这种现象的详细机制还有待阐明。

据报道,断奶猪圈中的温度过低会使断奶后腹泻的情况更加严重(Wathes et al., 1989)。

在实验条件下，ED 不为冷应激所恶化(Kausche et al.，1992)。腹泻的快速发作提示了一种更活跃的分泌机制，这可能是 EPEC 对细胞内介质的信号活性所致(Gyles and Fairbrother，2010)。几乎所有 PWD 致死病例所涉及的大肠杆菌都可生成 LT(Imberechts et al.，1994)。断奶后 12 d，由可生成一种或两种热稳定性肠毒素的 ETEC 定植的猪很少发生腹泻(Sarrazin and Bertschinger，1997)。

肠道毒血症：用纯化的 Stx2e 毒素静脉接种猪可诱发与 ED 类似的疾病(MacLeod and Gyles，1990)。因为 Stx2e 与红细胞具有特殊的亲和力，所以血管受毒素作用时间最长(Boyd et al.，1993)。利用免疫学方法可以在小肠血管内皮细胞及位于绒毛底部肠细胞的微绒毛膜中检测到毒素(Waddell et al.，1996)。

在自然感染病例中，人工接种注射部分经纯化的毒素(Clugston et al.，1974b；Gannon et al.，1989)后可见到的最为一致的损伤是小动脉的退化性血管病。在多种组织的水肿液中都发现其蛋白含量较低，这可能是血管通透性轻微增加的结果。有关 ED 病理生理方面的资料还很少。Clugston 等(1974a)发现人工静脉接种 ED 病原后血压会升高，由于高血压症状的出现晚于水肿，因而它被认为是血管损伤的结果而不是原因，高血压可使已经受损的血管的损伤恶化。神经系统病变的发展可能与因血管受损而造成的缺氧有关(Clugston et al.，1974b)。典型的 ED 后期出现血性下痢及胃贲门部、回肠和大肠出血(图 4-39)(Bertschinger and Pohlenz，1983)。Gannon 等在 1989 年，Macleod and Gyles 在 1990 年都发现，给予猪大剂量的 SLT-Ⅱe 会引起急性出血性胃肠炎。小动脉及内皮细胞的坏死可能是导致肠腔出血的原因。一种独特的 ED 型，其特征是胃、回肠和大肠心脏区的终末血性腹泻和出血性病变(Bertschinger and Pohlenz，1983)。

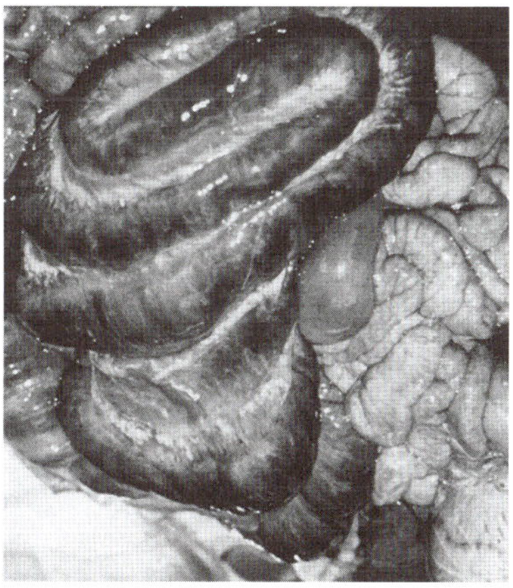

图 4-39 给猪接种大肠杆菌 O139:K12:H1 培养物 5 d 后猪出现血性腹泻，剖检可见结肠系膜广泛出血和轻度水肿(Zimmerman et al.，2019)

4. 临床症状

(1)断奶后大肠杆菌性腹泻 Svendsen 等在 1974 年报道，由大肠杆菌 O149(无 F4)引起的自然暴发的大肠杆菌性 PWD 病例中，首先发现一只或多只仔猪在断奶后 2 d 左右突然死亡，与此同时，被感染的猪群采食量显著下降并出现水样腹泻。发病时一些猪表现特征性的尾部震颤，直肠温度正常。受感染的猪出现脱水和抑郁症状，饮食不规律，即使到发病后期仍表现出极度的饮欲。很多猪的鼻盘、耳和腹部发绀，即使受感染最严重的猪也竭力以蹒跚不协调的步态到处走动。死亡高峰在断奶后 6～10 d，存活猪恢复良好，有些猪甚至完全康复。有 ETEC PWD 的猪的显微病变很少，在回肠绒毛上皮细胞顶端可以观察到细菌层，空肠中比较少(Sarmiento et al.，1988a)。在感染 EPEC 的猪中显微镜观察，EPEC 是由大肠杆菌定植在成熟肠细胞引起，并且伴有肠细胞变性，由轻度到中度不等(Hélie et al.，1991)。用携带毒力因子 F4、LT 及 STb 的菌株去感染仔猪，1～2 d 后出现腹泻，在有些猪群中表现出暴发性和致死性特征，而其他的猪则腹泻 3～4 d 后即可恢复(Sarmiento et al.，1988a)。断奶后 ETEC 菌株产生一个或多个肠毒素 STA、STB、LT 和 EAST-1。STB 在抗原和基因上与 STA 无关，免疫原性差。仔猪一般在接种后头 2 d 体重减轻，而在 5 d 后，其生长曲线与那些有遗传抵抗力的猪大致平行，后者既不感染也不表现任何临床症状。

（2）断奶后大肠杆菌性腹泻与水肿并发性疾病　1968 年，Smith 和 Halls 报道由 O141：K85a，c 菌株人工诱发疾病时，该菌株可生成 Stx2e 和肠毒素。第一个症状是厌食，开始于接种后 3 d，（2～5 d）粪便中的排菌数量超过 10^9 CFU/g 粪便时，大多数猪表现此现象。厌食症状在恢复的猪只中持续几天或一直持续到快要死亡时进行安乐死处理。腹泻出现在接种后 4 d（1～8 d），通常很严重，但持续时间短暂，很少出现死亡。大多数猪只在感染后 6 d（5～13 d）神经症状开始明显时腹泻症状便不再出现。与此同时，出现眼睑水肿、共济失调、常伴有不同程度的痴呆，而且通常是渐进性的，被感染猪不久便不再活动，晚期常见严重的呼吸困难。大多数共济失调猪只在神经症状出现的当天不得不被处死。猪只在感染后 7 d（5～13 d）进入濒死状态，直肠温度一直保持在正常范围内。

（3）水肿病　水肿病比较容易观察到的地方是脑以及邻近结肠淋巴结和结肠中密集的动脉网，这些部位容易受到影响。给猪接种血清型为 O139：K12：H1 的非肠毒素性 ED 菌株后，产生一种与断奶后大肠杆菌性腹泻非常相似的疾病（Bertschinger et al.，1978）。然而不同的是腹泻与细菌定植无关，并且一些病例发生了更严重的水肿。在这些病例中水肿多见于耳、前肢皮下、鼻和唇（图 4-40）。轻度者皮下水肿与搔痒同时存在，恢复后消失。一些有或没有呼吸困难的猪，呼吸时伴有鼾声。

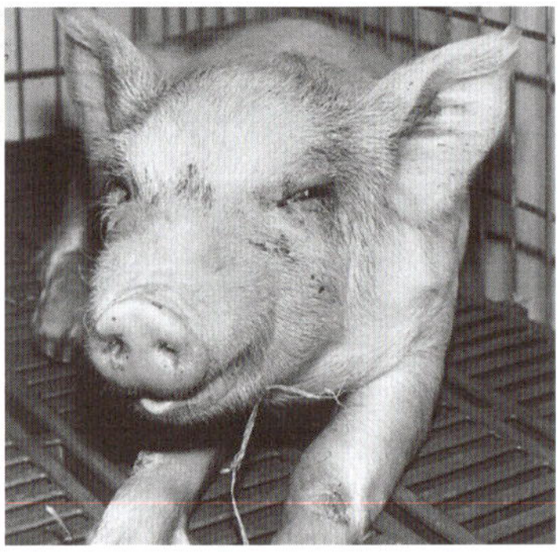

图 4-40　经口给断奶仔猪人工接种大肠杆菌 O139：K12：H1 培养物，4 d 后出现眼睑、前额和唇部肿胀，张口呼吸，不能起立（Zimmerman et al.，2019）

一些猪晚期出现水样腹泻，排泄物中有新鲜的血凝块（Bertschinger and Pohlenz，1983），给予大剂量毒素 Stx2e 的猪还出现出血性大肠炎（Macleod et al.，1991）。慢性 ED 由不同比例（一般很低）的急性大肠杆菌性 PWD 或 ED 恢复的猪只转变而来（Bertschinger and Pohlenz，1974；Nakamura et al.，1982），被称为脑脊髓血管病。在肠道感染后几天到几周内，病猪生长停止、共济失调、头部扭曲或前肢萎缩，但皮下水肿不多见，扑杀感染猪。接种 Stx2e 和 STb 为阳性的大肠杆菌 O139 菌株后 2 周，存活的大多数猪出现亚临床症状。

5. 病理变化

死于大肠杆菌性 PWD 的猪一般大体状况良好，但存在着严重脱水、眼睛下陷和一定程度的发绀；肺脏苍白、干燥；胃里常常充满干燥膨胀的食物，底区胃黏膜可见不同程度的充血；小肠扩张、充血、轻度水肿，内容物呈水样或黏液样并伴有异味，肠系膜高度充血；大肠内容物呈淡绿或淡黄色的黏液样，有时也会呈水样。在急性暴发中死亡的病猪外观消瘦憔悴，尸体散发出浓烈的氨味；胃底区和大肠有形状不规则的溃疡；大肠中也有面积较小的病变，粪便呈黄色糊状。一些学者使用“出血性胃肠炎”或“大肠杆菌性休克”描述这种大肠杆菌性腹泻。其主要的特征是胃底区和小肠的严重充血、小肠或上段大肠内容物有或无血染，粪便带血（Faubert and Drolet，1992）。

显微镜下能发现吸附在回肠及空肠黏膜表面的细菌。细菌多局限于纤毛处，外观呈层片状（Sarmiento et al.，1988a；Casey et al.，1992；Faubert and Drolet，1992；HeeLie，1991），并且黏膜及上皮细胞不完整。在回肠的绒毛状上皮细胞的顶端表面的斑块中可能会观察到细菌层，而在空肠中则观察不到一致的现象(Sarmiento et al.，1988)。根据一些研究人员报道，固有层浅表中性粒细胞数量也会增加。患所谓“出血性胃肠炎”的猪，胃和小肠黏膜的极度充血常与微血管纤维蛋白样血栓相关，严重病例会出现绒毛的坏死并伴有中性粒细胞的显著渗透。在十二指肠和盲肠中，大肠杆菌的定植最为强烈，有时在肠细胞内的细胞质空泡中可以观察到细菌，并且被细菌定植的肠细胞会发生肿胀和脱落，导致小肠轻度至中度绒毛萎缩。

死于 ED 的猪大多营养状况良好，皮肤略显苍白，尸体外观新鲜，水肿的部位不定，有些猪并无水肿症状。多数病猪可能会出现皮下水肿，最常见于眼睑和面部。当出现水肿时，胃黏膜下层的水肿最具有特征性，且常位于近贲门的区域(图 4-41)，厚度可达到 2 cm 甚至更厚。水肿液一般为浆液性，有时眼底会存在凝胶样水肿，甚至在黏膜附近有血染。如果水肿严重，病变可延伸到基底部的黏膜下层。食管贲门部的炎性水肿是由急性溃疡引起，不要与 ED 引起的水肿相混淆。

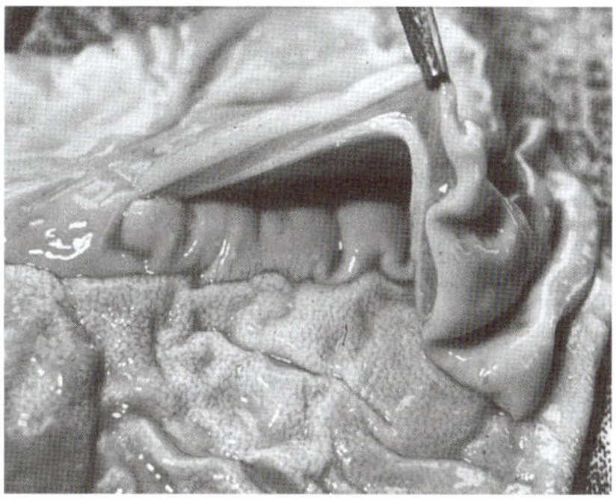

图 4-41　一大肠杆菌 O139:K12:H1 感染的田间病例，胃贲门区域黏膜水肿，胃壁切面上可见黏膜下有胶冻样物(Zimmerman et al.，2019)

结肠系膜通常水肿，变化从正常到轻度肿胀和充血不等，有时可以观察到小肠肠系膜和胆囊的水肿。心周、胸膜和腹腔有时含有白色的纤维素丝和浆液。一般胃内充满干燥、新鲜的食物，而小肠相对空虚，结肠内容物数量减少。一些人认为这是胃排空延迟的表现，因为一些病猪在死亡前有一段厌食期。而且相关实验显示，患 ED 的猪在死前 48 h 内摄食很少，尸检时胃部充盈(Smith and Halls，1968)，一些被 ED 感染的猪同时伴有便秘的症状。肺脏表现不同程度的水肿，次级小叶有特征性的、斑块状的充血。在一些病例中，这是唯一可以观察到的病变，有些也能见到喉部水肿的病例。心内膜和心外膜附近可能出现瘀血点，此病变不要与桑葚心相混淆。

一些自发或人工诱发 ED 的病猪可能会出现一种与大肠杆菌性 PWD 完全不同的出血性胃肠炎。除显著水肿外，胃的贲门区、小肠下段及大肠上段黏膜出现广泛的出血。一些猪死前出现水样腹泻，排泄物中混有血凝块(Bertschinger and Pohlenz，1983)。一些病例还会出现内皮细胞肿胀、空泡变性和增生、微血栓形成、内皮下纤维变性和血管周水肿(Methiyapun et al.，1984)，这与人出血性结肠炎惊人的相似。如果致病性大肠杆菌也能产生肠毒素，还会加重断奶后腹泻的症状，但水肿的症状较轻或没有。通过显微镜能观察到，在 ED 的早期，细菌黏附于空肠远端和回肠黏膜(Bertschinger and Pohlenz，1983)。在 ED 的早期病程中，黏附的细菌呈层片状出现在整个小肠段中(Bertschinger and Pohlenz，1983；Methiyapun et al.，1984；Berts chinger et al.，1990)，与 PWD 相比，ED 病例在濒死时细菌的定植现象常常消失(Smith and Halls，1968)。最重要的病变是小动脉和毛细血管的退行性血管病(Clugston et al.，1974b；Kausche et al.，1992)。血栓形成通常不是自然 ED 的特征。病变可能发生在多种组织和器官，最常受感染的部位是靠近结肠淋巴结的结肠系膜内稠密的小动脉网。ED 的标志性微观病变：变性血管病，能够影响小动脉的功能并伴有周围组织水肿(Clugston et al.，1974)，与结肠淋巴结相邻的结肠中的密集动脉网络也经常会受到影响。早期急性病变是被膜中部平滑肌细胞的坏死，主要特征是细胞核固缩、破裂和细胞质的透明质酸变性。在一些受影响的血管壁中，会沉积纤维蛋白样物质，也可见内皮细胞肿胀（图4-42）。人工感染的急性病例会出现脑膜和血管周围的水肿。旧的病灶伴有外膜细胞的增生（图4-43）。血管病变可能很细微，仅影响小动脉的某些部分，在急性病例中难以发现，但在存活的猪或亚临床感染的猪中更容易发现（Kausche et al.，1992）。显微病变特征是被感染的血管周围出现PAS阳性的滴状物，这种血管病被认为可能是水肿病的表现（Bertschinger and Pohlenz，1974）。

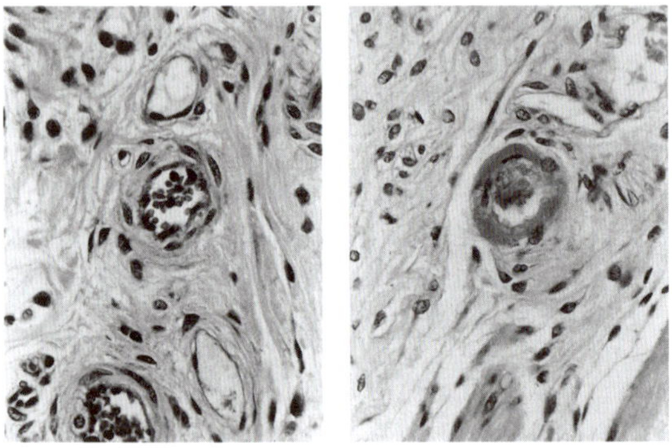

A. 正常

B. 纤维或透明变性，人工感染急性ED病例

图4-42 膀胱黏膜下小动脉（Clugston et al.，1974）

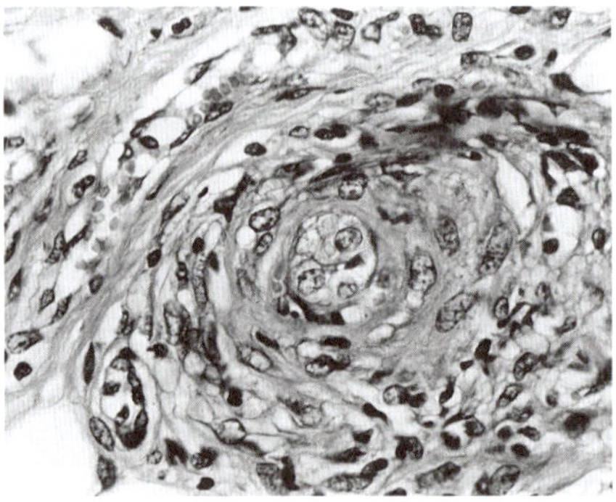

图4-43 人工接种EDP（Clugston et al.，1974）

含SLT-Ⅱe的水肿病因子，17 d后胃贲门区域黏膜下层；呈现增生性血管病的小动脉。

6. 诊断

对ETEC或EPEC PWD和ED的明确诊断主要根据典型病变的观察、致病性大肠杆菌的分离培养和致病因子的检测。如今，一些实验室仍在使用血清分型法，但应进行病菌分型（确定致病因子）以确认感染情况。可以通过常规组织病理学手段进行诊断：首先将组织在福尔马林中固定，并进行石蜡包埋后可以观察到细菌的定植；或者可以使用免疫组织化学鉴定并观察到大肠杆菌；也可以使用间接免疫荧光在冷冻切片中观察到大肠杆菌。但是，没有观察到大肠杆菌的定植并不能排除ETEC或EDEC。

断奶后腹泻是一种非常复杂的疾病。在断奶后肠内大肠杆菌感染，可以根据断奶后的早期症状，比如明显脱水和低至中等死亡率的腹泻等临床表现做出诊断。在不太严重的情况下，轻度腹泻可能是唯一的临床表现。另外，包括特征性气味在内的严重病变也对诊断有帮助。鉴别诊断应包括其他造成断奶猪腹泻的常见病原，包括轮状病毒、沙门氏菌、TGEV、PEDV以及断奶仔猪的增生性肠道疾病。但最终的确诊需检测ETEC（见新生猪大肠杆菌性腹泻），但溶血不是确定ETEC的有效的原则。不具备鉴定毒性因子条件的实验室至少应有抗该区域常见血清型大肠杆菌的血清，用于对培养物进行血清分型。

诊断急性ED可以根据断奶后1～2周生长旺盛的仔猪是否突然出现神经症状。活猪最重要的诊断性症状是轻度共济失调或步态蹒跚，眼睑和前肢皮下的水肿也是一个主要的症状，例如剖检时出现的特征性水肿非常有利于确诊。对ED是否感染成年猪的诊断需做额外的工作，例如，对1头以上的猪进行死后剖检和组织学检查；对小肠和结肠的细菌学检查应得到纯的或近乎纯的溶血性大肠杆菌培养物。然而，在一些病例中，细菌的数量可能下降（Bertschingerand Pohlenz，1983），因为在病猪死后，某些微生物的生长不如其他肠道细菌旺盛。与ETEC感染相比，出现阴性的细菌学结果并不能排除ED的可能性，此时可通过血清学方法来鉴定与ED相关的常见血清型。血清分型很重要，因为和其他毒性因子无关的溶血性大肠杆菌在小肠菌群中经常能够见到，并且数量可能很多。Stx2e 和 F18 菌毛基因的 PCR 扩增可被用来进行快速的 EDEC 鉴定。亚急性 ED 和慢性 ED 可通过小动脉病变和局灶性脑软化进行确诊。当猪表现神经症状时，应同时考虑病毒性脑炎（肠病毒性脑脊髓灰质炎、伪狂犬病）和细菌性脑膜脑炎（猪链球菌病、副猪嗜血杆菌病）以及缺水等多种情况。

7. 治疗

与新生仔猪大肠杆菌病的发病机制及治疗措施相比，对该病的治疗方法了解得还很少。用化学药物的方法控制细菌的繁殖，在大肠杆菌性 PWD 中比在 ED 中有效，所以对于大肠杆菌性 PWD，应给予抗菌药物和电解质治疗，生病的猪必须在肠外治疗，因为此时病猪很少吃喝；而对后者而言，当临床症状明显时，肠道中的毒素已经被吸收且与受体结合，细菌对广谱抗生素抗性增强，使得抗生素失效。因为不同猪群情况存在多样性，所以很难提供有关抗药性的通用数据。仔猪饮食很少，可以通过给母猪用药对患病仔猪进行治疗。如果是群体问题，抗菌药物敏感性测试对于选择有效的药物必不可少。必须选择能到达肠腔并可以在肠腔中达到治疗浓度的抗微生物药剂，例如阿莫西林/克拉维酸、氟喹诺酮类、头孢菌素、氨曲霉素、头孢噻呋、新霉素或甲氧苄啶。但是，第三代和第四代的氟喹诺酮类和头孢菌素类抗菌剂应作为最后的手段使用。支持疗法包括抵抗脱水和抗酸中毒。补液可通过饮用或腹腔内注射（如果仔猪没有饮欲）。所补充的液体应含有葡萄糖、枸橼酸和磷酸二氢钾等等渗溶液（Bywater and Woode，1980），补液的量应和损失的量相等（即≤25%体重）。对于 ED 暴发期间的猪群而言，不喂食被认为会抑制细菌的定植，这是被建议采取的有效措施。但大多病猪出现严重皮下水肿、呼吸困难或不能站立等症状时，猪存活的概率很小。评价疗效很困难，因为疾病的严重程度不能定量。过去采用过的很多种药物，都因疗效不佳而废弃不用。目前多采用的方法为：在发现第一个病例后，立即对同窝仔猪进行预防性治疗。对病猪以 0.25 mL/kg 体重进行0.5%恩诺沙星注射液注射，0.2～0.3 mL/kg 体重炎痛宁注射液注射，肌肉注射地塞米松磷酸钠 2～10 mg，每天 2 次；卡那霉素（25 mg/mL）2 mL、5%碳酸氢钠 30 mL、25%葡萄糖液 40 mL，混合后 1 次静脉注射，每日 2 次；同时肌肉注射维生素 C 2 mL，每日 2 次；也可试用乙基环丙沙星治疗。

8. 预防

通过繁殖，增加猪群中的 F18 和 F4 抗性基因是预防 PWD 和 ED 最有前景的方法。从长远来看，这种预防方法最有效，这方面工作也正在进行。但重要的是避免对与 F18 和 F4 受体基因编码紧密相关的有害性状的共选，目前无法预测是否会出现其他类型的黏附性菌毛或已知类型的突变体。大规模选择抗性动物的技术仍然是一个重要的挑战，一些遗传和育种公司使用一些遗传标记来增加对 F4 和 F18 抗性猪的比例。PCR-RFLP 检测 FUT1 M307 多态性与控制大肠杆菌 F18 受体表达的基因有关，可能是一种简单且廉价的大规模选择动物的方法（Frydendahl et al.，2003）。另一方面，因为抗性母猪（F4 受体阴性母猪）不会在初乳中发育和转移 F4 特异性抗体，预防措施则应多考虑免疫方面。PWD 和 ED 的可传播性是很明显的。最近在丹麦，大部分 ED 的扩散是通过猪贸易途径（Jorsal et al.，1996）。大肠杆菌在环境中生命力很强，所以应采取一些在猪场中根除该病的措施，包括受感染猪场的扑杀和猪舍的消毒（Johansen et al.，1996b）；猪场的设施在使用前应彻底清洁并消毒；水管线和供水系统同样应使用化学方法消毒；减少不必要的运输；断奶仔猪应在 29.5 ℃（85 °F）的恒温环境下自由采食。

免疫防护：具有保护性的获得性免疫是基于断奶仔猪对黏附素特别是 F4 和 F18 的黏膜分泌抗体产生的。在 F4 和 F18-ETEC 感染的断奶猪中，感染动力学和免疫力存在差异（Verdonck et al.，2002）。与 F18-ETEC 相比，感染 F4-ETEC 可导致细菌更快地于肠道中定植、抗纤维抗体的诱导以及从 IgM 转换为 IgA 和 IgG。关于具有纤维变异体 F18ab 和 F18ac 的菌株之间的交叉保护存在着矛盾的结果，第一个研究表明 F18ab 和 F18ac 大肠杆菌之间具有交叉抗定植免疫力（Sarrazin and Bertschinger，1997），另外一项结论可能说明异源保护效果不是很好（Bertschinger et al.，2000）。但是，最近在欧洲口服商业活疫苗已经证明了有效的交叉保护，这种包含活的非致病性 F18ac 大肠杆菌的疫苗显示出针对 F18ab-ETEC 的保护作用。在 ED 中存活的猪中产生了针对 Stx2e 的获得性抗体。Weiler 等（1995）表明，在 ED 暴发中幸存下来的猪的抗体在 ELISA 试验中与 Stx2e 的 B 亚基反应，关于各种形式的 Stx2e 类毒素疫苗的研究已证明在 ED 模型中具有保护作用。

被动免疫：用妊娠晚期母猪乳饲喂断奶仔猪，每日 525 mL，可以完全防止细菌的定植，而喂等量牛奶的仔猪仍可排出大量的 ETEC 细菌（Deprez et al.，1986）。给仔猪每日饲喂 90 g 喷雾干燥猪血浆（Spray-drid）时，可观察到体重增加和腹泻频率较低（Deprez et al.，1996），如果对提供血浆的猪进行免疫，效果将更好，部分原因是血浆中存在特异性抗 ETEC 抗体（OwusuAsiedu et al.，2002），以上结果说明干燥的猪血浆喷雾对大肠杆菌的肠毒素血症具有抑制作用（Deprez et al.，1990）。但是在北美，喷雾干燥的猪血浆产品与 PEDV 传播之间的潜在联系导致在北美和欧洲的多个地区禁止这些产品（Opreissnig et al.，2014）。

主动免疫：商业疫苗很少能阻止 PWD 和 ED 的发生。可能因为注射性疫苗不引起黏膜免疫，不能以足够高的浓度水平到达肠道从而有效抑制其中的细菌（Van den Broeck et al.，1999）。在继发的经口感染的致病型大肠杆菌病程中，这类疫苗甚至可能会抑制黏膜免疫反应（Bianchi et al.，1996）。目前，几种控制断奶仔猪大肠杆菌性腹泻的方法正在研究，大多数控制策略都是特异性针对 adhesin 或 O 血清型大肠杆菌。因此，对 adhesin 型进行正确的诊断和鉴别是确保有效控制腹泻的关键。新的接种疫苗策略包括给小猪经口免疫携带有菌毛的致弱型大肠杆菌，这种疫苗可以通过饮水的方式给予断奶仔猪或通过经口定量给料的方式给予未断奶仔猪，通过这些细菌在肠道定植并诱导局部肠道抗体来阻断致病型大肠杆菌的黏附，从而阻止腹泻的发展。考虑到菌毛变异株 F18ab 和 F18ac 之间的交叉保护作用可能不是太强（Bertschinger et al.，2000），目前研究的目标是用可口服的纯化 F4 菌毛替代全菌作为疫苗来控制断奶仔猪大肠杆菌性腹泻的暴发（van den Broeck et al.，1999）。这种疫苗的使用能导致肠道中特异性的黏膜免疫反应并显著减少排泄物中致病性大肠杆菌。

对于猪而言，小肠是 IgA 和 IgM 产生的主要场所。IgM 在黏膜免疫中具有重要的作用（Bianchi et al.，1999）。在猪 4 周龄时，IgM 分泌细胞的出现频率与 IgA 分泌细胞的出现频率相似，在 12 周龄左右则会发生从 IgM 到 IgA 的转变。为了诱导保护性黏膜免疫，预防 PWD 的疫苗应该能激活黏膜免疫系统，激发抗原特异性的 IgA 或 IgM 反应（van den Broeck et al.，1999）。

减毒和野生型无毒大肠杆菌活疫苗是预防和控制 F4 和 F18 致病性大肠杆菌的有效方法。在 17～18 日龄的仔猪断奶后立即口服活的非致病性 F4 大肠杆菌疫苗，第 7 天和第 21 天给予 F4-ETEC 菌株攻击，结果显示，活的非致病性 F4 大肠杆菌疫苗可产生显著的保护作用，并减少 PWD 的症状（Fairbrother et al.，2017）。也可用经戊二醛灭活处理的 Stx2e 类毒素疫苗,并且用戊二醛处理的 Stx2e 未完全失去毒力,因此应用位点突变的方法进行修饰。经证明,这种经遗传修饰的毒素对猪的生长没有阻碍作用(Bosworth et al., 1996)。Macleod 和 Gyles(1991)采用了另外一种不同的途径,他们用戊二醛将经纯化的 Stx2e 除去毒力,免疫后用大肠杆菌 O139:F18 对两个猪群进行感染。实验结果显示,由 ED 所造成的死亡率大大减少,并且还显著提高了哺乳仔猪的日增重,未免疫的另一猪群未能防止由 ETEC 引起的死亡(Johansen et al., 1996),但目前这些类毒素疫苗还没有市售。

化学预防:目前,在饲料中加入药物的预防方法被很多国家采用,尽管该方法有缺陷,如消费者不接受、损害免疫系统的建立、容易产生耐药性。从 PWD 大肠杆菌和 ED 中分离细菌试验表明,猪大肠杆菌产生耐药性的概率最高。除了以上提到的用于母源性治疗的几类抗生素外,氨基糖苷类和多粘菌素也被广泛地应用。后者具有稳定、低毒、不易产生耐药性等优点。对于多粘菌素,用琼脂糖扩散技术检查细菌抗药性的方法不可靠(Bertschinger et al., 1996)。然而,最近几年全球范围内关于猪的粘菌素抗性的报道越来越多(Rhouma et al., 2016)。此外,自 2015 年 11 月首次介绍了质粒介导的大肠菌素抗性 mcr-1 基因后(Liu et al., 2016),动物来源的相关报告数量迅速增加。研究人员报道说,氧四环素的浓度在低于最小抑菌浓度的条件下即可减少大肠杆菌的黏附。Sarmiento 和 Moon(1988)报道,氧化锌可以替代抗生素使用,饲料中添加锌可降低腹泻和死亡并促进仔猪生长,这种活性可解释为一种抗菌效应(Holm and Poulsen, 1996)。但目前还需要进一步的研究来确认锌的使用与抗生素耐药性之间的联系(Vahjen et al., 2015)。在不饲喂抗微生物药剂的情况下,许多营养策略有望成为维持断奶仔猪性能和控制 PWD 发生的替代手段,并且目前已有相关的综述(Heo et al., 2013; Kil and Stein., 2010; Thacker et al., 2013)。据报道,限制饲料摄入量、高纤维日粮或自由采食粗纤维可减少 ED 和断奶后腹泻的发生(Smith and Halls, 1968; Bertsc hinger et al., 1978; Rantzer et al., 1996)。增加饲料中的粗纤维含量到 15%~20%,将粗蛋白和可消化能量降低到正常含量的一半,可降低饲料的营养价值(Bertschinger et al., 1978),因此,向正常日粮中添加额外的纤维的方法也许有好处。Dunne(1975)提倡饲喂优质三叶草并限制饲料的日摄入量。在断奶后 2 周内,必须保证营养物质的摄入量足够低,以维持日增重不超过体重的 1%,这样虽然可防止细菌的定植,但也会损害免疫力的建立。给早期断奶仔猪(10 日龄)饲喂含猪血浆干粉(SDPP)的日粮,可见体重增加,腹泻频率降低(Owusu-Asiedu et al., 2002),其原因是 SDPP 中含有特异性的抗 ETEC 抗体。外源和内源性蛋白酶可降低小肠 F4 受体的活性。给猪经口服一种从菠萝树干提取的蛋白酶——菠萝蛋白酶,可抑制 F4 阳性 ETEC 结合于刷状缘,并且具有剂量依赖性(Mynott et al., 1996),它的临床效果有待进一步证明。除此之外,已经鉴定出广泛的抗菌肽,它们是宿主防御系统的组成部分,有可能取代抗生素(Thacker et al., 2013)。其他替代品包括黏土矿物、精油和重组酶,尽管大多数这些化合物具有不一致的效果,而且很少像抗生素一样有效。

此外,研究人员将粪肠球菌、无乳链球菌和蜡样芽孢杆菌给人工感染猪(de Cupere et al., 1992)或自然感染猪(Johansen et al., 1996b)进行饲喂,但没有得到防护性效果。管理断奶仔猪应做到尽量减少环境或其他形式的应激,如不必要的仔猪混群、寒冷、运输、转群入新的圈舍等。Wathes 等(1989)观察到,与饲养在较高温度的对照组相比,人工感染并饲养在 15 ℃的仔猪,由 PWD 大肠杆菌引起的腹泻和死亡明显增加。但因为忽略了遗传抗性,使这个实验的结论并不完美。

4.8 猪痢疾

猪痢疾(swine dysentery,SD)是一种主要感染生长育成期猪(Kulathunga et al., 2017),以黏液性出血性结肠炎为主要特征的传染病(David et al., 2018),又叫血痢、黑痢或黏液出血性下痢(Burrough, 2017)。早在19世纪70年代就证实,引起SD发生的病原为螺旋体(Taylor and Alexander, 1971),该病原是一种可引起强β-溶血的厌氧螺旋体,被命名为痢疾密螺旋体(Harris et al., 1972)。此后,该螺旋体被归入一个新属——小蛇螺旋体属,而现将猪痢疾短螺旋体(*Brachyspira hyodysenteriae*)归入短螺旋体属(*Brachyspira*)(Mirajkar et al., 2015)。该病病原——猪痢疾短螺旋体对外界环境有较强的抵抗力,在25 ℃粪内能存活7 d,在4 ℃土壤中能存活18 d。对消毒药的抵抗力不强,一般的消毒药能迅速将其杀死。该病较为严重,猪只发病时以消瘦、腹泻、黏液性或黏液出血性下痢为其临床特征,目前呈现全世界分布,对养猪业造成巨大经济损失(Costa et al., 2014)。

4.8.1 病原学

1. 形态与染色

猪痢疾短螺旋体是一种革兰氏阴性、厌氧螺旋体,长6~8.5 μm,直径320~380 nm,多为2~4个疏松螺旋,两端尖锐,呈舒展的螺旋状(图4-44),具有运动性,在血液琼脂上呈强β-溶血(Hampson, Wang et al., 2017)。结晶紫或石炭酸复红可着染,但常用镀银法。电子显微镜观察可见其结构是由原生质柱和被膜构成,它有7~14根周质鞭毛,在原生质柱中间重叠,插在细胞两端。包括周质鞭毛在内的整个细胞,被一层疏松的外膜所包裹(Nakamura Shuichi et al., 2020)。

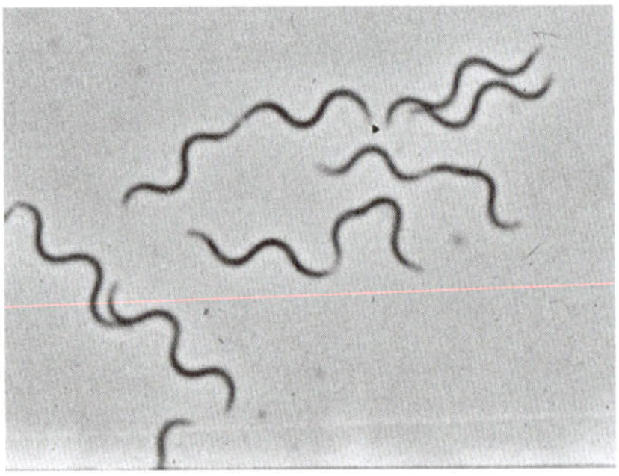

图4-44 *Brachyspira hyodysenteriae* 细胞的相差显微镜观察图像

2. 培养特性

此螺旋体培养时对厌氧的环境要求十分严格。培养基中需添加胎牛血清或兔血清。用胰酶大豆琼脂或含5%~10%脱纤牛血的胰酶大豆琼脂平板,在37~42 ℃的厌氧环境下培养,猪痢疾短螺旋体可缓慢生长。培养3~5 d,可见螺旋体呈扁平薄雾状生长,周围形成强β-溶血区。在接种时将琼脂切割成几个小的部分,可增强溶血现象的出现。琼脂中加入不同抗生素组合制成选择性培养基,可用于从粪便中分离螺旋体。猪痢疾短螺旋体可在不同的厌氧肉汤培养基中繁殖。培养物在37~42 ℃培养,且通常放在往复式振荡器上进行缓慢的搅拌。有学者证明,在厌氧培养气体中添加1%的O_2能促进螺旋体的生长,在如尼克酰胺腺嘌呤二核苷酶、还原的NADH氧化酶等酶的帮助下,猪痢疾短螺旋体可以利用氧气促进其生长(Stanton et al., 1997)。

3. 血清型

猪痢疾短螺旋体的外膜含有脂寡糖LOS,LOS具有一些与其他革兰氏阴性菌的LPS相同的生物学特性。Halter和Joens于1988年用热苯酚/水从猪痢疾短螺旋体中提取LOS,并与兔猪痢疾短螺旋体超免血清进行琼脂凝胶扩散试验,将13个分离株分为4个LOS血清型。

其后的研究揭示，从其他分离株提取的 LOS 存在相当多的抗原性，因而增加了新的血清型。目前，共鉴定出 11 个血清群（Hampson et al.，1997）。尽管 LOS 在刺激产生保护性免疫力方面很重要，但仍无证据可以表明分离株的毒力与其血清型有关。

4.8.2 流行病学

不同年龄、品种的猪均有易感性，最常发生于 1.5～4 月龄的育成猪，该病也可见于断奶猪、成年猪尤其是室外饲养的母猪，偶见于哺乳仔猪。病猪、临床康复猪和无症状的带菌猪是该病的主要传染源，病原可随粪便大量排出后污染饲料、饮水、用具、猪舍，经消化道传染给健康猪。在呈地方性流行的猪场，SD 病主要是通过易感猪摄入临床感染猪或临床正常的带菌猪的粪便而传播的，临床症状常表现周期性，循环复发，猪只生存环境、猪场生物安全等因素均能影响该病的发生，当饲养员不更换衣服来往于病猪与健康猪舍之间也会间接传播该病原。潮湿环境下粪便中的猪痢疾短螺旋体仍能存活数天，最新的研究发现，猪痢疾短螺旋体在土壤中可于 10 ℃存活 10 d，但当土壤中添加 10%猪粪便时可存活 78 d，在纯粪便中可达 112 d（Boye et al.，2001）。在实验室条件下，猪痢疾短螺旋体在 −80 ℃可存活 10 年以上。在猪场，发生感染的其他潜在宿主包括野生动物及其他动物。有研究人员从感染 SD 猪场的狗粪便和野生鼠盲肠中分离到猪痢疾短螺旋体（Songer et al.，1978）。但未见有关于猪痢疾短螺旋体感染人的报道。本病的发生无季节性，但在 4—5 月份、9—10 月份多见，传播缓慢，流行期长，可长期危害猪群。猪舍积粪多且处理不当、运输应激、气候多变等不良因素均可促进本病发生和流行。因此，本病一旦传入猪群，很难彻底清除。断乳猪的发病率可高达 90%，经过合理治疗，病死率较低，一般为 5%～25%（Jacobson et al.，2004）。

4.8.3 致病机制

SD 的致病机理复杂，尚不完全清楚（Burrough，2017）。个体动物对 SD 的敏感性各不相同，主要原因是结肠微生物菌群的差异。各种厌氧菌（通常属于猪结肠和盲肠微生物的一部分）和猪痢疾短螺旋体协同感染会促进螺旋体的定植，加重炎症反应和病变的产生（Whipp et al.，1979；Joens et al.，1985）。猪摄入的饲料对结肠微生物菌群的密度和组成都有很大的影响（Leser et al.，2000）。有报道给猪饲喂极易消化的饲料，能降低大肠的发酵活性，从而抑制猪痢疾短螺旋体的定植（Pluske et al.，1996，1998；Siba et al.，1996）。

猪在摄入含有猪痢疾短螺旋体的粪便后，可发生 SD。在实验条件下，通常接种 10^5 个菌就会发生 SD（Kinyon et al.，1977）。每天用处于对数中期运动性强的细菌细胞重复进行口服接种，连续 2～3 d 及以上，可获得最佳的定植效果。推测可能是，细菌在粪渣保护下能在胃酸环境中正常存活，并最终达到大肠。螺旋体在大肠黏膜的定植和增殖需要许多特定的细菌特性，猪痢疾短螺旋体在大肠厌氧环境中，利用有效底物，沿着化学趋向梯度穿透黏膜并移动到隐窝，逃避结肠黏膜表面潜在氧毒性，从而促进增殖和结肠黏膜定植。在感染猪，可见螺旋体与盲肠和结肠的内腔和隐窝的上皮细胞紧密相连（Wilcock et al.，1979），它们在这些部位刺激产生黏液并向内腔渗漏。当黏膜的螺旋体数量达到 10^6 个/cm^2 时，猪开始出现 SD 临床症状和病变（Hughes et al.，1977）。粪便中首次出现螺旋体后 1～4 d，猪发生腹泻。此时，其他的结肠微生物菌群的组成也会发生改变，即在健康猪体内革兰氏阳性菌占支配地位，而在发生痢疾的猪体内以革兰氏阴性菌为主。目前，尚不清楚螺旋体黏附于上皮细胞是否为本病的一个重要特征。在体外猪痢疾短螺旋体可黏附于动物的培养细胞上，但未出现细胞损伤和螺旋体侵入培养细胞。尽管上皮细胞(特别是杯状细胞)和典型病变组织的固有层都可见到螺旋体，但螺旋体侵入细胞似乎并非是产生病变所必需的(Glock et al.，1974)。

SD组织破坏的机制尚不完全清楚。与对照组相比，急性SD猪结肠黏膜中硫酸化黏蛋白缺失，黏液层变得紊乱，缺乏与年龄匹配的对照组猪明显的条痕。此外，SD猪黏液素的产生显著增加，这是由于黏液素5AC的重新产生和黏液素2的增加。黏液增多可增加螺旋体的结合位点，而屏障结构的改变可改善与底层上皮的接触。溶血素和LOS可能引起局部损伤，导致上皮脱落。

4.8.4 免疫机制

针对猪痢疾短螺旋体的免疫具有很强的血清型特异性，不仅针对细胞膜上LOS抗原(Joens et al.，1983)，还产生针对不同血清型分离株共有的螺旋体成分的保护性免疫应答。感染SD后的康复猪对猪痢疾短螺旋体有长达17周的免疫保护(Joens et al.，1979)，然而，部分康复猪(7%～43%)仍对SD易感(Jenkins，1978)，仅在耐过2次发病后才大约有10%得到完全保护(Rees et al.，1989a)。

SD猪的抗体滴度和细胞免疫都会发生变化，但其重要性尚不清楚。血清抗猪痢疾短螺旋体IgG的滴度与临床症状的持续时间相关，而结肠中IgA的滴度则反映了最近接触过该病原(Rees et al.，1989b)。这两种抗体滴度与保护猪免受SD之间都没有很强的相关性。另一些研究证实，补体可能与免疫血清共同参与结肠内猪痢疾短螺旋体的清除(Joens et al.，1985)。有证据表明，SD康复期的猪出现抑制针对猪痢疾短螺旋体抗原的外周血白细胞迁移、延迟超敏反应和对猪痢疾短螺旋体抗原的T细胞增殖反应，因而细胞免疫也可能具有保护作用。最近的研究发现了猪痢疾短螺旋体在SD康复猪体内有$CD8^{+}\alpha$细胞的增殖(Waters et al.，2000)。最近，Jonasson等调查了试验性诱发SD前后，猪体内循环白细胞和淋巴细胞亚群的水平，通过对发病猪和未发病猪的实验结果进行比较，研究者们推断γ、δT细胞和$CD8^{+}$细胞可能与感染的易感性有关，单核细胞和$CD4^{+}$、$CD8^{+}$ T细胞可能是主要的免疫应答细胞(Jonasson et al，2004)。但介导抗猪痢疾短螺旋体的宿主免疫的机理尚不明确，仍需做进一步的研究。

4.8.5 病理变化

1.眼观病变

死于SD的猪通常消瘦，被毛粗乱并粘有粪便，有明显的脱水。本病的一致性特征是病变在大肠而非小肠，回盲结合处有一条明显的分界线。

SD急性期的典型变化是大肠的肠壁和肠系膜发生充血和水肿(Wilberts et al.，2014)。病猪肠系膜淋巴结可能肿大且腹腔出现少量清凉的积液。浆膜表面出现白色、稍突起的病灶，亚急性和慢性感染时尤为明显。这主要是由单核细胞(主要是淋巴细胞)在黏膜下层聚集，介导炎症反应造成的。黏膜呈明显肿胀，典型的皱褶消失。黏膜常覆有黏液和带血斑的纤维蛋白，结肠内容物质软或呈水样且含有渗出物。

大肠肠壁水肿程度可能随着病程发展而减轻。随着纤维素性渗出物的增加，黏膜病变更加严重，可形成由纤维蛋白、黏液和血液组成的厚厚的假膜。更缓慢的病变常在黏膜表面覆盖一层薄的、致密的纤维素性渗出物，类似于肠道沙门氏菌的病变，外观常呈明显的浅表性糜烂。临床健康的感染猪也出现病变，黏膜出现不连续的变红区域常覆盖有一些黏液，但含量正常，且肠内容物正常。病变在大肠的分布不同，有些情况下，整段大肠出现病变。而另一些时候，仅感染某些特定的肠段。在病程的后期，病变则变得更加弥散。其他病变可能还包括肝脏充血和胃基底部充血或出血。然而，这些病变也和其他疾病有关，并非是 SD 特异的。胃也可能表现充盈。

2. 显微病变

仅在盲肠、结肠和直肠可见到明显的显微病变。典型的急性病变包括因血管充血和体液及白细胞的外渗造成的黏膜及黏膜下层明显增厚，杯状细胞增生（Bailey et al.，2014），腺窝底部的上皮细胞可能被拉长且呈浓染，螺旋体可能进入结肠腺窝的杯状细胞内，并且可穿过上皮细胞的细胞间隙（Sueyoshi et al.，1990）。结肠细胞间缺乏结合力与随后上皮细胞的坏死和脱落有关。微生物吸附到内腔表面，然后进入这些已遭破坏的上皮细胞。固有层中各型白细胞数增多，并伴随中性粒细胞在接近肠腔的毛细管内及周围过度聚集。固有层也可能发现一些螺旋体，血管周围固有层尤为明显。螺旋体及其他结肠微生物成员侵袭上皮细胞，从而导致受损伤上皮细胞区域下的小血管出血。黏膜表面覆有混有血液的黏液，从而在本病的急性阶段，结肠内容物产生典型的血斑外观。

晚期变化包括黏膜隐窝和大肠肠腔表面聚积大量的纤维蛋白、黏液和细胞碎片；黏膜表面有广泛的浅表性坏死，但深层溃疡不典型；整个固有层可见到中性粒细胞增多；在整个发病期，肠腔和腺窝都可见到猪痢疾短螺旋体形态的大螺旋体，以急性期的数量为最多。

慢性变化不是十分的特异，充血和水肿不明显。黏膜常有更明显的浅表性坏死，上面常覆有一层厚的纤维性蛋白假膜。

SD 早期的超微结构变化特征已有描述。肠腔表面和腺窝内可见大量具有猪痢疾短螺旋体特征的螺旋体。相邻上皮细胞的病变包括微绒毛结构的破坏、线粒体和内质网肿胀、其他细胞器损失和密度下降。当损伤变得更加明显时，上皮细胞常常收缩、变暗。猪痢疾短螺旋体侵入上皮细胞，通常在血管周围的数量更多，在上皮细胞内可发现大簇的螺旋体，表明它们可在上皮细胞内增殖（Taylor et al.，1971；Glock et al.，1974）。

3. 血液学变化

SD 的血液学变化包括许多可测定的因子的明显改变。白细胞总数可能增加，但不恒定。血循环中出现大量未成熟的中性粒细胞，发生明显的核左移。急性期蛋白可能增加（Jonasson et al.，2006）。红细胞沉降率和纤维蛋白原水平可能出现早期短暂性升高，血浆总蛋白可能随着某些氨基酸血浓度的改变而升高，但不是葡萄糖或乳酸（Jonasson et al.，2007）。

血液中钠、氯化物和碳酸氢盐的含量降低。可能发生明显的代谢性酸中毒和晚期高钾血症。最明显的变化表现在血液电解质。血清钠、氯和重碳酸盐水平下降且出现明显的代谢性酸中毒，这些对猪都可能是致死的。末期的高钾血症明显，其可能是酸血症成为致死的重要原因。

4.8.6 诊断技术与鉴别诊断

1. 诊断

（1）临床特征　SD 的诊断主要是依赖于本病与腹泻的其他潜在病因的鉴别。应考虑的因素包括病史、临床症状、眼观病变、显微病变以及猪痢疾短螺旋体的分离和检测。

SD可能是猪群持续存在的问题，病情时轻时重。从未诊断出SD的猪群，最易在诊断上出现问题。发病史有助于诊断，因为一个猪群引入新猪(病原携带猪)后，常暴发该病。正常环境的破坏也可使曾经接触过猪痢疾短螺旋体但未发现明显发病的猪群，突然暴发本病。如萎靡不振、脱水和粪便带血和(或)黏液的腹泻等临床症状对诊断本病有相当的提示意义，但仅能提供推测性证据。体温升高太缓和且不一致不利于诊断。上文所述的血液学变化具有特征性，但没有独特的鉴别诊断价值。

(2)尸检和病理学诊断　急性感染猪尸检的基本表现为局限于大肠的弥散性肠炎，肠腔中出现黏液性纤维素性渗出物和游离的血液具有SD特性，但这些表现不能作为确诊的特异病症。黏膜水肿的典型显微病变和浅表性糜烂的微纤维蛋白性肠炎，尤其是同时出现大量的螺旋体菌，很可能提示为SD。最好采用Warthin-stray、维多利亚蓝4-R或Goodpasture进行染色以证实螺旋体的存在。

2.实验室诊断

(1)样本的选择　最好从几头未经治疗的急性感染猪采集样本进行诊断。刚进行尸体剖检的猪的结肠内容物为最佳样本，或黏膜出血性腹泻动物的粪便样本(Zeeh et al.，2017)。当疾病为温和型感染或亚临床感染时，必须检测大量的粪便样本才有可能检测出阳性样本。Fellstrom等建议，5个直肠拭子一批集中进行检测可提高温和感染或亚临床感染猪群的检测敏感性。样本在往实验室运输的过程中应防止干燥。也可采集康复期或屠宰猪血清样本，送往实验室测定特异性抗体滴度(Fellstrom et al.，2001)。

(2)样本的视觉检查　通常用疑似为SD感染猪的结肠黏液或粪便直接进行涂片，检查是否有特征性螺旋体。很明显，这种方法不能对猪痢疾短螺旋体、病原性*B. pilosicoli*和其他共生螺旋体进行鉴别。英国的研究者们传统上利用已吸收过的抗血清进行间接荧光抗体试验，检查抹片上是否存在猪痢疾短螺旋体(Hunter et al.，1977)。遗憾的是，即使进行广泛的交叉吸收，制备猪痢疾短螺旋体特异的高滴度多克隆标准血清在技术上也很难，因而这种方法可能出现假阳性结果。Lee和Hampson(1996)报道，使用特异性的单克隆抗体应该可以改善这种情况。很遗憾，用磁珠结合的这类单克隆抗体从粪便中提取猪痢疾短螺旋体的尝试，结果检测的敏感性并未增加，也不比目前使用的其他诊断技术的敏感性更高。

(3)培养和鉴定　SD的确诊需要证实结肠的黏液或粪便中存在特异性猪痢疾短螺旋体。传统上，常在检查细菌的表型特征后，进行厌氧培养。最佳培养条件和培养基在“猪痢疾短螺旋体的特征”部分已有叙述，但制作选择性培养基还需要在琼脂中添加400 μg/mL的壮观霉素和25 μg/mL的粘霉素及25 μg/mL万古霉素(Jenkinson et al.，1981)。此外，经常使用一种更具选择性的培养基，该培养基中除前面三种抗生素浓度较低外，还添加了25 μg/mL的螺旋霉素和12.5 μg/mL的利福平(Kunkle et al.，1988)。最近有学者提出，在进行平板培养前用一种选择性肉汤培养基对样本进行简单的预孵育可提高分离率(Calderado et al.，2001)。

SD急性感染猪的结肠黏膜和粪便含有大量的猪痢疾短螺旋体(10^8～10^9/g)，因而很容易分离到螺旋体。相反，无症状猪的粪便中定期地排出可检测水平的菌量。另外，常规使用药物治疗或预防SD，可使螺旋体的数量减少到低于培养的检测水平。因此，对阴性培养特别是粪便样品的培养结果的判断要十分谨慎。

在初次分离时，猪痢疾短螺旋体形成难以区分菌落的强β-溶血带，但模糊可见溶血区内的细菌呈薄雾状生长。按照惯例，无β-溶血现象的平板应进一步厌氧培养，每隔 48 h 观察一次，观察 10 d。造成培养假阴性结果的原因很多，包括在采集和培养期间样本处理或储存不当如高温或冰冻、干燥或运输延误等。

3. 表型检测

正如"猪痢疾短螺旋体的特征"部分的描述，在分离到强溶血的螺旋体后，通常要有选择地进行生化特性检查。在表型鉴定前，获得分离株的纯培养物是很重要的也是很困难的，因而需要有在该领域非常有经验的微生物学技术员。呈融合生长的培养物常混有几种螺旋体，严格的分离程序要求不断对单独分离株进行克隆直至纯化。尽管基于检测抗原方法大部分已被 PCR 检测法所取代，但它们对证实分离株的一致性仍是有帮助的。检测方法还包括使用已吸收血清的荧光抗体试验（用于粪便的抹片）、生长抑制试验（Lemcke et al.，1979）和快速玻片凝集试验（Burrows et al.，1981）。

（1）核酸诊断技术　为提高临床样本的检测灵敏度并改进螺旋体分离株的鉴定程序，已经开发了用于猪痢疾短螺旋体和其他肠道螺旋体特异性序列的核酸探针和聚合酶链式反应（PCR）扩增技术。探针可检测到每克猪粪便中的 10^5 个菌（Jensen et al.，1990），但这种方法技术难度大且耗时。尽管如此，结肠固定组织原位杂交的荧光探针技术，可作为一种潜在有用工具用于 SD 致病机理的研究（Boye et al.，1998）。PCR 是一种较为简单的技术，一般可检测到更少量的菌体。DNA 扩增技术最常选用的靶点是 23S rDNA 基因（Leser et al.，1997）和 NADH 氧化酶基因（Atyeo et al.，1999b）。PCR 通常用初次分离平板上的菌。即使在 3～5 d 就可以得到诊断结果的情况下，PCR 仍对疾病的诊断提供一种较常规的螺旋体分离和生化鉴定方法更快速、敏感和特异的方法。必要时要进行抗菌剂敏感性试验和（或）菌株分型试验，以此来证明进行 PCR 初次的平板分离物与所获得的螺旋体分离株是一致的。

在种的水平上检测和鉴定肠道螺旋体的其他 PCR 方法包括部分特异基因的扩增、扩增产物的限制性酶消化和凝胶电泳显示种特异的核酸条带。用于这种方法的基因包括 16S rRNA 基因（Stanton et al.，1997a）、23SrRNA 基因（Barcellos et al.，2000b；Thomason et al.，2001）和 NADH-氧化酶基因（Rohde et al.，2002）。遗憾的是，英国的猪痢疾短螺旋体"非典型"分离株用 PCR 方法未能扩增出 23S rRNA 特异条带（Thomason et al.，2001）。最近新改进的直接从粪便中提取 DNA 进行双重反应的 PCR 方法，可鉴定猪痢疾短螺旋体 *B. pilosicoli*（La et al.，2003）。这个试验可以当天获得检测结果，并且当用于检测锥形粪便样本时也具有特异性和高度的敏感性。预计，由于实时 PCR 即将用于 *Brachyspira* 种的鉴定，这些试验方法将得到进一步的改进。

当样本送达实验室螺旋体已死亡（有螺旋体但缺乏运动力）时，基于分子的检测方法仍可用于检测样本中的猪痢疾短螺旋体 DNA。在这种情况下，除尝试进行细菌培养外，还可直接从粪便中抽提 DNA 进行 PCR 检测。

（2）血清学试验　已报道了几种检测实验感染猪血清中的抗猪痢疾短螺旋体抗体的血清学试验（La et al.，2001）。通常，这些试验都不是以种特异抗原为基础的，因而特异性/敏感性低。这类试验包括微滴度凝集试验（Joens et al.，1978）、间接荧光抗体法、被动溶血试验（Jenkins et al.，1978）和使用不同平板包被抗原的酶联免疫吸附试验（ELISA）（Burrows et al.，1984）。最有用的 ELISA 是采用 LOS 作为包被抗原（Joens et al.，1982；Egan et al.，1983）。已证实，这种方法有助于感染群的鉴定，但不适用于单个猪 SD 的检测。基于 LOS 的 ELISA

体系也存在缺点，要想选择到合适的 LOS 包被抗原必须先弄清楚猪群究竟存在哪几种血清型，因而 LOS-ELISA 现今已很少使用。最新的一种 ELISA 方法是采用重组 BmpB(猪痢疾短螺旋体的外膜脂蛋白，大小为 29.7 kD)作为包被抗原，但在普遍推广之前尚需进一步的田间试验来评价这种方法。

4. 鉴别诊断

许多肠道病都会跟 SD 发生混淆。当然了解 SD 经常与其他肠道病原感染同时发生也是重要的(Møller et al.，1998；Thomson et al.，1998)。胞内劳森氏菌引起的增生性肠病，临床上与 SD 的症状相似。然而，与增生性肠病不同，SD 并不侵害小肠。增生性肠病的确诊依赖于粪便 PCR 试验阳性、猪群血清学/典型病理学包括腺窝肠细胞内存在胞内劳森氏菌。

沙门氏菌病，特别是猪霍乱肠道沙门氏菌的感染容易与 SD 混淆，因为它们的症状和病变十分相似。实质性器官和淋巴结出血和坏死是沙门氏菌病可能发生的，而 SD 没有。沙门氏菌病的小肠可见黏膜病变，而 SD 没有。深层溃疡性肠道病变也是沙门氏菌病更典型病变，其确诊在于大肠黏膜无猪痢疾短螺旋体存在，并可从肠道或其他器官如淋巴结或脾分离到沙门氏菌。由于正常猪和 SD 猪都带有沙门氏菌，因而仅仅分离到沙门氏菌并不能确诊为沙门氏菌病。

与鞭虫病的鉴别诊断，是依据大肠内存在大量的猪鞭虫而无猪痢疾短螺旋体。出现同时感染也是可能的，并推测猪鞭虫可能有加重 SD 的作用。

肠道溃疡和其他出血性疾病导致粪便带血并与 SD 发生混淆。这些疾病通过剖解易于鉴别，因为它们一般发生在前段消化道。由于血液的消化，粪便也常呈柏油样。

“结肠炎”是生长期猪发生的一种饲料相关性疾病综合征，其临床症状和剖检变化可能与 SD 相似(Lyson et al.，1988)。关于该病仍有一些混淆，有些报道的“结肠炎”病例实际上是由 *B. pilosicoli* 感染所导致的结肠螺旋体病/肠道螺旋体病。该病通常易感染 7 周龄或更大的断奶猪或生长/育成猪，可能出现水样粪便、有时只是软粪、体况变差，病变局限于结肠。在病的早期，大肠充满液体内容物，结肠轻微变红。随着病程的持续，病猪变得消瘦，粪便出现黏液，结肠黏膜表面有黏膜纤维素性渗出物。为从诊断中排除 SD，须在疾病的早期剖检病猪，进行广泛的检测以确定是否存在猪痢疾短螺旋体。很明显，结肠螺旋体病与 SD 温和病例极其相似，因而鉴别诊断显得尤为困难。尽管相似的治疗对两种疾病皆有效果，但准确的诊断是重要的。因为通常在单个猪群中的结肠螺旋体病的经济损失比 SD 小得多。另外，结肠螺旋体病的流行病学特征似乎也与描述的 SD 不同。

4.8.7 防控技术及应用

1. 抗生素的治疗原则

实施治疗之前，首先应做出 SD 的确切诊断。同时，明确治疗的总体目标和制定猪场疾病控制的长期战略也是很重要的。根除计划是首选，将在后面部分进行讨论。

目前，对治疗 SD 有效的药物仅有几种，而且近年来猪痢疾短螺旋体菌株对抗菌剂(如 pleuromutilin)的耐药性日益明显，预示着对养猪业的长期潜在威胁。因此，这类药物的使用必须限于专门的治疗，并应作为根除该病或其他药物和控制措施无效的病例贮备药物。用琼脂或肉汤稀释法测定抗菌药物的最低抑菌浓度(MIC)是很重要的。对于比较研究，肉汤稀释试验可以使用 Vet MIC Brachy 小组(国家兽医研究所，Uppsala，瑞典)进行，以 B 癔病型菌株

B78t 作为对照(Karlsson et al.，2003)。

抗菌剂的给药途径也是一个需要考虑的重要问题。患病严重的猪可通过非肠道途径给药(肌肉注射)进行治疗，例如连续治疗 3 d。而对大多数 SD 病例治疗时，饮水给药 5～7 d 是治疗急性 SD 的首选方法。当不能进行饮水给药时，也考虑将药物混于饲料中饲喂 7～10 d，尽管这可能造成病猪的采食量下降。急性 SD 的治疗应该是通过自由饮水给药来完成，补不补充电解质皆可，然后再以低于治疗水平的剂量混饲给药 2～4 周，预防再次感染。

治疗应与管理相结合，以降低治愈猪再次感染并将感染传播给其他猪群或其他批次的猪的危险。建立在批次间进行彻底的清洁和消毒的全进全出管理制度，是疾病控制程序的重要组成部分。在理想情况下，当结束 SD 治疗时，应将猪群转移到干净的圈舍，从而打破发生感染的循环。仔细处理污染垫料、鞋刷和消毒过的洗脚盆的使用、对在感染区域使用过的器具进行清洗和消毒以及防护服的更换，对成功控制 SD 都是至关重要的。SD 的暴发常和应激状况有关，如对猪进行操作、拥挤、运输，恶劣天气和饲料改变等，所以尽可能使这类应激因素降至最少是重要的。同时应密切关注饲料的形状和成分，以确定是否有诱发疾病的可能。

最常用于 SD 治疗的 4 种药物是硫黏菌素、valnemulin、泰乐菌素和林可霉素，其剂量和潜在的副作用一同列于表 4-5。基于药物动力学特性和体外敏感性数据的考虑，pleuromutilin (tiamulin，valnemulin)似乎是目前可获得的最适合的治疗 SD 的抗生素(Kitai et al.，1979；Rønne et al.，1990；Walter Kinyon et al.，1990；Weber et al.，1991；Binek et al.，1994；Molnar et al.，1996；Cizek et al.，1998；Karlsson et al.，2003)。遗憾的是，一些国家如英国(Gresham et al.，1998)、捷克共和国(Lobova et al.，2004)和瑞典(Svarm et al.，2004)报道，猪痢疾短螺旋体分离株对硫黏菌素的敏感性下降了。德国也曾报道了对 pleuromutilin 有高 MIC 的菌株(Rohde et al.，2004)。猪痢疾短螺旋体对硫黏菌素的耐药机制尚不清楚，但有一个研究表明在体外耐药性的产生是缓慢的(Karlsson et al.，2001)。另一最新研究证明，在德

表 4-5　4 种最常用于治疗 SD 的药物的剂量、给药期限和副作用

药物	剂量和给药期	副作用
硫粘菌素	10 mg/kg 体重，肌肉注射 1～3 d；8 mg/kg 体重，饮水给药 5～7 d；0.1‰ 混饲给药 7～10 d，之后 0.03‰～0.04‰ 2～4 周。	红斑，较少见；注射部位有局部反应；与离子载体配伍使用可能出现致死性副作用。
沃尼妙林	3～4 mg/kg 体重，混饲给药 1～4 周。	昏睡、沉郁、红斑、水肿、发热、共济失调、食欲减退和死亡；与离子载体配伍使用可能出现致死性副作用。
泰乐菌素	10 mg/kg 体重，肌肉注射 3～5 d，每天两次，或 5～10 mg/kg 体重，饮水给药 5～7 d；然后，每吨饲料加 100 g 混饲给药 3 周，之后每吨添加 40 g 混饲给药。	腹泻、瘙痒、红斑、直肠水肿和下垂。
林可霉素	8 mg/kg 体重，饮水给药，用药不能超过 10 d，不能用于 250 磅(115 kg) 以上猪；每吨饲料 100 g，混饲给药 3 周或直到症状消失，然后每吨饲料 40 g，混饲给药；不能用于 250 磅(115 kg) 以上猪。	少见

本表资料是产品标签的缩略摘要。有关停药期(各国之间变化很大)请查阅国家法规和标签。

国不同的猪场使用硫黏菌素就足以从中筛选出几株硫黏菌素敏感性下降的猪痢疾短螺旋体(Karlsson et al., 2004)。因此,为减少 pleuromutilin 耐药性产生的风险,当猪群记录或 MIC 测定表明其他药物治疗对特定猪群有效时,就应该优先使用该种药物而不是 pleuromutilin。通常用于 SD 治疗的另两种药物泰乐菌和林可霉素也有缺点,已有报道短螺旋体属细菌对这两种药物具有高水平的抗药性(Smith et al., 1991; Binek et al., 1994; Rønne et al., 1994; Hommez et al., 1998; Karlsson et al., 2002)。对大环内酯类药物和林可霉素类药物产生耐药性,是细菌 23S rRNA 基因内发生了单一点突变所致,在体外两周细菌即可产生对泰乐菌素的抗性(Karlsson et al., 1999)。猪痢疾短螺旋体耐多药菌株的报道越来越多(Duinhof et al., 2008)。

多年来,许多其他抗生素,如杆菌肽、螺旋霉素、庆大霉素、二甲硝咪唑、罗硝唑、维吉尼霉素、喹乙醇和卡巴多司等,已或多或少成功地用于 SD 的治疗和预防。遗憾的是,已有报道猪痢疾短螺旋体对其中的几种药物已经产生了耐药性,目前国际上可供使用的药物大大减少。例如,欧盟和其他几个国家已经禁用卡巴多司和奥喹多司,而欧盟和美国也不再使用二甲硝咪唑和罗硝唑。卡巴多司和奥喹多司对猪痢疾短螺旋体的最小抑菌浓度(MIC)通常较低。然而,其药代动力学特性也导致了药物在胃肠道相关部位中的浓度较低。这使得它们不适合用于 SD 的治疗,尽管预防效果不错(de Graaf et al., 1988)。卡巴多司和罗硝唑都被证明可以诱导 hyodysenteriae GTA 的表达,而 GTA 的表达反过来又可以增加菌株之间的阻抗基因的转移(Stanton et al., 2008)。新药或经改进提高效用的老药,将有望替代目前这些抗生素。例如,乙酰异戊酰泰乐菌素(avilosin),一种新的大环内酯类药物,最近被证明可预防临床 SD,当用作混饲药物时,也可治疗 SD (Tasker et al., 2004)。使用有抗菌作用的促生长剂如盐霉素和莫能菌素(离子载体),即使在感染的猪群也能防止产生严重的经济损失。然而值得注意的是,离子载体与 pleuromutilin 或其他可能会干扰肝脏代谢的药物一同使用时,会产生毒性。例如,已有报道,当盐霉素与 pleuromutilin 一同饲喂时,会产生严重的副作用(Kavanagh et al., 1992)。在明显无 SD 的猪群,使用有抗菌作用的生长促进剂带来掩盖疾病的缺点。促生长剂的使用不应该代替优良的综合管理。

2.保菌宿主的控制

用菌株检测技术进行的研究强烈表明,小鼠和大鼠可能是猪群中猪痢疾短螺旋体的保菌宿主(Hampson et al., 1991; Fellström et al., 2004)。因此,对啮齿动物缺乏有效的控制可能是 SD 根除计划失败的一个重要解释。鸟类作为 *B. hyodysenteria* 的可能载体作用尚不清楚,但不应予以忽视。在瑞典野鸭的粪便中,普遍发现了猪痢疾短螺旋体和类似于猪痢疾短螺旋体的分离株。尽管用美洲鸵分离株攻毒猪不可能诱生 SD,但这些禽源株是否会引起猪发病尚不清楚(Stanton et al., 1997b)。在不能实施有效控制的户外养猪场所,通过鸟类或其他可能的野生保菌宿主造成的传染性物质的机械传播是一种重要的危险因素。

3. SD 的免疫接种

到目前为止,免疫接种还没有在 SD 的控制中发挥太大的作用。其原因主要是,这类可供使用的疫苗及其效果有限。即现有的疫苗用于无 SD 猪群的预防也是不可能的,除非已知猪群正处于较高的引入该病的风险中。通常,如果可获得适合的疫苗,也只能用于辅助控制 SD。例如,打算扑杀猪群,在扑杀前使用疫苗,可以减少排毒和环境污染。在其他的感染猪群,疫苗可用于替代或补充抗生素的使用。这可以降低猪群抗生素的总消耗量,并且有选择地去除导致螺旋体菌株产生抗性的选择压力。许多国家目前已有商品化且可以对 SD 提供一定程度保护的菌苗(Fernie et al., 1983; Parizek et al., 1985; Hampson et al., 1993; Diego et al., 1995; Waters et al., 2000b)。遗憾的是,这类菌苗大都是 LOS 血清群特异的,因而需要使用自家苗或多价苗。另外,由于螺旋体的生长需求苛刻,所以进行大规模的生产难度相对较大且成本高昂。也有报道,用猪痢疾短螺旋体菌苗进行免疫实际上加重了痢疾(Olson et al., 1994)。一种商品化的蛋白酶消化的菌苗,虽然其在猪体内激发的细胞免疫应答不同于在菌苗免疫猪中产生的细胞免疫应答,但可提供比常规疫苗更好水平的保护(Waters et al., 2000b)。曾进行了用猪痢疾短螺旋体弱毒株或经遗传修饰的活的无毒菌株开发 SD 疫苗的尝试。自然无毒株或低毒株已进行试验性应用(Hudson et al., 1976),有时和菌苗联合使用(Lyson et al., 1986)。同时通过对影响运动性(Rosey et al., 1999; Kennedy et al., 1997)、溶血性(Hyatt et al., 1994)和抗氧毒性(Stanton et al., 1999)的基因诱导突变,已经获得了修饰的菌株。这些菌株在大肠的定植能力可能下降了,而且可能因此原因其产生保护性免疫力也有限。到目前为止,尚未有商品化的活疫苗。用重组亚单位疫苗控制 SD 是一个有吸引力的选择,因为对这种产品已经做了确切的定义(注册登记是必需的)且相对容易进行大规模生产。一种用作试验性疫苗的大小为 38 kD 的猪痢疾短螺旋体重组鞭毛蛋白,不能阻止猪痢疾短螺旋体在猪体内定植(Gabe et al., 1995),但最近研制的猪痢疾短螺旋体的大小为 29.7 kD 的具有免疫原性的外膜脂蛋白(命名为 BmpB)可使用。其免疫后,再进行人工感染的猪的发病数可减少 50%(La et al., 2004)。在实验条件下,其他重组蛋白也提供了类似程度的保护,这证明了该方法的普遍有效性。虽然重组疫苗提供的保护是完全的,但它似乎有潜在的应用前景。除了要对合适重组疫苗候选者进行鉴定外,一个主要的问题是寻找适宜的接种方式以使其在大肠内产生最佳的保护性免疫。目前正在考虑许多不同的战略,但如何做得最好,尚未达成共识。大肠是一个难以保护的部位,在理想情况下,一种疫苗应该能阻止细菌定植而不仅仅是限制病变形成的程度。这就必须要产生持续而有效的局部性免疫应答。

4. SD 的消灭

(1)不扑杀的根除计划　对于有 SD 的猪群,不管是因为 SD 对饲料转化率的破坏作用还是从动物福利角度出发,目标就是要消灭这种疾病。另外,SD 猪群对于其他猪群来讲,是一种发生疾病的潜在风险,而且感染猪群大量使用抗菌剂也使细菌抗药性的产生和耐药菌株传播的风险增加。消灭计划并不总是成功的(Muirhead et al., 1984; Wood et al., 1988),所以为了提高成功的概率,必须在计划、组织和获得涉及的所有工作人员的充分理解和合作方面付出极大的努力。一般来说,随着猪群规模的增加及集约化猪场管理环节变得更加复杂,疾病的净化和根除就变得愈加困难。Wood 和 Lysons (1998)研究表明,倘若对猪群进行仔细挑选,根除计划成功概率在 80%～90%。消灭 SD 的成本,在 6～12 个月内会通过生产改善和药物使用量的减少得到弥补(Windsor et al., 1981; Christen et al., 1978; Wood et al., 1988)。因此,成功的根除计划对生产者来说可产生相当大的长期利益。

除非能获得有效控制该猪场猪痢疾短螺旋体分离株的抗生素,否则建议通过整群扑杀来消灭 SD。建立一个种猪替代来源以确保无 SD 也是很重要的(例如,官方认证的无 SD 的猪群)。作为备选方案,在替代猪群进入养殖场前,必须对其进行系统的隔离和治疗。猪痢疾短螺旋体主要通过带菌猪传入猪群,但目前从感染群中检出带菌猪无可靠方法。

依据猪群结构、生产模式(批次饲养或连续饲养)、经济考虑等情况,可采取几种不同的根除方式。根除方式可能发生变化，从对猪群进行全面的短期治疗到早期断奶治疗的引进和多点饲养生产体系，直到采取一种不断改进的程序—循环清空、消毒每个猪群单元，然后把治疗过的猪转入干净的消毒过的猪舍。后一种方式的根除期可能持续几个月。根除 SD 的一般的方针如下(Harris et al.，1998；Lvews et al.，1998)：通过培养、生化试验和(或)PCR 进行确诊。

因为猪群可能感染一个以上的猪痢疾短螺旋体菌株。几个分离株都应该对某一根除计划中使用的抗生素进行敏感性试验。敏感性试验应该选用琼脂或肉汤进行稀释，以确定最小抑菌浓度。在大多数情况下，plewromutilins 是最佳选择。

在实施根除计划之前，采用持续饲养方式的猪群应鼓励改变为以批次生产为基础的有计划的饲养体系。根除计划应选在温暖季节进行，因为温度较高时猪痢疾短螺旋体存活时间变短且消毒剂的效果提高。猪群的动物数量应尽可能少。在理想状况下，所有的断奶猪、生长期和育成期猪都应该在根除计划实施前从猪群移出。引入有效的啮齿动物和昆虫控制计划，采取保护性措施阻止野生鸟类进入猪群饲养场所，保护水源不受水禽粪便污染。犬和猫不得进入猪群饲养区。此外，这些猫、犬不准离开其饲养地方，而且也应将其列入治疗计划中。采取所有可能的公共卫生措施减少潜在的传染性螺旋体对环境的污染，这些措施包括彻底清洁和消毒猪舍、猪接触过的区域、饮水和饲食系统、所有的器具等。消毒后，用热水高压冲洗清除有机物。目前大多数普遍使用的消毒剂对猪痢疾短螺旋体都有效。如果是装有板条式地板的圈舍，在清洁、消毒前应该将地板竖起。淤泥必须清空，并进行同样的清洁和消毒程序。对于户外生产单位或将生长期猪饲养在庇护所、地上铺麦秆或米壳作为垫料的单位，进行有效的清洁和消毒是令人头疼的问题。到新场所重建干净消毒过的户外棚舍，焚烧旧场地遗留下来的有机物，并进行耕种，应该是消灭传染的有效方法。

所有的大母猪、小母猪和公猪都应该通过饮水或混饲给药治疗 14 d 以上，并转入干净消毒过的圈舍。在治疗期出生的仔猪应该在场地外断奶育成，并用可供断奶期选用的抗生素进行肠道外治疗。在治疗期间，所有饲养过大母猪和公猪的圈舍包括产房都应该进行彻底的清洁和消毒。在理想情况下，清洁程序应在治疗之前进行，这样当消毒完成后饲养场所已腾空了两周以上。在母猪完成 14 d 的治疗期后出生的仔猪可在原场所断奶并育成。在根除计划期间，应该停止所有猪群的替换。曾饲养过 SD 感染猪的户外场地，在一段充足的时期内应保证处于无猪状态。任何液体粪便(如在深坑和湖水中的)都会几个月持续含有传染性的猪痢疾短螺旋体，因而直到根除计划完成后 2～3 个月才能进行湖水的再循环使用。

(2)扑杀/以无 SD 猪群替换原猪群　在做出准确的经济测算前，不应对一个正在发展的猪群做出全群扑杀、清洁、消毒和以无 SD 猪群替换现有猪群的决定(Wood et al.，1988)。然而，在某些情况下，这是消除猪群猪痢疾短螺旋体唯一可供选择的方法。应该仔细遵循执行不扑杀消除 SD 的一般指导方针。Polson 等于 1992 年对治疗/消毒方案和扑杀/更新猪群方案的经济估算进行了比较(Polson et al.，1992)。从经济角度来看，不进行扑杀的消除方案比扑杀、更新猪群方案更有吸引力。然而，根除成功的可能性无疑将影响根除方案的选择。

5. SD 的预防

建立并饲养在一个封闭的建筑内的无 SD 猪群，如果进行隔离饲养且严防通过带菌猪粪便或传播媒介(尤其是啮齿类和鸟类)污染，将保持无 SD 发生。工人的鞋、猪场器具、饲料或动物运输卡车等污染物也可能将传染性物质带入猪群。然而，到目前为止引入新猪群的风险最大。由于目前尚无可检测感染猪群中带菌猪的可靠方法,所以可靠的猪群来源史是唯一安全的保证。研究者正致力于研发鉴别带菌猪的各种方法,希望将来能有敏感特异的血清学试验或其他检测方法诞生。为了防止将 SD 或其他疾病引入猪群,应对已购买猪至少隔离检疫 3 周。隔离是一个极受推荐的程序,因为由于运输而使亚临床感染动物经常会出现临床症状。在隔离期间,可对新购进的猪进行药物治疗以清除肠道中的猪痢疾短螺旋体。

4.9 猪增生性肠炎

猪增生性肠炎(porcine proliferative enteropenthy,PPE)是由胞内劳森氏菌(*Lawsonia intracelluaris*,LI)引起的细菌性接触性疾病,该病起初由美国 Biester 等在 1931 年首次报道,至今已在世界范围内广泛流行,宿主广泛(CooPer,1998)。除能感染猪外,也可以感染兔、马、鹿、猿、仓鼠、大鼠、豚鼠、猴、小鼠和羔羊等动物(McOrist,1995)。根据 16S rRNA 序列分析,该菌与脱硫弧杆菌和厌氧人类华德嗜胆菌同源性分别为 91%和 92%(Gebhart,1993;Sapico,1994),McOrist 等利用微生物学分类方法,把这种细菌归类于脱硫弧菌科,并命名为 LI。根据病变特征不同又被称为坏死性回肠炎(Roberts,1977)、猪肠腺瘤样病(Rowland,1978;Lawson,1985;Rowland,1975)、局部回肠炎和增生与出血性肠炎(Homieh,1981;Love,Love,1977;Holyoake,1995;Lawson,1979)。主要感染生长育肥猪,表现为间歇性下痢、贫血和食欲下降等临床表征,该病在我国猪群中呈逐年上升的趋势,对养猪业影响日趋严重。如今控制该病主要是通过饲料或饮水中加入抗生素进行预防,但是根据中华人民共和国农业农村部公告,自 2020 年 1 月 1 日起,我国 15 类共计 561 个药物饲料添加剂相关产品被注销。标志着畜牧业减抗乃至无抗的养殖时代即将到来,本文从 LI 的病原学、流行病学、致病机制和防治等方面进行综述,以期为探索新的防治方式提供科学依据。

4.9.1 病原学

LI 为专性细胞内寄生,长 1.25~1.75 μm,宽 0.25~0.43 μm,呈弯曲状、逗点状或 S 形,末端呈渐细或者钝圆形,是一种典型的三层外膜作为外壁的革兰氏阴性菌,无纤毛和孢子。通过观察细胞共培养的分离物,发现有一根长的极性鞭毛,并能够快速运动,但是这种现象只发生于细菌在细胞外的情况下,该菌能使用 Warthin-Starry 镀银染色法染色,通过 Modified ZiehlNeelsen 染色,细菌可以被染成红色(McOrist,2000)。

4.9.2 流行病学

世界各地相继报道了关于动物感染胞内劳森氏菌的病例,且该病的阳性率较高,在丹麦、德国、西班牙、荷兰和英国等地采集的 1 791 个血清样本抗体阳性率达到 31.6%,美国、印度、日本、泰国、朝鲜和中国相继报道猪群感染 LI 的比例也相当大,由此可见,由 LI 导致增生性肠炎已在世界范围内流行。

LI 主要经粪口途径传播,病猪和带菌猪粪便是主要传染源。由于啮齿动物也是该菌合适的宿主,在猪场中由于田鼠和猪群频繁接触,是该病重要传染源。据 Collins 等(1999)报道,在发生 PPE 猪场周围,野鼠带菌率为 70.6%,且少量野鼠粪便中细菌含量高达 1×10^{10} 个/g,粪便带菌时间长达 14~21 d。已有研究表明,仅 1×10^{5} 个 LI 就能使猪群感染发病,因此 1 g 野鼠粪便含菌量足以达到感染剂量，这便为该病的大面积暴发提供了可能。本病常并发或继发其他肠道疾病而引起严重临床症状，如沙门氏菌病、痢疾和鞭虫病等。另外，转栏、换料和疫苗免疫等饲养管理的突然变化、天气骤变、运输或其他应激都有可能成为本病诱因。

由于欧美国家在畜牧业生产中限制使用抗生素，LI 阳性率都非常高，如丹麦阳性场比率可达 93.7%，美国阳性场比率高达 90.9%，加拿大、法国、日本、瑞典、韩国和中国均有相关报道。在英国，因 PPE 引起的经济损失约为 400 万英镑，美国每年损失可高达 2000 万美元(Maclntyre, 2003)。1999 年，林绍荣等首次对我国 PPE 感染情况进行报道(林绍荣，1999)。

卫秀余等在 2004 年 1—10 月间对 17 个 PPE 疑似猪群做核酸检测，阳性率达 71%(卫秀余等，2005)，说明感染程度很高，主要引起 2～4 月龄猪发生腹泻。2006 年，有学者对华南五省(广东、广西、福建、湖南和湖北)的 22 个猪场随机取样检测，其中福建和湖北猪场的抗体阳性率高达 90%。2008 年，杨小燕等对闽西地区 8 个猪场 LI 感染情况做核酸检测，结果显示，6～20 周龄猪群感染率达 30%～57.1%，8 个猪场阳性比率为 100%，说明闽西地区普遍存在 LI 感染(杨晓燕等，2010)。2010 年，冯志华等对福建省的福州、泉州、三明和龙岩的 10 个规模化猪场作病原学调查和分析，通过直肠采集新鲜粪便样本 142 份，其中 67 份呈阳性，阳性比率接近 47%。这些调查均表明，LI 在我国已经广泛流行，考虑其严重危害性，有必要开展流行病调查，熟悉该病的流行特点及感染规律，建立适合的诊断方法及合理的防制手段。刘佩红等对上海地区的 10 个规模化猪场通过血清学检查的方法调查了该病的流行情况。结果发现，各个猪场的感染情况都不一样，猪场间的差异也非常大，抗体阳性率从 4%到 34%不等(刘佩红等，2007)。黄忠等对华南五省区的 22 个猪场采集了 1 100 份血清样品，通过 ELISA 方法检测，发现 22 个猪场均为阳性场，其中 18～24 周龄猪群感染阳性率最高达到了 90%。总体上，可以看出阳性率是随着猪只年龄增长而升高，但是个体之间的表现差异较大(黄忠，2006)。李凯年等对吉林地区检测，所有被检验的猪场均有阳性病例，被测猪群中阳性率在 23.6%～64.7%，后备母猪和母猪的血清学阳性率最高，分别为 83%和 85%，保育猪阳性率为 33%，由此可见，LI 在我国猪群中广泛存在，给我国养猪业造成的危害不可低估。

4.9.3 致病机制

1. 定植

一些培养的 LI 显示具有运动力和鞭毛。有可能这种结构在肠道定植中很重要，鞭毛在细菌表面或病变组织的细胞内位置是不可见的，这可能是因为缺乏感染早期研究以及从横截面鉴定这种结构的困难性。位于细胞外 LI 通常在他们的细胞质中出现大的细胞质液泡或类似电子致密体大小的物质。无论是在体内或体外，这两者都不能在胞内感染后期阶段的细菌内观察到。

2. 附着

附着到宿主肠上皮细胞特定受体是细菌进入宿主细胞的一个先决条件，这对胞内病原显得尤为重要。细菌对细胞的附着仅仅与细胞表面形态变化紧密相关，细菌似乎是单独进入细胞，并破坏微绒毛，使细胞增厚以及破坏临近细菌的细胞边缘。细菌的附着与侵入似乎需要特异的细菌与宿主细胞的相互作用(McOrist, 1997)。特异的多克隆抗血清和单克隆抗体均能有效地减轻肠上皮细胞的感染。结果表明细菌的附着与特异的分子有关。

3. 细胞入侵

在细菌附着的影响下，细胞膜内发生变化。细菌进入细胞时，细胞膜增厚但仍保持完整，当细菌进入细胞质内，细菌周围不断形成液泡。这种生物体通常是单独地侵入细胞，但是一旦进入细胞内，就可以在液泡中观察到分裂的细菌。此外，液泡也可能融合形成含有多种细菌的液泡。除了侵入细胞的细菌，几乎所有其他细菌，甚至那些存在于临近含有侵袭性微生物的细胞的病变中的细菌，均游离于细胞质中，没有保留任何入膜的证据。在体外，侵入细胞的形态特征与动物感染中观察到的极其相似。感染后，可在培养的大鼠肠上皮细胞中迅速地观察到。此外，对大鼠肠上皮细胞的入侵过程并不依赖细菌的生存能力。入侵取决于宿主细胞的活力，需要细胞的新陈代谢和被细胞分裂抑素 D 所抑制的细胞骨架的重排。加之虽然用细胞分裂抑素 D 治疗，许多细胞仍然被感染，这表明除了肌动蛋白重排外，其他机制可能也参与了细胞入侵。这些入侵的特征与在沙眼衣原体入侵 HeLa 细胞中观察到的特征相似。入侵的 LI 显示了与细胞膜上小凹点或囊泡在形态学上有关联性。这种关系类似于沙眼衣原体和鹦鹉热衣原体的入侵与网格蛋白涂层之间的关联（Sansoiietti，1992）。网格蛋白在细胞表面分布比存在的凹点更广泛，这种分子结构在细菌入侵的问题上可能比形态学证据要更重要。这种机制并不是 LI 严格专用的，在志贺氏菌属、肠毒性耶尔森氏菌属和泰泽梭菌属的侵袭过程中观察到的现象是十分相似的。然而，对侵袭过程的研究表明，这些相似之处只是表面的。同时，肌动蛋白细胞骨架对于专性胞内寄生菌的入侵是非常重要的。

4. 对胞内液泡的逃避

LI 感染可观察到典型的游离于细胞质中的 LI。研究 LI 逃避进入液泡起源于细胞培养研究（McOrist，1992）。液泡内的细菌被一个透亮的电子区域与周围的细胞膜分离，这时，对一些液泡的细胞基质的破坏是显而易见的。在细菌入侵后，液泡很快破裂，入侵后大约 3 h，大多数细菌几乎均存在于细胞质中。逃避液泡后，在细胞培养中见到的这种关联与在感染动物中观察到的极其相似。尽管细胞质基质与细菌外膜紧密相邻，但位于细胞质顶端和其他一些与细胞线粒体相关的细菌，并未局限在临近细胞结构中。许多其他种属的胞内菌也逃入细胞质中，同时避免吞噬溶酶体的损害，像志贺菌属、李斯特菌、立克次氏体属、泰泽梭菌属都是重要的例子。这种活动力有赖于细胞溶解酶毒素，因此 LI 对细胞质内液泡的逃避被认为是类似因子的产物。LI 展示了其在体内溶细胞的能力（Haiinigan，1997），并表达一种新的溶血素（Smith，1999）。

5. 细胞内增殖和细胞间传播

有数据显示，细菌复制是与宿主细胞的感染同时发生的，因此，对基础肠上皮细胞复制过程考虑是必要的。管状隐窝位于上皮细胞基部，同时可抑制有丝分裂旺盛的细胞。迁移至隐窝的分裂细胞形成柱状细胞，这些细胞形成像纵队或线毛状的指状突起，延伸至肠管的表面。与低分化的隐窝细胞相比，绒毛的成熟分化型细胞在肠表面有发育良好的刷状缘，这表明有限的刷状缘的发育。有证据表明隐窝是附着和细菌入侵的重要领域。细胞培养表明，单层细胞感染的发展是很重要的一个相似的机制，由细菌感染的细胞继续分裂，当细菌感染适中时，感染的细胞可以被看作邻近的感染细胞群体。细胞培养的其他数据表明，分裂细胞促进细菌生长的能力优于非分裂细胞。用环己酰亚胺或秋水仙碱抑制真核细胞的分裂，同时也抑制细菌繁殖，快速增长的肠上皮细胞培养物支持细菌生长优于发育良好的单层细胞。来源于培养数据的原始估计表明，细胞内细菌至少每 8 h 分裂一次。用合成肽，如精氨酸-甘氨酸-天门冬氨酸(可抑制肠耶尔森氏菌属的入侵)在感染早期对大鼠肠上皮细胞培养物的治疗可刺激细菌的分裂或在其他一些方式上加强感染率(Gebhart,1993)。偶尔也可观察到细菌在病变细胞中分裂(McOrist,1996),细胞表面细菌的缺乏或细菌在细胞间或细胞外的转移表明,细菌只在上皮细胞内移动位置。

6. 细胞增殖

增生性肠病中的细胞增殖只影响细菌感染的细胞和发生在正常上皮增生群岛之中的感染,只有受感染的细胞具有增生性(Lawson,1993)。在严重影响的上皮细胞,细菌寄生和细胞增殖从隐窝基底部向肠上皮表面延伸。有限的证据表明,细胞培养的感染也能引起感染细胞更为快速的分裂。在单层细胞中,受感染的细胞继续分裂,在感染的早期阶段可以看到感染细胞的病灶。一定的数据显示,当感染发生,受感染的细胞比例增加,这意味着受感染的细胞分裂速度比未感染的细胞快。关键性的试验仍然需要被设定来解决排除培养细胞间的细菌转移的问题。一些可诱导细胞增生的机制已被 McOrist 等确定(McOrist,1994),然而这些机制或其他机制是否也可导致增生性肠病仍有待确定。

7. 感染细胞的传播和转移性扩散

有假设认为,感染和病变在很大程度上被限制在回肠后部的肠上皮细胞上,一般几乎不存在于空肠。大多数研究报告认为感染无法传播到其他部位,而不像其他肠扩散性细菌。Smith 和 McOrist 研究了感染后 3 周的扁桃体和胃黏膜,除了肠组织,并没有获得这些部位受感染的证据。然而,Jensen 等证明,PPE 的一些病例,尤其是增生性出血性肠病(PHE),在巨噬细胞和扁桃体隐窝中含有传染源。这些作者把细菌的存在归因于肠道细菌的终端转移和口服感染后在扁桃体隐窝中的持续存在。这个结论还需要进一步的研究来证明。

4.9.4 免疫机制

感染后抗体特异性反应已通过使用病变组织或感染大鼠的肠上皮细胞的细菌作为抗原来测定。前者表明,参与免疫反应的主要是 IgM 抗体,且反应是短暂的,而后者则在感染后不久发现主要抗体是 IgG,与病变的发展无关,并且它的持久性仍然是未知的。这些差异的背后原因尚未确定。在 PPE 中的细胞免疫反应与体液反应同样不明显。高龄疾病案例证明了在患增生性肠炎的动物组织固有层中存在 $CD8^+$ 和 CD25 T 淋巴细胞(McOrist,1992)。最近的研究显示在严重感染的动物中,缺乏 CD3 淋巴细胞显著的阳性反应,这暗示存在一种“免疫抑制”机制。另外一个不寻常的免疫病理学特征是,在肠上皮细胞中存在大量的 IgA 以及细菌。现在仍缺乏证明这种累积的免疫球蛋白的特异性证据,但它是所有疾病的一个持续存在的显著特征。因此,仍然无法确定的是这种 IgA 是由于排泄失败而非特异性累积还是因为它是病原微生物直接刺激产生的特异性 IgA。早期病变常见的另一个特点是黏膜巨噬细胞中存在 LI 抗原,这暗示了先天性细胞防御在控制感染上的作用。

在猪上的类似研究很少,Smith 和 McOrist(Smith,1997)在这项研究中,在感染后培养 14 周,6 头猪中有 2 头感染 LI。此时,无论是银染色还是直接免疫突光染色都观察不到细菌,同时这些猪表现出一种含有许多分化型杯状细胞的上皮细胞,这些杯状细胞可逃避胞内菌。重要细胞炎症的缺失和有限的免疫反应有助于 LI 的持续存在。细胞内定位象征着一种“免疫特权”,在某种程度上,这种特权可将细菌排除在免疫反应之外。由于与正常肠上皮细胞相比,增生性肠病中的肠上皮细胞的组织相容性Ⅱ类(MHCⅡ)表达减少,故 LI 可能直接影响这一进程。在其他物种中，肠上皮细胞被认为与参与刺激 T 细胞反应的表面 MHC 分子起抗原呈递细胞的作用。因此，不管是隐窝细胞初次感染还是感染细胞 MHCⅡ类表达的失败都可能通过减少免疫反应来帮助细菌的持续存在。此外，严重的 LI 感染相当于缺乏显著的 $CD3^+$ 淋巴细胞。因此，除了细胞浸润所赋予的“免疫特权”外，LI 也积极地调节免疫反应。

4.9.5 病理变化

目前普遍认为 PPE 可分为急性型、慢性型和亚临床型。

1. 急性型

常发于 4～12 月龄育肥猪与后备猪，发病突然，表现为肠道内出血，腹泻排黑色柏油样便，体温升高，精神沉郁，容易出现突然死亡，死亡率可达 12%～50%，死后外表苍白。该型病猪用药物治疗效果不理想，因出血严重，粪便会转变为红色，后期可能转为黄色，出现贫血苍白。阳性猪场易感猪在转栏、转群、换料、长途运输或天气骤变等引种过程中，洁净场后备猪转到 PPE 阳性场易出现急性型增生性肠炎。

2. 慢性型

易发于 6～20 周龄育肥猪，症状轻微，病程可达 1 年，排水泥样或褐色稀便，不成形，有黏性，可在病猪肛门观察到黏粪。被毛松乱，采食量正常或轻微下降，但生长缓慢，与同栏健康猪体重差异很大。大部分感染慢性型的猪，病程持续 4～8 周后可自然恢复正常，食欲正常，生长速度恢复到正常。慢性感染猪免疫水平下降可并发或继发感染其他疾病，表现明显症状。

3. 亚临床型

PPE 大多数病例以亚临床型为主，只有少部分猪只出现轻微下痢，常常难以发现。常发于断奶后仔猪，母源抗体消失后感染，也可在出生后即被母猪感染，生长缓慢，直至肥育结束。亚临床感染猪因自身抵抗力较差或受其他因素刺激，会有少量(1%～10%)转为慢性感染，长时间排出带菌粪便，导致猪场中 LI 长期存在，造成猪群的重复感染。

猪增生性肠炎的组织病理变化可能发生在肠道的不同部位，而且轻度感染可能使病灶产生次级变化，从而改变肉眼观察到的病理学现象。病灶发生部位是不同动物发生该病时的一个特征。然而，在同一发病动物中，变化多样的次级变化伴随着典型的临床症状。因为任何一个动物发病都伴随着相同的病理特征，但临床和病理学变化却出现显著性差异。本病在猪群中表现形式多样，具有不同临床和病理特征。断奶仔猪或育肥猪常常表现为肠道持久性增生，通常称猪肠腺瘤病(PIA)。病灶仅发生在肠道，通常在回肠的尾部，少数情况下也出现在大肠。肠病灶区的黏膜下层会出现不规则的片状水肿，并且在增生黏膜表面可以发现坏死斑点。在轻病例中，黏膜的增生形成一个隆起不透明岛屿，其中有许多正常的上皮细胞，并且增生严重，最终病灶会发生融合并形成不规则结节或在肠表面形成皱褶。在大肠中的病灶形式基本与回肠中相似，或者形成不同规则息肉样结节。组织学检查发现上皮细胞的增厚是由于肠隐窝扩张延伸。在病变隐窝处，增生的上皮细胞出现水泡或者细胞核变长。多数细胞处于有丝分裂并且杯状细胞消失。增厚的隐窝可能会出现分枝并延伸到黏膜表面，从而代替了上皮细胞表面的绒毛状结构。正常细胞与非正常细胞之间形成明显的界限，但是炎性细胞的堆积不是本病的典型特征。黏膜层细胞的增生会受到表层上皮细胞的限制，但有时增生也会穿透黏膜固有层和黏膜肌层。在这种情况下，增生细胞不会形成真的肠腺，但却是细胞浸润的入口。病变肠区的大部分淋巴结系统基本没有变化，但偶尔也出现过类似的病灶并发现了 LI。这种病灶的迁移仅在局部的淋巴结发生。对病变组织进行组织化学染色,黏膜未成熟细胞着色明显。银染色法在所有增生上皮细胞顶端发现了弯曲细菌,然而在相连的未感染区域没有发现细菌。细菌在细胞内不是很集中,通常在1个细胞中可以找到几个细菌。异常细胞的超微结构与成熟的上皮细胞结构不同,但与隐窝细胞非常相似,且微绒毛的刷状缘普遍发育不良。病灶区细菌不存在于膜结合结构中,而是裸露的,游离于细胞质中。在增生细胞表面没有发现弯曲细菌或其他细菌的群落。另外两个病理条件,坏死性肠炎(NE)和局限性回肠炎(RI)被认为是增生性损伤的进一步发展结果。NE是上皮细胞广泛性凝固性坏死,它会导致急性死亡。RI是动物发生NE后幸存的结果,许多损伤的黏膜被肉芽组织代替,并伴随着肥大的肌肉层。因此,在RI中肠内外壁是增厚的,通常被描述成"橡胶软管肠道"。在NE和RI中都伴有PE,增生性上皮与损伤黏膜相邻或相间。其他感染也可能导致坏死性肠炎,但伴有PE的病例通常发生在断奶后3个月内的猪。其他原因造成坏死性肠炎的报道极少见。

4.9.6 诊断技术与鉴别诊断

1. 涂片镜检

将疑似病例剖检,取肠黏膜涂片,用Ziehl-Neelsen染色法进行染色,观察细胞内细菌。LI为革兰氏阴性的短杆状或弯曲的逗点状,细菌有阴性菌的三层波浪形态。在肠道病变部位常可见多种弯曲状细菌。涂片镜检的方法简洁方便,但结果不太可靠,特异性较差。

2. 组织染色法

苏木精-伊红染色法(HE)可用于观察肠腺窝增生和细胞畸形,观察组织内由LI引起的细胞病变,可用于死后诊断。已有研究发现,将Warthin-Starry银染法、HE和阿尔新蓝这3种染色方法相结合,改良了传统Warthin-Starry法染色,进行肠上皮细胞增生和细菌着色观察,比传统镀银法更为敏感,适用于大样本的排查和检测,因其观察肠组织染色情况,需剖检获得,不适用于活体检测。

3. 免疫组化法

免疫组化法是利用抗原抗体特异性结合的原理,因抗原抗体结合物为无色,应用显色剂标记抗体并通过化学反应使之显色来确定组织细胞内的抗原,并对其定位、定性和定量的技术。据报道,澳大利亚已经建立操作简便的免疫荧光抗体法进行PPE的快速诊断。Kim等在2000年首次建立抗LI膜蛋白单抗免疫组化法,用于检测肠上皮细胞的LI。Boye等建立16S rRNA荧光杂交免疫组化法,可对用福尔马林固定的样品进行诊断。免疫组化法进行PPE诊断其特异性较好,但是需要制备单克隆抗体,不能用于活体检测。

4. 血清学诊断

鉴于PPE的临床症状病理变化特征不明显,而近年来国家对抗生素使用限制,PPE的流行较广,考虑其严重的危害性,引起重大的经济损失,有必要建立有效的活体诊断方法,对掌握疾病的感染规律和抗体水平监测提供良好的工具。常见的血清学诊断方法有IFAT(间接免疫荧光抗体试验)、IPMA(免疫过氧化物单层细胞染色试验)、ELISA(酶联免疫吸附试验)。血清学试验指的是在体外进行的抗原抗体特异性结合呈现的肉眼可见的反应,受到各种因素的影响,如温度、pH和电解质等。

(1)间接免疫荧光抗体试验(IFAT) 间接免疫荧光抗体试验是直接免疫荧光技术的改进,可用于已知抗原检测未知抗体,或用已知抗体检测未知抗原。Huerta等设计了一组双盲试验，比较 PCR 与 IFAT，HE 染色和 Warthin-Starry 银染 4 种方法诊断效果。结果显示，IFAT 特异性很高，比率高达 97%，灵敏度达 89%，与核酸检测的相符率可达 82%，作为 LI 的诊断有较高的可靠性。国外已有很多应用 IFAT 检测猪场血清 LI 抗体水平的报道。

（2）免疫过氧化物酶单层细胞染色试验（IPMA） IPMA 的原理与 IFAT 相似，在抗原抗体特异性结合的基础上偶联过氧化物酶，使用光学显微镜即可进行评估。其原理是利用从金黄色葡萄球菌分离出来的多肽链-蛋白 A 与辣根过氧化物酶结合，并形成容易被检测到的蛋白 A-抗原-抗体复合物（HRP-ProteinA），通过观察显色剂是否能被过氧化物酶催化显色来直观判断待检血清是否有目标抗体。国外已经建立 LI 的 IPMA 抗体检测方法，广泛用于大群体 LI 感染的筛查。国内也有学者建立了 IPMA 抗体检测方法，为构建更为完善的检测方法，为疾病诊断、免疫效果监测等提供更好的技术支持。IPMA 不需荧光显微镜，不需要酶标仪，抗原制备比较容易，通过过氧化物酶着色后的微孔板较为稳定，使诊断结果更加直观可靠。

（3）酶联免疫吸附试验（ELISA） 通常采用人工合成抗原或包被抗原或单克隆抗原，建立直接或间接 ELISA 试验方法检测血清抗体。Holyoake 等成功使用病猪的肠道黏膜分离出细菌作为抗原，建立 ELISA 试验方法。结果显示，剖检时有典型病变的猪群阳性率为 75%，无典型症状的猪群中阳性率也有 4%，这意味着，ELISA 的检测适合猪感染早期检测，据报道，也可以超声波处理 LI 为包被抗原，建立 So-ELISA，特异性 99.4%，灵敏度 89.8%，与其他菌体不出现交叉反应，结果不受毒株来源影响。ELISA 在国外被广泛用于 PPE 诊断和猪场流行病学调查，具有操作简单、准确灵敏、经济适用等特点。

5. 分子生物学诊断

PCR 技术指的是利用聚合酶链式反应对特定 DNA 片段进行体外扩增，原理是 DNA 双螺旋碱基严密的配对方式。自 1985 年，Mullis 发明了聚合酶链式反应，广泛地应用于分子生物学的各个领域。因其检测样本需要量少、特异性高、灵敏度好，已成为最常用的一种 PPE 诊断方法。

6. 其他诊断方法

在 PPE 研究进展中，还建立了一些其他诊断方法。如 PCR-酶联寡核苷酸探针捕获法、末端限制性片段长度多态性技术、液相 PLA 和固相 PLA 诊断技术等。Lawsonia FIRSTtest 称为回肠炎现场诊断试剂盒，其原理为免疫磁珠技术，PPE 多克隆抗体包被与粪便中 LI 结合，多克隆抗体结合过氧化物酶催化 TMB 显色，通过颜色变化判定结果，定性检测粪便中 LI。该检测方法比较方便且特异性好，2 h 内可以完成检测，适合 LI 现场诊断。

血清学方法适于大规模普查，可用于检验检疫的初筛，但需要依赖一定的仪器设备。PCR 等分子生物学方法比较敏感，特异性也较好，但容易因操作不当引起污染，从而影响诊断结果，其费用及操作人员的技术水平要求也高。因此，实际生产中根据实际情况采取不同的方法进行检测，临床诊断中，可先采用常规组织病理学与血清学诊断相结合的方法，对时间要求较高的可以采用简便快捷的 FIRSTtest 检测，必要时采用 PCR 等分子生物学方法进行比对分析。

4.9.7 防控技术及应用

1. 适当调整饲养方式

许多学者认为，多点式饲养和单点式饲养相比，其猪场阳性率和感染率均低于一条龙“单点”式饲养。原因是单点式饲养场长期存在细菌，感染猪长期排菌，不易净化。如果是新建猪场,可以考虑两点、多点饲养模式,降低 PPE 感染。猪场严格执行全进全出,完善生产管理,规范生产记录,合理评估该病对经济效益的影响。猪只批量管理,出栏后,严格消毒空置,做好卫生清理消毒。

2. 加强饲养管理

在饲养管理方面,加强畜舍通风、维持舒适温度,特别是保育猪保温和夏天高温天气降温,提高猪舍内的空气质量,调整合理饲养密度,提供良好的采食环境和水源,保持畜舍的干净卫生,尽可能减少转群、转栏的次数,制定合理的免疫程序,尽可能降低免疫应激。在引种后,要确实做好隔离确定没有 PPE 感染或者有效的控制干预方案,方可混群,避免感染暴发。LI 感染肠道上皮细胞,需要突破肠道黏膜屏障,因此调整饲料的组成和日粮结构对维持肠道黏膜的完整性具有积极意义,从而减少 LI 感染。

3. 重视卫生消毒工作

猪场内鼠类和鸟虫对 PPE 的传播有重要的作用。做好场内的灭虫、灭鼠,切断传播媒介的携带传播途径。猪只出栏后,确实做好畜舍的消毒卫生工作,预留足够的空置时间方可进猪。利用消毒剂,对可能被污染的器具和物品做好消毒,对容易交叉污染的工具重点消毒。目前没有比较全面的消毒剂对 LI 效果的评估报告,有试验显示,LI 对多种消毒剂都有一定耐受性,如酚类、强氧化剂、部分含氯消毒药(如次氯酸钠),而对季铵盐类消毒药和含碘消毒药较敏感。因此,在生产过程中,选用合适的消毒剂,制定完善的消毒程序对 PPE 的预防有重要意义。

4. 合理使用药物

LI 是严格的细胞内寄生,在选用预防治疗 LI 的药物时,要满足以下几个方面:一是 LI 要对其有较高的敏感性;二是药物进入体内后能进入肠道上皮细胞;三是进入细胞的药物仍能保持较高的药物活性。LI 主要感染肠道的后半部位,抗生素分子进入消化道需要经过胃部酸性环境和小肠前半段各种酶的作用,还能保持其活性,还要通过肠道细胞膜和细胞质才能发挥作用。目前,已证明青霉素类药物、氨基糖胺类药物、离子载体类药物和杆菌肽等对 PPE 没有治疗作用。据报道,通过在饲料中添加 0.11‰的泰乐菌素,治疗 LI 感染猪群,可以明显控制腹泻,改善临床症状。试验证明,泰乐菌素通过拌料、饮水或肌肉注射等方式能有效治疗 PPE。McOrist 等用 0.05‰的泰妙菌素连续给猪群饲喂 2 d,然后把猪群暴露于 LI 污染区 21 d,然后连续饲喂 7 d 0.15‰的泰妙菌素,结果未发现相关临床症状及病变。而没用药物进行预防治疗的组,则发现有严重的特征病变和带菌排泄物。而对已感染动物,通过用泰妙菌素进行饲喂或饮水给药,都能有效减轻临床症状和特征性病变。以上试验表明,正确使用泰妙菌素能够有效地预防和治疗 PPE。许荣华等用 10 种抗生素做药敏试验,分别是泰万菌素、泰妙菌素、氟苯尼考、林可霉素、金霉素、强力霉素、壮观霉素、支原净、沃尼妙林和青霉素,结果显示,LI 对大环内酯最为敏感,四环素类次之,氯霉素类、青霉素类等不敏感。用泰万菌素、泰妙菌素、氟苯尼考做田间试验,泰万菌素和泰妙菌素都有治疗作用,而性价比最高的为 110 mg/kg 的泰妙菌素。关于支原净对 PPE 的防治效果和提高猪场经济效益方面,有些人对此做了相应的试验。支原净的主要活性成分为延胡索酸泰妙菌素。不管是口服还是注射给药,都能在肠道黏膜达到很高的药物浓度,能在细胞和组织上积聚,能穿透多核型白细胞,使细胞胞内的浓度远高于胞外。使用支原净试验组和不用药试验组相比,粪便中 LI 检出率低于不用药试验组,用药组能有效抑制回肠的典型病变。也有报道显示,林可霉素可以治疗改善 LI 感染,用药后感染猪可改善腹泻,改善日增重,但无法改善病变。

在药物治疗方案上，除了根据敏感性选用合适的药物外，确定合理的给药方式，完善给药程序至关重要。由于 PPE 病程较长，病情发展缓慢，用药时间最好持续两周以上，结合脉冲式给药，获得更大效果。在可能出现应激前，可适当添加抗生素药物如泰妙菌素和泰乐菌素等，预防 PPE 发生。如何减少抗生素的残留和避免病原对抗生素耐药性的产生，建立合理的用药方案至关重要。随着国外禁用抗生素生长促进剂和建议减少抗生素的使用量的情况下，PPE 将成为各国猪场日益突出的疾病，如何通过其他方法减少 PPE 引起的经济损失，也成为我们日益关注的重要课题。

5. 疫苗免疫

防重于治，这是控制传染病的基本原则。目前已有商品化的弱毒活疫苗，通过消化道给药，灌服或者饮水免疫。该疫苗可诱导动物产生全面的 T 细胞免疫，能够准确地到达靶黏膜，为机体提供最“自然”的免疫力，不会传播血源性疾病，减少应激，不出现肌肉注射局部反应等优势。因此，广泛认为口服是 PPE 最佳的接种途径。使用疫苗免疫时，应注意：免疫前后饲料饮水中不使用抗生素，降低免疫效果，注意水中消毒剂的影响，自来水中含有漂白粉等消毒药，会降低饮水免疫效果，免疫过程饮水量多少对免疫效果也有一定影响。生产中，应充分考虑母源抗体对 PPE 的免疫的影响，确定最适合的免疫时机。在 2006 年和 2008 年华中、华南两个猪场用恩特瑞猪回肠炎疫苗进行疫苗免疫接种，结果显示，使用疫苗免疫的试验组与对照组相比，试验组血痢发生率、软便率、淘汰和死亡率均低于未接种试验组，试验组能有效增加日增重，提前出栏，提高猪群的生产性能，增加经济效益。河南某猪场，通过对 381 个样本设置试验组和对照组，在 9～16 日龄对试验组样本灌服弱毒活疫苗，其结果可显示，试验组和对照组在出栏平均体重和死淘率均有显著差异，疫苗可以改善猪群的生产性能。

参考文献

白云云，葛旭影，高睿泽，等. 猪传染性胃肠炎病毒的分离鉴定及其 S 基因分子生物学特征的分析. 中国兽医科学，2016，46(3)：296-302.

陈建飞，王潇博，焦贺勋，等. 国内首株猪德尔塔冠状病毒(porcine deltacoronavirus)的分离鉴定. 中国预防兽医学报，2016，38(3)：171-174.

黄忠，宋长绪，等. 华南五省区猪增生性肠炎的血清学调查. 中国兽医科学，2006，36(9)：748-751.

李嘉琛，吴华伟，陈晓春，等. 猪传染性胃肠炎病毒的分离与鉴定. 中国兽药杂志，2018，52(3)：25-30.

李静. 内蒙古猪传染性胃肠炎流行病学调查及猪传染性胃肠炎病毒 S 基因序列分析. 呼和浩特：内蒙古农业大学，2016.

李亮. 猪肠类器官模型的建立及干扰素 λ 在肠道黏膜免疫中抗猪流行性腹泻病毒(PEDV)作用机制的研究. 北京：中国农业科学院研究生院，2019.

林绍荣. 猪增生性肠炎的诊断与防治[A]. 中国工厂化养猪二十年论文集. 上海，1999，453-457.

刘佩红，王建，沈莉萍，等. 上海地区猪增生性肠炎的血清流行病学调查. 动物医学进展，2007，28(9)：108-109.

刘烨. 基于 G2 型 PEDV S1 蛋白检测特异性 IgA 和 IgG 间接 ELISA 方法的建立及其灭活疫苗被动免疫评价. 北京：中国农业科学院研究生院，2019.

卫秀余，姚龙涛，等. 17 个疑似 PPE 猪群中胞内劳森氏菌的检测结果. 今日养猪，2005，(1)：24-26.

杨小燕，郑新添，陈杰，等. 闽西地区猪增生性肠炎的调查. 动物医学进展，2010，31(10)：126-128.

张家林. 猪德尔塔冠状病毒入侵的分子机制及疫苗免疫保护的初步评价. 北京：中国农业科学院研究生

院，2019.

Abdelhakim A H，Salgado E N，Fu X，et al. Structural correlates of rotavirus cell entry. PLoS Pathogens，2014，10 (9)：e1004355. DOI：10. 1371/journal. ppat. 1004355.

Amimo J O，Otieno T F，Okoth E，et al. Risk factors for rotavirus infection in pigs in Busia and Teso subcounties，Western Kenya. Tropical Animal Health and Production，2017，49 (1)：105-112. DOI：10. 1007/s11250-016-1164-9.

Amimo J O，Vlasova A N，Saif L J. Detection and genetic diversity of porcine group A rotaviruses in historic (2004) and recent (2011 and 2012) swine fecal samples in Ohio：predominance of the G9P[13] genotype in nursing piglets. Journal of Clinical Microbiology，2013，51 (4)：1142-1151. DOI：10. 1128/JCM. 03193-12.

Aoki S T，Settembre E C，Trask S D，et al. Structure of rotavirus outer-layer protein VP7 bound with a neutralizing Fab. Science，2009，324 (5933)：1444-1447. DOI：10. 1126/science. 1170481.

Arias C F，Silva-Ayala D，Lopez S. Rotavirus entry：a deep journey into the cell with several exits. Journal of Virology，2015，89 (2)：890-893. DOI：10. 1128/JVI. 01787-14.

Aung T S，Kobayashi N，Nagashima S，et al. Detection of group B rotavirus in an adult with acute gastroenteritis in Yangon，Myanmar. Journal of Medical Virology，2009，81(11)：1968—1974. DOI：10. 1002/jmv. 21613.

Azuma R，Hamacka T，Shioi H，et al. Case report of necrotic enteritis in neonatal pigs caused by Clostridium perfringens type C. Nippon Juigaku Zameszshi，1983，45：135.

Barnes D M，Moon H W. Enterotoxemia in pigs due to Clostridium perfringens type C. J Am Vet Med Assoc，1964，144：1391.

Becares M，Pascual-Iglesias A，Nogales A，et al. Mutagenesis of coronavirus nsp14 reveals its potential role in modulation of the innate immune response. Journal of virology，2016，90：5399-5414.

Bergeland M E. Pathogenesis and immunity of Clostridium perfringens type C enteritis in swine. J Am Vet Med Assoc，1972，160：568-571.

Bernard S，Bottreau E，Aynaud J M，et al. Natural infection with the porcine respiratory coronavirus induces protective lactogenic immunity against transmissible gastroenteritis. Veterinary Microbiology，1989，21：1-8.

Bertschinger H U，Bühlmann A. Absence of protective immunity in mammary glands after experimentally induced coliform mastitis. Proc Congr Int Pig Vet Soc，1990，11：175.

Bertschinger H U，Eggenberger E，Jucker H，et al. Evaluation of low nutrient，high fibre diets for the prevention of porcine *Escherichia coli* enterotoxaemia. Vet Microbiol，1978，3(4)：281-290.

Bertschinger H U，Nief V，Tschäpe H. Active oral immunization of suckling piglets to prevent colonization after weaning by enterotoxigenic *Escherichia coli* with fimbriae F18. Vet Microbiol，2000，71(3-4)：255-267.

Bertschinger H U，Pohlenz J. Bacterial colonization and morphology of the intestine in porcine *Escherichia coli* enterotoxemia (edema disease). Vet Pathol，1983，20(1)：99-110.

Bertschinger H U，Stamm M，Vögeli P. Inheritance of resistance to oedema disease in the pig：experiments with an *Escherichia coli* strain expressing fimbriae 107. Vet Microbiol，1993，35(1-2)：79-89.

Bianchi A T，Scholten J W，van Zijderveld A M，et al. Parenteral vaccination of mice and piglets with F4$^+$ *Escherichia coli* suppresses the enteric anti-F4 response upon oral infection. Vaccine，1996，14(3)：199-206.

Bishop R F，Davidson G P，Holmes I H，et al. Virus particles in epithelial cells of duodenal mucosa from children with acute non-bacterial gastroenteritis. Lancet，1973，2 (7841)：1281-1283.

Blutt S E，Conner M E. Rotavirus：to the gut and beyond! Current Opinion in Gastroenterology，2007，

23 (1):39-43. DOI:10.1097/MOG.0b013e328011829d.

Boniotti M B, Papetti A, Lavazza A, et al. Porcine epidemic diarrhea virus and discovery of a recombinant swine enteric coronavirus, Italy. Emerging Infectious Diseases, 2016, 22:83-87.

Bosworth B T, Samuel J E, Moon H W, et al. Vaccination with genetically modified Shiga-like toxin IIe prevents edema disease in swine. Infect Immun, 1996, 64(1):55-60.

Boye M, Baloda S B, Leser T D, et al. Survival of Brachyspira hyodysenteriae and *B. pilosicoli* in terrestrial microcosms. Vet Microbiol, 2001, 81(1):33-40.

Brubaker S W, Bonham K S, Zanoni I, et al. Innate immune pattern recognition: a cell biological perspective. Annual Review of Immunology, 2015, 33:257-290.

Buogo C, Capaul S, Haeni H, et al. Diagnosis of Clostridium perfringens type C enteritis in pigs using a DNA amplification technique (PCR). Zentralbl Veterinarmed B, 1995, 42:51-58.

Burrough E R. Swine dysentery. Vet Pathol, 2017, 54(1):22-31.

Bywater R J, Woode G N. Oral fluid replacement by a glucose glycine electrolyte formulation in *E coli* and rotavirus diarrhoea in pigs. Vet Rec, 1980, 106(4):75-78.

Calvo E, Escors D, Lopez J A, et al. Phosphorylation and subcellular localization of transmissible gastroenteritis virus nucleocapsid protein in infected cells. The Journal of General Virology, 2005, 86:2255-2267.

Cao L, Ge X, Gao Y, et al. Porcine epidemic diarrhea virus infection induces NF-κ B activation through the TLR2, TLR3 and TLR9 pathways in porcine intestinal epithelial cells. J Gen Virol, 2015, 96(Pt 7):1757-1767.

Chang C Y, Hsu W T, Chao Y C, et al. Display of porcine epidemic diarrhea virus spike protein on baculovirus to improve immunogenicity and protective efficacy. Viruses, 2018, 10(7):346.

Chen J, Fang P, Wang M, et al. Porcine deltacoronavirus nucleocapsid protein antagonizes IFN-β production by impairing dsRNA and PACT binding to RIG-I. Virus Genes, 2019, 55(4):520-531.

Chen J, Liu X, Shi D, et al. Detection and molecular diversity of spike gene of porcine epidemic diarrhea virus in China. Viruses, 2013, 5(10):2601-2613.

Chen J, Wang C, Shi H, et al. Molecular epidemiology of porcine epidemic diarrhea virus in China. Arch Virol, 2010, 155(9):1471-1476.

Chen Q, Gauger P, Stafne M, et al. Pathogenicity and pathogenesis of a United States porcine deltacoronavirus cell culture isolate in 5-day-old neonatal piglets. Virology, 2015, 482:51-59.

Chen R, Fu J, Hu J, et al. Identification of the immunodominant neutralizing regions in the spike glycoprotein of porcine deltacoronavirus. Virus Res, 2020, 276:197834.

Clugston R E, Nielsen N O, Roe W E. Experimental edema disease of swine (*E. coli* enterotoxemia). Ⅱ. The development of hypertension after the intravenous administration of edema disease principle. Can J Comp Med, 1974, 38(1):29-33.

Clugston R E, Nielsen N O, Smith D L. Experimental edema disease of swine (*E. coli* enterotoxemia). Pathology and pathogenesis. Can J Comp Med, 1974, 38(1):34-43.

Collins A M, R J Love, S Jasni, et al. Tempted infection of mice, rats and chickens by porcine strains of Lawsonia intracellularis. Australian Veterinary Journal, 1999, 77(2):120-122.

CooPer D M, Gebhart C J. Comparative aspects of proliferative enteritis. Journal of the American Veterinary Medical Association, 1998, 212:1446-1451.

Costa M O, Hill J E, Fernando C, et al. Confirmation that *Brachyspira hampsonii* clade I (Canadian strain 30599) causes mucohemorrhagic diarrhea and colitis in experimentally infected pigs. BMC Vet Res, 2014, 10(1):129.

Costantini V, Lewis P, Alsop J, et al. Respiratory and fecal shedding of porcine respiratory coronavirus (PRCV) in sentinel weaned pigs and sequence of the partial S-gene of the PRCV isolates. Archives of Virology, 2004, 149:957-974.

Cruz J L, Becares M, Sola I, et al. Alphacoronavirus protein 7 modulates host innate immune response. Journal of Virology, 2013, 87:9754-9767.

Cruz J L, Sola I, Becares M, et al. Coronavirus gene 7 counteracts host defenses and modulates virus virulence. PLoS Pathogens, 2011, 7:e1002090.

David J H. Distribution and transmission of aetiological agents of swine dysentery. Vet Rec, 2018, 182(7):192-194.

De Cupere F, Deprez P, Demeulenaere D, et al. Evaluation of the effect of 3 probiotics on experimental *Escherichia coli* enterotoxaemia in weaned piglets. Zentralbl Veterinarmed B, 1992, 39(4):277-284.

Dean P, Kenny B. The effector repertoire of enteropathogenic *E. coli*: ganging up on the host cell. Curr Opin Microbiol, 2009, 12(1):101-109.

Delmas B, Gelfi J, Sjostrom H, et al. Further characterization of aminopeptidase-N as a receptor for coronaviruses. Advances in Experimental Medicine and Biology, 1993, 342:293-298.

Deprez P, De Cupere F, Muylle E. The effect of feeding dried plasma on experimental *Escherichia coli* enterotoxemia in piglets. Proc Congr Int Pig Vet Soc, 1990, 11:149.

Deprez P, Van den Hende C, Muylle E, et al. The influence of the administration of sow's milk on the post-weaning excretion of hemolytic *E. coli* in the pig. Vet Res Commun, 1986, 10(6):469-478.

Desselberger U. Rotaviruses. Virus research, 2014, 190:75-96. DOI:10.1016/j. virusres. 2014. 06. 016.

Diab S S, Uzal F A, Songer J G. Diseases produced by clostridium difficile. Clostridial Diseases of Animals. John Wiley & Sons, Inc, 2016.

Diep N V, Norimine J, Sueyoshi M, et al. Novel porcine epidemic diarrhea virus (PEDV) variants with large deletions in the spike (S) gene coexist with PEDV strains possessing an intact S gene in domestic pigs in Japan: a new disease situation. PLoS One, 2017, 12(1):e0170126.

Ding G, Fu Y, Li B, et al. Development of a multiplex RT-PCR for the detection of major diarrhoeal viruses in pig herds in China. Transbound Emerg Dis, 2020, 67(2):678-685.

Ding Z, An K, Xie L, et al. Transmissible gastroenteritis virus infection induces NF-kappaB activation through RLR-mediated signaling. Virology, 2017, 507:170-178.

Dong B Q, Liu W, Fan X H, et al. Detection of a novel and highly divergent coronavirus from asian leopard cats and Chinese ferret badgers in Southern China. J Virol, 2007, 81(13):6920-6926.

Dong H, Zhang X, Shi H, et al. Characterization of an immunodominant epitope in the endodomain of the coronavirus membrane protein. Viruses, 2016, 8(12):327.

Doyle L P, Hutchings L M. A transmissible gastroenteritis in pigs. Journal of the American Veterinary Medical Association, 1946, 108:257-259.

Duinhof T F, Dierikx C M, Koene M G, et al. Multiresistant Brachyspira hyodysenteriae in a Dutch sow herd. Tijdschr Diergeneeskd, 2008, 133 (14-15):604-608.

Eleouet J F, Slee E A, Saurini F, et al. The viral nucleocapsid protein of transmissible gastroenteritis coronavirus (TGEV) is cleaved by caspase-6 and -7 during TGEV-induced apoptosis. Journal of Virology, 2000, 74:3975-3983.

Escors D, Ortego J, Laude H, et al. The membrane M protein carboxy terminus binds to transmissible gastroenteritis coronavirus core and contributes to core stability. Journal of Virology, 2001, 75:1312-1324.

Fairbrother J M, Higgins R, Desautels C. Trends in pathotypes and antimicrobial resistance of *E. coli* isolates from weaned pigs with postweaning diarrhea in quebec. Proc Congr Int Pig Vet Soc, 2000, 16:17.

Fairbrother J M, Nadeau É, Bélanger L, et al. Immunogenicity and protective efficacy of a single-dose live non-pathogenic *Escherichia Coli* oral vaccine against F4-positive enterotoxigenic *Escherichia Coli* challenge in Pigs. Vaccine, 2017, 35(2):353-360.

Fang P, Fang L, Hong Y, et al. Discovery of a novel accessory protein NS7a encoded by porcine deltacoronavirus. J Gen Virol, 2017, 98(2):173-178.

Fang P, Fang L, Liu X, et al. Identification and subcellular localization of porcine deltacoronavirus accessory protein NS6. Virology, 2016, 499:170-177.

Fang P, Fang L, Ren J, et al. Porcine deltacoronavirus accessory protein NS6 antagonizes interferon beta production by interfering with the binding of RIG-I/MDA5 to double-stranded RNA. J Virol, 2018, 92(15): e00712-718.

Faubert C, Drolet R. Hemorrhagic gastroenteritis caused by *Escherichia coli* in piglets: Clinical, pathological and microbiological findings. Can Vet J, 1992, 33(4):251-256.

Field H L, Goodwin R F W. The experimental reproduction of enterotoxaemia in piglets. J Hyg (Camb), 1959, 57:81.

Francis D H. Enterotoxigenic *Escherichia coli* infection in pigs and its diagnosis. Journal of Swine Health and Production, 2002, 10:171-175.

Frydendahl K, Kåre Jensen T, Strodl Andersen J, et al. Association between the porcine *Escherichia coli* F18 receptor genotype and phenotype and susceptibility to colonisation and postweaning diarrhoea caused by *E. coli* O138: F18. Vet Microbiol, 2003, 93(1):39-51.

Frydendahl K. Prevalence of serogroups and virulence genes in *Escherichia coli* associated with postweaning diarrhoea and edema disease in pigs and a comparison of diagnostic approaches. Vet Microbiol, 2002, 85(2):169-182.

Fu J, Chen R, Hu J, et al. Identification of a novel linear B-cell epitope on the nucleocapsid protein of porcine deltacoronavirus. Int J Mol Sci, 2020, 21(2):648.

Gannon V P, Gyles C L, Wilcock B P. Effects of *Escherichia coli* Shiga-like toxins (verotoxins) in pigs. Can J Vet Res, 1989, 53(3):306-312.

Gebhart C J, Bams S M, McOrist S, et al. Ileal symbiont intracellularis, an obligate intracellular bacterium of porcine intestinesshowing a relationship to desulfovibrio species. International Journal of Systematic Bacteriology, 1993, 43(3):533-538.

Glock R D, Harris D L, Kluge J P, et al. Localization of spirochetes with the structural characteristics of Treponema hyodysenteriae in the lesions of swine dysentery. Infect Immun, 1974, 9(1):167-178.

Gong L, Li J, Zhou Q, et al. A new bat-HKU2-like coronavirus in swine, China, 2017. Emerging Infectious Diseases, 2017, 23.

Gunther C, Josenhans C, Wehkamp J. Crosstalk between microbiota, pathogens and the innate immune responses. International Journal of Medical Microbiology, 2016, 306:257-265.

Guo L, Luo X, Li R, et al. Porcine epidemic diarrhea virus infection inhibits interferon signaling by targeted degradation of STAT1. J Virol, 2016, 90(18):8281-8292.

Gyles C L. Pathogenesis of bacterial infections in animals: Wiley-Blackwell. Oxford, UK: Blackwell Publishing, 2010:267-308.

Haiinigan J H. dentification and preliminary characterisation of Lawsonia intracellulariscytolytic activity. M Sc Thesis Edinburgh: University of Edinburgh, 1997.

Hampson D J, Fu Z F, Robertson I D. Investigation of the source of haemolytic *Escherichia coli* infecting weaned pigs. Epidemiol Infect，1987，99(1):149-153.

Hampson D J，Wang P. Colonic spirochetes：what has genomics taught us? Curr Top Microbiol Immunol，2018，415:273-294.

Han Y，Zhang J，Shi H，et al. Epitope mapping and cellular localization of swine acute diarrhea syndrome coronavirus nucleocapsid protein using a novel monoclonal antibody. Virus Research，2019，273:197752.

Harbola P C，Khera S S. Porcine enteritis due to clostridium perfringens and its immunoprophylaxis. Proc Int Pig Vet Soc Congr，1990，11:164.

Harel J，Lapointe H，Fallara A，et al. Detection of genes for fimbrial antigens and enterotoxins associated with *Escherichia coli* serogroup isolated from pigs with diarrhea. J Clin Microbiol，1991，29(4):745-752.

Harris D L，Glock R D，Christensen C R，et al. Inoculation of pigs with Treponema hyodysenteriae (new species) and reproduction f the disease. Vet Med Small Anim Clin，1972，67(1):61-64.

Helie P，Morin M，Jacques M，et al. Experimental infection of newborn pigs with an attaching and effacing *Escherichia coli* O45：K"E65" strain. Infect Immun，1991，59(3):814-821.

Heo J M，Opapeju F O，Pluske J R，et al. Gastrointestinal health and function in weaned pigs：a review of feeding strategies to control post-weaning diarrhoea without using in-feed antimicrobial compounds. J Anim Physiol Anim Nutr (Berl)，2013，97(2):207-237.

Hogh P. Necrotizing infectious enteritis in piglets，caused by clostridium perfringens type C. Incidence and clinical features. Acta Vet Scand，1967a，8:301-323.

Hogh P. Necrotizing infectious enteritis in piglets，caused by clostridium perfringens type C. Ⅳ. Bacteriological diagnosis. Acta Vet Scand，1969，10(1):84-100.

Hogh P. The occurrence in Denmark of necrotizing enteritis in piglets caused by clostridium perfringens type C. Bull Off Int Epizoot，1967，67:1351-1359.

Holyoake P K，Cutler R S. Outbreaks of proliferative haemorrhagic enteropathy on two pig farms. Anst Vet J，1995，72(7):253-256.

Homieh M，Chrastova V. Regional ileitis-a diarrheal disease of pigs. Vet Med(Praha)，1981，26(10)：585-592.

Hooper B E，Haelterman E O. Lesions of the gastrointestinal tract of pigs infected with transmissible gastroenteritis. Canadian journal of comparative medicine. Revue Canadienne de Medecine Comparee，1969，33:29-36.

Hou Y，Ke H，Kim J，et al. Engineering a live attenuated porcine epidemic eiarrhea virus vaccine candidate via inactivation of the viral 2′-O-Methyltransferase and the endocytosis signal of the spike protein. J Virol，2019，93(15):e00406-00419.

Hsu T H，Liu H P，Chin C Y，et al. Detection，sequence analysis，and antibody prevalence of porcine deltacoronavirus in Taiwan. Archives of Virology，2018，163:3113-3117.

Hu H，Jung K，Vlasova A N，et al. Experimental infection of gnotobiotic pigs with the cell-culture-adapted porcine deltacoronavirus strain OH-FD22. Arch Virol，2016，161(12):3421-3434.

Hu H，Jung K，Vlasova A N，et al. Isolation and characterization of porcine deltacoronavirus from pigs with diarrhea in the United States. J Clin Microbiol，2015，53(5):1537-1548.

Hu L，Crawford S E，Czako R，et al. Cell attachment protein VP8* of a human rotavirus specifically interacts with A-type histo-blood group antigen. Nature，2012，485 (7397)：256-259. DOI：10. 1038/nature10996.

Hu X，Li N，Tian Z，et al. Molecular characterization and phylogenetic analysis of transmissible gastroenteritis virus HX strain isolated from China. BMC Veterinary Research，2015，11:72.

Hu X, Tian J, Kang H, et al. Transmissible gastroenteritis virus papain-like protease 1 antagonizes production of interferon-beta through its deubiquitinase activity. BioMed Research International, 2017, 7089091.

Huang X, Chen J, Yao G, et al. A TaqMan-probe-based multiplex real-time RT-qPCR for simultaneous detection of porcine enteric coronaviruses. Applied Microbiology and Biotechnology, 2019, 103:4943-4952.

Huang Y, Ding L, Li Z, et al. Transmissible gastroenteritis virus infection induces cell apoptosis via activation of p53 signalling. The Journal of General Virology, 2013, 94:1807-1817.

Hughes R, Olander H J, Kanitz D L, et al. A study of swine dysentery by immunofluorescence and histology. Vet Pathol, 1977, 14(5):490-507.

Imberechts H, Bertschinger H U, Stamm M, et al. Prevalence of F107 fimbriae on *Escherichia coli* isolated from pigs with oedema disease or postweaning diarrhoea. Vet Microbiol, 1994, 40(3-4):219-230.

Jacobson M, Fellstrm C, Lindberg R, et al. Experimental swine dysentery: comparison between infection models. J Med Microbiol, 2004, 53(Pt 4):273-280.

Jamalludeen N, Johnson R P, Shewen P E, et al. Evaluation of bacteriophages for prevention and treatment of diarrhea due to experimental enterotoxigenic *Escherichia coli* O149 infection of pigs. Vet Microbiol, 2009, 136(1-2):135-141.

Jansson A M. Structure of alphacoronavirus transmissible gastroenteritis virus nsp1 has implications for coronavirus nsp1 function and evolution. Journal of Virology, 2013, 87:2949-2955.

Jayaram H, Estes M K, Prasad B V. Emerging themes in rotavirus cell entry, genome organization, transcription and replication. Virus Res, 2004, 101(1):67-81. DOI:10.1016/j.virusres.2003,12:007.

Jenkins E M. Development of resistance to swine dysentery. Vet Med Small Anim Clin, 1978, 73(7): 931-936.

Jiang X, Liu Y, Tan M. Histo-blood group antigens as receptors for rotavirus, new understanding on rotavirus epidemiology and vaccine strategy. Emerging Microbes & Infections, 2017, 6(4):e22. DOI:10.1038/emi.2017, 30.

Jing Z, Zhang X, Shi H, et al. A G3P[13] porcine group A rotavirus emerging in China is a reassortant and a natural recombinant in the VP4 gene. Transboundary and Emerging Diseases, 2018, 65(2):e317-e328. DOI:10.1111/tbed.12756.

Joens L A, Deyoung D W, Glock R D, et al. Passive protection of segmented swine colonic loops against swine dysentery. Am J Vet Res, 1985, 46(11):2369-2371.

Joens L A, Harris D L, Baum D H. Immunity to swine dysentery in recovered pigs. Am J Vet Res, 1979, 40(10):1352-1354.

Joens L A, Whipp S C, Glock R D, et al. Serotype-specific protection against Treponema hyodysenteriae infection in ligated colonic loops of pigs recovered from swine dysentery. Infect Immun, 1983, 39(1):460-462.

Johansen M, Baekbo P, Thomsen L K. Control of edema disease in Danish pig herds. Proc Congr Int Pig Vet Soc, 1996, 14:256.

Jonasson R, Andersson M, Råsbäck T, et al. Immunological alterations during the clinical and recovery phases of experimental swine dysentery. J Med Microbiol, 2006, 55:845-855.

Jonasson R, Essén-Gustavsson B, Jensen-Waern M. Blood concentrations of amino acids, glucose and lactate during experimental swine dysentery. Res Vet Sci, 2007, 82(3):323-331.

Jonasson R, Johannisson A, Jacobson M, et al. Differences in lymphocyte subpopulations and cell counts before and after experimentally induced swine dysentery. J Med Microbiol, 2004, 53(Pt 4):267-272.

Jorsal S E, Aarestrup F M, Ahrens P. Oedema disease in Danish pig herds: transmission by trade of breeding animals. Proc Congr Int Pig Vet Soc, 1996, 14:265.

Jung K, Hu H, Eyerly B, et al. Pathogenicity of 2 porcine deltacoronavirus strains in gnotobiotic pigs. Emerg Infect Dis, 2015, 21(4):650-654.

Jung K, Saif L J. Porcine epidemic diarrhea virus infection: Etiology, epidemiology, pathogenesis and immunoprophylaxis. Vet J, 2015, 204(2):134-143.

Jäggi M. Retrospective study on necrotizing enteritis in piglets in Switzerland. Schweiz Arch Tierheilkd, 2009, 151:369-375.

Kariyawasam S, Wilkie B N, Gyles C L. Construction, characterization, and evaluation of the vaccine potential of three genetically defined mutants of avian pathogenic escherichia coli. Avian Diseases, 2004, 48(2): 287-299.

Karlsson M, Fellström C, Heldtander M U, et al. Genetic basis of macrolide and lincosamide resistance in Brachyspira (Serpulina) hyodysenteriae. FEMS Microbiol Lett, 1999, 172(2):255-260.

Kausche F M, Dean E A, Arp L H, et al. An experimental model for subclinical edema disease (*Escherichia coli* enterotoxemia) manifest as vascular necrosis in pigs. Am J Vet Res, 1992, 53(3):281-287.

Kawai T, Akira S. Innate immune recognition of viral infection. Nature Immunology, 2006, 7:131-137.

Kelly D, Begbie R, King T P. Nutritional influences on interactions between bacteria and the small intestinal mucosa. Nutr Res Rev, 1994, 7(1):233-257.

Kemeny L J, Woods R D. Quantitative transmissible gastroenteritis virus shedding patterns in lactating sows. American Journal of Veterinary Research, 1977, 38:307-310.

Kennedy K K, Norris S J, Beckenhauer W H, et al. Vaccination of cattle and sheep with a combined clostridium perfringens types C and D toxoid. Am J Vet Res, 1977, 38:1515-1518.

Kil D Y, Ji F, Stewart L L, et al. Net energy of soybean oil and choice white grease in diets fed to growing and finishing pigs. J Anim Sci, 2011, 89(2):448-459.

Kim L, Chang K O, Sestak K, et al. Development of a reverse transcription-nested polymerase chain reaction assay for differential diagnosis of transmissible gastroenteritis virus and porcine respiratory coronavirus from feces and nasal swabs of infected pigs. Journal of Veterinary Diagnostic Investigation: Official Publication of the American Association of Veterinary Laboratory Diagnosticians, 2000, 12:385-388.

Kinyon J M, Harris D L, Glock R D. Enteropathogenicity of various isolates of Treponema hyodysenteriae. Infect Immun, 1977, 15(2):638-646.

Kohler E M. Protection of pigs against neonatal enteric colibacillosis with colostrum and milk from orally vaccinated sows. Am J Vet Res, 1974, 35(3):331-338.

Konstantinov S R, Smidt H, Akkermans A D, et al. Feeding of lactobacillus sobrius reduces *Escherichia coli* F4 levels in the gut and promotes growth of infected piglets. FEMS Microbiol Ecol, 2008, 66(3): 599-607.

Kubo M, Watase H. Electron microscopy of clostridium perfringens in the intestine of neonatal pigs with necrotic enteritis. Nippon Juigaku Zasshi, 1985, 47:497-501.

Kulathunga, Rubin J E. A review of the current state of antimicrobial susceptibility test methods for Brachyspira. Can J Microbiol, 2017, 63(6):465-474.

La T, Phillips N D, Reichel M P, et al. Protection of pigs from swine dysentery by vaccination with recombinant BmpB, a 29. 7 kD outer-membrane lipoprotein of Brachyspira hyodysenteriae. Vet Microbiol, 2004,102(1-2):97-109.

Laude H, Charley B, Gelfi J. Replication of transmissible gastroenteritis coronavirus (TGEV) in swine alveolar macrophages. The Journal of General Virology, 1984, 65 (Pt 2):327-332.

Laude H, Gelfi J, Lavenant L, et al. Single amino acid changes in the viral glycoprotein M affect induction of alpha interferon by the coronavirus transmissible gastroenteritis virus. Journal of Virology, 1992, 66: 743-749.

Lawson G H K, McOrist S, Jasni S, et al. Intracellular bacteria of porcine proliferative enteropathy-cultivation and maintenance invitro. Journal of Clinical Microbiology, 1993, 31(5):1136-1142.

Lawson G H, Rowland A C, Maelntyre N. Monstration of a new intraeellular antigen in porcine intestinal adenomatosis and hamster proliferative ileitis. Vet Microbiol, 1985, 10(4):303-313.

Lawson G H, Rowland A C, Roberts L, et al. Proliferative haemorrhagic enteropathy. ResVet Sci, 1979, 27(1):46-51.

Lecce J G, Balsbaugh R K, Clare D A, et al. Effect of dietary regimen on rotavirus-*Escherichia coli* weanling diarrhea of piglets. J Clin Microbiol, 1982, 16(4):715-723.

Lee C. Porcine epidemic diarrhea virus: an emerging and re-emerging epizootic swine virus. Virol J, 2015, 12:193.

Leser T D, Lindecrona R H, Jensen T K, et al. Changes in bacterial community structure in the colon of pigs fed different experimental diets and after infection with Brachyspira hyodysenteriae. Appl Environ Microbiol, 2000, 66(8):3290-3296.

Li L, Fu F, Guo S,et al. Porcine intestinal enteroids: a new model for studying enteric coronavirus porcine epidemic diarrhea virus infection and the host innate response. J Virol, 2019, 93(5):e01682-01688.

Li X, Wang L, Zhen Y, et al. Chicken egg yolk antibodies (IgY) as non-antibiotic production enhancers for use in swine production: a review. J Anim Sci Biotechnol, 2015, 6(1):40.

Lin C M, Saif L J, Marthaler D, et al. Evolution, antigenicity and pathogenicity of global porcine epidemic diarrhea virus strains. Virus Res, 2016, 226:20-39.

Liu J, Gao R, Shi H,et al. Development of a rapid immunochromatographic strip test for the detection of porcine epidemic diarrhea virus specific SIgA in colostrum. J Virol Methods, 2020a, 279:113855.

Liu J, Shi H, Cong G,et al. Development of a rapid and sensitive europium (Ⅲ) chelate microparticle-based lateral flow test strip for the detection and epidemiological surveillance of porcine epidemic diarrhea virus. Arch Virol. 2020b, 165(5):1049-1056.

Liu X, Fang P, Fang L, et al. Porcine deltacoronavirus nsp15 antagonizes interferon-β production independently of its endoribonuclease activity. Mol Immunol, 2019, 114:100-107.

Liu Y Y, Wang Y, Walsh T R, et al. Emergence of plasmid-mediated colistin resistance mechanism MCR-1 in animals and human beings in China: a microbiological and molecular biological study. Lancet Infect Dis, 2016, 16(2):161-168.

Love R J, Love D N, Edwards M J. Proliferative haemorrhagic enteropathy in pigs. Vet Ree An, 1977, 100(4):65-68.

Lu M, Liu Q, Wang X, et al. Development of an indirect ELISA for detecting porcine deltacoronavirus IgA antibodies. Arch Virol, 2020, 165(4):845-851.

Luo L, Wang S, Zhu L,et al. Aminopeptidase N-null neonatal piglets are protected from transmissible gastroenteritis virus but not porcine epidemic diarrhea virus. Scientific Reports, 2019, 9:13186.

Luo X, Guo L, Zhang J, et al. Tight junction protein occludin is a porcine epidemic diarrhea virus entry factor. J Virol, 2017, 91(10):e00202-00217.

Ma Y, Zhang Y, Liang X, et al. Origin,evolution, and virulence of porcine deltacoronaviruses in the United States. Mbio, 2015, 6(2):e00064.

Maclachlan N J, Dubovi E J. Fenner's veterinary virology. Elsevier lnc, 2011.

MacLeod D L, Gyles C L. Purification and characterization of an *Escherichia coli* Shiga-like toxin Ⅱ variant. Infect Immun, 1990, 58(5):1232-1239.

Maclntyre N, Smith D G E, Shaw D J, et al. Immunopathogenesis of experimentally induced proliferativeenteropathy in pigs. Vet Rec, 2003(121):533-536.

Magtoto R, Poonsuk K, Baum D, et al. Evaluation of the serologic cross-reactivity between transmissible gastroenteritis coronavirus and porcine respiratory coronavirus using commercial blocking enzyme-linked immunosorbent assay kits. Msphere, 2019, 4.

Mainil J G, Jacquemin E, Pohl P, et al. DNA sequences coding for the F18 fimbriae and AIDA adhesin are localised on the same plasmid in *Escherichia coli* isolates from piglets. Vet Microbiol, 2002, 86(4): 303-311.

Man C, Yu X. Cloning and sequence analysis of N gene of transmissible gastroenteritis virus HYM-09 isolated from dog in China. Indian Journal of Virology: An Official Organ of Indian Virological Society, 2012, 23:364-367.

Marquardt R R, Jin L Z, Fang L, et al. Passive protective effect of egg-yolk antibodies against enterotoxigenic *Escherichia coli* K88+ infection in neonatal and early-weaned piglets. FEMS Immunol Med Microbiol, 1999, 23(4):283-288.

Marthaler D, Raymond L, Jiang Y, et al. Rapid detection, complete genome sequencing, and phylogenetic analysis of porcine deltacoronavirus. Emerg Infect Dis, 2014, 20(8):1347-1350.

Matsuyama S, Taguchi F. Communication between S1N330 and a region in S2 of murine coronavirus spike protein is important for virus entry into cells expressing CEACAM1b receptor. Virology, 2002, 295:160-171.

Matthias D, Illner F, Bauman G. Studies on the pathogenesis of gastrointestinal changes in infectious gastroenteritis of swine. Preliminary report. Monatsh Veterinarmed, 1965, 20:957-958.

Matthias D, Illner F, Bauman G. The importance of clostridium perfringens in the path ogenesis of swine dysentery. Arch Exp Veterinarmed, 1968, 22:417.

Matthijnssens J, Otto P H, Ciarlet M, et al. VP6-sequence-based cutoff values as a criterion for rotavirus species demarcation. Archives of Virology, 2012, 157(6):1177-1182. DOI:10.1007/s00705-012-1273-3.

McEwan G T, Schousboe B, Skadhauge E. Direct measurement of mucosal surface pH of pig jejunum in vivo. Zentralbl Veterinarmed A, 1990, 37(6):439-444.

McOrist S, Jasni S, Mackie R A, et al. Entry of the bacterium dealsymbiont intracellularis into cultured enterocytes and its subsequent release. Research in Veterinary Science, 1995, 59(3):255-260.

McOrist S, Jasni S, Mackie R A, et al. Entry of the bacterium ileal symbiont intracellularis intocultured enterocytes its subsequent release. Research in Veterinary Science, 1995, 59:255-260.

McOrist S, L Roberts, S Jasni, et al. Developed and resolving lesions in porcine proliferative enteropathy: possible pathogenetic mechanisms. Journal of Comparative Pathology, 1996, 115(1):35-45.

McOrist S, Macintyre N, Stokes C R, et al. Immunocytological responses in porcine proliferative enteropathies. Infection and Immunity, 1992, 60(10):4184-4191.

McOrist S, Mackie R A, Lawson G H K, et al. In-vitro interactions of Lawsonia intracellularis with cultured enterocytes. Veterinary Microbiology, 1997, 54(3-4):385-392.

McOrist S, Mackie R A, Neef N, et al. Synergism of ileal symbiont intracellularis and gut bacteria in the reproduction of porcine proliferative enteropathy. Veterinary Record, 1994, 134(13):17331-17332.

McOrist S, Muller Wager A, Kratzer D, et al. Therapeutic efficacy of water-soluble lincomycin-spectinomycin powder against porcine proliferation enteropathy in a European field study. VetRec. 2000, 146:61-65.

Meer R, Songer J. Multiplex polymerase chain reaction assay for genotyping clostridium perfringens. Am J Vet Res, 1997, 58:702-705.

Meszaros J, Pesti L. Studies on the pathogenesis of gastroenteritis in swine. Preliminary report. Acta Vet Acad Sci Hung, 1965, 15:465.

Methiyapun S, Pohlenz J F L, Bertschinger H U. Ultrastructure of the intestinal mucosa in pigs experimentally inoculated with an edema disease-producing strain of *Escherichia coli* (0139:K12:H1). Veterinary Pathology, 1984, 21(5):516-520.

Miclard J. Clostridium perfringens beta-toxin targets endothelial cells in necrotizing enteritis in piglets. Vet Microbiol, 2009, 137:320-325.

Mirajkar N S, Bekele A Z, Chander Y Y, et al. Molecular epidemiology of novel pathogen *Brachyspira hampsonii* reveals relationships between diverse genetic groups, regions, host species and other pathogenic and commensal Brachyspira. J Clin Microbiol, 2015, 53(9):2908-2918.

Moxley R A, Olson L R. Lesions of transmissible gastroenteritis virus infection in experimentally inoculated pigs suckling immunized sows. American Journal of Veterinary Research, 1989, 50:708-716.

Mynott T L, Luke R K, Chandler D S. Oral administration of protease inhibits enterotoxigenic *Escherichia coli* receptor activity in piglet small intestine. Gut, 1996, 38(1):28-32.

Nagy B, Casey T A, Whipp S C, et al. Susceptibility of porcine intestine to pilus-mediated adhesion by some isolates of piliated enterotoxigenic *Escherichia coli* increases with age. Infect Immun, 1992, 60(4):1285-1294.

Nagy B, Whipp S C, Imberechts H, et al. Biological relationship between F18ab and F18ac fimbriae of enterotoxigenic and verotoxigenic *Escherichia coli* from weaned pigs with oedema disease or diarrhoea. Microb Pathog, 1996, 22(1):1-11.

Nakamine M, Kono Y, Abe S, et al. Dual infection with enterotoxigenic *Escherichia coli* and porcine reproductive and respiratory syndrome virus observed in weaning pigs that died suddenly. J Vet Med Sci, 1998, 60(5):555-561.

Nakamura S. Spirochete flagella and motility. Biomolecules, 2020, 10(4):550.

Nataro J P, Kaper J B. Diarrheagenic *Escherichia coli*. Clin Microbiol Rev, 1998, 11(1):142-201.

Neef N A, Lysons R J. Pathogenicity of a strain of Yersinia pseudotuberculosis isolated from a pig with porcine colitis syndrome. Vet Rec, 1994, 135(3):58-63.

Noamani B N, Fairbrother J M, Gyles C L. Virulence genes of O149 enterotoxigenic *Escherichia coli* from outbreaks of postweaning diarrhea in pigs. Vet Microbiol, 2003, 97(1-2):87-101.

Ohnuna Y, Kondo H, Saino H, et al. Necrotic enteritis due to clostridium perfringens type C in newborn piglets. J Jpn Vet Med Assoc, 1992, 45:738-741.

OIE Technical Factsheet. Infection With Porcine Epidemic Diarrhoea Virus, 2014, 1-4.

Opriessnig T, Xiao C T, Gerber P F, et al. Porcine epidemic diarrhea virus RNA present in commercial spray-dried porcine plasma is not infectious to naïve pigs. PLoS One, 2014, 9(8):e104766.

Ortego J, Ceriani J E, Patino C, et al. Absence of E protein arrests transmissible gastroenteritis coronavirus maturation in the secretory pathway. Virology, 2007, 368:296-308.

Osek J. Detection of the enteroaggregative *Escherichia coli* heat-stable enterotoxin 1 (EAST1) gene and its relationship with fimbrial and enterotoxin markers in *E. coli* isolates from pigs with diarrhoea. Vet Microbiol, 2003, 91(1):65-72.

Owusu-Asiedu A, Baidoot S K, Nyachoti C M, et al. Response of early-weaned pigs to spray-dried porcine or animal plasma-based diets supplemented with egg-yolk antibodies against enterotoxigenic *Escherichia coli*. J Anim Sci, 2002, 80(11):2895-2903.

Pan Y, Tian X, Qin P, et al. Discovery of a novel swine enteric alphacoronavirus (SeACoV) in southern

China. Veterinary Microbiology, 2017, 211:15-21.

Papatsiros V G, Stylianaki I, Papakonstantinou G,et al. Case report of transmissible gastroenteritis coronavirus infection associated with small intestine and brain lesions in piglets. Viral Immunology, 2019, 32:63-67.

Pascual-Iglesias A, Sanchez C M, Penzes Z, et al. Recombinant chimeric transmissible gastroenteritis virus (TGEV)-porcine epidemic diarrhea virus (PEDV) virus provides protection against virulent PEDV. Viruses, 2019, 11(8):682.

Paton D, Ibata G, Sands J,et al. Detection of transmissible gastroenteritis virus by RT-PCR and differentiation from porcine respiratory coronavirus. Journal of Virological Methods, 1997, 66:303-309.

Patton J T, Vasquez-Del Carpio R, Tortorici M A, et al. Coupling of rotavirus genome replication and capsid assembly. Adv Virus Res, 2007, 69:167-201. DOI:10.1016/S0065-3527(06)69004-0.

Paudel S, Park J E, Jang H, et al. Evaluation of antibody response of killed and live vaccines against porcine epidemic diarrhea virus in a field study. Vet Q, 2014, 34(4):194-200.

Pensaert M, Callebaut P, Vergote J. Isolation of a porcine respiratory, non-enteric coronavirus related to transmissible gastroenteritis. The Veterinary Quarterly, 1986, 8:257-261.

Pineyro P E, Lozada M I, Alarcon L V, et al. First retrospective studies with etiological confirmation of porcine transmissible gastroenteritis virus infection in Argentina. BMC Veterinary Research, 2018, 14:292.

Pluske J R, Durmic Z, Pethick D W, et al. Confirmation of the role of rapidly fermentable carbohydrates in the expression of swine dysentery in pigs after experimental infection. J Nutr, 1998, 128(10):1737-1744.

Pluske J R, Siba P M, Pethick D W, et al. The incidence of swine dysentery in pigs can be reduced by feeding diets that limit the amount of fermentable substrate entering the large intestine. J Nutr, 1996, 126(11):2920-2933.

Pohl S, Bertschinger H U, Frederiksen W, et al. Transfer of Haemophilus pleuropneumoniae and the Pasteurella haemolytica-like organism causing porcine necrotic pleuropneumonia to the genus Actinobacillus (Actinobacillus pleuropneumoniae comb. nov.) on the basis of phenotypic and deoxyribonucleic acid relatedness. Int J Syst Bacteriol, 1983, 33:510-514.

Polson D D, Marsh W E, Harris D L, et al. Financial consideraons for individual herd eradication of swine dysentery. In 12th Proc Congr Int Pig Vet Soc, 1992, 510.

Quintana-Hayashi M P, Mahu M, Pauw N D, et al. The levels of Brachyspira hyodysenteriae binding to porcine colonic mucins differ between individuals, and binding is increased to mucins from infected pigs with de novo MUC5AC synthesis. Infect Immun, 2015, 83(4):1610-1619.

Rees A S, Lysons R J, Stokes C R, et al. Antibody production by the pig colon during infection with Treponema hyodysenteriae. Res Vet Sci, 1989, 47(2):263-269.

Rhouma M, Beaudry F, Thériault W, et al. In vivo therapeutic efficacy and pharmacokinetics of colistin sulfate in an experimental model of enterotoxigenic *Escherichia coli* infection in weaned pigs. Vet Res, 2016, 47(1):58.

Ripley P H, Gush A F. Immunisation schedule for the prevention of infectious necrotic enteritis caused by clostridium perfringens type C in piglets. Vet Rec, 1983, 112:201.

Roberts L, Rowland A C, Uwson G H. Experimental reproduetion of porcine intestinal adenomatosis and neerotic enteritis. VetRee, 1977, 100(1):12-13.

Rodriguez J M, Luque D. Structural insights into rotavirus entry. Advances in Experimental Medicine and Biology, 2019, 1215:45-68. Doi:10.1007/978-3-030-14741-9_3.

Rood J I, Buddle J R, Wales A J, et al. The occurrence of antibiotic resistance in clostridium perfringens from pigs. Aust Vet J, 1985, 62:276-279.

Rooke J A, Bland I M. The acquisition of passive immunity in the new-born piglet. Livest Prod Sci, 2002, 78:13-23.

Rowland A C, Lawson G H, Roberts L. Intestinal adenomatosis in the pig: histochemieal and eleetron mieroseopic studies of the mueosa. ResVetSci, 1978, 24(2):191-199.

Rowland A C. Poreine intestinal adenomatosis: a possible relationship with necrotic enteritis, regional ileitis and proliferative haemorrhagic enteropathy. Vet Ree eP6, 1975, 97(10):178-181.

Sadiq A, Bostan N, Yinda K C, et al. Rotavirus: Genetics, pathogenesis and vaccine advances. Reviews in Medical Virology, 2018, 28 (6):e2003. Doi:10.1002/rmv.2003.

Saif L J, Bohl E H, Kohler E M, et al. Immune electron microscopy of transmissible gastroenteritis virus and rotavirus (reovirus-like agent) of swine. American Journal of Veterinary Research, 1977, 38:13-20.

Saif L J, Bohl E H, Theil K W, et al. Rotavirus-like, calicivirus-like, and 23-nm virus-like particles associated with diarrhea in young pigs. Journal of Clinical Microbiology, 1980, 12 (1):105-111. DOI:10.1128/JCM.12.1.105-111.1980.

Sansoiietti P J. Molecular and cellular biology of Shigella flexneri invasiveness:from cell assay systems to shigellosis. Cum Top Microbiol, 1992, 180:1-19.

Sapico F L,Reeves D,Wexler H M,et al. Preliminary studyusing species-specific oligonucleotide probe for rRNA of Bilophila wadsworthia. Clinical Microbiol, 1994(32):2510-2513.

Sarmiento J I, Casey T A, Moon H W. Postweaning diarrhea in swine: experimental model of enterotoxigenic *Escherichia coli* infection. Am J Vet Res, 1988, 49(7):1154-1159.

Sarmiento J I, Dean E A, Moon H W. Effects of weaning on diarrhea caused by enterotoxigenic *Escherichia coli* in three-week-old pigs. Am J Vet Res, 1988, 49(12):2030-2033.

Sarmiento J I. Environmental temperature: a predisposing factor in the enterotoxigenic *Escherichia coli* induced diarrhea of the newborn pig. MS thesis, Canada: University of Guelph, Ontario, 1983, 210-220.

Sarrazin E, Bertschinger H U. Role of fimbriae F18 for actively acquired immunity against porcine enterotoxigenic *Escherichia coli*. Vet Microbiol, 1997, 54(2):133-144.

Shen Z, Wang G, Yang Y, et al. A conserved region of nonstructural protein 1 from alphacoronaviruses inhibits host gene expression and is critical for viral virulence. The Journal of Biological Chemistry, 2019, 294:13606-13618.

Shi D, Shi H, Sun D,et al. Nucleocapsid interacts with NPM1 and protects it from proteolytic cleavage, enhancing cell survival, and is involved in PEDV growth. Sci Rep, 2017, 7:39700.

Siba P M, Pethick D W, Hampson D J, et al. Pigs experimentally infected with Serpulina hyodysenteriae can be protected from developing swine dysentery by feeding them a highly digestible diet. Epidemiol Infect, 1996, 116(2):207-216.

Simkins R A, Weilnau P A, Van Cott J, et al. Competition ELISA, using monoclonal antibodies to the transmissible gastroenteritis virus (TGEV) S protein, for serologic differentiation of pigs infected with TGEV or porcine respiratory coronavirus. American Journal of Veterinary Research, 1993, 54:254-259.

Smith H W, Halls S. The production of oedema disease and diarrhoea in weaned pigs by the oral administration of *Escherichia coli*: factors that influence the course of the experimental disease. J Med Microbiol, 1968, 1(1):45-59.

Smith J M. Molecular analysis of the obligate intracellular pathogen Lawsonia intracellularis. The Activities of Bacterial Pathogens In Vivo. The Royal Society, London, 1999.

Smith S H, McOrist S. Development of persistent intestinal infection and excretion of Lawsonia intracellularis by piglets. Research in Veterinary Science, 1997, 62(1):6-10.

Solis C A, Sumano L H. Treatment of *Escherichia coli* induced diarrhoea in piglets with antisecretory drugs, alone or combined with antibacterials. Indian J Crit Care Med, 1993, 30(12):37.

Song Z, Yang Y, Wang L, et al. EIF4A2 interacts with the membrane protein of transmissible gastroenteritis coronavirus and plays a role in virus replication. Research in Veterinary Science, 2019, 123:39-46.

Songer J G, Harris D L. Transmission of swine dysentery by carrier pigs. Am J Vet Res, 1978, 39(6): 913-916.

Songer J G. Clostridial enteric diseases of domestic animals. Clin Microbiol Rev, 1996, 9:216-234.

Songer J G. Clostridial enteric infections in pigs. J Vet Diagn Invest, 2005, 17:528-536.

Stanton T B, Fournie-Amazouz E, Postic D, et al. Recognition of two new species of intestinal spirochetes: Serpulina intermedia sp nov and Serpulina murdochii sp nov. Int J Syst Bacteriol, 1997, 47(4): 1007-1012.

Stanton T B, Humphrey S B, Sharma V K, et al. Collateral effects of antibiotics: carbadox and metronidazole induce VSH-1 and facilitate gene transfer among Brachyspira hyodysenteriae strains. Appl Environ Microbiol, 2008, 74(10):2950-2956.

Stills H R. Isolation of an intracellular bacterium from hamsters(Mesocricetus auratus)with prolifera-tive ileitis and reproduction of the disease with a pureculture. Infect Immun, 1991, 59:3227-3236.

Su Y, Hou Y, Prarat M, et al. New variants of porcine epidemic diarrhea virus with large deletions in the spike protein, identified in the United States, 2016—2017. Arch Virol, 2018, 163(9):2485-2489.

Sun D, Wang X, Wei S, et al. Epidemiology and vaccine of porcine epidemic diarrhea virus in China: a mini-review. J Vet Med Sci, 2016, 78(3):355-363.

Suo S, Wang X, Zarlenga D, et al. Phage display for identifying peptides that bind the spike protein of transmissible gastroenteritis virus and possess diagnostic potential. Virus Genes, 2015, 51:51-56.

Söderlind O, Thafvelin B, Möllby R. Virulence factors in *Escherichia coli* strains isolated from Swedish piglets with diarrhea. J Clin Microbiol, 1988, 26(5):879-884.

Tate J E, Burton A H, Boschi-Pinto C, et al. Network WH-cGRS 2008 estimate of worldwide rotavirus-associated mortality in children younger than 5 years before the introduction of universal rotavirus vaccination programmes: a systematic review and meta-analysis. The Lancet Infectious Diseases, 2012, 12 (2):136-141. DOI:10.1016/S1473-3099(11)70253-5.

Taylor D J, Alexander T J. The production of dysentery in swine by feeding cultures containing a spirochaete. Br Vet J, 1971, 127(11):58-61.

Thacker P A. Alternatives to antibiotics as growth promoters for use in swine production: a review. J Anim Sci Biotechnol, 2013, 4(1):35.

Uzal F A, Plattner B L, Hostetter J M. Alimentary system. In Maxie G, ed. Jubb, Kennedy and palmer's pathology of domestic animals. St. Louis, MO: Elsevier, 2016, 1-257.

Uzal F A. Towards an understanding of the role of clostridium perfringens toxins in human and animal disease. Future Microbiol, 2014, 9:361-377.

Vahjen W, Pietruszyńska D, Starke I C, et al. High dietary zinc supplementation increases the occurrence of tetracycline and sulfonamide resistance genes in the intestine of weaned pigs. Gut Pathog, 2015, 7(1):23.

Van den Broeck W, Cox E, Goddeeris B M. Induction of immune responses in pigs following oral administration of purified F4 fimbriae. Vaccine, 1999, 17(15-16):2020-2029.

Van den Broeck W, Cox E, Goddeeris B M. Receptor-dependent immune responses in pigs after oral immunization with F4 fimbriae. Infect Immun, 1999, 67(2):520-526.

Verdonck F, Cox E, van Gog K, et al. Different kinetic of antibody responses following infection of newly weaned pigs with an F4 enterotoxigenic *Escherichia coli* strain or an F18 verotoxigenic *Escherichia coli* strain. Vaccine, 2002, 20(23-24):2995-3004.

Vlasova A N, Amimo J O, Saif L J. Porcine rotaviruses: epidemiology, immune responses and control strategies. Viruses, 2017, 9 (3). Doi:10.3390/v9030048.

Waddell T E, Lingwood C A, Gyles C L. Interaction of verotoxin 2e with pig intestine. Infect Immun, 1996, 64(5):1714-1719.

Wagner J E, Beamer P D, Ristic M. Electron microscopy of intestinal epithelial cells of piglets infected with a transmissible gastroenteritis virus. Canadian journal of comparative medicine. Revue Canadienne de Medecine Comparee, 1973, 37:177-188.

Wang H, Cong F, Zeng F, et al. Development of a real time reverse transcription loop-mediated isothermal amplification method (RT-LAMP) for detection of a novel swine acute diarrhea syndrome coronavirus (SADS-CoV). Journal of Virological Methods, 2018a, 260:45-48.

Wang K, Lu W, Chen J, et al. PEDV ORF3 encodes an ion channel protein and regulates virus production. Febs Lett. 2012, 586(4):384-391.

Wang L, Byrum B, Zhang Y. Detection and genetic characterization of deltacoronavirus in pigs, Ohio, USA, 2014. Emerg Infect Dis, 2014, 20(7):1227-1230.

Wang L, Su S, Bi Y, et al. Bat-origin coronaviruses expand their host range to pigs. Trends in Microbiology, 2018b, 26:466-470.

Wang L, Zhang Y. Genomic characterization of a new PRCV variant, United States, 2014. Transboundary and Emerging Diseases, 2017, 64:672-674.

Wang X W, Wang J X. Pattern recognition receptors acting in innate immune system of shrimp against pathogen infections. Fish & Shellfish Immunology, 2013, 34:981-989.

Wang X, Chen J, Shi D, et al. Immunogenicity and antigenic relationships among spike proteins of porcine epidemic diarrhea virus subtypes G1 and G2. Arch Virol, 2016, 161(3):537-547.

Waters W R, Hontecillas R, Sacco R E, et al. Antigen-specific proliferation of porcine CD8alphaalpha cells to an extracellular bacterial pathogen. Immunology, 2000, 101(3):333-341.

Wathes C M, Miller B G, Bourne F J. Cold stress and post-weaning diarrhea in piglets inoculated orally or by aerosol. Anim Prod, 1989, 49:483-496.

Whipp S C, Robinson I M, Harris D L, et al. Pathogenic synergism between Treponema hyodysenteriae and other selected anaerobes in gnotobiotic pigs. Infect Immun, 1979, 26(3):1042-1047.

Wieler L H, Franke S, Menge C, et al. Untersuchungen zur immunantwort bei der odemkrankheit von Absetzferkeln mit einer rekombinanten b-untereinheit des shiga-like-toxins-Ⅱ [The immune response in edema disease of weaned piglets measured with a recombinant B subunit of shiga-like toxin Ⅱ]. Dtsch Tierarztl Wochenschr, 1995, 102(1):40-43.

Wilberts B L, Arruda P H, Kinyon J M, et al. Investigation of the impact of increased dietary insoluble fiber through the feeding of distillers dried grains with solubles (DDGS) on the incidence and severity of Brachyspira-associated colitis in pigs. PLoS One, 2014, 9(12):e114741.

Wilberts B L, Arruda P H, Warneke H L, et al. Cessation of clinical disease and spirochete shedding after tiamulin treatment in pigs experimentally infected with *Brachyspira hampsonii*. Res Vet Sci, 2014, 97 (2):341-347.

Wilcock B P, Olander H J. Studies on the pathogenesis of swine dysentery. Ⅰ. Characterization of the lesions in colons and colonic segments inoculated with pure cultures or colonic content containing Treponema hyodysenteriae. Vet Pathol, 1979, 16(4):450-465.

Willinger R H. Observations on the isolation and characterization of *E. coli* derived from edema disease cases. Proc Congr Int Pig Vet Soc, 1988, 10:114.

Wilson R A, Francis D H. Fimbriae and enterotoxins associated with *Escherichia coli* serogroups isolated from pigs with colibacillosis. Am J Vet Res, 1986, 47(2):213-217.

Woo P C, Lau S K, Lam C S, et al. Comparative analysis of complete genome sequences of three avian coronaviruses reveals a novel group 3c coronavirus. J Virol, 2009, 83(2):908-917.

Woo P C, Lau S K, Lam C S, et al. Discovery of seven novel Mammalian and avian coronaviruses in the genus deltacoronavirus supports bat coronaviruses as the gene source of alphacoronavirus and betacoronavirus and avian coronaviruses as the gene source of gammacoronavirus and deltacoronavirus. J Virol, 2012, 86(7): 3995-4008.

Xu Z, Zhang Y, Gong L, et al. Isolation and characterization of a highly pathogenic strain of porcine enteric alphacoronavirus causing watery diarrhoea and high mortality in newborn piglets. Transboundary and Emerging Diseases, 2019, 66:119-130.

Xue M, Fu F, Ma Y, et al. The PERK Arm of the unfolded protein response negatively regulates transmissible gastroenteritis virus replication by suppressing protein translation and promoting type I interferon production. Journal of Virology, 2018, 92.

Yaeger M, Funk N, Hoffman L. A survey of agents associated with neonatal diarrhea in Iowa swine including clostridium difficile and porcine reproductive and respiratory syndrome virus. Journal of Veterinary Diagnostic Investigation: Official Publication of the American Association of Veterinary Laboratory Diagnosticians, 2002, 14:281-287.

Yang L, Xu J, Guo L, et al. Porcine epidemic diarrhea virus-induced epidermal growth factor receptor activation impairs the antiviral activity of type I interferon. J Virol, 2018, 92(8):e02095-17.

Yang Y L, Meng F, Qin P, et al. Trypsin promotes porcine deltacoronavirus mediating cell-to-cell fusion in a cell type-dependent manner. Emerg Microbes Infect, 2020, 9(1):457-468.

Yang Y L, Qin P, Wang B, et al. Broad cross-species infection of cultured cells by bat HKU2-Related swine acute diarrhea syndrome coronavirus and identification of its replication in murine dendritic cells in vivo highlight its potential for diverse interspecies transmission. Journal of Virology, 2019, 93.

Zeeh F, De Luca S, Nicholson P, et al. Brachyspira hyodysenteriae detection in the large intestine of slaughtered pigs. J Vet Diagn Invest, 2018, 30(1):56-63.

Zhang J, Chen J, Liu Y, et al. Pathogenicity of porcine deltacoronavirus (PDCoV) strain NH and immunization of pregnant sows with an inactivated PDCoV vaccine protects 5-day-old neonatal piglets from virulent challenge. Transbound Emerg Dis, 2020, 67(2):572-583.

Zhang J, Chen J, Shi D, et al. Porcine deltacoronavirus enters cells via two pathways: a protease-mediated one at the cell surface and another facilitated by cathepsins in the endosome. J Biol Chem, 2019, 294(25): 9830-9843.

Zhang J, Han Y, Shi H, et al. Swine acute diarrhea syndrome coronavirus-induced apoptosis is caspase- and cyclophilin D- dependent. Emerg Microbes Infect, 2020, 9:439-456.

Zhang M, Li W, Zhou P, et al. Genetic manipulation of porcine deltacoronavirus reveals insights into NS6 and NS7 functions: a novel strategy for vaccine design. Emerg Microbes Infect, 2019, 9(1):20-31.

Zhang Q, Hu R M, Tang X B, et al. Occurrence and investigation of enteric viral infections in pigs with diarrhea in China. Archives of Virology, 2013, 158 (8):1631-1636. Doi:10.1007/s00705-013-1659-x.

Zhang X, Zhao X, Dong H, et al. Characterization of two monoclonal antibodies that recognize linker region and carboxyl terminal domain of coronavirus nucleocapsid protein. PloS One, 2016, 11:e0163920.

Zhang X, Zhu Y, Zhu X, et al. Identification of a natural recombinant transmissible gastroenteritis virus between Purdue and Miller clusters in China. Emerg Microbes Infect, 2017, 6:e74.

Zhou L, Sun Y, Lan T, et al. Retrospective detection and phylogenetic analysis of swine acute diarrhoea syndrome coronavirus in pigs in southern China. Transboundary and Emerging Diseases, 2019, 66:687-695.

Zhou L, Sun Y, Wu J L, et al. Development of a TaqMan-based real-time RT-PCR assay for the detection of SADS-CoV associated with severe diarrhea disease in pigs. Journal of Virological Methods, 2018a, 255:66-70.

Zhou P, Fan H, Lan T, et al. Fatal swine acute diarrhoea syndrome caused by an HKU2-related coronavirus of bat origin. Nature, 2018b, 556:255-258.

Zhu C, Harel J, Jacques M, et al. Virulence properties and attaching-effacing activity of *Escherichia coli* O45 from swine postweaning diarrhea. Infect Immun, 1994, 62(10):4153-4159.

Zhu X, Wang D, Zhou J, et al. Porcine deltacoronavirus nsp5 antagonizes type I interferon signaling by cleaving STAT2. J Virol, 2017, 91(10):e00003-00017.

Zimmerman J, Karriker L, Ramirez A. Diseases of swine, 11th ed. USA: Wiley-Blackwell Publishing, 2019.

Zuniga S, Sola I, Moreno J L, et al. Coronavirus nucleocapsid protein is an RNA chaperone. Virology, 2007, 357:215-227.

（陈建飞、石达、张鑫、孙东波、李春秋、危艳武）

国家奖

猪传染性胃肠炎、猪流行性腹泻二联疫苗

2004年获得国家科技进步奖二等奖，完成单位为中国农业科学院哈尔滨兽医研究所。

本项目属预防兽医学领域，包括猪传染性胃肠炎（TGE）和猪流行性腹泻（PED）二联灭活疫苗及二联弱毒疫苗。是预防猪只呕吐、水样腹泻及新生仔猪高死亡率（可100%）的高度传染性肠道病毒病的主要手段。疫苗主要用于妊娠母猪的被动免疫以保护仔猪，也用于主动免疫保护不同年龄的猪只，是国家“八五”“九五”科技攻关计划的专题项目。二联灭活苗主动免疫保护率为96%，被动免疫为85.1%。二联弱毒疫苗主动免疫保护率为97.7%，被动免疫为98%。两种二联疫苗的免疫期为6个月，仔猪被动免疫期是哺乳期至断奶后一周。灭活疫苗保存期4～8℃为一年，弱毒冻干苗－20℃保存期为2年。二联灭活苗从区域试验至2003年，共制备3 000万mL，以黑龙江为基地推广应用于除西藏、青海之外的大陆各省、市、区，共预防接种600多万头（次）母猪及370多万头仔猪、中成猪，总保护率在90%以上，极大地减少了因病毒性腹泻而造成的损失。二联弱毒疫苗在其后进入区域性试验推广阶段，共接种64 540多头各类猪只（其中80%为母猪），保护率在95%以上。经测算，两种二联疫苗在计算年限内（5年）的经济效益是非常显著的，可达14.4亿元。二联灭活苗适用于疫情稳定的猪场（特别是种猪场），二联弱毒疫苗用在紧急预防接种效果更佳，配套使用这两个二联疫苗为最终防制和根除此两种病毒性腹泻病提供了强有力的手段。这两个二联疫苗的特点是：毒价高，后海穴位接种（是对常规免疫途径的突破），增强了免疫保护力，一次接种即可，省时、省力。两个二联疫苗分别于1999年及2003年获农业部颁发的国家一类新兽药证书，是我国首创的具有自主知识产权的产品。发表8篇论文，其中二联灭活苗论文获1996年首届中国国际农业科技年会论文证书及2000年中国农业科学院科技成果一等奖。科技部等5部、总局于2000年及2002年将此二联灭活疫苗成果先后列为国家科技重点推广项目及国家重点新产品。经国内外联机检索查新，证明此二联灭活疫苗和二联弱毒疫苗是国际领先研制成功的，并在技术上有创新。

猪传染性胃肠炎、猪流行性腹泻、猪轮状病毒三联活疫苗创制与应用

2018年获得国家技术发明奖二等奖，中国农业科学院哈尔滨兽医研究所为第一完成单位。

猪传染性胃肠炎病毒（TGEV）、猪流行性腹泻病毒（PEDV）和猪轮状病毒（PoRV）感染是哺乳仔猪死亡的“第一杀手”，7日龄以内仔猪感染死亡率可高达100%，每年经济损失超过100亿元。2010年后猪病毒性腹泻疫情再次暴发，使生猪产业遭受重创，引起我国政府高度关注。疫苗是防控该类疫病的最有效手段。针对我国这3种病毒混合感染日趋严重的现实问题，项目组历经12年科学攻关，发明了我国首个安全高效猪传染性胃肠炎、猪流行性腹泻、猪轮状病毒（G5型）三联活疫苗（以下简称猪病毒性腹泻三联活疫苗），攻克了3种病毒混合感染

无疫苗可用的难题，实现了猪病毒性腹泻精准高效防控。主要发明创造如下：①发明了适应传代细胞系的安全性高、免疫原性好，具有独特分子标记的 TGEV、PEDV 和 PoRV(G5 型)弱毒株，攻克了 3 种猪腹泻病毒难以适应细胞、致弱过程中免疫原性减弱、强弱毒株难以区分的世界性难题。通过筛选敏感传代细胞系，优化添加胰酶、二甲基亚砜(DMSO)等辅助因子使病毒成功适应细胞。在病毒致弱过程中，采用敏感细胞系和未吃初乳仔猪交替继代，结合固相病毒蚀斑克隆及全基因组测序等技术，优选安全性高、免疫原性好的克隆株，独创了猪腹泻病毒分离致弱体系，发明了安全、稳定、免疫原性好并具有独特分子标记的 TGEV 华毒株、PEDV CV777 株和 PoRV G5 型 NX 株 3 种弱毒株，为三联活疫苗的创制及产业化奠定了关键性基础。②创制了我国首个安全高效的猪病毒性腹泻三联活疫苗，主、被动免疫保护率分别高达 96.15%和 88.67%，实现了一针防三病。创建了传代细胞系替代原代细胞的生产新工艺，降低约 2/3 的生产成本，突破了原代细胞培养过程中外源病毒污染难以控制的技术瓶颈。制定了疫苗制造与检验规程及质量标准。利用发明的 3 种弱毒株及新工艺，创制了我国首个猪病毒性腹泻三联活疫苗，对哺乳仔猪、妊娠母猪在内的所有猪只均安全。该疫苗的发明填补了我国无猪病毒性腹泻三联活疫苗、无猪轮状病毒疫苗可用的空白，对单一感染与混合感染均有效。③创立了与疫苗配套应用的检测和监测技术体系，实现了猪病毒性腹泻精准高效防控。根据疫苗毒株独特的分子标记，独创了与该疫苗完全匹配的强、弱毒株鉴别诊断方法，实现了疫苗株与野毒株的鉴别；建立了敏感特异的抗原、抗体检测和监测技术；制订了猪病毒性腹泻诊断行业标准；创立了以疫苗为核心、以诊断为支撑的猪病毒性腹泻精准高效防控技术体系。

获国家发明专利 2 项、国家二类新兽药证书 1 项，制订行业标准 2 项；获黑龙江省技术发明一等奖 1 项、中国专利优秀奖 1 项；发表文章 81 篇(SCI 23 篇)。疫苗转让含 4 家上市公司在内的 7 家生产企业，金额 1.10 亿元。疫苗在全国累计应用 2 560 万头份，免疫覆盖仔猪 1.54 亿头，实现销售收入 2.01 亿元。经测算经济效益为 38.94 亿元，社会生态效益显著。

附表　常见猪消化系统疫病鉴别

疫病	发病日龄	病症	剖检变化	诊断
猪传染性胃肠炎	任何日龄，7日龄以内病死率较高。	病猪口渴，呕吐，腹泻（喷射状），脱水，淡黄色水样便有恶臭，发病率高，多发于寒冷季节，死亡率较高。	肠壁透明，内容物稀薄呈黄色泡沫状；胃底潮红、出血、甚至溃疡，内容物呈黄色，有白色凝乳块。	荧光抗体法，RT-PCR，病原分离，电镜检查。
猪流行性腹泻	任何日龄，7日龄以内病死率较高。	运动僵硬，呕吐、脱水，淡黄色水样便，发病率高，死亡率较高。	表现为肠管膨胀扩张，充满黄色液体，肠壁变薄，系膜淋巴结水肿。	荧光抗体法，RT-PCR，病原分离，电镜检查。
猪德尔塔冠状病毒病	任何日龄，7日龄以内病死率较高。	呕吐，脱水，淡黄色水样便，发病率高，死亡率较高。	肠壁变薄、透明，内有淡黄色液体。	荧光抗体法，RT-PCR，病原分离，电镜检查。
猪急性腹泻综合征	任何日龄，7日龄以内病死率较高。	呕吐，脱水，淡黄色水样便，发病率高，死亡率较高。	肠壁变薄、透明，内有淡黄色液体。	荧光抗体法，RT-PCR，病原分离，电镜检查。
球虫病	常发于6～15日龄（特别是7日龄）。	消瘦，背毛粗乱，腹泻不止，水样便灰黄色、恶臭，发病率不等，死亡率较高，一般多发于8、9月份。	纤维性坏死性肠炎，空肠、回肠出现固膜，大肠无变化。	空肠或回肠黏膜涂片，裂殖子黏膜涂片，病理组织学。
轮状病毒病	1～5周龄。	严重脱水，腹泻随断奶而增强，消瘦，水样便糊状、内含黄凝乳样物，发病率高，死亡率低。	病理变化表现为胃内充满凝乳块和乳汁，肠管变薄、半透明，空肠、回肠内容物呈水样，肠系膜淋巴结水肿。	荧光抗体法，核酸电泳，病原分离，电镜检查。
仔猪红痢	仔猪，青年猪。	虚脱，偶见呕吐，带血性腹泻。	空、回肠肠壁充血，肠腔内有血性液体，黏膜增厚坏死，腹腔淋巴结出血。	细菌培养，组织病理学。
猪痢疾	7日龄以上的青年猪。	特征症状表现为食欲减少，剧烈下痢，开始拉黄灰色软粪，后转为水泻，含有黏液、血液或血块，后期粪便呈黑色，猪只消瘦、贫血，生长停滞，病程7～10 d，死亡率低，多发于晚夏和秋季。	病理变化表现为卡他性或出血性肠炎，大肠黏膜肿胀，皱褶明显，表层有点状坏死，黏膜出血，内容物稀薄，呈酱油色，胃底部出血或溃疡。	细菌培养，组织病理学。

续附表

疫病	发病日龄	病症	剖检变化	诊断
猪副伤寒	3 周左右。	急性型(多见于断奶前后的仔猪),体温升高至 41～42 ℃,精神不振,呼吸困难,腹泻,耳和四肢末端皮肤发绀,消瘦,病死率较高。亚急性型和慢性型病猪体温升高至 40.5～41.5 ℃,消瘦,腹泻物呈灰白色或黄绿色,带恶臭,粪便呈水样,便中混有大量坏死组织碎片或纤维素性分泌物,形如糠麸;皮肤有痂状湿疹,病程长的会变为僵猪。	急性型病猪脏器呈败血症变化,全身淋巴结肿大、出血,心内外膜、喉头、肾、膀胱黏膜、肠浆膜等有散在的出血点,脾脏肿大,盲肠、结肠严重出血。亚急性型和慢性型主要表现为盲肠、结肠坏死性炎症,肠壁增厚,表面呈糠麸样伪膜,形成圆形或椭圆形溃疡,淋巴结肿大、出血、增生,肝脏淤血、变性,可见针尖状大小的坏死点;脾脏肿大;肾有灰白色坏死灶;肺边缘发生卡他性肺炎。慢性型病猪关节肿胀,关节内有淡黄色积液。	血清学检查,皮试,病毒分离。

第5章 猪繁殖系统疾病

【本章提要】 猪繁殖系统疾病主要侵害猪的繁殖系统，导致母猪流产、死胎、早产和分娩弱胎，严重影响母猪的繁殖性能，影响养猪业的健康发展。本章从病毒引起的猪繁殖系统疾病入手，阐明不同病原体引起的猪繁殖系统疾病特征，并根据各病的发病特征对猪繁殖系统疾病进行鉴别诊断，以便养猪场技术人员能够快速判断出相应病因，及时进行科学的免疫接种。

5.1 猪细小病毒病

5.1.1 病原学

猪细小病毒(porcine parvovirus，PPV)是引起母猪繁殖障碍的主要疾病，属于细小病毒科细小病毒属，成熟病毒粒子呈立体对称，无囊膜，直径大约 20 nm(图 5-1)，衣壳由 32 个壳粒组成，病毒基因组为单股 DNA，相对分子质量为 1.4×10^3。完整而有感染力的病毒粒子在氯化铯中的浮密度为 1.38～1.395 g/mL，而不完整的空壳病毒和提取的病毒 DNA 在氯化铯中的浮密度是 1.30～1.315 g/mL。该病毒的抗原性和感染性血凝活性对热都具有强大的抵抗力，对酸、乙醚和氯仿等有抵抗力。Simpson 等利用 X 射线观察杆状病毒表达 PPV 的 Cap 结构，与犬细小病毒和鼠细小病毒相似，与其 Cap 蛋白的氨基酸残基同源性 57%和 49%，但是表面暴露的残基的保守度低于该数值。因此，分布在表面的结构上的差异，是导致抗原性和宿主范围可变性的可能原因。非致病性的 NADL-2 株和致病性 Kresse 株的组织取向不同，是由 381、386 和 436 氨基酸残基一个或多个介导所致的。这些残基分布在病毒 CAP 上或者其附近，与病毒细胞相互作用相关(Simpson et al.，2002)。

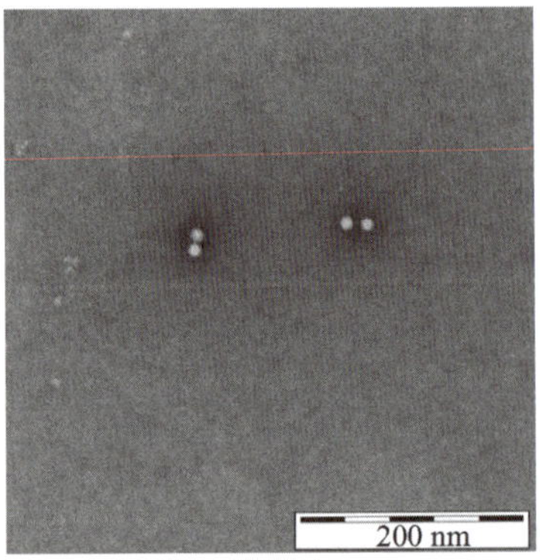

图 5-1 PPV 电镜图片

PPV 可以在猪源的细胞培养繁殖，尤其是新生猪的原代和次代肾细胞。当培养物中很多细胞处于分裂期，尤其处于分裂周期的 S 期(DNA 合成期)时，由于病毒可以获得复制所需要的 DNA 聚合酶，而有助于 PPV 的复制。PPV 的体外复制具有杀细胞作用，细胞通常会出现弥漫性颗粒样变化，而后细胞圆缩和脱落。病毒复制的过程通常经历如下：病毒感染的初期，首先在细胞膜外表面出现，然后见于细胞质。感染细胞的细胞质内出现大量新合成的抗原，致使细胞质内出现大量的荧光。感染的细胞随后隆起、圆缩、分裂并释放出病毒(图 5-2)。

PPV 不同的感染方式和不同细胞系的浓度变化对病毒繁殖有一定的影响，Wu 等通过在不同的细胞系上(HeLa、MDBK、PK-15、ST、F81、BHK-21 and Marc-145)增殖的比较实验发

A. ST 细胞

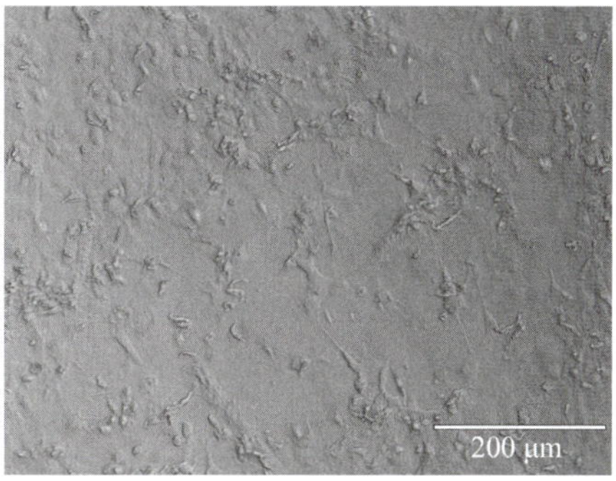

B. PPV 感染 72h ST 细胞

图 5-2 PPV 感染 ST 细胞病变

现，PK15 细胞适应株 12 代后产生 CPE，并且在接下来的 10 代稳定传代。一步法生长曲线表明，同步接毒病毒的滴度高于传统的接毒方法。PPV 在不同细胞系的繁殖能力用 CPE 滴度表示，最早的是 PK-15 细胞，然后是 ST 细胞、HeLa 细胞和 MDBK 细胞，但是病毒的滴度最高的是 ST 细胞，而后是 PK-15 细胞、MDBK 细胞和 HeLa 细胞。PPV 在 F81 细胞、BHK-21 细胞和 Marc-145 细胞不能繁殖（Wu et al.，2013）。

随着嵌合技术的发展，学者们对影响 PPV 在细胞培养中的复制效率的相关基因进行了研究。以体内、外致病性不同、基因组序列很相近的毒株 PPV NADL-2 株和 Kresse2 株为研究对象，构建一系列嵌合体，研究宿主猪源细胞上和复制效率相关的基因。结果发现，Cap 蛋白最终决定病毒复制适性，但 NS1 蛋白和 VP 基因之间存在相互作用，同时也涉及与非编码重复序列的相互作用（Fernandes et al.，2011）。

PPV 能够凝集人的 O 型红细胞和猴、鼠、豚鼠、鸡和猪的红细胞。PPV 的血凝效价的测定通常需要在室温下进行，pH 接近中性，实验室最常使用的是豚鼠红细胞。

5.1.2 流行病学

PPV 感染是普遍的，在世界各地的猪群中广泛存在。多数猪场的感染呈地方流行，几乎没有母猪免于感染。血清学调查表明经产母猪和后备母猪的 PPV 抗体阳性率均较高。该结论不仅在家猪适用，而且对于野猪群依旧如此。Roić等（Roic et al.，2005）利用 ELISA 和 HI 方法对 2003 年 12 个猪场 219 份血清进行了检测。结果发现，PPV 抗体检测率达到（41.6%），并且成年猪（70%）高于后备猪（31%；$P<0.01$），证明家猪群 PPV 阳性的普遍性。

PPV 能垂直传播，通过胎盘传染给胎儿。值得一提的是，妊娠后期的胎儿即 70 日龄以上胎儿感染 PPV，可在子宫内产生抗体，所以感染仔猪出生后，即可检测出很高的抗体水平。同时，仔猪可以从免疫母猪的初乳中获得高滴度的 PPV 抗体，无论出生前后的抗体水平，都会随着时间和生物降解而降低，到 6～9 月龄时，抗体已经检测不到。Fenati 等检测 44 头野猪被动获得 PPV 抗体的情况，检测的小猪中，2.5 月龄的猪仅有 1 头没有检测到母源抗体，余下的所有猪，在 4 月龄时都没有检测到母源抗体。该研究的结果和家猪的 PPV 母源抗体的衰减一致（Fenati et al.，2009）。

由于本病毒具有潜伏感染的特性，位于局部的病毒能不断地刺激机体产生免疫反应，因此低水平的抗体可持续很长时间。Streck 等对来自不同猪场的保育猪和免疫母猪血清中的 PPV 进行检测，同时检测母猪的 HI 抗体，结果发现，19.1%母猪检测到 PPV DNA，同时也检测到很高水平的抗体(大于 512)。该发现说明 PPV DNA 的检测和抗体滴度无关(Streck et al.，2011)。

那么感染的胎猪能不能感染母猪呢？Mengeling 等在母猪妊娠 5 周将 PPV 注射到 4 窝中 3～4 个胎儿。结果发现，可导致木乃伊胎和溶浸，并在注射 1 周后的胎儿很多组织检测到高浓度病毒，可以从木乃伊胎分离到病毒，说明病毒广泛的繁殖。感染的胎儿不能使免疫母猪流产，母猪组织中也没有病毒的存在，包括邻近的胎儿也没有(Mengeling and Cutlip，1975)。

虽然流行病学资料表明 PPV 的抗体阳性是普遍的，但是，对于妊娠前没有产生免疫力的后备母猪，被感染的危险性高。如果第一次妊娠的后备母猪在此时感染 PPV，容易发生繁殖障碍。污染的圈舍，包括病猪的分泌物、排泄物及被污染的器具等，是 PPV 主要的传染源。由于该病毒对热和常用消毒剂的抵抗力，病毒的感染力可保持几个月。PPV 感染的普遍性增加了猪持续感染的可能性，至少周期性排毒。Wilhelm 等将 2 株现地分离株和 2 株疫苗株病毒经胎盘感染胎儿以研究病毒的分布，结果发现，不同毒株在胎儿组织中病毒拷贝数的差别达到 10^9 数量级。10 个器官的病毒载量变化在(10^{11}～10^{15})/10^6 细胞之间。无论分离株还是疫苗株，PPV 在胎儿肾脏病毒载量最高，在胎儿的心脏、肝脏、十二指肠和淋巴结也都检测到病毒，其病毒载量的差别在($10^{2.1}$～$10^{3.5}$)/10^6 细胞之间。疫苗株感染的木乃伊胎儿中器官无差别、分离病毒更少，PPV 出现的数量更少或者说检测的范围更低(Wilhelm et al.，2005)。

感染的公猪可以通过交配传染母猪，甚至通过体外污染 PPV 的精液传染。公猪可通过口鼻感染，也可通过包皮注射感染 PPV，并能够在阴囊淋巴结和睾丸中分离到病毒。研究人员 Lucas 等在人工授精前将 PPV 病毒加入精液，并在人工授精 30 天后剖杀母猪。结果可以从 9/10 的胎儿中分离到 PPV，另一头感染母猪从 4/9 的胎儿中分离到病毒。同时用病毒注射公猪的包皮，5 d 能检测到病毒，而后在阴茎、包皮和睾丸中也检测到病毒的存在(Lucas et al.，1974)，由此可见公猪在 PPV 传播中的作用不可忽视。

PPV 引起的流产、死胎和木乃伊胎常常和猪圆环病毒 2 型(PCV2)和猪繁殖与呼吸障碍综合征病毒(PRRSV)相关。Ritzmann 等应用 PCR 方法对 252 流产胎儿、木乃伊胎、死胎和不能存活的新生猪进行 PCV2、PPV、PRRSV 的检测。结果发现，PCV2 占 27.1%，PCV2 和 PRRSV 有显著统计学上的关联，而 PCV2 和 PPV、PPV 和 PRRSV 之间无显著相关性(Ritzmann et al.，2005)。

5.1.3 致病机制

大量的研究证明，母猪妊娠期的前期感染 PPV，能够导致繁殖障碍。Mengeling 等从杂种母猪产下的 2 个木乃伊胎中分离到 PPV，并通过冰冻切片免疫荧光在同一组织中看到大量的病毒抗原。而正常胎儿 PPV 的 HI 抗体滴度为 320，母猪在生产那天 HI 抗体滴度为 1 280，但生产之前 67 dHI 抗体阴性，说明母猪在妊娠的过程中感染了 PPV，并由于 PPV 而导致了繁殖障碍(Mengeling et al.，1975)。

病毒入侵机体的途径不同，致病机理也不同。Johnson 等通过口服和肌注 2 种途径感染妊娠母猪。结果发现，口服途径感染的母猪 PPV 通过胎盘需要 23～32 d，而肌注需要 15 d。口服途径感染母猪后，妊娠前期(妊娠期的 2/3 期间)发生了胎盘感染，而肌注途径导致胎儿感染在妊娠初期和前期(妊娠期的 1/3 和 2/3 期间)均有发生。免疫功能启动之前即大约在妊娠 70 d,感染胎儿发生死胎或木乃伊胎(Johnson et al.,1976)。同年,Mengeling 等通过静脉、滴鼻和口服的途径感染妊娠 22～81 d 的母猪,毒株不同结果有差别,毒株为 NADL-7 株和 NADL-2 株,母猪在 21 d 或更多天剖杀。在剖杀时收集胎儿和母猪的组织和体液进行 PPV 抗原和抗体检测。同时感染 2 株病毒的母猪,12 头中有 11 个经胎盘感染了,而单独感染 NADL-7 株仅有 1 头母猪感染,NADL-2 毒株 7 头均没有感染。没感染的 8 窝产仔 74 胎,成活 73 头,死 1 头;感染的 12 窝产仔 91 胎,活了 62 头(31 头感染),死 29 头(26 头感染)。感染胎儿 57 头,病毒可以从 50 个胎儿组织中分离到,其中包括 5 个活的,24 个死胎。最具有特征性的是,所有的死胎组织中含有高浓度的病毒抗原的母猪,感染都发生在妊娠后 42 d 内。所有母猪的血清 PPVHI 抗体为 320～2 560,除了从一个子宫淋巴结分离到病毒外,在母体组织中没有检测到病毒或抗原(Mengeling and Cutlip,1976)。

通过研究数据证实,PPV 感染可以引起初孕母猪的繁殖障碍,随着病毒感染时间的不同,母猪发生繁殖障碍的类型也不尽相同。在妊娠初期,胚胎或胎儿死亡,胎儿被吸收和胎儿木乃伊化;妊娠中后期,胎儿在子宫内生存完好,尤其是 70 d 后,大多数胎儿已能够对病毒产生保护性免疫应答。

研究表明,PPV 造成的繁殖障碍的主要原因是病毒在胎儿组织内广泛复制,直接影响胎儿。病毒损伤了很多组织和器官,导致了胎儿的死亡。Mengeling 等将 PPV 注射到疫苗免疫的妊娠 34～36 d 母猪子宫内的胎猪尿囊腔中,结果导致木乃伊胎。试验发现在攻毒 1 周后病毒扩散到胎猪的很多组织,并且大量复制。

5.1.4 免疫机制

体液免疫在保护 PPV 引起的繁殖障碍中起到很重要的作用,细胞免疫也在 PPV 长期感染中担当重要角色。Ladekjaer-Mikkelsen 等通过检测 PBMC、病毒特异的淋巴细胞增殖反应、CTL 和 NK 细胞对鼻内感染 PPV 病毒 0 d、80 d 和 136 d 猪的细胞免疫进行了研究。研究发现,从感染后 101 d 开始,和对照猪的 PBMC 比较,病毒感染猪发现了特异的增殖反应。流式细胞仪分析发现,PBMC 增殖反应的 $CD4^+CD8^+$ T 亚群针对病毒抗原的反应与它们的免疫记忆角色一致。在攻毒后的 80～87 d 有微弱的 CTL 反应,并且体外 PPV 再次激发也没有进一步的 CTL 反应发生。在整个实验过程中 NK 细胞活动在感染和非感染猪均能检测到。也就是说,淋巴细胞增殖反应和微弱的 CTL 反应可以有效地控制细胞免疫引起的 PPV 急性感染,并使细胞免疫在控制 PPV 再感染中起到非常重要的作用(Ladekjaer-Mikkelsen and Nielsen,2002)。

5.1.5 病理变化

PPV 感染妊娠母猪的大体病理变化及其病毒的组织分布目前还没有人报道。对仔猪的感染有报道,Cutlip 等对 1 日龄胎猪感染 PPV,并于 3 d 和 7 d 剖杀,没有疾病和损伤出现,仅仅在第 7 天检测到 HI 抗体。病毒分离和免疫荧光实验证明,抗原主要分布在淋巴结生发中心和中枢神经系统(Cutlip and Mengeling,1975)。

有大量对母猪子宫内感染 PPV 的报道。Bachmann 等通过母猪子宫内感染 8～10 周龄胎儿,并于感染后 7 d 和 14 d 进行剖杀,以观察病毒感染后的病理变化和病毒分布。结果发现,2/15 胎儿死亡,于感染后 14 d 部分胎猪检测到 HI 抗体,并在胸腔和腹腔的实质器官检测到高浓度的病毒，少量的病毒存在于大脑和小脑皮质的神经细胞和内皮毛细血管(Bachmann et al.，1975)。

PPV 血清学阴性的母猪，于妊娠 70 d 感染，仅有子宫出现肉眼可见的病变。母猪子宫内膜邻近区域轻微炎症，剖检可见单核细胞的聚集；子宫上皮组织和固有层可见局灶性或弥散性单核细胞浸润；妊娠黄体萎缩(Hogg et al.，1977)。在缺乏免疫应答的情况下，病毒导致的多组织、脏器尤其胎盘的损伤，可能是胎儿死亡的原因。任何重要脏器的病变，都足以导致胎儿死亡。PPV 感染的胎儿，死亡或者由于水分被吸收而体积缩小，胎儿表面血管呈现出水肿、充血、出血和体腔有浆液。病毒组织分布较广，病毒抗原存在于大多数细胞的细胞质内。胎儿死亡后可见组织器官广泛性的细胞坏死、炎症和核内包涵体。而分布于内皮细胞的病毒，会阻止胎儿维管系统的进一步发育，从而可引起病毒复制并导致细胞死亡。

病毒对胎儿循环系统的损伤以出血、水肿和体腔中聚集大量的浆液性渗出液为特征(Lenghaus et al.，1978)。对 PPV 病毒感染的胎儿进行核酸检测发现，病毒主要分布于心脏、脾脏、肺脏和肾脏四个脏器中(Wolf et al.，2008)。研究人员利用不同毒株感染胎猪后，对其病毒组织分布进行分析，结果病毒分布差异很大(Wilhelm et al.，2005)，可能的原因与毒株的嗜性和毒株本身的毒力有关系。

5.1.6 诊断技术与鉴别诊断

在诊断方面，PPV 诊断方法的研究随着整个诊断技术的快速进步而平行发展着。对 PPV 抗体的检测，可追溯到 1971 年首次发表的荧光抗体检测技术。随后，中和实验技术(1975 年)、血凝抑制实验(HI，1976 年)、琼脂扩散实验(1982 年)及一系列酶联免疫吸附实验(ELISA，1988 年及以后)的研究，为 PPV 抗体的检测提供了更多的方法。目前，公认的抗体检测方法是 HI 的抗体检测方法。对 PPV 抗原的检测方法，1985 年学者发表的定量间接放射荧光实验(IRIA)可检测活的或者灭活的 PPV 抗原，敏感性达到 10～80 HA 病毒单位。随后，针对感染胎儿组织的荧光免疫和原位杂交方法在 20 世纪 80 年代发表，该方法烦琐，并且敏感性不高。随着分子生物学的发展，1988 年，检测 PPV 抗原的常规 PCR 方法首次发表后，多重 PCR、荧光定量 PCR、多重荧光定量 PCR 方法和环介导等温扩增技术的建立，为该病的分子生物学诊断技术提供了一系列快速、准确和便捷的方法。Huang 等建立的多重 PCR(猪伪狂犬病毒、猪圆环病毒Ⅰ型和Ⅱ型、PPV)，敏感性达到约 10^{-4} ng/10^4 个分子。可在临床病猪的淋巴结、肺、脾、扁桃体中检测到，在流产胎儿的脾中也可检测到，可用于多种猪病的临床分子诊断(Huang et al.，2004)。

PCR 方法不仅可以用于检测组织，而且可以检测精液中的病毒。Kim 等建立多重 PCR 检测(猪圆环病毒Ⅰ型和Ⅱ型、PPV)，可以检测到 98 份精液中，20 份的圆环病毒 (20.4%)和 42 份的(42.9%)PPV(Kim et al.，2003b)。

但这些方法各有利弊，有时需将几种检测方法结合起来，综合判断，才能得到准确的检测结果。

诊断方法建立过程中，基因的选择同样重要，Qi 等以 PPV 非结构蛋白 NS1 作为抗原建立的鉴别诊断方法，可以从免疫灭活苗的猪群辨别出感染 PPV 的猪。该研究为临床 PPV 猪感染和灭活苗免疫的猪提供了很好的鉴别诊断思路和方法(Qi and Cui，2009)。无独有偶，Qing 等以 NS1 为目的基因，以血凝抑制实验为标准，建立了可以区分疫苗免疫和病毒感染的

ELISA 方法。全病毒灭活疫苗免疫的猪血清不能识别 NS1 蛋白，而 PPV 感染或者活疫苗免疫的猪血清可以检测到。感染后 10 d 即可检测到，并一直可以检测到感染后半年。

5.1.7 防控技术及应用

在疫苗方面，目前 PPV 疫苗主要包括灭活疫苗、弱毒疫苗和基因工程疫苗（核酸疫苗、活载体疫苗、病毒样颗粒疫苗）。Maranga 等对杆状病毒感染昆虫细胞的病毒样颗粒疫苗大规模生产进行了工艺上的摸索，结果发现，最佳收毒时间为感染后 120 h，感染细胞浓度 1.5×10^6 个/mL。杆状病毒系统可用来进行 PPV-VLPs 大规模生产（Maranga et al.，2002）。

其中基因工程疫苗，由于存在制备技术复制等原因，主要停留在实验室阶段，并没有大规模推广应用实际生产。

自 1976 年起，国外就有 PPV 灭活疫苗的研究报道，并于 20 世纪 80 年代在美国、澳大利亚、法国等国家普遍应用。Foerster 等对灭活的 PPV-27a 株全病毒进行了研究，结果发现，该灭活疫苗可以阻止疾病，但是不能阻止感染和病毒攻毒后的病毒排出。妊娠后 90 d，免疫母猪胎儿被保护，而未免疫母猪胎儿出现 PPV 病毒症状。所有母猪，无论免疫与否，都可以检测到 PPV 特异的抗体，显示病毒感染和复制的发生。低拷贝的 DNA，而不是感染的病毒，可以在免疫母猪的鼻拭子和肛拭子检测到，而高拷贝的攻毒病毒 DNA 和感染性病毒可以在非免疫猪中检测到（Foerster et al.，2016）。

疫苗佐剂的研究在疫苗的使用上具有重要的意义。Ma 等利用豚鼠实验，对蜂胶、油乳剂和铝盐佐剂对 PPV 灭活疫苗的增强作用进行了比较，结果发现，蜂胶具有更佳的免疫增强作用，为灭活疫苗高效佐剂的开发提供了理论依据（Ma et al.，2011）。

在疫苗的发展中，新毒株的出现对疫苗的免疫保护作用一直存在着挑战。Jóźwik 等对疫苗株对新分离的、基因型和抗原性不同于疫苗株的 PPV 的免疫保护进行了研究，结果发现，免疫母猪的胎儿受到了保护，但是无论免疫和未免疫的母猪在攻毒后都有很高的抗体滴度，说明病毒的复制，并且所有母猪在攻毒 10 d 后（免疫和未免疫的）均排毒，其排毒模式和持续时间无差别（Jozwik et al.，2009）。

猪场的免疫程序和管理直接对 PPV 的防控产生影响。Oravainen 等对选自 21 个疏散型猪场的 247 头猪进行了 HI 抗体检测，结果证明，PPV 在疏散型猪场也很普遍，17 个猪场（81%）中至少有一头猪是高抗体（>1∶512），44%都具有较高浓度的抗体滴度。疫苗方案的缺陷导致了抗体滴度的现状。对 HI 抗体滴度有显著影响（$P\leqslant0.05$）的因素有：猪场规模、胎次和疫苗使用后的储存。在无高抗体滴度的猪场（$n=4$）和至少一个高 HI 抗体滴度（$n=17$）的猪场间，不返情率、返情间隔和窝数量无差别（Oravainen et al.，2005）。

我国学者在 PPV 灭活疫苗的研究开发中也取得了卓越的成绩，潘雪珠和叶向阳等成功研制了 PPV 灭活疫苗，于 1994 年首先获得农业部颁发的新兽药证书。华中农业大学陈焕春院士等利用自主分离鉴定的 WH-1 株，成功研制猪细小病毒病油乳剂灭活疫苗，并于 2006 年获得了农业部颁发的新兽药证书。青岛易邦生物工程有限公司猪细小病毒 YBF01 株灭活疫苗于 2012 年获得农业部新兽药证书。中国农业科学院哈尔滨兽医研究所于 2005 年分离到 PPV BQ-C 株，已于 2013 年通过临床，目前正在申报注册阶段。现已有 10 余家企业先后获农业部批文生产猪细小病毒病灭活疫苗。目前已有 10 余个国家先后研发出商品化的 PPV 灭活疫苗。

猪细小病毒与其他病毒混合感染，引起了研究人员的注意。Kim 等利用 28 日龄断乳仔猪感染圆环病毒-Ⅱ(PCV2)型和 PPV 复制断乳仔猪衰竭综合征。从感染后第 3～35 天，在淋巴结均检出 PCV2 和 PPV 病毒的 DNA，其他组织扁桃体、胸腺、脾脏、肺脏、肝脏、肾脏和心脏的巨噬细胞也检测出二者的 DNA，PCV2 检测率高于 PPV。本研究的断乳仔猪衰竭综合征的致病性可总结如下：病毒通过扁桃体巨噬细胞进入，随后 3 d 出现病毒血症。在一定程度上，PCV2 和 PPV 在外周循环单核细胞中的复制，有助于细胞相关的病毒血症和贯穿淋巴组织的病毒分布(Kim et al.，2003a)。

灭活多联疫苗的使用较为广泛，主要有猪细小病毒-猪伪狂犬病病毒、猪细小病毒-乙脑病毒等二联苗。

弱毒疫苗又称活疫苗，是经人工致弱而失去对原宿主的致病力，但仍保持良好的免疫原性的病原体，或用自然弱毒病原体制成的疫苗。迄今为止，国内还没有商品化的猪细小病毒病活疫苗。目前的弱毒疫苗主要在国外应用，主要有 NADL-2、HT 株、HT-SK-C 株和 N 株。

5.2 猪伪狂犬病

伪狂犬病(pseudorabies，PR)是由伪狂犬病病毒(pseudorabies virus，PRV)引起的猪、牛、羊等多种家畜及野生动物的一种以发热、奇痒(猪除外)、脑脊髓炎、呼吸和神经系统障碍为主要特征的急性传染病。该病对养猪业的危害最大，在猪群呈暴发流行，常引起妊娠母猪发生流产、死胎、木乃伊胎，新生仔猪大量死亡，育肥猪发生严重的呼吸道症状和增重滞缓、种猪不育，给我国乃至全球养猪业造成了巨大的经济损失。

5.2.1 病原学

PRV 属于疱疹病毒甲亚科水痘疱疹病毒属，病毒粒子呈球形，直径为 150～180 nm。成熟的病毒粒子或具有感染性的病毒粒子在形态上包括 4 个结构部分，中央核心为线性的双链 DNA，具有保护性的二十面体的核衣壳将 DNA 包裹在其中，蛋白质样的被膜嵌入在核衣壳外周，被膜外由病毒的囊膜包围。相对于具有感染性的病毒粒子而言，完整的病毒 DNA 若成功进入 PRV 的易感细胞(如 Vero 细胞)后也能成功产生子代病毒。与 PRV 同属的病毒还有牛疱疹病毒Ⅰ型(BHV-1)、水痘带状疱疹病毒(VSV)及马疱疹病毒(EHV)。PRV 基因组为高分子质量的连环状双链 DNA，长约 143 kb，GC 含量高达 73%，已被鉴定的有 70 个基因，编码 70～100 种病毒蛋白，成熟的病毒粒子约含 50 种蛋白质。PRV 的基因组在结构上可分为两个独特区，分别为独特长区(UL)和独特短区(US)，在 US 区两侧含有末端反向重复序列(TR)和内部重复序列(IR)。根据 PRV 感染细胞后 DNA 复制及转录时间的先后将 PRV 基因分为立早基因(immediate-early gene)、早期基因(early gene)和晚期基因(late gene)，这三类基因以级联的方式依次受调控的表达。

目前 PRV 已鉴定功能的有 11 种糖蛋白，主要包括 gB、gC、gD、gE、gG、gH、gI、gK、gL、gM 和 gN。其中 gB、gC、gD 蛋白与细胞不同的受体结合参与并稳定病毒对细胞的吸附，gB、gD、gH 和 gL 介导膜病毒囊膜与细胞融合，允许被膜及病毒衣壳侵入细胞质；gE、gG、gI 和 gM 是病毒复制的非必须糖蛋白。gE 和 gI 是Ⅰ型跨膜蛋白，两者可形成异源二聚体(gE/gI)，gE/gI 蛋白复合物可能作为一个功能单位，参与病毒的组装、轴突顺向传导及细胞间的相互传播，从而介导病毒的扩散，该基因是 PRV 的主要毒力基因。另外，与 PRV 毒力有关的基因还包括胸苷激酶基因(TK)、蛋白激酶基因(PK)等,将其缺失也不影响 PRV 的复制。疱疹病毒基因组的复制方式是滚环式复制,其复制还需要 UL5、UL8、UL9、UL42 和 UL52 等基因的转录翻译产物,它们的功能主要是参与复制起始位点的识别、DNA 螺旋的解链及前导链、后滞链的合成等过程。

5.2.2 流行病学

PR 最早是 1813 年在美国零星散发的动物疾病其被认为是由 PRV 所引起的,因为该病以瘙痒为主要特征,即在牛上最早被描述为“疯狂痒”(mad itch)。1902 年匈牙利外科兽医师 Aujeszky 首次提供文献证明 PRV 是 PR 的病原体,因此该病又称之为奥耶兹基氏病(Aujeszky's disease)。Aujeszky 首次从牛、犬及猫体内分离到 PRV,然后接种至猪及兔子体内发现该病能够相互传播。PRV 的自然宿主是猪,脊椎动物是其广泛的非自然宿主,主要包括牛、绵羊、犬、猫、山羊、鸡、浣熊、鼠、臭鼬、兔子及啮齿类动物,很少感染马(Marcaccini et al., 2008)。有研究报道熊及野生猫科动物也对 PRV 易感,人和黑猩猩对 PRV 不易感而恒河猴及猿易感,但值得注意的是近年来偶有 PRV 感染人的报道(Liu et al., 2021)。尽管 PR 在德国、澳大利亚、瑞典、丹麦、加拿大、新西兰及美国等国家和地区已经相继根除,但据研究报道这些国家野猪的数量逐年增加,PRV 仍然在难以防控的野猪群中流行及传播,这也给已净化地区的养猪业构成潜在的威胁。目前在亚洲、拉丁美洲及欧洲等猪群密集的国家 PR 仍然在蔓延,还没有得到有效的控制。因此,有效地防控及根除 PR 对于世界各国的养猪业具有重大意义。

PRV 弱毒疫苗株 Bartha-K61 是 Bartha 毒株经猪肾细胞、鸡胚及鸡胚细胞反复传代致弱所得,在传代过程中部分基因缺失,gE 和 US9 基因全部缺失,gI 和 US2 基因部分缺失(Ndjamen et al., 2014; Wang et al., 2020)。主要毒力基因 gE/gI 缺失后该疫苗具有很高的安全性及免疫原性,给世界各国 PR 的防控和根除起到了重要作用。我国在 1970 年首次暴发了 PR,随后 1970 年我国将该疫苗引进以后 PR 也得到了有效的控制。然而,自 2011 年年底以来,PR 在我国河南、河北、山东、湖北、湖南、江西、江苏等省及华北、东北地区的猪场相继暴发和流行,本次疫情是我国继 1990 年以来全国范围内最大的疫情报道,给我国养猪业造成了严重的经济损失(An et al., 2013; Zheng et al., 2021; Bo et al., 2021)。PR 新疫情在临床上主要表现为妊娠母猪流产、仔猪出现神经症状、发热、厌食、精神萎靡、全身颤抖,而且日益消瘦并最终死亡(Luo et al., 2014)。本次疫情引起了我国政府及研究人员的高度关注,多项研究表明,PRV 在我国已经发生变异,普遍使用的弱毒疫苗 Bartha-K61 不能对当前的流行株 PRV 提供完全的保护。

5.2.3 致病机制

PRV 能够感染宿主的神经系统,成年猪感染 PRV 后病毒粒子可侵入外周神经系统在神经胞体中建立终生的潜伏感染,仔猪感染 PRV 后通常不会建立潜伏感染,但病毒粒子不仅侵袭外周神经系统,而且能够侵入中枢神经系统,所以 PRV 对仔猪具有极强的致死性。最新的研究表明 PRV 感染引起的死亡其直接原因可能是其在宿主的濒危期诱导机体产生了突然的系统性炎症因子风暴。PRV 感染猪群后耐过猪只成为潜在带毒体,病毒核酸可终身存留在猪体内建立静态感染或潜伏感染,潜伏感染的主要位点是三叉神经节;当受到外源刺激后 PRV 可被重新激活而不定期向外界排毒,这也是猪场不定期感染或循环感染 PRV 的主要原因

(Avgousti et al., 2015; Wang et al., 2020)。正是由于PRV的这种嗜神经性引起了很多病毒学家及神经生物学家的广泛关注,PRV不仅可作为研究疱疹病毒生物学特性的模型,同时也是研究神经通路的一个"活"的示踪体;在研究人类的三大疱疹病毒如人的1型、2型疱疹病毒(HSV-1, HSV-2)和水痘带状疱疹病毒(VZV)的基因功能、病毒复制、病毒组装及释放和嗜神经机制等方面将是一个良好的模型。

5.2.4 免疫机制

PRV感染机体后能诱导显著的天然免疫应答和适应性免疫应答,这对于病毒的生命周期和PR的临床防控都有着极为重要的作用。PRV在感染机体的极早期能诱导宿主天然免疫应答的活化,但随着病毒生命周期的推移,病毒表达自身的免疫逃逸相关蛋白来抑制天然免疫应答以促进PRV自身的复制和进一步传播(Levings et al., 2013)。利用病毒自身的免疫逃逸机制来规避宿主的天然免疫应答对PRV成功完成自身的生命周期极为重要(French et al., 2004)。另一方面,PRV在感染宿主之后随即也激活了机体的适应性免疫应答,而适应性免疫应答的激活明显滞后于天然免疫反应,但该过程对于感染后期PRV的抑制起着关键作用。PRV重要的保护性抗原主要包括gB、gC和gD,其中gB为其诱导保护性中和抗体的关键抗原,在适应性免疫应答保护中起着决定性的作用。通常在临床上将gB抗体水平的监测值作为评判猪群中PRV保护性抗体水平的标准,同时gB抗体的检测也在鉴别诊断中起着重要的作用。在实地生产中,宿主坚实的天然免疫和适应性免疫与病毒毒力间的潜在平衡造成了临床上自然感染后耐过动物的产生,同时这也是病原与宿主间的一种平衡,提示临床生产中猪群基础免疫力的夯实对于疾病的防控起着重要的作用。

5.2.5 病理变化

猪只感染猪伪狂犬病的潜伏期一般为2～6 d,少数达10 d,仔猪的潜伏期一般较短。猪只发生伪狂犬病以后,其临床症状取决于感染猪只的年龄、病毒株的毒力、感染的剂量和免疫情况(Sun et al., 2016)。临床感染后可分为典型性和非典型性,典型的伪狂犬病可见到发烧、脑脊髓炎症状,神经症状现在临床上已很少见到。多数出现的非典型性症状如下:

1. 哺乳仔猪症状

仔猪感染后主要表现为发热,部分表现出中枢神经系统症状,由开始的震颤、唾液分泌增多、共济失调、眼球震颤,最后发展至角弓反张,甚至突发癫痫。还会出现转圈、侧卧划水运动,有的会因呼吸困难而呈犬坐式。一般在出现神经症状后的1～3 d内死亡。仔猪的临床表现也会随母猪免疫状态的不同而不同。母猪在临近分娩时感染,那么所产仔猪会虚弱,并很快表现症状,一般在1～2 d死亡。

2. 断奶仔猪症状

症状与新生哺乳仔猪相似,但是较少出现神经症状。主要出现精神差、食欲减退、发热、呼吸困难、流鼻涕等。症状一般持续5～10 d后,多数猪开始退热,恢复食欲,最后至痊愈。

3. 成年猪症状

最常见的症状是呼吸症状,发病率高,若无继发细菌感染,则死亡率低。妊娠母猪可出现流产、木乃伊胎、死胎、弱胎。有时产下的仔猪1～2 d正常,但随后突然死亡。母猪感染后可出现不育症。公猪感染后可出现睾丸肿胀或萎缩,丧失种用能力。

临床上呈现严重神经症状的病猪，死后常见明显的脑膜充血及脑脊髓液增加，鼻咽部充血，扁桃体、咽喉部及其淋巴结有坏死病灶，肝、脾有 1～2 mm 灰白色坏死点，心包液增加，肺可见水肿和出血点，都非本病特有的变化。组织学检查，有非化脓性脑膜脑炎及神经节炎变化。

5.2.6 诊断技术与鉴别诊断

PRV 的诊断技术主要包括临床诊断和实验室诊断，但因其产生的组织病变为非特有的病理变化和临床症状不典型而难以进行确诊和鉴别诊断，所以需要进一步的实验室诊断来进行确诊。目前实验室诊断主要包括常规的 ELISA、PCR、RT-qPCR 和胶体金试纸条。对于鉴别诊断可分为两个方面，一方面是与其他病原进行鉴别诊断，另一方面是疫苗株与野毒株的鉴别诊断。对于与其他病原的鉴别诊断而言，常规的实验室诊断方法即可区分不同病原，而对于疫苗株的免疫与野毒感染的区分则相对比较复杂。目前对于野毒感染与疫苗株免疫的区分主要包括 ELISA、RT-qPCR 和“类胶体金荧光免疫分析”。由于目前国内大部分商品化的伪狂犬病疫苗均存在 gE 基因的缺失，所以配合使用针对 gE 蛋白抗体检测的 ELISA 试剂盒可鉴别猪只是否感染野毒。而针对病原学检测，多重的 qPCR 试剂盒能鉴别疫苗株和野毒甚至变异株和经典株。例如，我国学者开发的三重 qPCR 试剂盒能鉴别疫苗株 Bartha-K61、经典株和变异株(Meng et al.，2016)。最新的研究表明，基于新型 EuNP-PRV 病毒抗原探针的封闭式荧光侧流免疫分析法可对 PRV 感染猪和疫苗接种猪进行鉴别诊断。该技术用 EuNP(铕纳米粒子)来标记 PRV 病毒粒子，以类胶体金式的检测方法来进行鉴别诊断(Chen et al.，2020)。首先将待测样品加入试纸条的上样孔，若血样中存在 gE 抗体，则抗体就与 EuNP 标记的 PRV 病毒粒子结合从而封闭 PRV 与 T 线上的 gE 抗体结合，反之 EuNP 标记的 PRV 病毒粒子就与 T 线上的 gE 抗体结合而聚集在 T 线处，而该聚集现象可被时间分辨荧光免疫测定传感器所捕获以荧光的形式体现。该方法可在 15 min 内完成样品的测定，且对免疫疫苗的猪群进行检测可直接判断其是否被野毒所感染过，这对于现地的 PRV 鉴别诊断具有极高的潜在应用价值。

5.3 猪流行性乙型脑炎

猪流行性乙型脑炎是由流行性乙型脑炎病毒(epidemic encephalitis B virus，EEBV 或 Japanese encephalitis virus，JEV)感染引起的一种蚊媒性人畜共患病。本病多发生于 7—10 月蚊虫滋生繁衍和活动旺盛季节，猪是该病毒最主要的增殖宿主、扩散宿主和传染源，易感季节在管理不善的猪群中感染率极高，是夏秋季猪场主要流行病之一，常呈散发性或地方性流行，严重危害养猪业的健康发展，需要采取综合性措施加以防控。该病毒感染主要对猪繁殖性能造成危害，母猪感染可导致流产、产死胎与木乃伊胎，公猪感染可导致睾丸炎、影响精液质量以及造成病毒垂直传播；仔猪感染少数可导致神经症状。

5.3.1 病原学

流行性乙型脑炎病毒是猪乙型脑炎的病原，该病原由蚊媒传播。因为最早于 1935 年由日本学者从东京地区因脑炎死亡病人的脑组织中分离到该病毒，故命名为日本脑炎病毒(Japanese encephalitis virus，JEV)(严杰，2012)，所致疾病在日本称日本脑炎(JE)。1938 年我国也分离到此病毒，1950 年后进行了大量的流行病学研究，为了与甲型脑炎相区别，更名为流行性乙型脑炎(epidemic encephalitis B)，简称乙型脑炎或乙脑。流行性乙型脑炎病毒属黄病毒科黄病毒属。病毒粒子为球形，直径约 40 nm(图 5-3)，内有衣壳蛋白(C)与核酸构成的核心，外披以含脂质的囊膜，表面有囊膜糖蛋白(E)形成的刺状突起即病毒血凝素，囊膜内有膜蛋白(M)参与病毒的装配。病毒基因组为单股正链 RNA，全长约 11 kb，基因组包含一个大的开放阅读框，编码 1 个大的多聚蛋白，经宿主蛋白酶或病毒自身蛋白酶剪切加工为 3 个结构蛋白以及 7 个非结构蛋白。病毒 RNA 在细胞质内直接起 mRNA 作用，翻译出结构蛋白和非结构蛋白，在细胞质粗面内质网装配成熟，出芽释放。

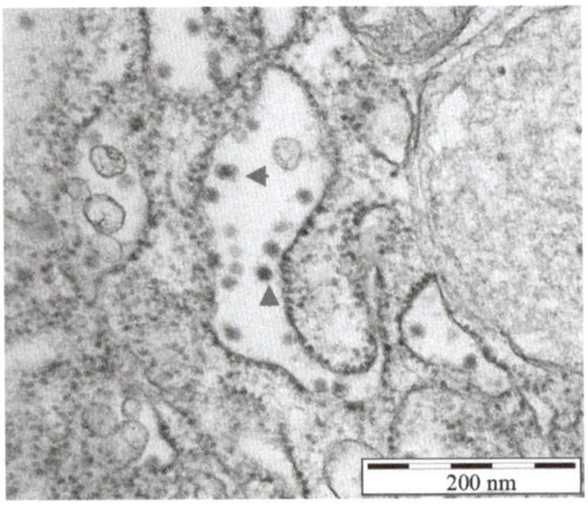

图 5-3　感染细胞中流行性乙型脑炎病毒电镜图

1. 分类及分型

流行性乙型脑炎病毒属黄病毒科黄病毒属，为黄病毒属流行性乙型脑炎血清群代表成员，该血清群还包含墨罗河谷脑炎病毒(MVEV)，圣路易斯脑炎病毒(SLEV)，西尼罗病毒(WNV)与昆津病毒(KUNV)。该血清群病毒间都存在一定的血清学交叉反应。流行性乙型脑炎病毒抗原较为稳定，只有一个血清型。在同一地区不同年代分离的毒株之间未发现明显的抗原变异。但不同地区与不同年代分离株在基因序列上差异较大，根据对 C/prM 基因序列的差异分析，可以将 JEV 分为 5 个不同的基因型(基因Ⅰ～Ⅴ型)。对 1935—1987 年间的 JEV 毒株分析表明，基因Ⅰ型毒株分布于泰国北部、柬埔寨；基因Ⅱ型分布于印度尼西亚、马来西亚和泰国北部；基因Ⅲ型则广泛分布于日本、中国、越南、尼泊尔、印度、斯里兰卡等地；基因Ⅳ分布于印度尼西亚东部。但在 20 世纪 90 年代以后，JEV 毒株的分布情况则变得复杂，1991 年在日本出现了基因Ⅰ型毒株(JaOArK36-91)。自 1994 年以后，日本地区的主要 JEV 毒株亚型由原来的基因Ⅲ型变为基因Ⅰ型。对中国国内的 JEV 监测结果表明我国早先的流行毒株主要为基因Ⅲ型，近年来则不断分离出基因Ⅰ型毒株，基因Ⅰ型毒株逐渐成为主要流行基因型(Wang，2019；Liu et al.，2020)。不同地区流行毒株基因型的转变表明病毒基因型的地域性分布变得越来越复杂，病毒地域间的扩散传播已呈现明显的增加趋势。

2. 基因组

流行性乙型脑炎病毒基因组为不分节段的单股正链 RNA，病毒 RNA 具有感染性。病毒基因组 RNA 全长约 11 kb，5′端与 3′端为非编码区。5′端有帽子结构 m7GpppAmp，具有启动翻译和保护 5′末端不被酶降解的作用。3′末端无多聚腺苷酸(poly A)尾，但有一段非常保守的核苷酸序列，能够形成稳定的发夹结构，与 RNA 复制时的核衣壳化有关。UTR 是病毒进行复制、转录和翻译至关重要的顺式作用元件。病毒基因组包含一个大的开放阅读框，编码 1 个大的多蛋白前体，经蛋白酶解后产生病毒结构蛋白 C、prM/M、E 和病毒非结构蛋白 NS1、NS2a、NS2b、NS3、NS4a、NS4b 和 NS5。基因组的组织结构如图 5-4 所示。

C 蛋白是病毒的衣壳蛋白，保护基因组免受核酸酶或其他因素的破坏。M 蛋白是病毒的外膜蛋白，是由其前体蛋白 prM 切割而成的，在病毒的包装过程中，M 蛋白的羧基端可能与插

图 5-4 流行性乙型脑炎基因组结构示意图

入脂质双层中的 E 蛋白完全疏水性 C 端相互作用，并和病毒核心共同组成感染性病毒。E 蛋白是病毒的囊膜蛋白，是与细胞膜受体相结合，参与细胞膜融合而使病毒进入细胞的主要蛋白。E 蛋白与病毒的吸附、穿入、致病性、组织嗜性、血凝反应、血清特异性和诱导宿主的免疫应答等作用紧密相关。E 蛋白变异对 JEV 神经毒力及神经侵袭力有举足轻重的影响。另外，E 蛋白还是引起宿主机体免疫及产生中和抗体的主要抗原蛋白，由它形成表面抗原决定簇，具有血凝活性和中和活性，刺激机体产生中和抗体，保护机体免受病毒攻击。NS1 蛋白为分泌型糖蛋白，由于 NS1 不是病毒颗粒的组成部分，所以无中和活性和血凝抑制活性。但它可在不出现中和抗体的情况下，诱导保护性免疫，而且不会引起包括抗体依赖性增强作用(ADE)在内的一些副反应。NS2a 蛋白和 NS2b 蛋白形成复合体，具有蛋白酶活性，在病毒复制以及多聚蛋白前体的剪切加工中发挥重要作用。NS3 蛋白具有丝氨酸蛋白酶超家族(serpin)成员的结构，包括酶活性中心和底物结合部位；第 2 个结构域与 RNA 解旋酶 DEAE 家族的结构相同；第 3 个结构域具有 RNA 三磷酸酶的活性。NS4a、NS4b 均为疏水性蛋白，是由 NS3 蛋白酶切割多聚蛋白产生。NS5 蛋白是 JEV 所有蛋白中分子质量最大且是黄病毒科中最保守的蛋白，具有甲基转移酶和 RNA 依赖的 RNA 聚合酶活性。甲基转移酶使 5′的帽子结构甲基化，RNA 聚合酶结构域能够催化病毒 RNA 的合成。复制过程中，NS5 蛋白及 NS3 蛋白所形成的复合体与病毒基因组的 3′末端发夹状结构结合，起始病毒 RNA 的复制。

3. 形态及结构

流行性乙型脑病毒粒子呈二十面体对称的球形结构，直径为 35～50 nm(电子致密核心约 30 nm)。根据宿主的不同囊膜的组成也会发生变化，病毒粒子浮力密度在 1.19～1.23 g/cm^3 之间，是黄病毒科最小的病毒之一。病毒粒子内衣壳蛋白(C)与核酸构成的核心为核衣壳，核衣壳外有囊膜结构，囊膜表面有糖蛋白(E)形成的刺状突起(图 5-5)。囊膜糖蛋白为病毒血凝素，具有凝血活性，能凝集雏鸡、鸽和鹅的红细胞，其相应抗体抑制血凝并有中和病毒的作用。囊膜内还有膜蛋白(M)，M 蛋白是病毒粒子在成熟过程中由前体膜蛋白(prM)剪切后形成，prM 蛋白与 E 蛋白形成异源二聚体，可以帮助 E 蛋白折叠，参与病毒的装配。

4. 复制周期

JEV 病毒粒子以非特异性的方式附着到宿主细胞上后，病毒粒子的 E 蛋白与细胞表面的未知受体高度特异性结合。再通过依赖网格蛋白的受体介导的胞吞作用进入细胞。已报道有多种细胞表面分子均能与 JEV 相互作用，如用牛乳铁蛋白封闭 BHK-21 细胞的硫酸乙酰肝素分子能降低 JEV 对细胞的感染性。此外，热休克蛋白 70(HSP70)在蚊细胞系 C6/36 中也能与 JEV 的 E 蛋白相互作用。因此，病毒吸附蛋白(VAP)可能与由许多不同的蛋白形成的复合体结合，而不是单独与某一个受体结合。

通过内吞进入细胞后，在酸性条件作用下，E 蛋白通过构象变化使病毒囊膜与内吞体膜发生融合。病毒的基因组 RNA 被释放到细胞质中，基因组 RNA 作为 mRNA 在粗面内质网上翻译出一个多聚蛋白前体，被细胞和病毒蛋白酶切割加工成 RNA 复制和病毒组装所必需的

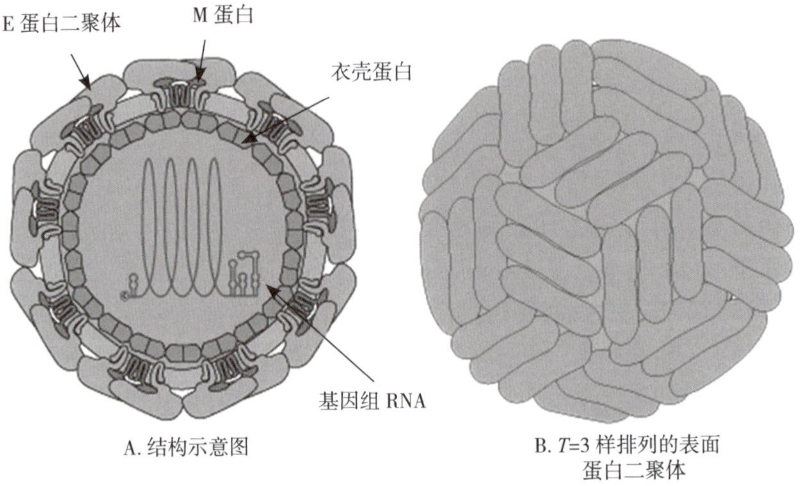

图 5-5　流行性乙型脑炎病毒结构示意图

viralzone. expasy. org，SIB Swiss Institute of Bioinformatics. http://viralzone. expasy. org/all_by_species/43. html；accessed May 4，2020

成熟病毒蛋白。病毒 RNA 的翻译加工产物保证病毒的复制。在与内质网相连的细胞质中，RNA 在非结构蛋白 NS3 和 NS5 以及多种酶的共同参与下完成复制。基因组 RNA 在 JEV 非结构蛋白 NS3 和 NS5 以及细胞因子的作用下形成一个病毒复制复合体(RC)。病毒 RC 使病毒基因组 RNA 环化，并形成双链复制模式(dsRF)，这个过程涉及 5′末端和 3′末端 UTR 的反向互补作用介导的长距离 RNA 相互作用。黄病毒基因组的环化能够确保病毒全长 RNA 分子的复制。dsRF 启动与亲代链互补的新的 RNA 链的生成。JEV RNA 复制需要全长负链中间体的合成，这种不对称的、半保留复制模式产生的正链大约是负链的 10～100 倍。细胞质是 JEV RC 存在的主要场所。据报道，其 60%的 RdRp 活性与细胞质膜相关，20%与核外膜相关，还有 20%与细胞核相关。RC 外有膜包裹，避免了被大量存在的蛋白酶破坏。在病毒基因组的 UTR，病毒 RC 识别病毒 RNA 顺式作用元件是病毒成功复制所必需的。

在病毒组装早期，病毒基因组 RNA 和 C 蛋白进入内质网内腔与 prM 蛋白和 E 蛋白形成成熟的病毒颗粒。成熟的病毒颗粒通过细胞分泌途径运输到高尔基体。在反面高尔基网(TGN)内，成熟的病毒颗粒在低 pH 的条件下发生结构变化，细胞 furin 蛋白酶作用于 prM 蛋白的切割位点。经过 PrM 蛋白被加工成 M 蛋白、TGN 低 pH 的诱导作用以及 prM/M 和 E 蛋白的结构重排，完全或部分成熟的病毒颗粒经过分泌途径被转移到细胞质空泡中。最后，通过胞吐作用从感染细胞内分泌到细胞外。

5.3.2　流行病学

流行性乙型脑炎属自然疫源性疫病，主要传播媒介是三节喙库蚊。本病发生有明显的季节性特征，大部分病例集中发生于 7—10 月份蚊虫滋生繁殖活动旺盛期，但在热带地区，可常年发生。流行病学调查发现，该病的发生流行与蚊虫的密度曲线相一致，气温、雨量与本病的流行也有密切关系。在我国随地理环境的不同，流行季节也略有不同，如东北地区的流行高峰在 8—10 月份，华北地区在 8—9 月份，华南地区在 6—9 月份。蚊虫可携带病毒越冬且能经卵传代，是病毒的长期储存宿主。家禽、家畜，特别是幼猪等动物被带病毒蚊虫叮咬后，出现短期的病毒血症,并不出现明显的症状,成为乙脑的重要传染源。蚊虫叮咬有病毒血症的动物再叮咬人后将病毒传播给人。带毒动物为该病的传染源,其中猪和鸟类是 JEV 在自然界中最重要的贮存与增殖宿主和传染源。人与马是该病毒的终末宿主,猪是最主要的增殖宿主、扩散宿主和传染源。猪感染 JEV 后,容易产生病毒血症,血液中病毒量较多,通过蚊→猪→蚊循环,使病毒不断扩散(图 5-6)。传播途径主要通过蚊虫(库蚊、伊蚊、按蚊等)叮咬传播,其中最主要的是三带喙库蚊传播。猪感染后还可经胎盘垂直传播,此外,野禽和其他哺乳类动物以及冷血动物,也可散播本病。该病以往主要在亚洲及东南亚热带和亚热带地区流行,但自 20 世纪 90 年代以来,已在多个非流行国家相继发生,表明该病已突破原有的地域范围,正在不断扩散传播。在 20 世纪 90 年代以前,我国流行性乙型脑炎流行范围为兰州—长春连线以南的地区,而东北北部、青海、新疆以及西藏等地则未见本病报告。但近年来我国黑龙江、内蒙古、新疆与西藏均有病毒分离报告(Hameed et al.,2020;Li et al.,2011;Li et al.,2011)。表明该病在我国的传播范围扩大。

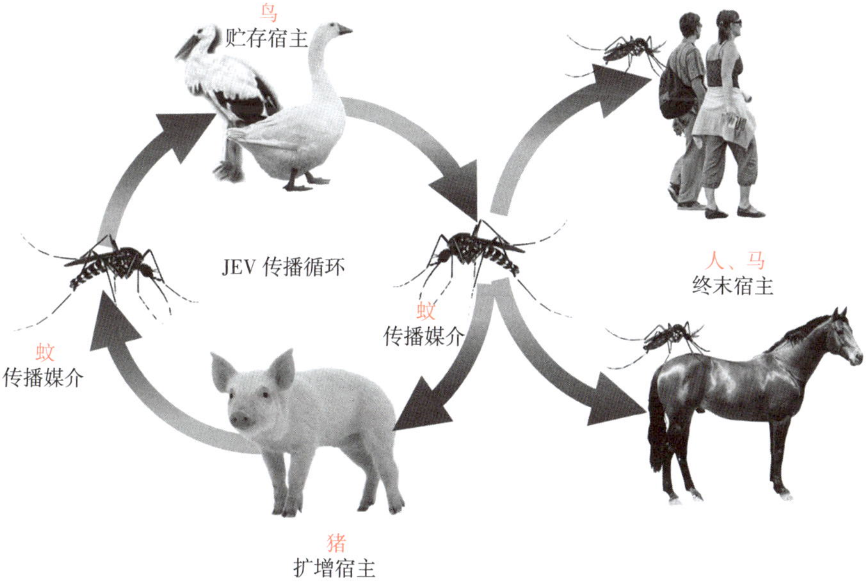

图 5-6 流行性乙型脑炎病毒的传播循环

5.3.3 临床症状

猪群对于本病高度易感,感染后一部分患猪有比较明显的症状,临床上以发热、神经系统和生殖系统病变为特征,虽然绝大多数病例在病愈后可以获得一定的免疫力不再复发,但一旦感染,容易产生病毒血症,成为带毒的传染源。

临床诊疗表明,仔猪和育肥猪往往发病突然,病初体温高达 40 ℃以上,吃食减少或停止、精神萎靡、喜卧嗜睡、流有浆液性或黏稠性鼻液、大便秘结、尿液发黄;继而部分猪出现神经症状,共济失调或四肢痉挛、肢体震颤、关节肿胀;或后肢麻痹、走步跛行;或磨牙吐沫、摇头转圈、盲目冲撞,最终会因麻痹瘫痪而死亡,病程一般 1~3 d。

妊娠母猪感染后,常有高热、流产、畸形胎、死胎、木乃伊胎及子宫炎等。公猪感染后以睾丸肿大发炎、性欲减退、精液品质差、繁殖性能下降为特征。临床主要表现为睾丸肿胀、阴囊发热、指压有痛感，数日后虽然睾丸肿胀消退，但逐渐萎缩变硬，最终丧失精子形成功能，致母猪屡配不孕，严重影响猪场的繁殖力，给养猪业造成巨大的经济损失。

5.3.4 病理变化

妊娠母猪常见死胎或流产的胎儿脑腔水肿，俗称“无脑儿”“空脑儿”，脑膜和脊髓充血、皮下水肿、淋巴结肿大充血、胸腹腔积水、胎盘水肿出血；部分胎儿中枢神经组织发育不全，组织学检查可见非化脓性脑炎病变。流产母猪子宫内膜充血、水肿，黏膜有少量小点状出血，上覆有黏稠的分泌物。

公猪睾丸肿胀，可见睾丸实质性充血、鞘膜与白质间积液，有不同程度充血，睾丸有许多大小不等小颗粒状坏死灶，附睾边缘和鞘膜脏层纤维性增厚；睾丸硬化者体积缩小，与阴囊粘连，实质结缔组织化。

新生仔猪感染乙脑后很难见到肉眼可见的病变。流产胎儿脑水肿、皮下血样浸润、肌肉似水煮样；木乃伊胎儿从拇指大小到正常大小；存活的弱仔可见到脑水肿、皮下水肿、胸腔积液、腹水、浆膜小点出血、淋巴结充血、肝和脾内有坏死灶、脑膜脊髓充血等。

5.3.5 致病机制

蚊吸食含病毒的血液后，病毒感染蚊中肠细胞并开始复制，随后病毒通过上皮细胞基膜释放并且在其他组织中增殖，进而感染唾液腺，病毒再从唾液腺细胞中释放至唾液中。蚊再通过叮咬将病毒传播给其他宿主。且蚊感染后终身带毒并可经卵传代，成为传播媒介和贮存宿主。在热带和亚热带，蚊终年存在，蚊和动物宿主之间构成病毒持久循环。在温带，鸟类是自然界中的重要贮存宿主。病毒每年或通过候鸟的迁徙而传入，或病毒在流行区存活过冬。有关病毒越冬的方式可为：①越冬蚊再感染鸟类，建立新的鸟—蚊—鸟循环；②病毒可在鸟、哺乳动物、节肢动物体潜伏越冬；③冷血脊椎动物可为冬季贮存宿主（如蛇、蛙、蜥蜴等），可分离出病毒。

家畜和家禽在流行季节感染乙脑病毒，一般为隐性感染，但病毒在其体内可增殖，侵入血流，引起短暂的病毒血症，成为乙脑病毒的暂时贮存宿主，经蚊叮咬反复传播，成为人类的传染源。特别是当年生仔猪最为重要，对乙脑病毒易感，构成猪—蚊—猪的传播环节，故在人群流行前检查猪的病毒血症和蚊带毒率，可预测当年人群的流行程度，并通过猪的免疫预防，可控制本病在猪及人群中的流行。当带毒雌蚊叮咬猪时，病毒随蚊虫唾液传入猪体皮下。先在毛细血管内皮细胞及局部淋巴结等处的细胞中增殖，进而形成病毒血症，此时病毒可突破母猪胎盘感染胎猪，感染胎猪脑组织受感染坏死导致死胎。初生仔猪感染可突破血脑屏障感染脑组织导致神经症状。公猪感染，病毒对睾丸组织造成损害。

5.3.6 诊断技术与鉴别诊断

（1）临床诊断　成年猪感染流行性乙型脑炎病毒，临诊上几乎没有脑炎症状的病例。少数仔猪与育肥猪感染呈现一定的临床症状，如体温突然升至 40～41 ℃，稽留热，病猪精神萎靡，食欲减少或废绝，粪干呈球状，表面附着灰白色黏液。部分仔猪发病后后肢呈轻度麻痹，步态不稳或神经症状。初次妊娠母猪突然发生流产，产出死胎、木乃伊和弱胎，母猪无明显异常表现，同胎亦可见正常胎儿。公猪除有一般症状外，常发生一侧性睾丸肿大，也有两侧性的，患病睾丸阴囊皱襞消失、发亮，有热痛感，经 3～5 d 后肿胀消退，有的睾丸变小变硬，失去配种繁殖能力。如仅一侧发炎，仍有配种能力。以临床症状诊断还需要结合流行病学以及发病季节、气温等因素，该病多发于蚊活跃的季节。

（2）病理学诊断　流产胎儿常见脑水肿，脑膜和脊髓充血，皮下水肿，胸腹腔积水，淋巴结充血、淤血，脏器浆膜斑点样出血。部分胎儿中枢神经组织可能发育不全，组织学检查可见到非化脓性脑炎病变。感染公猪可见睾丸实质充血、出血和有坏死灶；睾丸硬化者体积缩小，与阴囊粘连，实质结缔组织化。

（3）血清学诊断　可对出现临床症状猪采集血清进行病毒特异性抗体检测，特别是特异性 IgM 抗体检测阳性表明病毒的近期感染。而 IgG 抗体及中和抗体以及实体结合抗体检测也表明曾经的病毒感染，可用于回顾性诊断和流行病学调查。抗体检测通常不能区分疫苗免疫与病毒感染，需结合养殖场疫苗使用记录以及当地环境与气候综合判断。

（4）微生物学诊断　猪感染可形成病毒血症，但病毒血症存在时间较短，通常从猪血清中分离病毒较为困难。而感染猪的脑脊液以及流产胎儿脑组织病毒含量较高，通常是分离病毒的首选材料。可将脑脊液和流产胎儿脑组织接种 C6/36 或 BHK-21 等敏感细胞中，可分离培养出病毒。乳鼠接种法也常用于流行性乙型脑炎病毒分离，取疑似病猪脑脊液或流产胎儿脑组织研磨成 10％悬液，接种 1～3 日龄乳鼠脑内，连续观察 14 d，3 d 内死亡为非特异性死亡，待接种鼠发病濒死时，取脑组织制成悬液保存进一步进行鉴定。可用阳性血清做中和试验鉴定病毒或通过特异性抗体进行间接免疫荧光试验进行鉴定。也可以通过 PCR 方法进行鉴定。

（5）分子生物学诊断　可以采集疑似病猪脑脊液或流产胎儿脑组织，提取组织 RNA，用 JEV 特异性引物进行 RT-PCR 检测样品中的病毒核酸片段来检测病原。此外还可以采用荧光定量 RT-PCR 以及环介导逆转录等温扩增法（RT-LAMP）对病毒核酸进行检测（杜鹃等，2010；霍红等，2014）。RT-PCR 法与荧光定量 RT-PCR 法特异性强、灵敏度高，但需要一定的设备设施要求。RT-LAMP 灵敏度高、特异性强，与传统 RT-PCR、荧光定量 RT-PCR 相比，不需要模板的热变性、温度循环、电泳及紫外观察等过程，不需要专门的仪器设备，有水浴锅或恒温箱即可，反应结果可以通过肉眼观察白色浑浊或绿色荧光的生成进行判定。可以根据检测场地条件选择合适的检测方法。

5.3.7　防控技术及应用

乙型脑炎无特异治疗方法。控制乙型脑炎的最有效方法是接种疫苗免疫预防，加强疫情监测，防蚊灭蚊也是控制该病的有效措施。

乙脑病毒经蚊子叮咬后在禽畜和人类之间相互传播，在中国传播媒介以三带喙库蚊为主。三带喙库蚊密度增高时，乙脑流行严重，三带喙库蚊带毒率较其他蚊种高，采取灭蚊措施，消灭蚊虫滋生地，疏通沟渠，填洼造地，排除积水，并于黄昏时往圈舍内喷洒绿色杀虫药物，控制三带喙库蚊后，乙脑发病率可下降。

用疫苗免疫是有效的预防措施。针对猪流行性乙型脑炎我国先后开发出了鼠脑组织灭活疫苗以及弱毒活疫苗（方雨玲等，1996；徐涤平等，2002）。其中鼠脑组织灭活苗现已较少使用，而更多的是使用弱毒活疫苗进行免疫。我国猪乙型脑炎弱毒活疫苗是采用人用弱毒活疫苗株 SA14-14-2 株进行适应培育后研制而成。该疫苗免疫原性好，猪接种安全，在我国猪乙型脑炎防控中发挥了重要作用。养猪场应制定切实可行的免疫方案，加强猪只免疫接种，减少病毒扩增与贮存量。给母猪群定期免疫接种，可有效预防和控制该病。免疫注射通常是在蚊虫出现之前，采用猪乙型脑炎弱毒疫苗进行免疫接种，种猪群常在每年的 3—4 月份进行。后备公母猪配种前再免疫接种一次，以后则按常规每年注射一次，以防母猪发生流产。现用疫苗毒株为基因Ⅲ型，对我国早期流行的以基因Ⅲ型为主的猪流行性乙型脑炎有较好的免疫保护效果。近年来我国不断分离出基因Ⅰ型流行性乙型脑炎病毒株，有成为主要流行基因型的趋势。病毒中和试验结果表明基于 SA14-14-2 株的弱毒活疫苗对中国流行的 2 种基因型乙脑病毒均具有较好的免疫效果(刘欣玉等，2019)。

除传统的全病毒灭活疫苗与弱毒疫苗外，针对流行性乙型脑炎还有多种形式的基因工程疫苗在研究中。其中效果较好、较有前景的为病毒样颗粒亚单位疫苗，乙型脑炎病毒 prM-E 蛋白在细胞中共表达后能组装成为病毒颗粒分泌至细胞外，具有良好的免疫原性，可以诱导小鼠产生病毒中和抗体，免疫小鼠对致死性强毒攻击能够得到完全保护。多种哺乳动物细胞系被用来构建稳定表达 JEV 病毒样颗粒抗原，如 RK13 细胞、CHO 细胞等(Konishi et al.，2001；Kojima et al.，2003)，但这些细胞系表达抗原量较低，且不太稳定；华荣虹等(2014)构建了稳定表达 JEV prM-E 蛋白的 BHK-21 细胞系，表达蛋白组装为病毒样颗粒且分泌至细胞培养上清液中，表达量达 20 μg/mL 以上，且连续传 20 代仍稳定，对免疫小鼠提供完全保护，有望开发为猪乙型脑炎亚单位疫苗。

参考文献

杜鹃，宋永，刘立科，等. 流行性乙型脑炎病毒一步法 RT-LAMP 检测方法的建立. 中国预防兽医学报，2010，32(10)：773-776.

方雨玲，姜天童，徐涤平. 乙型脑炎油乳剂灭活疫苗的研制与应用综合报告. 湖北畜牧兽医，1996(1)：1-3，8.

霍红，李业南，薛遥，等. 流行性乙型脑炎病毒 TaqMan 荧光定量 PCR 方法的建立. 中国预防兽医学报，2014，36(7)：547-550.

刘欣玉，鲁旭，赵丹华，等. 乙型脑炎减毒活疫苗对中国主要流行基因型毒株的免疫效果. 中国生物制品学杂志，2019，32(9)：1006-1009.

徐涤平，段正赢，刘泽文，等. 猪乙型脑炎减毒活疫苗毒株的选育研究. 动物医学进展，2002(3)：60-63.

严杰. 医学微生物学. 高等教育出版社，2012.

Bachmann P A, Sheffy B E, Vauhan J T. Experimental in utero infection of fetal pigs with a porcine parvovirus. Infect Immun, 1975, 12:455-460.

Cutlip R C, Mengeling W L. Experimentally induced infection of neonatal swine with porcine parvovirus. Am J Vet Res, 1975, 36:1179-1182.

Fenati M, Armaroli E, Corrain R, et al. Indirect estimation of porcine parvovirus maternal immunity decay in free-living wild boar (Susscrofa) piglets by capture-recapture data. Vet J, 2009, 180:262-264.

Fernandes S, Boisvert M, Tijssen P. Genetic elements in the VP region of porcine parvovirus are critical to replication efficiency in cell culture. J Virol, 2011, 85:3025-3029.

Foerster T, Streck A F, Speck S, et al. An inactivated whole-virus porcine parvovirus vaccine protects pigs against disease but does not prevent virus shedding even after homologous virus challenge. J Gen Virol, 2016, 97:1-6.

Hogg G G, Lenghaus C, Forman A J. Experimental porcine parvovirus infection of foetal pigs resulting in abortion, histological lesions and antibody formation. J Comp Pathol, 1977, 87:539-549.

Huang C, Hung J J, Wu C Y, et al. Multiplex PCR for rapid detection of pseudorabies virus, porcine parvovirus and porcine circoviruses. Vet Microbiol , 2004, 101:209-214.

Johnson R H, Donaldson-Wood C, Allender U. Observations on the epidemiology of porcine parvovirus. Aust Vet J, 1976, 52:80-84.

Jozwik A, Manteufel J, Selbitz H J, et al. Vaccination against porcine parvovirus protects against disease, but does not prevent infection and virus shedding after challenge infection with a heterologous virus strain. J Gen Virol, 2009, 90:2437-2441.

Kim J, Choi C, Chae C. Pathogenesis of postweaning multisystemic wasting syndrome reproduced by co-infection with Korean isolates of porcine circovirus 2 and porcine parvovirus. J Comp Pathol, 2003a, 128: 52-59.

Kim J, Han D U, Choi C, et al. Simultaneous detection and differentiation between porcine circovirus and porcine parvovirus in boar semen by multiplex seminested polymerase chain reaction. J Vet Med Sci, 2003b, 65:741-744.

Ladekjaer-Mikkelsen A S, Nielsen J. A longitudinal study of cell-mediated immunity in pigs infected with porcine parvovirus. Viral Immunol, 2002, 15:373-384.

Lenghaus C, Forman A J, Hale C J. Experimental infection of 35, 50 and 60 day old pig foetuses with porcine parvovirus. Aust Vet J, 1978, 54:418-422.

Lucas M H, Cartwright S F, Wrathall A E. Genital infection of pigs with porcine parvovirus. J Comp Pathol, 1974, 84:347-350.

Ma X, Guo Z, Shen Z, et al. The immune enhancement of propolis adjuvant on inactivated porcine parvovirus vaccine in guinea pig. Cell Immunol, 2011, 270:13-18.

Maranga L, Rueda P, Antonis A F, et al. Large scale production and downstream processing of a recombinant porcine parvovirus vaccine. Appl Microbiol Biotechnol, 2002, 59:45-50.

Mengeling W L, Cutlip R C. Pathogenesis of in utero infection: experimental infection of five-week-old porcine fetuses with porcine parvovirus. Am J Vet Res, 1975, 36:1173-1177.

Mengeling W L, Cutlip R C. Reproductive disease experimentally induced by exposing pregnant gilts to porcine parvovirus. Am J Vet Res, 1976, 37:1393-1400.

Mengeling W L, Cutlip R C, Wilson R A, et al. Fetal mummification associated with porcine parvovirus infection. J Am Vet Med Assoc, 1975, 166:993-995.

Oravainen J, Heinonen M, Tast A, et al. High porcine parvovirus antibodies in sow herds: prevalence and associated factors. Reprod Domest Anim, 2005, 40:57-61.

Qi T, Cui S J. Expression, purification, and characterization of recombinant NS-1, the porcine parvovirus non-structural protein. J Virol Methods, 2009, 157:93-97.

Ritzmann M, Wilhelm S, Zimmermann P, et al. Prevalence and association of porcine circovirus type 2 (PCV2), porcine parvovirus (PPV) and porcine reproductive and respiratory syndrome virus (PRRSV) in aborted fetuses, mummified fetuses, stillborn and nonviable neonatal piglets. Dtsch Tierarztl Wochenschr, 2005, 112:348-351.

Roic B, Cajavec S, Toncic J, et al. Prevalence of antibodies to porcine parvovirus in wild boars (Susscrofa) in Croatia. J Wildl Dis, 2005, 41:796-799.

Simpson A A, Hebert B, Sullivan G M. The structure of porcine parvovirus: comparison with related viruses. J MolBiol, 2002, 315:1189-1198.

Streck A F, Gava D, Souza C K, et al. Presence of porcine parvovirus in sera from pigs is independent of antibody titers. Berl Munch Tierarztl Wochenschr, 2011, 124:242-246.

Wilhelm S, Zeeuw E J, Selbitz H J, et al. Tissue distribution of two field isolates and two vaccine strains of porcine parvovirus in foetal organs after experimental infection of pregnant sows as determined by real-time PCR. J Vet Med B Infect Dis Vet Public Health, 2005, 52:323-326.

Wolf V H, Menossi M, Mourao G B, et al. Molecular basis for porcine parvovirus detection in dead fetuses. Genet Mol Res, 2008, 7:509-517.

Wu Y F, Zhu L, Xu Z W, et al. Proliferation characteristics of a PK-15 cell-adapted strain of porcine parvovirus. Bing Du Xue Bao, 2013, 29:357-363.

An T Q, Peng J M, Tian Z J, et al. Pseudorabies virus variant in Bartha-K61-vaccinated pigs, China. Emerg Infect Dis, 2013, 19:1749-1755.

Avgousti D C, Weitzman M D. Stress flips a chromatin switch to wake up latent virus. Cell Host Microbe, 2015, 18(6):639-641.

Bo Z, Miao Y, Xi R, et al. Emergence of a novel pathogenic recombinant virus from Bartha vaccine and variant pseudorabies virus in China. Transbound Emerg Dis, 2021, 68(3):1454-1464.

Chen H, Zhang X, Jin Z, et al. Differential diagnosis of PRV-infected versus vaccinated pigs using a novel EuNPs-virus antigen probe-based blocking fluorescent lateral flow immunoassay. Biosens Bioelectron, 2020, 155:112101.

French A R, Pingel J T, Wagner M, et al. Escape of mutant double-stranded DNA virus from innate immune control. Immunity, 2004, 20:747-756.

Levings R L, Roth J A. Immunity to bovine herpesvirus 1: Ⅰ. Viral lifecycle and innate immunity. Anim Health Res Rev, 2013, 14:88-102.

Liu Q, Wang X, Xie C, et al. A novel human acute encephalitis caused by pseudorabies virus variant strain. Clin Infect Dis, 2021, 73:e3690-3700.

Luo Y, Li N, Cong X, et al. Pathogenicity and genomic characterization of a pseudorabies virus variant isolated from Bartha-K61-vaccinated swine population in China. Vet Microbiol, 2014, 174:107-115.

Marcaccini A, López Peña M, Quiroga M I, et al. Pseudorabies virus infection in mink: a host-specific pathogenesis. Vet Immunol Immunopathol, 2008,124:264-273.

Meng X Y, Luo Y, Liu Y, et al. A triplex real-time PCR for differential detection of classical, variant and Bartha-K61 vaccine strains of pseudorabies virus. Arch Virol, 2016, 161:2425-2430.

Ndjamen B, Farley A H, Lee T, et al. The herpes virus Fc receptor gE-gI mediates antibody bipolar bridging to clear viral antigens from the cell surface. PLoS Pathog, 2014, 10:e1003961.

Sun Y, Luo Y, Wang C H, et al. Control of swine pseudorabies in China: opportunities and limitations. Vet Microbiol, 2016, 183:119-124.

Wang H H, Liu J, Li L T, et al. Typical gene expression profile of pseudorabies virus reactivation from latency in swine trigeminal ganglion. J Neurovirol, 2020, 26(5):687-695.

Wang J, Cui X, et al. Efficacy of the Bartha-K61 vaccine and a gE(-)/gI(-)/TK(-) prototype vaccine against variant porcine pseudorabies virus (vPRV) in piglets with sublethal challenge of vPRV. Res Vet Sci, 2020, 128:16-23.

Zheng H H, Bai Y L, Xu T, et al. Isolation and phylogenetic analysis of reemerging pseudorabies virus within pig populations in central China during 2012 to 2019. Front Vet Sci, 2021, 8:764982.

Wang H Y. The progress and challenge of Japanese encephalitis control and prevention in China. Zhonghua Yu Fang Yi Xue Za Zhi,2019,53(2):133-135.

Liu W, Fu S, Ma X,et al. An outbreak of Japanese encephalitis caused by genotype Ib Japanese encephalitis virus in China, 2018: A laboratory and field investigation. PLoS Negl Trop Dis,2020,14(5):e0008312.

Hameed M, Khan S, Xu J, et al. Detection of Japanese encephalitis virus in mosquitoes from Xinjiang during next-generation sequencing arboviral surveillance. Transbound Emerg Dis, 2020.

Li M H, Fu S H, Chen W X, et al. Genotype V Japanese encephalitis virus is emerging. PLoS Negl Trop Dis, 2011, 5:e1231.

Li Y X, Li M H, Fu S H, et al. Japanese Encephalitis, Tibet, China. Emerg Infect Dis, 2011, 17:934-936.

Konishi E, Fujii A, Mason P W. Generation and characterization of a mammalian cell line continuously expressing Japanese encephalitis virus subviral particles. J Virol, 2001, 75:2204-2212.

Kojima A, Yasuda A, Asanuma H,et al. Stable high-producer cell clone expressing virus-like particles of the Japanese encephalitis virus e protein for a second-generation subunit vaccine. J Virol, 2003, 77:8745-8755.

Hua R H, Li Y N, Chen Z S,et al. Generation and characterization of a new mammalian cell line continuously expressing virus-like particles of Japanese encephalitis virus for a subunit vaccine candidate. BMC Biotechnol,2014,14:62.

（符芳、孙元、华荣虹）

国家奖

伪狂病鄂 A 株分离鉴定及分子生物学与综合防治研究

2001 年获得国家科技进步奖二等奖,华中农业大学为第一完成单位。

华中农业大学率先确定了猪伪狂犬病在我国的暴发流行,分离鉴定了猪伪狂犬病毒,研制了各种诊断方法;系统阐述了我国猪伪狂犬病的五大临床表现形式;研制了疫苗,提出了伪狂犬病的根除计划。

附表 常见猪繁殖障碍疫病鉴别

疾 病	发病年龄	传播方式	死亡率	临床症状	剖检变化	病理组织学变化	诊断方法
猪细小病毒病	初产母猪和仔猪	消化道和胎盘均可感染。	感染率高，死亡率低。	主要表现为母猪的繁殖障碍，如感染母猪每窝产仔很少或大部分为木乃伊胎，母猪怀孕早期或中期感染细小病毒，会导致怀孕终止，胎儿被母体吸收，母猪腹围减小。对公猪的性欲无明显的影响。	受感染的胎儿发育障碍或生长不良，可见充血、水肿、出血、体腔积液和木乃伊胎。	怀孕母猪感染细小病毒，镜下可见固有膜深层和子宫内膜附近区域出现单核细胞浸润。在大脑、脊髓和眼结膜有浆细胞和淋巴细胞形成的血管套。	血清学诊断主要有间接免疫荧光法、间接 ELISA 和血凝抑制试验等，其中血凝抑制试验较为常用。
猪流行性乙型脑炎	一般 6 月龄左右	蚊虫是本病的主要传播媒介。	死亡率低，但每窝有不同比例的死胎和木乃伊胎。	体温高，排球状便，结膜潮红，后肢麻痹，行走不稳，跛行，摆头乱撞，同期妊娠母猪流产和产死胎，公猪睾丸炎。	脑脊髓膜充血，脑脊液增多，睾丸肿大、实质充血、出血和坏死，子宫内膜充血、有小出血点，流产胎儿大小不等。	在大、小脑可见散发神经元变性和坏死，神经元变性在灰质区及蒲肯野氏层较为显著。睾丸主要表现为水肿和炎性变化。	病毒分离鉴定，血凝抑制试验等。
猪繁殖与呼吸综合征	任何年龄都可感染	经空气、接触和胎盘传染，呈地方流行性。	流产死胎 8%以上。	表现为体温升高 40～41 ℃，厌食，呼吸症状明显，肢端末梢发绀。母猪的流产、死产、木乃伊胎和弱仔的发生率明显增高；哺乳和断奶仔猪生长缓慢，气喘，个别猪耳朵发绀；公猪表现为性欲减退，咳嗽，精液质量下降，pH 上升。	间质性肺炎较为常见，淋巴结苍白肿大，肾脏苍白水肿。	肺泡内充满大量的巨噬细胞、淋巴细胞和中性粒细胞浸润，导致肺泡间质明显增宽。	间接荧光抗体试验，免疫过氧化物酶单层试验，中和试验，ELISA 等，但应用较多的是 ELISA 技术。

续附表

疾　病	发病年龄	传播方式	死亡率	临床症状	剖检变化	病理组织学变化	诊断方法
布氏杆菌病	感染母猪和公猪	消化道感染、结膜、阴道、损伤或未损伤的皮肤感染。		母猪多在妊娠的第3个月发生流产。流产母猪表现精神不振、食欲不佳，乳房、阴唇肿胀，有时排泄黏性脓样分泌物，很少出现胎盘停滞。公猪出现一侧或两侧睾丸炎、附睾萎缩。病公猪性欲减退甚至消失，失去配种能力。	发病母猪子宫不管妊娠与否均有明显病变。可见黏膜上散在分布着很多呈淡黄色的小结节，切开有少量干酪样物质可从中压挤出来。公猪布鲁氏杆菌性睾丸炎结节中心为坏死灶，外围有一上皮样细胞区和浸润有白细胞的结缔组织包囊，附睾通常呈化脓性炎症。	主要侵害四肢大的复合关节，病变开始呈滑膜炎和骨的病变，表现为具有中央坏死灶的增生性结节，有的坏死灶可发生脓性液化。还可引起椎骨的骨髓炎病变，后者表现为具有中央坏死灶的增生性结节，有的坏死灶可发生脓性液化，化脓性炎症的蔓延可引起化脓性脊髓炎或椎旁脓肿。	胃内容物或阴道分泌物等材料制成涂片，用沙黄孔雀绿染色法染色，布鲁氏杆菌被染成淡红色的小球杆菌，其他细菌或细胞为绿色或蓝色。

第6章 猪神经系统疾病

【本章提要】 猪神经系统疾病主要侵害猪的神经系统，以中枢神经系统机能紊乱为主要特征，严重影响猪只的生长、发育。本章从病毒和细菌引起的猪神经系统疾病入手，阐明不同病原引起的猪神经系统疾病特征，并根据各病的发病特征对猪神经系统疾病进行鉴别诊断，以便养猪场技术人员能够快速判断出相应病因，有针对性地进行科学的免疫接种。

6.1 猪流行性乙型脑炎

参见5.3猪流行性乙型脑炎

6.2 猪链球菌病

猪链球菌病是由数种致病性链球菌感染所引起的猪的多种疾病总称。主要症状表现为急性出血性败血症和脑炎；慢性关节炎、心内膜炎及淋巴结化脓性炎。某些链球菌对人有致病性，如猪链球菌2型，2005年在四川引起猪链球菌病流行时，该省累计报告人感染猪链球菌病例204例，其中死亡38例，主要分布在资阳、内江、成都等的12个市，37个县，131个乡镇。2019年6月，广西崇左市报道了3例人感染猪链球菌病例。在广大的农村，每年都可能有散发病例，由于诊断水平不够或鉴定不出病原菌，治疗不及时死亡的病例时有发生。

6.2.1 病原学

链球菌(*Streptococcus*)种类繁多，分布很广，链球菌为圆形或卵圆形细胞，常排列成链状。因种的差别及培养基不同，链的长短不一。一般致病性菌株链较长，非致病性菌株链较短。肉汤培养基内对数生长期的链球菌常呈长链的排列，固体培养基上由于链多而难以显示典型的链。致病性链球菌对培养条件要求均较严格，在培养基中加入血清、血液、腹水、葡萄糖等才能生长良好，最适温度37 ℃，最适pH为7.4～7.6。血清琼脂平板中37 ℃培养24 h后，形成灰白色、圆形、透明、闪光、中央隆起、表面光滑的露珠状小菌落。多数链球菌为革兰氏阳性，老龄培养物有时出现阴性。

链球菌的C抗原是细胞壁的多糖成分，有群特异性，根据C抗原不同，用兰氏(Lancefield)血清学分类，可将链球菌分成A～V(缺I和J)20个血清群。对猪有致病性的血清群主要是以下几种：

(1)C群引起猪的急性、亚急性败血症、脑膜炎、关节炎、心内膜炎、心包炎、肺炎及其化脓性炎症。

(2)D群可引起小猪发生心内膜炎、脑膜炎、关节炎、心包炎、肺炎及其化脓性炎症。

(3)E群引起猪颈部淋巴结脓肿、化脓性支气管炎、脑膜炎、关节炎。

其他如G、L、M、P、R、S及T群对猪均有不同程度的致病作用，引起猪只发生败血症、脑膜炎、心内膜炎、肺炎、关节炎及脓肿等病理过程。

根据其荚膜抗原(CPS)的不同，猪链球菌被分为35(1～34型，1/2型)种血清型，其中对猪致病的是1、2、7和9型。目前猪链球菌2型分入R群。猪链球菌的定植部位为猪的上呼吸道，尤其是扁桃体和鼻腔。

6.2.2 流行病学

病猪和病愈带菌猪是本病自然流行的主要传染源。该病一年四季均可发生，但以5—11月发病较多，多发于养猪密集地区，呈地方性流行。病猪的鼻液、尿、粪、唾液、血液、肌肉、内脏、肿胀的关节内均可检出病原体。在各种动物中猪的易感性较高，各种年龄的猪均可发病，但败血症型和脑膜炎型多见于仔猪，化脓性淋巴结炎型多见于育肥猪。哺乳仔猪发病率和病死率较高，育肥猪次之，大猪较低。在人的感染病例中，猪链球菌常导致人的化脓性脑炎，也见有心内膜炎、关节炎、腹膜炎、肺炎、蜂窝组织炎、葡萄膜炎和眼内炎等病例报道。

猪链球菌的自然感染部位是猪的上呼吸道(特别是扁桃体和鼻腔)、生殖道和消化道。病猪、临床康复猪和健康猪均可带菌，当健康猪群引入带菌猪后，由于互相接触，病菌可通过口、鼻、皮肤伤口而传染。有皮肤损伤、蹄底磨损、去势、脐带感染等外伤病史的猪易发。

6.2.3 致病机制与免疫机制

本病多经呼吸道和消化道感染，病原菌很快能通过黏膜和组织的屏障，大量定居繁殖，产生毒素和各种蛋白酶，如溶血毒素、透明质酸酶等引起细胞溶解，导致上皮细胞屏障破坏，引起肺部感染，利于病原体侵入血液和在全身传播。此外，细胞因子、毒素可引起猪细菌性脑膜炎、脑水肿。研究表明猪链球菌2型的荚膜脂多糖与细菌的黏附和侵袭有关，具有荚膜的菌株能抵抗吞噬，因此荚膜脂多糖在致病机理中起重要作用，导致机体对猪链球菌吞噬作用下降。猪链球菌2型能诱导单核细胞产生肿瘤坏死因子α、IL-1、IL-6、IL-8以及单核细胞趋化蛋白1，这些细胞因子能引起全身性炎性反应。病猪在感染几小时后即出现精神委顿、食欲不振、高热以及嗜睡、昏迷、痉挛和跛行等症状。最终可因防御屏障机构的瓦解和脑、脊髓、肝、肾、心等的结构破坏与功能紊乱而死亡。

6.2.4 病理变化

最急性型病例可见口、鼻流出红色泡沫液体，气管、支气管充血，充满带泡沫液体。最常见的病理变化是脑膜、淋巴结和肺脏充血。急性败血型常表现鼻黏膜充血出血、气管充血、肺充血呈肺炎变化；全身淋巴结肿大、出血；心包积液，心内膜出血；脾肿大1～3倍，呈暗红色或蓝紫色，柔软、质脆，偶见脾边缘黑红色的出血性梗死灶；肾肿大、出血；腹腔积液并有纤维素性渗出物，胆囊壁水肿；胃肠黏膜充血、出血；关节囊内有胶样液体或纤维素脓性物。脑膜炎型表现脑膜充血、出血，脑脊髓白质和灰质有小出血点，脑脊液增加；心包、胸腔、腹腔有纤维性炎。关节炎型表现滑膜血管扩张和充血，出现纤维素性浆膜炎，关节肿胀、滑膜液增多而浑浊，关节周围组织有多发性化脓灶，严重者关节软骨坏死。化脓性淋巴结炎型主要表现淋巴结肿大、出血。

6.2.5 诊断技术及鉴别诊断

猪链球菌病感染一般可根据临床症状和病理剖检变化进行初步诊断。需要通过分离病原菌、血清学检查、病理组织学检查和分子生物学检测等实验室检查才能确诊。

(1)细菌学检查　根据不同病型采集病料，败血症型病猪，无菌采取心、肝、脾、肺、肾及血液等；淋巴结脓肿病猪可吸取未破溃淋巴结脓肿内的脓汁；脑膜炎型病猪可取脑脊髓液及脑组织。病料制成涂片，用碱性美兰染色或革兰氏染色法染色后镜检，如见有多数散在的或成双排列的短链圆形或椭圆形球菌，无芽孢，有时可见到带荚膜的革兰氏阳性球菌，可做初步诊断。细菌分离培养时，采血液、肝、脾、脓汁、炎性分泌物或脑脊液直接划线接种于血液琼脂平板，37℃培养24～48 h，形成大头针帽大小、湿润、黏稠、隆起、半透明的露珠样菌落，菌落周围有完全透明的β溶血环，少数菌落呈现α绿色溶血环。可进一步做涂片镜检和纯培养以及生化特性检查。

(2)血清学试验　有荧光抗体技术、SPA协同凝集试验、乳胶凝集试验。

(3)分子生物学检查　已建立了多种PCR或荧光定量PCR诊断方法，检测猪链球菌特有的毒力基因(cps2A、mrp、gapdh等)。

6.2.6 防控技术及应用

(1)治疗　首先选择对猪链球菌敏感的抗菌药物。可通过药敏试验筛选敏感药物，连续用药3～5 d。对淋巴结脓肿型，可将肿胀部位切开，排除脓汁，用3%双氧水或0.1%高锰酸钾液冲洗后，涂以碘酊，不缝合，几天可愈。

(2)免疫接种　有弱毒冻干菌苗和灭活苗可选用。由于猪链球菌血清型较多，不同菌苗对不同血清型的猪链球菌感染无交叉保护力或交叉保护力较小。预防用疫苗最好选择相同血清型菌苗。

(3)加强管理　注意平时的卫生消毒工作，病猪尸体及其排泄物等作无害化处理。发病猪群立即将病猪隔离治疗，严格消毒。

(4)人员防护　猪链球菌病感染人主要通过接触病死猪。生猪饲养人员和屠宰厂加工人员是本病易感人群。在生猪养殖过程中，饲养人员要多注意个人防护，有外伤时应尽量避免接触病猪，发现病猪要及时通知兽医诊疗。屠宰加工人员在屠宰生猪时，应防止个人受伤。一旦受伤应立即处理伤口，经清洗消毒后，使用抗生素预防治疗。注意不食用病死猪，购买的猪肉在分割时，应使用生熟分开案板，并充分煮熟后食用。

参考文献

方勤美，黄绍谦，俞伏松，等. 猪链球菌2型福建分离株的主要毒力基因分析. 中国人兽共患病学报，2010，26(1)：65-68.

方勤美，朱继昌，池洪树，等. 猪链球菌2型PCR-ELISA检测方法的建立与优化. 福建农业学报，2012，27(12)：1275-1279.

郭长明，俞伏松，方勤美，等. 福建猪群猪链球菌2型血清学调查与分析. 中国人兽共患病学报，2009，25(4)：338-341.

黄金虎，刘民星，商可心，等. 46株猪链球菌对大环内酯类抗生素的耐药性及PFGE分型. 南京农业大学学报,2013(4):105-110.

刘丽蓉,常凯,单虎.猪链球菌2型的分离鉴定及致病性试验.畜牧与兽医,2011(12):53-55.

彭少静,邓华英,张媛媛,等.重庆地区猪肉样品中猪链球菌污染、血清型、耐药性及致病性.食品科学,2016(4):233-237.

王丽平,陆承平,唐家琪.32种抗菌药物对临床分离猪源链球菌的体外抗菌活性.微生物学报,2004,4(6):794-799.

姚火春,陈国强,陆承平.猪链球菌1998分离株病原特性鉴定.南京农业大学学报,1999(2):70-73.

俞伏松,车勇良,郭长明,等.猪链球菌2型福建株的分离鉴定.福建农林大学学报(自然科学版),2008,37(3):290-294.

俞伏松,郭长明,车勇良,等.猪源2型链球菌福建株cps2j基因PCR检测及序列分析.中国农学通报,2009,25(17):10-14.

周玉岩,李春玲,余炜烈,等.猪链球菌2型西藏小型猪感染模型的初步建立.动物医学进展,2011(4):15-18.

Auger J P, Christodoulides M, Segura M, et al. Interactions of Streptococcus suis serotype 2 with human meningeal cells and astrocytes. BMC Res Notes, 2015, 8:607.

Chang P, Li W J, Shi G,et al. The VraSR regulatory system contributes to virulence in Streptococcus suis via resistance to innate immune defenses. Virulence, 20 18, 9:771-782.

Clifton Hadley F A. Studies of Streptococcus suis type 2 infection in pigs. Vet Res Commun, 1984, 8(3):217-227.

Dong W, Ma J, Zhu Y, et al. Virulence genotyping and population analysis of Streptococcus suis serotype 2 isolates from China. Infect Genet Evol, 2015, 36:483-489.

Feng Y,Zhang H, Wu Z, et al. Streptococcus suis infection: an emerging/reemerging challenge of bacterial infectious diseases. Virulence, 2014, 5(4):477-497.

Gottschalk M, Xu J, Calzas C, et al. Streptococcus suis: a new emerging or an old neglected zoonotic pathogen. Future Microbiol, 2010, 5(3):371-391.

McCullers J A, Karlstrom A, Iverson A, et al. Novel strategy to prevent otitis media caused by colonizing Streptococcus pneumoniae. PLoS Pathogens,2007, 3(3):e28.

Staats J, Feder I, Okwumabua O, et al. Streptococcus suis: past and present. Veterinary Research Communications. 1997, 21(6):381-407.

Tall H, Njanpop-Lafourcade B M, Mounkoro D, et al. Identification of streptococcus suis meningitis through population-based surveillance,togo,2010-2014. Emerg Infect Dis, 2016, 22(7):1262-1264.

Tang J,Wang C, Feng Y, et al. Streptococcal toxic shock syndrome caused by Streptococcus suis serotype 2. PLoS Medicine,2006, 3(5):e151.

Tenenbaum T, Seitz M, Schroten H, et al. Biological activities of suilysin: role in streptococcus suis pathogenesis. Future Microbiol, 2016, 11:941-954.

Van Hout J, Heuvelink A, Gonggrijp M. Monitoring of antimicrobial susceptibility of Streptococcus suis in the Netherlands, 2013-2015. Vet Microbiol, 2016, 194:5-10.

Varela N P, Gadbois P, Thibault C, et al. Antimicrobial resistance and prudent drug use for Streptococcus suis. Anim Health Res Rev, 2013, 14(1):68-77.

Wang Y, Zhang W, Wu Z, et al. Reduced virulence is an important characteristic of biofilm infection of Streptococcus suis. FEMS Microbiol Lett, 2011,316(1):36-43.

Windsor R S, Elliott S D. Streptococcal infection in young pigs. Ⅳ. An outbreak of streptococcal meningitis in weaned pigs. J Hyg (Lond), 1975, 75(1):69-78.

Yang W Z，Yu H J，Jing H Q，et al. An outbreak of human Streptococcus suis serotype 2 infections presenting with toxic shock syndrome in Sichuan，China. Zhonghua Liu Xing Bing Xue Za Zhi，2006，27(3)：185-191.

Yu H J，Jing H Q，Chen Z H，et al. Human Streptococcus suis outbreak，Sichuan，China. Emerging Infectious Disseases，2006，12(6)：914-920.

（周伦江）

附表　常见猪神经系统疫病鉴别

疾病	发病年龄	病猪分布	临床症状	死亡率	剖检病变	诊断
猪伪狂犬病	所有年龄。在青年猪，倾向于影响中枢神经系统，且症状更重。	整群发病。	青年至成年猪：喷嚏，咳嗽，便秘，流涎，呕吐，肌肉痉挛，共济失调，抽搐，划动，昏迷。妊娠猪：胎儿吸收，木乃伊化，死胎，流产。	高，特别是在较年轻猪可达100%。	少见肉眼病变。鼻黏膜和咽充血，肺水肿，坏死性扁桃体炎，肝和脾有1～2 mm的白色坏死灶。	从扁桃体和脑分离病毒，接种家兔或小鼠出现奇痒，放冷的扁桃体和脑做荧光抗体检测。血清抗体。
猪水肿病	断奶后1～2周。	在哺乳猪达15%。	某些猪猝死。精神沉郁，运动失调和步态摇晃，前蹄趾关节弯曲，震颤，呈划水状，阵发性痉挛，轻瘫，眼睑、结膜、前额、喉特征性皮下水肿，出现共济失调。	高，50%～90%。	腹部皮肤红色。眼睑、前额、喉头、皮下组织、胃壁和结肠系膜水肿，淋巴结充血水肿，切开呈胶冻样。	症状，流行病学，从小肠和结肠分离大肠杆菌做纯培养。鉴定血清型、检测毒素。
猪链球菌病	常发于哺乳猪，偶发于育肥猪。	几周内少数猪发病，偶尔暴发。	体温升高，后躯乏力，步态僵硬，伸展动作，震颤，运动失调，划动，麻痹，角弓反张，抽搐，失明，耳聋，跛行，部分猪有关节炎。	高	脑和脑膜充血，化脓性脑膜炎，过量混浊的脑脊液，化脓性多发性关节炎。	从病变或化脓性脑膜炎中分离兰斯菲尔德群D，Ⅰ和Ⅱ中的α-和β-溶血性链球菌。
猪传染性脑脊髓炎	任何年龄。	可整群发病。	发热，厌食，眼球震颤，共济失调，发展为抽搐，麻痹，角弓反张和昏迷。	高	无肉眼病变。中枢神经系统有组织学病变，可见非化脓性脑脊髓灰质炎。	病毒分离，荧光抗体检测，血清学。
猪流行性乙型脑炎	一般6月龄左右。	高度散发，蚊虫季节。	体温高，排球状便，结膜潮红，后肢麻痹，行走不稳，跛行，摆头乱撞，同期妊娠母猪流产和产死胎，公猪睾丸炎。	低，但每窝有不同比例的死胎和木乃伊胎。	脑脊髓膜充血，脑脊液增多，睾丸肿大、实质充血、出血和坏死，子宫内膜充血、有小出血点，流产胎儿大小不等，脑水肿。	病毒分离鉴定，血凝抑制试验等。

续附表

疾病	发病年龄	病猪分布	临床症状	死亡率	剖检病变	诊断
猪狂犬病	常大于 2 月龄。	散发。	进行性共济失调，迟钝，极度衰竭，3 d 内死亡，狂躁期兴奋易怒，抽搐，口鼻撞地，虚脱，咀嚼，流涎，躺卧，攻击人或动物，口干且吞咽困难，全身性慢性肌痉挛。	高，100%。	无肉眼病变。	新鲜脑做动物接种，组织病理学，内基氏小体，荧光抗体检测。

第 7 章 系统综合性疫病

【本章提要】 猪多系统疾病主要侵害猪的多个系统，严重影响猪只的生长、发育。本章从病毒、细菌引起的猪多系统疾病入手，阐明不同病原引起的猪多系统疾病的特征，并根据各病的发病特征对猪多系统疾病进行鉴别诊断，以便养猪场技术人员能够快速判断出相应病因，并采取相应的措施控制疾病的发生和传播，有针对性地进行科学的免疫接种。

7.1 非洲猪瘟

非洲猪瘟(African swine fever, ASF)于 1921 年在肯尼亚首次报道，当时该病从非洲野猪传播给家猪，死亡率为 100%。目前，ASF 是危害养猪业的“第一杀手”，给世界及我国养猪业造成了严重的经济损失。

7.1.1 病原学

ASF 是由非洲猪瘟病毒(African swine fever virus, ASFV)感染猪引起的一种高度接触传染性、广泛出血性、烈性传染病，最急性型和急性型感染死亡率可高达 100%。ASFV 是非洲猪瘟相关病毒科(*Asfarviridae*)非洲猪瘟病毒属(*Asfivirus*)的成员，也是目前所知唯一可经虫媒传播的 DNA 病毒。成熟的 ASFV 病毒粒子结构复杂，主要由基因组、内核心壳、内膜、衣壳和囊膜 5 部分组成。ASFV 的基因组为线性双链 DNA 分子，长 170～194 kb，主要由 3 部分组成：末端的发卡环结构、紧邻末端由多基因家族构成的可变区以及中间比较稳定的保守区，可编码近 200 种蛋白。在 ASFV 的基因组中含有 MGF100(3 个基因)、MGF110(14 个基因)、MGF300(3 个基因)、MGF505(11 个基因)和 MGF360(22 个基因)在内 5 种 MGF 基因(multigene family genes, MGFs)，MGFs 变化是造成 ASFV 不同基因型和分离株之间基因组大小差异的主要因素，其中 MGF505 和 MGF360 家族基因编码蛋白对于 ASFV 免疫逃逸和致病性具有重要作用(Dixon et al.,2020)。ASFV 的基因型复杂多变，目前已鉴定出 24 种基因型。根据 ASFV 血细胞吸附抑制特性，可将其分为 8 个血清群。

7.1.2 流行病学

家猪、各种野猪(非洲野猪、欧亚野猪)和钝缘蜱属软蜱为 ASFV 的宿主，其中犹猪等非洲本土野猪和部分钝缘蜱多为储存宿主。感染 ASFV 的家猪、野猪、软蜱、受污染的饲料猪肉制品以及器具(车辆、衣服、靴子、注射器)等是该病的主要传染源。ASF 感染途径和传播方式多种多样，猪只可通过直接或者间接接触传染源而被感染，也可被感染了 ASFV 的软蜱叮咬而感染。病毒经血液传播至全身各组织脏器，引起猪只的全身性感染。已证实的 ASFV 传播循环主要有 3 种：①家猪—软蜱—家猪循环；②家猪—家猪循环；③野猪—野猪循环。ASFV 在不同的循环内可以持续存在。

ASF 最早发现于肯尼亚，但非洲赞比亚东部省份奇帕塔(Chipata)地区在 1912 年也曾记载暴发 ASF。根据 ASF 全球流行情况，可划分为 3 个阶段：第一阶段是局限于非洲地区流行，持续至今，主要流行于撒哈拉沙漠以南的非洲国家。第二阶段是第一次传出非洲跨洲流行，发生在 1957 年到 20 世纪 90 年代之间。该阶段从 1957 年 ASF 传入欧洲的葡萄牙开始，后相继传入西班牙、意大利、法国、比利时等国家；1971 年 ASF 传入加勒比地区的古巴、多米尼加、海地等国家；1978 年传入南美洲的巴西。特点是长距离、跨区域传播，目前除意大利的撒丁岛外都被成功地扑灭和根除。第三阶段是第二次传出非洲跨洲流行，从 2007 年传入格鲁吉亚、俄罗斯、白俄罗斯开始，2014 年传入立陶宛、波兰、拉脱维亚、爱沙尼亚等；2017 年传入捷克、罗马尼亚等绝大部分东欧国家；2018 年传入中国；目前，主要流行于高加索、东欧地区及中国，至今没有得到有效控制。2018 年 9 月比利时境内野猪发现感染 ASFV，表明 ASF 疫情有可能已经蔓延到了西欧。自 2019 年以来 ASF 已在包括蒙古、朝鲜、老挝、越南、缅甸、柬埔寨、菲律宾、泰国、韩国、东帝汶、印度尼西亚等 10 多个亚洲国家暴发。根据现阶段 ASF 的流行情况来看，其已呈现出全球流行趋势，严重危害全球养猪及相关产业的健康发展。

在经过 3 年多的流行，最初暴发的基因Ⅱ型 ASFV 强毒株，已演化出弱毒株，同时又出现了低毒力基因Ⅰ型 ASFV，致使我国 ASF 防控和根除面临的形势更加严峻和复杂(Sun et al.，2021)。据 OIE 统计，截至 2022 年年底，ASF 已在非洲、欧洲、亚洲和加勒比海地区近 50 个国家暴发和流行，造成了难以估计的巨大经济损失，严重危害了全球养猪业及相关产业的稳定发展。

7.1.3 致病机制

ASFV 在经口鼻感染后，首先在扁桃体中进行初级的复制和增殖，伴随着血液循环进入全身多个组织脏器，并引起病毒血症。ASFV 可感染血管内皮细胞和巨噬细胞，也能够侵袭毛细血管和淋巴结的内皮细胞和多种免疫细胞，导致相应的组织和器官出现肿胀、出血、坏死等病理变化。ASFV 感染单核吞噬细胞和淋巴细胞后可在骨髓、脾脏、肺脏等二级场所进行大量的增殖，导致细胞凋亡和坏死，成功逃逸宿主的天然和获得性抗病毒免疫应答，并伴随着免疫系统受损、淋巴细胞显著减少等特征性表现。ASFV 不同毒株的毒力有差异，其致病机制也不相同。弱毒株可引起间质性肺炎、心外膜炎及关节炎。而强毒株可使猪的树突状细胞等抗原递呈细胞严重损伤，在感染后 1 周内死亡。

7.1.4 免疫机制

研究发现，ASFV 感染猪只后可诱导一些细胞因子的释放，如激活肺泡巨噬细胞释放 IL-1 和肿瘤坏死因子 α(tumor necrosis factor α，TNF-α)等，IL-1 和 TNF-α 作为中性粒细胞的趋化因子，导致中性粒细胞在感染部位聚集，这在抗 ASF 急性感染方面发挥一定的作用(Wang et al.，2020)。关于 ASFV 感染后诱导的其他细胞因子和趋化因子目前研究较少，有待深入探究其功能进而详细解释 ASFV 的致病机制。已有研究发现，ASFV 编码蛋白 F317L 可与 IKKβ 相互作用并抑制其磷酸化，从而抑制 NF-κB 信号通路的激活，导致促炎性细胞因子 IL-1β、IL-6 和 TNF-α 的产生减少，利用 RNA 干扰技术沉默 F317L 基因的表达，可降低 ASFV 的复制，表明 ASFV 编码的调控促炎性细胞因子产生的蛋白可影响 ASFV 的复制。同时值得注意的是，体内感染试验发现，ASFV 强毒株感染猪只后，可导致机体炎症反应失衡，出现炎症反应的级联放大，多种炎症因子如 IL-1β 等，迅速大量释放，并伴随着出现发热和出血等临床症状，表明炎症因子风暴可能是 ASFV 致病性的关键因素。最近的研究证实，ASFV 编码的炎症反应与 IFN 应答调控蛋白 MGF505-7R 缺失后，可显著降低病毒在猪只体内的复制，导致其致病性降低；值得注意的是，ASFV 编码的免疫调控蛋白可影响病毒的体内复制与其致病性。综上分析发现，ASFV 编码的抑制炎症反应的蛋白可调控病毒的复制，进而影响其致病性。

7.1.5 病理变化

自然感染 ASFV 的潜伏期通常为 3～5 d，也有延长至 19 d 的，OIE 法典规定的潜伏期为 15 d。ASF 的临诊症状很难和猪瘟区别，根据毒力和感染途径不同 ASF 可表现为最急性型（强毒株）、急性型（中等毒力毒株）、亚急性型和慢性型（弱毒株），不同感染类型的死亡率、临床症状见表 7-1。

表 7-1 ASFV 感染后的临床症状

ASF 临床表现	死亡率（感染后时间）	症状
最急性型	100%（1～4 d）	高烧（41～42 ℃），无症状突然死亡。
急性型	90%～100%（6～9 d）	发烧（40～42 ℃），沉郁，厌食，耳、四肢、腹部皮肤有出血点，发绀。 眼、鼻有黏液脓性分泌物，呕吐，便秘，粪便表面有血液和黏液覆盖，或腹泻，粪便带血。 步态僵直、呼吸困难，病程延长则出现神经症状。 妊娠母猪在妊娠的任何阶段均可出现流产。
亚急性型	30%～70%（7～20 d）	症状与急性型相同但病情较轻，病死率较低，持续时间较长。 体温波动无规律，常大于 40.5 ℃。呼吸窘迫，湿咳。关节疼痛、肿胀。
慢性型	<30%（>1 个月）	低烧（40～40.5 ℃）伴随呼吸困难，消瘦或发育迟缓。关节肿胀，局部皮肤溃疡、坏死。

非洲猪瘟最典型的剖检变化是：脾脏显著肿大，一般情况下是正常脾脏的 3～6 倍，呈暗红色，质地变脆（图 7-1A）。肾脏包膜斑点状出血（图 7-1B）。淋巴结肿大出血，类似于血凝块（图 7-1C）。其他剖检变化包括扁桃体（图 7-1D）、心脏（图 7-1E）、肺脏、肝脏、膀胱、胃等组织脏器出血、水肿。

7.1.6 诊断技术与鉴别诊断

非洲猪瘟的临床症状和病变与猪的其他一些出血性、高度接触性传染病很相似，比如，猪瘟、高致病性蓝耳病、猪丹毒、败血性沙门氏菌等。因此，我们很难或者说不能根据临床症状和眼观病变来判断是否为非洲猪瘟，实验室检测是诊断该病最可靠、最准确的方法。

1. 实验室诊断技术

有多种实验室技术可用于 ASF 病毒和抗体检测，推荐两者结合进行 ASFV 检测。重要的是要指出 ASF 具有 3 个显著检测优势：①病毒血症通常在感染后 2～3 d 开始出现并持续数周；②血液中高水平的特异性抗体可在感染后 8～15 d 检测到，可持续很长时间甚至数年；

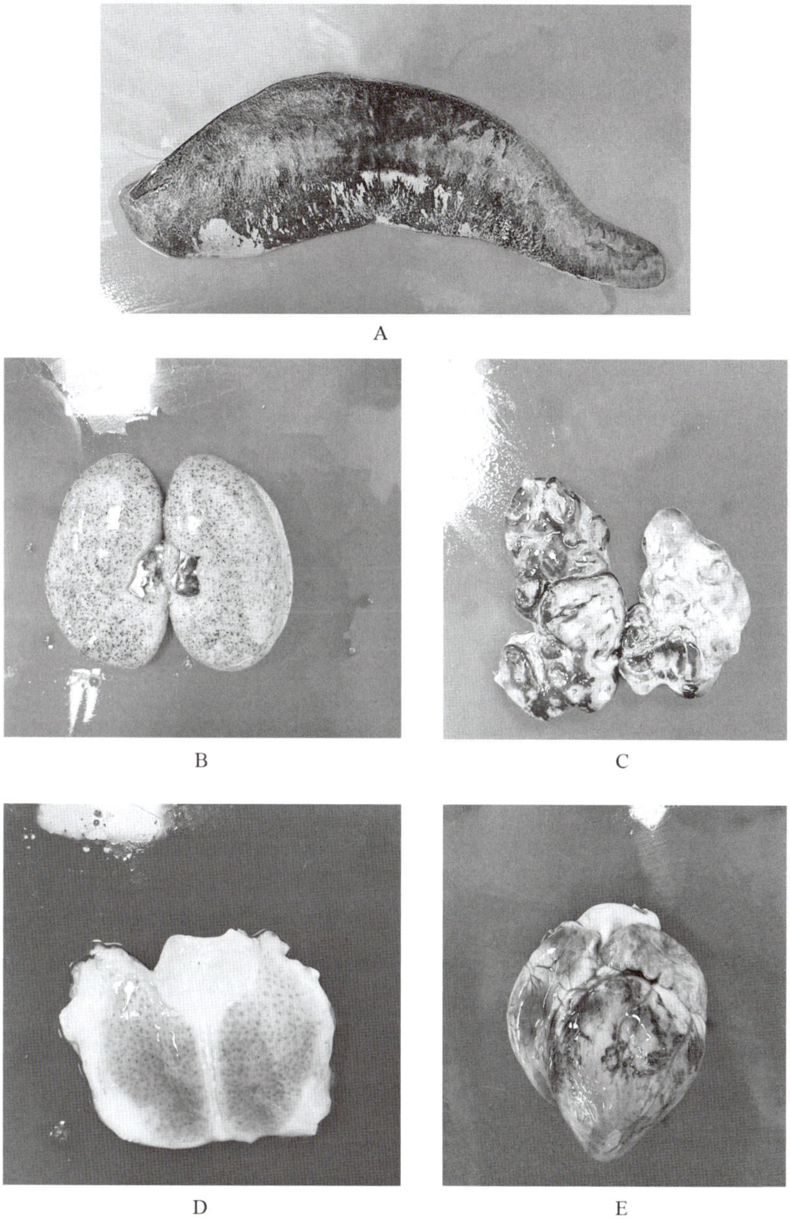

图 7-1　急性非洲猪瘟病毒感染后剖检变化

A. 脾脏显著肿大，呈暗红色，质地变脆　B. 肾脏包膜斑点出血
C. 淋巴结肿大出血，类似于血凝块　D. 扁桃体溃疡肿大　E. 心脏表面出血

③由于没有可用的疫苗，特异性抗体是非常好的感染标识（如果出现在动物死亡之前）。然而，利用中等毒力毒株通过口服和肌肉注射感染仔猪、青年猪和成年野猪，均产生急性 ASF 症状，且在不到 12 d 内导致 100%死亡，血清中未检测到抗体应答，也不能对与之接触的家猪和野猪产生有效传播。在实验条件下，无论感染剂量如何，老年猪在感染中等毒力 ASFV 分离株后似乎比年轻猪具有更好的存活率。

特异性非洲猪瘟 IgG 抗体在感染猪体内长期持续存在为检测亚急性和慢性 ASF 提供了

基本策略，这对 ASF 根除计划至关重要。很多技术都可以用来进行 ASF 抗体检测，但最常见、最实用且最廉价的检测通常使用酶联免疫吸附试验（ELISA）、免疫印迹试验（IB）、间接免疫荧光抗体试验（IFA）和免疫过氧化物酶试验（IPT）用来进行验证测试。ASF 实验室诊断应采集以下样品：来自活体或濒死动物的全血、扁桃体刮片/扁桃体拭子以及来自病死猪的淋巴结、肾、脾、肺、血液和血清。组织可用于病毒分离（红细胞吸附实验）、病毒抗原检测（直接免疫荧光试验）和病毒 DNA 检测（PCR），而血液、扁桃体刮片和扁桃体拭子只能用于病毒分离和病毒 DNA 检测。血清可通过 IFA、ELISA 或 IB 进行抗体检测。组织分泌物可通过 PCR 进行病毒检测，也可通过上述血清学诊断方法进行抗体检测。

最常用的病毒检测和鉴定方法是红细胞吸附试验（HA）、直接免疫荧光（DIF）以及 PCR（自 2000 年以来）。除了 PCR 以外，上述技术中没有一种是商品化的，PCR 试剂盒中包含冻干的试剂，以及复溶的缓冲液和阳性对照。

（1）病毒检测技术　病毒检测和分离。鉴于红细胞吸附试验（HA）的敏感性和特异性，HA 常用于 ASFV 确诊。红细胞吸附试验是利用红细胞能吸附在体外培养的感染 ASFV 的巨噬细胞膜表面，在细胞病变出现之前，红细胞能在巨噬细胞周围形成典型的玫瑰花环。重要的是，已观察到少数田间毒株仅出现细胞病变而不产生红细胞吸附现象。这些毒株可利用 PCR/DIF 对细胞培养物进行鉴定。

（2）聚合酶链式反应（PCR）方法　自 2000 年以来，已经开发了很多基于常规和实时程序的 PCR 方法，其中一些已经过验证。这些方法根据病毒基因组中高度保守区域 VP72 设计引物对，可利用 PCR 技术鉴定 ASFV 分离株及其所属的基因型。这是一种极好且相对快捷的技术，适用于 ASF 的流行病学监测和诊断。

（3）直接免疫荧光（DIF）方法　DIF 是基于组织触片或冷冻切片上的病毒抗原与抗 ASFV 免疫球蛋白相结合的检测方法。DIF 用于检测急性 ASF 具有非常快速（1 h）、经济和高度敏感性的特点。检测亚急性或慢性 ASF 时，DIF 的敏感性只有 40%。这种敏感度的降低可能与感染猪组织内的抗原-抗体复合物的形成有关，其阻断了 ASFV 抗原与标记的抗 ASFV 免疫球蛋白结合。

此外，还有一种独特的商品化 ELISA 病毒抗原检测方法，即 Ag-ELISA。DIF 和 Ag-ELISA 在检测同时存在抗原-抗体复合物的慢性 ASF 中表现出非常低的敏感性。这些技术仅推荐用于诊断急性 ASF。在慢性 ASF、区域流行或个体诊断的情况下，不推荐使用这种抗原检测技术。

近年来，许多诊断平台改进了 ASF 诊断方法，其中大多数是基于 DNA 检测，或为多重检测技术的一部分或为单一检测，包括便携式 PCR 系统、侧向流动装置以及新的平台，如使用生物传感器、液滴数字 PCR（ddPCR）、重组酶聚合酶扩增（RPA）、聚合酶链式螺旋反应（PCLSR）、等温交叉引发扩增（CPA），其中一些检测时间短至 10 min，灵敏度和特异性等同于 OIE 推荐的 ULP-PCR。

（4）抗体检测技术

①抗体 ELISA　这是进行大规模血清学研究的最佳方法。目前，至少有 3 种商品化的 ELISA 正在使用（来自 Ingenasa，Svanova 和 IDVet）。其他 ELISAs 在内部使用或正在开发和验证过程中，并且都有其优点和缺点，在测试可疑或不良质量的样本时应该考虑这些优点和缺点。该方法是用于检测与固相载体上附着的病毒蛋白相结合的 ASFV 抗体，再加入 A 蛋

白-酶偶联物显色，当酶与合适的底物反应时出现可见的颜色。商品化的抗体 ELISA（PPA 公司）已经上市，该产品已由西班牙中央参考实验室（CRL）验证。CRL 还可根据申请提供 OIE“内部使用”的 ELISA 方法步骤以及用于 OIE ELISA 测试的标准化/验证可溶性抗原。

②免疫印迹试验（IB） 这是一种高度特异、敏感且简单易学的技术，它被成功地用作 IFA 的替代方法，也被推荐用于 ELISA 阳性或可疑结果的验证试验。目前没有商品化的 IB 试剂盒，标准化/验证过的 IB 抗原条应由自己的实验室制备，也可向 CRL 申请。然而，由于 IB 抗原条生产的复杂性，其每年的量是有限的。

③间接免疫荧光抗体试验（IFA） IFA 无论是检测血清还是检测组织渗出物中的 ASF 抗体都有很高的敏感性和特异性。该方法以检测结合于已适应细胞培养的 ASFV 感染的单层细胞的 ASFV 抗体进行确诊。通过荧光素标记的 A 蛋白检测抗原-抗体反应。

④免疫过氧化物酶试验（IPT） IPT 是一种在固定细胞上通过过氧化物酶作用测定抗体-抗原复合物形成的免疫细胞化学技术。在该过程中，Vero 或 MS 细胞被用于感染适应这些细胞培养的 ASFV 分离株。将感染的细胞固定并用作抗原，以确定血清样品中针对 ASF 的特异性抗体的存在。

使用病毒学检测技术（推荐使用 PCR 检测，因为抗原检测技术，如 DIF 和抗原 ELISA 在检测慢性 ASF 时敏感性较低）同时使用血清学检测（ELISA，再利用 IPT/IFA 或 IB 确认阳性和可疑结果）使得能够在非常短的时间内准确、可靠地检测所有 ASF 流行病学情况（急性、亚急性和慢性）。ASFV 分离物的鉴定按照国际上建立的标准化规程进行，由欧盟实验室通过基因分型进行。基因分型策略涉及 ASFV 基因组上三个独立区域的测序：①VP72 的基因的 C 端；②VP54 的全基因；③ASFV 基因组内命名为 CVR（中心可变区）的可变区，其以存在串联重复序列（TRS）为特征。在使用 CVR 分析之前，VP72 的部分以及 VP54 全长测序将 ASFV 分离株置于主要亚型中，以解决导致 ASF 暴发的病毒基因组内关系。该方法提供了 45 年间在欧洲、美洲和非洲流行的病毒株的额外信息。此外，这些方法可以确定过去几年在欧洲（意大利和高加索地区的国家）和非洲发生的导致 ASF 暴发的病毒的遗传关系和起源。

2. ASF 诊断的最新进展

（1）病原检测的进展 最近，进行了一项研究以比较当前东欧暴发框架下的现有诊断测试系统。本研究结果显示，通用探针库（UPL）PCR 是最敏感的方法，其次是 OIE 采用的实时 PCR 和常规 PCR。总体而言，这些方法之间的一致性较好（UPL 和实时 PCR 之间为 94%；UPL 和常规 PCR 之间为 88%）。商品化抗原 ELISA（Ingenasa-Ingezim PPA DAS K2；Ingenasa）敏感性约为 77%。

等温扩增方法可以帮助在基层实验室甚至野外环境下进行诊断，并且已在过去几年进行了研究。已经尝试使用于 ASFV 检测的等温方法是交叉引物扩增（针对 p72 基因）。Fraczyk 等（2016）证明该方法与 UPL PCR 一样敏感，至少在所选条件下是这样。针对拓扑异构酶Ⅱ基因的环介导等温扩增技术（LAMP）测定获得了类似的结果。除标准设置外，还显示可通过在侧向流动装置上使用的双标记生物素和荧光素扩增子进行结果目测。除其他等温方法外（如 RPA），在过去几年中，已对几种不同的野外用 PCR 机型进行了测试。但是，这些方法还需要进一步评估。

（2）抗体检测的进展 对于 ASF 抗体检测，最近测试了 5 种血清学方法，包括 3 种商品化 ELISA（来自 Ingenasa、IDVet 和 Boehringer Ingelheim Svanova）、OIE-ELISA 以及通过验证

的免疫过氧化物酶试验(IPT)。IPT 被证明是最敏感的方法,并且可以用来检测组织渗出物。IPT 还能在血清学反应早期存在很少的抗体时检测到 ASF 抗体。

总体来说,所获得资料主要是适宜的抗原及其表达产物在 ASF 血清学诊断中的应用。对现有数据的评估还揭示了这些方法在用于大范围检测的优势和劣势。对于非洲环境,已经证明 Morara/Georgia 的重组 p30 能够反映整体情况。这些数据将为 ASF 抗体的早期准确检测新方法的研发提供素材。目前至少有 3 种商品化 ELISA 正在使用(来自 Ingenasa,Svanova 和 IDVet),其他的方法都正在开发和验证中。所有这些测试都有不同的优点和缺点,特别是在检测劣质野猪血清时各实验室之间的检测结果有所不同。

(3)关于现场检测　最近,Cappai 等(2017)报告了一种商品化血清学现场检测方法在意大利撒丁岛的使用和验证。所使用的方法是由 Ingenasa(INgezim PPA CROM)生产的侧向流动装置(LFD)。在野外条件下,对猎杀野猪的敏感性为 82%,特异性为 96%(在实验室条件下表现更好)。结果已经证明,使用现场检测在能快速提供结果的同时,更加便宜、更加省力。因此,在某些条件下可以考虑使用这些检测方法。

除了用于单一检测 ASF 的 LFD 之外,已有报道跟 CSF 一起的多重检测,这将有助于这两种疾病的监测。数据在 Pulawy 的最后一次 ASF-STOP 会议上提出,侧向流动装置也可以与血液拭子结合使用。

用于检测病毒抗原的 LFD 已有报道。该方法显示出与抗原 ELISA 相当的灵敏度。通常,可检测到> 10^4 HAU 的病毒载量。因此,死于 ASF 的患病动物或死于 ASF 的动物应为阳性(在大多数情况下)。与其他方法相结合,该方法可以用于偏远地区或其他有问题的地域(例如无法运输的野猪尸体)的快速检测,但如上所述,其灵敏度有限。

非侵入性采样策略意味着可避免通过必要的狩猎/捕获采样方案来优化野生动物监测方案,以减少损伤性采样导致病毒进一步扩散的最坏的情况。最近,在实验和野外条件下评估了几种不同的活体采样方法。

非侵入性采样方法的一个选择是采集野猪栖息地的粪便。沿着这些路线,de Carvalho Ferreira 等(2014)测试了粪便样品的适用性。他们证明,与检测血液中的病毒相比,同一时间粪便中检测到病毒的概率在 50%～80%。对于 ASF 亚急性或慢性病例,该检测百分比降至 10%以下。尽管在感染过程中的病毒检测存在相当多的变化,但研究表明 ASFV 的 DNA 在粪便中是相当稳定的(在 12 ℃下半衰期超过两年或在 30 ℃时接近 15 d),因此,粪便检测可以作为常规监测的补充方法。除可用于病毒基因组检测外,最近还发现粪便也适用于 ASFV 特异性抗体检测。另一种选择是使用(诱饵)绳索来收集唾液样本。研究表明,唾液样本适用于抗体检测(和病毒基因组检测)。诱饵绳可用于 CSF 监测和 FMD 监测,ASF 类似的研究也已在野外和实验室条件下进行。在俄罗斯,有实验表明野猪会咀嚼放在料槽的绳子。Braae 等(2013)在坦桑尼亚的野外条件下使用 FTA 滤纸采集血液并随后进行 qPCR 检测。在一组临床健康的动物中检测到了病毒 DNA,该检测结果在实验室条件下得到了验证。这些结果与 Randriamparany 等(2016)和 Michaud 等(2007)发表的结果一致。在这里,从放置长时间的干血滤纸片(实验和野外样品)中成功诊断和鉴定出 ASFV。特别是在热带,在没有冷链和高效的运输系统的情况下,该方法保证了后续检测使用的适用性和稳定性。Randriamparany 等还证明了其抗体检测的适用性。该研究表明,干血滤纸片用于实时 UPL PCR 与通过病毒分离以及常规 PCR 检测一样敏感,并且使用来自滤纸的样本进行 ELISA 检测与血清样本的检测结果一致，不存在特异性问题。

与上述 FTA 卡和干血滤纸片一样，Petrov 等（2014）证明，干血拭子（通常使用不同种类的棉花、泡沫或组织拭子）是一种有价值、稳定且易于操作，可用来检测尸体中 ASFV（和 CSFV）基因组的方法。优点是拭子已经与适合装运的容器组合，并且不需要直接接触或额外设备。在报道的研究中，Thermofisher 公司的 Genotubes 在样本处理和稳定性方面效果最佳。在随后的概念证明研究中证实了这些拭子适用于 ASFV 抗体的 ELISA 检测（Blome 等，2014）。

最近，这些初始数据得到了更广泛验证研究的补充，该研究还包括与抗体侧向流动装置的组合（Carlson 等提交）。上述验证研究显示 Genotube 样品具有以下性能特征（与常规诊断样品基质和检测相比）：在实验室条件下，qPCR 98.8%灵敏度[CI 93.4，100.0]和 98.1% 特异性[CI 90.1，100.0]（存储的野外样品特异性为 85.7%[CI 71.5，99.6]），血清学 ELISA 检测为 93.1%灵敏度[CI 83.3，98.1]和 100%特异性[CI 95.9，100.0]。在使用上述 Ingenasa 的抗体 LFD 时表现出良好的一致性。这个观点特别有趣，因为它表明几乎没有样品质量差的问题。

对于发病机制和免疫应答研究（疫苗接种/攻毒试验中保护和病毒分布的相关性）以及尸检诊断，Ballester 等（2015）描述了一种利用地高辛标记探针检测福尔马林固定、石蜡包埋组织中非洲猪瘟病毒 DNA 的优化原位杂交方案。

7.2 猪口蹄疫

口蹄疫（foot-and-mouth disease virus，FMD）是由口蹄疫病毒（foot-and-mouth disease virus，FMDV）引起的偶蹄动物感染的一种急性、热性、高度接触性传染病，该病易感动物种类多、传播途径广、潜伏期短、发病急、传染性极强，可随风向快速且远距离传播、危害巨大（谢庆阁，2004）。FMDV 具有广泛的宿主范围，易感自然宿主包括猪、牛、羊在内的 70 多种家养和野生偶蹄动物。感染 FMDV 的病畜，在临床上一般表现为发热、精神沉郁、食欲不振；特征性表现是口、鼻、蹄和乳头等部位有水疱发生，水疱破裂后会形成明显的斑痂或溃疡，病畜会因疼痛卧地和跛行，口腔溃疡而流涎；病毒如果侵害幼畜的心肌，可导致心肌出血（虎斑心），临床上因心力衰竭而发生急性死亡。成年动物感染 FMDV，致死率很低，主要危害是体重减轻、产奶量下降，乳头发生水疱易形成乳腺炎对奶牛产生严重后果。FMD 在无疫国家暴发，常导致灾难性的经济损失。例如，1997 年我国台湾大规模暴发的猪 O 型 FMD，疫情涉及 6 000 多个猪场，紧急处理动物多达 400 万头，经济损失超过 60 亿美元（Yang et al.，1999）。2001 年，O 型 FMD 传入英国，大量易感动物被捕杀，造成直接经济损失 90 亿英镑，间接损失多达 200 亿英镑（Grubman and Baxt，2004）。在 FMD 流行的国家，主要采取疫苗接种和强化监测等综合防控措施，每年都需要巨额的财政预算和支出，而且因口蹄疫流行而发生的农畜产品出口贸易限制带来的损失更是无法估量。鉴于 FMD 暴发和流行对世界各国的经济和贸易等方面造成的巨大影响，世界动物卫生组织（OIE）将其列为必须通报的 A 类动物传染病，我国也将其列在一类动物传染病之首。近几十年来，经过世界各国的努力，全球 FMD 防控工作取得了重大成效，其中美洲和欧洲已基本消灭口蹄疫，但在亚洲、中东和非洲，FMD 的防控仍任重而道远。

7.2.1 病原学

FMDV 属于微 RNA 病毒科（*Picornaviridae*）口蹄疫病毒属（*Aphthovirus*）成员，该属成员还

包括牛鼻病毒 A 型(bovine rhinitis A virus, BRAV)、牛鼻病毒 B 型(bovine rhinitis B virus, BRBV)和马鼻病毒 A 型(equine rhinitis A virus, ERAV)。微 RNA 病毒科包含多种人和动物的重要病原,如人的脊髓灰质炎病毒(poliovirus)、柯萨奇病毒(Coxsachievirus)、人鼻病毒(human rhinitis virus)和甲型肝炎病毒(hapatitis A virus),动物的猪水疱病病毒(swine vesicular disease virus)、脑心肌炎病毒(encephalomyocarditis virus)和猪塞内卡病毒 A(Senecavirus A)等。

FMDV 病毒粒子呈球形(图 7-2),正二十面体对称结构,无囊膜,分子质量为 6.9×10^6 kD,病毒粒子直径 28～30 nm。完整病毒粒子沉降系数是 146 S,在氯化铯溶液中,浮密度是 1.43 g/cm^3;不含病毒 RNA 的空衣壳,没有感染性,沉降系数为 75 S;衣壳蛋白亚单位五聚体,沉降系数是 14 S。FMDV 在低温下十分稳定,但对酸碱较为敏感,pH 低于 6 或高于 9 时,病毒会迅速被灭活。在 pH 7.2～7.6 的溶液中病毒的稳定性较好。5%的氨水,2%～4%的氢氧化钠,1%～2%甲醛,30%的草木灰水均是 FMDV 的良好消毒剂。FMDV 对紫外线敏感,短时间日光照射即可灭活,但对脂溶剂如乙醚、氯仿等具有较强抵抗力(殷震等,1997)。

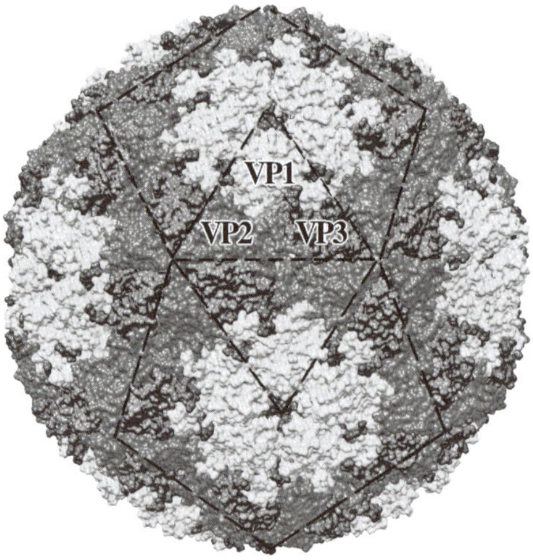

图 7-2 FMDV 病毒粒子三维结构及其衣壳蛋白位置

FMDV 基因组为单股正链 RNA,全长约 8 200 个核苷酸(nt)。整个基因组按功能可依次划分为 5′非编码区(5′ UTR)、开放阅读框(open reading fragment, ORF)、3′非编码区(3′ UTR)和 poly(A)尾(图 7-3)。ORF 从 5′ 端到 3′ 端依次编码非结构蛋白 L(leader protein)、结构蛋白 P1(VP4、VP2、VP3、VP1)、非结构蛋白 P2(2A、2B、2C)、非结构蛋白 P3(3A、3B1、3B2、3B3、3C、3D)。

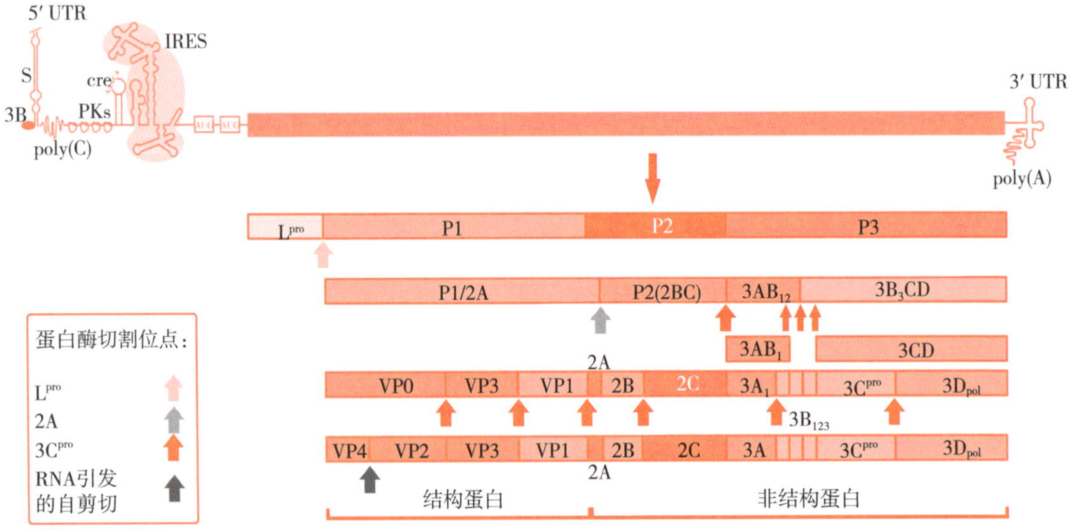

图 7-3 口蹄疫病毒的基因组结构

FMDV 的 5′ UTR 长约 1 300 个核苷酸，高度结构化，具有广泛的二级结构（图 7-4）。5′ UTR 是启动微 RNA 病毒基因组复制和翻译的中心元件，高度结构化的 5′ UTR 能够稳定病毒基因组 RNA，参与基因组的复制以及病毒蛋白的翻译。与微 RNA 病毒科其他成员类似，FMDV 基因组 RNA 5′末端无 7-甲基鸟苷酸（7-methylguanosine，m7G）帽结构，而是通过 3B 蛋白（VPg）与病毒 RNA 的 5′端共价连接。FMDV 5′ UTR 通常分为 5 个功能元件，依次为 S 片段（small fragment）、poly(C)片段、假节（PKs）区、cre 顺式复制元件和内部核糖体进入位点（internal ribosome entry site，IRES）。S 片段长约 360 nt，其核苷酸序列呈现高度的互补配对特点并折叠形成一个长发夹结构。目前，S 片段的功能尚不清楚，但推测其具有保护病毒基因组 RNA 免受宿主细胞核酸酶降解从而维持病毒基因组稳定的功能。近期有研究报道，S 片段 70 个核苷酸（149～218 位）缺失可显著降低 FMDV 对牛的致病力（Yang et al.，2020）。poly(C)片段长度 100～420 nt，不同的 FMDV 毒株之间存在着明显差异。poly(C)片段与维持病毒 RNA 的感染性有关。缺失全长 poly(C)片段的 FMDV 基因组 RNA 无感染性。poly(C)片段下游是一个可变区域，可折叠成 2～4 个假结（PKs），这些假节可能以某种方式参与病毒复制。有研究报道，FMDV 基因组 5′ UTR 中的假节与病毒的毒力及宿主嗜性有关（Zhu et al.，2019）。PKs 的下游有一个 3B 尿酰化位点，也称为顺式复制元件（cre），为高度保守的 55 nt 茎-环结构，是病毒基因组复制所必需的。所有微 RNA 病毒 cre 元件的茎环内都包含一个保守的 AAACA 基序。该基序可以充当病毒的 RNA 依赖的 RNA 聚合酶鸟苷化 VPg 产生 VPgpU(pU)的模板，而 VPgpU(pU)作为引物可引发病毒基因组 RNA 的合成。有趣的是，大多数微 RNA 病毒的 cre 元件是嵌入在病毒基因组的 ORF 之中，唯有 FMDV 的 cre 元件位于病毒基因组的 5′ UTR 中。5′ UTR 中最后一个元件为 IRES，长约 450 nt，包含 4 个高度结构化的结构域（结构域Ⅱ～Ⅳ）。IRES 是病毒蛋白翻译起始的必需元件，与真核细胞帽结构依赖性翻译起始方式不同，FMDV IRES 元件介导非帽结构依赖性翻译起始。FMDV IRES 首先通过招募真核翻译起始因子 eIF4G（C 端片段），随后在 eIF4B 的增强作用下，eIF4G 和 RNA 解旋酶 eIF4A 诱导 IRES 构象发生变化，从而结合 43S 复合物起始病毒蛋白的合成。近期越来越多的研究证实，IRES 对病毒毒力、组织嗜性以及致病性具有重要的影响（Sun et al.，2016；Yang et al.，2020）。

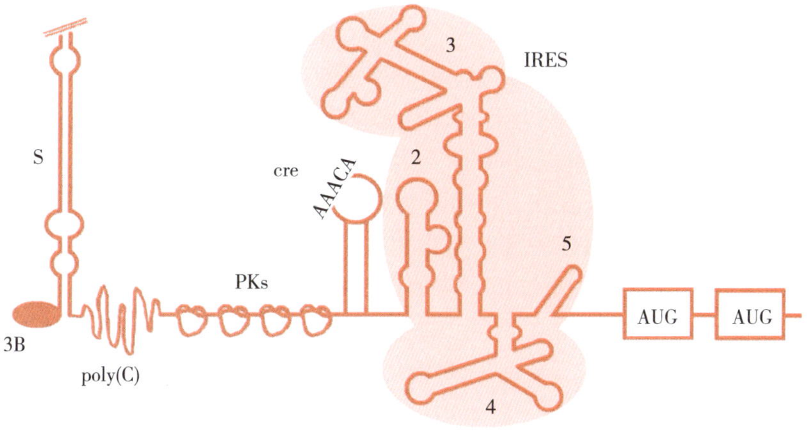

图 7-4 口蹄疫病毒基因组 RNA 的 5′ UTR 二级结构

FMDV 编码区编码口蹄疫病毒复制所需的全部蛋白。病毒蛋白在翻译的同时，也伴随着多聚蛋白的折叠、剪切、修饰等翻译后的加工过程。前导蛋白（leader protein，L^{pro}）的编码基因含有两个起始密码子，二者相距 84 nt，这两个起始密码子都能有效起始病毒蛋白的翻译，形成两种相差 28 个氨基酸的前导蛋白 Lab（大）和 Lb（小）。这两种前导蛋白均可以作为蛋白酶，在 L/P1 两个蛋白的连接处进行自我剪切释放，也能介导宿主细胞的翻译起始因子 eIF4G 的裂解，使 eIF4G N-端与 eIF4E 的结合域丧失，从而关闭宿主的蛋白合成系统，而不影响 FMDV IRES 招募 eIF4G C-端片段以及 43S 的结合。前导蛋白 L^{pro} 关闭宿主蛋白合成系统能够有效地抑制宿主细胞内的 α/β 干扰素的合成，从而降低宿主细胞的抗病毒应答反应（Medina，Segundo et al.，2018）。另外，前导蛋白 L^{pro} 可通过降解 RNA 解旋酶 LGP2、NF-κB、IRF3、IRF7 等宿主天然信号通路中关键节点分子，发挥抑制宿主抗病毒反应（de Los Santos et al.，2007；de Los Santos et al.，2009；Wang et al.，2010；Rodriguez Pulido et al.，2018）。

FMDV P1-2A 前体被 3C 蛋白酶加工成 1AB（VP0）、1C（VP3）和 1D（VP1），这些产物能自我组装成病毒衣壳粒子。在病毒 RNA 基因组进入衣壳过程中 1AB 裂解成 1A（VP4）和 1B（VP2），但目前还不清楚这种裂解的准确机制。在 P1 区编码的 4 种结构蛋白中，VP4 蛋白包埋在病毒衣壳内部，在各个血清型毒株之间具有高度的保守性；该蛋白的 N 端含有一个能与病毒 RNA 结合的十四烷基酸，参与病毒粒子的装配以及 VP4 蛋白的释放（Domingo et al.，2002）。VP2 蛋白较为保守，具有各血清型广谱抗原表位，可很好地诱导机体产生特异性抗体。VP3 蛋白位于病毒衣壳表面，可以与硫酸乙酰肝素（heparan sulfate，HS）受体结合，介导病毒入侵宿主细胞（Jackson et al.，1996；Sa-Carvalho et al.，1997）；VP1 蛋白的遗传变异性最大，具有血清型特异性，其编码基因是 FMD 流行病学调查、疫源追踪以及毒株分子进化分析的首选（Domingo et al.，2003）；VP1 蛋白也是决定 FMDV 抗原性的主要蛋白，VP1 蛋白 G-H 环是 FMDV 最重要的抗原位点区域；VP1 上的 G-H 环，特别是其内部的 RGD 基序，是病毒结合宿主细胞整联蛋白受体的关键结构域，可诱导机体产生中和抗体。因此，VP1 蛋白在病毒入侵和诱导免疫保护过程中发挥重要的作用。

P1-2A 前体与 2B 蛋白间的裂解是由 2A 蛋白介导的。FMDV 2A 蛋白很短，只有 18 个氨基酸，具有自我剪切功能，是 FMDV 复制和蛋白加工的重要元件（Kjaer and Belsham，2018）。2A 蛋白也是现代蛋白质表达研究中的常用工具，它可以将融合表达蛋白自动切割分离。FMDV 2BC 前体被 3C 蛋白酶加工成 2B 和 2C。2B 蛋白具有跨膜结构域，在内质网中它的 N 端和 C 端都延伸到细胞质基质，可以改变细胞膜的通透性（Gladue et al.，2018）；2B 蛋白参与病毒生命周期的多个步骤，例如病毒入侵细胞和病毒基因组的复制（Giorda and Hebert，2013）。2C 蛋白是一个高度保守的病毒蛋白，由 318 个氨基酸组成，属于Ⅲ型解旋酶家族；它能够结合病毒 RNA，并且具有 ATP 酶的活性。在病毒感染期间，2C 蛋白一方面在细胞内膜发生重排，在病毒 RNA 复制复合物形成过程中起关键作用（Moffat et al.，2007）；另一方面，2C 蛋白在调节细胞信号传导过程中发挥重要作用。例如，2C 蛋白与宿主蛋白 Nmi 相互作用诱导凋亡（Giorda and Hebert，2013）；2C 蛋白诱导 Beclin1 基因失活，通过阻止自噬体与溶酶体的融合，降低细胞对病毒的杀伤作用，最终促进病毒的增殖；另外，2C 蛋白与病毒诱导的细胞病变效应有关。

P3 经病毒蛋白酶裂解后产生 4 种非结构蛋白 3A、3B、$3C^{pro}$ 蛋白和 $3D^{pol}$。3A 蛋白参与病毒 RNA 的复制，与病毒的毒力以及宿主嗜性有关（Beard and Mason，2000；Knowles et al.，

2001；Pacheco et al.，2013）。3A 蛋白由 153 个氨基酸组成，其 N 端 1～75 位氨基酸高度保守，C 端 76～153 位氨基酸较容易缺失和变异。1997 年，我国台湾猪群中流行的 FMDV 毒株 O/TAW/97 发生 3A 蛋白 93～102 位氨基酸缺失，该缺失使 FMDV 在牛上的致病力减弱，但对猪仍具有高致病性。另外，人工缺失 3A 蛋白 87～106 位氨基酸产生的突变毒株对牛的致病力显著减低（Pacheco et al.，2013）。但是，3A 蛋白缺失改变病毒毒力以及宿主嗜性的分子机制至今尚不清楚，有待进一步的研究。另一方面，3A 蛋白也是病毒复制的重要因子。有文献报道，3A 蛋白可以与宿主蛋白 DCTN3 蛋白特异性结合，促进 FMDV 的复制（Gladue et al.，2014）。3B 蛋白，也称之为基因组连接蛋白（viral genome-linked protein，VPg），与病毒基因组的 5′端共价连接，并引发病毒 RNA 的合成。与其他微 RNA 病毒不同的是，FMDV 的 3B 蛋白由 3B1、3B2 和 3B3 组成。3B 蛋白与病毒基因组的 cre 元件结合，在病毒 RNA 聚合酶（$3D^{pol}$）的作用下催化 VPg 尿苷酸化，起始病毒 RNA 的复制（Nayak et al.，2005）。有研究表明，3B3 编码序列的缺失会使 FMDV 基因组 RNA 的复制受阻，从而导致产生没有感染性的 RNA 转录本，而 3B1 和 3B2 编码序列的缺失会降低病毒 RNA 合成水平以及感染性颗粒的形成（Pacheco et al.，2010）。$3C^{pro}$蛋白是由 213 个氨基酸组成的糜蛋白酶类半胱氨酸蛋白酶，其主要功能是负责病毒多聚蛋白的加工成熟。此外，在逃逸宿主天然免疫中发挥重要作用。$3C^{pro}$蛋白酶通过调控宿主细胞蛋白的转录和翻译、阻断干扰素信号通路等方式来使病毒在宿主体内有效复制。$3D^{pol}$蛋白是 RNA 依赖性 RNA 聚合酶（RdRP），在 FMDV 复制过程中催化基因组 RNA 正反链的合成，在 FMDV 的生命周期中发挥重要作用。$3D^{pol}$蛋白在各血清型的 FMDV 毒株中高度保守。近年来的研究表明，$3D^{pol}$蛋白与病毒毒力有关。$3D^{pol}$蛋白保真性的提升可以降低病毒的毒力（Zeng et al.，2014）。$3D^{pol}$蛋白通过其低保真性的 RdRP 结构和生化活性导致病毒的高突变率而获得多样性病毒准种群，促使 FMDV 获得免疫逃逸、药物抵抗以及快速适应环境选择压力的能力。

3′ UTR 长度为 90 nt 左右，含有病毒负链 RNA 合成所需的顺式作用元件。3′ UTR 的删除会导致病毒感染性的丧失（Saiz et al.，2001；Rodriguez Pulido et al.，2009）。

poly（A）尾巴长约 100 nt，具有参与病毒基因组 RNA 合成和保护病毒基因组 RNA 免遭细胞内核酶降解的功能（Herold and Andino，2001）。另外，poly（A）尾巴与病毒的感染性有关，poly（A）越长感染性越强。

7.2.2 流行病学

FMDV 共有 7 个血清型，包括 O 型、A 型、C 型、Asia I 型和 SAT 1 型、SAT 2 型、SAT 3 型。目前全球主要流行 O 型、A 型、Asia1 型以及 SAT1～SAT3 型，C 型自 2004 年之后未见报道。O 型 FMDV 流行最为广泛，根据毒株基因序列和区域进化关系分析，O 型 FMDV 可分为 11 个遗传拓扑型（topotype），包括古典中国型（CATHAY）、中东-南亚型（ME-SA）、东南亚型（SEA）、欧洲-南美型（Euro-SA）、印度尼西亚 1 型和 2 型（ISA-1 和 ISA-2）、东非 1～4 型（EA1～EA4）和西非型（WA）。A 型流行范围和强度仅次于 O 型，有欧洲-南美型（Euro-SA）、亚洲型（ASIA）和非洲型（Africa）3 个拓扑型。Asia1 型主要在亚洲地区流行，仅有亚洲型（ASIA）1 个拓扑型。南非型（SAT1～SAT3）主要在非洲地区流行，近年来有自南向北扩散趋势。

根据 OIE/FAO 世界口蹄疫参考实验室发布疫情数据统计，2018—2022 年流行的 FMDV

毒株总体仍分布于原地理区域，但O型部分毒株不断传播到新的区域。从A、Asia1、SAT1、SAT2和SAT3型流行毒株分布来看，各血清型毒株的区域分布特征未发生大的改变，如A型毒株有A/ASIA/Iran-05、A/ASIA/Sea-97、A/ASIA/G-Ⅶ、A/AFRICA/G-Ⅰ、A/AFRICA/G-Ⅳ、A/AFRICA/G-Ⅵ等几种拓扑型，Asia1型毒株主要为Asia1/ASIA/Sindh-08拓扑型，SAT1和SAT3型毒株分别为SAT1/Ⅰ和SAT3/Ⅰ拓扑型，SAT2型毒株则有SAT2/Ⅱ、SAT2/Ⅲ、SAT2/Ⅳ、SAT2/Ⅶ等多种拓扑型。与2017年相比，这些拓扑型毒株的分布并未发生大的变化。从O型毒株分布来看，2018—2022年流行的毒株主要包括O/CATHAY、O/ME-SA/PanAsia-2、O/ME-SA/Ind-2001、O/SEA/Mya-98、O/EA-2、O/EA-3等多种拓扑型（Brito et al.，2017；Bachanek-Bankowska et al.，2018），其中亚洲地区仍以O/CATHAY、O/ME-SA/PanAsia-2、O/ME-SA/Ind-2001和O/SEA/Mya-98这4种拓扑型毒株为主（Vu et al.，2017；Qiu et al.，2018），非洲地区则以O/EA-3拓扑型引发疫情居多（Ularamu et al.，2017）。其中，O/ME-SA/Ind-2001拓扑型毒株流行范围呈不断扩大趋势，2017年首次传入我国，2018年出现在马来西亚，2022年发生于印度尼西亚；O/EA-3拓扑型毒株在东非国家广泛存在（如苏丹、埃塞俄比亚和厄立特里亚），但近年却不断在西非（尼日利亚、埃及、利比亚、喀麦隆等）、北非（阿尔及利亚、毛里塔尼亚等）及中东国家（以色列、巴勒斯坦）引发疫情，如2018年O/EA-3拓扑型毒株在布基纳法索、冈比亚、几内亚、塞内加尔、塞拉利昂等西非国家和阿尔及利亚、毛里塔尼亚等北非国家引发疫情。

我国对FMD实行以免疫为主的防控策略，对O型、A型和Asia1型FMD进行强制免疫，并且取得了显著成效。Asia1型FMD自2009年之后，再未见临床病例，A型疫情趋于缓和，田间疫情逐年减少，但不能盲目乐观。根据农业农村部通报的疫情数据统计，2018年我国累计12个省（自治区）共报告发生27起FMD疫情（O型26起、A型1起），累计发病动物1 080头（只）、扑杀销毁7 303头（只）。以牛和猪疫情为主，牛、猪和羊的疫情数分别为16、10和1起，分别占比59.3%、37.0%和3.7%；流行毒株包括A/ASIA/Sea-97、O/CATHAY、O/ME-SA/PanAsia、O/ME-SA/Ind-2001、O/SEA/Mya-98 5种拓扑型。目前，O型FMD仍然是我国防控的重点和难点，而且由于流行毒株多且复杂导致疫情有上升趋势。

从全球范围来看，在全球FMD控制/根除策略指导和各国努力下，全球FMD防控取得了一定成效，但亚洲和非洲的FMD流行状况仍较为严重，且有少数国家多年未发疫情后再次复发，全球FMD防控仍任重而道远。从我国情况来看，在《国家口蹄疫防治计划（2016—2020）年》以及全球FMD控制策略等指导下，通过采取大规模免疫接种、强化监测等一系列综合性措施，我国FMD防控取得了一定成效，但疫情仍呈散发状态，再加上我国周边国家FMD流行严重、血清型多样、流行毒株复杂且传入我国风险持续加大等，我国FMD防控形势依然严峻，存在诸多挑战。

7.2.3 致病机制

尽管自口蹄疫病毒被发现距今已有一百多年历史，但口蹄疫的致病机制至今仍然不是十分清楚。该病毒的传播，主要是易感动物通过直接接触或间接接触患病动物及其分泌物、污染的食物而感染FMDV。FMDV的传播能力非常强，可以通过风进行远距离传播。易感动物吸入感染性的气溶胶后，病毒在动物体内最初复制的位置是口咽部的上皮细胞，随后扩散至肺部的上皮细胞并出现病毒血症。病毒血症使病毒分散于动物全身，但是高滴度的病毒复制只发生在水疱部位，包括趾间上皮细胞、蹄冠部和口腔，偶尔发生于心肌，具体机制尚不清楚。本部分集中阐述决定 FMDV 毒力和宿主嗜性的分子决定因素。

细胞受体决定着病毒的组织器官嗜性和宿主嗜性，也直接影响着病毒的致病性。FMDV 血清型和亚型众多，但所有已知血清型的病毒均使易感动物呈现相似的临床症状，即发热，口腔、舌、鼻（鼻镜）、蹄和乳头的上皮发生水疱症状。由此可见，所有病毒株必然都遵循同样的致病机制，推测口蹄疫病毒感染不同易感动物所使用的细胞受体也是相似的。口蹄疫病毒结构蛋白 VP1 G-H 环上含有各血清型病毒均高度保守的精氨酸-甘氨酸和-天冬氨酸(RGD)三肽基序，且整个 G-H 环位于病毒粒子表面。使用胰酶消化去除 G-H 环或是在 cDNA 感染性克隆上突变或删除 RGD 序列，病毒粒子均无感染性，也不能与培养细胞结合，并不能使易感动物发病。另外，至今尚未发现任何一个自然分离的 FMDV 毒株的 VP1 G-H 环内不含 RGD 序列的毒株。由于 RGD 三肽作为整联蛋白的结合基序，所以 FMDV 可能使用整联蛋白作为受体感染自然宿主动物。体外研究表明，FMDV 可通过特异性识别 $\alpha\nu\beta1$，$\alpha\nu\beta3$，$\alpha\nu\beta6$ 或 $\alpha\nu\beta8$ 四种整联蛋白受体入侵细胞(Ruiz-Saenz et al.，2009)。然而，在动物体内，口蹄疫病毒建立感染和扩散 4 种整联蛋白受体是否全部利用或只利用其中某些尚不清楚。然而，各血清型病毒均能够高效地利用 $\alpha\nu\beta6$ 受体，FMDV 易感的上皮细胞(如牛甲状腺细胞)表面也持续高表达 $\alpha\nu\beta6$，因此推测 $\alpha\nu\beta6$ 是口蹄疫病毒的感染宿主的主要受体。但是，牛甲状腺不像是 FMDV 感染的靶器官，其证据是感染动物的甲状腺不含口蹄疫病毒抗原(D. Gregg 和 B. Baxt 未发表数据)。应当注意的是，据报道 $\alpha\nu\beta3$ 在牛肺和脾脏单核细胞中表达，推测这种细胞可使病毒从最初的复制位点通过淋巴组织转移扩散到第二复制位点，但 FMDV 是否能在淋巴细胞中复制尚需证实。

病毒产物与宿主细胞的相互作用在 FMDV 致病力方面发挥重要作用。FMDV 感染宿主细胞后会迅速关闭宿主细胞的蛋白合成系统。3C 蛋白和 L 蛋白都参与这一过程。与大多数宿主 mRNA 翻译起始依赖 5′末端 7-甲基-G 帽结构不同，FMDV 借助 IRES 元件介导不依赖帽结构启动病毒蛋白质合成。L 蛋白通过裂解宿主翻译起始因子 eIF4G 抑制宿主依赖帽结构的 mRNA 的翻译，eIF4G 起着连接 mRNA 帽结构与 40S 核糖体亚基桥梁作用，而口蹄疫病毒 RNA 翻译起始仅需要 L 蛋白裂解 eIF4G 的 C-末端产物，它结合于口蹄疫病毒 IRES，并与 40 S 核糖体亚基结合起始病毒蛋白合成。另外，利用基因工程手段缺失 L 蛋白的 A_{12} 口蹄疫病毒株，对猪、牛致病力显著降低，表明 L 蛋白是 FMDV 重要的毒力因子。病毒 3C 蛋白的主要功能是对病毒多聚蛋白进行剪切加工，也涉及某些宿主细胞成分的剪切。3C 蛋白也可裂解帽结合复合物中的另一种成分 eIF4A，并在感染后期也裂解 eIF4G，从而抑制细胞蛋白合成。3C 蛋白也可裂解宿主细胞中的组蛋白 H3，发挥抑制宿主细胞转录的作用，从而有助于病毒复制。

许多迹象表明，非结构蛋白 3A 与口蹄疫病毒的毒力和宿主嗜性有关。20 世纪 80 年代，将 FMDV 经鸡胚连续传代获得了牛体减毒疫苗株，研究发现其 3A 蛋白 C-末端缺失了 19 个或 20 个氨基酸是 FMDV 毒力降低的主要原因。对 1997 年引起台湾口蹄疫爆发的病毒株 O/Taw/97 的研究，证实了 3A 蛋白在病毒致病力和宿主嗜性两方面的作用。这次暴发不同往常，该毒株仅感染猪而不感染牛，而且猪的死亡率异常高。该病毒的分子特征是：其 3A 蛋白 C 端 93～102 位 10 个氨基酸缺失，与经鸡胚传代的病毒相似。此处删除在对牛致病力减弱的表型中的作用已利用反向遗传技术得到证实。另外，通过分析最近 30 年来病毒该区段(序列)

的变化显示，除了这种删除外，绕围 3A 蛋白删除区段的氨基酸突变也对病毒嗜性表型有作用。Nunez 及其同事也证明 3A 蛋白中单个氨基酸的突变影响 FMDV 对豚鼠的适应性，该突变位点也位于与嗜猪表型相关的删除区域。

虽然口蹄疫病毒分子生物学的研究很多，但关于口蹄疫病毒致病力、病毒毒力和易感动物宿主范围等方面仍须进一步研究，特别是多种受体在病毒侵染、致病过程中的作用以及病毒蛋白、基因组片段和细胞内宿主成分之间的相互作用在病毒复制(生命)周期中的作用。这些问题的阐明将提高人们对口蹄疫致病机理的理解，并有助于确定防控口蹄疫的适宜方式和方法。

7.2.4 免疫机制

有效抑制宿主的抗病毒天然免疫反应是 FMDV 在自然宿主体内建立感染的前提。事实上，FMDV 拥有一系列拮抗宿主天然免疫抗病毒反应的策略。如前导蛋白 L^{pro} 除了裂解病毒的多聚蛋白之外，还能切割真核翻译起始因子 eIF4G，后者在核糖体介导的蛋白翻译起始中参与 mRNA 加帽过程。前导蛋白对 eIF4G 的切割，能够有效地关闭宿主蛋白翻译系统，但不影响病毒 RNA 翻译，因为其翻译是通过位于 5′UTR 中非帽子依赖 IRES 介导的。前导蛋白除了阻断宿主蛋白的翻译外，还能够通过降解 NF-κB，使其在病毒感染后不能进入细胞核内，从而阻断宿主的天然免疫抗病毒反应。除此之外，近年来发现 FMDV 具有多种抑制宿主天然免疫的策略(Medina et al.，2018)。

口蹄疫病毒感染自然宿主后，尽管宿主的先天免疫反应被抑制，但是获得性免疫反应却能很快产生，通常动物在感染 FMDV 后 4～6 d 可产生中和抗体，并能够保护动物免受同一血清型内抗原性相似毒株的再次感染。抗口蹄疫保护常常与高水平的血清中和抗体相关(Van Maanen and Terpstra，1989；McCullough et al.，1992)。一个多世纪前的早期研究证明，被动传递康复动物的血清可保护牛抵抗 FMDV 感染。感染或免疫动物抗体应答的时间取决于感染病毒或是接种疫苗的剂量。一般情况下，灭活疫苗产生的保护性抗体的持续时间比康复动物的短。

抗口蹄疫病毒的抗体应答反应是 T 淋巴细胞依赖的(Francis et al.，1987；Collen et al.，1989；Gerner et al.，2006)。免疫的猪和牛有效 B 细胞的激活和抗体的产生需要 T 细胞的协助(Collen and Doel,1990；Saiz et al.，1992)。FMDV T 细胞表位的研究最初主要集中在 VP1 蛋白上，后来扩展到病毒的其他结构蛋白和非结构蛋白上。目前，衣壳蛋白 VP1 (Collen et al.，1991)、VP2、VP3 和 VP4(van Lierop et al.，1994；van Lierop et al.，1995)上的几个在牛体免疫应答中起作用的 T 细胞表位已被确定。在不同的 FMDV 分离物中，具有保守序列并可被不同种类宿主识别的广谱型 T 细胞表位主要存在于 FMDV 非结构蛋白 3D(Collen et al.，1998)、3A、3B 和 3C(Blanco et al.，2001)上。Collen 及其同事已证实 FMDV 的 Th 表位有改善疫苗免疫原性的潜能，尤其是泛活性 T 细胞表位对疫苗的设计更有价值(Collen et al.，1991)。目前，泛活性 T 细胞表位在改善新型口蹄疫疫苗的免疫原性方面的研究是当前口蹄疫疫苗学研究的一个热点。

7.2.5 临床症状及病理变化

猪口蹄疫以蹄部发生水疱病变为主要特征，也见于鼻镜和口腔黏膜。病猪主要症状表现为发热,体温 40～41 ℃,病猪采食量下降、精神沉郁、蜷腿而卧、不愿走动、跛行。近查时发现蹄部有水疱性损伤,最初蹄冠部皮肤发白,出现水疱,然后迅速扩展至蹄后部的球节处,继而延伸至蹄叉,发生水疱处表现为深红色痂块。由于炎症在蹄部的皮基质部蔓延,常使角质和基部分离,蹄壳突然或逐渐脱离,称为"脱靴"。病猪的口腔症状多数不典型,且不如牛常见,也没有牛明显,其口腔、舌面和上腭常出现豌豆大的水疱,有时数目很多,破裂后上皮层变成微白色碎片而脱落。唇内侧有时出现水疱,并继而形成烂斑。鼻镜部也可发生多个水疱。仔猪主要发生急性胃肠炎,高烧、剧烈腹泻、呼吸和心跳加快而死亡。

口蹄疫的一般病理变化包括口腔黏膜表现弥漫性口炎,或者乳头呈出血性浸润和肿胀,或者发生纤维蛋白性假膜,黏膜与黏膜下组织分离。舌部表皮生发层的上皮细胞坏死、细胞间水肿和粒细胞浸润。在咽喉、气管、支气管和前胃黏膜有时也可见圆形溃疡斑。蹄间水疱破裂后,通常出现继发感染,表现深部组织坏死及化脓。反刍动物真胃和大小肠黏膜有出血性炎症。患病幼畜一般具有特征性心肌炎病变,发生肌纤维脂肪变性坏死,使心肌松软。心肌切面上可见到灰白色或淡黄色条纹与正常心肌相伴而行,如同虎皮状斑纹,俗称"虎斑心"。

7.2.6 诊断技术与鉴别诊断

1. 临床诊断

根据口蹄疫的临床症状、病理变化以及流行病学特点可做初步诊断,进一步确诊需进行实验室诊断。

2. 实验室诊断

口蹄疫病毒有 7 个血清型以及上百个基因亚型,且毒力和抗原性均易发生变异。口蹄疫病的确诊及血清型分型,必须经过严格的实验室诊断。

(1)采样　一般采集新鲜的水疱液或水疱皮 3～5 g,置于 pH 7.2～7.6 的少量溶液中冷藏或冷冻保存。

(2)病原鉴定　新鲜的病料组织可直接进行病原学鉴定。病料中有口蹄疫病毒抗原或核酸的证据就足以做出阳性的诊断。OIE 要求实验室诊断和血清型鉴定应在满足生物安全 3 级以上的实验室中进行。RT-PCR 技术和荧光实时定量 PCR 技术常用于口蹄疫病原学的诊断。目前 OIE 推荐的检测方法是利用双抗体夹心 ELISA 法检测抗原确定病毒的血清型。

(3)病毒分离　病料经研磨处理后可接种原代犊牛甲状腺细胞,原代猪、犊牛和羔羊肾细胞,BHK-21 细胞,IBRS-2 细胞或 2～7 日龄尚未断奶的乳鼠进行病毒分离。一旦细胞病变完成后,培养液(或死亡小鼠的肌肉-骨骼组织)可用于 RT-PCR 或双抗体夹心 ELISA 进行病原学鉴定以及血清型分型。

(4)血清学试验　病畜表现临床症状 5～7 d 后即可采集血样进行血清学诊断。OIE 推荐用液相阻断 ELISA 法(LPB-ELISA)或固相竞争 ELISA 法(SPB-ELISA)测定抗体的效价和血清型的型别。病毒中和试验(VNT)是口蹄疫实验室诊断的金标技术,可用于对其他方法的验证。

(5)鉴别诊断　检测动物体内是否存在口蹄疫病毒非结构蛋白(NSP)抗体可以区分疫苗免疫动物和自然感染动物。

7.2.7 防控技术及应用

(1)从国家层面上讲,仍需做好以下工作(孙映雪,2019):

①加强监测和流行病学调查　完善疫情监测和流行病学调查网络，优化监测与流行病学调查方案，如加强对边境地区、养殖优势产业带以及易感野生动物、调运环节等的监测和流行病学调查，及时全面掌握我国口蹄疫病原分布、血清型、流行毒株及变异情况。

②继续落实强制免疫措施　优化国家FMD强制免疫计划，各地因地制宜，根据防控实际制定实施FMD强制免疫方案、落实强制免疫措施（如根据本地FMD流行情况对不同血清型疫苗、不同动物、不同区域等进行免疫等）；借鉴FAO/OIE制定的《FMD免疫和免疫后监测指导原则》，持续开展疫苗评价、免疫效果监测和评估等；建立免疫退出机制，根据防控实际及时调整免疫政策。

③防范外来疫情传入　持续跟踪全球特别是我国周边国家疫情状况，严禁进口来自FMD疫情国家和地区的偶蹄动物及相关产品，跟踪和掌握高危外来毒株的流行和传播动向[尤其是持续存在传入风险的O/PanAsia-2、A/Iran-05和Asia1/Sindh-08等毒株以及对我国构成新威胁的A/G-Ⅶ(G18)毒株和Asia1型G-Ⅷ群毒株]，及时开展风险分析和预警；加强边境地区监测，建立健全联防联控机制，严厉打击走私行为，有效防范外来FMD传入。

④强化技术储备　加强FMD疫苗和诊断试剂等技术研究和开发，及时开展疫苗评价，跟踪病毒变异情况，获得疫苗匹配性数据，储备疫苗毒株，提高疫苗毒株与流行毒株匹配性，提升疫苗的抗原谱、保护效力和免疫持续期。

(2)针对广大的养殖户及养殖企业，采取综合性的防治技术能够对口蹄疫进行有效预防和控制，基本措施如下：

①免疫接种　疫苗接种是预防和控制口蹄疫最有效的手段。目前主要使用的疫苗是油佐剂口蹄疫灭活疫苗，猪只在接种疫苗15 d后能够获得免疫力，免疫期可持续3～6个月。选择使用与当前流行毒株匹配的疫苗是免疫成败的关键。通常猪场中85%的猪只通过疫苗接种获得了足够的免疫力，则该猪场的口蹄疫发病率就会大大降低。针对有猪只发病的地区以及受口蹄疫病毒威胁的地区，需要对全群猪只进行疫苗紧急接种。

②做好卫生消毒管理　制定合理的消毒程序，保证猪舍清洁卫生。定期消毒，及时更换污染的垫草，垃圾粪便要及时清理，不能长时间在猪舍内堆放。只有保证了生存环境卫生情况良好，才能确保猪只的身体健康，只有健康状况良好的猪只，才能在免疫接种后获得足够的免疫力来预防口蹄疫。做好卫生消毒工作，减少环境中的病原，有效切断传播途径，才能降低口蹄疫的发病率。

③加强饲养管理　提供猪只舒适的生存环境，猪舍内的温度和湿度要适宜，合理进行通风，减少环境中的应激因素，提高整个猪群的健康水平。提供充足的营养，饲料中添加维生素、矿物质、蛋白质等营养物质。做好饲料管理工作，每天清理料槽中的剩料，被患病猪污染过的饲料也要及时清理，避免健康猪只接触而患病。根据猪只的生长发育水平和体重提供适量饲料，避免饲喂量不足不能满足猪只营养需求，也不能饲喂过量，造成浪费和影响猪只健康。

④建立生物安全体系　规模化猪场应该尽量采取自繁自养和全进全出的饲养管理方式，能够有效地阻止外界口蹄疫病毒大规模地侵袭猪场。日常饲养中要封闭管理，禁止外来人员和车辆随意入场参观，防止猪场外生物进入。在引进猪只时，要经过严格的检疫和15 d以上的隔离饲养观察，不从疫区引进猪只，运输时间要短，跨越的区域要少，以免在运输途中感染口蹄疫。

⑤疫情后紧急处置　一旦猪场内有疫情发生，要立刻封锁疫区，将疑似患病猪隔离，并限制其移动。由专业兽医人员对疑似病例进行诊断，确诊患有口蹄疫的要及时处置。目前我国消灭口蹄疫疫情的主要方式是扑杀患病猪以及疑似患病猪，不需进行任何治疗，并将尸体进行无害化处理。此时要严禁任何人员和其他猪只进出，猪场整体环境进行紧急彻底消毒，并且增加日常消毒频率，及时向上级部门报告疫情。政府部门要加强市场流通监管，在发病期间，疫区禁止向外界运输和出售猪只，加大对病情的监控力度，尽最大可能将疫情控制在疫区内，防止其继续传播带来更大的经济损失。待彻底消灭口蹄疫疫情，并且 45 d 以上无新的口蹄疫病例发生时，才能解除疫区的封锁向外界销售猪只。

7.3　猪圆环病毒病

猪圆环病毒(porcine circovirus, PCV)是目前发现最小的脊椎动物 DNA 病毒。分为 4 种，包括猪圆环病毒 1 型(PCV1)、猪圆环病毒 2 型(PCV2)、猪圆环病毒 3 型(PCV3)和猪圆环病毒 4 型(PCV4)(Breitbartmet al.,2017)。目前认为 PCV1 对猪无致病性(Zhaisl et al.,2019)。自从猪圆环病毒 2 型(porcine circovirus 2, PCV2)被发现以来，国内外学者先后证明该病毒与猪的多种疾病综合征有关，该病毒给国内外养猪业造成了巨大经济损失。

7.3.1　病原学

1. PCV 物理和生化特征

PCV 属于圆环病毒科圆环病毒属成员。PCV 病毒粒子的直径为 14～25 nm(图 7-5)，呈二十面体对称，无囊膜，基因组是一条共价闭合的单股负链环状 DNA，是目前已知动物病毒中最小的病毒，以双链复制型 DNA 方式在宿主体内进行滚环式复制。病毒在 $CsCl_2$ 中浮密度为 1.37 g/cm^3，沉降系数 52 S。PCV 没有血凝活性，不能凝集羊、牛、鸡、猪、鼠、兔等多种动物及人的红细胞。PCV 对外部理化因素的抵抗力较强，在 pH 为 3 的酸性环境及氯仿中可以存活较长时间，因为 PCV 没有囊膜，所以它对酒精、氯仿、碘酒等有机溶剂不具敏感性。PCV 对高温具有一定的抵抗力，在 56 ℃条件下可以存活 30 min，72 ℃也可以存活 15 min。PCV 对多数消毒剂具有较强的抵抗力，但是，只有过硫酸氢钾、季铵盐混合物、氢氧化钠、次氯酸钠和酚混合物能显著降低该病毒的感染滴度，其中过硫酸氢钾是最有效的。

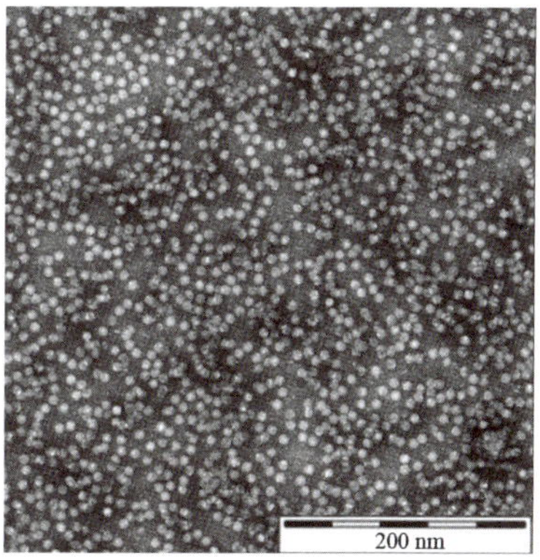

图 7-5　PCV2 电镜图片

2. PCV 基因组结构及编码蛋白

PCV 基因型包括 PCV1、PCV2、PCV3 和 PCV4。

(1)PCV1 基因结构及编码蛋白　PCV1 基因组为 1 759 bp，含有两个主要的开放阅读框：ORF1 和 ORF2。PCV1 包括 7 个 ORFs，都编码大于 5 kD 的蛋白质。PCV1 的 ORF1 编码病毒复制蛋白。通过系统发育树分析，Gibbs 等发现，猪圆环病毒的 Rep 蛋白与二价染色体病毒和植物矮小病毒之间具有一定的同源性，因此，预测植物矮小病毒可能是 Rep 蛋白的起源。

(2)PCV2 基因结构及编码蛋白　PCV2 为闭合环状单链 DNA 病毒，病毒粒子直径约

17 nm,呈二十面体对称,基因组由 1 766～1 768 个核苷酸序列组成(Wanget al.,2004,2019)。包含 11 个潜在的开放阅读框 ORF,其中 ORF1～ORF4 被确定功能(Wanget al.,2019)。ORF1 编码 Rep 蛋白,由 945 个核苷酸序列组成,为最大的 ORF,与 PCV2 的滚环复制相关。ORF2 编码 Cap 蛋白,由 702 个或 705 个核苷酸序列组成,是 PCV2 唯一的结构蛋白,通常用作研究 PCV2 的遗传变异和进化规律,Cap 蛋白具有良好的免疫原性,能够诱导机体产生针对 PCV2 的中和抗体。ORF3 被称为凋亡诱导基因,由 315 个核苷酸组成,主要定位在细胞核中,为病毒复制非必需基因,可以诱导感染细胞凋亡(Teras et al.,2018)。ORF4 被称为凋亡抑制基因,为病毒复制非必需基因,是否在 PCV2 的致病机制中发挥作用目前还不清楚(Lin et al.,2018)。对 PCV2 不同分离毒株进行同源性分析之后发现:所有 PCV2 毒株之间同源性可达到 95%,而与 PCV1 的基因组同源性却低于 80%。

在 PCV1 和 PCV2 的保守区域都包含有 ploy(A)信号,在病毒正链上,前者的 ploy(A)分别位于 314～319 nt,973～978 nt;后者的 ploy(A)分别位于 327～332 nt、983～998 nt。在病毒负链上,PCV1 有 2 个 ploy(A)信号,分别位于 1 184～1 189 nt,1 015～1 030 nt;但是 PCV2 只有 1 个 ploy(A)信号,位于 1 022～1 027 nt。通过氨基酸序列分析发现,PCV1 的编码蛋白中包含 3 个糖基化位点:ORF1 编码蛋白的 20～22 aa(NPS)、ORF2 编码蛋白的 102～104 aa(NYS)和 ORF4 编码蛋白的 34～36 aa(NCS);PCV2 的编码蛋白中包含 5 个糖基化位点:ORF1 编码蛋白的 23～25 aa(NPS)、286～288 aa(NAT)、256～258 aa(NQT);ORF2 编码蛋白的 143～145 aa(NYS);ORF4 编码蛋白的 30～32 aa(NVT)。

(3)PCV3 基因结构及编码蛋白　PCV3 基因组大小为 1 999～2 001 bp,为闭合环状单链 DNA 病毒(图 7-6)(Palinski et al.,2018)。主要包含 2 个 ORF。ORF1 编码 Rep 蛋白,为最大的 ORF,由 296 个氨基酸组成,与蝙蝠圆环病毒和 PCV2 Rep 蛋白的同源性分别为 55%和 48%。ORF2 编码 Cap 蛋白,由 214 个氨基酸组成,是 PCV3 唯一的结构蛋白,与蝙蝠圆环病毒和 PCV2 ORF2 基因的同源性分别为 35%和 36%。PCV3 与 PCV2 Cap 蛋白没有交叉反应(Palinski 等, 2017, 2018),表明 PCV2 制备的疫苗对 PCV3 没有免疫保护作用。PCV3 基因全长可分为 3 种主要分支(PCV3a、PCV3b 和 PCV3c)基因组 DNA 序列或存在两个氨基酸突变。来自不同国家 PCV3 核苷酸同源性为 94.44%～100%,氨基酸序列同源性为 96.3%～100%,氨基酸比较显示,突变主要位于 Cap 蛋白中,尤其是在 8～10、24、27、77、137 和 150 位氨基酸易发生突变。这些结果表明,PCV3 具有相对稳定的遗传特性。此外,我国学者研究发现,PCV3a 分支可以细分为两个稳定的分支,暗示 PCV3 的遗传多样性有增加的趋势,尽管 PCV3 于 2016 年首次在美国被发现,但回顾性研究表明,PCV3 可能起源于 1966 年甚至更早。因此,有人推测 PCV3 可能是一种古老的病毒。

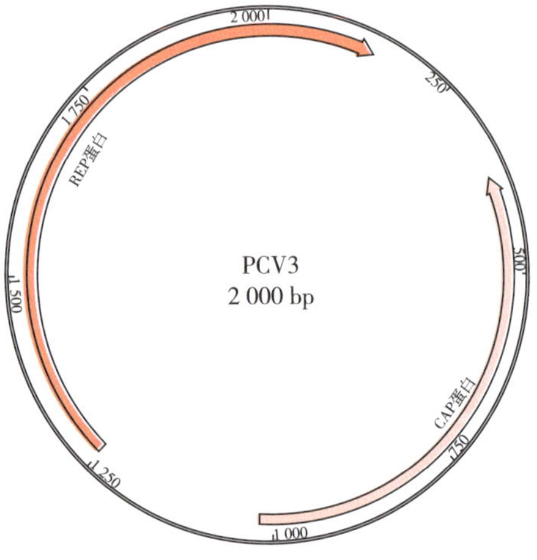

图 7-6　PCV3 基因组结构

7.3.2 流行病学

1. PCV1

1974 年，德国学者 Tischer 首次在猪肾细胞系（porcinekidney cell lines，PK15）中发现 PCV1，PCV1 虽然能够持续感染 PK15 细胞，但对猪无致病性（Zhai et al.，2019）。

2. PCV2

1997 年加拿大学者从猪群中分离到一株 PCV 变异毒株，经序列分析表明，PCV 的病毒基因组均由单股环状 DNA 组成。该变异毒株与 PCV1 核苷酸序列差异较大，且能够引起猪群的呼吸道症状、母猪繁殖障碍、进行性消瘦以及黄疸等临床症状。随后在美国、西班牙、北爱尔兰和法国等国家相继出现了有关该病的报道。为此，国际病毒分类委员会对 PCV 命名进行重新修订，把从 PK15 细胞系分离获得的猪圆环病毒命名为 PCV1，能引起猪群致病的猪圆环病毒命名为 PCV2。PCV2 是引起仔猪多系统衰竭综合征（PMWS）的主要病原（Baekbo et al.，2012），还包括猪皮炎肾病综合征（PDNS）、猪呼吸系统综合征（PRDC）、猪增生性和坏死性肠炎（PNP）、母猪繁殖障碍以及仔猪先天性震颤（CT）等疾病（Phan et al.，2016，2017），该病毒给国内外养猪业造成了巨大经济损失。PCV2 分离毒株人工感染试验猪，结果复制出了与临床上相似的 PMWS 临床症状，故证实 PCV2 是 PMWS 的原发病原。PCV2 感染猪群主要临床特征是断奶仔猪呼吸困难、贫血、腹泻、明显的淋巴组织病变以及进行性消瘦，对猪的生长发育造成严重的影响。我国 2000 年在北京、上海、江苏、天津、河北等地进行血清学调查证实了猪群中有 PCV2 抗体的存在。在 2001 年，我国南方地区也开始流行与 PCV2 感染相关的 PMWS。2002 年全国范围内各大规模化养猪场暴发 PMWS。相关数据显示，猪圆环病毒相关疾病在欧洲养猪业中每年的损失可达 6 亿欧元，而北美则每年损失达 5.2 亿美元。2008 年第 20 届国际猪病大会上，业内人士将 PCV2 列为影响养猪业发展的最重要疫病之一，2010 年国际兽医大会（IPVS）上成为关注度最高的疾病，是世界公认的危害养猪业的重要疫病，从 2000 年至今，PCV2 的感染率呈现不断上升的趋势。2003—2004 年，国内部分猪群中 29%以上的猪群都为 PCV2 抗体阳性，部分地区阳性率高达 100%。2007—2008 年河南猪群中 PCV2 的总体阳性率高达 70.9%。2011 年青海省 8 个猪场 1 000 份血清样品进行 PCV2 抗体检测，结果显示，PCV2 血清阳性率为 25.9%。2011 年 10 月至 2013 年 3 月，对四川省部分地区 PCV2 感染情况调查表明，四川省部分地区猪群中感染 PCV2 的总体阳性率高达 49.2%。薛江东对内蒙古地区部分未免疫 PCV2 疫苗的猪场进行血清检测发现，不同猪场均存在 PCV2 感染，且 PCV2 抗体平均阳性率为 38.6%（薛江东等，2014）。

从基因型角度分析，欧盟猪圆环病毒委员会将 ORF2 基因遗传距离大于 0.035 定为 PCV2 的分型原则（Wang et al.，2019）。根据基因分型原则，目前 PCV2 主要分为 6 个基因型，PCV2a～2f，其中 PCV2a，PCV2b 和 PCV2d 为主要基因型。在世界范围内 PCV2 的检测可以追溯到 1969 年（比利时），1970 年（英国），1973 年（爱尔兰），1973 年（加拿大）和 1985 年（西班牙）的家猪临床样本。自发现以来，PCV2 在进化过程中出现了 2 次基因型漂移；2000 年左右，PCV2b 基因型替代了当时流行的 PCV2a 基因，成为主要的基因型；2010 年后，PCV2b 基因型逐渐减少，PCV2d 基因型逐渐增多，成为目前主要的基因型。Wang 等对美国 2016—2018 年临床样本检测结果表明，PCV2 的阳性率为 16.4%，PCV2d 基因型的比率为 72.1%（Wang et al.，2019）。Kwon 等（2017）对韩国 2009—2016 年临床样本检测结果表明，PCV2

的阳性率为 53.8%,PCV2d 基因型的比率为 72.5%。在国内,对中国中部省份 2015—2017 年临床样本检测结果表明,PCV2 的阳性率为 57.04%,PCV2d 基因型的比率为 54.1%,Qu 等(2018)对中国湖南省 2006—2016 年临床样本检测结果表明,PCV2 的阳性率为 62%,2006—2007 年,PCV2b 为主要的基因型。2015—2018 年,我国 472 份家猪样本中 PCV2、PCV3 与 PCV2 和 PCV3 共感染率分别为 50.0%、13.3% 和 6.78%。并且 PCV2 分离株 PCV2a、PCV2b 和 PCV2d 3 个基因型分别占 13.6%(9/66)、25.8%(17/66)和 60.6%(40/66)。王小敏等(2020)对华东地区 PCV2 流行病学调查表明,对获得的 42 株序列 ORF2 基因的核苷酸和氨基酸序列同源性分别介于 89.6%～100.0%和 86.8%～100%之间,在 PCV2a、PCV2b 和 PCV2d 3 个不同亚型中,其中 69.05%(29/42)属于 PCV2d 基因亚型(王小敏等, 2020),因此,可以推测 PCV2d 基因亚型已成为我国猪群中流行的优势毒株。

3. PCV3

2016 年,Palinski 等首次从流产胎儿中通过宏基因组测序发现了 PCV3,PCV3 基因组长为 2.0 kb,基因组结构和遗传相似性与圆环病毒科病毒相近,该病毒在国内外猪群中广泛传播,其可能与猪皮炎肾病综合征(图 7-7)、母猪繁殖障碍、心脏以及多系统炎症相关,对猪场疾病控制十分重要。此外,在其他动物和蜱类中也检测到 PCV3,表明 PCV3 具有跨物种的传播能力(Palinski et al., 2017),也说明了昆虫可能携带该病毒,成为该病毒传播的中间宿主。对 PCV3 流行病学研究表明,2017—2019 年广西 PCV3 样品阳性率和 PCV3 猪场阳性率均呈逐渐上升趋势,夏季 PCV3 阳性率最低,且明显低于其他 3 个季节,育肥猪 PCV3 阳性率最高为 21.70%,其次是流产母猪、保育猪、流产胎儿,阳性率分别为 20.00%、19.05%和 11.02%,哺乳仔猪 PCV3 阳性率最低约为 8.21%。河北省不同地区 60 个猪场采集了 310 份不同临床症状表现的发病猪组织样本,应用 PCR 方法对其进行检测。结果显示,该地区 PCV3 阳性率为 16.5%(51/310),猪场阳性率为 45.0%(27/60),对不同临床症状分析显示,PCV3 在表现为繁殖障碍及腹泻猪群中具有较高的阳性率,且易与 PCV2 发生共同感染。2019 年 Saraiva 等对巴西 9 个州的猪场采集样品,PCV3 阳性率为 47.8%。我国学者对 PCV3 回顾性调查显示,我国大多数猪场 PCV3 的阳性率为 10%～60%,值得注意的是,PCV3 已在狗、牛、蜱和小鼠中检测到,发现 44 只犬中有 4 只 PCV3 阳性。另一组 213 份牛血清中 74 份检测到 PCV3(34.7%),这些结果表明,PCV3 具有跨物种传播能力。Saraiva 使用生物学软件分析表明,PCV3 已经在猪群中存在超过了半个世纪只是最近才被发现(Saraiva et al., 2018)。

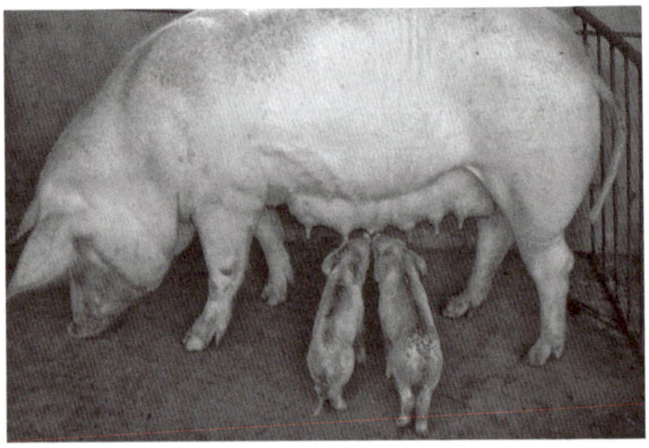

图 7-7　PCV3 引起的猪皮炎肾病综合征

4. PCV4

2019 年,我国张慧慧等首次从湖南疑似患有非洲猪瘟的猪群中发现了一种新的圆环病毒。病毒基因组的大小约为 1.77 kb,暂定为猪圆环病毒 4 型(porcinecircovirus type 4, PCV4),PCV4 与水貂圆环病毒的基因组同源性最高达到 66.9%,与其他 PCV 基因组的同源性介于 43.2%～51.5%之间。调查中国湖南省 187 个临床样本中 PCV4 的流行情况,结果显示，PCV4 总患病率为 12.8%，但由于 PCV4 还没有成功分离，对猪群的致病机制还有待于进一步验证（Zhanget al.，2019）。

7.3.3 致病机制

1. PCV2 致病机制

PCV2 的致病机理仍然是目前研究的热点之一，在患 PMWS 的猪只中，对猪只外周血白细胞亚群进行研究，发现这些猪体内 $CD4^+$ T 细胞和 B 细胞数量减少，而单核细胞和未成熟粒细胞数量增加，这表明 PCV2 感染影响了猪体内的 T 细胞及 B 细胞的免疫功能，进而导致机体不能产生有效的免疫应答。许多研究表明，PCV2 感染后可导致猪群的免疫抑制，因此，它属于一种免疫抑制性疾病。淋巴组织中的淋巴细胞数量减少和肉芽肿性炎症是 PCV2 感染的标志性病变（Segales et al.，2008）。PCV2 在淋巴组织中的感染可以破坏淋巴滤泡的结构，导致淋巴细胞耗竭，随后被组织细胞取代（Segales et al.，2012）。因此，淋巴滤泡损伤和白细胞减少是 PCV2 感染后导致免疫抑制的主要原因。PCV2 感染猪后，可以在猪支气管、腹股沟淋巴结、扁桃体、肺脏、肝脏、肾脏、脾脏和胸腺中复制，淋巴细胞减少与树突状细胞、B 细胞、NK 细胞和 T 淋巴细胞的增多和单核细胞、粒细胞增多相关，并且淋巴细胞减少程度与 PCV2 感染后病毒载量呈正相关性（Darwich et al.，2014）。

目前研究表明，有不少病原体在 PCV2 的致病过程中起着协同致病作用，如病毒、猪支原体和细菌等病原微生物。一些环境条件（如氨气、内毒素）、免疫刺激（如佐剂和疫苗）、气候条件以及其他应激条件也可导致 PCV2 感染出现 PMWS。一些免疫刺激（如疫苗或佐剂）同样也可使猪体内单核/巨噬细胞活化。Mateusen 等（2004）应用 PCV2 对猪只进行攻毒，发现 PCV2 可在胎儿心肌中复制。通过对病毒进行定量分析发现，发病猪体内细胞感染数量比带毒猪体内病毒感染细胞的数量多，这或许也表明，猪体内的病毒载量达到一定水平，才会出现相应的临床症状。PCV2 虽然是引发 PMWS 的直接原因，但是在 PCV2 血清抗体检测为阳性的猪群中，并不一定发生 PMWS，其原因就是一些疾病的发生还需要与某些致病因子协同作用。

2. PCV3 致病机制

PCV3 感染的母猪临床上主要表现为厌食、多发性丘疹、斑疹和浅表皮疹。组织病理学检测，皮肤表现为淋巴胞质性血管袖套相联系的急性坏死性皮炎和表皮炎；肾脏主要表现为皮质小管扩张，肾小管上皮细胞损伤和再生，大量淋巴细胞和巨噬细胞扩散到肾小球和皮质间质中，主要特征为肾小球硬化和间质纤维化（Palinskiet al.，2017）与 PCV2 导致的母猪流产症状相一致。最近，Jiang 等（2019）通过感染性 DNA 克隆的方法获得了能在细胞中稳定传代的 PCV3 病毒，并且在猪的攻毒实验中成功复制出了典型的 PDNS 临床症状。对 4 周龄的仔猪进行攻毒，攻毒后第 7 天至第 28 天均能检测到病毒血症；攻毒后 14 d 能检测到针对 Cap 蛋白的特异性抗体，第 28 天最高，表明 PCV3 感染后可以引起体液免疫反应。

7.3.4 免疫机制

猪圆环病毒感染猪体后能够导致免疫抑制，尤其是对外周淋巴结的损害。通过免疫组化研究发现，猪感染 PCV2 后，其腹股沟淋巴结出现了较为严重的巨噬细胞增多和淋巴细胞缺失，另有研究表明，患有 PMWS 的病猪外周血液中的单核细胞数量明显增加，B 细胞和 $CD4^+$

T 细胞数量下降，并且出现未成熟的粒细胞，在患病后期大部分免疫器官成为基质，从而使患病猪丧失细胞免疫功能，不能产生细胞免疫应答。McNeilly 等(2007)利用 PCV2 感染猪肺巨噬细胞，结果发现，PCV2 感染 4 d 后对 MHC-Ⅰ类抗原的表达有上调作用，而感染 8 d 后可降低 MHC-Ⅱ类抗原的表达，并且对巨噬细胞介导的、分裂素诱导的淋巴细胞有明显的抑制作用。施旅娟等(2008)利用 PCV2 感染仔猪，通过对腹股沟淋巴结的检测表明，由 PCV2 造成的猪淋巴结的主要病变是皮质和副皮质区淋巴细胞严重损耗，巨噬细胞的细胞质内有病毒包涵体，上皮样巨噬细胞浸润，淋巴细胞凋亡比较严重，并且主要是淋巴小结内的淋巴细胞发生凋亡。PCV2 可以通过抑制细胞增殖、促进细胞凋亡的方式致使淋巴结中淋巴细胞的严重损耗，这可能揭示了 PCV2 感染引起仔猪免疫抑制的机理。

PCV2 感染能够促进外周血单核细胞中 IFN-γ 和 IL-10 表达。IL-10 表达主要来自感染细胞周围细胞而不是被感染细胞，IL-10 持续高表达导致了免疫抑制和持续感染。利用半定量 RT-PCR 和流式细胞仪分别从 mRNA 水平和蛋白质水平对几种细胞因子表达量进行了检测，IL-10 和 IL-la 在感染猪体内 mRNA 水平显著升高；而 IL-2Ra(CD25)和 IL-2 mRNA 水平则趋于下降；TNF-α 和 IFN-γ、IL-8 mRNA 表达水平稍微增加；胞内细胞因子 IL-2、IL-6 和 IL-lb 水平上升；而 TNF-α 和 IL-12 表达水平没有变化；IFN-γ 和 IL-4 表达水平下降，IL-4 表达水平下降说明体液免疫强度下降，IFN-γ mRNA 水平轻微上升而蛋白质水平轻微下降说明产生 Thl 型保护性免疫反应的能力降低。

7.3.5 病理变化

1. 断奶仔猪多系统衰竭综合征

PMWS 主要发生在仔猪断奶期间，发病率在 4%～30%之间，临床症状主要包括进行性消瘦、呼吸困难、淋巴结肿大，而消瘦或生长迟缓是其最常见的临床症状，也是诊断 PMWS 所必需的(图 7-8)。相关数据显示，在急性 PMWS 猪群中，由于并发或继发病毒及细菌感染导致猪群的死亡率大幅上升。拥挤、潮湿、通风不良等各种环境因素，还有不同日龄的猪只混养及其他各种应激因素也可能在一定程度上加重病情。

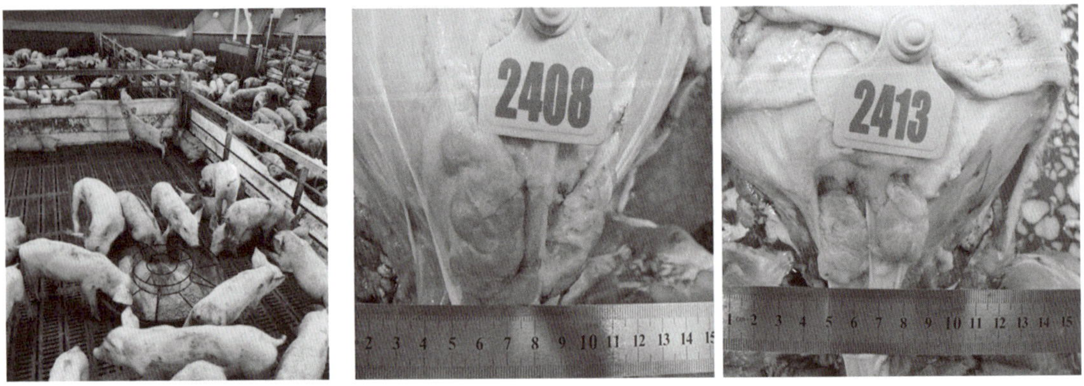

A. PMWS　　B. PCV2 攻毒组腹股沟淋巴结肿大　　C. PCV2 未攻毒组腹股沟淋巴结

图 7-8　PCV2 感染

PMWS 的主要病理变化是淋巴结肿大，淋巴结切面呈白色；心包炎，胸腔有积水和纤维素性渗出；肺部实质化明显，表面有出血点和灰色小叶。组织病理学上可观察到淋巴组织多灶性凝固性坏死，淋巴细胞减少，可在树突状细胞中观察到细胞内病毒包涵体。有大量的多核巨细胞及组织细胞浸润；肉芽肿性间质性肺炎，肺脏上皮坏死或脱落后演变成细支气管炎。

2.猪皮炎与肾病综合征

猪皮炎与肾病综合征(PDNS)主要病理变化：双侧肾肿大，肾皮质表面出现颗粒状，并有出血点或坏死点现象，肾盂水肿。病理组织学变化上可看到渗出性肾小球性肾炎、间质性肾炎、动脉炎及出血性坏死性皮炎。

3.猪呼吸道综合征

猪呼吸道综合征(PRDC)是一种严重危害生长育肥猪的疾病。最易感的属16～22周龄的成年猪，该病最主要的临床症状为呼吸困难、咳嗽、发热、食欲不振、嗜睡、生长缓慢及饲料的利用率低等。患有PRDC的猪极易转为慢性肺炎病变，其主要表现为广泛性的肺部肉芽性炎症、形成多核巨细胞及出现大量的嗜碱性浆细胞包涵体，在巨噬细胞和炎性细胞内，在病变的部位也有大量的PCV2抗原及核酸存在。此外，增生性坏死性间质性肺炎也属于PRDC，该病主要侵害6～14周龄的猪，发病率在2%～30%之间，病死率在4%～10%之间。增生性坏死性间质性肺炎主要的组织病理学特征是肺泡中出现坏死细胞及坏死性细支气管肺炎等，有时也可见到肺泡隔变厚的现象，而眼观该病的病理变化为弥漫性间质性肺炎，颜色呈灰红色。

4.母猪繁殖障碍

PCV2感染可导致母猪返情率增多、流产、死胎、木乃伊胎和产弱仔，新生仔猪及保育猪死淘率上升。一般可观察到死胎或新生仔猪出现心脏肥大、被动性充血等病变，而其对应的主要病理变化为坏死性或纤维素性心肌炎。也常见肺泡中渗入单核细胞，而且常有淋巴细胞和巨噬细胞渗入并分布其中。根据研究发现，由PCV2感染引起的繁殖障碍的病例较少与母猪高水平的PCV2抗体是分不开的。

5.坏死性淋巴腺炎

坏死性淋巴腺炎是PCV2感染的一种新的临床表现。其主要的临床症状是生长缓慢、腹泻，还出现一些轻微的症状，如发热和共济失调，而某些猪只并无临床症状就突然死亡。剖检病理变化：腹股沟淋巴结表面苍白。病理组织变化：淋巴结滤泡中也有坏死细胞出现，观察发现坏死的细胞变小，染色体和细胞质均萎缩，并出现有部分含有核碎片与不同大小的凋亡细胞和凋亡小体。

6.渗出性皮炎

渗出性皮炎通常是一种致病性的浅表性的皮肤脓肿性疾病。该病发病较急，进程也快，它通常以散发的形式出现，主要临床症状是在哺乳猪和断奶仔猪中出现的一种急性和超急性传染病，患病猪出现全身性皮炎而引起腹水和死亡。该病早期可见口、眼、耳周围和腹部出现皮肤变红，并有清亮的渗出物，后期由于在感染的皮肤上有泥土和粪便粘着，从而在患病猪身上出现一种厚的、胴色的、油腻的、有臭味的痂。在恢复期间，皮肤逐渐变干并形成结痂，时间在数天到数周不等。剖检时可观察到死亡猪体脱水并消瘦，外周淋巴结水肿或肿大。该病与猪葡萄球菌相关，不过也要有其他致病因素的共同作用。根据研究发现，如果病猪患有渗出性皮炎，那么其感染PCV和PPV的概率就很高。而在该病的复制性试验研究中表明PCV和PPV是该病的共同致病因素。

7. 仔猪先天性震颤

临床诊断上很早就已经观察到仔猪的先天性震颤(CT),直至1994年才有相关数据表明,CT与PCV2之间可能存在一定的关系。不过也有人认为,CT的发生与PCV2并不相关。该病主要在脑和脊髓腔出现脱髓鞘的病理特征,在其他的组织器官未发现有明显病理变化。

7.3.6 诊断技术与鉴别诊断

1. PCV2鉴别诊断

PCV2实验室检测方法主要有病毒分离、原位杂交(ISH)、免疫组化(IHC)、免疫荧光(IFA)方法、ELISA、PCR方法等。

(1)病毒分离　病毒分离是常用的方法,该方法是取PCV2感染发病猪的组织(肝脏、脾脏、肾脏、淋巴结、肺部、血液等)经磨碎、提取液混合、离心取上清液、溶剂抽提等步骤,然后接种于无PCV污染的猪肾细胞系(PK-15)进行CV2病毒的分离培养。

(2)免疫荧光技术　免疫荧光(IFA)技术快速简单,花费较少,主要用于病毒的分离鉴定及检测病变组织或猪源细胞PCV的感染情况,并可以对PCV进行分型鉴定。Allan等用IFA来检测PCV2,并对PCV进行了检测和分型,但该技术需要比较昂贵的仪器,难以推广。

(3)原位杂交技术　原位杂交(ISH)方法是利用核酸分子单链之间有互补的碱基序列,将有放射性或非放射性的外源核酸(即探针)与组织、细胞或染色体上待测DNA或RNA互补配对,结合成专一的核酸杂交分子,经一定的检测手段将待测核酸在组织、细胞或染色体上的位置显示出来。被检测的核酸原位形成带颜色的杂交信号,在显微镜或电子显微镜下可以对PCV2基因组DNA进行细胞内定位,快速精确,但检测费用高。

(4)免疫组化技术　免疫组化(IHC)先将组织或细胞中的某种化学物质提取出来,以此作为抗原或半抗原,通过免疫动物后获得特异性的抗体,再以此抗体去探测组织或细胞中的同类的抗原物质。由于抗原与抗体的复合物是无色的,因此还必须借助于组织化学的方法将抗原、抗体结合的部位显示出来,对组织或细胞中的未知抗原进行定性、定位或定量的研究。能够用普通显微镜对携带抗原的细胞及组织进行大体形态评价,且颜色稳定,样本较易保存,但IHC操作较烦琐,时间较长,且必须除去内源过氧化物酶的干扰。免疫组化又可分为免疫荧光法、免疫酶法、免疫铁蛋白法、免疫金法等。

(5)胶体金法　刘玉伟(2019)对PCV2抗原胶体金检测试纸条研制进行了条件摸索,初步确定了显色较好的试条配对方案,该检测试纸条特异性好、敏感性高、稳定性好,为PCV2抗体的临床诊断提供了快速有效的试剂盒。

(6)ELISA　应用最多的血清学方法主要是ELISA,该方法具有灵敏、快速、特异性强等特点,常被用于大规模血清学检查,且目前已经建立了检测PCV2的抗体。黄立平等(2019)采用淋巴细胞杂交瘤技术,获得了一株具有分泌抗PCV2中和活性的单克隆抗体,利用这株单抗建立了一种阻断的ELISA方法,用于检测该病毒感染猪的血清中和抗体。该方法灵敏度高、特异性强,且大大地节省了检测时间。但由于猪群中PCV2在猪场广泛存在,所以ELISA检测结果不能作为判定猪群发生猪圆环病毒相关疾病的决定性依据。

(7)PCR方法　经过多年的研究,国内外已建立了多种形式的PCR方法,包括常规PCR、竞争性PCR、多重PCR、半套式PCR、套式PCR、多重套式PCR、FQ-PCR等,可用于特异区分PCV1、PCV2、PCV3和PCV4。多重PCR和实时定量PCR的建立,为PCV的检测及分型、组织中病毒含量的测定和疾病发展阶段的推测及 PMWS 的临床诊断提供了有效的工具。如 Huang 等根据 PCV 核酸链上的 ORF1 和 ORF2 设计了两套引物，其多重 PCR 方法可对 PCV 进行定型；Rovira 使用 TaqMan® 探针检测猪血清中 PCV2 的 ORF2，结果显示，病变症状越严重，血清中 PCV2 含量越高。王小敏建立了快速、敏感和特异的用于检测猪圆环病毒 2 型的 SYBR Green Ⅰ荧光定量 PCR 方法。结果表明，该 Real-time PCR 能够检测出 PCV2，具有较高的特异性(王小敏等，2019)。

2. PCV3 鉴别诊断

Phan 等(2016)利用靶向 PCV3 的核酸探针进行原位杂交，检测猪肺脏 PCV3 核酸含有情况，结果显示，在呈现弥漫性肌浆/胞质性反应的多灶性心肌细胞、发炎小动脉中膜的平滑肌细胞和心肌中的炎症细胞中较少检测到 PCV3 mRNA。根据 PCV3 全基因组序列，设计 3 条引物，建立了 PCV3 半巢式 PCR 诊断方法。该法可以扩增出大小为 249 bp 的特异性条带，与预期大小一致，并且该方法较常规 PCR 敏感；根据 Gen Bank 中 PCV2、PCV3 基因序列分别设计合成特异性检测引物，建立了鉴别检测 PCV2 和 PCV3 的双重 PCR 方法。该方法对 PCV2、PCV3、PCV2/PCV3 混合物可分别扩增出 300 bp、518 bp、300 bp 和 518 bp 的特异性条带。根据 PCV3 的 ORF2 基因组保守序列设计合成 4 对引物，先使用荧光染料定量 PCR 法验证其能否有效扩增目的片段，并根据结果和引物对所扩增序列的交集进一步设计 TaqMan 探针，通过优化反应条件和反应体系建立快速检测 PCV3 的实时荧光定量 PCR 检测方法。朱小甫等(2020)建立检测 PCV3 的 LAMP 方法，可用于 PCV3 的现场快速诊断。

7.3.7 防控技术及应用

1. 综合性的措施

(1)饲养管理　逐步改变和完善饲养方式，养猪生产过程中要求实行全进全出制度，防止不同日龄猪混群饲养，以降低和减少猪群之间 PCV2 接触感染的机会。

不断完善猪场的生物安全体系，不但要在猪场与外界之间重视生物安全，在猪场内部也要重视生物安全。在猪场与外界之间的贸易交流，如购入的后备母猪数量，要合理控制。英国的一项调查研究显示，猪场母猪的更新率过高是可能引起 PCVAD 的危险诱因之一。此外，在养猪生产的每个环节都要将消毒卫生工作做到位。这样就能最大限度降低猪场内对猪只有害的病原微生物，减少和杜绝猪场内猪群发生继发感染的概率。由于 PCV2 对通常的消毒剂均有很强的抵抗力，因此，在实际的应用中，要选择广谱的消毒剂。

不断加强猪场的饲养管理，把对猪群产生应激的因素降到最低。一些应激因素可以诱发和促进 PMWS 的发生，并加重已发病猪群病情，这导致猪群死亡率增加，因此，我们要最大限度地减少猪群应激因素，按照猪场或周边疫病情况制定合理的免疫程序，避免过早或多次对仔猪进行免疫，不要饲喂已经发霉变质或者含有真菌毒素的饲料，做到猪舍内保持通风、保暖，改善和提高猪舍内空气环境质量。猪舍内干燥环境和合理饲养密度、低水平的氨气浓度等构成的舒适环境对于促进和提高猪群的健康和生长性能具有重大的作用。

提高猪群营养水平，如果猪群受到了 PCV2 的感染，那么其免疫功能就会下降，因而，营养水平是影响 PMWS 的一个重要因素。其中饲料中营养均衡，如氨基酸、维生素、蛋白质和微量元素等营养因子的均衡，能够促进和提高仔猪的采食量，提高机体的免疫力，除此之外，适当给仔猪饲喂粥料或湿料，并保证仔猪能够有充足的饮水等措施，会使得 PMWS 发生概率显著降低，因此造成损失也大大减少。

(2)药物防治　降低 PMWS 的发生，系统完善的药物预防方案也是必要的，这在一定程度上能够控制猪群继发感染。目前，对于 PMWS 的治疗还没有比较有效的药物，因此，对于细菌性的继发感染我们应该提前采用药物进行预防，做到防患于未然。

(3)免疫计划及接种　猪场要做好相关疫苗的免疫计划及接种工作，如猪瘟、蓝耳病、伪狂犬病、猪细小病毒病和猪气喘病疫苗。这样才可以减少猪群的混合感染和继发感染。

2. 疫苗免疫

迄今为止，疫苗免疫是控制 PCV2 感染的有效手段。疫苗能够显著降低猪体内 PCV2 病毒含量，现有 PCV2 疫苗主要有全病毒灭活疫苗、亚单位疫苗和重组嵌合疫苗，已取得了一定的成果。自 2010 年以来，国内外已有几十家猪圆环病毒 2 型疫苗相继上市，截至 2020 年 3 月份，已有 15 种 PCV2 疫苗获得了农业部批发的国内新兽药注册证书；有 32 种 PCV2 疫苗获得了临床审批。这些疫苗的研发不但振兴了我们民族企业，而且性价比较高。既很好控制了猪群中 PCV2 的感染，又降低了养猪的成本。另外，针对 PCV3 和 PCV4 这两种病原的诊断方法、分离鉴定和动物感染模型建立等研究也受到了国内外科研工作者的广泛关注，对于这两种病原的科学防控还有待于进一步深入研究。

(1)PCV2 灭活疫苗　该疫苗是将 PCV2 感染的细胞培养物通过理化方法处理，使其失去感染性但可保持很好的免疫原性，然后加入佐剂进行乳化制备而成。该类疫苗具有使用安全性好，易保存和性能稳定等优点(王一平，唐青海，2012)。目前新兽药注册的 15 种 PCV2 疫苗中，有 9 种疫苗属于全病毒灭活疫苗。可见全病毒灭活疫苗目前是防控我国 PCV2 感染使用的主要疫苗。

(2)PCV2 亚单位疫苗　Cap 蛋白是猪圆环病毒 2 型的主要结构蛋白和免疫保护性抗原，能刺激动物机体产生针对 PCV2 的特异性免疫应答，是研制 PCV2 基因工程亚单位疫苗的理想靶抗原。常用于 PCV2 亚单位疫苗生产的表达系统主要是昆虫细胞杆状病毒表达系统和大肠杆菌表达系统(刘玲利，2013)。目前新兽药注册的 15 种 PCV2 疫苗中，有 4 种疫苗属于亚单位疫苗。

(3)PCV3 疫苗　Jiang 等(2019)通过感染性 DNA 克隆的方法获得了能在细胞中稳定传代的 PCV3 病毒，猪体攻毒试验中成功复制出了典型的 PDNS 临床症状，产生了 40%的死亡率，表明 PCV3 比 PCV2 的致病性更强，暗示 PCV3 可能给养猪业造成巨大的经济损失。国内外目前关于 PCV3 疫苗的文章报道较少。金等使用杆状病毒表达系统对 PCV3 Cap 蛋白进行表达，免疫小鼠后具有很好的免疫原性。张等(2019)在大肠杆菌系统中表达的 Cap 蛋白免疫小鼠，可以产生针对 PCV3 Cap 蛋白的特异性抗体和刺激 B 细胞的活化。这些结果表明 PCV3 基因工程疫苗已取得了很好的效果。

7.4　猪瘟

猪瘟(classical swine fever, CSF)是由猪瘟病毒(classical swine fever virus, CSFV)引起的一种急性、热性、高度接触性传染病，临床上主要以高热稽留、广泛性出血和高死亡率为主要特征。该病被世界动物卫生组织(OIE)列入 OIE 疫病名录(OIE-listed diseases)，为须申报的动物性传染病，在我国 CSF 被列为“二类动物疫病”。

7.4.1 病原学

CSFV 为黄病毒科(*Flaviviridae*)瘟病毒属(*Pestivirus*)成员，与其同属的病毒还有牛病毒性腹泻病毒 1 型(bovine viral diarrhea virus 1, BVDV-1)、牛病毒性腹泻病毒 2 型(BVDV-2)、绵羊边界病病毒(border disease virus, BDV)和长颈鹿瘟病毒(pestivirus of giraffe)。完整的猪瘟病毒粒子呈球形，直径为 30～70 nm，病毒粒子表面含有 6～8 nm 的纤突结构，具有脂蛋白双层囊膜，核衣壳呈二十面体对称。CSFV 为单股正链 RNA 病毒，基因组长约 12.3 kb，两端为非编码区 5′-UTR(untranslated region, UTR)和 3′-UTR，中间为一个大的开放阅读框(open reading frame, ORF)，基因组 5′端无甲基化的帽子结构，3′端无 poly(A)尾巴。ORF 翻译成一个含 3 898 个氨基酸的多聚蛋白，分子质量约为 438 kD，此蛋白前体以共翻译和后翻译的形式在细胞蛋白酶和病毒特异性蛋白酶的作用下形成 4 种结构蛋白(C、E^{rns}、E1 和 E2)和 8 种非结构蛋白(N^{pro}、p7、NS2、NS3、NS4A、NS4B、NS5A 和 NS5B)。

7.4.2 流行病学

该病呈世界范围流行，对养猪业危害严重，造成巨大的经济损失，是各国防控、检疫的重要传染病。CSFV 的自然宿主是家猪和野猪。该病的主要传染源是发病猪和带毒猪，病毒主要通过消化道、呼吸道黏膜和眼结膜传染，也可以通过破损的皮肤感染。本病一年四季都可以发生，但以春秋两季最为严重。该病病程呈急性、亚急性或慢性经过。猪瘟自发现以来已有百余年的历史，许多国家都曾有过猪瘟的流行。

OIE 在 2022 年发布的 CSF 全球流行报告显示，美国、加拿大、澳大利亚、欧盟等部分地区已经成功根除了猪瘟，该病仍持续对亚洲、东欧、中南美洲大部及加勒比海地区造成严重危害，尤其对发展中国家的食品安全和养猪业影响较大，一些无猪瘟国家也面临着传入该病的高风险。目前，猪瘟 3 大流行区为中南美洲、欧洲和亚洲。其中，中南美洲为疫情稳定区，疫病流行逐年减少；东欧地区为流行活跃区；亚洲属于老疫区，由于控制措施不力，疫情仍然较严重。非洲除南非、马达加斯加和毛里求斯有猪瘟流行外，没有公开的疫情资料表明非洲大陆其他国家有猪瘟的流行。

CSFV 有 3 个基因型和 11 个基因亚型。基因 1 型主要分布在南美、亚洲和俄罗斯；基因 2 型主要分布于欧洲和亚洲等。目前，我国流行的 CSFV 以 2.1、2.2 和 1.1 基因亚型为主，偶有 2.3 和 3.4 亚型，其中 2.1 亚型占优势。全球 CSFV 亚型分布见表 7-2。

7.4.3 致病机制与免疫机制

1. 淋巴细胞减少

CSFV 对淋巴系统细胞有嗜性，在 CSFV 感染早期白细胞减少特别是淋巴细胞减少是机体感染 CSFV 的特征性变化，在弱毒感染和强毒感染中都有这一现象。CSFV 对中性粒细胞和酸性粒细胞最敏感，因此感染时这几种细胞受损伤也最为严重。强毒感染时，病毒作用于淋巴细胞导致淋巴细胞减少进而降低抗体生成。对外周血 T 淋巴细胞免疫功能研究发现，在感染 CSFV 后 3～5 d 细胞免疫处于废止状态；同时研究发现感染 CSFV 后外周血中细胞表面免疫球蛋白 B 淋巴细胞会急剧下降。

表 7-2 全球猪瘟病毒基因亚型分布(Beer et al.，2015)

猪瘟病毒基因型	国家或地区
1.1	阿根廷、巴西、哥伦比亚、墨西哥、意大利、俄罗斯、印度、中国
1.3	洪都拉斯、危地马拉
1.4	古巴
2.1	南非、德国、荷兰、意大利、西班牙、比利时、克罗地亚、立陶宛、以色列、印度、韩国、中国、中国台湾、老挝
2.2	德国、意大利、捷克、马其顿、印度、尼泊尔、老挝、中国
2.3	意大利、克罗地亚、法国、罗马尼亚、保加利亚、塞尔维亚、斯洛伐克、捷克、俄罗斯、中国
3.2	韩国
3.4	中国台湾

2. 组织器官出血

CSFV 对中胚层组织特别是造血组织和血管具有特殊的亲和力，这些组织损伤可导致淋巴结肿大和全身出血。研究发现，CSFV 感染后 3 h，猪体内的 IL-1、IL-6 和 IL-8 等炎性细胞因子的水平出现短暂升高，随着病毒的繁殖数量不断增加，炎性因子也随之大量产生，使得炎性产物增多而导致血管的通透性升高。同时 CSFV 感染后，血管内皮细胞产生的血液凝聚因子、组织因子、血管内皮生长因子等与内皮细胞渗透性和血液凝聚有关的细胞因子的转录水平也明显升高。CSFV 诱导炎性因子和促凝血因子后，破坏了凝血-纤维间的平衡，导致凝血和血栓的形成，从而使血小板减少，导致组织出血，这是猪瘟出血性变化的重要原因。

3. 机体免疫细胞凋亡

孙金福等研究发现 CSFV 强毒株感染后外周血白细胞凋亡显著高于对照组，在感染后第 4 天 $CD4^+$ 和 $CD8^+$ T 淋巴细胞分别由感染前的 26.87% 和 28.17% 下降到 8.83% 和 14.19%。周远成等研究人工接种 CSFV 后外周白细胞的变化结果表明，60 日龄长白猪接种 CSFV 强毒石门株后，WBC、LMY 和 PLT 都出现不同程度的下降。CSFV 感染后第 1 天循环血液中 T、B 淋巴细胞就减少，而第 3 天才能从血浆和淋巴细胞中检测到病毒。因此，导致的淋巴细胞减少并不是由病毒直接感染淋巴细胞的结果，而是病毒感染后激活了细胞程序性死亡机制。CSFV 感染早期，血液中 IFN-α、TNF-α、IL-10 等细胞因子水平显著提高，这些细胞因子相互作用是导致免疫细胞死亡的重要因素。CSFV 感染后机体免疫细胞凋亡是导致猪瘟免疫抑制和持续性感染的重要原因。

此外，还有研究发现，CSFV 感染后可使一氧化氮水平降低。一氧化氮在机体抗感染防御体系中发挥着重要的作用，它能活化巨噬细胞，调节 Th1 和 Th2 的平衡以促进机体的免疫应答，在免疫应答中抑制和杀伤病原微生物。

7.4.4 病理变化

CSFV 主要损伤小血管内皮组织，引起各器官组织出血，在皮肤、浆膜、黏膜、淋巴结、肾、膀胱、胆囊等处常有不同程度的出血变化，一般呈斑点状，有的出血点少而散在，有的星罗棋布，以肾和淋巴结出血最为常见。淋巴结的变化有一定特征，外表肿大，呈暗红色，切面呈弥漫性出血或周边性出血，呈大理石样，多见于腹腔内淋巴结和颌下淋巴结。肾颜色变淡，表层有小出血点，切开肾脏可见皮质、髓质、肾盂部有出血。脾脏边缘可见紫黑色突起（出血梗死灶），这是猪瘟特征性病变。剪开肠管，在盲、结肠黏膜部位（回盲口）可见到一个一个的轮层状溃疡（扣状肿），若有沙门氏菌继发感染，则在轮层状溃疡的基础上，又有弥漫性坏死性肠炎的变化。

7.4.5 诊断技术与鉴别诊断

1. 临床诊断

CSF 有最急性型、急性型和亚急性型、慢性型或持续性感染等形式，这是由不同毒力的病毒感染所致。猪感染后的临床症状同时取决于猪的日龄、品种、健康状况和免疫状态。

（1）最急性型　在发生急性 CSF 流行的初期，有时会发生猪感染 CSFV 后突然死亡的情况，在实验室攻毒感染时则有可能出现 24 h 以内死亡的病例。主要表现为突然发病，全身痉挛，四肢抽搐，皮肤和黏膜发绀，倒卧，很快死亡。

（2）急性型和亚急性型　急性型 CSF 在自然感染情况下临床病例的潜伏期一般为 2～14 d，平均约 7 d。急性型和亚急性型 CSF 的临床症状类似，但后者发病较急性型缓和。急性型和亚急性型 CSF 发病急、死亡率高。急性型猪瘟的死亡率高达 90%，大多在 1～2 周死亡；体温通常升高至 41～42 ℃或以上，食欲下降或厌食、精神极度沉郁、表情呆滞；畏寒、拱背、扎堆；先便秘后腹泻，或便秘和腹泻交替出现；眼结膜和口腔黏膜可见出血点；腹部皮下、鼻镜、耳尖和四肢内侧均可出现紫色或大小不等的出血斑点，指压不褪色。公猪包皮炎、阴囊鞘积尿，用手挤压时，有恶臭、浑浊尿液流出；病后不久，病猪全身无力，走路不稳。

（3）慢性型　慢性型 CSF 多发生于猪瘟流行的老疫区或接种猪瘟疫苗但免疫水平不高的猪群，病程通常在一个月以上。表现为食欲减退或时好时坏；体温有时正常，或出现周期性发热；便秘与腹泻交替发生。皮肤呈现紫色出血斑、丘疹或坏死，以耳尖坏死最为明显。病猪难以完全康复，常成为僵猪。

（4）持续性感染　持续性感染 CSF 是指病毒逃逸免疫监视感染宿主动物，并在机体内持续增殖，可不断或间歇性地向外排毒，通常情况下不表现临床症状，呈隐性经过，发病慢而温和，死亡率低，其病程一般超过 1 个月，甚至长期存在。

2. 病理诊断

CSF 的病理变化因毒株致病力的强弱和动物机体抵抗力的不同而表现为典型和非典型病变。最急性型 CSF 剖检肉眼观察常无明显病变，只见皮肤和黏膜出现发绀或有出血，肾或有少量的出血点，淋巴结轻度肿胀，发红；急性型和亚急性型为猪瘟典型的病型，剖检眼观最突出的病变为全身多数组织和器官表现出血，包括肌肉、肺和心脏，比较典型的出血病变组织有脾、肾和淋巴结等；淋巴结的变化有一定特征，外表肿大，呈暗红色，切面呈弥漫性出血或周边性出血，红白相间呈大理石样，多见于腹腔内淋巴结和颌下淋巴结。肾颜色变淡，表层有小出血点，切开肾可见皮质、髓质和肾盂部有出血。脾边缘可见紫黑色突起的出血梗死灶。

慢性型 CSF 除有以上部分病变外，还可能在会厌和喉黏膜中观察到坏死灶，突出性的病变在胃肠道黏膜，特别是回盲瓣处可见不同程度的溃疡（纽扣状肿）。此外，肋软骨可发生钙化。持续性感染型猪瘟的猪一般不会有特征性的病理变化。

3. 鉴别诊断

CSF 有多种临床表现，特别是慢性和持续性 CSF，在临床上很难与其他猪病鉴别，急性

CSF 主要表现的皮肤出血很难与其他猪病的出现相鉴别；慢性 CSF 和持续性感染 CSF 表现的繁殖障碍特征也很难与其他猪病相鉴别。

与 CSF 表现的皮肤充血、出血症状相似的疫病主要有猪副伤寒、猪丹毒、猪链球菌病、猪肺疫、猪传染性胸膜肺炎、副猪嗜血杆菌病、非洲猪瘟、猪圆环病毒相关的皮炎肾病综合征、猪繁殖与呼吸综合征等。其中，猪副伤寒、猪丹毒、猪链球菌病、猪肺疫、猪传染性胸膜肺炎和副猪嗜血杆菌病等细菌性疫病也呈现败血症的表现，这些病与急性 CSF 相比较有如下共同特征：①体温更高，多在 41～42 ℃或以上，而急性 CSF 体温多为 41～42 ℃，其他型的 CSF 体温则多在 41 ℃以下；②细菌性疫病感染败血型多见脾肿大，而急性 CSF 则表现为脾梗死；③细菌性疫病感染如病程稍长，病猪的胸腔或胸腹腔多有纤维素性渗出；④除猪副伤寒外多有肺部的病变，呼吸困难多很严重，剖检表现为气管和支气管内有渗出物、多充满泡沫；⑤上述猪急性细菌病病程多较短，一般为 1～2 d，长则 3～5 d 死亡，而 CSF 的病程多在 10 d 以上；⑥上述细菌病用敏感抗生素治疗有效。

除上述细菌性感染的共同特征外，一些细菌病还有其各自的特征性临床表现。例如，感染猪丹毒的猪皮肤充血、发红、指压褪色，亚急性猪丹毒有特征性的皮肤出血，有一定规则形状斑块；急性传染性胸膜肺炎表现为出血性肺炎，肺部出血一般较 CSF 严重，多有鼻孔出血的现象。

非洲猪瘟病毒（ASFV）感染后，脾肿大。猪圆环病毒引起的皮炎肾病综合征（PNDS）体表出血红斑，是与 CSF 相似的地方，但 PNDS 体温一般不升高，死亡率很低，多在 5%以内。高致病性猪繁殖与呼吸综合征从临床表现上不易与急性 CSF 相区分，但病理剖检可将两者区分开。高致病性猪繁殖与呼吸综合征的脾病变常常是脾边沿很窄的一长线、颜色呈紫色，类似 CSF 脾梗死灶的颜色，但质地不硬，也不突出于表面；而回盲瓣的溃疡常常面积较大，形状不规则、黏膜脱落，露出下层组织，颜色常呈墨绿色，这与 CSF 的“纽扣状”溃疡外观明显不同。

4. 实验室诊断

CSF 的临床症状或病理变化只能提出疑似诊断或初诊，临床上常有混合感染及临床病理不典型表现，因此需要结合实验室诊断方法予以确诊。CSFV、BVDV 和 BDV 还具有相似或共同抗原，故需考虑对这 3 种病毒的区分。虽然非特异性瘟病毒诊断试验可用于筛选样品，但需通过 CSFV 特异性试验对阳性结果进行确认。检测 CSFV 可从病毒成分（抗原或核酸）或特异性抗体两方面入手。实时反转录-聚合酶链反应（RT-qPCR）技术已广泛应用于检测瘟病毒核酸。血清学试验中应用单克隆抗体可区分和鉴定不同的瘟病毒（如荧光抗体试验或 ELISA 对病毒分离物的鉴定）或用于血清学检测技术中，可以大大提高其特异性。

在疫情暴发时，需要根据实际情况和条件选择最适合的检测方法。为了控制疫病的流行，其关键是快速确诊以采取有针对性的防控措施，防止疫情在养殖场内及周围蔓延和传播，基于诊断的灵敏度、特异性和快速三方面综合考虑，首选的检测方法是荧光定量 PCR。由于病毒血症的持续时间极短，所以抗体检测法也非常实用，尤其是在临床症状已经出现 2 周以上的猪群。

（1）病原学诊断　基于毒株的毒力、检测方法和样品类型，可在感染后 24 h 内检测到病毒。在添加肝素或 EDTA 的全血、血清、血浆和血沉棕黄层中可分离到病毒。病毒主要分布于扁桃体、脾、空肠、回肠、盲肠、肠系膜和咽后淋巴结等组织中。

病毒分离是确诊 CSF 的金标准，但耗时耗力，与 CSF 根除计划中防止病毒进一步扩散所需的快速应对措施不相符，不宜作为常规诊断方法。在参考实验室中常分离病毒用于研究病毒特性以及疫苗的研发，可应用猪肾细胞（PK-15）或 SK6 进行 CSFV 的分离。首选组织样品是扁桃体、脾、回肠和淋巴结，肾样品不适用于此检测方法。所有细胞、培养基和试剂都必须事先确定没有瘟病毒或瘟病毒抗体污染。

目前，检测病毒 RNA 的首选方法是 RT-qPCR，此方法具有高灵敏度（诊断和分析）和特异性，特别是基于探针的检测。在市场上已有 CSFV 特异性 RT-qPCR 试剂盒。该试剂盒是针对 C 株弱毒疫苗基因组设计的。另外，也有可用于同时检测 CSFV 和 ASFV 基因组的试剂盒。RT-qPCR 适用于多种样品的检测，但用于诊断 CSF 的样品主要为全血、咽拭子和组织样品，除了全血，血清、血浆或白细胞也都可以使用。选择样品的首要条件是质量好且新鲜，但当样品中病毒失活或由于细菌污染或自溶（如野猪样本）无法进行病毒分离时，仍可进行病毒 RNA 的检测。RT-qPCR 检测不受抗体的影响。因此，适用于各个年龄的动物样品的检测。病毒 RNA 可在某些组织中长时间存在（如在 CSFV 感染后，猪只康复 9 周以上，在其扁桃体中仍可检测到病毒 RNA）。

根据扩增的基因组区域，RT-qPCR 可用于区分不同的病毒种类（CSFV、BVDV 和 BDV）以及不同的 CSFV 分离株。根据疫苗和待测样品的不同，RT-qPCR 可用于区分疫苗免疫猪和病毒感染猪（differentiating infected from vaccinate animals，DIVA）。开发的 C 株特异性 RT-qPCR 可用于检测疫苗免疫动物中是否存在弱毒（modified live virus，MLV）疫苗，但阳性结果不能排除感染野毒的可能性。结合针对疫苗毒或野毒的 PCR 检测方法和部分测序可用于检测或排除 CSFV 野毒感染。

RT-qPCR 的高灵敏度可用于混合样品的检测，且可显著提高检测效率。然而，也应该考虑准备样品所需时间和重新检测阳性样品等因素。为了避免灵敏度的丧失，在样品混合之前，需要详细了解检测方法的特点和灵敏性（如野毒感染和疫苗接种猪群的筛查）。一般来说，RT-qPCR 阴性结果可证明受检动物或组织样本对其他猪没有传染性。相反，RT-qPCR 阳性结果不一定意味着该动物具有传染性。

应用抗原捕获 ELISA 方法可对 CSFV 感染的活猪进行早期诊断。双抗体夹心 ELISA 是基于针对多种病毒蛋白的单克隆和/或多克隆抗体建立的。利用此类检测方法可对血清、白细胞层、加入肝素或 EDTA 的全血或组织匀浆样品进行检测。该技术操作相对简单，不需要组织培养设备，适合于自动化，并可在 36 h 内提供检测结果。然而，抗原捕获 ELISA 对 CSF 的诊断具有局限性。目前，所有可用的商品化检测方法的灵敏度都低于病毒分离。此外，与成年猪或亚临床病例的样本相比，仔猪血液样本的诊断灵敏度明显更高。为了弥补诊断灵敏度的不足，在疑似猪群中显示发热的所有猪都应该进行检测。同时，ELISA 检测的诊断特异性也较低，可能会出现假阳性反应。鉴于以上因素，仅推荐将抗原捕获 ELISA 应用于 CSF 临床症状或病理病变相符合的动物样品的检测，以及疑似猪群的筛查。

尽管在冷冻切片上直接进行免疫荧光抗体试验（FAT）是检测病毒抗原的一种方法，但由于 RT-qPCR 具有高灵敏度、高效率和周期短等优势，FAT 法不会成为疫情暴发时的首选检测方法。

（2）免疫学诊断　病毒中和试验（VN）是检测 CSF 特异性抗体的参考方法，常通过终点滴定血清测定 CSFV 中和抗体水平。然而，VN 对血清样本质量要求较高，且需要细胞培养系统，3～5 d 才能出现检测结果，耗时长，因此不宜作为常规大规模检测的首选方法。由于瘟病毒之间存在抗体交叉反应，VN 可用于此类病毒的鉴别诊断。在解除防控措施前，此方法常用于筛查疫情周围的邻近猪群。

检测抗 CSFV 抗体的 ELISA 可用于流行病学调查和对无 CSFV 地区的监测。竞争 ELISA 是基于抗 CSFV 血清抗体和针对病毒糖蛋白 E2(gp55)特异性单克隆抗体之间的竞争关系建立的。在竞争 ELISA 中,瘟病毒抗体的交叉反应性较低。该方法常用重组杆状病毒表达 E2 蛋白作为抗原。在感染后 10～15 d,可使用 ELISA 检测到抗体,与中和抗体出现的时间一致。

E^{rns}-ELISA 可用于 E2 亚单位疫苗免疫猪群的鉴别诊断。最近,已开发多种拥有鉴别诊断潜力的 E^{rns}-ELISA。然而,商品化 ELISA 试剂盒需要改进后方可推荐为猪瘟标记疫苗的配套鉴别诊断方法。

7.5 猪丹毒

猪丹毒又称“打火印”,是由猪丹毒丝菌(*E. rhusiopathiae*)引起的一种急性、热性人畜共患传染病。主要症状为高热、急性败血症、皮肤疹块(亚急性)、慢性疣状心内膜炎及皮肤坏死与多发性非化脓性关节炎(慢性)。在我国最早于 1946 年发现于四川,此后其他省份相继有报道。由于我国在 20 世纪 80、90 年代采取了以疫苗免疫为主的有效防控措施,到 90 年代后期该病逐渐被控制,临床上比较少见,然而到了 2011 年后,我国大部分养猪地区又出现了不少临床病例,有的地方呈地区性流行,给养猪业带来了经济损失。由于及时采取了免疫措施,近年来该病又得到了较好的控制。

7.5.1 病原学

猪丹毒丝菌是一种平直或微弯、大小为(0.2～0.4)μm×(0.5～2.5)μm 的革兰氏阳性菌,具有明显的形成长丝的倾向,也称红斑丹毒丝菌。本菌在病猪体内和培养基内其形态有所变化,在病料内的细菌,单在、成对或成丛排列,在白细胞内一般成丛存在,在陈旧的肉汤培养物内和慢性病猪的心内膜疣状物中,多呈长丝状,有时很细。

本菌为微需氧或兼性厌氧菌,在普通培养基能生长,如加入少许血液或血清,并在 10%的二氧化碳中培养,则生长更佳。丹毒丝菌在血液或血清琼脂平板上的菌落形态,由于来源不同,可出现三个型,即光滑(S)型、粗糙(R)型和中间(I)型,它们可发生互变。由急性病猪分离的菌落为 S 型,培养 24 h 其菌落纤细、针尖大露珠样、透明、表面光滑、边缘整齐、直径小于 1 mm,在鲜血琼脂培养基上呈 α 溶血,菌体短细,毒力很强,在肉汤内培养轻度均匀浑浊无菌膜,有少量沉淀。由慢性病猪和带菌猪分离的菌株为 R 型,菌落大而厚,表面粗糙,边缘不整,菌体大,呈长丝状,毒力很低。在肉汤中培养时,明显浑浊,有多量沉淀。中间型的菌落性状介于上述两型之间。明胶穿刺试验呈“试管刷状现象”,但不能液化明胶,此现象为丹毒丝菌的特征。

猪丹毒丝菌表面有一层蜡样物质,对外界抵抗力很强,在干燥状态下可存活 3 周,尸体内可活 288 d,阳光下 10 d 还可存活;对盐腌、火熏、干燥、腐败和日光等自然环境的抵抗力较强,腌肉和熏制之后能存活 3～4 个月。

本菌对热较敏感,在 55 ℃下 15 min,70 ℃下 5～10 min 会死亡。一般化学消毒药对丹毒丝菌有较强的杀伤力,如 3%来苏儿、1%～2%苛性钠、5%石灰乳等。本菌耐酸性较强,猪胃内的酸度不能杀死该菌,因此可通过胃进入肠道。

7.5.2 流行病学

本病主要发生于猪，病猪和带菌猪是本病的传染源。3～10 月龄的猪最为敏感，哺乳猪亦可发生，其他家畜和禽类也有病例报告。人也可以感染本病，称为类丹毒。该菌主要存在于病猪的心、肾、脾和肝，以心、肾的含菌量最多，主要经粪、尿、唾液和鼻分泌物排出体外。排出菌体污染饲料、饮水、土壤、用具和场舍等，经消化道传染给易感猪。本病也可以通过损伤皮肤及蚊、蝇、虱、蜱等吸血昆虫传播。屠宰场、加工场的废料、废水，食堂的残羹，动物性蛋白质饲料（如鱼粉、肉粉等）喂猪常常引起发病。

健康猪带菌主要在扁桃体和回盲口的腺体处，也可存在胆囊和骨髓里，健康猪扁桃体的带毒率为 25%～70%。从健康猪的扁桃体、禽类及水生动物体表均可分离出不同血清型的菌株，这些菌株对小鼠和仔猪有较强的致病力。已从 70 多种动物中分离到本菌，带菌率和发病率与饲养条件、气候变化及猪龄大小有密切关系，是一种“自源性传染病”。

猪丹毒一年四季都有发生，但气候较暖和、炎热、多雨的季节（5—9 月份）多发。

7.5.3 致病机制与免疫机制

猪丹毒的发病机制尚不完全清楚，尤其是超急性和败血型猪丹毒。猪丹毒的发病不论是带菌者自体感染还是外源性感染，一般是在应激因素的作用下，机体抵抗力迅速降低，丹毒丝菌突破机体的防御机构侵入淋巴和血液循环，最终发展为菌血症。如果细菌毒力强，数量多，可引起全身性败血症，使交感神经和肾上腺皮质活力增强，分泌大量儿茶酚胺，导致微循环障碍，血液淤滞，组织缺血、缺氧，物质代谢紊乱，大量氧化不全产物蓄积，使机体发生酸中毒，发展为败血性休克。另一方面，丹毒丝菌产生大量的神经氨酸酶，裂解五糖苷与神经氨酸，引起器官的毛细血管和小静脉的内皮细胞膜通透性增高，直接损伤血管内皮，使血小板变性凝集和血管发生痉挛性收缩、高热等一系列反应，导致发生弥散性血管内凝血（DIC）。DIC 的本质是诸器官微血管内出现微血栓，可出现多发性血栓性栓塞、局部血液停滞，相应器官出现功能障碍；并继发组织细胞变性坏死。病理组织学检查结果可见肺、脑、心、肾、肝、脾等器官都出现了不同程度的损害。

有些急性败血型与疹块型的病猪，在机体抵抗力增强时，全身状态虽可好转，但丹毒丝菌可以长期在体内某些部位，如心内膜、关节和皮肤，由抗原的反复作用使机体致敏而发生变态反应性炎症，形成变态反应性关节炎和心内膜炎，一旦再次受到抗原侵袭则可促使炎症加重，甚至转为急性败血型猪丹毒。

7.5.4 病理变化

猪丹毒在临床上通常可分为急性败血型、疹块型和慢性型。

败血型猪丹毒主要以急性败血症的全身变化和体表皮肤出现红斑为特征。鼻、唇、耳及腿内侧等处皮肤和可视黏膜呈不同程度的紫红色。全身淋巴结发红肿大，切面多汁，呈浆液性出血性炎症。心内外膜小点状出血。肝充血。脾樱红色，充血、肿大，有“白髓周围红晕”现象。肺充血、水肿。肾脏淤血肿大，呈花斑状，发生急性出血性肾小球肾炎的变化，呈弥漫性暗红色，有大红肾之称，纵切面皮质部有出血点，这是肾小囊积聚多量出血性渗出物造成的。消化道有卡他性或出血性炎症，胃底及幽门部尤其严重。

疹块型猪丹毒以皮肤(颈、背、腹侧部)疹块为特征变化(图 7-9)。疹块内血管扩张,皮肤和皮下结缔组织水肿浸润,有时有小出血点,亚急性型猪丹毒内脏的变化比急性型轻缓。病猪死后的疹块与生前无明显差异。

图 7-9 猪丹毒,皮肤出现疹块(王隆柏提供)

慢性型猪丹毒一般有慢性浆液性纤维素性关节炎、慢性疣状性内膜炎和皮肤坏死,关节炎和心内膜炎往往在一类病猪身上同时存在;皮肤坏死往往单独发生。慢性型关节炎是一种多发性增生性关节炎,关节肿胀,有多量浆液性纤维素性渗出液,带红色或黏稠。后期会出现滑膜绒毛增生性肥厚。慢性心内膜炎常为溃疡性或花椰菜样疣状赘生心内膜炎。多见于二尖瓣膜,是由肉芽组织和纤维素性凝块组成。

7.5.5 诊断技术及鉴别诊断

根据流行病学、临诊症状及尸体剖检等可做出诊断,特别是当病猪皮肤呈典型病理变化时。现场诊断猪丹毒是容易的,必要时进行血清学检测和病原学检测。

(1)病原学诊断　急性败血症病例采集其耳静脉血,死后取心血和脾、肝、肾、淋巴结等。亚急性型取疹块边缘皮肤血制成触片或抹片,染色镜检,可在白细胞内发现革兰氏染色阳性,菌体平直或稍弯曲的纤细小杆菌或单个或成堆的不分枝长丝状菌体成丛状排列。将病料培养于鲜血琼脂或马丁肉汤中,纯培养后观察,菌落小、表面光滑、边缘整齐、有蓝绿色荧光,明胶穿刺呈试管刷状生长,不液化。

(2)PCR 检测　对可疑的菌落可以用 PCR 或荧光定量 PCR 进行检测,该方法特异性高,快速简便。

(3)血清学诊断　主要应用于流行病学调查和鉴别诊断,目前常用的方法有:免疫荧光、琼扩试验、ELISA 试验等。

7.5.6 防控技术及应用

免疫预防接种是防制本病最有效的办法。常用的菌苗有猪丹毒灭活疫苗和活疫苗两类,联苗有猪瘟-猪丹毒二联弱毒苗及猪瘟-猪丹毒-猪肺疫三联弱毒苗。

每年春、秋或冬、夏两季定期按说明书进行预防注射,仔猪免疫因可能受到母源抗体干扰,应于断乳后进行,以后每隔 6 个月免疫 1 次。

在发病后 24～36 h 内用抗生素治疗有显著疗效。首选药物为青霉素,对急性型最好按每千克体重 2 万 IU 青霉素静脉注射,同时肌注常规剂量的青霉素,每天肌注两次,直至体温和食欲恢复正常后 24 h,不宜过早停药,以防复发或转为慢性。链霉素、恩诺沙星、土霉素、泰乐菌素等也有较好的疗效。与病猪同群的未发病猪只,用青霉素注射,连续 3～4 d。在停药后,立即进行全群大消毒和在药效消失后注射菌苗。对慢性病猪应及早淘汰。

平时应搞好猪圈和环境卫生,地面及饲养管理用具经常消毒。猪粪、垫草集中堆肥。对发病猪群应及早确诊,及时隔离病猪;对病死猪及内脏等下水进行高温处理;控制猪场内及周边鼠类、猫、犬等;尽量不从外地引进新猪,新购进猪必须在隔离舍观察 30 d 以上。

参考文献

车勇良,陈如敬,王隆柏,等. 猪丹毒杆菌的分离鉴定及其 SpaA 基因的遗传变异分析. 中国兽医学报,2011,31(11):1591-1593.

仇华吉,童光志,沈荣显. 猪瘟兔化弱毒疫苗——半个世纪的回顾. 中国农业科学,2005,38(8):1675-1685.

范文娟,辛子昱,志贺明. 猪丹毒及其给猪场的危害和对策. 国外畜牧学(猪与禽),2013,33(2):5-9.

胡晓芬,王静,熊剑锋,等. 一起猪丹毒丝菌病例的临床分离鉴定及诊治. 养猪,2014(2):107-109.

黄立平. 猪圆环病毒 1 型和 2 型血清抗体鉴别诊断技术的研究. 北京:中国农业科学院,2009.

金宏凯. LN-PCV3 分子特性及 PCV2 的二联重组杆状病毒疫苗的构建和免疫原性分析. 锦州:锦州医科大学,2019.

李富祥,赵德宏. 猪丹毒杆菌 TaqMan 荧光定量 PCR 检测方法的建立. 中国预防兽医学报,2016,38(15):385-389.

刘玲利. 猪圆环病毒疫苗研究进展. 中国热带医学,2013,13(11):1428-1430.

刘玉伟. 猪圆环病毒 2 型抗原和抗体胶体金检测方法的建立. 济南:山东师范大学,2019.

陆萍,黄晓慧,李郁,等. 安徽部分地区猪丹毒杆菌的分离鉴定及生物学特性研究. 微生物学通报,2014,41(09):1822-1828.

罗雪刚,罗永芳,戴怡雪,等. 红斑丹毒丝菌的分离鉴定及疫苗的免疫保护作用. 中国兽医学报,2016,36(11):1882-1886.

宋培武,朱巧玲. 警惕当前猪丹毒在规模猪场的流行与危害. 养猪,2013(5):117-118.

孙映雪,朱琳,陈伟,等. 2018 年全球口蹄疫流行状况分析. 中国动物检疫,2019,36(6):49-55.

王琴,涂长春. 猪瘟. 北京:中国农业出版社,2015.

王小敏,曹东阳,徐祥兰,等. 2010—2015 年华东地区猪圆环病毒 2 型的分子流行病学分析. 微生物学报,2020,60(4):703-714.

王小敏,周忠涛,汪伟,等. 猪圆环病毒 2 型不同分离株体内增殖特性的研究(英文). Agricultural Science & Technology, 2019,20(6):52-57.

王一平,唐青海. 猪圆环病毒 2 型疫苗的研究进展. 畜牧兽医学报,2012,43(9):1337-1345.

魏文涛,姚焱彬,刘全喜,等. 2012—2015 年江淮地区猪丹毒杆菌分离株血清型、SpaA 基因遗传进化及 PFGE 基因型分析. 微生物学通报,2017,44(3):664-672.

谢庆阁. 口蹄疫. 北京:中国农业出版社,2004.

徐克勤,胡秀芳,高成华,等. 从水生动物分离的猪丹毒丝菌的血清型及其致病力研究. 中国兽医杂志,1984,10(10):2-6.

薛辉,秦树英,於庆雄,等. 广西猪丹毒杆菌分离鉴定及生物学特性研究. 养猪,2014(6):97-100.

薛江东,马德慧,刘锴,等. 内蒙古地区猪圆环病毒Ⅱ型感染的血清学调查. 中国动物保健,2014,16(4):31-33.

姚焱彬,陆萍,李郁,等. 检测猪丹毒杆菌抗体重组 SpaAELISA 的建立. 微生物学通报,2017,44(3):739-748.

姚焱彬,汪宗梅,李郁,等. 猪丹毒丝菌 SYBR Green Ⅰ荧光定量 PCR 检测方法的建立和评价. 中国预防兽医学报,2018(3):215-219.

殷震,等. 病毒学. 动物病毒学. 科学出版社,1997.

张献. 核定位信号对病毒衣壳蛋白在 *E. coli* 中表达的影响及重组衣壳蛋白免疫学活性研究. 长春：吉林大学，2019.

郑福荣，严隽端，陈毓璋，等. 猪丹毒豚鼠系弱毒菌株对猪口服免疫的研究-G370 菌株口服免疫试验. 中国兽医科技，1992，22：3-4.

朱小甫，吴旭锦，李虹. 猪圆环病毒 3 型 LAMP 检测方法的建立与应用. 中国动物传染病学报，2020，1-6.

Allan G M, M C Neilly F, Meehan B M, et al. Isolation and characterisation of circoviruses from pigs with wasting syndromes in Spain, Denmark and Northern Ireland. Vet Microbiol, 1999, 66(2):115-123.

Bachanek-Bankowska K, Di Nardo A, Wadsworth J, et al. Reconstructing the evolutionary history of pandemic foot-and-mouth disease viruses: the impact of recombination within the emerging O/ME-SA/Ind-2001 lineage. Sci Rep, 2018, 8:14693.

Baekbo P, Kristensen C S, Larsen L E. Porcine circovirus diseases: a review of PMWS. Transbound Emerg Dis, 2012, 59 Suppl 1(60-67).

Ballester M, Rodríguez F. In situ hybridization with labeled probes: assessment of african Swine Fever virus in formalin-fixed paraffin-embedded tissues. Methods in Molecular Biology (Clifton, N J), 2015, 1247: 209-218. https://doi.org/10.1007/978-1-4939-2004-4_16

Beard C W, Mason P W. Genetic determinants of altered virulence of Taiwanese foot-and-mouth disease virus. J Virol, 2000, 74:987-991.

Beer M, Goller K V, Staubach C, et al. Genetic variability and distribution of classical swine fever virus. Animal Health Research Reviews, 2015, 16(1):33-39.

Bender J S, Shen H G, Irwin C K, et al. Characterization of erysipelothrix species isolates from clinically affected pigs, environmental samples, and vaccine strains from six recent swine erysipelas outbreaks in the United States. Vet Microbiol, 2010, 116(1-3):138-148.

Bernard J, Hutet E, Paboeuf F, et al. Effect of *O. porcinus* tick salivary gland extract on the African swine fever virus infection in domestic pig. PloS One, 2016, 11(2):e0147869. https://doi.org/10.1371/journal.pone.0147869

Blanco E, Garcia-Briones M, Sanz-Parra A, et al. Identification of T-cell epitopes in nonstructural proteins of foot-and-mouth disease virus. J Virol, 2001, 75:3164-3174.

Borrathybay E, Gong F J, Zhang L, et al. Role of surface protective abgen A in the pathogenesis of erysipelothrix rhusiopathiae strain C43065. Journal of Microbiology and Biotechnology, 2015, 25(2):206.

Breitbart M, Delwart E, Rosario K, et al. Ictv virus taxonomy profile: circoviridae. J Gen Virol, 2017, 98(8):1997-1998.

Brito B P, Rodriguez L L, Hammond J M, et al. Review of the global distribution of foot-and-mouth disease virus from 2007 to 2014. Transbound Emerg Dis, 2017, 64:316-332.

Brooke C J, Riley T V. Erysipelothrix rhusiopathiae: bacteriology, epidemiology and clinical manifestations of an occupational pathogen. Journal of Medical Microbiology, 1999, 48(9):789-793.

Collen T, Baron J, Childerstone A, et al. Heterotypic recognition of recombinant FMDV proteins by bovine T-cells: the polymerase (P3Dpol) as an immunodominant T-cell immunogen. Virus Res, 1998, 56:125-133.

Collen T, Dimarchi R, Doel T R. A T cell epitope in VP1 of foot-and-mouth disease virus is immunodominant for vaccinated cattle. J Immunol, 1991, 146:749-755.

Collen T, Doel T R. Heterotypic recognition of foot-and-mouth disease virus by cattle lymphocytes. J Gen Virol, 1990, 71 (2):309-315.

Collen T, Pullen L, Doel T R. T cell-dependent induction of antibody against foot-and-mouth disease virus in a mouse model. J Gen Virol, 1989, 70 (Pt 2): 395-403.

Cooper J, Stuart B, Cole J. Erysipelothrix rhusiopathiae associated with swineabortion. Georgia Veterinanin, 1980, 32(2): 10-14.

Darwich L, Mateu E. Immunology of porcine circovirus type 2 (PCV2). Virus Res, 2012, 164(1-2): 61-67.

de Carvalho Ferreira H C, Weesendorp E, Quak S, et al. Suitability of faeces and tissue samples as a basis for non-invasive sampling for African swine fever in wild boar. Veterinary Microbiology, 2014, 172(3-4): 449-454. https://doi.org/10.1016/j.vetmic.2014.06.016

de Los Santos T, Diaz-San Segundo F, Grubman M J. Degradation of nuclear factor kappa B during foot-and-mouth disease virus infection. Journal of virology, 2007, 81: 12803-12815.

de Los Santos T, Segundo F D, Zhu J, et al. A conserved domain in the leader proteinase of foot-and-mouth disease virus is required for proper subcellular localization and function. Journal of Virology, 2009, 83: 1800-1810.

Ding Y, Zhu D, Zhang J, et al. Virulence determinants, antimicrobial susceptibility, and molecular profiles of Erysipelothrix rhusiopathiae strains isolated from China. Emerging Microbes & Infections, 2015, 4 (11): 69.

Dixon L K, Stahl K, Jori F, et al. African swine fever epidemiology and control. Annu Rev Anim Biosci, 2020, 8: 221-246.

Domingo E, Baranowski E, Escarmis C, et al. Foot-and-mouth disease virus. Comparative Immunology, Microbiology and Infectious Diseases, 2002, 25: 297-308.

Domingo E, Escarmis C, Baranowski E, et al. Evolution of foot-and-mouth disease virus. Virus Research, 2003, 91: 47-63.

Ellis J, Krakowka S, Lairmore M, et al. Reproduction of lesions of postweaning multisystemic wasting syndrome in gnotobiotic piglets . J Vet Diagn Invest, 1999, 11(1): 3-14.

Eriksson H, Jansson D S, Johansson K E, et al. Characterization of Erysipelothrix rhusiopathiae isolates from poultry, pigs, emus, the poultry red mite and other animals. Veterinary Microbiology, 2009, 137(1-2): 98-104.

Fidalgo S G, Longbottom C J, Rjley T V. Susceptibility of Erysipelothrix rhusiopathiae to antimicrobial agents and home disinfectants pathology. Molecular Biology Reports, 2002, 34(5): 462-465.

Francis M J, Hastings G Z, Syred A D, et al. Non-responsiveness to a foot-and-mouth disease virus peptide overcome by addition of foreign helper T-cell determinants. Nature, 1987, 330: 168-170.

Frączyk M, Woźniakowski G, Kowalczyk A, et al. Development of cross-priming amplification for direct detection of the African swine fever virus, in pig and wild boar blood and sera samples. Letters in Applied Microbiology, 2016. 62(5): 386-391. https://doi.org/10.1111/lam.12569

Fux R, Sockler C, Link E K, et al. Full genome characterization of porcine circovirus type 3 isolates reveals the existence of two distinct groups of virus strains. Virol J, 2018, 15(1): 25.

Gerner W, Denyer M S, Takamatsu H H, et al. Identification of novel foot-and-mouth disease virus specific T-cell epitopes in c/c and d/d haplotype miniature swine. Virus Res, 2006, 121: 223-228.

Giorda K M, Hebert D N. Viroporins customize host cells for efficient viral propagation. DNA and Cell Biology, 2013, 32: 557-564.

Gladue D P, Largo E, de la Arada I, et al. Molecular characterization of the viroporin function of foot-and-mouth disease virus nonstructural protein 2B. J Virol, 2018, 92(23): e01360-18.

Gladue D P, O'Donnell V, Baker-Bransetter R, et al. Interaction of foot-and-mouth disease virus nonstructural protein 3A with host protein DCTN3 is important for viral virulence in cattle. Journal of Virology, 2014,88:2737-2747.

Grubman M J, Baxt B. Foot-and-mouth disease. Clin Microbiol Rev, 2004,17:465-493.

HaradaT,Shi F,Ogawa Y, et al. Capsular polysaccharide of Erysipelothrix rhusiopathiae, the causative agent of swine erysipelas, and its modificanon with phosphorylcholine. Infection and Immunity, 2012, 80 (11), 3993-4003.

Hassanein R,Sawada T,Kataoka Y,et al. Pathogenicity for mice and swine of Erysipelothrixisolates from the tonsils of healthy cattle. Veterinary Microbiology, 2003, 91(2-3):231-238.

Herold J, Andino R. Poliovirus RNA replication requires genome circularization through a protein-protein bridge. Mol Cell,2001,7:581-591.

Hollifield J L, Cooper G L, Charlton B R. An outbreak of erysipelas in 2-day-old poults. Avian Pathology, 2000, 44(3):721-724.

Imada Y, Takase A, Kikuma R, et al. Serotyping of 800 strains of Erysipelothrix isolated from pigs affected with erysipelas and discrimination of attenuated live vaccine strain by genotyping. Journal of Clinical Microbiology, 2004, 42(2):2121-2126.

Jackson T, Ellard F M, Ghazaleh R A, et al. Efficient infection of cells in culture by type O foot-and-mouth disease virus requires binding to cell surface heparan sulfate. Journal of Virology,1996,70:5282-5287.

Jiang H, Wang D, Wang J, et al. Induction of porcine dermatitis and nephropathy syndrome in piglets by infection with porcine circovirus type 3. J Virol, 2019, 93(4):1761-1771.

Kjaer J, Belsham G J. Modifications to the foot-and-mouth disease virus 2A peptide: Influence on polyprotein processing and virus replication. J Virol, 2018,92(8):e02218-17.

Knowles N J, Davies P R, Henry T,et al. Emergence in Asia of foot-and-mouth disease viruses with altered host range: characterization of alterations in the 3A protein. J Virol, 2001,75:1551-1556.

Krakowka S, Ellis J, Mcneilly F, et al. Mycoplasma hyopneumoniaebacterins and porcine circovirus type 2 (PCV2) infection: induction of postweaning multisystemic wasting syndrome (PMWS) in the gnotobiotic swine model of PCV2-associated disease. Can Vet J, 2007, 48(7):716-724.

Kwon T, Lee D U, Yoo S J, et al. Genotypic diversity of porcine circovirus type 2 (PCV2) and genotype shift to PCV2d in Korean pig population. Virus Res, 2017, 228(24-9).

Laddomada A, Rolesu S, Loi F, et al. Surveillance and control of African swine fever in free-ranging pigs in Sardinia. Transboundary and Emerging Diseases, 2019, 66(3):1114-1119. https://doi.org/10.1111/tbed.13138

Leitão A, Cartaxeiro C, Coelho R,et al. The non-haemadsorbing African swine fever virus isolate ASFV/NH/P68 provides a model for defining the protective anti-virus immune response. J Gen Virol, 2001,82:513-523.

Lin C, Gu J, Wang H, et al. Caspase-dependent apoptosis induction via viral protein ORF4 of porcine circovirus 2 binding to mitochondrial adenine nucleotide translocase 3. J Virol, 2018, 92(10):1-18.

Lv Q, Guo K, Wang T, et al. Porcine circovirus type 2 ORF4 protein binds heavy chain ferritin. J Biosci, 2015, 40(3):477-485.

Lv Q, Guo K, Zhang G, et al. The ORF4 protein of porcine circovirus type 2 antagonizes apoptosis by stabilizing the concentration of ferritin heavy chain through physical interaction. J Gen Virol, 2016, 97(7):1636-1646.

Makino S,Okada Y, Maruyama T, et al. Direct and rapid detection of Erysipelothrix rhusiopathiae DNA in animals by PCR. Journal of Applied Microbiology, 1994, 32(6):1526-1531.

Mankertz A, Caliskan R, Hattermann K, et al. Molecular biology of porcine circovirus: analyses of gene expression and viral replication. Vet Microbiol, 2004, 98(2):81-88.

Mason P W, Grubman M J, Baxt B. Molecular basis of pathogenesis of FMDV. Virus Res, 2003,91:9-32.

Mateusen B, ESanchez R, Van Soom A, et al. Susceptibility of pig embryos to porcine circovirus type 2 infection. Theriogenology,2004, 61(1):91-101.

McCullough K C, Bruckner L, Schaffner R,et al. Relationship between the anti-FMD virus antibody reaction as measured by different assays, and protection in vivo against challenge infection. Vet Microbiol, 1992, 30:99-112.

Medina G N, Segundo F D, Stenfeldt C,et al. The different tactics of foot-and-mouth disease virus to evade innate immunity. Front Microbiol, 2018,9:2644.

Moennig V. Introduction to classical swine fever: virus, disease and control policy. Veterinary Microbiology, 2000, 73:93-102.

Moffat K, Knox C, Howell G, et al. Inhibition of the secretory pathway by foot-and-mouth disease virus 2BC protein is reproduced by coexpression of 2B with 2C, and the site of inhibition is determined by the subcellular location of 2C. Journal of Virology,2007,81:1129-1139.

Nayak A, Goodfellow I G, Belsham G J. Factors required for the Uridylylation of the foot-and-mouth disease virus 3B1, 3B2, and 3B3 peptides by the RNA-dependent RNA polymerase (3Dpol) in vitro. Journal of Virology,2005,79:7698-7706.

Okolo M I. Isolation of Erysipelothrix rhusiopathiae from apparently healthy pigs reared under intensive and free range systems of management. Microbios, 1986, 47(190):29-35.

Opriessnig T, Shen H G, Bender J S, et al. Erysipelothrix rhusiopathiae isolates recovered from fish, a harbour seal (Phoca vitulina) and the marine environment are capable of inducing characteristic cutaneous lesions in pigs. Journal of Comparative Pathology, 2013, 148(4):365-372.

Pacheco J M, Gladue D P, Holinka L G,et al. A partial deletion in non-structural protein 3A can attenuate foot-and-mouth disease virus in cattle. Virology, 2013,446:260-267.

Pacheco J M, Piccone M E, Rieder E, et al. Domain disruptions of individual 3B proteins of foot-and-mouth disease virus do not alter growth in cell culture or virulence in cattle. Virology,2010,405:149-156.

Palinski R, Pineyro P, Shang P, et al. A novel porcine circovirus distantly related to known circoviruses is associated with porcine dermatitis and nephropathy syndrome and reproductive failure. J Virol, 2017, 91(1):e01879-16.

Petrov A, Blohm U, Beer M, et al. Comparative analyses of host responses upon infection with moderately virulent classical swine fever virus in domestic pigs and wild boar. Virology Journal, 2014, 11:134. https://doi. org/10. 1186/1743-422X-11-134

Phan T G, Giannitti F, Rossow S, et al. Detection of a novel circovirus PCV3 in pigs with cardiac and multi-systemic inflammation . Virol J, 2016, 13(1):184.

Qi S, Su M, Guo D, et al. Molecular detection and phylogenetic analysis of porcine circovirus type 3 in 21 provinces of China during 2015—2017. Transbound Emerg Dis, 2019, 66(2):1004-1015.

Qiu Y, Abila R, Rodtian P,et al. Emergence of an exotic strain of serotype O foot-and-mouth disease virus O/ME-SA/Ind-2001d in south-east Asia in 2015. Transbound Emerg Dis, 2018,65:e104-112.

Qu T, Li R, Yan M, et al. High prevalence of PCV2d in Hunan province, China: a retrospective analysis of samples collected from 2006 to 2016. Arch Virol, 2018, 163(7):1897-1906.

Rodriguez Pulido M, Sobrino F, Borrego B,et al. Attenuated foot-and-mouth disease virus RNA carrying a deletion in the 3′ noncoding region can elicit immunity in swine. J Virol, 2009,83:3475-3485.

Ruiz-Saenz J, Goez Y, Tabares W, et al. Cellular receptors for foot and mouth disease virus. Intervirology, 2009, 52: 201-212.

Saiz J C, Rodriguez A, Gonzalez M, et al. Heterotypic lymphoproliferative response in pigs vaccinated with foot-and-mouth disease virus. Involvement of isolated capsid proteins. J Gen Virol, 1992, 73 (Pt 10): 2601-2607.

Saiz M, Gomez S, Martinez-Salas E, et al. Deletion or substitution of the aphthovirus 3′ NCR abrogates infectivity and virus replication. J Gen Virol, 2001, 82: 93-101.

Saraiva G L, Vidigal P M P, Fietto J L R, et al. Evolutionary analysis of porcine circovirus 3 (PCV3) indicates an ancient origin for its current strains and a worldwide dispersion. Virus Genes, 2018, 54(3): 376-384.

Sa-Carvalho D, Rieder E, Baxt B, et al. Tissue culture adaptation of foot-and-mouth disease virus selects viruses that bind to heparin and are attenuated in cattle. Journal of Virology, 1997, 71: 5115-5123.

Segales J, Olvera A, Grau roma L, et al. PCV-2 genotype definition and nomenclature. Vet Rec, 2008, 162(26): 867-868.

Segales J. Porcine circovirus type 2 (PCV2) infections: clinical signs, pathology and laboratory diagnosis. Virus Res, 2012, 164(1-2): 10-19.

Shimoji Y, Oishi E, Kitajima T, et al. Erysipelothrix rhusiopathiae YS-1 as a live vaccine vehicle for heterologous protein expression and intranasal immunization of pigs. Infection and Immunity, 2002, 70(1): 226-232.

Sun C, Yang D, Gao R, et al. Modification of the internal ribosome entry site element impairs the growth of foot-and-mouth disease virus in porcine-derived cells. J Gen Virol, 2016, 97: 901-911.

Sun E, Zhang Z, Wang Z, et al. Emergence and prevalence of naturally occurring lower virulent African swine fever viruses in domestic pigs in China in 2020. Sci China Life Sci, 2021, 64(5): 752-765.

Teras M, Viisileht E, Pahtma hall M, et al. Porcine circovirus type 2 ORF3 protein induces apoptosis in melanoma cells. BMC Cancer, 2018, 18(1): 1237.

Ularamu H G, Ibu J O, Wood B A, et al. Characterization of foot-and-mouth disease viruses collected in Nigeria between 2007 and 2014: evidence for epidemiological links between west and east Africa. Transbound Emerg Dis, 2017, 64: 1867-1876.

Uttenthal Å, Braae U C, Ngowi H A, et al. ASFV in Tanzania: asymptomatic pigs harbor virus of molecular similarity to Georgia 2007. Veterinary Microbiology, 2013, 165(1-2): 173-176. https://doi.org/10.1016/j.vetmic.2013.01.003

Van Lierop M J, Nilsson P R, Wagenaar J P, et al. The influence of MHC polymorphism on the selection of T-cell determinants of FMDV in cattle, Immunology, 1995, 84: 79-85.

Van Lierop M J, van Noort J M, Wagenaar J P, et al. T cell-stimulatory fragments of foot-and-mouth disease virus released by mild treatment with cathepsin D. J Gen Virol, 1994, 75(11): 2937-2946.

Van Maanen C, Terpstra C. Comparison of a liquid-phase blocking sandwich ELISA and a serum neutralization test to evaluate immunity in potency tests of foot-and-mouth disease vaccines. J Immunol Methods, 1989, 124: 111-119.

Vu L T, Long N T, Brito B, et al. First detection of foot-and-mouth disease virus O/Ind-2001d in Vietnam. PLoS One, 2017, 12: e0177361.

Wang D, Fang L, Luo R, et al. Foot-and-mouth disease virus leader proteinase inhibits dsRNA-induced type I interferon transcription by decreasing interferon regulatory factor 3/7 in protein levels. Biochemical and Biophysical Research Communications, 2010, 399: 72-78.

Wang H, Gu J, Xing G, et al. Genetic diversity of porcine circovirus type 2 in China between 1999—

2017. Transbound Emerg Dis，2019，66(1):599-605.

Wang Q，Chang B J，Mee B J，et al. Neuraminidase production by Erysipelothrix rhusiopathiae. Veterinary Microbiology，2005，107(3-4):265-272.

Wang T，Sun Y，Huang S，et al. Multifaceted immune responses to African swine fever virus：implications for vaccine development. Vet Microbiol，2020，249:108832.

Wang T，Wang L，Han Y，et al. Adaptation of African swine fever virus to HEK293T cells. Transbound Emerg Dis，2021，68(5):2853-2866.

Wang Y，Noll L，Lu N，et al. Genetic diversity and prevalence of porcine circovirus type 3 (PCV3) and type 2 (PCV2) in the midwest of the USA during 2016—2018. Transbound Emerg Dis，2020，67(3):1284-1294.

Yamazaki Y，Oba E，Kashiwagi N，et al. Development of a loop-mediated isothermal amplification assay for rapid and simple detection of Erysipelothrix rhusiopathiae. Letters in Applied Microbiology，2014，58(4):362-369.

Yang D，Sun C，Gao R，et al. A temperature-dependent translation defect caused by internal ribosome entry site mutation attenuates foot-and-mouth disease virus：implications for rational vaccine design. Journal of Virology，2020，94(16):e00990-20.

Yang F，Zhu Z，Cao W，et al. Genetic Determinants of altered virulence of type O foot-and-mouth disease virus. J Virol，2020，94(7):e01657-19.

Yang P C，Chu R M，Chung W B，et al. Epidemiological characteristics and financial costs of the 1997 foot-and-mouth disease epidemic in Taiwan. Vet Rec，1999，145:731-734.

Zeng J，Wang H，Xie X，et al. Ribavirin-resistant variants of foot-and-mouth disease virus：the effect of restricted quasispecies diversity on viral virulence. Journal of Virology，2014，88:4008-4020.

Zhai S L，Lu S S，Wei W K，et al. Reservoirs of porcine circoviruses：amini review. Front Vet Sci，2019，6:319.

Zhang H H，Hu W Q，Li J Y，et al. Novel circovirus species identified in farmed pigs designated as porcine circovirus 4，Hunan province，China. Transbound Emerg Dis，2020，67(3):1057-1061.

Zhu Z，Yang F，Cao W，et al. The pseudoknot region of the 5′ untranslated region is a determinant of viral tropism and virulence of foot-and-mouth disease virus. J Virol，2019，93.

（孙元、杨德成、危艳武、周伦江）

国家奖

猪瘟兔化弱毒疫苗

1983年获得国家技术发明奖一等奖，由中国兽药监察所、农牧渔业部畜牧局、中国农业科学院哈尔滨兽医研究所联合完成。

早期猪瘟在美国被称为猪霍乱(hog cholera，HC)，欧洲人称为古典猪瘟(classical swine fever，CSF)，这是为了与非洲猪瘟相区别而言。为避免与C型肝炎病毒(hepatitis C virus)的英文缩写HCV相混淆，世界动物卫生组织(OIE)规定猪瘟全称为古典猪瘟(classical swine fever，CSF)。CSF是由猪瘟病毒(classical swine fever virus，CSFV)引起的猪的一种高度传染性和致死性病毒病。CSF在临床上可表现为死亡率很高的急性型或死亡率变化不定的亚急性型、慢性型、隐性型及持续感染型。该病的临床特征为发病猪高热稽留和小血管壁变性引起各器官、组织的广泛出血、梗死和坏死等病变。CSF具有高度接触传染性，流行广泛，发病率、死亡率高，危害极大。OIE将该病列为最重要的法定报告传染病之一，在我国被列为“一类传染病”。

20世纪50年代以前，CSF在我国的流行极为普遍，造成的损失巨大。1951—1952年我国研究人员从本国筛选出免疫原性优良的CSFV石门系毒株，用国产原材料，以灭活的方法，制成CSF结晶紫甘油灭活疫苗，全国大量投产，推广使用，迅速控制了当时国内的CSF疫情。1954—1958年中国兽医药品监察所等单位的研究人员又成功地培育出当时名为“54-Ⅲ系”的CSF兔化弱毒疫苗(HCLV)。这是目前国际上应用最广泛、国内唯一应用的CSF疫苗。该疫苗毒株既不通过妊娠猪的胎盘屏障，也不感染胎儿引起任何畸变。HCLV毒力返祖的可能性很小，在猪体内连续传7代后仍保持原弱毒的安全性，并在采取或未采取免疫抑制的猪体内的表现一致。C株兔化弱毒比美国或英国当时的ROVAC(美国兔化弱毒)、M. L. V及S. F. A(英国兔化弱毒)等其他商品弱毒苗优越，对种猪、乳猪无残余毒性。多年来，HCLV种毒已传到大部分欧洲国家及拉美一些国家应用，公认为是最安全有效的CSF弱毒疫苗。1976年欧洲共同体总结如何共同为进一步消灭欧洲的CSF制定统一方案时声称：HCLV已为欧洲一些国家CSF的控制和消灭做出了贡献。

根据实验室和在全国广泛实践应用的结果，均证明猪瘟兔化毒对猪的毒力已显著减弱，而对猪的免疫力仍很坚强，与国际文献所报道的其他各国应用的猪瘟弱毒株相比，品质是优良的，是一株理想的猪瘟活毒疫苗弱毒株。从1956年开始，先后供给苏联、越南、匈牙利、罗马尼亚、保加利亚及朝鲜人民民主共和国等国应用，已分别取得控制或消灭猪瘟的良好效果。

针对新传入我国口蹄疫流行毒株的高效疫苗的研制和应用

2016年获得国家科技进步奖二等奖，中国农业科学院兰州兽医研究所为第一完成单位。口蹄疫防控是世界性难题，新发和变异毒株不断发生，我国也深受其害。针对新传入毒株防控的国家需求，成果项目组联合优势单位(企业)攻关，创新两方面关键技术体系，一是在种毒/抗原制备方面:创新了制苗种毒选育、定向设计构建种毒并实现国际首例产业化、首创工业化固相多肽合成技术体系;二是在产业化生产/纯化工艺方面:创建了病毒抗原悬浮培养、浓缩纯化工艺技术体系和新的疫苗制造规程、标准,突破了国外技术壁垒和垄断,使我国口蹄疫疫苗质量达到国际领先水平。本成果的主要关键技术均居国际领先水平,独创了单质粒口蹄疫病毒拯救系统,定向设计构建出产能高、抗原性好、稳定性强的A型制苗种毒,开创了人工(反向遗传技术)构建口蹄疫制苗种毒用于产业化生产的先例。建立了固相合成工业化生产多肽抗原技术、抗原多肽浓缩纯化等技术,攻克了大于60个氨基酸的长链多肽合成的世界性难关,国际率先实现工业化自动化生产。直接用氨基酸合成抗原,建立了没有生物安全风险的全新抗原制备方法。创新了规模化悬浮培养生产、抗原浓缩纯化技术体系,建立了我国全新的口蹄疫疫苗产业化技术体系,使我国口蹄疫疫苗质量达到国际领先水平。推动和引领了我国畜禽疫苗行业发展。

集成上述技术研制的口蹄疫高效疫苗,在全国推广应用,并出口越南、朝鲜、蒙古等国,为及时快速遏制口蹄疫大流行发挥了决定性作用。疫苗累计销售75.38亿mL,收入56.01亿元,新增利润22.87亿元,实现利税6.88亿元,间接经济效益1 145.94亿元,产生了巨大的经济、社会和生态效益。

附表 1 常见体表水疱和糜烂伴有发热的猪疫病的鉴别

疾病 类别	猪口蹄疫	猪水疱病	猪水疱性口炎	猪痘	猪水疱性疹
流行病学	无季节性，春季、秋末常发。	无季节性，一年四季均可发生。	有明显的季节性，多发于夏季和秋初。	无季节性，以春秋两季多发。	无季节性。
流行病学	不分年龄，哺乳仔猪最易感。	各种年龄的猪均易感。		各种年龄猪均感染，仔猪最易感。	自然界只有猪显著易感。
流行病学	流行猛烈，发病率高，病死率低(哺乳仔猪可达 60%～80%)。	发病率高，病死率低，初生仔猪病死率低。	发病率 30%～90%，死亡率较低。	仔猪较多、成猪较低，呈地方流行性。	发病率差异大，由 10%到 100%。
临床症状	体温 40～41 ℃，蹄冠、趾间、蹄踵等出现水疱、糜烂，口腔黏膜、鼻盘、乳房见水疱和烂斑，仔猪呈急性胃肠炎和心肌炎，突然死亡。	病初体温 40～42 ℃，蹄冠、趾间、蹄踵等出现水疱溃疡，舌、唇、齿龈等口腔黏膜及鼻、乳房出现水疱，初生仔猪可死亡。	体温 40～41 ℃，口腔和蹄部出现水疱、溃疡，严重蹄壳脱落，转归良好。	体温升高可达 41～42 ℃，精神不振，食欲减退，鼻、眼有分泌物，出现咳嗽，流鼻涕等症状。	体温 40.6～41.8 ℃，无体毛处皮肤、口腔黏膜及蹄部有水疱性炎症，不久破裂形成糜烂，又迅速恢复，传染快，成年猪死亡率很低，哺乳仔猪死亡率高。
病理变化	咽、气管、支气管可见溃疡，心肌切面有灰白色或淡黄色斑点或条纹，即虎斑心。	蹄部、鼻盘、唇、舌面水疱，个别见心内膜条状出血。	口腔出现水疱，蹄部出现水疱少见或无。	体侧腹下、鼻镜面部皱褶等无毛少毛处多见，蹄部少见，特征性核空泡。	无体毛处皮肤、口腔黏膜及蹄部有水疱，蹄子病变常伴有蜂窝织炎。细胞间形成网状或"日本灯笼"状外观。
动物接种试验：2 日龄乳鼠	+	+	+	未测	未测
动物接种试验：1～9 日龄乳鼠	+	−	+	未测	未测
动物接种试验：乳兔	+	+	−	+	未测
其他数据	潜伏期为 10 d 左右。	潜伏期：自然感染为 2～5 d，有的延至 7～8 d 或更长。	潜伏期一般为 3～4 d。	潜伏期平均为 4～7 d。	潜伏期为 18～48 h。

附表 2 常见猪多系统综合性疫病的鉴别诊断

疫病	病原	年龄	主要症状	肉眼病变	诊断方法
非洲猪瘟	非洲猪瘟病毒	所有年龄，发病率及死亡率都很高。	发热高达 40～42 ℃，心跳加快，呼吸困难，部分咳嗽。其眼、鼻有浆液性或黏液性脓性分泌物，皮肤发绀。	淋巴结出血、水肿、易碎，尝试暗红色血肿，胃肠黏膜明显出血，脾脏肿大、质脆，肾脏皮质表面有很多出血斑，肺部水肿、出血。	直接免疫荧光，荧光定量 PCR，胶体金试纸条，ELISA。
猪瘟	猪瘟病毒	所有年龄，发病率及死亡率都很高。	先便秘后腹泻，反复下痢，便中有脓血，体温 41 ℃及败血症。	回盲口附近黏膜扣状溃疡，败血症病变。	荧光抗体法，新城疫病毒强化法，酶联免疫，琼脂扩散，兔体交互试验。
猪圆环病毒病	猪圆环病毒	6～16 周龄，更大年龄猪偶发。	生长缓慢，瘦弱，精神萎靡，腹泻；常有呼吸或系统性症状。	感染皮肤苍白、黄疸；淋巴结异常肿大、切面苍白；肺脏肿胀、坚硬似橡皮，表面散布灰褐色；肝脏发暗、萎缩；脾脏肿大、肉样变；肾脏水肿、苍白、被膜下可见白色坏死灶。	组织病理学检查；PCR；IPMA，IHC，ISH 检测。
猪丹毒	猪丹毒丝菌	4～6 月龄的架子猪和母猪。	急性型败血病症：体温升高或突发性死亡，温度最高可达 43 ℃，死亡率则高达 80% 以上。皮肤出现不规则形状的疹块，按压会有褪色现象。亚急性型猪丹毒病症：病猪会出现便秘、呕吐或口渴。	败血型猪丹毒病猪尸体进行剖检，可以发现其皮肤上会有分散型疹斑，且疹斑呈红色。胃部样本中除了带有出血点，还在黏膜处有微红现象。肺部充血或积水也是败血症病猪的病理体现，脾胃部分也有肿大现象。患有疹块型猪丹毒病症的病猪，皮肤上的疹块呈现出类似菱形的图案，且肤色整体发红。慢性型猪丹毒病猪，心房室有菜花样聚集性赘生物，关节腔内有纤维样渗出物。	荧光抗体，免疫组织化学，血凝抑制试验，间接血凝试验，补体结合试验，PCR，ELISA。